Einführung in die Mechatronik für den Maschinenbau

Institut für Mechatronische Systeme im Maschinenbau
Prof. Dr.-Ing. S. Rinderknecht

Bibliografische Information der Deutschen Nationalbibliothek
Die Deutsche Nationalbibliothek verzeichnet diese Publikation in der Deutschen Nationalbibliografie; detaillierte bibliografische Daten sind im Internet über http://dnb.d-nb.de abrufbar.

Umschlaggestaltung: Institut für Mechatronische Systeme im Maschinenbau, TU Darmstadt

Printed in Germany.

ISBN 978-3-8440-6173-4

Shaker Verlag GmbH • Postfach 101818 • 52018 Aachen
Telefon: 02407 / 95 96 - 0 • Telefax: 02407 / 95 96 - 9
Internet: www.shaker.de • E-Mail: info@shaker.de

Vorwort

Die 2. Auflage des Lehrbuches *Einführung in die Mechatronik für den Maschinenbau* stellt eine Überarbeitung der Version vom Herbst 2017 dar. Wie auch die Erstauflage basiert es auf der 2003 erschienen 3. Auflage des Skripts zur Vorlesung *Maschinenelemente und Mechatronik I* von Prof. Rainer Nordmann und Prof. Herbert Birkhofer an der TU Darmstadt.

Einführung in die Mechatronik für den Maschinenbau behandelt gezielt die erweiterte Systembetrachtung ausgehend vom mechanischen hin zum mechatronischen System. Das Buch umfasst die Inhalte unserer aktuellen Bachelor-Lehrveranstaltungen "Maschinenelemente und Mechatronik I" sowie "Product Design Project" und dient darüber hinaus als Grundlage unserer Master-Lehrveranstaltungen "Mechatronische Systemtechnik I und II".

Für den Bachelor 3.0 und Master 3.0 des Studiengangs Mechanical and Process Engineering der TU Darmstadt wurden alle Lehrveranstaltungen des Instituts für Mechatronische Systeme im Maschinenbau inklusive dieses Lehrbuches umfassend überarbeitet. Dies erfolgte über einen längeren Zeitraum in Zusammenarbeit mit wissenschaftlichen Mitarbeitern, studentischen Hilfskräften und unserem Medienbüro. All ihnen gilt mein ganz besonderer Dank für die umfangreich geleistete Arbeit. Stellvertretend für die vielen Beteiligten möchte ich Frau Sabine Backhaus und Frau Birgit Lampert namentlich nennen, die bereits beim Bachelor 2.0 und Master 2.0 mitgewirkt haben und sich für die medientechnische Gesamtkoordination und Umsetzung verantwortlich zeichnen. Ebenfalls danke ich den zahlreichen Industrieunternehmen, die Bildmaterial zur Verfügung gestellt haben und bei den jeweiligen Abbildungen mit ihrem Firmennamen aufgeführt sind.

Darmstadt, 2018 Stephan Rinderknecht

Inhaltsverzeichnis

1 Moderne Lehre technischer Systeme im Maschinenbau

1.1 Entwicklung und Beispiele technischer Systeme im Maschinenbau

Seit der Entwicklung der ersten rein mechanischen Systeme im Maschinenbau hat sich ein deutlicher Wandel vollzogen. Schon früh wurde begonnen Aktoren, d. h. Antriebselemente, zu integrieren, um eine Automatisierung der rein passiven Strukturen durchzuführen. Begünstigt wurde dieser Prozess durch die Entwicklung von Prozessrechnern, die analoge Komponenten ersetzten und die Umsetzung einer Informationsverarbeitung zur Steuerung oder Regelung des Aktors ermöglichten. Bei den zu verarbeitenden Informationen handelt es sich meist um Zustände der passiven Strukturen, die durch Sensoren gemessen werden müssen. In heutigen Entwicklungen werden die genannten Komponenten Aktorik, Sensorik und Prozessrechner mit der passiven Struktur zu einem integrativen System, dem mechatronischen Systemen, zusammengefasst [1].

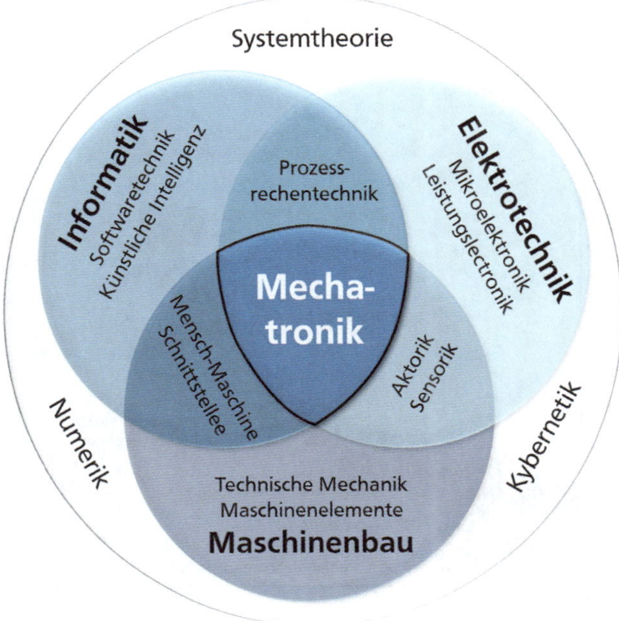

Abb. 1.1 – Zusammenspiel des klassischen Maschinenbaus, der Elektrotechnik und der Informatik

Die Fachdisziplin zur Entwicklung solcher Systeme ist die Mechatronik. Wie in Abb. 1.1 gezeigt beschäftigt sich diese mit dem synergetischen Zusammenspiel des Maschinenbaus, der Elektrotechnik und der Informatik und eröffnet die Möglichkeit zur Umsetzung vieler neuer Technologien, was sich in der historischen Entwicklung technischer Systeme im Maschinenbau widerspiegelt. Klassisches Beispiel ist das Ende des 19. Jahrhunderts von Carl Benz erfundene Automobil, welches überwiegend durch mechanische Strukturen geprägt war [2]. Der Antriebsstrang der Fahrzeuge z. B. war eine mechanische Struktur, welche sich aus mechanischen Bauteilen, den Maschinenelementen, wie Wellen, Zahnrädern und Lagern zusammensetzte. Diese formten wiederum einzelne Baugruppen, z. B. den Motor, das Getriebe oder die Kupplung. In den darauffolgenden Jahrzehnten wurde das Automobil stetig weiterentwickelt, um den steigenden Anforderungen an Komfort, Sicherheit und Fahrleistung gerecht zu werden. Da der Verwendung rein passiver Strukturen Grenzen hinsichtlich dieser Anforderungen gesetzt sind, wurden und werden zunehmend mehr mechatronische Systeme in Fahrzeuge integriert, die mit modernen Informationsverarbeitungssystemen und elektrischen Komponenten ausgestattet sind. So wird die Einspritzung elektronisch geregelt, der Gangwechsel verbrauchsoptimiert automatisch vorgenommen, eine Online-Diagnose durchgeführt und in Zukunft autonomes Fahren ermöglicht.

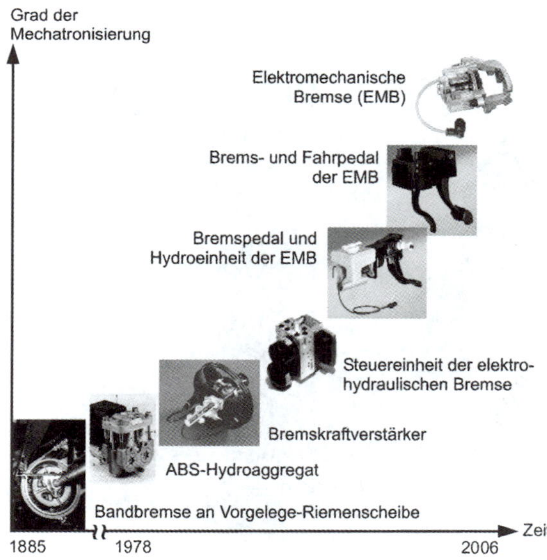

Abb. 1.2 – Mechatronisierung des Automobil-Bremssystems, Wiedergegeben mit Erlaubnis des Verein Deutscher Ingenieure e. V. [1]

Sehr gut veranschaulichen lässt sich der Prozess fortschreitender Entwicklung ebenfalls anhand des Bremssystems, einer der wichtigsten Sicherheitseinrichtung des Fahrzeugs. Wie in Abb. 1.2 zu sehen, wurden ausgehend von der im ersten Fahrzeug verbauten Bandbremse Verbesserungen durch verfeinerte mechanische bzw. hydraulische Wirk- und Übertragungsprinzipien erreicht. Ein Beispiel hierfür ist die selbstverstärkende Trommelbremse. Da das Optimierungspotential mehr und mehr erschöpft war, konnten weitere Verbesserungen hinsichtlich Funktion, Zuverlässigkeit und Sicherheit nur durch Hinzufügen von elektronischen Komponenten erzielt werden. Im Jahre 1978 wurde daher das Antiblockiersystem eingeführt, welches mittels Sensoren den Zustand der Bremsanlage erfasste. Durch einen Prozessrechner bzw. der darauf implementierten Informationsverarbeitung wurde ein Hydroaggregat, welches aus hydraulischen Schaltventilen aufgebaut ist, elektronisch betätigt, um einen möglichst hohen Reibwert zu nutzen. Das System ermöglicht kürzere Bremswege, eine bessere Lenkbarkeit während der Bremsung und bildet die Grundlage für die Elektronische Stabilitätskontrolle.

Neben der Fahrzeugtechnik findet die Mechatronik auch in anderen Bereichen des Maschinenbaus mehr und mehr Anwendung. In Abb. 1.3 sind exemplarisch Produkte aus der Land- und Baumaschinentechnik, aus der Energietechnik und der Medizintechnik dargestellt.

Abb. 1.3 – Verschiedene mechatronische Systeme

Der Mobilbagger weist ähnlich wie aktuelle Fahrzeuge viele Elemente mechatronischer Systeme auf. Frühere Modelle kamen mit mechanischen und hydraulischen Komponenten aus und verlangten vom Baggerführer ein hohes Maß an Konzentration zur Betätigung des Auslegers und der Schaufel. Heutige Systeme weisen viele unterstützende Funktionen auf, die eine lastunabhängige Bewegung und somit eine sehr gute Steuerbarkeit ermöglichen.

Das zweite System in Abb. 1.3 stellt einen Schnitt durch einen kinetischen Energiespeicher in Außenläufer-Bauform dar. Diese Systeme speichern kinetische

Energie in einer rotierenden Masse und können in Stromnetzen zur gezielten Aufnahme und Abgabe von Energie genutzt werden. Dieses System ist hinsichtlich der Systemintegration, d. h. dem Aufbau und Zusammenwirken der einzelnen Systemkomponenten, sehr interessant. Das hier gezeigte Modell weist einen sehr hohen Integrationsgrad auf, bei dem die Motor-Generator-Einheit und die Lagerung in der Schwungmasse integriert sind. Der genaue Aufbau und die sich daraus ergebenden Vorteile werden an späterer Stelle in diesem Buch behandelt.

Die Notwendigkeit einer kompakten Bauweise besteht auch bei dem dritten dargestellten System. Es handelt sich um ein Konzept einer Beinprothese mit einem Schaftadapter und einem aktiven Kniegelenk. Die meisten bisher auf dem Markt befindlichen Prothesen verfügten lediglich über passive Kniegelenke, d. h. die gesamte Bewegungsenergie musste vom Benutzer aufgebracht werden. Dies begründet sich v. a. durch die hohen Massen von Aktoren und der erforderlichen Energiebereitstellung. Da die Komponenten mechatronischer Systeme, z. B. die Batterie, stetig weiterentwickelt werden und sich somit die Energie- und Leistungsdichten zunehmend erhöhen, können solche aktiven Systeme in Zukunft umgesetzt werden.

Die genannten Beispiele sollen veranschaulichen, dass viele Entwicklungen des Maschinenbaus heute in großem Umfang mit elektronischen und informationsverarbeitenden Komponenten ausgerüstet sind und folglich umfassendes interdisziplinäres Verständnis für das Gesamtsystem notwendig ist. In den nachfolgenden Kapiteln wird auf die, z. T. schon genannten, wesentlichen Komponenten und Eigenschaften heutiger mechatronischer Systeme eingegangen.

1.2 Wesentliche Aspekte technischer Systeme im Maschinenbau

Wie im vorherigen Abschnitt bereits gezeigt, ist ein deutlicher Wandel von rein mechanischen hin zu mechatronischen Systemen zu verzeichnen. Mechatronische Systeme setzen sich abstrahiert betrachtet aus fünf Teilsystemen bzw. Komponenten zusammen, die miteinander in Interaktion stehen. Das Zusammenwirken dieser Elemente kann durch ein Blockschaltbild, wie in Abb. 1.4 gezeigt, dargestellt werden.

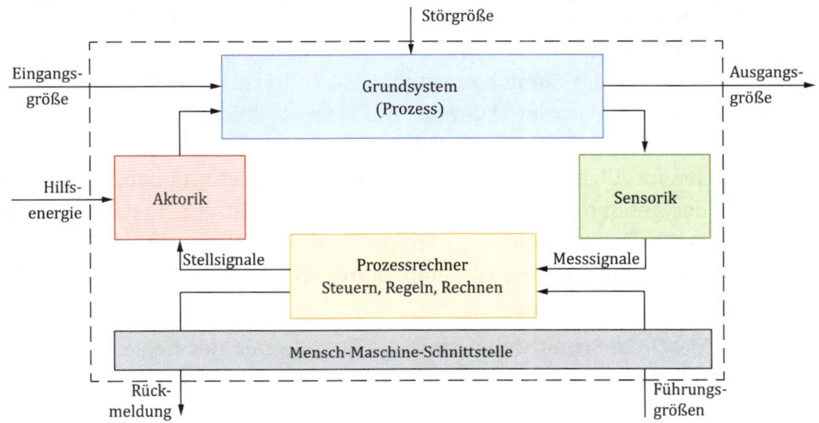

Abb. 1.4 – Darstellung eines Blockschaltbildes eines allgemeinen mechatronischen Systems

Die Teilsysteme, aus denen sich ein mechatronisches System zusammensetzt, sind

- das Grundsystem bzw. der Prozess,
- die Sensorik,
- der Prozessrechner,
- die Aktorik und
- die Mensch-Maschine-Schnittstelle.

Ausgangspunkt ist meist ein Grundsystem bzw. ein Prozess. Bei diesem muss es sich nicht zwangsläufig um einen rein mechanischen Prozess handeln, ebenso können hydraulische, elektrische oder pneumatische Komponenten verbaut sein. Die charakteristischen Größen des Prozesses, d. h. die physikalischen Größen, die den aktuellen Zustand beschreiben, wie z. B. die Position eines Fräskopfes einer CNC-Fräsmaschine oder die Füllstandshöhe eines Flüssigkeitstanks, müssen gemessen werden. Dies wird mithilfe einer geeigneten Sensorik realisiert. Mit dieser werden die relevanten Systemzustände erfasst und in ein für den Prozessrechner einlesbares Messsignal umgewandelt. Der Prozessrechner ist eine programmierbare elektronische Hardwarekomponente, die dem Gesamtsystem in gewisser Weise eine künstliche Intelligenz verleiht. Während des Betriebs muss der Anwender das mechatronische System beeinflussen können. Dazu wird eine Mensch-Maschine-Schnittstelle verwendet (z. B. ein Schalter, Ziffernblöcke mit Anzeige oder ein weiterer Rechner), über die Führungsgrößen vorgegeben werden können. Im Falle der CNC-Fräsmaschine wäre dies z. B. eine Sollposition, auf die der Fräskopf verfahren soll, oder die Drehzahl, mit der dieser rotieren soll. Innerhalb des Prozessrechners wird das Sensorsignal mit der Führungsgröße verglichen und ein Stellsignal für den Aktor berechnet sowie dem Nutzer eine

Rückmeldung über den aktuellen Systemzustand gegeben. Der Aktor wandelt das erhaltene Signal in eine physikalische Größe um, z. B. ein Moment, welches auf den Prozess wirkt. In der Summe ergeben diese Teilsysteme bzw. Komponenten das mechatronische (Gesamt-)System. Auf dieses können von außen verschiedenste Einflüsse einwirken, sowohl erwünschte als auch unerwünschte. Letztere werden im Allgemeinen als Störgrößen bezeichnet und haben negativen Einfluss auf das gesamte Systemverhalten. Zielsetzung ist daher, deren Einfluss mit Hilfe eines Reglers möglichst zu unterdrücken bzw. klein zu halten. Im Falle der CNC-Fräsmaschine könnten es Temperatureinflüsse sein, die Auswirkungen auf die Fräskopfposition haben.

Die Mensch-Maschine-Schnittstelle sowie die zum Betrieb des Reglers notwendigen Hardwarekomponenten sind nicht Teil dieses Lehrbuchs. Im Vordergrund stehen v. a. die Wirkprinzipien der Teilsysteme. Aus diesem Grund wird das Blockschaltbild wie in Abb. 1.5 zu sehen modifiziert und auf die im Fokus stehenden Komponenten und Funktionalitäten reduziert.

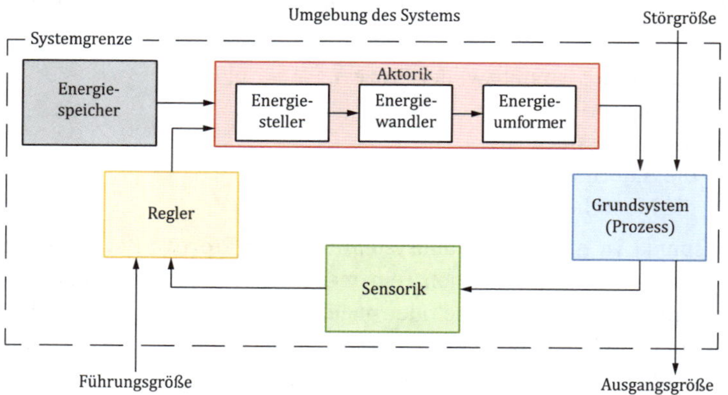

Abb. 1.5 – Darstellung eines Blockschaltbildes eines allgemeinen mechatronischen Systems mit den Wirkprinzipien im Fokus

1.3 Inhalte des Lehrbuchs

Die Inhalte des Lehrbuchs gliedern sich wie folgt: Im zweiten Kapitel „Grundlagen der Modellbildung" werden die wichtigsten Methoden zur Modellbildung von Komponenten und Systemen erläutert und grundlegende physikalische Gesetze zur Beschreibung des Modells mittels mathematischer Gleichungen vermittelt.

Das dritte Kapitel „Mechanische Komponenten und Energiespeicher" behandelt die wesentlichen mechanischen Komponenten der Antriebseinheit und des Grundsystems, welche die sogenannten Energieleiter und die Energieumformer repräsentieren, sowie die zur Energiebereitstellung notwendigen Energiespeicher.

Im vierten Kapitel „Aktorik" werden verschiedene Wirkprinzipien und Ausführungen sogenannter Energiewandler und -steller vorgestellt, mit denen elektrische oder fluidische Energie in mechanische Energie umgewandelt und moduliert werden kann. Sie bilden gemeinsam mit den mechanischen Komponenten die mechanische Strecke, die im Gesamtsystem geregelt werden soll.

Das fünfte Kapitel „Sensorik" behandelt die Messglieder zur Erfassung der charakteristischen Größen des Prozesses, welche die gemessenen Größen meist in proportionale elektrische Signale wandeln, um diese dann in den Regler zurückführen.

Im sechsten Kapitel „Steuerung und Regelung" werden die Unterschiede zwischen Steuerung und Regelung erläutert, Grundlagen zur Analyse des Streckenverhaltens, welche zur Auslegung der Regler benötigt werden, und Methoden zur Beurteilung des Verhaltens des geschlossenen Regelkreises vermittelt.

Im siebten Kapitel „Systemintegration" wird auf die geometrische und die funktionale Integration eingegangen, die zum Zusammenschluss der Teilsysteme zu einer Funktionseinheit führt.

Abschließend wird im achten Kapitel „Entwicklung mechatronischer Systeme" die Entwicklung mechatronischer Systeme veranschaulicht. Dazu wird die Entwicklung anhand des V-Modells [1] vorgestellt und der gesamte Entwicklungsprozess anhand eines Beispiels gezeigt.

2 Systemmodellierung und -simulation

In diesem Kapitel werden Grundlagen für die Modellbildung von Komponenten und Systemen erläutert. Dazu gehören neben der Abstraktion des Systems auf die für die gestellte Simulationsaufgabe relevanten Effekte, die Kenntnis grundlegender physikalischer Gesetze sowie die Beschreibung des physikalischen Modells mittels mathematischer Gleichungen. Weiterhin stellt die Übertragung der mathematischen Gleichungen in eine äquivalente, zur numerischen Lösung vorteilhafte Darstellung in Form eines Blockschaltbildes sowie die sichere Beherrschung eines Simulationswerkzeuges (MATLAB/Simulink, LabView usw.) zentrale Bestandteile der Modellbildung dar. Anschließend ist die Interpretation der aus der Simulation erhaltenen Ergebnisse eine der wichtigsten Aufgaben des Ingenieurs. Dabei ist zu prüfen, ob die an das System oder die Komponente gestellten Anforderungen erfüllt werden und wie gegebenenfalls durch konstruktive Änderungen das geforderte Ziel erreicht werden kann.

In Kapitel 1 wurde das technische System eines Baggers/Rohrverlegers vorgestellt. In diesem Kapitel werden einzelne Subsysteme, im Speziellen der aktive Fahrersitz sowie das Hubsystem, hinsichtlich der Modellbildung näher betrachtet. Abb. 2.1 zeigt die wichtigsten Komponenten eines aktiven Fahrersitzes sowohl anhand des Realsystems als auch anhand eines abgeleiteten Modells. Im Rahmen dieses Kapitels wird von einem elektromechanischen Aktor, im Speziellen von einer Tauchspule, zur Aktuierung des Systems ausgegangen. Denkbare Einsatzmöglichkeiten eines solchen aktiven Sitzes sind die Einstellung einer auf den Fahrer abgestimmten, optimalen Sitzhöhe oder die Minderung von Schwingungen infolge von Anregungen durch die Fahrt über unebenes Terrain.

Mit Hilfe solcher Modelle ist es möglich, das statische und dynamische Verhalten technischer (mechatronischer) Systeme durch rechnerische Simulation vorherzusagen und vorgegebene Anforderungen (Statik, Dynamik, Stabilität, Genauigkeit usw.) zu überprüfen. Nur wenn das Modell bestimmte, von der jeweiligen Aufgabenstellung abhängige Kriterien erfüllt, ist eine zufriedenstellende Simulation möglich. Jedoch bedarf es an Erfahrung, um ein praktikables Modell für eine Aufgabe zu finden.

Die Simulationsergebnisse sollen wichtige Informationen in der Entwurfsphase liefern, um ein System nach gegebenen Forderungen (Pflichtenheft) optimal auslegen zu können. Weiterhin bieten Simulationen im Rahmen der Syntheseaufgabe die Möglichkeit, Komponenten schnell auszutauschen (Modelländerung) und das Systemverhalten mit der neuen Komponente zu untersuchen. Folglich können Modelle auch dann sehr hilfreich sein, wenn Schwierigkeiten wie Schäden oder die Nichterfüllung von Anforderungen in bereits gebauten technischen Systemen auftreten.

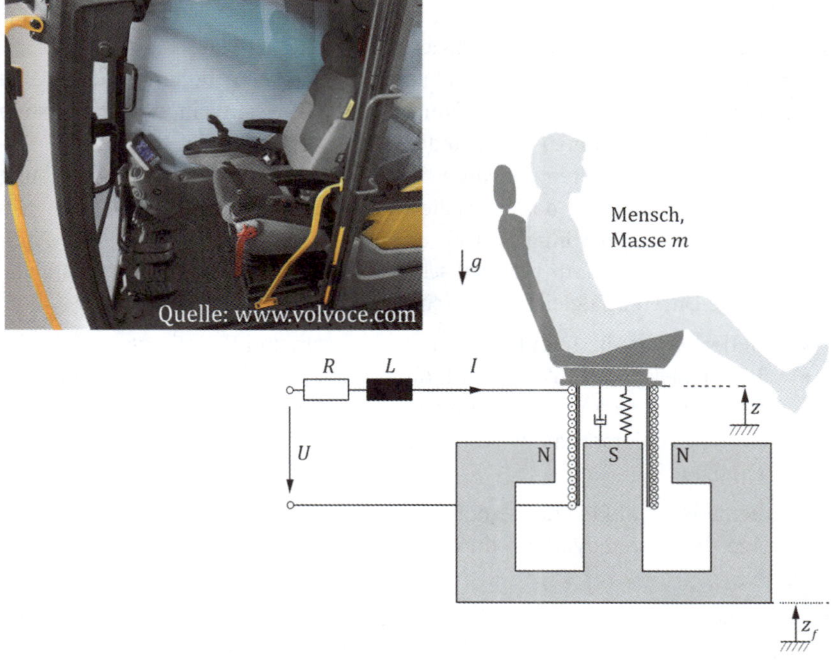

Abb. 2.1 – Realsystem und Modell eines aktiven Fahrersitzes

Simulationsmodelle haben bestimmte Voraussetzungen zu erfüllen. Einerseits müssen sie alle wesentlichen physikalischen Effekte abbilden, um das reale Systemverhalten, z. B. Wege, Geschwindigkeiten, Kräfte, Spannungen, Ströme usw., mit ausreichender Güte vorherzusagen. Andererseits ist es erstrebenswert die Komplexität der Modelle gering zu halten, um eine recheneffiziente Simulation zu ermöglichen. Allgemein sollte somit der Grundsatz – so einfach wie möglich, so komplex wie nötig – gelten.

2.1 Theoretische & Experimentelle Modellbildung

Zur Analyse von realen technischen Systemen werden Modelle herangezogen, um deren statisches und dynamisches Verhalten mathematisch beschreiben zu können. Hierbei können verschiedene Ansätze und Vorgehensweisen verfolgt werden, die zu einer möglichst exakten Systemmodellierung führen sollen. Übergeordnet unterscheidet man im Wesentlichen zwei Methoden: zum einen die theoretische und zum anderen die experimentelle Modellbildung. Beide Methoden sind jeweils durch eine bestimmte Vorgehensweise charakterisiert, die oftmals eine iterative Optimierung umfassen, um eine ausreichend hohe Modellgüte zu erreichen.

Die theoretische Modellbildung erfordert eine umfangreiche Kenntnis der im System auftretenden physikalischen Phänomene, um eine hohe Modellgüte zu erlangen. Zunächst erfolgt eine Überführung des Realsystems in ein Ersatzsystem mit vereinfachten Annahmen (z. B. Reduzierung auf eine möglichst geringe Anzahl für das Systemverhalten relevanter Freiheitsgrade). Die Systembeschreibung beruht auf einem Modell, das über die zugrunde gelegten physikalischen Gesetzmäßigkeiten eine bestimmte Struktur sowie zugehörige physikalische Parameter aufweist. Beispiele für physikalische Gesetze, im Allgemeinen gewöhnliche bzw. partielle Differentialgleichungen, sind:

- In der Mechanik: Impulssatz, Drehimpulssatz und Energiesatz
- In der Elektrotechnik: Durchflutungsgesetz, Induktionsgesetz, Ohmsches Gesetz und Kirchhoffsche Gesetze
- In der Fluidmechanik: Kontinuitätsgesetz, Bernoullische Energiegleichung

Das mathematische Modell mit seiner Struktur und seinen Parametern beschreibt demzufolge die Systemdynamik durch Abbildung der inneren (physikalischen) Zustände.

Bei der experimentellen Modellbildung hingegen besteht keine Notwendigkeit einer detaillierten Kenntnis der auftretenden physikalischen Phänomene bzw. Abbildung der inneren (physikalischen) Zustände. Es müssen lediglich eine geeignete abstrakte Modellstruktur basierend auf der Beziehung zwischen Ein- und Ausgangssignalen entwickelt und die zugehörigen abstrakten Modellparameter identifiziert werden. Die Modellparameter haben keinen direkten physikalischen Zusammenhang zum System [3].

Für eine belastbare Überprüfung der Güte theoretischer Modelle sind aber letztlich ebenfalls experimentelle Ergebnisse zum Vergleich heranzuziehen. Durch einen Abgleich bzw. eine Anpassung insbesondere unsicherheitsbehafteter oder aus Konstruktionsdaten schwer ermittelbarer Parameter (z. B. Dämpfung) lässt sich die Güte des theoretischen Modells weiter verbessern. In diesem Zusammenhang wird auch von einer Identifikation der physikalischen Parameter gesprochen. Der Vorteil der theoretischen Modellbildung liegt dabei in der Möglichkeit zur gezielten Variation der physikalischen Parameter im Entwicklungsprozess. Der weitere Fokus dieses Lehrbuchs liegt daher ausschließlich im Bereich der theoretischen Modellbildung. Der Begriff „Modell“ bezieht sich daher nachfolgend ausschließlich auf theoretische Modelle.

Um ein Modell für ein beliebiges System oder einen beliebigen Prozess erstellen zu können, müssen zunächst dessen relevante Bereiche identifiziert werden. Hierfür werden die dem Prozess zugeordneten Komponenten von der Umgebung abgegrenzt und die entsprechenden Schnittstellen ermittelt. Schnittstellen sind dabei Verbindungen zur Umgebung, mittels derer Materie, Energie oder Informationen übertragen oder ausgetauscht werden. Das so entwickelte Modell wird also durch die Beziehungen seiner Ein- und Ausgänge beschrieben. Im physikalischen Sinne lässt sich das System mittels Ersatzschaltbildern beschreiben wie sie in den folgenden Abschnitten für mechanische, elektrische und fluidmechanischer Systemkomponenten sowie für Regelkreise vorgestellt werden.

2.2 Methodische Vorgehensweise

Um von einem realen System zu einem Modell zu gelangen, unterteilt man das System zunächst in Teilsysteme bzw. relevante Komponenten, aus denen es sich zusammensetzt. Hierbei muss entschieden werden, welche Komponenten zusammengefasst werden können, um die im nächsten Schritt zu erfolgende Formulierung der beschreibenden Differentialgleichungen des Systems möglichst einfach zu halten. Die verbliebenen sowie die zusammengefassten Komponenten des Systems bilden mit ihren jeweiligen Eigenschaften das Ersatzsystem, aus dem dann das mittels Differentialgleichungen (DGL) beschriebene theoretische Modell abgeleitet werden kann. Um bspw. das zeitliche Verhalten eines Systems zu untersuchen, sind die aufgestellten DGL zu lösen. Abb. 2.2 führt das Vorgehensmodell zur Systemmodellierung und -simulation (V-SMS) ein, das dieses grundsätzliche Vorgehen zur Analyse mechatronischer Systeme schematisch zusammenfasst. Die ersten drei Schritte umfassen die Kernschritte, die im Rahmen dieses Lehrbuches weiter vertieft werden. Der vierte Schritt der Modellvalidierung ist wünschenswert, für die modellbasierte Entwicklung eines mechatronischen Systems aber nicht zwingend. Er hängt während einer Entwicklung insbesondere auch von der Verfügbarkeit von Prototypbauteilen ab.

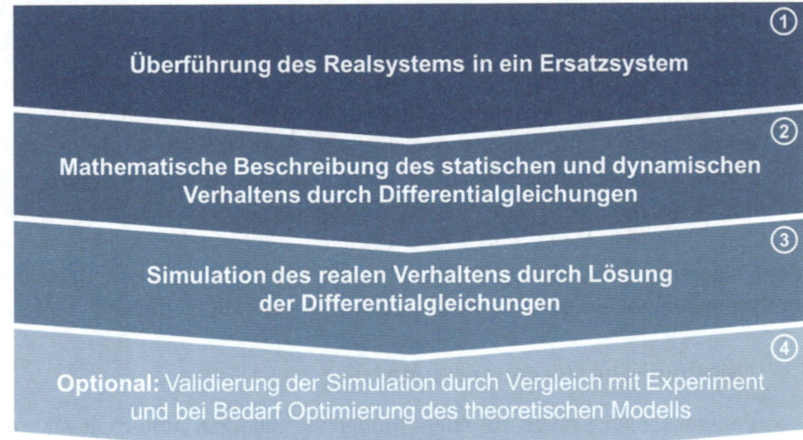

Abb. 2.2 – Vorgehensmodell zur System-Modellierung und –Simulation (V-SMS) - methodische Vorgehensweise zur Analyse mechatronischer Systeme

2.2.1 Lösung der Modellgleichungen

Die folgenden Abschnitte befassen sich mit der Darstellung der aus der Mathematik bekannten Lösungsmethoden für Differentialgleichungen.

Gleichung (2.1) beschreibt eine allgemeine Darstellung einer gewöhnlichen linearen DGL 2. Ordnung.

$$a_2(x) \cdot q''(x) + a_1(x) \cdot q'(x) + a_0(x) \cdot q(x) = f(x) \tag{2.1}$$

Hierbei werden mit q' bzw. q'' die erste bzw. zweite Ableitung der Funktion q nach x bezeichnet. Für den Fall $f(x) = 0$ nennt man diese DGL homogen, für $f(x) \neq 0$ andernfalls inhomogen. Die Funktion f(x) wird daher auch als Inhomogenität bezeichnet. Für den speziellen Fall, dass die Koeffizienten a_0, a_1 und a_2 von x unabhängig sind, spricht man von einer linearen Differentialgleichung mit konstanten Koeffizienten.

Betrachtet man mechatronische Systeme, so handelt es sich hierbei um Kombinationen mechanischer, fluidmechanischer und elektrischer Systeme. All diesen Systemen liegt die Eigenschaft zugrunde, dass sie sich im zeitlichen Bereich mit Hilfe von Differentialgleichungen beschreiben lassen.

Mit Bezug auf die Eigenschaften der genannten Systeme werden im Folgenden Differentialgleichungen mit konstanten Koeffizienten betrachtet, deren Lösungsfunktion q von der Zeit t abhängig ist.

$$a_2 \cdot \ddot{q}(t) + a_1 \cdot \dot{q}(t) + a_0 \cdot q(t) = f(t) \tag{2.2}$$

Zur Lösung derartiger linearer, inhomogener Differentialgleichungen werden zunächst die allgemeine Lösung $q_h(t)$ der homogenen DGL und die partikuläre Lösung $q_p(t)$ der inhomogenen DGL ermittelt. Die gesamte Lösung $q(t)$ ergibt sich aufgrund der Linearität der DGL durch Superposition beider Anteile,

$$q(t) = q_h(t) + q_p(t), \tag{2.3}$$

sowie der Vorgabe von Anfangsbedingungen.

Nachfolgend wird der Lösungsansatz für den häufig auftretenden Fall linearer, homogener Differentialgleichungen 2. Ordnung mit konstanten Koeffizienten vorgestellt. Auf die analytische Herleitung der partikulären Lösung wird im Rahmen dieses Lehrbuchs nicht eingegangen. Sie kann mit Hilfe von Simulationswerkzeugen wie MATLAB/Simulink berechnet werden.

Lösungsansatz für lineare, homogene Differentialgleichungen 2. Ordnung mit konstanten Koeffizienten

Die Lösung der homogenen Differentialgleichung der Form

$$a_2 \cdot \ddot{q}(t) + a_1 \cdot \dot{q}(t) + a_0 \cdot q(t) = 0 \tag{2.4}$$

kann mit Hilfe des Exponentialansatzes ermittelt werden. Dieser lautet:

$$q_h(t) = \hat{q}e^{\lambda t} \tag{2.5}$$

Durch Einsetzen des Ansatzes in die homogenen DGL wird das Eigenwertproblem mit dem unbekannten Eigenwert λ sowie dem unbekannten, konstanten Koeffizienten $\hat{q}$ aufgestellt.

$$(a_2\lambda^2 + a_1\lambda + a_0)\hat{q}e^{\lambda t} = 0 \tag{2.6}$$

Da diese Beziehung für jeden Zeitpunkt gelten muss, existieren nichttriviale Lösungen, $q_h(t) \not\equiv 0$, nur für

$$a_2\lambda^2 + a_1\lambda + a_0 = 0\,. \tag{2.7}$$

Die Lösung dieser charakteristischen Gleichung liefert die beiden Eigenwerte λ_1 und λ_2.

$$\lambda_{1,2} = -\frac{a_1}{2a_2} \pm \sqrt{\frac{a_1{}^2}{4a_2{}^2} - \frac{a_0}{a_2}} \tag{2.8}$$

Die beiden Teillösungen

$$q_1 = C_1 e^{\lambda_1 t} \text{ und } q_2 = C_2 e^{\lambda_2 t} \tag{2.9}$$

bilden ein Fundamentalsystem mit den dazugehörigen Integrationskonstanten C_1 und C_2. Aufgrund der Linearität der Differentialgleichung können die beiden Teillösungen zur homogenen Gesamtlösung superponiert werden.

$$q_h(t) = C_1 e^{\lambda_1 t} + C_2 e^{\lambda_2 t} \tag{2.10}$$

Die beiden Integrationskonstanten C_1 und C_2 hängen von den Anfangsbedingungen ab.

$$q(t_0) = q_0 Z \text{ und } \dot{q}(t_0) = \dot{q}_0 \tag{2.11}$$

Die Koeffizienten der Differentialgleichung a_0 und a_1 sowie die Anfangsbedingungen q_0 und $\dot{q}_0$ lassen sich physikalisch interpretieren. Eine exemplarische Betrachtung dieser physikalischen Interpretation findet in Abschnitt 2.3.5 statt.

2.2.2 Von der Differentialgleichung zum Blockschaltbild

Nachdem das grundlegende Vorgehen für den Umgang mit Differentialgleichungen gezeigt wurde, geht es im Folgenden Abschnitt um eine symbolische Darstellungsform von DGL. Die Darstellung in einem Blockschaltbild ist eine äußerst anschauliche Hilfe im Ingenieurwesen und darüber hinaus Grundlage vieler numerischer Lösungswerkzeuge (MATLAB/Simulink, LabView usw.). Hier können zunächst die für das betrachtete Element charakteristischen Zusammenhänge zwischen den Eingangsgrößen (Ursache) und den Ausgangsgrößen (Wirkung) in jeweils einem Block dargestellt werden. Hierfür wird der Begriff Signal eingeführt. Ein Signal bezeichnet abstrahiert die Übertragung einer beliebigen Information und wird als gerichteter Pfeil dargestellt. Wie in Abb. 2.3 gezeigt, können Signale verzweigt werden.

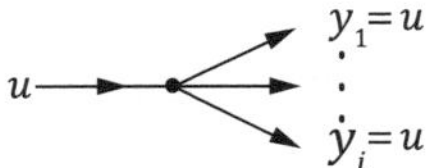

Abb. 2.3 – Verzweigung von Signalen

In der Regel handelt es sich bei Signalen um physikalische Größen, die sich im zeitlichen Verlauf verändern. Um eine DGL, wie sie im vorherigen Abschnitt behandelt wurde, in einer symbolischen Darstellung zu erhalten, werden neben den Signalen noch Übertragungsglieder benötigt, welche die mathematischen Operationen und Beziehungen, die in einer DGL zu finden sind, abbilden können. Im allgemeinen Fall handelt es sich bei diesen Übertragungsgliedern um Funktionen der Eingangssignale. In Abb. 2.4 sind die allgemeine Darstellung eines Übertragungsgliedes sowie vier häufig auftretende Spezialfälle dargestellt. Zur Verbesserung der Übersichtlichkeit in komplexen Blockschaltbildern wird im Rahmen dieses Lehrbuches für die vier vorgestellten Spezialfälle zusätzlich eine vereinfachte Notation eingeführt, welche sich an der Darstellung in numerischen Lösungswerkzeugen orientiert.

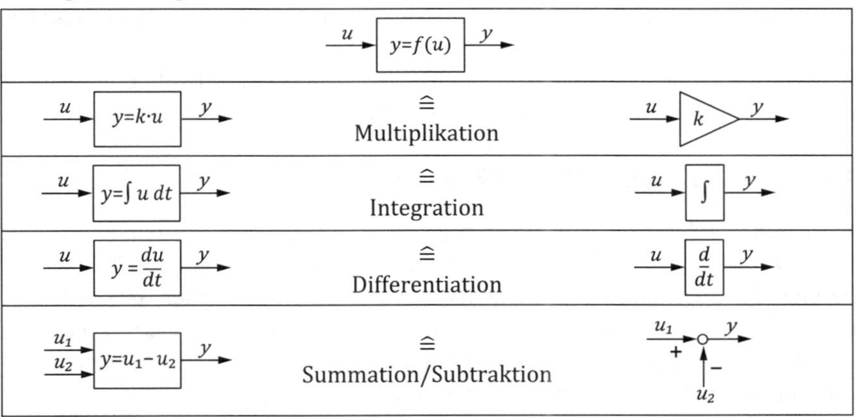

Abb. 2.4 – Beispielblöcke mathematischer Operationen

Die einzelnen Übertragungsglieder werden üblicherweise zu einem Blockschaltbild zusammengeführt, in dem dann alle Zusammenhänge der DGL abgebildet sind. Hierfür stellt man die DGL zunächst nach der höchsten Ableitung um. Am Beispiel der inhomogene DGL (2.2) führt dies zu

$$a_2 \cdot \ddot{q}(t) = f(t) - a_1 \cdot \dot{q}(t) - a_0 \cdot q(t). \tag{2.12}$$

Danach erfolgt eine Division durch den zur höchsten Ableitung zugehörigen Koeffizienten sowie eine sukzessive Integration mithilfe der entsprechenden mathematischen Operatoren. Abb. 2.5 zeigt die Umsetzung für die oben als Beispiel herangezogene Differentialgleichung.

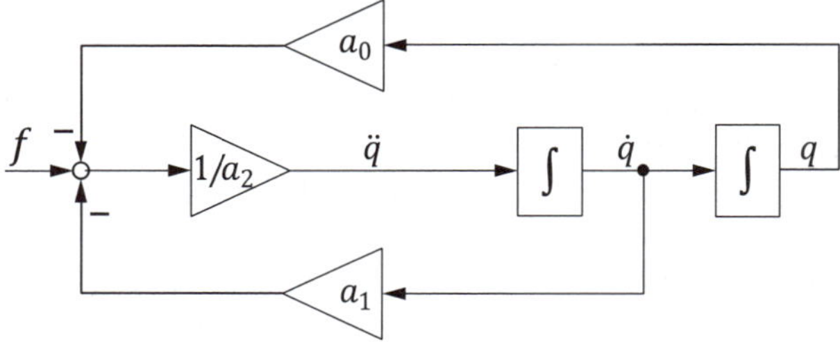

Abb. 2.5 – Blockschaltbild einer allgemeinen inhomogenen DGL

Im Allgemeinen umfasst ein theoretisches Modell nicht nur eine DGL, sondern ein ganzes System vieler, miteinander gekoppelter Differentialgleichungen. Im Blockschaltbild tritt dann eine entsprechende Anzahl von Summationsknoten auf, von denen jeder eine DGL repräsentiert. Die Lösung erfolgt bei der praktischen Berechnung technischer Systeme wie oben bereits erwähnt mit einem numerischen Simulationswerkzeug wie z. B. MATLAB/Simulink.

2.3 Grundlagen der Modellbildung

In diesem Abschnitt werden die wichtigsten grundlegenden Bausteine bzw. Elemente zur Modellbildung eines mechatronischen Systems vorgestellt. Zur Modellierung der sogenannten Gesamtstrecke eines Systems werden mechanische, elektrische und fluidmechanische Zusammenhänge behandelt. Alle Streckenteile werden zur Gesamtstrecke eines Systems verknüpft. Die Kenntnis über das Streckenverhalten eines mechatronischen Systems wird beispielsweise zur Auslegung der Regelung im geschlossenen Regelkreis benötigt. Die in diesem Abschnitt vermittelten Grundlagen werden in Abschnitt 2.5 zur Modellierung diverser Beispielsysteme mit Interaktionen zwischen unterschiedlichen Streckenteilen verwendet.

2.3.1 Mechanik

Dieser Abschnitt befasst sich mit den Elementen, Grundgleichungen und Methoden der (technischen) Mechanik, die zur Modellbildung mechatronischer Systeme essentielle Bausteine darstellen. Im Rahmen dieses Lehrbuchs werden in der Regel nur lineare bzw. linearisierte Systeme betrachtet. Die Modellbildung einer mechanischen Strecke beabsichtigt die Erstellung eines Modells, das die Mechanik (Kinematik und Kinetik) eines realen Systems möglichst gut abbilden soll und damit einen Grundstein eines mechatronischen Systems bildet. Die im Folgenden vorgestellten Grundlagen basieren teilweise auf den Ausführungen von Markert [4] (Kräftesatz und Momentensatz, Arbeitssatz und Energiesatz sowie Prinzipien der Mechanik) und Gross [5] (Reihen- und Parallelschaltung von Federn).

Elemente der Mechanik

Für die Modellbildung ist die Verwendung mechanischer Grundelemente (Feder, mit der Steifigkeit k; Dämpfer mit der Dämpfungskonstanten d und Masse mit der Trägheit m) sehr nützlich.

Die drei mechanischen Elemente Feder, Dämpfer und Masse spielen bei einer diskreten Abbildung eines mechanischen Systems eine wichtige Rolle, da sie das statische und dynamische Verhalten mathematisch darstellen können. Die Bausteine sind in Tab. 2.1 zusammengestellt.

Feder	Dämpfer	Masse
Elastizität (Speicher)	Widerstand (Senke)	Trägheit (Speicher)
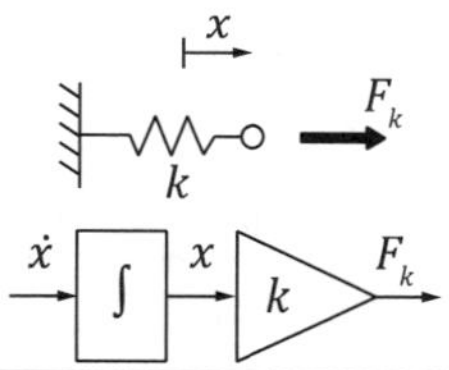 x, k, F_k; $\dot{x}$ → $\int$ → x → k → F_k	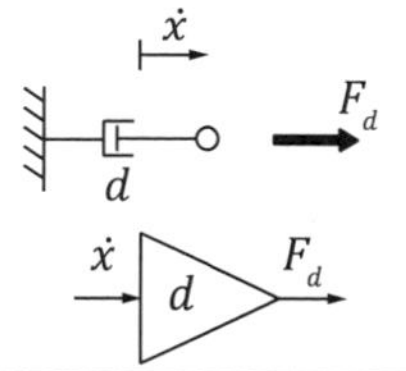 $\dot{x}$, d, F_d; $\dot{x}$ → d → F_d	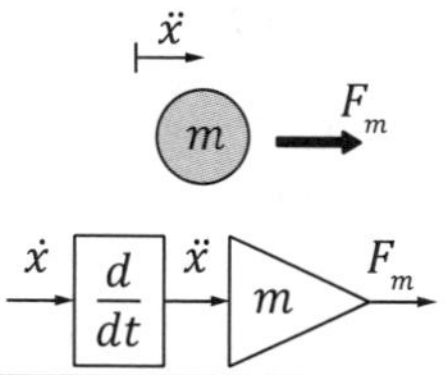 $\ddot{x}$, m, F_m; $\dot{x}$ → $\frac{d}{dt}$ → $\ddot{x}$ → m → F_m
$F_k = k \cdot x = k \int \dot{x} dt$	$F_d = d \cdot \dot{x}$	$F_m = m \cdot \ddot{x} = m \cdot \frac{d\dot{x}}{dt}$
$[k] = \frac{N}{m}$	$[d] = \frac{Ns}{m}$	$[m] = kg$
Kraft folgt durch Integration von $\dot{x}$	Kraft ist proportional zu $\dot{x}$	Kraft folgt durch Differentiation nach $\dot{x}$
Verformungsenergie $E_k = \frac{1}{2} k \cdot x^2$	Dissipierte Leistung $P_d = d \cdot \dot{x}^2$	Kinetische Energie $E_m = \frac{1}{2} m \cdot \dot{x}^2$

Tab. 2.1 – Mechanische Elemente für die Modellbildung (Translation)

Neben der zeichnerischen Darstellung der Elemente mit ihren Eingangs-Ausgangs-Beziehungen sowie den Blockschaltbildern sind auch Energieformen in der Tabelle aufgeführt. Feder und Masse stellen Speicher für Verformungsenergie bzw. kinetische Energie dar. Das Dämpferelement wandelt mechanische Energie in Wärmeenergie um bzw. dissipiert diese. Drückt man die Kräfte der drei Elemente F_k, F_d, F_m jeweils durch die Geschwindigkeit $\dot{x}$ aus, so werden die Kraft-Geschwindigkeits-Relationen durch Integration, Proportionalität und Differentiation beschrieben. Ähnliche Zusammenhänge werden später in Analogie bei anderen physikalischen Bausteinen und auch bei regelungstechnischen Elementen behandelt. Wie später noch genauer erläutert wird, ist die Darstellung der Zusammenhänge zwischen Kraft und Geschwindigkeit besonders vorteilhaft, da das Produkt eine Leistung ergibt.

Neben den translatorischen Bewegungen treten in technischen Systemen auch sehr häufig rotatorische Bewegungen auf. Es werden entsprechend diskrete Elemente als Drehfeder $\hat{k}$, Drehdämpfer $\hat{d}$ und Drehmasse bzw. Massenträgheitsmoment θ eingeführt und diese in Analogie zu Tab. 2.1 für den Sonderfall der Bewegung um eine feste Drehachse in Tab. 2.2 dargestellt.

Drehfeder	**Drehdämpfer**	**Drehmasse**
Elastizität (Speicher)	Widerstand (Senke)	Trägheit (Speicher)
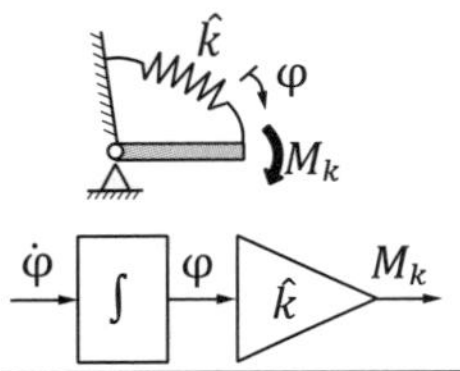 $\hat{k}$, φ, M_k $\dot{\varphi}$ → $\int$ → φ → $\hat{k}$ → M_k	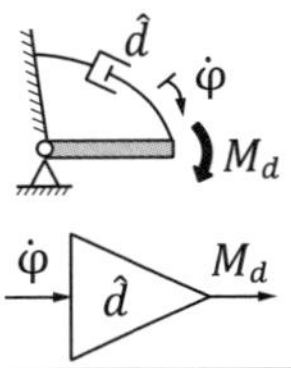 $\hat{d}$, $\dot{\varphi}$, M_d $\dot{\varphi}$ → $\hat{d}$ → M_d	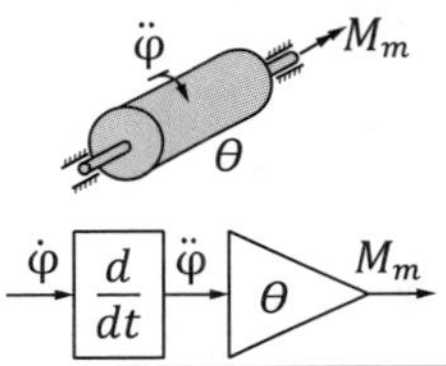 $\ddot{\varphi}$, M_m, θ $\dot{\varphi}$ → $\frac{d}{dt}$ → $\ddot{\varphi}$ → θ → M_m
$M_k = \hat{k} \cdot \varphi = \hat{k} \int \dot{\varphi}\, dt$	$M_d = \hat{d} \cdot \dot{\varphi}$	$M_m = \theta \cdot \ddot{\varphi} = \theta \cdot \frac{d\dot{\varphi}}{dt}$
$[\hat{k}] = \frac{Nm}{rad}$	$[\hat{d}] = \frac{Nms}{rad}$	$[\theta] = kgm^2$
Moment folgt durch Integration von $\dot{\varphi}$	Moment ist proportional zu $\dot{\varphi}$	Moment folgt durch Differentiation nach $\dot{\varphi}$
Verformungsenergie $\hat{E}_k = \frac{1}{2}\hat{k} \cdot \varphi^2$	Dissipierte Leistung $\hat{P}_d = \hat{d} \cdot \dot{\varphi}^2$	Kinetische Energie $\hat{E}_m = \frac{1}{2}\theta \cdot \dot{\varphi}^2$

Tab. 2.2 – Mechanische Elemente für die Modellbildung (Rotation)

Bisher wurden die Feder-, Dämpfer-, und Masse-Elemente in einer symbolischen Weise dargestellt. Bei praktischen Anwendungen muss man die Daten der Systemparameter im Allgemeinen aus Konstruktionselementen bestimmen. Dabei handelt es sich bei Federn oft um Stäbe bzw. Balken und bei den Massen und Drehmassen in einfachen Fällen um stabförmige, quaderförmige bzw. zylindrische Elemente. Wie für diese Konstruktionselemente die Ermittlung der Elemente (Trägheiten und Steifigkeiten) der Modellbildung erfolgt, wird in Tab. 2.3 und Tab. 2.4 für einige typische Beispiele gezeigt.

Konstruktionselement	**Lagerungs- und Belastungsbedingung**	**Steifigkeiten** $k = \frac{F}{\Delta x}$ bzw. $\hat{k} = \frac{M}{\Delta\varphi}$
Balken als Kragträger	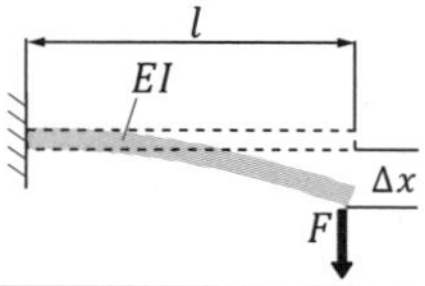 l, EI, Δx, F	$k = \frac{3EI}{l^3}$
Balken beidseitig gelenkig gelagert	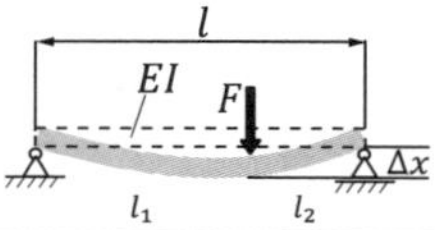 l, EI, F, Δx, l_1, l_2	$k = \frac{3EI}{l_1^2 l_2^2} l$
Balken beidseitig gelenkig gelagert mit Überhang	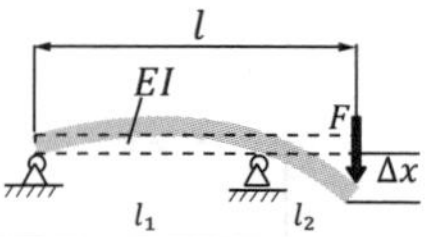 l, EI, F, Δx, l_1, l_2	$k = \frac{3EI}{l_2^2 l}$
Balken einseitig eingespannt, einseitig gelenkig gelagert	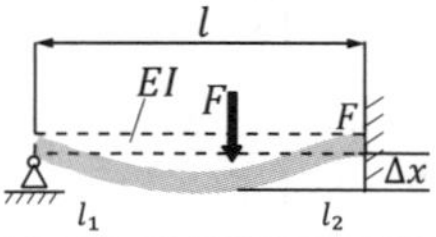 l, EI, F, F, Δx, l_1, l_2	$k = \frac{12EI}{l_1^2 l_2^3 (3l + l_1)} l^3$
Balken beidseitig fest eingespannt	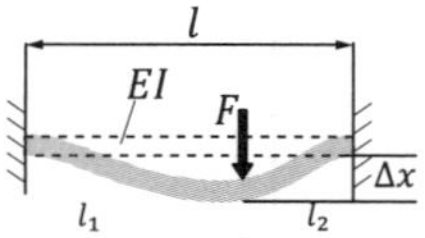 l, EI, F, Δx, l_1, l_2	$k = \frac{3EI}{l_1^3 l_2^3} l^3$
Balken beidseitig eingespannt, einseitig verschiebbar	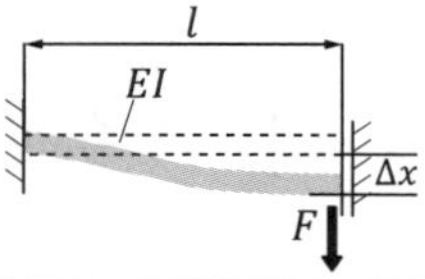 l, EI, Δx, F	$k = \frac{12EI}{l^3}$
Längsdehnstab	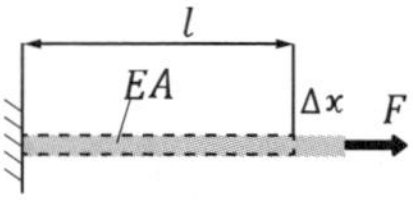 l, EA, Δx, F	$k = \frac{EA}{l}$
Torsionsstab	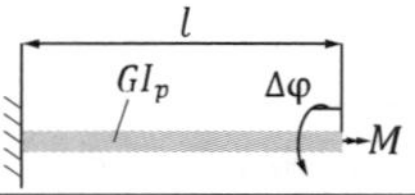 l, GI_p, $\Delta\varphi$, M	$\hat{k} = \frac{GI_p}{l}$

Tab. 2.3 – Federsteifigkeiten von einfachen Konstruktionselementen, Stäben und Balken

Konstruktions-element	Masse m	Polares Trägheitsmoment θ_P	Äquatoriales Trägheitsmoment $\theta_Ä$
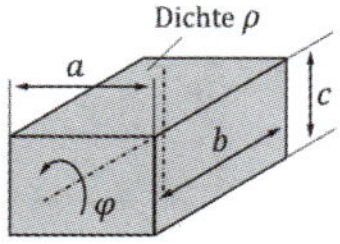 Dichte ρ, a, b, c, φ	ρabc	$\frac{m(a^2+c^2)}{12}$	$\frac{m(a^2+b^2)}{12}$
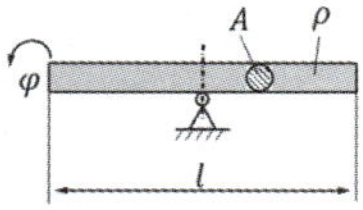 A, ρ, φ, l; Hebel, Drehpunkt in der Mitte	ρAl	$\frac{1}{12}ml^2$	$\frac{1}{12}ml^2$
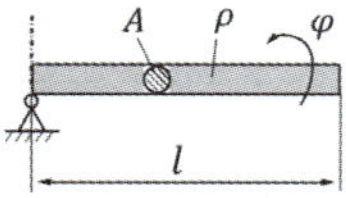 A, ρ, φ, l; Hebel, Drehpunkt außen mittig	ρAl	$\frac{1}{3}ml^2$	$\frac{1}{3}ml^2$
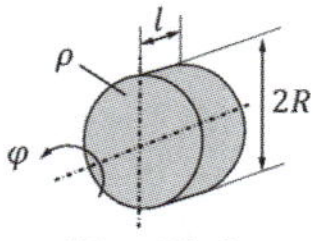 ρ, l, 2R, φ; Dünne Scheibe	$\rho\pi R^2 l$	$\frac{1}{2}mR^2$	$\frac{1}{4}mR^2$
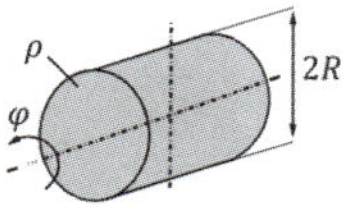 ρ, 2R, φ; Zylinder	$\rho\pi R^2 l$	$\frac{1}{2}mR^2$	$\frac{m(3R^2+l^2)}{12}$
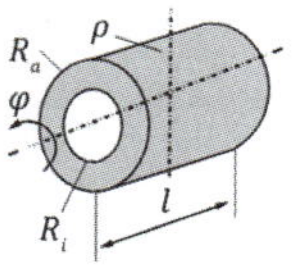 R_a, ρ, φ, R_i, l; Hohlzylinder	$\rho\pi l(R_a^2\text{-}R_i^2)$	$\frac{m(R_a^2+R_i^2)}{2}$	$\frac{m(3R_a^2+3R_i^2+l^2)}{12}$

Tab. 2.4 – Massen und Drehmassen einfacher Elemente

Zur Behandlung bzw. Berechnung mechanischer Systeme werden nachfolgend wichtige Grundlagen der Mechanik eingeführt.

Kräftesatz und Momentensatz

Ursache einer Starrkörperbewegung sind äußere Kräfte und Momente. Der mathematische Zusammenhang der Bewegung kann über Differentialgleichungen, die mittels dynamischer Grundgesetze (Kräfte- und Momentensatz) hergeleitet werden können, beschrieben werden. Die auf einen Körper wirkenden Kräfte und Momente bewirken dessen Bewegung.

Der Schwerpunkt- bzw. Kräftesatz beschreibt die Translationsbewegungen eines massebehafteten Körpers (Massepunkt) durch Einwirkung von Kräften auf diesen. Dieses Axiom stammt aus dem dynamischen Grundgesetz von Newton. Aus dem zweiten Newtonschen Axiom folgt, dass die zeitliche Änderung des Impulses $\vec{p}$ eines massebehafteten Körpers der Summe aller am Körper angreifenden äußeren Kräfte entspricht:

$$\frac{d\vec{p}}{dt} = \sum_i \vec{F}_i \tag{2.13}$$

Der Impuls beschreibt den mechanischen Bewegungszustand eines Körpers und steigt mit zunehmender Masse und Geschwindigkeit.

Für einen Körper mit konstanter Masse m folgt das Grundgesetz der Dynamik bzw. das Newtonsche Grundgesetz mit der Schwerpunktbeschleunigung $\vec{a}_S$ zu

$$m\vec{a}_S = \sum_i \vec{F}_i \,. \tag{2.14}$$

Die Schwerpunktbeschleunigung meint die absolute Beschleunigung zur Beschreibung der Bewegung eines Körpers, wobei sich diese im Falle eines beschleunigten Relativsystems aus den Anteilen der Führungsbeschleunigung $\vec{a}_f$, Coriolisbeschleunigung $\vec{a}_{cor}$ und Relativbeschleunigung $\vec{a}_{rel}$ zusammensetzt.

$$\vec{a}_S = \vec{a}_f + \vec{a}_{cor} + \vec{a}_{rel} \tag{2.15}$$

Der Momentensatz beschreibt die Rotationsbewegung eines massebehafteten Körpers (auf Drehachse bezogenes Massenträgheitsmoment) durch Einwirkung von äußeren Momenten. Dieser Satz stellt ein weiteres und eigenständiges Axiom der Kinetik aus dem dynamischen Grundgesetz von Newton dar. Die zeitliche Änderung des Drehimpulses $\dot{\vec{L}}$ bezüglich eines raum- und körperfesten Punktes A oder dem Schwerpunkt S entspricht der Summe aller am Körper angreifenden äußeren Momente $\vec{M}_i$ um A bzw. S.

$$\dot{\vec{L}}^{(A)} = \sum_i \vec{M}_i^{(A)} \tag{2.16}$$

Mit der Umrechnung über den Krafthebelarm $\vec{r}_S$ folgt

$$\vec{M}^{(A)} = \vec{M}^{(S)} + \vec{r}_S \times \vec{F} \tag{2.17}$$

$$\dot{\vec{L}}^{(S)} = \vec{M}^{(S)} \tag{2.18}$$

Bei unterschiedlichen Winkelgeschwindigkeiten des Körpers und des relativen Koordinatensystems (nicht körperfestes Koordinatensystem) gilt die folgende Beziehung:

$$\vec{\omega} = \vec{\Omega} + \vec{\omega}_{rel} \tag{2.19}$$

wobei $\vec{\omega}$ die absolute Winkelgeschwindigkeit des Körpers, $\vec{\Omega}$ die Führungswinkelgeschwindigkeit des nicht körperfesten Koordinatensystems und $\vec{\omega}_{rel}$ die relative Winkelgeschwindigkeit des Körpers gegenüber dem bewegten Koordinatensystem ist. Der Momentensatz nimmt somit im Allgemeinen die folgende Form an:

$$\frac{d_{rel}\vec{L}^{(S)}}{dt} + \vec{\Omega} \times \vec{L}^{(S)} = \sum_i \vec{M}_i^{(S)} \tag{2.20}$$

wobei der erste Term die relative Dralländerung bezüglich des bewegten Koordinatensystems und der zweite Term die Führungsbewegung des Koordinatensystems beschreibt. Das mit der Führungswinkelgeschwindigkeit rotierende Koordinatensystem stimmt im allgemeinen Fall nicht mit der Hauptachse des Systems überein, d. h. die Koordinatenachsen sind nicht zwingend Hauptträgheitsachsen [5]. Die Beschreibung des Systems bzgl. seiner Hauptachsen vereinfacht die mathematische Handhabung, da alle Deviationsmomente entfallen.

Der Momentensatz schreibt sich dann wie folgt:

$$\dot{\vec{L}}^{(S)} = \underline{\theta}^{(S)}\dot{\vec{\omega}} = \sum_i \vec{M}_i \tag{2.21}$$

wobei $\underline{\theta}^{(S)}$ der Massenträgheitstensor des Systems bzgl. des körperfesten Koordinatensystems bezogen auf den Schwerpunkt ist.

Der Richtungssinn von Kräften und Momenten kann willkürlich angesetzt werden. Ergibt die anschließende Berechnung ein negatives Vorzeichen, so wirkt die Kraft bzw. das Moment entgegengesetzt zur eingezeichneten Pfeilrichtung.

Für eine ungefesselte Masse m mit einem translatorischen Freiheitsgrad x und für $F_i > 0$ in positive x-Richtung, vgl. Abb. 2.6, folgt aus dem Kräftesatz die Bewegungsdifferentialgleichung

$$m\ddot{x} = F_1 - F_2 \,. \tag{2.22}$$

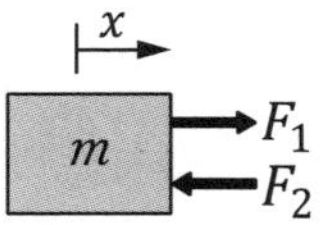

Abb. 2.6 – Ungefesselte Masse

Arbeits- bzw. Energiesatz

Die durch eine Kraft $\vec{F}$ bzw. ein Moment $\vec{M}$ über eine Verschiebung von A nach B mit dem Angriffspunkt von $\vec{r}_A$ nach $\vec{r}_B$ bzw. Drehung von φ_A nach φ_B verrichtete Arbeit schreibt sich als

$$W_{AB}(F) = \int_{\vec{r}_A}^{\vec{r}_B} \vec{F} \cdot d\vec{r} \tag{2.23}$$

bzw.

$$W_{AB}(M) = \int_{\varphi_A}^{\varphi_B} \vec{M} \cdot d\vec{\varphi} \tag{2.24}$$

Nur die äußeren Kräfte und Momente, die auf einen Starrkörper wirken, leisten Arbeit. Innere Kräfte und Momente treten immer paarweise mit jeweils entgegengesetzter Richtung auf und leisten folglich keine Arbeit. Die Gesamtenergie eines Systems setzt sich aus der Bilanz der potentiellen und kinetischen Energie und dem nichtkonservativen Energieanteil zusammen. Diese Energiebilanz bezieht sich auf den Übergang von A nach B für den Zeitabschnitt $t_A \leq t \leq t_B$ bei dem Arbeit am System verrichtet wird. Dem System durch äußere Kräfte zugeführte Energie geht dabei stets positiv und abgeführte Energie negativ in die Energiebilanz ein.

Die potentielle Energie in einem System kann zum einen über die Verschiebearbeit an einem Federelement und zum anderen über Hubarbeit am Körper eingebracht werden. Die potentielle Energie U_{Feder} einer aus dem entspannten Zustand um Δx gestauchten bzw. gedehnten Feder mit der Federkonstante k lautet

$$U_{Feder} = \frac{1}{2} k \cdot \Delta x^2 \tag{2.25}$$

Die potentielle Hubenergie eines Körpers bezogen auf eine Referenzhöhe ergibt sich zu:

$$U_{Hub} = m \cdot g \cdot \Delta h \tag{2.26}$$

wobei Δh die Höhendifferenz zwischen der aktuellen Höhe des Körpers und der Referenzhöhe ausdrückt.

Die kinetische Energie eines sich mit der Geschwindigkeit v_S bewegenden bzw. Winkelgeschwindigkeit ω drehenden Starrkörpers mit der Massenträgheit m bzw. $\theta^{(S)}$ berechnet sich für eine ebene Bewegung zu

$$T = \frac{1}{2} m \cdot v_S^2 + \frac{1}{2} \theta^{(S)} \cdot \omega^2. \tag{2.27}$$

Der Arbeitssatz der Mechanik lautet

$$T_A + U_A + W_{AB}^* = T_B + U_B \tag{2.28}$$

Die Arbeit W_{AB}^* beschreibt diejenige Arbeit, die aus nichtkonservativen Kräften und Momenten rührt, d. h. solche Größen, die bei einer Zustandsänderung von A nach B kein Potenzial besitzen. Der Term W_{AB}^* kann drei unterschiedliche Fälle aufweisen:

- $W_{AB}^* < 0$: Energiedissipation → verlustbehaftetes System
- $W_{AB}^* = 0$: Energieerhaltung → konservatives System
- $W_{AB}^* > 0$: Energiezufuhr → Systemanregung bzw. -anfachung

Letztendlich erhält man die Bewegungsgleichung aus der Differentiation des Arbeitssatzes zum beliebigen Zeitpunkt t bezüglich des Zustandes B. Da die konstanten Initialwerte der potentiellen und kinetischen Energien durch die zeitliche Differentiation verschwinden, bleibt lediglich folgender Ausdruck zum entsprechenden Zeitpunkt t:

$$\frac{d}{dt}\left(T_B(t) + U_B(t) - W_{AB}^*(t)\right) = 0 \tag{2.29}$$

Anmerkung: Die Herleitung der Bewegungsgleichung aus dem Arbeitssatz liefert allerdings nur eine Gleichung und ist deshalb für Systeme mit einem Bewegungsfreiheitsgrad geeignet. Für Systeme mit mehreren Freiheitsgraden ist das Prinzip von d'Alembert in der Lagrangeschen Fassung sinnvoller.

Prinzipien der Mechanik - Prinzip von d'Alembert

Mithilfe von d'Alembertschen Trägheitskräften und -momenten lassen sich die dynamischen Grundgesetze der Kinetik (Kräfte- und Momentensatz) formal auf die Gesetze der Statik (Gleichgewicht bzw. Arbeitsprinzip) zurückführen. Die d'Alembertschen Trägheitskräfte, wie beispielsweise Fliehkräfte oder Corioliskräfte, lauten für Starrkörper wie folgt

$$\vec{F}_T = -m\vec{a}_S \tag{2.30}$$

und

$$\vec{M}_T^{(S)} = -\frac{d}{dt}\left(\theta^{(S)}\vec{\omega}\right). \tag{2.31}$$

Die Trägheitskräfte existieren de facto nicht und gelten deshalb als „Scheinkräfte", die das Reaktionsaxiom nicht erfüllen, aber zweckmäßigerweise zur Lösung der Problemstellung herangezogen werden dürfen. Die Trägheitskräfte sind den Beschleunigungen stets entgegengerichtet und greifen immer im Schwerpunkt des Körpers an. Die „dynamischen Gleichgewichtsbedingungen" ergeben sich somit wie folgt

$$\vec{F} + \vec{F}_T = \vec{0} \tag{2.32}$$

und

$$\vec{M}^{(S)} + \vec{M}_T^{(S)} = \vec{0} \tag{2.33}$$

So stehen die realen Kräfte bzw. Momente mit den Trägheitskräften bzw. Trägheitsmomenten im Gleichgewicht. Durch Heranziehen der Trägheitskräfte als Scheinkräfte, kann das System in Kombination mit den realen Kräften basierend auf den Gesetzen der Statik behandelt werden. Weiterführende Ausführungen können [6] entnommen werden.

Für eine ungefesselte Masse m mit einem translatorischen Freiheitsgrad x und für $F_i > 0$ in positive x-Richtung, vgl. Abb. 2.7, folgt nach dem Prinzip von d'Alembert die resultierende reale Kraft F zu

$$F = F_1 - F_2 \tag{2.34}$$

und die d'Alembertsche Trägheitskraft F_T zu

$$F_T = -m\ddot{x}\ . \tag{2.35}$$

Nach Einsetzen in Gleichung (2.32) folgt wiederum die bekannte Bewegungsdifferentialgleichung

$$m\ddot{x} = F_1 - F_2\ . \tag{2.36}$$

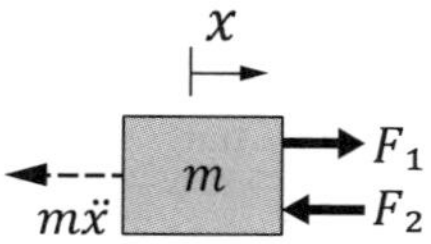

Abb. 2.7 – Ungefesselte Masse nach dem Prinzip von d'Alembert

Prinzipien der Mechanik - Prinzip von d'Alembert in der Lagrangeschen Fassung

Neben dem Gleichgewichtsprinzip unter Zuhilfenahme der Trägheitskräfte bzw. -momente durch Formulierung des Kräfte- und Momentensatzes, kann auch das Prinzip der virtuellen Verrückungen der Statik herangezogen werden. Unter Hinzunahme der bereits eingeführten d'Alembertschen Trägheitskräfte bzw. -momente zum Prinzip der virtuellen Verrückungen kann im Hinblick auf die Kinetik das Prinzip der virtuellen Arbeiten eingeführt werden. Dieses entspricht dann dem Prinzip von d'Alembert in der Lagrangeschen Fassung, welches auch Prinzip der virtuellen Geschwindigkeiten genannt wird.

Die virtuellen Verrückungen eines Starrkörpersystems sind virtuelle (also nicht existente) und beliebige, infinitesimale Verschiebungen $d\vec{r}$ bzw. Verdrehungen $d\vec{\varphi}$ der Starrkörper. Zwangskräfte in idealen Bindungen, wie starren Lagern oder Verbindungselementen, tauchen in diesen Formulierungen nicht auf, da ihre mechanische Arbeit entlang virtueller Verrückungen verschwindet. Mit der Bedingung

$$\delta W + \delta W_T = 0 \tag{2.37}$$

gilt für ein Starrkörpersystem, dass durch die Bewegung der Körper bei jeder virtuellen Verrückung die Summe aller virtuellen Arbeiten der realen, (nicht-)konservativen Kräfte δW und der d'Alembertschen Trägheitskräfte δW_T verschwindet. Dabei gilt

$$\delta W = \delta W^{*} \text{-} \delta U = \sum_i \vec{F}_i \delta \vec{r}_i + \sum_j \vec{M}_j \delta \vec{\varphi}_j \text{-} \delta U \tag{2.38}$$

wobei δW^* die virtuelle Arbeit der nichtkonservativen Kräfte bzw. Momente und δU die virtuelle Arbeit der konservativen Kräfte bzw. Momente umfasst. Die virtuelle Arbeit der Scheinkräfte und -momente δW_T setzt sich wie folgt zusammen:

$$\delta W_T = \sum_i \vec{F}_{Ti} \delta \vec{r}_{Si} + \sum_j \vec{M}_{Tj} \delta \vec{\varphi}_j \tag{2.39}$$

Die Anzahl der Systemfreiheitsgrade entspricht der Anzahl der unabhängigen virtuellen Verrückungen, dementsprechend ergeben sich genauso viele Bewegungsgleichungen.

Das Prinzip von d'Alembert in der Lagrangeschen Fassung lautet somit:

$$\sum_i [\vec{F}_i \text{-} m_i \vec{a}_{Si}] \delta \vec{r}_{Si} + \sum_j [\vec{M}_j^S \text{-} (\vec{\omega}_j \theta_j^S)^{\cdot}] \delta \vec{\varphi}_j \text{-} \delta U = 0 \tag{2.40}$$

Für die ungefesselte Masse m aus Abb. 2.7 folgt nach dem Prinzip von d'Alembert in der Lagrangeschen Fassung nach Einsetzen in Gleichung (2.40)

$$[F_1 \text{-} F_2 \text{-} m\ddot{x}] \delta x = 0 \tag{2.41}$$

und infolge der Bedingung $\delta x \neq 0$ die bekannte Bewegungsdifferentialgleichung

$$m\ddot{x} = F_1 \text{-} F_2 \tag{2.42}$$

Die Lagrangeschen Gleichungen zweiter Art beruhen auf einem Energieprinzip zum Aufstellen von Bewegungsdifferentialgleichungen von mechanischen Systemen. Auch bei dieser Methode treten innere Kräfte in idealen Bindungen nicht explizit auf.

Abhängig von den N Freiheitsgraden des Systems, sind entsprechend N unabhängige verallgemeinerte Koordinaten bzw. generalisierte Koordinaten $q_n(t)$ nötig. Falls mehr generalisierte Koordinaten als Freiheitsgrade zur Beschreibung der Systembewegung nötig sind, müssen entsprechend der Überzahl an Koordinaten geometrische Zwangsbedingungen aufgestellt werden.

Aus den Ausdrücken der potentiellen und kinetischen Energie unter Verwendung der generalisierten Koordinaten und Geschwindigkeiten, wird die Lagrangesche Funktion wie folgt formuliert:

$$L = T(q_1, \dots, q_N, \dot{q}_1, \dots, \dot{q}_N) - U(q_1, \dots, q_N) \tag{2.43}$$

Die Bewegungsgleichungen eines holonomen mechanischen Systems (mittels holonomer Zwangsbedingungen im System lassen sich gewisse Koordinaten eliminieren) mit N Freiheitsgraden werden durch die Lagrangeschen Gleichungen zweiter Art wie folgt bestimmt:

$$\frac{d}{dt}\frac{\partial L}{\partial \dot{q}_n} - \frac{\partial L}{\partial q_n} = Q_n^* \tag{2.44}$$

mit $n = 1,2, \dots, N$. Ein holonomes System ist charakterisiert durch geometrische Zwangsbedingungen, die neben der Zeit lediglich durch generalisierte Koordinaten beschreibbar sind.

Jegliche Kräfte- bzw. Momentenwirkungen, die nicht durch potentielle oder kinetische Energiesätze beschrieben werden können, werden als nichtkonservative generalisierte Zusatzkräfte bzw. -momente Q_n^* berücksichtigt. Dazu gehören besonders nichtkonservative äußere Kräfte bzw. Momente durch Reibung oder Dämpfung oder auch Erregerkräfte selbst. So lassen sich die nichtkonservativen generalisierten Zusatzkräfte Q_n^* wie folgt aufstellen

$$Q_n^* = \sum_i \vec{F}_i \frac{\partial \dot{\vec{r}}_i}{\partial \dot{q}_n} + \sum_j \vec{M}_j \frac{\partial \vec{\omega}_j}{\partial \dot{q}_n} \tag{2.45}$$

Reihen- und Parallelschaltung von Federn und Dämpfern

Häufig können gleiche, innerhalb eines mechanischen Systems miteinander verschaltete Elemente zusammengefasst werden. Im Folgenden wird kurz auf die Reihen- und Parallelschaltung von Federn, vgl. Abb. 2.8, und Dämpfern, vgl. Abb. 2.9, eingegangen.

Ausgehend von den Federsteifigkeiten k_i für $i = 1,2, \dots n$, lässt sich die Gesamtfedersteifigkeit je nach Verschaltung der Federn unterschiedlich bestimmen. Die elastostatischen Zusammenhänge können herangezogen werden, um Systemvereinfachungen bzw. Ersatzsysteme herleiten und aufstellen zu können.

Für den Fall der Reihenschaltung von Federn ergibt sich die gesamte Verschiebung Δx_{ges} aus der Summe der einzelnen Federverlängerungen Δx_i. Dabei ist die Kraft auf alle in Reihe liegenden Federn gleich.

$$\Delta x_{ges} = \sum_{i=1}^{n} \Delta x_i = \sum_{i=1}^{n} \frac{F}{k_i} = F \cdot \sum_{i=1}^{n} \frac{1}{k_i} \tag{2.46}$$

Für eine Reihenschaltung wie in Abb. 2.8 gezeigt, ergibt sich somit die Gesamtsteifigkeit zu

$$k_{ges,R} = \left(\sum_{i=1}^{n} \frac{1}{k_i} \right)^{-1} \tag{2.47}$$

Bei einer Parallelschaltung von Federn entspricht die Summe aller Federkräfte der Gesamtrückstellkraft, die bei Deformation der Federn wirkt.

$$F_{ges} = \sum_{i=1}^{n} F_i = \Delta x \cdot \sum_{i=1}^{n} k_i \tag{2.48}$$

Für eine Parallelschaltung folgt die Gesamtsteifigkeit somit zu

$$k_{ges,P} = \sum_{i=1}^{n} k_i \,. \tag{2.49}$$

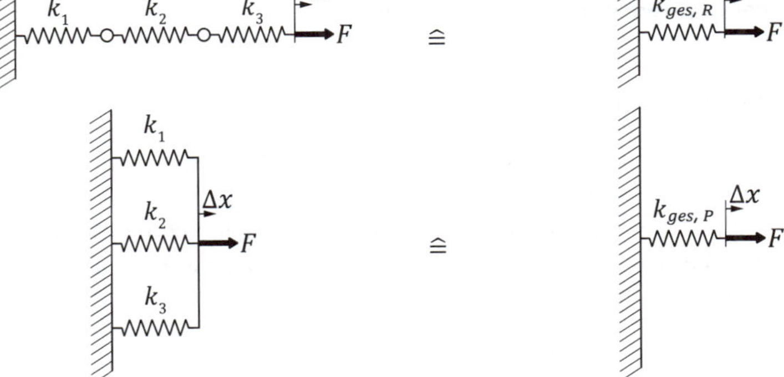

Abb. 2.8 – Reihen- und Parallelschaltung von Federn

Die Verschaltung von diskreten Dämpferelementen erfolgt auf analoge Weise zur Reihen- und Parallelschaltung von Federn. Bei der Herleitung ist darauf zu achten, dass die resultierenden Dämpfungskräfte geschwindigkeitsproportional anzunehmen sind. So ergibt sich für die Reihenschaltung von Dämpferelementen wie in Abb. 2.9 folgende Beziehung der Gesamtdämpfungskonstanten:

$$d_{ges,R} = \left(\sum_{i=1}^{n} \frac{1}{d_i}\right)^{-1} \tag{2.50}$$

Und für die Parallelschaltung der Dämpferelemente ergibt sich folgender Zusammenhang für die resultierende Dämpfungskonstante

$$d_{ges,P} = \sum_{i=1}^{n} d_i \,. \tag{2.51}$$

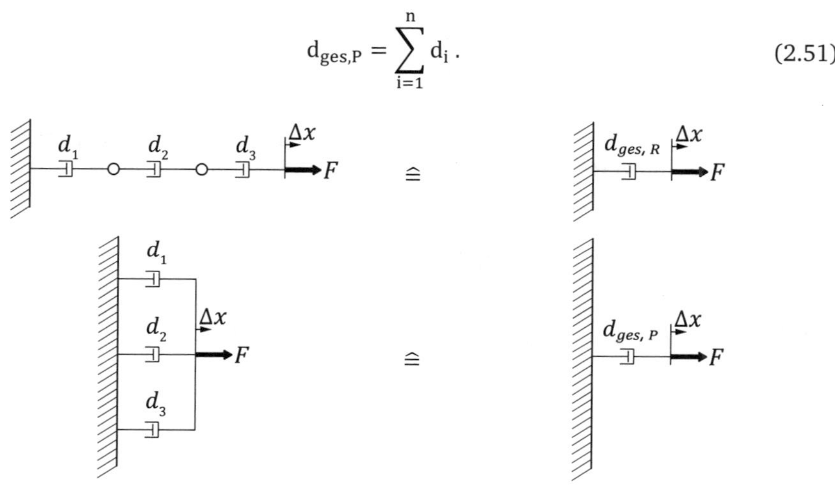

Abb. 2.9 – Reihen- und Parallelschaltung von Dämpfern

Kopplung von Massen

Für ein System mit beliebiger Kraftkopplung zwischen den Massen kann entsprechen der Anzahl an Freiheitsgraden jeweils eine Bewegungsdifferentialgleichung aufgestellt werden. Ein Freiheitsgrad stellt dabei eine unabhängige Bewegungskoordinate dar. Die beiden Massen in Abb. 2.10 sind über die Kraft F_{koppel} verbunden und stellen ein System mit zwei Freiheitsgraden dar.

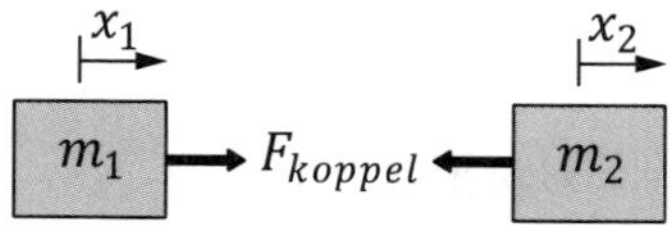

Abb. 2.10 – Kraftkopplung zwischen zwei Massen

Sobald diese Kraftkopplung eine kinematische Beziehung aufweist, reduziert sich die Anzahl der Freiheitsgrade im System. Für das Beispiel aus Abb. 2.11 besteht zwischen den Bewegungskoordinaten die Beziehung

$$x_2 = f(x_1), \tag{2.52}$$

womit sich das System auf einen Freiheitsgrad reduziert und genau eine Bewegungsdifferentialgleichung aufgestellt werden kann. Die auf den gewählten Freiheitsgrad zusammengefasste Masse wird als reduzierte Gesamtmasse bezeichnet.

Abb. 2.11 – Kinematische Kopplung zwischen zwei Massen

Üblicherweise wird für die Kopplung zwischen zwei kinematisch verbundenen Bewegungskoordinaten eine Übersetzung

$$i_{12} = \frac{\Delta x_1}{\Delta x_2} \quad \text{bzw.} \quad i_{12} = \frac{\dot{x}_1}{\dot{x}_2} \tag{2.53}$$

definiert, vgl. Kapitel 3. Um eine DGL für kinematisch gekoppelte Bewegungskoordinaten aufzustellen, müssen die Massen m_1 und m_2 zu einer Gesamtmasse zusammengefasst werden. Diese Gesamtmasse kann beliebig bzgl. der Koordinate x_1 oder x_2 bestimmt werden. Die Herleitung erfolgt nun mittels des zuvor vorgestellten Energiesatzes.

Für die translatorisch bewegten Massen lassen sich jeweils die kinetischen Energien aufstellen:

$$E_{kin,1} = \frac{1}{2} m_1 \dot{x}_1^2 \tag{2.54}$$

und

$$E_{kin,2} = \frac{1}{2} m_2 \dot{x}_2^2 \tag{2.55}$$

Die in beiden Massen enthaltene kinetische Gesamtenergie ergibt sich aus der Summation der beiden Energieanteile, welche wiederum der kinetischen Gesamtenergie der jeweiligen Bewegungskoordinate entspricht.

$$E_{kin,1} + E_{kin,2} = E_{kin,ges,1} = E_{kin,ges,2} \tag{2.56}$$

Ausformuliert ergibt sich

$$\frac{1}{2}m_1\dot{x}_1^2 + \frac{1}{2}m_2\dot{x}_2^2 = \frac{1}{2}m_{ges,1}\dot{x}_1^2 = \frac{1}{2}m_{ges,2}\dot{x}_2^2 \tag{2.57}$$

Durch Einsetzen der Beziehung aus Gleichung (2.53) ergeben sich

$$m_1\dot{x}_1^2 + m_2\left(\frac{\dot{x}_1}{i_{12}}\right)^2 = m_{ges,1}\dot{x}_1^2 \tag{2.58}$$

nach Division durch $\dot{x}_1^2$ und entsprechendem Umstellen

$$m_{ges,1} = m_1 + \frac{m_2}{i_{12}^2} \tag{2.59}$$

bzw.

$$m_1(i_{12}\dot{x}_2)^2 + m_2\dot{x}_2^2 = m_{ges,2}\dot{x}_2^2 \tag{2.60}$$

nach Division von $\dot{x}_2^2$ und entsprechendem Umstellen

$$m_{ges,2} = m_1 i_{12}^2 + m_2 \tag{2.61}$$

Für den einfachsten Sonderfall der starren Kopplung ($x_1 = x_2$) der beiden Massen mit der Übersetzung $i_{12} = 1$, vgl. Abb. 2.12, folgt

$$m_{ges,1} = m_{ges,2} = m_{ges} = m_1 + m_2 \tag{2.62}$$

Abb. 2.12 – Starre Kopplung zwischen zwei Massen

2.3.2 Elektrotechnik

In diesem Abschnitt werden die bei der Modellbildung mechatronischer Systeme häufig anzutreffenden Elemente und Grundgleichungen der Elektrotechnik vorgestellt. Dabei erfolgt eine Beschränkung auf elektrische Gleichstromnetze. Viele Ansätze lassen sich in verallgemeinerter Form auch auf zeitvariante Wechselstromnetze übertragen, hierfür sei auf die Fachliteratur [7], [8] verwiesen.

Zum Einstieg werden die Elemente der Elektrotechnik und, im Wesentlichen basierend auf den Ausführungen von Möller [7], die Grundbegriffe des elektrischen Netzes eingeführt. Im Weiteren werden die Kirchhoffschen Gesetze, welche zusammen mit dem Ohmschen Gesetz die mathematische Grundlage für die Analyse elektrischer Netze bilden, vorgestellt. Abschließend wird ein kurzer Überblick zur Parallel- und Reihenschaltung von elektrischen Elementen gegeben.

Elemente der Elektrotechnik

Viele mechatronische Problemstellungen erfordern die Verwendung der Grundelemente der Elektrotechnik (Kapazität C, Widerstand R und Induktivität L). Die treibende Kraft innerhalb von elektrischen Systemen ist die Potenzialdifferenz bzw. Spannung U, welche den Strom I durch die elektrischen Leiter bzw. die "Widerstands"-Elemente des elektrischen Kreises schickt. In diesen "Widerstands"-Elementen kommt es zum Spannungsabfall, vgl. Tab. 2.5.

Kondensator	**Ohmscher Widerstand**	**Spule**
Kapazität (Speicher)	Widerstand (Senke)	Induktivität (Speicher)
C, I, U_C; I → ∫ → Q → 1/C → U_C	R, I, U_R; I → R → U_R	L, I, U_L; I → d/dt → İ → L → U_L
$U_C = \frac{1}{C}\int I\,dt = \frac{1}{C} \cdot Q$	$U_R = R \cdot I = R \cdot \dot{Q}$	$U_L = L \cdot \dot{I} = L \cdot \ddot{Q}$
$[C] = \frac{As}{V}$	$[R] = \frac{V}{A} = \Omega$	$[L] = \frac{Vs}{A}$
Spannung U_C folgt durch Integration von I	Spannung U_R ist proportional zu I	Spannung U_L folgt durch Differentiation von I
Elektrische Energie $E_C = \frac{1}{2} C \cdot U_C^2$	Dissipierte Leistung $P_R = R \cdot I^2$	Magnetische Energie $E_L = \frac{1}{2} L \cdot I^2$

Tab. 2.5 – Elemente der Elektrotechnik für die Modellbildung

Wie bei den mechanischen Elementen kann auch hier zwischen Speicherelementen und Elementen mit Verlusten (Senken) unterschieden werden. Kapazität C und Induktivität L können elektrische bzw. magnetische Energie speichern, während im Widerstand R Ohmsche Verluste auftreten.

Elektrisches Netz (Grundbegriffe)

Ein elektrisches Netz setzt sich aus unterschiedlichen Elementen zusammen. Das kleinste Element eines Netzes besteht aus zwei Klemmen und wird als Zweipol bezeichnet. Fließt ein Strom in eine der Klemmen hinein, so muss dieser aus der anderen Klemme hinausfließen. Weiterhin liegt zwischen den Klemmen eines Zweipols eine Spannung an. Im Allgemeinen werden die im vorangegangenen Abschnitt vorgestellten Elemente der Elektrotechnik (Widerstände, Induktivitäten und Kapazitäten) idealisiert als Zweipol modelliert und deren Wechselwirkung mit der Umgebung vernachlässigt. Im Modell werden die Verbindungen zwischen verschiedenen Zweipolen eines elektrischen Netzes durch widerstandslose Leiter abgebildet. Ist der Einfluss des elektrischen Widerstandes eines realen Leiters nicht vernachlässigbar, wird dieser durch Ergänzung eines Ohmschen Widerstandes im Modell berücksichtigt.

Innerhalb eines elektrischen Netzes wird zwischen Zweig, Knoten und Masche unterschieden. Bereiche des Netzes, in denen ein und derselbe Strom fließt, werden als Zweige bezeichnet. An den Knoten erfolgt eine Verzweigung des Stromes und bei Maschen handelt es sich um beliebige, in sich geschlossene Pfade [9]. In verzweigten Netzen gibt es daher stets mehrere Maschen. In Abb. 2.13 ist ein einfaches elektrisches Netz mit einer Spannungsquelle und mehreren Widerständen dargestellt. Weiterhin sind drei Zweige (z_1, z_2 und z_3), zwei Maschen (m_1 und m_2) sowie zwei Knoten (k_1 und k_2) eingetragen.

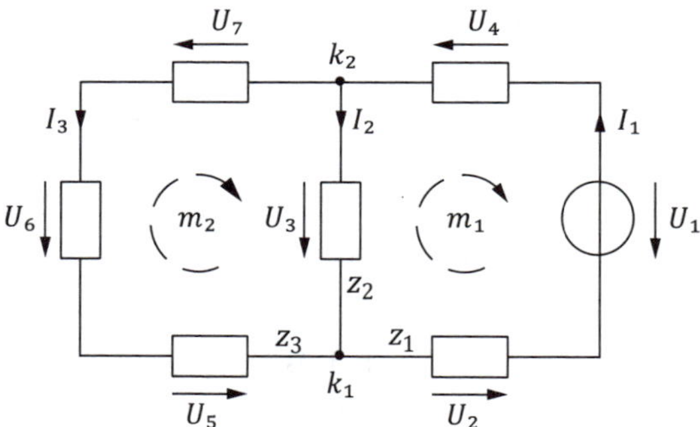

Abb. 2.13 – Einfacher elektrischer Kreis

Ähnlich dem Vorgehen bei einem mechanischen System, können die Strom- und Spannungsrichtungen innerhalb eines elektrischen Netzes zunächst willkürlich angesetzt werden. Ergibt die anschließende Berechnung ein negatives Vorzeichen, so fließt der Strom entgegengesetzt zur eingezeichneten Pfeilrichtung.

Ohmsches Gesetz

An einem elektrischen Widerstand lässt sich ein proportionaler Zusammenhang zwischen der anliegenden elektrischen Spannung U und dem hindurchfließenden elektrischen Strom I beobachten. Der Proportionalitätsfaktor ist bestimmt durch den Ohmschen Widerstand R. Zusammen ergibt sich somit die Beziehung

$$U = R \cdot I, \tag{2.63}$$

welche als Ohmsches Gesetz bezeichnet wird.

Ohmsches Gesetz des magnetischen Kreises

Äquivalent zum Ohmschen Gesetz für einen elektrischen Strom-Kreis besteht ein Zusammenhang für einen magnetischen Fluss-Kreis. Dabei entspricht der magnetische Fluss Φ dem elektrischen Strom I, die magnetische Durchflutung Θ der elektrischen Spannung U und der magnetische Widerstand R_m dem elektrischen Widerstand R . Das Gesetz lautet:

$$\Theta = R_m \cdot \Phi \tag{2.64}$$

Induktionsgesetz

An einem Leiter mit N Windungen entsteht bei zeitlicher Änderung des magnetischen Flusses $\frac{d\Phi}{dt}$ die sogenannte Induktionsspannung:

$$U_{ind} = N \cdot \frac{d\Phi}{dt} \tag{2.65}$$

Entsprechend der Lenzschen Regel ist die Polung der Induktionsspannung stets so gerichtet, dass sie ihrer Ursache entgegenwirkt. Somit erzeugt ein aus der Induktionsspannung resultierender Strom ein Magnetfeld, das der Änderung des magnetischen Flusses $\frac{d\Phi}{dt}$ entgegengerichtet ist.

Durchflutungsgesetz

Für magnetische Kreise gilt das Durchflutungsgesetz. Das Wegintegral der magnetischen Feldstärke H entlang eines geschlossenen magnetischen Weges l ergibt die magnetische Durchflutung Θ, die von einem stromdurchflossenen Leiter mit N Windungen erzeugt wird.

$$\Theta = N \cdot I = \oint H \, dl \quad (2.66)$$

Knotengleichung – 1. Kirchhoffsches Gesetz

Innerhalb eines Knotens kann keine Ladung gespeichert werden. Weiterhin ist der Verlust von Ladung nicht möglich, sodass stets ein Gleichgewicht zwischen allen zu- und abfließenden Strömen vorliegen muss.

Werden an einem Knoten mit n anliegenden Zweigen alle zufließenden Ströme positiv und alle abfließenden Ströme negativ erfasst, lautet das 1. Kirchhoffsche Gesetz, welches auch als Knotengleichung bezeichnet wird, in allgemeiner Form

$$\sum_{k=1}^{n} I_k = 0 \quad (2.67)$$

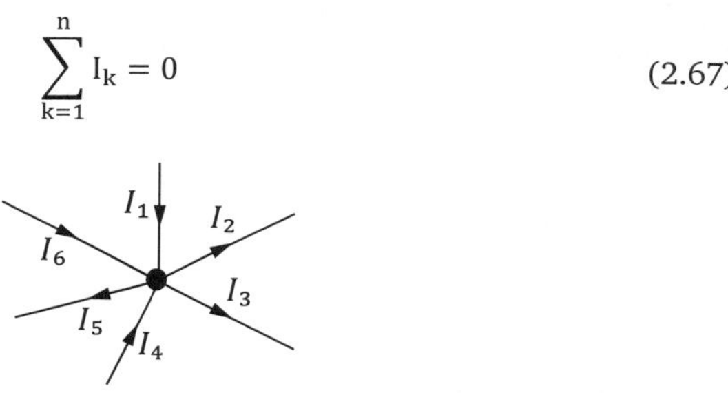

Abb. 2.14 – Beispiel für Knotengleichung

Abb. 2.14 zeigt den Knoten eines Netzes mit sechs Zweigen. Gemäß Gleichung (2.67) ergibt sich für die Summe aller Ströme

$$I_1 - I_2 - I_3 + I_4 - I_5 + I_6 = 0 \quad (2.68)$$

Für ein elektrisches Netz mit m Knoten können m-1 unabhängige Knotengleichungen aufgestellt werden.

Maschengleichung – 2. Kirchhoffsches Gesetz

Eine Masche enthält verschiedene Punkte mit unterschiedlichem Potenzial. Das Potenzial eines Punktes wird jeweils bzgl. eines festen Bezugspunktes ermittelt. Dem Bezugspunkt wird stets das Potenzial Null zugewiesen. Die zwischen zwei Punkten auftretenden Potenzialdifferenzen bzw. Spannungen sind maßgebend für die innerhalb eines elektrischen Netzes fließenden Ströme. Folglich ergeben sich alle innerhalb einer Masche anliegenden Spannungen in der Summe zu Null.

Werden alle in Maschenumlaufrichtung angetragenen Spannungen positiv und alle entgegen angetragenen Spannungen negativ erfasst, lautet das 2. Kirchhoffsche Gesetz, welches auch als Maschengleichung bezeichnet wird, in allgemeiner Form

$$\sum_{i=1}^{n} U_i = 0 \tag{2.69}$$

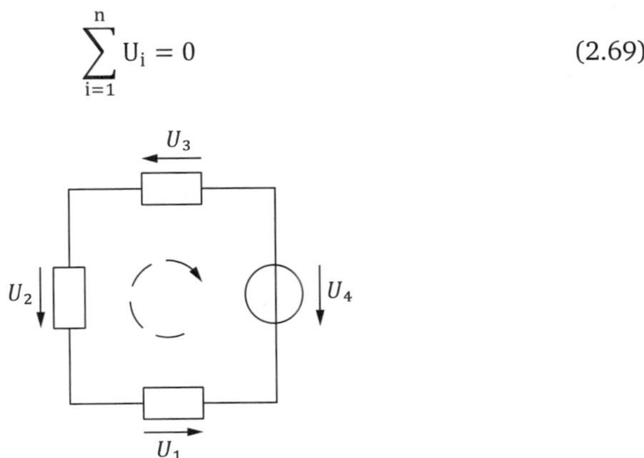

Abb. 2.15 – Beispiel für Maschengleichung

In Abb. 2.15 ist die Masche eines elektrischen Kreises dargestellt. Entsprechend Gleichung (2.69) ergibt sich für die Summe aller Spannungen

$$-U_1-U_2-U_3 + U_4 = 0 \tag{2.70}$$

Reihen- und Parallelschaltung von Widerständen, Induktivitäten und Kapazitäten

Häufig können gleiche, innerhalb eines elektrischen Kreises miteinander verschaltete Elemente zusammengefasst werden. Im Folgenden wird kurz auf die Reihen- und Parallelschaltung von elektrischen Widerständen, vgl. Abb. 2.16, und Kapazitäten, vgl. Abb. 2.18, eingegangen.

Bei der Reihenschaltung von elektrischen Widerständen werden alle Widerstände vom gleichen Strom durchflossen (Knotengleichung). Weiterhin ergibt sich die anliegende Gesamtspannung aus der Summe der über den einzelnen Widerständen abfallenden Spannungen (Maschengleichung). Daraus folgt für die Reihenschaltung von n Widerständen:

$$R_{ges,R} = \sum_{i=1}^{n} R_i \tag{2.71}$$

Bei der Parallelschaltung von Widerständen liegt an allen Widerständen die gleiche Spannung an (Maschengleichung) und der gesamte fließende Strom ergibt sich aus der Summe über die Teilströme (Knotengleichung). Entsprechend folgt für die Parallelschaltung von n Widerständen:

$$R_{ges,P} = \left(\sum_{i=1}^{n} \frac{1}{R_i} \right)^{-1} \tag{2.72}$$

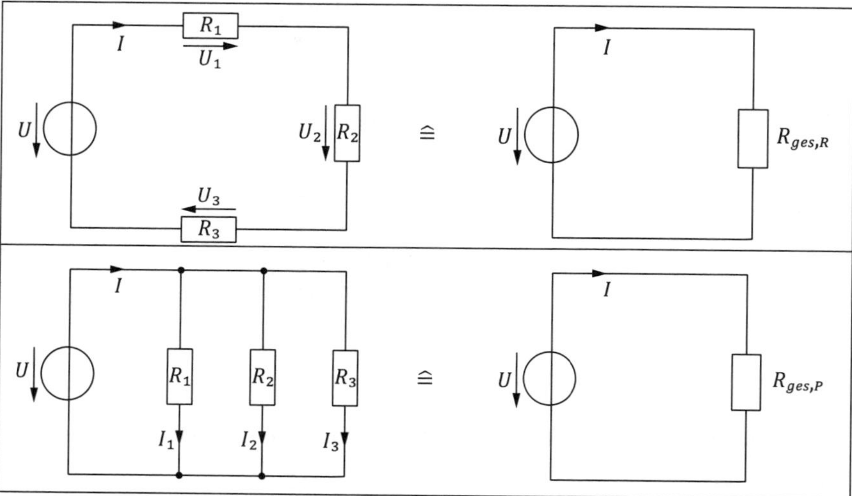

Abb. 2.16 – Reihen- und Parallelschaltung von elektrischen Widerständen

Die Verschaltung von Induktivitäten berechnet sich analog zu der von elektrischen Widerständen und ist in Abb. 2.17 dargestellt.

$$L_{ges,R} = \sum_{i=1}^{n} L_i \tag{2.73}$$

$$L_{ges,P} = \left(\sum_{i=1}^{n} \frac{1}{L_i} \right)^{-1} \tag{2.74}$$

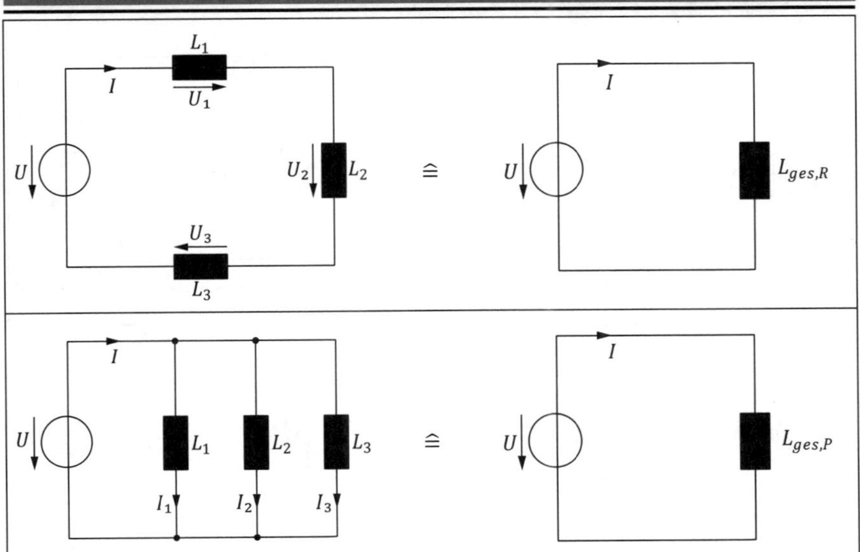

Abb. 2.17 – Reihen- und Parallelschaltung von Induktivitäten

Durch analoges Vorgehen lässt sich auch für die Verschaltung von Kondensatoren bzw. Kapazitäten eine Gesamtkapazität bestimmen. Allerdings entspricht die Gleichung zur Reihenschaltung von Widerständen der einer Parallelschaltung von Kapazitäten und umgekehrt.

Folglich gilt für die Reihenschaltung von n Kondensatoren

$$C_{ges,R} = \left(\sum_{i=1}^{n} \frac{1}{C_i}\right)^{-1} \tag{2.75}$$

und für die Parallelschaltung von n Kondensatoren

$$C_{ges,P} = \sum_{i=1}^{n} C_i \tag{2.76}$$

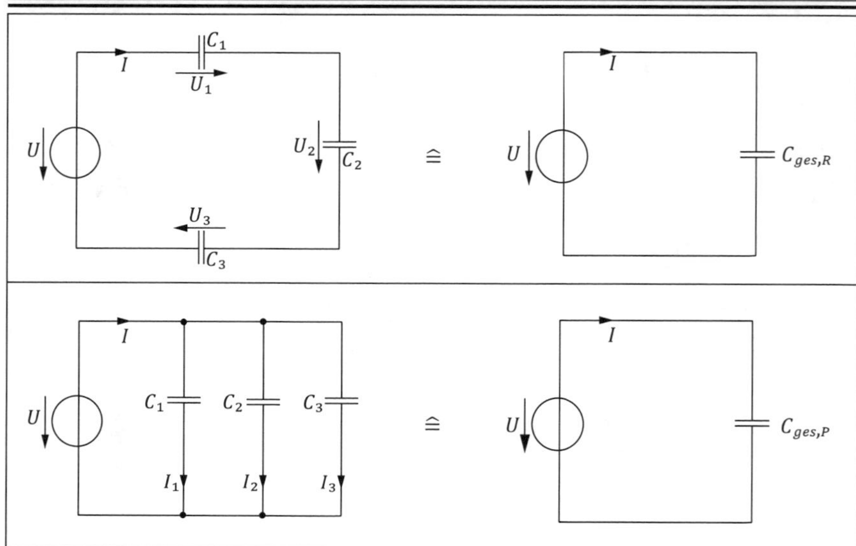

Abb. 2.18 – Reihen- und Parallelschaltung von Kapazitäten

Wechselstrom

Bei Netzen, die mit Wechselspannung (Kreisfrequenz ω) betrieben werden, kann eine Beschreibung mit komplexen Zahlen (imaginäre Einheit j) erfolgen. Der Zusammenhang zwischen dem komplexen Strom $\underline{I}$ und der komplexen Spannung $\underline{U}$ lässt sich dann allgemein mit Hilfe des komplexen Widerstands bzw. der Impedanz $\underline{Z}$ beschreiben:

$$\underline{U} = \underline{Z} \cdot \underline{I} \tag{2.77}$$

Die komplexen Widerstände der drei Elemente der Elektrotechnik (Kapazität $\underline{Z}_C$, Ohmscher Widerstand $\underline{Z}_R$ und Induktivität $\underline{Z}_L$) lauten dabei wie folgt:

$$\underline{Z}_C = (j\omega C)^{-1}, \;\; \underline{Z}_R = R, \;\; \underline{Z}_L = j\omega L \tag{2.78}$$

Auf weitere Grundlagen der Elektrotechnik, wie die Lorentzkraft und das Magnetfeld von Leitern, wird in diesem Lehrbuch nachfolgend im Rahmen konkreter Anwendungen eingegangen.

2.3.3 Fluidmechanik

Dieser Abschnitt befasst sich mit der Erläuterung der grundlegenden Gleichungen der Fluidmechanik, sodass einfache fluidmechanische Problemstellungen in der Mechatronik gelöst werden können. Zu Beginn werden die hydraulischen Elemente für die Modellbildung näher erklärt. Im Anschluss daran werden wichtige Grundgleichungen vorgestellt, welche zum Schluss des Kapitels auf zwei ausgewählte Beispiele angewendet werden.

Die Fluidmechanik befasst sich sowohl mit flüssigen als auch mit gasförmigen Medien. Daher werden Fluidsysteme grundsätzlich unterteilt in hydraulische und pneumatische Systeme. In der Hydraulik werden Flüssigkeiten mit vernachlässigbarer Kompressibilität betrachtet, in der Pneumatik geht es um Gase, die kompressibel sind und folglich eine Dichteänderung aufweisen. Weiterhin gliedert sich die Hydraulik in die Hydrostatik (unbewegte, strömungsfreie Flüssigkeiten) und die Hydrodynamik (bewegte, strömungsbehaftete Flüssigkeiten). Entsprechendes gilt für die Pneumatik, welche sich in Aerostatik (unbewegte, strömungsfreie Gase) und die Aerodynamik (bewegte, strömungsbehaftete Gase) gliedert.

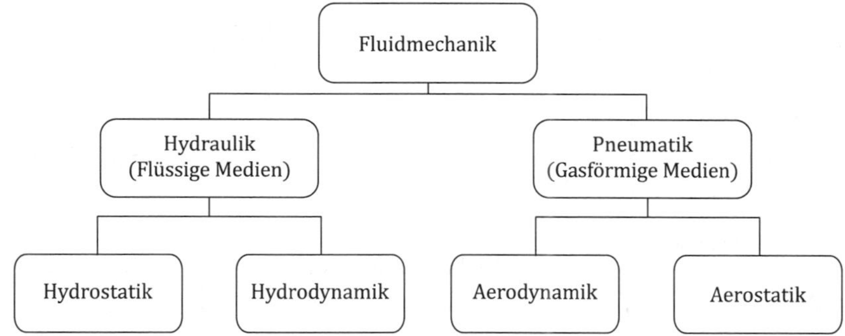

Abb. 2.19 – Strukturdiagramm der Fluidmechanik

Für die grundlegende Betrachtung wird in diesem Lehrbuch angenommen, dass ideale, inkompressible Flüssigkeiten vorliegen, in denen Zähigkeit, Reibung und die daraus resultierenden Schubspannungen vernachlässigt werden können.

Elemente der Fluidmechanik

Bei Fluidsystemen, welche vor allem in der Aktorik eine große Bedeutung haben, lassen sich in Analogie zu mechanischen und elektrischen Systemen ebenfalls Bausteine definieren, die Speicher-und Widerstandseigenschaften aufweisen. Das Äquivalent zu den Größen Geschwindigkeit $\dot{x}$ bzw. elektrischer Strom I ist bei Fluidsystemen der Volumenstrom $\dot{V}$. Entsprechend ergibt sich analog zu Kraft F bzw. Moment M sowie Potenzialdifferenz/Spannung U die Druckdifferenz Δp. In Tab. 2.6 sind speziell für den Fall inkompressibler Fluide die drei Elementtypen der Hydraulik – Behälter (Speicher), Drossel bzw. Blende (Widerstand) und

Fluidmasse (Trägheit) – die entsprechenden Blockschaltbilder, die formelmäßigen Zusammenhänge sowie die gespeicherten Energien bzw. die Leistungsverluste angegeben.

Behälter	**Drossel, Blende**	**Fluidmasse**
Kapazität (Speicher)	Widerstand (Senke)	Trägheit (Speicher)
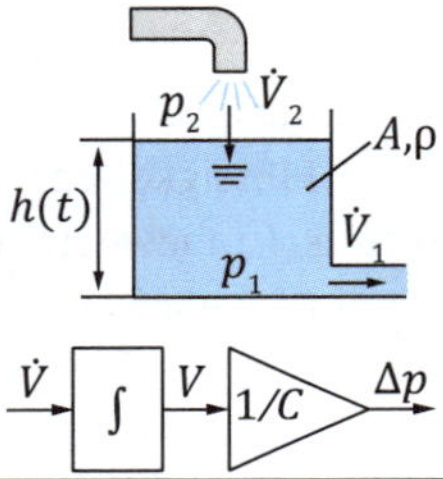 p_2, $\dot{V}_2$, A,ρ, $h(t)$, $\dot{V}_1$, p_1 $\dot{V}$ → $\int$ → V → $1/C$ → Δp	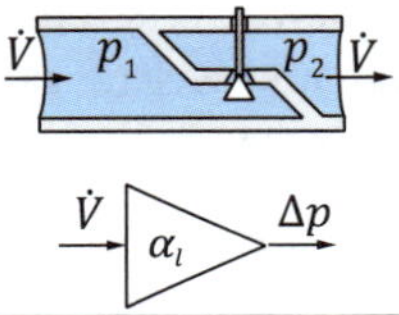 $\dot{V}$, p_1, p_2, $\dot{V}$ $\dot{V}$ → α_l → Δp	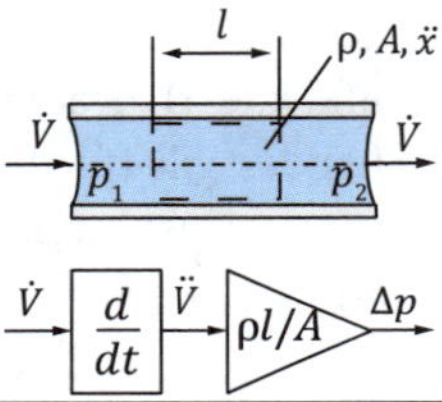 l, $\rho, A, \ddot{x}$, $\dot{V}$, p_1, p_2, $\dot{V}$ $\dot{V}$ → $\frac{d}{dt}$ → $\ddot{V}$ → $\rho l/A$ → Δp
Gewichtsspeicher: $(p_1\text{-}p_2)A = \rho \cdot g \cdot A \cdot h$ $\dot{V} = \dot{V}_2\text{-}\dot{V}_1 = A \cdot \dot{h}$ $\Delta\dot{p} = \dot{p}_1\text{-}\dot{p}_2 = \frac{\rho \cdot g}{A} \cdot \dot{V} = \frac{1}{C_{hyd}} \cdot \dot{V}$ Allgemeiner Druckspeicher: $\Delta p = p_1\text{-}p_2 = \frac{1}{C_{hyd}} \int \dot{V} dt$ $C_{hyd} = \frac{dV}{d\Delta p}$	Linearer Fall: $\Delta p = p_1\text{-}p_2 = \alpha_l \cdot \dot{V}$ Nichtlinearer Fall: $\Delta p = p_1\text{-}p_2 = \alpha_{nl} \cdot \dot{V}^n$	$(p_1\text{-}p_2)A = \rho \cdot l \cdot A \cdot \ddot{x}$ $= \rho \cdot l \cdot \ddot{V}$ $\Delta p = p_1\text{-}p_2$ $= \frac{\rho \cdot l}{A} \cdot \ddot{V} = L_{hyd} \cdot \ddot{V}$
$[C_{hyd}] = \frac{m^5}{N}$	$[\alpha_l] = \frac{Ns}{m^5}$	$[L_{hyd}] = \frac{kg}{m^4}$
Druckdifferenz folgt durch Integration von $\dot{V}$	Druckdifferenz ist (nicht-)linear proportional zu $\dot{V}$	Druckdifferenz folgt durch Differentiation von $\dot{V}$
Potentielle Energie $E_C = \frac{1}{2} C_{hyd} \cdot \Delta p^2$	Dissipierte Leistung (linearer Fall): $P_\alpha = \alpha_l \cdot \dot{V}^2$	Kinetische Energie $E_L = \frac{1}{2} L_{hyd} \cdot \dot{V}^2$

Tab. 2.6 – Hydraulische Elemente für die Modellbildung

Die Energiespeicherung im hydraulischen Speicher erfolgt in diesem Fall in Form potentieller Energie der Flüssigkeit (Gewichtsspeicher). Bei dieser hydraulischen

Kapazität $C_{hyd} = \frac{A}{\rho \cdot g}$ ist die zeitliche Änderung des Flüssigkeitsvolumens im Behälter $\dot{V}$ gleich der Differenz aus zulaufendem $\dot{V}_2$ und ablaufendem Flüssigkeitsvolumenstrom $\dot{V}_1$. Der Zusammenhang der Druckgrößen $\Delta p = (p_1 - p_2)$ mit der Volumenänderung folgt über die Höhe h(t) der Flüssigkeit. Andere technische Realisierungen für hydraulische Kapazitäten (Speicher) sind in Tab. 2.7 dargestellt. Dabei repräsentiert die hydraulische Kapazität C_{hyd} gemäß der allgemeinen Beziehung aus Tab. 2.6 stets die Volumenzufuhr, die erforderlich ist, um im Speicher eine bestimmte Druckerhöhung zu erzeugen.

Speichersystem	**Kapazität** C
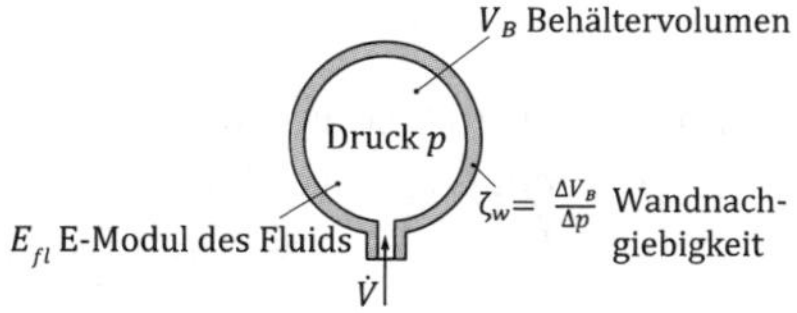 V_B Behältervolumen; Druck p; $\zeta_w = \frac{\Delta V_B}{\Delta p}$ Wandnachgiebigkeit; E_{fl} E-Modul des Fluids; $\dot{V}$	$C_{hyd} = \frac{V_B}{E_{fl}} + \zeta_w$
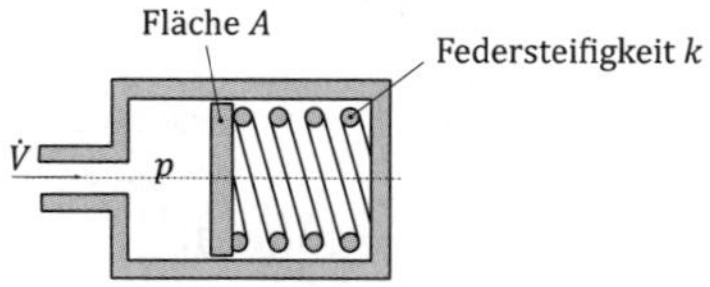 Fläche A; Federsteifigkeit k; $\dot{V}$; p	$C_{hyd} = \frac{A^2}{k}$
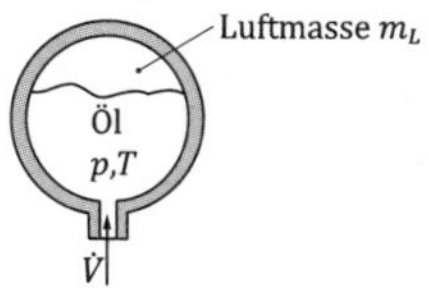 Luftmasse m_L; Öl; p,T; $\dot{V}$	$C_{hyd} = \frac{m_L RT}{p^2}$ (langsame Änderung) $C_{hyd} = \frac{m_L RT}{\kappa p^2}$ (schnelle Änderung) κ Kennzahl des Gases

Tab. 2.7 – Kapazitäten für verschiedene Hydrauliksysteme

Dazu gehören z. B. der Behälter mit nachgiebiger Wand und, im Vergleich zu Gasen, sehr geringer Kompressibilität der Flüssigkeit (E-Modul analog zu Festkörpern), der Kolben mit Rückfederung und der Flüssigkeitsbehälter mit Luftpolster. Der hydraulische Widerstand ist der Widerstand, den die Flüssigkeit erfährt, wenn diese durch Drosseln, Blenden, Ventile oder auch Rohrleitungsverengungen fließt. Im idealisierten Fall gilt $\Delta p = \alpha_l \cdot \dot{V}$, wobei α_l der hydraulische Widerstand ist. Lineare Zusammenhänge dürfen nur in einfachen Sonderfällen der laminaren Strömung verwendet werden. Bei scharfkantigen Querschnittsänderungen und turbulenter Strömung gelten nichtlineare Gesetze, vgl. Tab. 2..

Die hydraulische Trägheit ist dann zu berücksichtigen, wenn die Flüssigkeit z. B. in einem Rohr beschleunigt wird. Die dazu notwendige Kraft wird aus der Druckdifferenz $\Delta p = p_1 - p_2$ geliefert, Tab. 2.. Der Zusammenhang zwischen Druckdifferenz Δp und der zeitlichen Änderung des Volumenstroms ist durch die hydraulische Induktivität $L_{hyd} = \frac{\rho \cdot l}{A}$ gegeben.

Bei pneumatischen Systemen gibt es grundsätzlich auch die drei Elementtypen gemäß Tab. 2.. Im Unterschied zur Hydraulik ist aber zu berücksichtigen, dass Gase große Kompressibilität aufweisen. Bei Druckänderungen sind daher auch Volumen- bzw. Dichteänderungen zu berücksichtigen.

Grundgleichungen der Hydraulik

Innerhalb eines Fluids treten keine Schubspannungen auf, sofern dieses unbewegt ist bzw. die Strömungsgeschwindigkeit vernachlässigt werden kann. In diesem Fall sind die Kräfte, die von der umgebenden Flüssigkeit oder von festen, die Flüssigkeit begrenzenden Wänden auf die Oberfläche eines beliebig herausgegriffenen Flüssigkeitsvolumens ausgeübt werden, an jeder Stelle normal zur Oberfläche (vgl. Abb. 2.20).

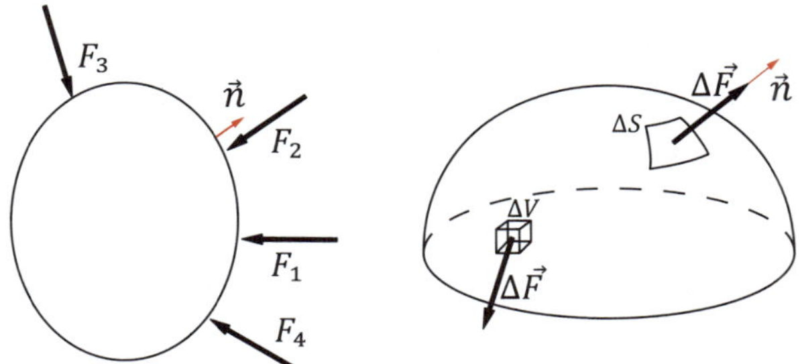

Abb. 2.20 – Volumen- und Oberflächenkräfte an einem Flüssigkeitsteilchen

Die an einem Fluidkörper angreifenden Kräfte gliedern sich, wie in Abb. 2.20 gezeigt, in zwei Klassen:

- Volumenkräfte
- Oberflächenkräfte

Volumenkräfte sind Kräfte mit großer Reichweite, sie wirken auf alle materiellen Teilchen im Körper und haben in der Regel ihre Ursache in Kraftfeldern. Das wichtigste Beispiel ist das Erdschwerefeld. Die Gravitationsfeldstärke $\vec{g}$ wirkt auf jedes Molekül im Flüssigkeitsteilchen, und die Summe der Kräfte stellt die auf das Teilchen wirkende Schwerkraft dar:

$$\Delta\vec{F} = \vec{g}\sum m_i \tag{2.79}$$

Die Schwerkraft ist also proportional zur Masse des Flüssigkeitsteilchens.

Die Oberflächenkräfte werden von der umgebenden Flüssigkeit oder allgemeiner von der unmittelbaren Umgebung auf die Oberfläche des betrachteten Teils der Flüssigkeit ausgeübt, vgl. Abb. 2.20.

$$\vec{p} = \lim_{\Delta S \to 0} \frac{\Delta\vec{F}}{\Delta S} \tag{2.80}$$

Nach der Definition von Volumen- und Oberflächenkräften wird nun mit Hilfe des Schweredrucks die Druckverteilung in einer schweren Flüssigkeit bestimmt.

An der freien Oberfläche einer Flüssigkeit, welche sich in einem offenen Gefäß befindet, herrscht der Druck p_0. Er wird in Pascal oder in bar angegeben ($1\text{Pa} = 1\frac{\text{N}}{\text{m}^2}$; $1\text{bar} = 10^5\frac{\text{N}}{\text{m}^2}$). Dieser Druck pflanzt sich nach dem Pascalschen Druckfortpflanzungsgesetz gleichmäßig durch die Flüssigkeit fort. Dem Druck an der freien Oberfläche wird nun noch der in der Tiefe z wirkende Schweredruck überlagert. Das Kräftegleichgewicht am Flüssigkeitszylinder in Abb. 2.21 mit Querschnittsfläche A und vertikaler Achse z liefert:

$$p_0 A - p_1 A + \rho g A(z_1 - z_0) = 0 \tag{2.81}$$

Hierbei stellt $\rho g A(z_1 - z_0)$ die resultierende Volumenkraft, also das Gewicht des Flüssigkeitszylinders dar. Wenn $z_0 = 0$ als festes Nullniveau angenommen wird und sich in diesem Punkt das Koordinatensystem befindet, dann vereinfacht sich die Gleichung des Kräftegleichgewichts, so dass sich der Gesamtdruck p(z) in der Tiefe z ergibt zu:

$$p(z) = p_0 + \rho g z \tag{2.82}$$

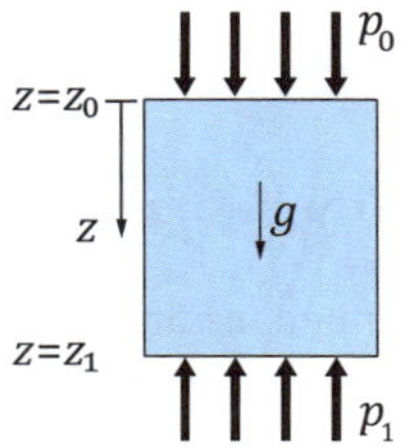

Abb. 2.21 – Druckkräfte auf Flüssigkeitsteilchen

Es gilt festzuhalten, dass in einer dichtebeständigen Flüssigkeit der Druck also linear mit wachsender Höhe sinkt bzw. mit zunehmender Tiefe steigt. Des Weiteren herrscht in Punkten gleicher Tiefe der gleiche Druck. Der Druck in einer Flüssigkeit kann niemals unter den Wert Null fallen. Fällt der statische Druck p unter den Verdampfungsdruck der Flüssigkeit Fällt der statische Druck p an einzelnen Stellen unter den Verdampfungsdruck der umgebenden Flüssigkeit reißt die Flüssigkeit bzw. die Strömung ab und es kommt zur Ausbildung von blasenartigen Hohlräumen. Dieser Vorgang wird Kavitation genannt und tritt in der Praxis bei niedrigen Drücken oberhalb von $p = 0$ auf. [4], [10], [11]

Bei bewegten Fluiden ist häufig nicht die Bewegung einzelner Fluidteilchen, sondern der Zustand einer physikalischen Größe, wie z. B. Geschwindigkeit, Druck oder Temperatur, an einem festen Ort in der Strömung von Interesse. Zur Beschreibung dieser lokalen Zustände eignet sich die Abstraktion einer Fluidströmung durch Stromlinien. Abb. 2.22 zeigt ein Bündel von Stromlinien, die in einer Röhre mit dem veränderlichen Querschnitt A(s) zusammengefasst sind. Dabei strömt die Flüssigkeit in das Kontrollvolumen ein (Index 1), bewegt sich mit der Geschwindigkeit v(s) entlang der Röhre, welche mit der Längskoordinate s beschrieben wird, und strömt schließlich wieder aus (Index 2).

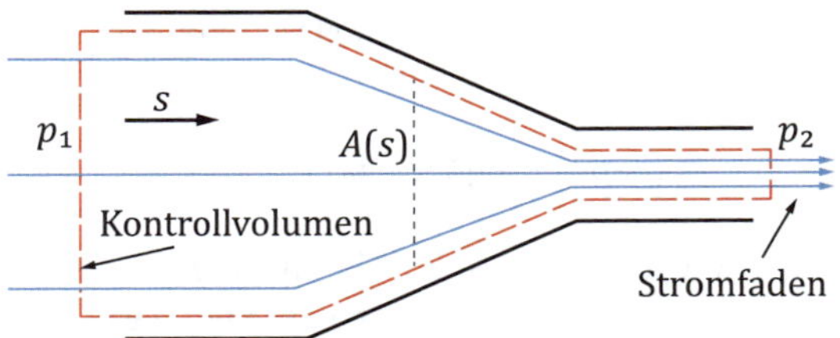

Abb. 2.22 – Durchströmtes Rohr mit veränderlichem Querschnitt

Die Dichte *ρ(s)* und die Geschwindigkeit *v(s)* werden als konstant über den Querschnitt *A(s)* angenommen. Folglich muss die Masse innerhalb des Kontrollvolumens der Stromröhre erhalten bleiben. Für eine stationäre Strömung besagt die Kontinuitätsgleichung daher, dass der pro Zeiteinheit zufließende Massenstrom $\dot{m}_1 = \rho_1 v_1 A_1$ gleich dem abfließenden Massenstrom $\dot{m}_2 = \rho_2 v_2 A_2$ ist.

$$\dot{m}_1 = \rho_1 v_1 A_1 = \rho_2 v_2 A_2 = \dot{m}_2 \tag{2.83}$$

Bei inkompressiblen, bzw. volumenbeständigen Strömungen ist die Dichte ρ konstant. Aufgrund der angenommenen Inkompressibilität des Fluids $\rho_1 = \rho_2$ folgt aus der Massenerhaltung auch die Erhaltung des Volumenstroms und es ergibt sich die folgende Form der Kontinuitätsgleichung [4], [10], [11]:

$$\sum \dot{V}_{t,zu} = \sum \dot{V}_{t,ab} \tag{2.84}$$

mit

$$\dot{V} = \dot{V}_1 = A_1\dot{x}_1 = A_2\dot{x}_2 = \dot{V}_2 \tag{2.85}$$

2.3.4 Analogien der physikalischen Bausteine

In einer Analogiebetrachtung der physikalischen Bausteine lassen sich die einzelnen Komponenten, wie sie bereits in den vorangegangenen Abschnitten eingeführt wurden, gegenüberstellen. Ausgehend von der Mechanik kann gemäß [12] eine „generalisierte Kraft" als sogenannte Potentialgröße sowie eine „generalisierte Geschwindigkeit" als sogenannte Flussgröße eingeführt werden. Das Produkt aus Potentialgröße und Flussgröße soll stets der Leistung entsprechen. In Tab. 2.8 ist zu erkennen, dass sich hierauf basierend Kraft F, Spannung U und Druckdifferenz Δp bzw. Geschwindigkeit $\dot{x}$, Strom I und Volumenstrom $\dot{V}$ entsprechen. Aufgrund des jeweiligen Zusammenhangs zwischen der Potential- und der Flussgröße lassen sich somit die mechanische Feder, der elektrische Kondensator sowie der Tank eines Fluidsystems einander zuordnen. Analog dazu entspricht der mechanische Dämpfer dem Ohmschen Widerstand und der fluidmechanischen Drossel sowie die Massenträgheit von Festkörpern der Spule sowie der Massenträgheit von Fluiden. Es wird deutlich, dass sich das Verhalten der einzelnen Komponenten eines Systems immer über die Potenzial- bzw. die Flussgröße und deren Parameter beschreiben lässt.

Zur Verdeutlichung der Analogien werden im Folgenden die Modellgleichungen eines mechanischen und eines elektrischen Systems mit jeweils einem Freiheitsgrad hergeleitet.

Abschließend sei angemerkt, dass im Allgemeinen eine definitionsgemäße Zuordnung von Fluss- und Potenzialgrößen auch anders erfolgen kann und prinzipiell willkürlich ist. Die Zuordnung der physikalischen Größe ist meist nach ihrer Zweckmäßigkeit definiert. In der Literatur sind daher auch andere Ansätze zu finden.

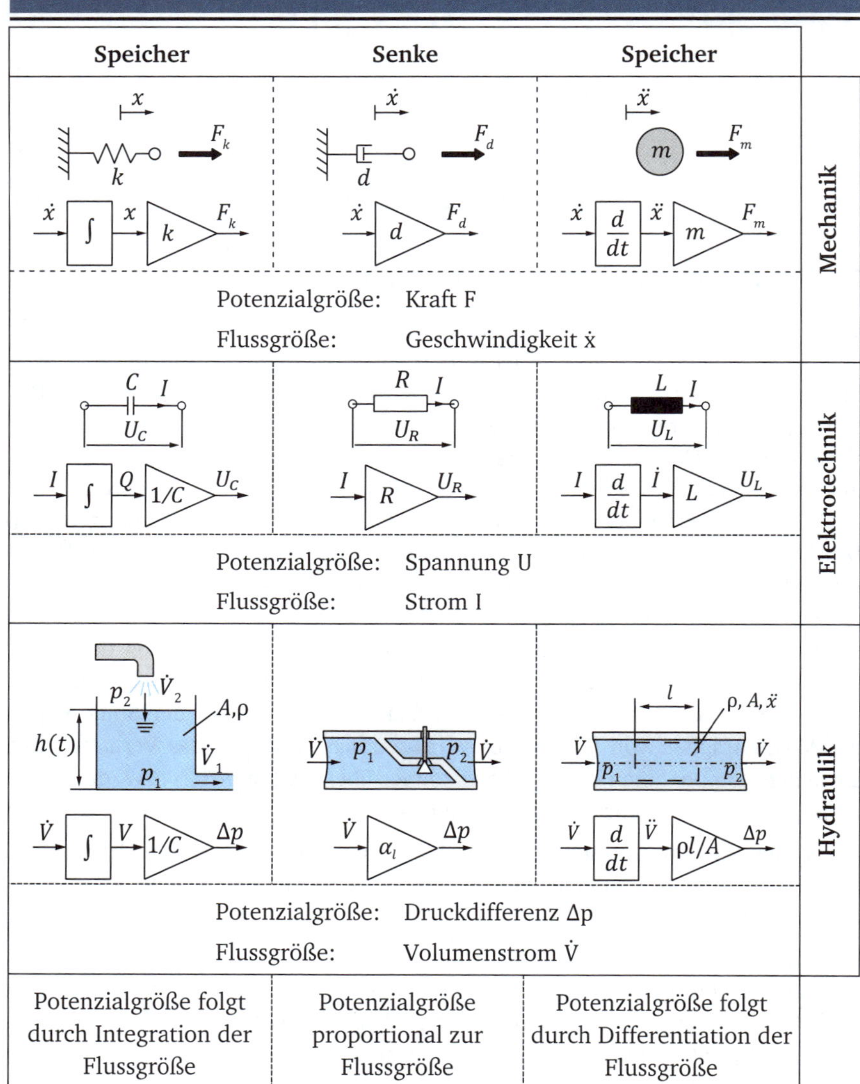

Speicher	Senke	Speicher	
x, k, F_k; $\dot{x} \to \int \to x \to k \to F_k$	$\dot{x}$, d, F_d; $\dot{x} \to d \to F_d$	$\ddot{x}$, m, F_m; $\dot{x} \to \frac{d}{dt} \to \ddot{x} \to m \to F_m$	Mechanik
Potenzialgröße: Kraft F Flussgröße: Geschwindigkeit $\dot{x}$			Mechanik
C, I, U_C; $I \to \int \to Q \to 1/C \to U_C$	R, I, U_R; $I \to R \to U_R$	L, I, U_L; $I \to \frac{d}{dt} \to \dot{I} \to L \to U_L$	Elektrotechnik
Potenzialgröße: Spannung U Flussgröße: Strom I			Elektrotechnik
p_2, $\dot{V}_2$, A,ρ, $h(t)$, $\dot{V}_1$, p_1; $\dot{V} \to \int \to V \to 1/C \to \Delta p$	$\dot{V}$, p_1, p_2, $\dot{V}$; $\dot{V} \to \alpha_l \to \Delta p$	l, $\rho, A, \ddot{x}$, $\dot{V}$, p_1, p_2, $\dot{V}$; $\dot{V} \to \frac{d}{dt} \to \ddot{V} \to \rho l/A \to \Delta p$	Hydraulik
Potenzialgröße: Druckdifferenz Δp Flussgröße: Volumenstrom $\dot{V}$			Hydraulik
Potenzialgröße folgt durch Integration der Flussgröße	Potenzialgröße proportional zur Flussgröße	Potenzialgröße folgt durch Differentiation der Flussgröße	

Tab. 2.8 – Analogien

2.3.5 Beispiele schwingungsfähiger Systeme mit einem Freiheitsgrad

Zunächst wird ein lineares gefesseltes mechanisches System anhand eines einfachen, ungedämpften, reibungsfreien Ein-Massen-Schwingers erläutert. Dieses wird wie in Abb. 2.23 als Feder-Masse-System dargestellt. Das System mit dem

Bewegungsfreiheitsgrad x besteht aus einer Trägheit mit der Masse m und einer Feder mit der Steifigkeit k. Die Systemanregung erfolgt über die Kraft F. Zum besseren Verständnis der folgenden Herleitungen können die Erläuterungen aus Abschnitt 2.2.1 herangezogen werden.

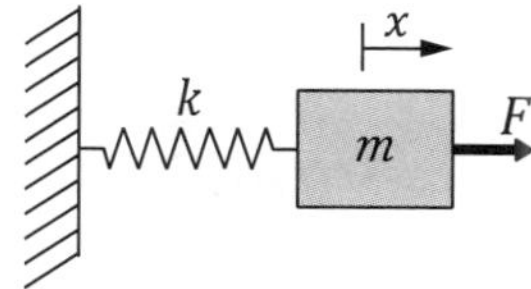

Abb. 2.23 – Gefesseltes, schwingungsfähiges System mit Masse und Feder

Das System darf linear betrachtet werden, sofern man nur von kleinen Auslenkungen Δx um eine stabile Gleichgewichtslage ausgeht. Um eine mathematische Beschreibung der Systemdynamik herleiten zu können, kann das System zunächst freigeschnitten werden (siehe Abb. 2.24).

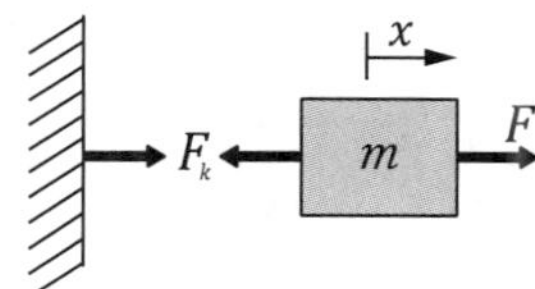

Abb. 2.24 – Freischnitt des Ein-Massen-Schwingers

Der Kräftesatz (2. Newtonsches Gesetz) an der Masse m mit dem Freiheitsgrad x ergibt

$$m\ddot{x}(t) + F_k(t) = F(t) \tag{2.86}$$

wobei F_k die Federkraft

$$F_k(t) = kx(t) \tag{2.87}$$

beschreibt. Es sei noch darauf hingewiesen, dass für das gefesselte System eine Reaktionskraft an der Federeinspannung wirkt, die betragsmäßig der Federkraft F_k entspricht und dieser entgegengerichtet ist. Die Systemanregung F(t) ist eine äußere nicht-systemimmanente Einwirkung auf das System, sodass für $F(t) = 0$ eine homogene Bewegungsdifferentialgleichung vorliegt. Für eine freie ungedämpfte Schwingung ergibt sich die homogene Bewegungsdifferentialgleichung zu

$$m\ddot{x}(t) + kx(t) = 0\,, \tag{2.88}$$

welche sich aus dem Freikörperbild in Abb. 2.24 und den Grundgesetzen der Dynamik herleiten lässt.

Mittels der homogenen Gleichung (2.88) kann das Eigenverhalten, also das Systemverhalten ohne äußere Krafteinwirkung, beschrieben werden. Umgeformt in Normalform folgt

$$\ddot{x}(t) + \frac{k}{m}x(t) = \ddot{x}(t) + {\omega_0}^2 x(t) = 0\,, \tag{2.89}$$

wobei ω_0 die Eigenkreisfrequenz des Systems beschreibt. T ist die Periodendauer der Schwingung und $f_0 = \frac{1}{T}$ stellt die Eigenfrequenz dar. Die Eigenkreisfrequenz ω_0 kann über den Ansatz

$$x(t) = \hat{x}\sin\omega t \tag{2.90}$$

bestimmt werden. Die zweifache zeitliche Differentiation von Gleichung (2.90) ergibt

$$\ddot{x}(t) = -\omega^2\hat{x}\sin\omega t \tag{2.91}$$

Einsetzen der Gleichungen (2.90) und (2.91) in Gleichung (2.88) ergibt

$$(k-m\omega^2)\hat{x}\sin\omega t = 0 \tag{2.92}$$

und führt für den nichttrivialen Fall $\hat{x} \neq 0$ zur Eigenkreisfrequenz $\omega_0 = \sqrt{\frac{k}{m}}$. Die oben aufgeführte Bewegungsgleichung trägt die homogene Lösung

$$x_h(t) = S\sin\omega t + C\cos\omega t = A\sin(\omega t + \alpha) \tag{2.93}$$

mit der Beziehung $A = \sqrt{S^2 + C^2}$ und $\tan(\alpha) = C/S$. Hier beschreiben A die Schwingungsamplitude und α den Phasenwinkel, welche aus den Anfangsbedingungen $x(0) = x_0$ und $\dot{x}(0) = \dot{x}_0$ bestimmt werden können.

In realen Systemen klingen die freien Schwingungen meist von selbst ab, was darauf hindeutet, dass die Systeme gedämpft sind. Um diesen Effekt berücksichtigen bzw. am Beispiel des Ein-Massen-Schwingers illustrieren zu können, wird das Feder-Masse-System aus Abb. 2.23 um einen viskosen (geschwindigkeitsproportionalen) Dämpfer mit der Dämpfungskonstante d erweitert, wie in Abb. 2.25 zu sehen ist.

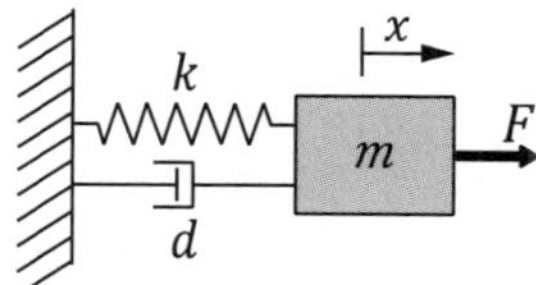

Abb. 2.25 – Gefesseltes schwingungsfähiges System mit Masse, Dämpfer und Feder

Das zugehörige Freikörperbild ist in Abb. 2.26 dargestellt.

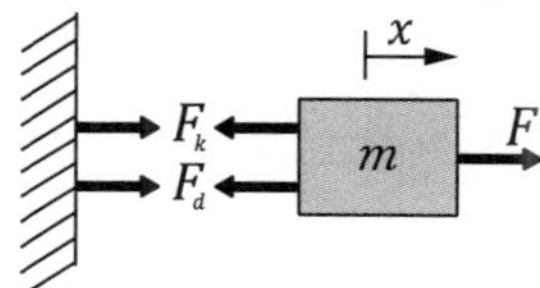

Abb. 2.26 – Freischnitt des Ein-Massen-Schwingers mit Dämpferelement

Neben der auslenkungsproportionalen Federkraft F_k tritt nun auch die geschwindigkeitsproportionale Dämpfungskraft

$$F_d(t) = d\dot{x}(t) \tag{2.94}$$

auf. Für das Vorhandensein von linearer Dämpfung im mechanischen System lässt sich die Bewegungsdifferentialgleichung durch folgende Beziehung beschreiben:

$$m\ddot{x}(t) + d\dot{x}(t) + kx(t) = F(t) \tag{2.95}$$

bzw.

$$\ddot{x}(t) + 2D\omega_0\dot{x}(t) + {\omega_0}^2x(t) = \frac{F(t)}{m} \tag{2.96}$$

Somit kann für den gedämpften Fall ein weiterer Systemparameter eingeführt werden: Das Lehrsche Dämpfungsmaß des Ein-Massen-Schwingers $D = \frac{d}{2\sqrt{km}}$, welches dimensionslos ist und Informationen über die Energieabfuhr bzw. -zufuhr des Systems beinhaltet, stellt ein wichtiges Maß in der Schwingungslehre dar [6]. Das zur Gleichung (2.95) bzw. (2.96) zugehörige Blockschaltbild des gedämpften Ein-Massen-Schwingers ist in Abb. 2.27 dargestellt.

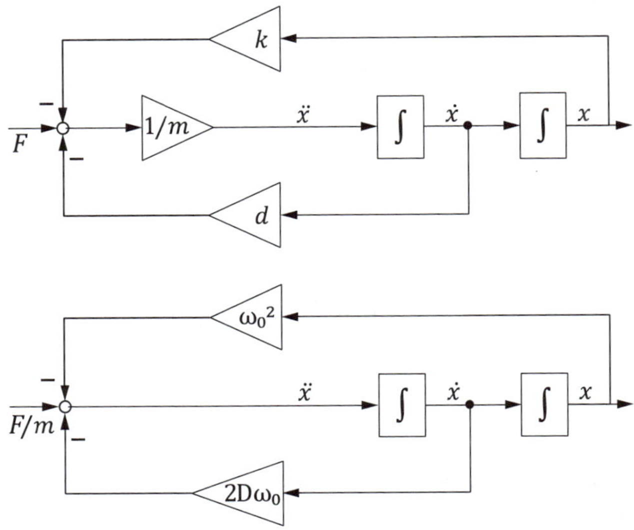

Abb. 2.27 – Blockschaltbild Ein-Massen-Schwinger

Weiterhin lassen sich das logarithmische Dekrement durch die Beziehung

$$\delta = D\omega_0 \tag{2.97}$$

und die Quasi-Eigenkreisfrequenz des Systems durch

$$\omega_D = \omega_0\sqrt{1\text{-}D^2} \tag{2.98}$$

beschreiben.

Für den homogenen Fall $F(t) = 0$ folgt für Gleichung (2.95):

$$m\ddot{x}(t) + d\dot{x}(t) + kx(t) = 0 \tag{2.99}$$

Für den Fall einer erzwungenen Schwingung mit der Erregung $F(t) \neq 0$, setzt sich die allgemeine Lösung einer Bewegungsdifferentialgleichung, wie in Abschnitt 2.2.1 erläutert, aus dem homogenen und partikulären Anteil zusammen.

$$x(t) = x_h(t) + x_p(t) \tag{2.100}$$

Für die Lösung des partikulären Anteils kann bspw. im Zeitbereich auf das Simulationswerkzeug MATLAB/Simulink zurückgegriffen werden. In der Regel lassen sich die meisten mechanischen schwingungsfähigen Systeme mit den oben erläuterten Beziehungen beschreiben.

Lösung der homogenen Differentialgleichung

Zur Ermittlung der homogenen Lösung der Bewegungsdifferentialgleichung kann der Exponentialansatz verwendet werden.

$$x_h(t) = \hat{x}e^{\lambda t} \tag{2.101}$$

Durch Einsetzen des entsprechenden Ansatzes folgt die homogene Bewegungsdifferentialgleichung zu

$$[\lambda^2 m + \lambda d + k]\hat{x}e^{\lambda t} = 0 \tag{2.102}$$

mit dem Eigenwert λ zur Beschreibung des charakteristischen Polynoms. Nach dem Umformen ergibt sich

$$\lambda^2 + 2D\omega_0\lambda + \omega_0^2 = 0 \tag{2.103}$$

mit den nichttrivialen Lösungen

$$\lambda_{1,2} = -D\omega_0 \pm \omega_0\sqrt{D^2-1}. \tag{2.104}$$

Abhängig von D sind fünf Fälle zu unterscheiden, die entsprechend verschiedene Lösungen hervorrufen:

- $D \geq 1$: überkritische Dämpfung (monoton abnehmender Verlauf)
- $0 < D < 1$: unterkritische Dämpfung (abklingende Schwingung)
- $D = 0$: keine Dämpfung (oszillierende Schwingung)
- $-1 < D < 0$: schwache Anfachung (aufklingende Schwingung)
- $D \leq -1$: starke Anfachung (monoton zunehmender Verlauf)

Für den Fall, dass das System gedämpft ist ($D > 0$), wird ihm mechanische Energie entzogen (dissipiert). Ist die Dämpfung groß ($D>1$) sind die Eigenwerte reell und es ergibt sich ein aperiodischer, monoton abnehmender, kriechender Verlauf. Ist die Dämpfung schwach ($0 < D < 1$), sind die Eigenwerte komplex und es stellt sich eine abklingende, oszillierende, quasiharmonische Schwingung ein. Dazwischen liegt der Kriechgrenzfall ($D = 1$).

Für den ungedämpften Fall ($D = 0$) bleibt die gesamte potentielle und kinetische Energie in ihrer Summe erhalten, das System ist dann autonom konservativ und die Eigenwerte sind rein imaginär.

Wird während der Eigenbewegung durch einen vom System selbst gesteuerten Mechanismus Energie zugeführt ($D < 0$), handelt es sich um ein selbsterregtes System. Hier muss ebenfalls zwischen komplexen (oszillierende Bewegung) und reellen Eigenwerten (kriechende Bewegung) unterschieden werden.

Die fünf aufgezeigten Fälle werden in Abb. 2.28 illustrativ veranschaulicht. Den technisch wichtigsten Fall stellt die unterkritischen Dämpfung $0 < D < 1$ dar, es ergeben sich konjugiert komplexe Eigenwerte mit negativem Realteil [6].

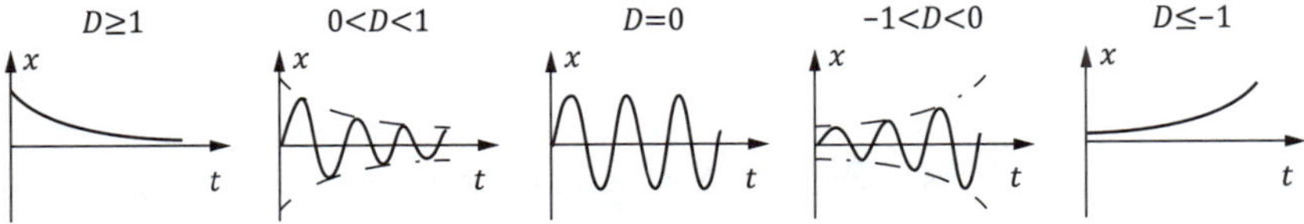

Abb. 2.28 – Eigenverhalten bei verschiedenen Dämpfungsmaßen

Mit den oben gezeigten Elementen lässt sich entsprechend auch ein rotatorischer Ein-Massen-Schwinger mit elastischer Fesselung und Dämpfer sowie einem Drehfreiheitsgrad φ aufbauen (siehe Abb. 2.29).

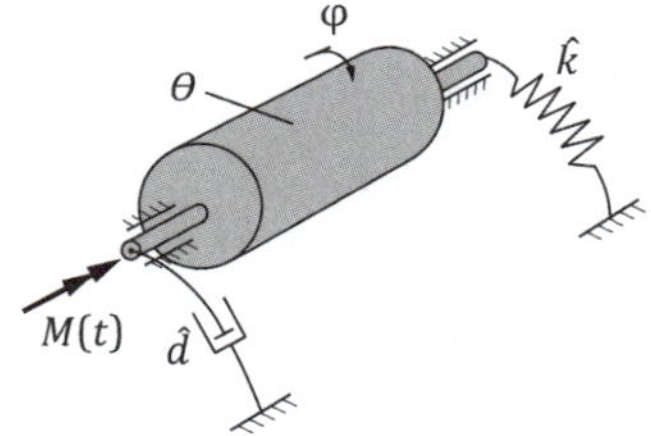

Abb. 2.29 – Schwinger mit einem Drehfreiheitsgrad

Er wird durch die Bewegungsgleichung $\theta\ddot{\varphi} + \hat{d}\dot{\varphi} + \hat{k}\varphi = M(t)$ beschrieben. M(t) ist ein äußeres Moment, das z. B. ein Antriebsmoment sein kann.

Analogie: Elektrischer Schaltkreis

In Analogie zum mechanischen Schwingungssystem mit einem Freiheitsgrad stellt ein elektrischer Schaltkreis mit den elektrischen Elementen Induktivität L, Kapazität C und Ohmschen Widerstand R ebenfalls ein schwingungsfähiges System mit einem Freiheitsgrad dar (siehe Abb. 2.30).

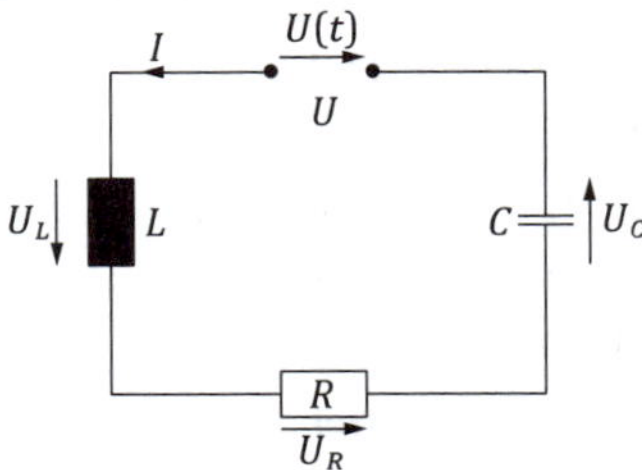

Abb. 2.30 – Elektrischer Schwingkreis mit einem Freiheitsgrad

Für den Fall einer kurzgeschlossenen Spannungsversorgung $U(t) = 0$ gilt die homogene Differentialgleichung

$$L\frac{dI(t)}{dt} + RI(t) + \frac{1}{C}\int I(t)\,dt = 0, \tag{2.105}$$

für den Fall einer anliegenden Spannungsversorgung $U(t)$

$$L\frac{dI(t)}{dt} + RI(t) + \frac{1}{C}\int I(t)\,dt = U(t). \tag{2.106}$$

Die elektrische Ladung $Q(t)$ steht mit dem elektrischen Strom $I(t)$ in folgendem Zusammenhang:

$$I(t) = \frac{dQ}{dt} \tag{2.107}$$

Damit folgt eine Differentialgleichung zweiter Ordnung

$$L\ddot{Q}(t) + R\dot{Q}(t) + \frac{1}{C}Q(t) = U(t). \tag{2.108}$$

Die Differentialgleichung des elektrischen Kreises (2.108) entspricht in analoger Weise der Bewegungsdifferentialgleichung des mechanischen Schwingers (2.95).

2.3.6 Beispiele schwingungsfähiger Systeme mit zwei Freiheitsgraden

Für die mathematische Beschreibung eines schwingungsfähigen Systems mit zwei Freiheitsgraden, wird ein ungefesselter Zwei-Massen-Schwinger eingeführt. In Abb. 2.31 ist ein solches vereinfachtes System dargestellt.

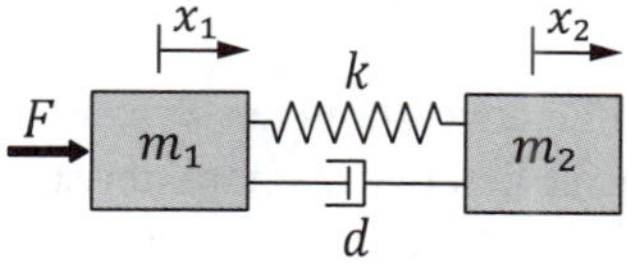

Abb. 2.31 – Ungefesseltes schwingungsfähiges System mit zwei Massen, verbunden über Dämpfer und Feder

Durch den Freischnitt des Systems ergibt sich die in Abb. 2.32 gezeigte Darstellung.

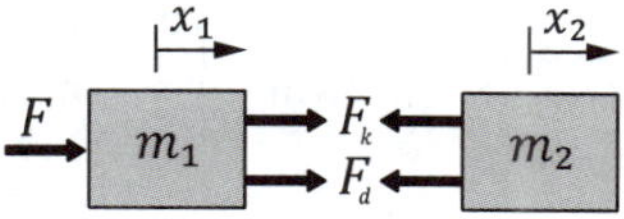

Abb. 2.32 – Freischnitt des ungefesselten schwingungsfähigen Systems mit zwei Massen, verbunden über Dämpfer und Feder

Aus Abb. 2.32 ergeben sich die Schnittkräfte

$$F_k(t) = k(x_2(t)\text{-}x_1(t)) \tag{2.109}$$

und

$$F_d(t) = d(\dot{x}_2(t)\text{-}\dot{x}_1(t)). \tag{2.110}$$

Nun können die zwei folgenden Bewegungsdifferentialgleichungen aufgestellt werden.

$$m_1\ddot{x}_1 + d(\dot{x}_1\text{-}\dot{x}_2) + k(x_1\text{-}x_2) = F(t) \tag{2.111}$$

$$m_2\ddot{x}_2 + d(\dot{x}_2\text{-}\dot{x}_1) + k(x_2\text{-}x_1) = 0 \tag{2.112}$$

In diesem Fall erfolgt die Systemanregung lediglich über die Kraft F(t) an der ersten Massenträgheit m_1. Die DGL lassen sich der Übersichtlichkeit halber in Matrizenschreibweise überführen.

$$\begin{bmatrix} m_1 & 0 \\ 0 & m_2 \end{bmatrix}\begin{bmatrix} \ddot{x}_1 \\ \ddot{x}_2 \end{bmatrix} + \begin{bmatrix} d & \text{-}d \\ \text{-}d & d \end{bmatrix}\begin{bmatrix} \dot{x}_1 \\ \dot{x}_2 \end{bmatrix} + \begin{bmatrix} k & \text{-}k \\ \text{-}k & k \end{bmatrix}\begin{bmatrix} x_1 \\ x_2 \end{bmatrix} = \begin{bmatrix} F(t) \\ 0 \end{bmatrix} \tag{2.113}$$

Mit Hilfe des Lösungsansatzes aus Gleichung (2.101) ergibt sich das homogene Gleichungssystem zu

$$\begin{bmatrix} \lambda^2 m_1 + \lambda d + k & \text{-}\lambda d\text{-}k \\ \text{-}\lambda d\text{-}k & \lambda^2 m_2 + \lambda d + k \end{bmatrix}\begin{bmatrix} \hat{x}_1 \\ \hat{x}_2 \end{bmatrix} = \begin{bmatrix} 0 \\ 0 \end{bmatrix}, \tag{2.114}$$

womit die Eigenwerte und Eigenvektoren des Systems berechnet werden können. Die Determinante der Matrix liefert das charakteristische Polynom, was auf die Lösung der Eigenwerte λ führt. Für dieses System ergeben sich

$$\lambda_{1/2} = 0 \tag{2.115}$$

und

$$\lambda_{3/4} = \text{-}\frac{d}{2}\frac{m_1 + m_2}{m_1 m_2} \pm \sqrt{\frac{m_1 + m_2}{m_1 m_2}\left(\frac{d^2}{4}\frac{m_1 + m_2}{m_1 m_2}\text{-}k\right)} \tag{2.116}$$

bzw. für den ungedämpften Fall d = 0

$$\lambda_{3/4} = \pm j\sqrt{k\frac{m_1 + m_2}{m_1 m_2}}. \tag{2.117}$$

Der ungedämpfte, ungefesselte Zwei-Massen-Schwinger besitzt somit die Starrkörpereigenkreisfrequenz bei $\omega_{1/2} = 0$ sowie die elastische Eigenkreisfrequenz $\omega_{3/4} = \sqrt{k\frac{m_1+m_2}{m_1 m_2}}$. Für jegliche anderen Anwendungen wie beispielsweise elektrische Systeme mit zwei Freiheitsgraden lassen sich die physikalischen Systemeigenschaften und -parameter äquivalent bestimmen.

Analogie: Elektrischer Schaltkreis

In Analogie zum mechanischen Schwingungssystem mit zwei Freiheitsgraden, stellt ein elektrischer Schaltkreis mit zwei Maschenumläufen, wie in Abb. 2.33 dargestellt, ebenfalls ein schwingungsfähiges System mit zwei Freiheitsgraden dar.

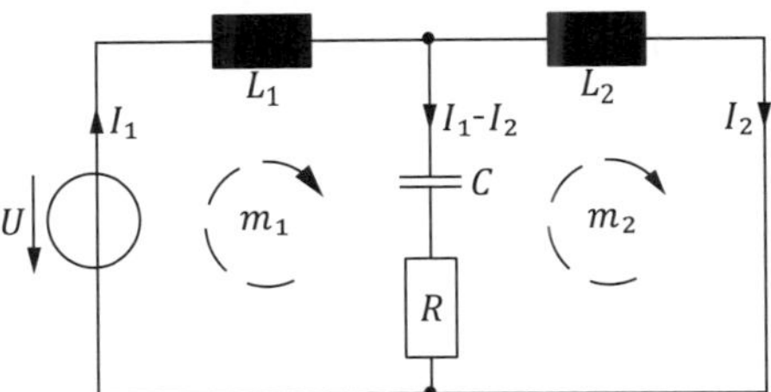

Abb. 2.33 – Elektrischer Schwingkreis mit zwei Freiheitsgraden

Für den Fall einer kurzgeschlossenen Spannungsversorgung U(t) = 0 gelten die homogenen Differentialgleichungen

$$L_1\frac{dI_1}{dt} + R(I_1\text{-}I_2) + \frac{1}{C}\int (I_1\text{-}I_2)\,dt = 0 \tag{2.118}$$

$$L_2\frac{dI_2}{dt} + R(I_2\text{-}I_1) + \frac{1}{C}\int (I_2\text{-}I_1)\,dt = 0, \tag{2.119}$$

für den Fall einer anliegenden Spannungsversorgung U(t)

$$L_1\frac{dI_1}{dt} + R(I_1\text{-}I_2) + \frac{1}{C}\int (I_1\text{-}I_2)\,dt = U(t) \tag{2.120}$$

$$L_2 \frac{dI_2}{dt} + R(I_2\text{-}I_1) + \frac{1}{C}\int (I_2\text{-}I_1)\,dt = 0. \qquad (2.121)$$

Durch Einsetzen der Beziehung aus Gleichung (2.107) folgen die Differentialgleichungen zweiter Ordnung:

$$L_1\ddot{Q}_1 + R\left(\dot{Q}_1\text{-}\dot{Q}_2\right) + \frac{1}{C}(Q_1\text{-}Q_2) = U(t) \qquad (2.122)$$

$$L_2\ddot{Q}_2 + R\left(\dot{Q}_2\text{-}\dot{Q}_1\right) + \frac{1}{C}(Q_2\text{-}Q_1) = 0 \qquad (2.123)$$

Damit entsprechen die Differentialgleichungen des elektrischen Kreises aus Gleichung (2.122) und Gleichung (2.123) in analoger Weise den Bewegungsdifferentialgleichung des mechanischen Schwingers mit zwei Freiheitsgraden aus Gleichung (2.111) und (2.112).

In diesem Fall erfolgt die Systemanregung lediglich über die Spannung U(t) im ersten Maschenumlauf. Die DGL lassen sich der Übersichtlichkeit halber ebenfalls in Matrizenschreibweise überführen.

$$\begin{bmatrix} L_1 & 0 \\ 0 & L_2 \end{bmatrix}\begin{bmatrix} \ddot{Q}_1 \\ \ddot{Q}_2 \end{bmatrix} + \begin{bmatrix} R & \text{-}R \\ \text{-}R & R \end{bmatrix}\begin{bmatrix} \dot{Q}_1 \\ \dot{Q}_2 \end{bmatrix} + \begin{bmatrix} \frac{1}{C} & \text{-}\frac{1}{C} \\ \text{-}\frac{1}{C} & \frac{1}{C} \end{bmatrix}\begin{bmatrix} Q_1 \\ Q_2 \end{bmatrix} = \begin{bmatrix} U(t) \\ 0 \end{bmatrix} \qquad (2.124)$$

Die Lösung des Eigenwertproblems erfolgt in analoger Weise zu den Ausführungen des mechanischen Systems.

2.3.7 Elemente der Regelungstechnik

Im einleitenden Kapitel wurde bereits ersichtlich, dass der Regler eines technischen Systems im Rückführzweig zwischen Sensor und Aktor angeordnet ist. Seine Aufgabe besteht darin,

- die vom Sensor gelieferten Informationen (Beobachtung) über bestimmte Prozessgrößen, Ausgangsgrößen bzw. Istgrößen aufzunehmen,
- diese mit vorgegebenen Sollgrößen zu vergleichen, um die Regelabweichung festzustellen,
- und aus dieser nach einer internen Informationsverarbeitung eine Stellgröße am Reglerausgang so zu generieren, dass die Regelgröße bzw. Zielgröße des Prozesses dem gewünschten Sollwert folgt.

Der Regler hat also die Aufgabe, den Ablauf des Prozesses nach vorgegebenen Regeln sicherzustellen. Grundsätzlich gibt es eine Vielzahl von Ansätzen, um Regler mit unterschiedlicher Struktur für eine Regelungsaufgabe auszulegen. Dieses Lehrbuch beschränkt sich auf die Betrachtung einfacher Regelungen mit einer Proportional-Integral-Differential-Struktur. Für weitere Regelungsansätze sei auf die Grundlagenliteratur zur Regelungstechnik verwiesen [13], [14].

Bei dieser klassischen PID-Struktur wird die Regelungsaufgabe erfüllt, indem die Regelabweichung in drei Zweigen durch mathematische Operationen (Multiplizieren, Integrieren, Differenzieren) mit Reglerkonstanten verstärkt und überlagert wird, sodass am Reglerausgang eine Stellgröße u zur Verfügung steht, die den Prozess in der geforderten Weise beeinflusst. Die ermittelte Stellgröße wird dem Aktor zugeführt, der schließlich unter notwendiger Hinzunahme von Hilfsenergie aus dem Energiespeicher in den Prozess eingreift. Im einfachsten Fall entspricht die messtechnisch erfasste Istgröße der Regelgröße.

Der in der Industrie nach wie vor am häufigsten eingesetzte Regler ist dieser sogenannte PID-Regler. Sein Aufbau ist in Abb. 2.34 für die Führungsgröße w(t), die Regelgröße x(t) und die Stellgröße u(t) dargestellt.

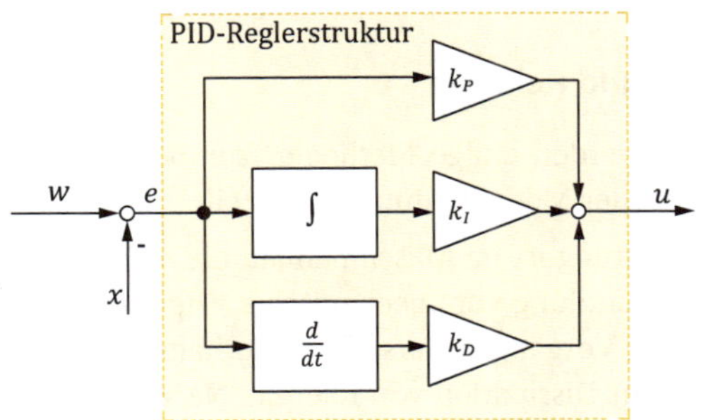

Abb. 2.34 – Aufbau eines PID-Reglers

Als Reglereingangsgröße wird die Regelabweichung

$$e(t) = w(t) - x(t) \tag{2.125}$$

genutzt und wie oben beschrieben in die drei Zweige des Proportional-, Integral- und Differentialanteils aufgeteilt, dort jeweils mathematisch verarbeitet, bis letztendlich am Ausgang die Stellgröße u durch Überlagerung (Summation) gebildet wird.

In den vorangegangenen Abschnitten zu den Elementen der Mechanik, der Elektrotechnik und der Fluidmechanik wurden bereits vergleichbare Elemente vorgestellt, bei denen sich die Ausgangsgrößen durch Integration, Differentiation bzw.

durch Proportionalverstärkung ergeben. In entsprechender Weise sind daher in Tab. 2.9 auch die Bausteine der Regelungstechnik dargestellt. Durch Kombination der Bausteine können damit die für die Praxis relevanten P-, PI-, PD- oder auch PID-Regler aufgebaut werden.

I-Anteil des Reglers	**P-Anteil des Reglers**	**D-Anteil des Reglers**
Integralbeiwert k_I	Verstärkungsfaktor k_P	Differentialbeiwert k_D
e → $\int$ → k_I → u_I (I Anteil)	e → k_P → u_P (P Anteil)	e → $\frac{d}{dt}$ → k_D → u_D (D Anteil)
$u_I = k_I \cdot \int e\,dt$	$u_P = k_P \cdot e$	$u_D = k_D \cdot \dot{e}$
Stellgröße u_I folgt durch Integration der Regelabweichung e	Stellgröße u_P ist proportional zur Regelabweichung e	Stellgröße u_D folgt durch Differentiation der Regelabweichung e

Tab. 2.9 – Elemente der Regelungstechnik für die Modellbildung

2.4 Dämpfung und Reibung

In diesem Abschnitt werden einige Methoden zur Berücksichtigung von Dämpfung und Reibung bei der Modellbildung vorgestellt.

Von besonderer Bedeutung ist im Maschinenbau die mechanische Dämpfung, die eine irreversible Umwandlung von mechanischer Energie in eine andere Energieart bei zeitabhängigen Vorgängen darstellt. Innerhalb von technischen Systemen führt die Dämpfung zur Dissipation von Energie. Neben mechanischer Dämpfung können auch weitere Energiewandlungen wie beispielsweise die elektromechanische oder piezoelektrische Energiewandlung zu Dämpfung im System führen. In schwingungstechnischen Anwendungen spielt die Dämpfung eine existenzielle Rolle, da sie den Zeitverlauf, die Intensität und die Existenz von Schwingungen signifikant beeinflussen kann.

Definitionsgemäß kann jede nichtkonservative, Energie dissipierende Kraft, die auf ein schwingungsfähiges System wirkt, als Dämpfungskraft bezeichnet werden. Reibung im Allgemeinen stellt eine Sonderform der Dämpfung dar, da sie sich ebenfalls durch die Dissipation charakterisieren lässt. Wird dem System durch eine nichtkonservative Kraft Energie zugeführt, so spricht man von negativer Dämpfung. Bereits eine geringe Dämpfung kann das dynamische Verhalten und die Stabilität eines technischen Systems maßgeblich beeinflussen, vgl. Abschnitt 2.2.1. Allerdings lassen sich die zugehörigen Dämpfungsparameter, im Gegensatz zur Masse und Steifigkeit, häufig nicht ohne weiteres bestimmen.

Dämpfung kann infolge unterschiedlicher physikalischer Effekte, wie Reibung an Kontaktflächen, Fluidströmung oder Energiewandlung (elektromechanisch, magnetostriktiv, piezoelektrisch), auftreten [6]. Grundsätzlich wird zwischen innerer und äußerer Dämpfung unterschieden.

Innere Dämpfung tritt üblicherweise verteilt über größere Strukturbereiche auf. Verursacht wird sie unter anderem durch nichtlineares Materialverhalten (Materialdämpfung) oder Reibung zwischen Bauteilen, wie an Führungen oder Fügestellen (z. B. Pressverbände, Reibpaarungen). Häufig, zumindest in metallischen Strukturen, ist die innere Dämpfung nur schwach ausgebildet. Beim Freischnitt wirken sowohl Actio als auch Reactio innerhalb der Systemgrenze, welche die gesamte schwingungsfähige Struktur umfasst.

Bei äußerer Dämpfung ist dies nicht der Fall und die Reaktionskraft befindet sich außerhalb der Systemgrenze. Weiterhin ist die äußere Dämpfung zumeist stärker ausgebildet und tritt unter anderem infolge der Wechselwirkung mit einem umgebenden Medium (z. B. Luftreibung, Fluidreibung in Pumpen) oder diskreten Konstruktionselementen (z. B. Schwingungsdämpfer, Quetschöldämpfer, Gleitlager) auf.

Nach der allgemeinen Beziehung für die Dämpfungskraft

$$F_D = d_{allg} \cdot |v_{rel}|^n \cdot \mathrm{sgn}(v_{rel}) \tag{2.126}$$

mit dem allgemeinen Dämpfungskoeffizienten d_{allg} können sich je nach Dämpfungsfall (siehe Abb. 2.35), der über den Exponenten $n \geq 0$ definiert wird, unterschiedlich charakteristische Dämpfungsarten ergeben.

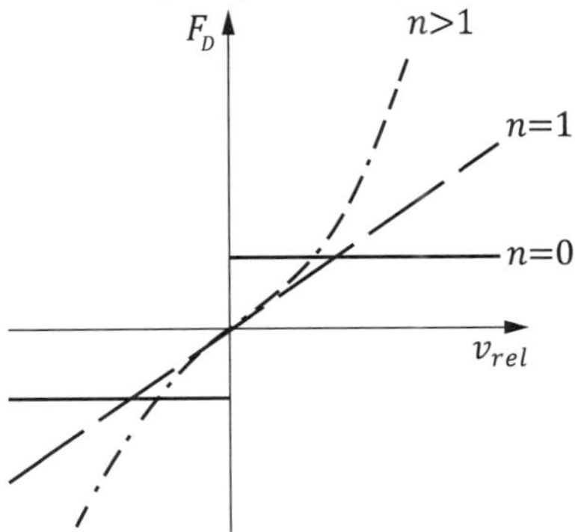

Abb. 2.35 – Kraft-Verformungs-Beziehung von Dämpfungselementen

Der Sonderfall n = 0 stellt Coulombsche Reibung und n = 1 viskose Dämpfung (geschwindigkeitsproportionale Dämpfung) dar. Alle weiteren Fälle $|n| \neq 0 \vee 1$ stellen nichtlineare Bewegungsgesetze dar. Es gibt über die oben angeführten Funktionen hinaus weitere mathematische Beziehungen, die Dämpfung bzw. Reibung beschreiben, wie sie zum Beispiel in Abschnitt 2.4.3 über hydrodynamische Reibung erläutert sind.

2.4.1 Viskose Dämpfung

Zur Modellbildung wird häufig die lineare viskose Dämpfung angenommen. Dabei ist die Dämpfungskraft proportional zur Relativgeschwindigkeit der Kopplungspunkte des dämpfenden Elementes v_{rel}:

$$F_d = d \cdot v_{rel} \tag{2.127}$$

Diese Annahme der linearen Näherung kann getroffen werden, wenn es sich bei dem dämpfenden Element um einen hydraulischen Dämpfer, das Gleiten eines Körpers auf geschmierten Kontaktflächen, die langsame Bewegung in einer zähen Flüssigkeit oder die langsame Strömung einer zähen Flüssigkeit in Leitungen handelt.

Zur Abschätzung der meist unbekannten Dämpfungskonstante d kann das bereits in dem Beispiel aus Abschnitt 2.3.5 erwähnte Lehrsche Dämpfungsmaß D herangezogen werden.

$$D = \frac{d}{2\omega_0 m} = \frac{d\omega_0}{2k} \tag{2.128}$$

Dieses ist dimensionslos und beinhaltet Informationen über die Energieab- bzw. Energiezufuhr des Systems [6]. Für die physikalische Dämpfungkonstante d folgt somit

$$d = 2D\omega_0 m = \frac{2Dk}{\omega_0}. \tag{2.129}$$

Es sei darauf hingewiesen, dass sich diese Beziehung nur auf mechanische Systeme mit einem Freiheitsgrad bzw. in leichter Abwandlung auf ungefesselte Zwei-Massen-Schwinger (ω_0 als elastische Eigenkreisfrequenz und k als zwischen den beiden Massen wirkende Steifigkeit) bezieht. Für Ausführungen von Systemen mit mehreren Freiheitsgraden wird auf [6] verwiesen.

2.4.2 Coulombsche Reibung

Im Folgenden wird nun die trockene bzw. Coulombsche Reibung zwischen festen Körpern erläutert. Wie in Abb. 2.36 zu erkennen ist, entstehen bei der Berührung zweier Körper in einem Punkt Berühr- oder Kontaktkräfte. Die Kontaktkräfte treten stets als Actio und Reactio auf. Sie lassen sich aufteilen in einen Normalkraftanteil $\vec{N}$ sowie einen Tangentialkraftanteil $\vec{T}$. Die Kontaktkraft $\vec{F}$ ist somit die Resultierende dieser beiden.

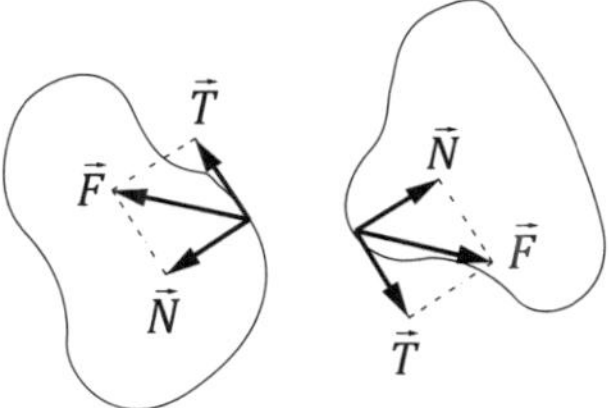

Abb. 2.36 – Kontaktkräfte

Die Normalkomponente ist eine Zwangskraft und verhindert, dass sich die Körper durchdringen. Die Tangentialkomponente kann nun, abhängig vom Fall, entweder eine Zwangskraft oder eine eingeprägte Kraft darstellen. Ist die Tangentialkraft groß genug, um eine Relativbewegung zwischen den Körpern zu verhindern, so spricht man von Haften. Das heißt, die Tangentialkomponente $\vec{T}$ ist gleich der Haftkraft $\vec{H}$ und diese entspricht nun einer Zwangskraft (resultierend aus der kinematischen Kopplung). Es lässt sich folgendes Haftgesetz formulieren:

$$|\vec{H}| \leq \mu_0 |\vec{N}| \tag{2.130}$$

Der darin auftretende Parameter μ_0 wird als Haftreibungskoeffizient bezeichnet. Er ist abhängig von der Rauhigkeit der sich berührenden Körper bzw. von der Materialpaarung und hängt nicht von der Größe der Kontaktfläche ab. Die Ungleichung besagt, dass eine kritische Kraft überwunden werden muss, um einen auf einer ebenen Unterlage liegenden ruhenden Körper in Bewegung zu versetzen. Veranschaulichen lässt sich dies mit der Einführung das Haftwinkels φ_0 und dem damit verbundenen Haftkegel:

$$\frac{|\vec{H}|}{|\vec{N}|} \leq \tan \varphi_0 = \mu_0 \tag{2.131}$$

In Abb. 2.37a ist zu erkennen, dass der Körper haftet, wenn sich die Wirkungslinie der Kontaktkraft innerhalb des Haftkegels befindet. Der Öffnungswinkel des Haftkegels beträgt $2\varphi_0$.

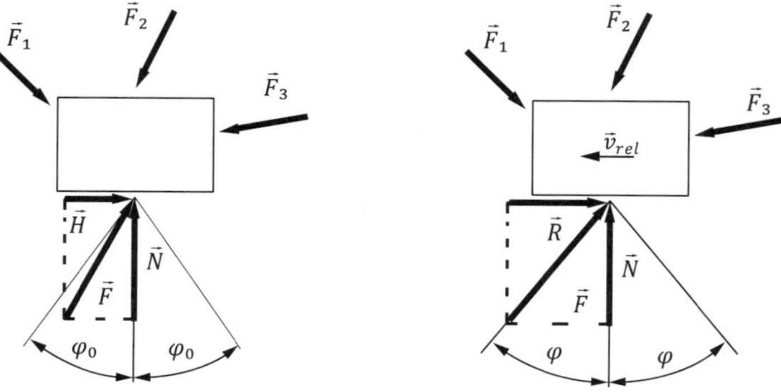

a) Haftkegel und Haftbedingung b) Reibkegel und Gleitbedingung

Abb. 2.37 – Bedingungen der Haftreibung und Gleitreibung

Im Haftzustand handelt es sich um eine kinematische Kopplung, aus der sich in Tangentialrichtung entsprechende Reaktionskräfte ergeben. Ist die Ungleichung nicht erfüllt, gleiten die Körper aufeinander und bewegen sich in ihrem Kontaktpunkt mit der Relativgeschwindigkeit $\vec{v}_{rel}$ zueinander. Die Tangentialkomponente $\vec{T}$ der Kontaktkraft wird nun als Reibkraft $\vec{R}$ bezeichnet. Hierbei handelt es sich um eine Kraftkopplung, die Reibkraft $\vec{R}$ entspricht einer eingeprägten Kraft und es gilt näherungsweise folgender Zusammenhang:

$$\vec{R} = -\mu \left|\vec{N}\right| \frac{\vec{v}_{rel}}{|\vec{v}_{rel}|} \tag{2.132}$$

Der darin vorkommende Parameter μ wird in diesem Fall als Gleitreibungskoeffizient bezeichnet, im Allgemeinen gilt $\mu \leq \mu_0$. Die Reibkraft $\vec{R}$ stellt nun die Widerstandskraft dar, welche nach der Überwindung der Haftkraft wirkt. Die Richtung bzw. der Richtungssinn von $\vec{R}$ ist der Geschwindigkeit $\vec{v}_{rel}$ entgegen gerichtet. Analog zum oben bereits eingeführten Haftungswinkel φ_0 lässt sich hier der Reibwinkel φ über $\mu = \tan\varphi$ einführen, vgl. Abb. 2.37b.

In Abb. 2.38 wird der Übergang vom Haften zum Gleiten illustriert. Allgemein ändert sich dabei das dynamische Systemverhalten.

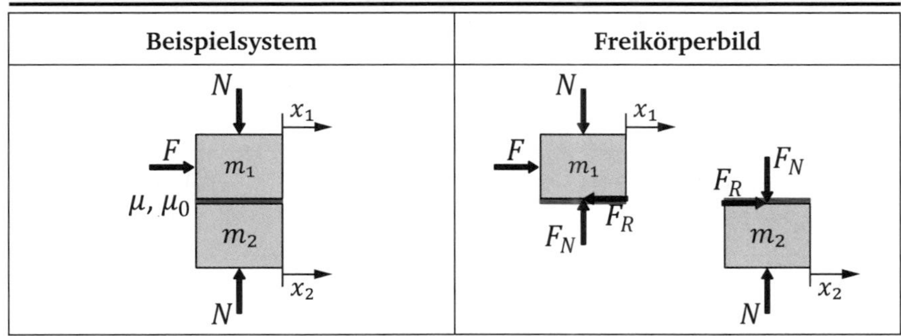

Abb. 2.38 – Übergang vom Haften zum Gleiten

Ist die Bedingung aus Gleichung (2.130) erfüllt, haften die beiden Massen und es tritt keine Relativbewegung auf ($v_{rel} = 0$). Daraus ergibt sich ein System mit einem Freiheitsgrad und es folgt die Differentialgleichung

$$(m_1 + m_2)\ddot{x} = F \tag{2.133}$$

Die beiden Massen werden durch die Zwangskraft

$$F_R = m_2\ddot{x} \tag{2.134}$$

gekoppelt.

Wird die Bedingung aus Gleichung (2.130) verletzt, gleiten die beiden Massen aufeinander und die eingeprägte Kraft ergibt sich zu

$$F_R = \mu \cdot F_N \cdot \mathrm{sgn}(v_{rel}). \tag{2.135}$$

In diesem Fall tritt im Allgemeinen eine Relativgeschwindigkeit v_{rel} zwischen den Massen m_1 und m_2 auf. Folglich liegen zwei unabhängige Freiheitsgrade vor und es ergeben sich zwei Differentialgleichungen.

$$m_1\ddot{x}_1 = F\text{-}F_R \tag{2.136}$$

$$m_2\ddot{x}_2 = F_R \tag{2.137}$$

Zum Abschluss werden in Tab. 2.10 einige Werte für den Haftreibungskoeffizienten μ_0 und den Gleitreibungskoeffizienten μ bei verschiedenen Materialpaarungen aufgeführt.

	Haftreibungs-koeffizient μ_0	Gleitreibungs-koeffizient μ
Stahl auf Eis	0,03	0,015
Stahl auf Stahl	0,15 bis 0,5	0,1 bis 0,4
Stahl auf Teflon	0,04	0,04
Leder auf Metall	0,4	0,3
Holz auf Holz	0,5	0,3
Autoreifen auf Straße	0,7 bis 0,9	0,5 bis 0,8
Ski auf Schnee	0,1 bis 0,3	0,04 bis 0,2

Tab. 2.10 –Reibungskoeffizienten

2.4.3 Hydrodynamische Reibung

Übergeordnet lässt sich der Verlauf der Reibkraft anhand der Stribeck-Kurve, vgl. Abb. 2.39, beschreiben.

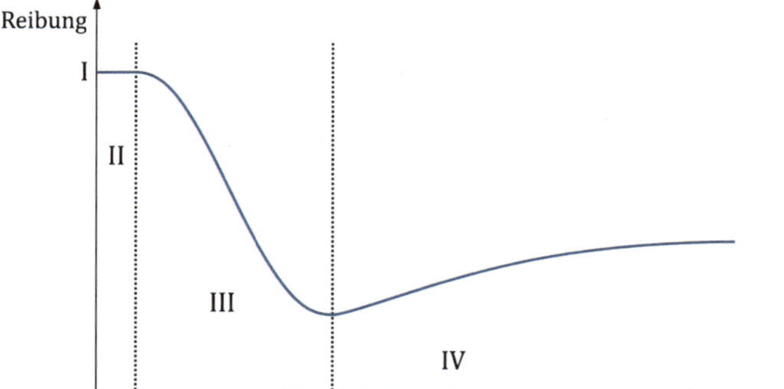

Abb. 2.39 – Stribeck-Kurve

Die Stribeck-Kurve beschreibt den Reibkraftverlauf in Abhängigkeit der Reibgeschwindigkeit. Sie lässt sich in vier wesentliche Bereiche unterteilen.

- I Haftreibung
- II Grenzreibung
- III Mischreibung
- IV Flüssigkeitsreibung

Findet keine Relativbewegung statt, handelt es sich um Haftreibung, wie sie bereits im vorangegangenen Abschnitt eingeführt wurde (Abb. 2.39 zeigt den Spezialfall Haftreibungskoeffizient $\mu_0 = \mu$).

Sobald eine die Haftkraft übersteigende Kraft angreift, beginnt eine Relativbewegung. Die Reibung ist zunächst noch hoch und nur geringfügig von der Relativgeschwindigkeit abhängig. Dies gilt solange die Moleküle des Schmierstoffs an den sich bildenden Kontaktstellen vollständig verdrängt werden. In diesem Fall liegt Festkörper- bzw. Grenzreibung (Gleitreibungskoeffizient μ), wie sie im vorangegangenen Abschnitt zur Coulombschen Reibung erläutert wurde, vor. Sobald keine vollständige Verdrängung der Schmierstoffmoleküle zwischen den Kontaktstellen erfolgt, sinkt die Reibung stark ab und man befindet sich im Bereich der Mischreibung.

Ist der Übergang vollständig erfolgt und keinerlei Festkörperkontakt tritt auf, befinden sich die Körper im Bereich der reinen hydrodynamischen Reibung, die in diesem Bereich näherungsweise linear mit der Relativgeschwindigkeit ansteigt. Diese lineare Approximation entspricht dem Fall der viskosen Dämpfung aus Abschnitt 2.4.1.

2.5 Systemmodellierung und -simulation einfacher Systeme

In diesem Abschnitt werden einige Beispiele zum besseren Verständnis der Grundlagen der Modellbildung mechatronischer Systeme aufgezeigt. Für die nachfolgenden Systembeispiele wird bei der Modellbildung grundsätzlich von dem allgemeinen Blockschaltbild eines technischen Systems ausgegangen. In Abb. 2.40 wurde dieses nochmals um die Systemumgebung erweitert.

Danach ist ein technisches System die Gesamtheit der von der Umgebung abgegrenzten, geordneten und verknüpften Komponenten, die mit der Umgebung durch eingehende Größen (Störgrößen, Führungsgrößen) und ausgehende Größen (Ausgangsgrößen, anders bezeichnet als Sensorgrößen, Regelgrößen, Zielgrößen) in Verbindung stehen. Jedes technische System besitzt ein dynamisches Verhalten, das sich beispielsweise mittels Eigenwerten, Eigenvektoren, Vergrößerungs- oder Übertragungsfunktionen mathematisch charakterisieren lässt.

Für die behandelten Beispiele technischer (mechatronischer) Systeme werden kurze Beschreibungen, Einsatzgebiete und Anforderungen genannt. Des Weiteren wird das Funktionsprinzip des Systems erläutert und darauf aufbauend die Modellbildung für die jeweils erwartete Modellaussage vorgeführt, wobei neben den physikalischen Gesetzen und der mathematischen Beschreibung auch die anschauliche Blockschaltbilddarstellung in einer detaillierteren Form gezeigt wird. Dabei dienen die in den Abschnitten 2.3.1, 2.3.2, 2.3.3 und 2.3.7 vorgestellten (Elemente) als Grundlage.

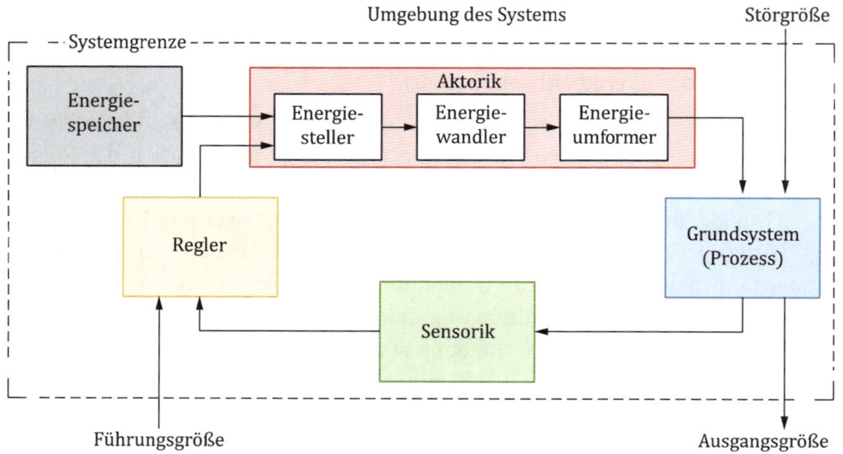

Abb. 2.40 – Blockschaltbild eines allgemeinen mechatronischen Systems

Eine Detaillierung des für die Modellierung und Simulation einfacher Systeme geeigneten Vorgehensmodells V-SMS aus Abschnitt 2.2 ist in Abb. 2.41 zu sehen.

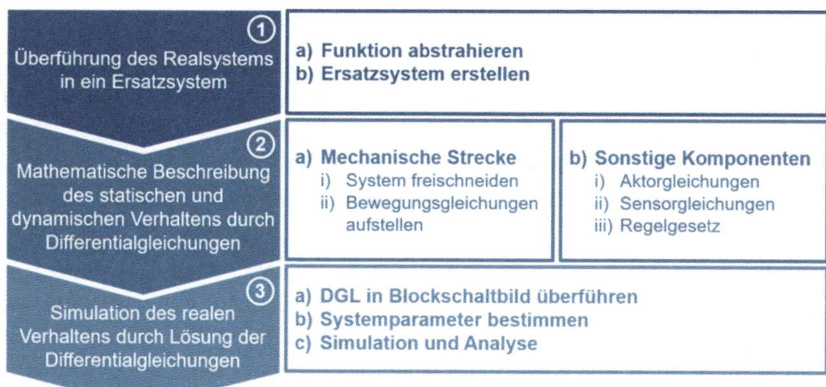

Abb. 2.41 – Detaillierung des Vorgehensmodells zur Systemmodellierung und -simulation (V-SMS) für die drei Kernschritte

Bei den nachfolgenden Beispielen werden nicht durchgehend alle Teilschritte betrachtet. Erst im letzten Beispiel werden für das Hubsystem des Rohrverlegers sämtliche Teilschritte aufgegriffen und erläutert.

2.5.1 Leiterschleife

Als einfachen Anwendungsfall der elektrischen und mechanischen Bausteine wird eine stromdurchflossene Leiterschleife behandelt, die sich in einem Magnetfeld mit der Flussdichte B (Permanentmagnet) befindet. Auf den Leiter wirkt dann die sogenannte Lorentzkraft

$$\vec{F}_L = I \cdot (\vec{l} \times \vec{B}). \tag{2.138}$$

Entsprechend Abb. 2.42 ergibt sich bei senkrechter Orientierung von Magnetfeld und Leiter die zu beiden senkrecht stehende Kraft

$$F = B \cdot l \cdot I. \tag{2.139}$$

Weiterhin folgt aus dem Kräftesatz, vgl. Gleichung (2.14),

$$m\ddot{x} = F = B \cdot l \cdot I. \tag{2.140}$$

Darunter kann sich vereinfacht z. B. ein reibungsfrei bewegter Tisch vorgestellt werden, der mit der Leiterschleife verbunden und somit der Wirkung der Lorentzkraft ausgesetzt ist und bewegt wird.

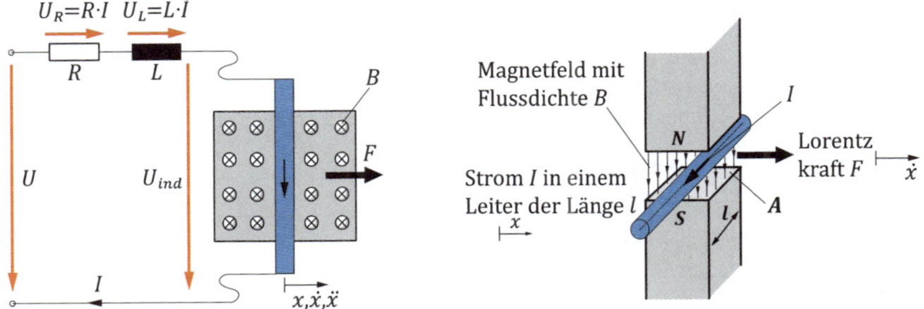

Abb. 2.42 – Kraft auf eine Leiterschleife im Magnetfeld (Linearantrieb)

Auf die genaueren Zusammenhänge der Lorentzkraft und ihre Bedeutung für Tauchspulen sowie Gleichstrom- und Drehstrommotoren wird in Kapitel 4 eingegangen. An dieser Stelle soll lediglich untersucht werden, wie groß der kraftbestimmende Strom bei angelegter Spannung U (Energiespeicher bzw. Netz) ist. Da der elektrische Leiter sowohl einen Widerstand R als auch eine Induktivität L besitzt, fallen in diesen beiden Elementen die Spannungen

$$U_R = RI \tag{2.141}$$

und

$$U_L = L\dot{I} \tag{2.142}$$

ab. Zusätzlich wird im Leiter eine Spannung

$$U_{ind} = k_{ind}\dot{x} \tag{2.143}$$

induziert, die von der Geschwindigkeit des Leiters abhängt. Insgesamt lässt sich entsprechend des 2. Kirchhoffschen Gesetzes die folgende Spannungsbilanz aufstellen.

$$\begin{aligned} U &= U_R + U_L + U_{ind} \\ &= RI + L\dot{I} + k_{ind}\dot{x} \end{aligned} \tag{2.144}$$

Der mechanische Anteil, Gleichung (2.140), und der elektrische Anteil, Gleichung (2.144), der Strecke lassen sich zu dem in Abb. 2.43 dargestellten Blockschaltbild verknüpfen.

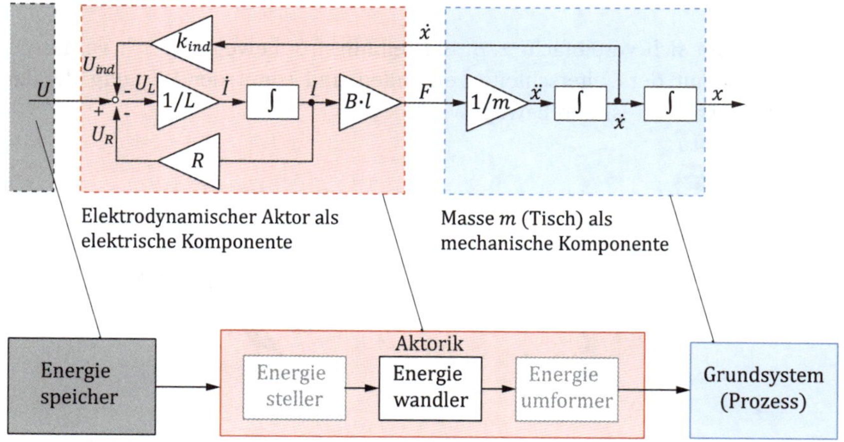

Abb. 2.43 – Blockschaltbild des Systems: Elektrodynamischer Aktor mit Masse (Prozess)

An diesem einfachen System ist bereits das Zusammenwirken von elektrischen und mechanischen Komponenten erkennbar. An der Schnittstelle zur Mechanik wird durch den Strom I die Kraft F erzeugt und rückwirkend beeinflusst die Geschwindigkeit $\dot{x}$ die Spannung U_{ind} im Leiterkreis. In Abb. 2.43 ist die allgemeine Darstellung eines technischen Systems mit aufgenommen, das in diesem Fall noch ohne Sensor und Rückführung (Regelung) arbeitet. Die drei Komponenten Energiespeicher, Aktor und Prozess sind dem detaillierten Blockschaltbild zugeordnet.

2.5.2 Fahrersitz – Passive Ausführung

Der Fahrzeugsitz eines LKW bzw. Baggers stellt ein schwingungsfähiges System dar. Dieses System kann sowohl als passives als auch als aktives Schwingungssystem realisiert werden.

Abb. 2.44 zeigt einen Fahrzeugsitz in Teilschnittdarstellung. Es sind eine Vielzahl von Einzelteilen und Komponenten zu erkennen, mit deren Hilfe die verschiedenen Anforderungen an einen Fahrzeugsitz (Verstellbarkeit, Sitzkomfort, Sicherheit, Schwingungsisolierwirkung, Preis, Qualität) erfüllt werden sollen.

Abb. 2.44 – Komponenten des Fahrzeugsitzes

Übergeordnetes Ziel ist die Dämpfung vertikaler Schwingungen, die primär durch Fahrbahnunebenheiten hervorgerufen werden, sodass der Fahrer des Fahrzeuges möglichst gering belastet wird. In allen Kraftfahrzeugen sind Menschen mechanischen Schwingungsbelastungen ausgesetzt, die ausgehend von Fahrbahnunebenheiten über Räder, Achsen, Chassis und Sitz oft in erheblichem Maß auf die Insassen einwirken. Als Folge dieser überwiegend vertikal gerichteten Vibrationen kann sowohl eine Herabsetzung der individuellen Leistungsfähigkeit (Unfallrisiko) als auch die Gefahr bleibender Gesundheitsschäden auftreten (Kosten im Gesundheitswesen). Hiervon sind insbesondere Fahrer von Nutzfahrzeugen betroffen. Dynamisch optimierte Sitzsysteme stellen eine Möglichkeit dar, die Fahrzeuginsassen zumindest teilweise von vertikalen Störschwingungen zu schützen.

Der Fokus bei der folgenden Modellbildung für den Fahrzeugsitz liegt auf dem Problem der vertikalen Schwingungsisolierung. Beim Fahrzeugsitz nach Abb. 2.44 wird dies durch die in den Sitz integrierte passive Federung mit zusätzlicher Dämpferwirkung erreicht. Das Schwingungssystem besteht aus dem federnden und dämpfenden Fahrzeugsitz und dem massebehafteten Menschen. Wird dieses

System vom Boden aus durch Bewegungen angeregt, so gerät es in einen Schwingungszustand. Ziel der Schwingungsisolierung ist es, die vertikale Bewegung eines Fahrzeuginsassen kleiner zu halten als die von unten eingeleitete Bewegung. Dieses Ziel kann in bestimmten Betriebsbereichen realisiert werden, wenn die Systemparameter Steifigkeit und Dämpfung entsprechend ausgelegt sind.

Abb. 2.45 zeigt auf der linken Seite oben den im Fahrzeug sitzenden Menschen und rechts das zugeordnete Ersatzsystem eines Schwingers mit einem Freiheitsgrad (Vertikalschwingung).

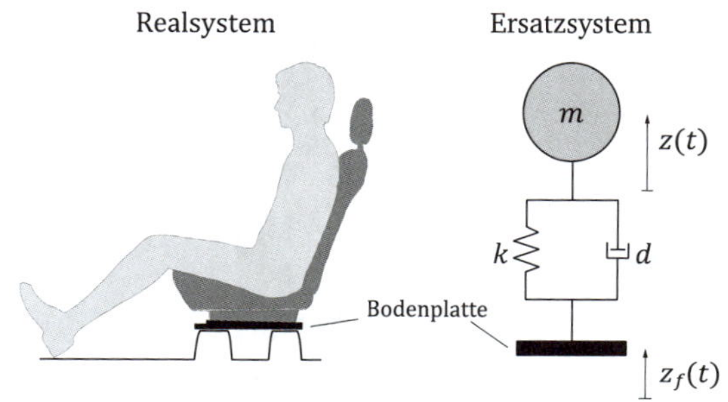

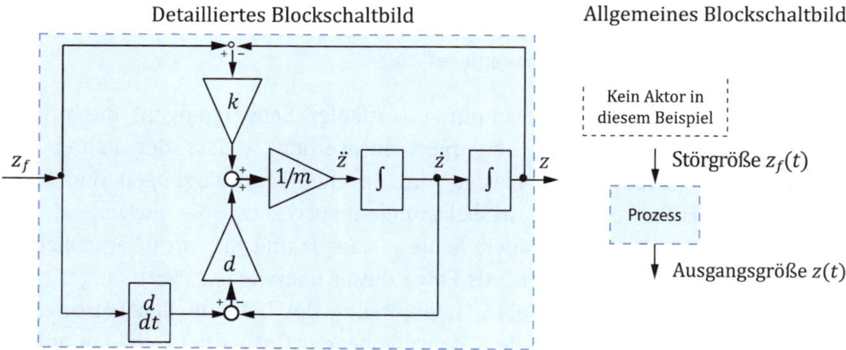

Abb. 2.45 – Ersatzsystem und Blockschaltbild für den passiven Fahrersitz

Der als starr angenommene Mensch inklusive Fahrersitz habe die Masse m. Die Parameter k und d beschreiben die Steifigkeit und die Dämpfung des Sitzes. Über die Bodenplatte werden Störbewegungen $z_f(t)$ eingeleitet, für die angenommen werden, dass sie sinusförmig mit veränderlicher Frequenz Ω verlaufen:

$$z_f(t) = \hat{z}_f \sin \Omega t \tag{2.145}$$

Gemäß Abb. 2.46 erhält man durch Freischneiden und Anbringen aller an der Masse wirkenden Kräfte die folgende Bewegungsgleichung

$$m\ddot{z} = -d(\dot{z}-\dot{z}_f)-k(z-z_f), \tag{2.146}$$

die sich wieder relativ leicht in ein entsprechendes Blockschaltbild überführen lässt (siehe Abb. 2.45).

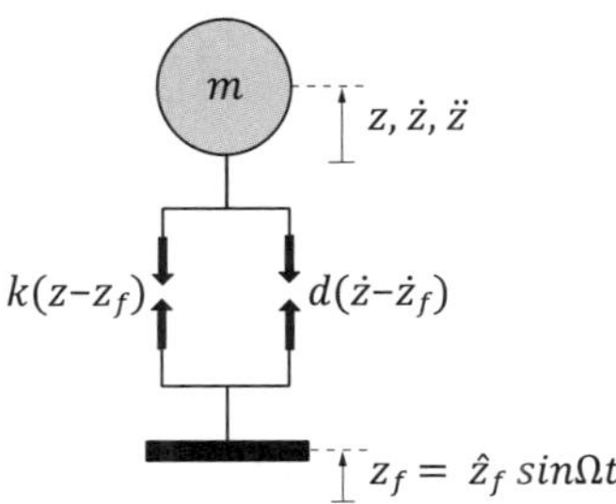

Abb. 2.46 – Kräfte am System Fahrzeugsitz

Das in Abb. 2.45 zugeordnete allgemeine Blockschaltbild macht deutlich, dass hier nur der Prozess mit Störgröße $z_f(t)$ und Ausgangsgröße $z(t)$ vorliegt. Aktor, Sensor und Regler sind in diesem Beispiel zunächst nicht berücksichtigt.

Die Differentialgleichung (2.146) lautet umgeschrieben

$$m\ddot{z} + d\dot{z} + kz = d\dot{z}_f + kz_f \tag{2.147}$$

und durch Einsetzen der Anregung z_f bzw. $\dot{z}_f$ folgt

$$m\ddot{z} + d\dot{z} + kz = d\Omega\hat{z}_f \cos\Omega t + k\hat{z}_f \sin\Omega t\,. \tag{2.148}$$

Das Schwingungssystem wird durch zwei harmonische Bewegungsanteile, die einer Kraftgröße entsprechen, erregt. Mit dem Lösungsansatz

$$z(t) = \hat{z}\sin(\Omega t\text{-}\alpha)\,, \tag{2.149}$$

wobei α die Phasenverschiebung darstellt, lässt sich auch diese Differentialgleichung entweder analytisch oder numerisch mit dem Simulationswerkzeug MATLAB/Simulink lösen. In diesem Fall wird ohne Herleitung nur die Lösung angegeben, die sich im eingeschwungenen Zustand einstellt.

$$\frac{\hat{z}}{\hat{z}_f} = \frac{\sqrt{k^2 + (d\Omega)^2}}{\sqrt{(k\text{-}m\Omega^2)^2 + (d\Omega)^2}} \tag{2.150}$$

Üblicherweise stellt man das Amplitudenverhältnis $\frac{\hat{z}}{\hat{z}_f}$ über der bezogenen Erregerfrequenz $\frac{\Omega}{\omega_0}$ dar, wie es in Abb. 2.47 zu sehen ist.

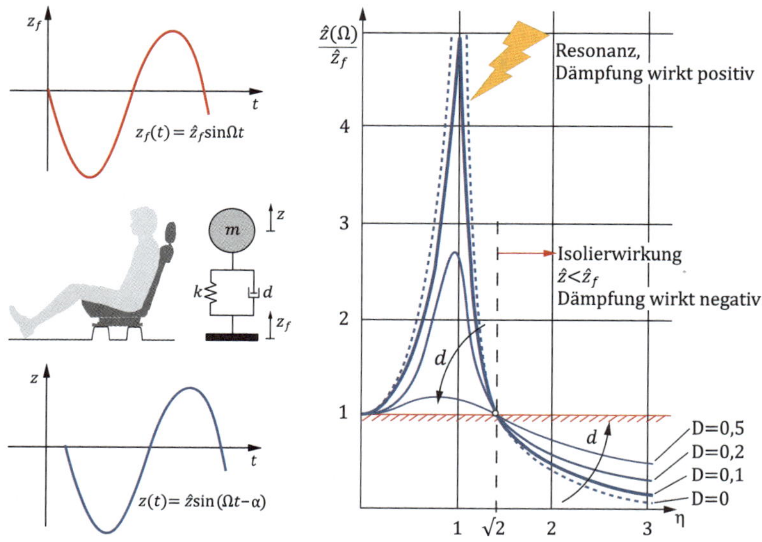

Abb. 2.47 – Amplitudenverhältnis $\frac{\hat{z}}{\hat{z}_f}$ bei Fußpunkterregung in Abhängigkeit von der bezogenen Erregerfrequenz (nach Vetter, Leak-free Pumps and Compressors)

An diesem Bild kann die Problematik der Schwingungsisolierung verdeutlicht werden. Oberhalb einer bezogenen Anregungsfrequenz von $\frac{\Omega}{\omega_0} = \sqrt{2}$ (ω_0 Eigenkreisfrequenz des ungedämpften Systems) wird eine Isolierwirkung $\hat{z} < \hat{z}_f$ erreicht, die umso besser wird, je größer das Frequenzverhältnis $\eta = \frac{\Omega}{\omega_0}$ ist. Allerdings muss bei einem Frequenzverhältnis $\eta \approx 1$, Anregungsfrequenz gleich Systemeigenfrequenz, die sogenannte Resonanzschwingung in Kauf genommen werden, die stets zu Werten $\frac{\hat{z}(\Omega)}{\hat{z}_f} > 1$ (keine Isolierwirkung) führt. Hier hilft große Dämpfung, um die Amplituden zu reduzieren. Andererseits verschlechtert zunehmende Dämpfung die Isolierung oberhalb von $\eta = \sqrt{2}$, siehe Abb. 2.47.

2.5.3 Fahrersitz – Aktive Ausführung

Eine zufriedenstellende Lösung in einem größeren Frequenzbereich würde sich mit einer mechatronischen Lösung mit Sensor, Regler und Aktorik erreichen lassen. Sie ist zwar teurer, führt aber in einem weiten Frequenzbereich zu Werten $\frac{\hat{z}}{\hat{z}_f}$, die stets kleiner als 1 sind, vgl. Abb. 2.50.

Für den aktiven Fahrersitz wird bei dem zuvor behandelten passiven Fahrersitz das System um eine Aktorik erweitert. Ziel ist es, die Fahrbahnunebenheiten durch die Stellaktivität des Aktors am Fahrersitz soweit wie möglich zu entkoppeln, sodass die fußpunkterregte Schwingung isoliert wird. Der Aktor kann den Anforderungen entsprechend verschiedene physikalische Wirkprinzipien haben. So kann beispielsweise ein pneumatischer Aktor (Luftfederaktorik), aber auch ein elektrodynamischer Aktor (z. B. Tauchspule) eingesetzt werden.

Im mechatronischen Lösungsansatz wird dem passiven System aus Gleichung (2.148) eine Aktorik zugeschaltet, um die angeregten Schwingungen aktiv zu isolieren. Hier wird eine Tauchspule verwendet, vgl. Abb. 2.48. In einer Tauchspule mit der Drahtlänge l sei ein Magnetfeld mit der Flussdichte B im Spalt des Magneten vorhanden. Die Spule bewegt sich mit dem Fahrersitz und übt die aus Gleichung (2.139) bekannte Lorentzkraft auf die bewegte Masse aus.

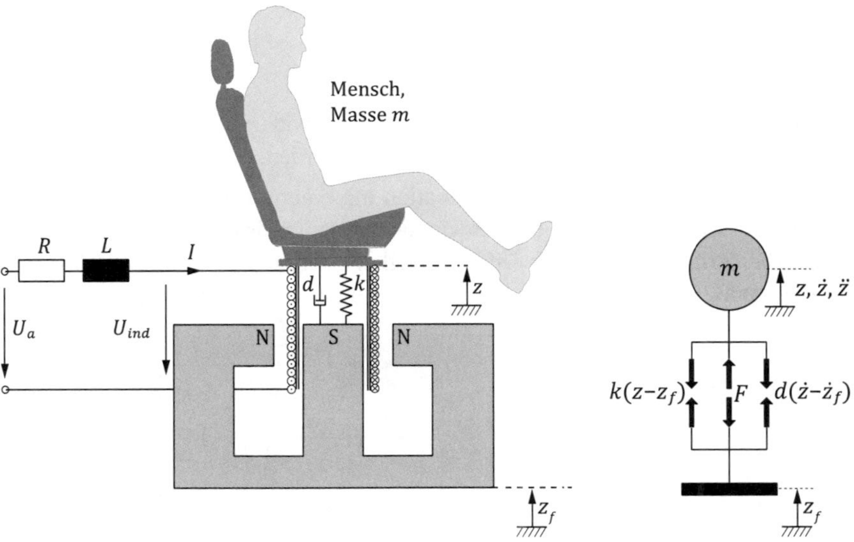

Abb. 2.48 – Mechanisch-elektrisches Modell des aktiven Fahrersitzes mit Tauchspule

Im idealisierten Fall besteht für die in der Spule erzeugte Kraft der lineare Zusammenhang der Grundgleichung des elektrodynamischen Wandlers wie in Gleichung (2.139), wobei I der Spulenstrom ist. Der Zusammenhang zwischen der Geschwindigkeit der Spule $\dot{z}$ und der elektrischen induzierten Spannung U_{ind} lässt sich über das folgende Bewegungsgesetz ausdrücken.

$$U_{ind} = k_{ind}(\dot{z}\text{-}\dot{z}_f) \tag{2.151}$$

An den Klemmen liegt die vom Regler ausgegebene, für die aktive Schwingungsisolation nötige Spannung U_a an.

Die Tauchspule als Aktor ist zwischen der Masse m und der Bodenplatte angebracht und steht somit parallel zur Feder und dem Dämpfer. Der bewegliche Teil des Aktors ist formschlüssig mit dem Fahrersitz gekoppelt und bildet mit diesem einen Freiheitsgrad. Die Masse der Spule ist im Vergleich zur Masse des Fahrers und des Sitzes vernachlässigbar. Die Relativbewegung lässt sich entsprechend dem passiven System formulieren. Somit ergeben sich für das dynamische Verhalten des Fahrersitzes nach Einsetzen der oben angeführten Beziehungen und der wirkenden Lorentzkraft folgende Zusammenhänge

$$m\ddot{z} + d(\dot{z}\text{-}\dot{z}_f) + k(z\text{-}z_f) = B \cdot l \cdot I \tag{2.152}$$

und

$$L\dot{I} + RI + k_{ind}(\dot{z}\text{-}\dot{z}_f) = U_a \tag{2.153}$$

mit der Induktivität L und dem elektrischen Innenwiderstand R. Mit diesen Beziehungen kann der aktive Fahrersitz modelliert werden.

Eine geeignete Aktorik kann in Kombination mit einer entsprechenden Regelung im geschlossenen Regelkreis die Schwingungsisolation des Fahrersitzes maßgeblich verbessern. Die relevanten Differentialgleichungen (2.152) und (2.153) und ihre Kopplung sind in Abb. 2.49 in Form eines Blockschaltbildes dargestellt.

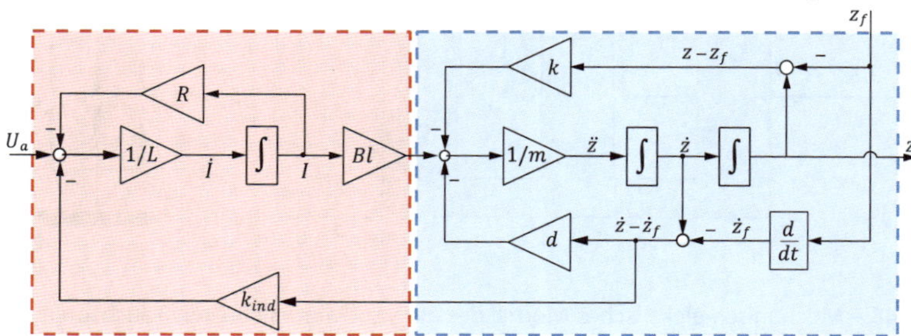

Abb. 2.49 – Blockschaltbild eines aktiven Fahrersitzes

Wie in Abb. 2.50 zu sehen ist, kann durch die Aktorik die gewünschte Isolierwirkung sowohl für unter- als auch überkritische Frequenzanregungen gewährleistet werden, was mit dem passiven System aufgrund der Dämpfungsproblematik nicht für das gesamte Frequenzband zufriedenstellend funktioniert.

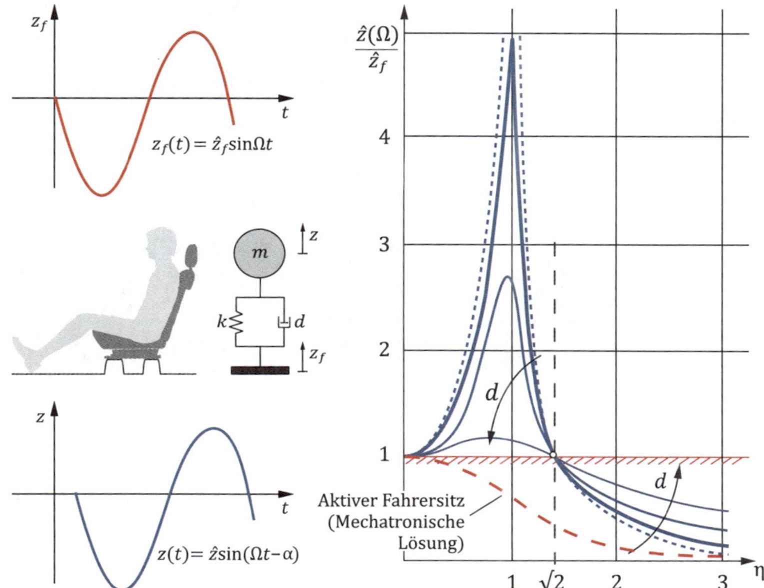

Abb. 2.50 – Amplitudenverhältnis $\frac{\hat{z}}{\hat{z}_f}$ bei Fußpunkterregung mit aktivem Fahrersitz

Über die Schwingungsisolation hinaus können weitere Problemstellungen mittels der vorgestellten mechatronischen Umsetzung behandelt werden. Beispielsweise können Aufgaben wie Gewichtskompensation (Störgrößenregelung), d. h. die Position des Fahrersitzes bei veränderlicher Personenmasse halten, oder Sitzhöhenverstellung (Folgeregelung) bei unveränderlicher Personenmasse realisiert werden. Die Regelung mechatronischer Systeme wird im Kapitel 5 ausführlich behandelt.

2.5.4 Hubsystem eines Rohrverlegers

Rohrverleger sind eine Abwandlung konventioneller Bagger, welche unter anderem zur Installation von Öl- und Gaspipelines verwendet werden. Der grundsätzliche Aufbau ähnelt somit dem eines Baggers. Allerdings befindet sich anstelle der Schaufel ein Seilzug am Ende des Auslegers. An diesem lassen sich die zu verlegenden Rohrelemente über Seilschlaufen einhängen, vgl. Abb. 2.51. In diesem Abschnitt wird die Modellbildung für das Hubsystem bzw. den Seilzug eines Rohrverlegers vorgestellt.

Abb. 2.51 – Volvo Rohrverleger

Zunächst ist dazu ein Ersatzsystem des komplexen Realsystems abzuleiten. Dabei ist darauf zu achten, lediglich die für das Hubsystem relevanten Elemente aus dem Gesamtsystem des Rohrverlegers zu extrahieren und diese im Ersatzsystem zu berücksichtigen.

Hier kann der Hubmechanismus als eigenständiges Subsystem betrachtet werden. Als Aktor kommt ein Gleichstrommotor, welcher eine Seiltrommel mit der Übersetzung i antreibt, zur Anwendung. Auf der Seiltrommel wird ein Stahlseil auf- oder abgewickelt, je nachdem ob die Last angehoben oder abgesenkt werden soll. Über Umlenkrollen wird das Stahlseil zu einem Flaschenzug am Ende des Auslegers geführt. An diesem wiederum wird das zu verlegende Rohrsegment angehängt. Zum einfacheren Verständnis wird im Folgenden der Einfluss des Flaschenzuges vernachlässigt und das zu verlegende Rohrsegment direkt an das freie Seilende angehängt. Das Ersatzsystem ist in Abb. 2.52 dargestellt.

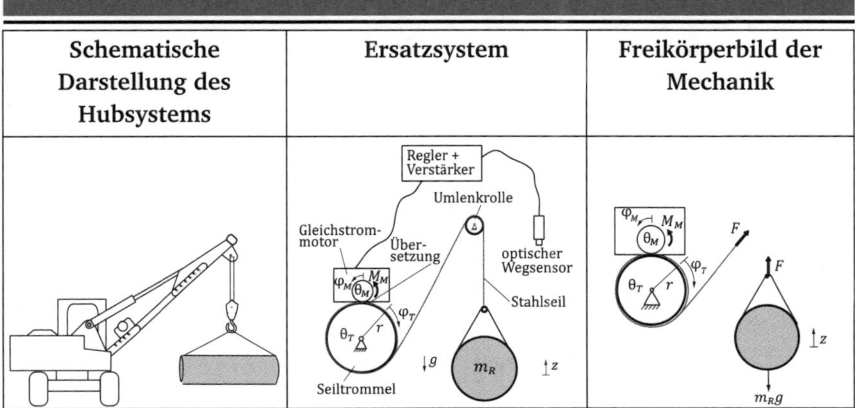

Abb. 2.52 – Ersatzsystem und Freikörperbild des Hubsystems

Wird davon ausgegangen, dass die größte Elastizität des Systems aufgrund der langen Seilführung im Stahlseil auftritt, können die übrigen Elemente für die Modellbildung als starr angenommen werden. Weiterhin wird hier davon ausgegangen, dass die Trägheiten der Umlenkrollen und des Seils im Vergleich zu den Trägheiten des Antriebs, der Seiltrommel und des Rohrsegmentes vernachlässigbar klein sind. Folglich ergibt sich ein ungefesseltes System mit zwei Freiheitsgraden: Die translatorische Bewegung des Rohrsegments z und die rotatorische Bewegung des Gleichstrommotors φ_M. Motor und Seiltrommel sind über die Übersetzung i kinematisch gekoppelt.

$$\varphi_M = i\varphi_T \tag{2.154}$$

Aus dem Ersatzsystem wird im nächsten Schritt ein Freikörperbild erstellt, vgl. Abb. 2.52. Dazu wird das System am Stahlseil geschnitten. Die resultierende Seilkraft F ergibt sich aus der Seilsteifigkeit k und der Seillängung Δl sowie der Seildämpfung d und der Seillängungsgeschwindigkeit $\Delta\dot{l}$.

$$F = F_k + F_d \tag{2.155}$$

$$F_k = k \cdot \Delta l = k \cdot \left(\frac{r}{i}\varphi_M\text{-}z\right) \tag{2.156}$$

$$F_d = d \cdot \Delta\dot{l} = d \cdot \left(\frac{r}{i}\dot{\varphi}_M\text{-}\dot{z}\right) \tag{2.157}$$

Im Folgenden kann davon ausgegangen werden, dass die Stellwege im Vergleich zur Gesamtlänge des Seils nur gering sind. Somit kann die Seilsteifigkeit als konstant betrachtet werden. Aus dem Freikörperbild lassen sich die Bewegungsdifferentialgleichungen eines Zwei-Massen-Schwingers ableiten, vgl. auch Abschnitt 2.3.6:

$$\begin{aligned} m_R\ddot{z} &= F\text{-}m_Rg \\ &= k\cdot\left(\frac{r}{i}\varphi_M\text{-}z\right)+d\cdot\left(\frac{r}{i}\dot{\varphi}_M\text{-}\dot{z}\right)\text{-}m_Rg \end{aligned} \tag{2.158}$$

$$\begin{aligned} \theta_{red}\ddot{\varphi}_M &= M_M\text{-}\frac{r}{i}\cdot F \\ &= M_M\text{-}\frac{r}{i}\cdot k\cdot\left(\frac{r}{i}\varphi_M\text{-}z\right)\text{-}\frac{r}{i}\cdot d\cdot\left(\frac{r}{i}\dot{\varphi}_M\text{-}\dot{z}\right) \end{aligned} \tag{2.159}$$

Darin ist θ_{red} das auf die Motorkoordinate bezogene reduzierte Massenträgheitsmoment

$$\theta_{red} = \theta_M + \frac{\theta_T}{i^2}. \tag{2.160}$$

Als äußere Kräfte wirken darin die Gewichtskraft des Rohrsegmentes sowie das durch den Gleichstrommotor gestellte Antriebsmoment M_M. Um eine genaue Positionierung des Rohrsegmentes bei der Verlegung zu gewährleisten, wird das Hubsystem mit einer Positionsregelung ausgestattet, welche über einen optischen Sensor die aktuelle Höhe des Rohrsegmentes z erfasst. Durch Rückführung des Sensorsignals über einen Regler wird der Gleichstrommotor geregelt und der Regelkreis geschlossen.

Zusammen mit den Modellen für den Gleichstrommotor (vgl. Kapitel 4), die Sensorik (vgl. Kapitel 5) und den Regler (vgl. Kapitel 6) kann im nächsten Schritt aus dem Differentialgleichungssystem das Blockschaltbild erstellt werden. Das entsprechende Blockschaltbild des Hubsystems ist in Abb. 2.53 zu sehen.

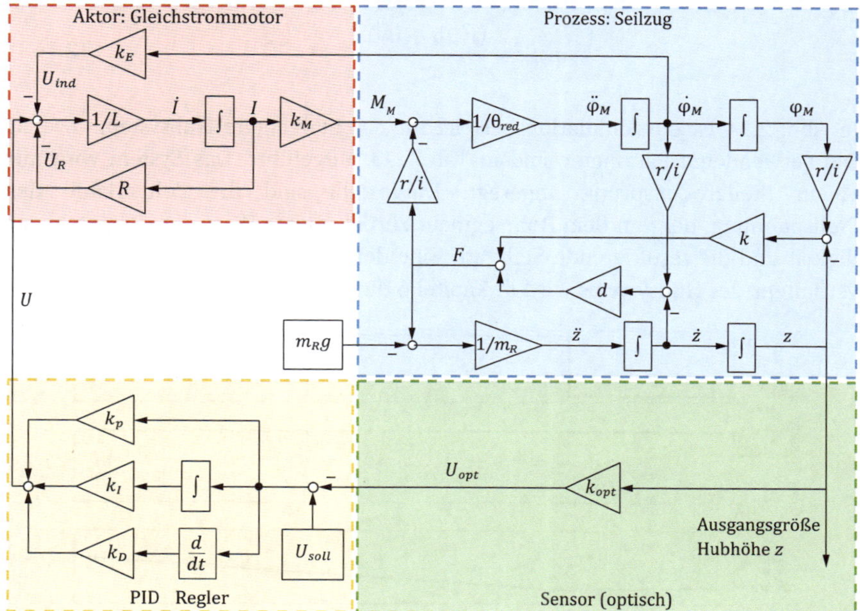

Abb. 2.53 – Blockschaltbild des Hubsystems

Im nächsten Schritt sollen noch Systemparameter bestimmt werden. Die Trägheiten und die Seilsteifigkeit können anhand von geometrischen Daten (Volumen, Flächen, Längen) und von Materialdaten (Elastizitätsmodul, Dichte) ermittelt werden. Die Seildämpfung d lässt sich, entsprechend Abschnitt 2.4, über das Lehrsche Dämpfungsmaß (hier Annahme 7,5 %) abschätzen:

$$d = \frac{2Dk}{\omega_0} \tag{2.161}$$

Dazu wird die Eigenkreisfrequenz des hier betrachteten, ungefesselten, ungedämpften Systems mit zwei Freiheitsgraden benötigt. Diese ergibt sich entsprechend zu Gleichung (2.117) zu

$$\omega_0 = \sqrt{k \frac{m_{red} + m_R}{m_{red} \cdot m_R}}. \tag{2.162}$$

Darin ist m_{red} die reduzierte Gesamtmasse des Antriebes auf der translatorischen Abtriebsseite der Seiltrommel.

$$m_{red} = \frac{(i^2\theta_M + \theta_T)}{r^2} \tag{2.163}$$

In Abb. 2.54 ist ein Simulationsbeispiel für das betrachtete Hubsystem gezeigt. Die verwendeten Parameter sind in Tab. 2.11 aufgeführt. Das System wird mit einem Stellgrößensprung angeregt. Dargestellt sind die Zeitverläufe der Stellspannung, der von dem Rohrsegment zurückgelegte Weg, die Hubgeschwindigkeit und die resultierende Seilkraft. Eine detaillierte Diskussion des Streckenverhaltens des Hubsystems wird in Kapitel 6 durchgeführt.

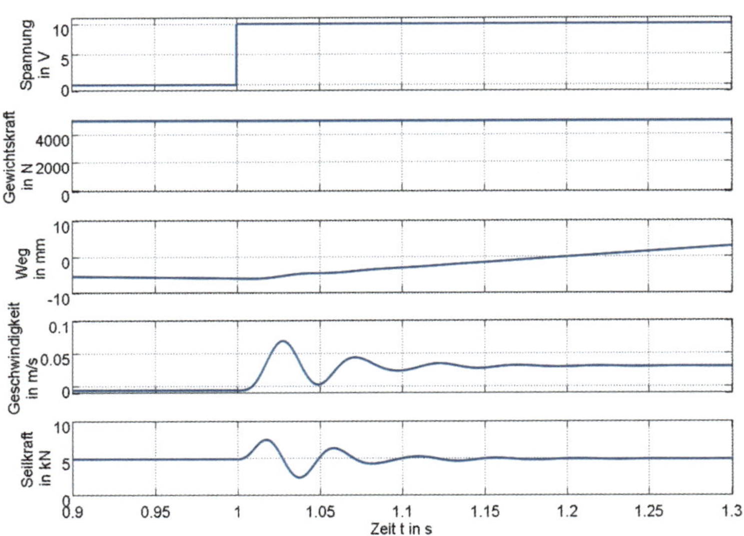

Abb. 2.54 – Simulation des Hubsystems

Elektronik	Mechanik	Ergebnisse
$L = 1\,mH$	$m_R = 500\,kg$	$m_{red} = 2496\,kg$
$k_M = 2{,}35\,{}^{Nm}/_{A}$	$i = 30$	$f_0 = \frac{\omega_0}{2\pi} = 25{,}4\,Hz$
$k_E = 2{,}35\,Vs$	$k = 10{,}6 \cdot 10^6\,{}^{N}/_{m}$	$d = 10000\,{}^{Ns}/_{m}$
$R = 0{,}09\,\Omega$	$\theta_T = 111\,kg\,m^2$	
$k_{opt} = 1\,V$	$\theta_M = 0{,}05\,kg\,m^2$	
	$D = 7{,}5\,\%$	

Tab. 2.11 – Parameter des Hubsystems

2.6 Zusammenfassung

Die entscheidende Erkenntnis im Rahmen dieses Kapitels ist das Verständnis aus einem realen System bzw. einer realen Problemstellung ein mathematisch-physikalisches Modell abzuleiten. Basierend auf dieser Motivation wurden sowohl die physikalischen Gesetze als auch die Grundlagen der Modellbildung mit elementaren Bausteinen aufgezeigt, wobei auch auf Interaktionen und Kopplungen verschiedener Teilgebiete wie Mechanik, Elektrotechnik oder Fluidmechanik eingegangen wurde. Des Weiteren erfolgte die Erläuterung der zum Modellentwurf und zur Simulation notwendigen Vorgehensweise, Bewegungsdifferentialgleichungen in Blockschaltbilder zu überführen, einschließlich einer Illustration mit mehreren Beispielen. Neben der Systemanalyse und der Erstellung eines mechatronischen Modells wurden die Ergebnisse der Simulationsrechnung anhand eines einfachen Beispiels im Frequenzbereich gedeutet bzw. interpretiert, um eine Aussage über die Systemcharakteristik machen zu können. Die wichtigste Grundlage zum Verständnis eines mechatronischen Systems ist es, die einzelnen Elemente des Systems im Gesamtkontext zu betrachten und zu verstehen. Dadurch ist es erst möglich die Zusammenhänge von Regler, Aktorik, Sensorik und Prozess nachzuvollziehen und die entsprechenden Komponenten optimal auslegen zu können.

3 Mechanische Komponenten und Energiespeicher

In diesem Kapitel erfolgt eine Einführung in die mechanischen Komponenten, die in Antriebssystemen eingesetzt werden, um mechanische Abtriebsenergie eines Aktors zu erzeugen oder prozessgerecht bereitzustellen (Energieleiter, -umformer und -steller). Mechanische Komponenten sind bestimmende Elemente in vielen Antriebssystemen. Auch wenn durch das Vordringen elektrischer und elektronischer Wandler, Stellglieder, Sensoren und Regler viele Anwendungen für mechanische Komponenten ersetzt und ergänzt wurden, bleibt dennoch eine Fülle an Aufgaben z. B. in der Antriebstechnik, in der Fahrzeugtechnik oder bei Arbeitsmaschinen, die nur mit mechanischen Komponenten gelöst werden können.

Mit einer Ausnahme können alle im Systembild auftretenden Funktionsblöcke als rein mechanische Komponenten realisiert werden, bei denen sowohl am Eingang als auch am Ausgang mechanische Energie mit Kräften und Bewegungsgrößen auftreten (Abb. 3.1). Beim Energiewandler dagegen, bei dem definitionsgemäß die Energieart vom Eingang zum Ausgang gewandelt wird, ist dies nicht der Fall.

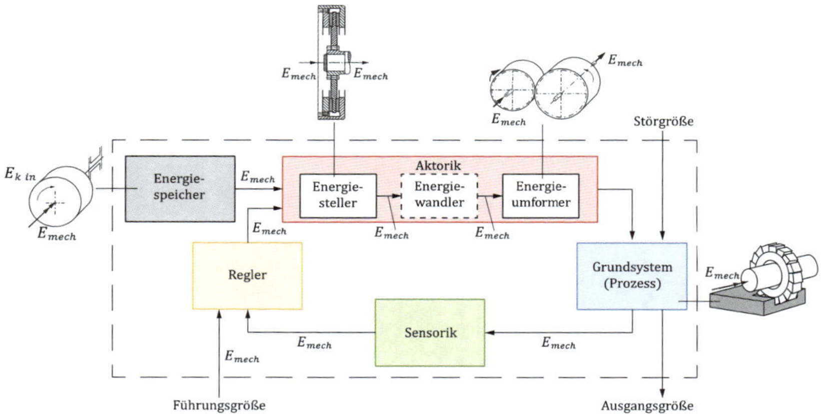

Abb. 3.1 – Systembild mit Beispielen für mechanische Komponenten

Energiespeicher (Abschnitt 3.5) mit mechanischen Größen am Ausgang sind z. B. Federspeicher, Schwungradspeicher oder Hydrospeicher.

Energiesteller für mechanische Größen (Abschnitt 3.4) nennt man Schalt- und Trennkupplungen. Als Einscheibentrockenkupplung im Pkw oder als Klinkenfreilauf in der Hinterradnabe eines Fahrrads schalten oder trennen sie den mechanischen Energiefluss im Antriebsstrang.

Energiewandler können entweder mechanische Energie nur am Eingang (z. B. Generator oder Bremsen) oder nur am Ausgang (z. B. Elektromotoren oder Hydraulikzylinder) aufweisen, die jeweils andere Größe ist dann nichtmechanisch. Energiewandler werden unter den Aktoren in Kapitel 4 behandelt.

Energieumformer (Getriebe) sind besonders wichtige mechanische Komponenten (Abschnitt 3.3), da sie es durch ihre Vielfalt gestatten, nahezu jeden Abtrieb mit den gewünschten Kraft- und Bewegungsgrößen zu realisieren. In Kraftfahrzeugen finden sich eine Fülle von Umformern, z. B. Zahnradgetriebe als Schaltgetriebe, Zahnriementriebe zum Antrieb der Nockenwelle, Kurbeltriebe im Hubkolbenmotor oder Kurvengetriebe zwischen Scheibenwischermotor und Wischerarm.

Regler und Sensoren gibt es ebenfalls in mechanischer Bauart, z. B. den Schwimmerschalter im Spülkasten einer Toilette. Sie sind jedoch in modernen Systemen durch elektronische Komponenten ersetzt worden und werden wegen ihrer hier untergeordneten Bedeutung in diesem Kapitel nicht behandelt.

Nicht im Systembild dargestellt, aber fast immer vorhanden, sind Energieleiter (Abschnitt 3.2), die Energie zwischen den Systemkomponenten oder innerhalb von ihnen leiten, z. B. Wellen, Seile oder Stößel mit ihren Lagerungen und Führungen. Abb. 3.2 zeigt einige mechanische Komponenten in einem Fahrzeugantrieb.

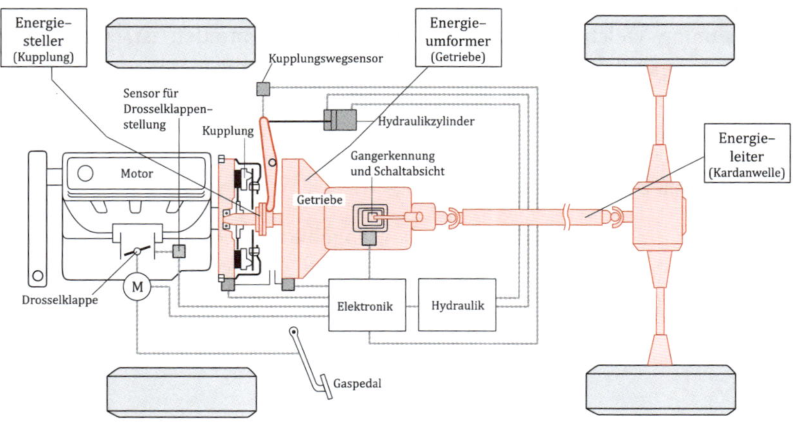

Abb. 3.2 – Mechanische Komponenten in einem Fahrzeugantrieb

3.1 Skizzen und Zeichnungen

Zeichnungen im Allgemeinen bieten die Möglichkeit, Systeme und Funktionen bildhaft abzubilden. Eine technische Zeichnung dient mit einer normierten Darstellung, der einheitlichen und eindeutigen Verständigung zwischen den Betrachtern. Diese beinhaltet alle vollständigen Informationen zur Fertigung eines Bauteils oder einer Baugruppe. Dazu sind neben verschiedenen Ansichten aus definierten Blickrichtungen auch Ausschnitte nach genormten Darstellungsregeln in einem definierten Maßstab abzubilden. Es werden alle notwendigen geometrischen Informationen wie Ansichten, Schnitte und Formelemente sowie Bemaßungsinformationen mit Abmessungen und Toleranzen dargelegt. Weiterhin werden technologische Informationen wie zum Beispiel Werkstoff, Oberflächenbeschaffenheit und organisatorische Informationen (Projektnummer, Baugruppe, Bauteilname usw.) definiert.

Im Folgenden werden unterschiedliche Darstellungsformen vorgestellt. Im Zusammenhang mit dem Systemverständnis in der Mechatronik ist es besonders wichtig, technische Hauptschnittzeichnungen interpretieren und Systemfunktionen aus technischen Zeichnungen erkennen zu können.

Je nach Verwendungszweck und Detaillierungsgrad werden Strichskizzen, Prinzipskizzen sowie technische Zeichnungen genutzt, um ein reales System zweidimensional darzustellen oder eine Funktionalität abzubilden. Eine dreidimensionale Darstellung erfolgt meist mittels einer computergestützten Software. Nachfolgend werden die Darstellungsformen anhand eines Beispiels erläutert. Der beispielhaft herangezogene Aufbau stellt eine Antriebseinheit dar, welche mit einem elastischen Element (antriebseitig) verbunden ist. Über einen verstellbaren Mitnehmer, welcher weiter mit dem Abtrieb verbunden ist, kann die mit einem Drehmoment beaufschlagte Länge des elastischen Elements variiert werden. Folglich kann über die Verstellung des Mitnehmers die Torsionsteifigkeit des Systems variiert werden.

3.1.1 Reales System

In Abb. 3.3 ist ein realer Prüfstandsaufbau abgebildet. Dieser besteht aus mehreren Baugruppen (z. B. Antriebseinheit), welche sich wiederum aus einzelnen Komponenten (Gleichstrommotor, Getriebe, Kupplung) zusammensetzen.

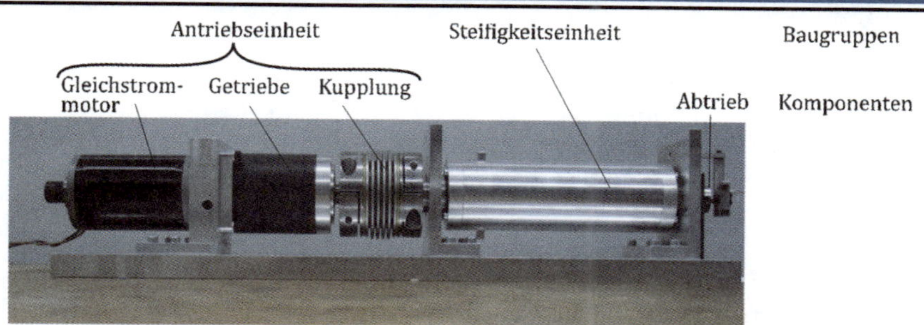

Abb. 3.3 – Realer Prüfstandsaufbau unterteilt in Baugruppen und Komponenten

3.1.2 CAD-Modell (CAD – Computer Aided Design)

Im Folgenden wird die Baugruppe „Steifigkeitseinheit" mittels computergestützter Software als CAD-Modell dargestellt. Abb. 3.4 bildet die Baugruppe „Steifigkeitseinheit" in hohem Detaillierungsgrad ab. Die einzeln modellierten Komponenten wurden zu einer Baugruppe zusammengefügt. Geometrische und technologische Informationen sind sowohl für die Komponenten als auch für die Baugruppe in dem CAD-Modell hinterlegt, sodass es die in Realität gefertigten Bauteile umfassend beschreibt.

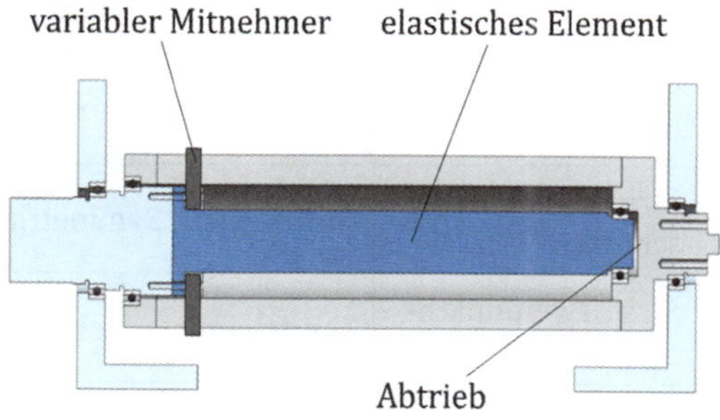

Abb. 3.4 – Baugruppe „Steifigkeitseinheit" als Schnittansicht

3.1.3 Technische Zeichnung

Eine technische Zeichnung kann computerbasiert oder per Hand erstellt werden. Sie beinhaltet ebenso wie das CAD-Modell alle geometrischen und technologischen Informationen zur Fertigung und Montage der dargestellten Elemente. Wie in Abb. 3.5 ersichtlich, besteht diese zweidimensionale Zeichnung aus verschiedenen Linienarten und Schraffuren.

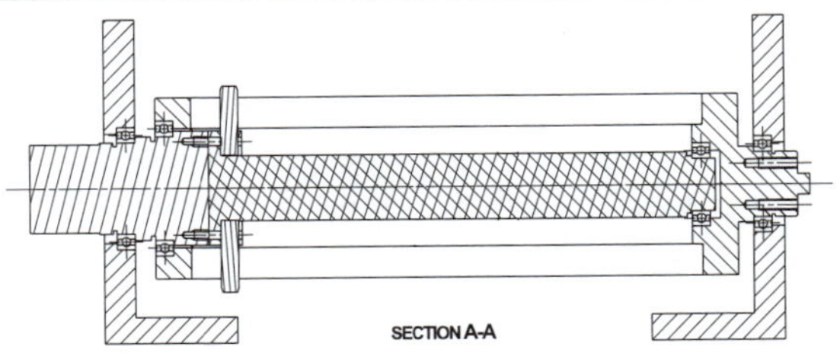

Abb. 3.5 – Technische Zeichnung der Steifigkeitseinheit in Schnittansicht

Schraffuren dienen dazu, geschnittene Bauteile gegenüber anderen abzugrenzen. Die Art der Schraffur beinhaltet Informationen über das Material. Ebenso dienen verschiedene Linienarten dem besseren Verständnis einer Zeichnung. Tab. 3.1 zeigt einen Auszug aus den gängigsten Linienarten in technischen Zeichnungen und verdeutlicht ihren Verwendungszweck.

Linienart	**Verwendung**	
	Volllinie breit	Sichtbare Kanten oder Umrisse, Gewindespitzen/ -länge
	Volllinie schmal	Hilfslinie, Maßlinie, Maßhilfslinie, Hinweislinie, Lichtkante, Schraffuren
	Strichpunktlinie breit	Kennzeichnung von Schnittverläufen
	Strichpunktlinie schmal	Mittellinien, Symmetrielinien
	Strichzweipunktlinie schmal	Umrisse angrenzender Teile
	Strichlinie schmal	Verdeckte Kanten oder Umrisse
	Freihandlinie	Begrenzung von abgebrochen dargestellten Ansichten
	Zickzacklinie	

Tab. 3.1 – Linienarten und Verwendung (auszugsweise aus DIN ISO 128)

Bei der Überführung einer dreidimensionalen in eine zweidimensionale Darstellung können Informationen zu dem Bauteil, beispielsweise bezüglich seiner inneren Gestaltung, verloren gehen. Zur Abbildung dieser in der zweidimensionalen Ansicht nicht sichtbaren Bauteileigenschaften werden Schnittdarstellungen und Ausbrüche verwendet. Ein Schnitt wird mittels Beschriftung zum Beispiel „A - A" in der ursprünglichen Ansicht gekennzeichnet. Die entsprechende Linie bildet die Schnittkante. Die Schnittfläche wird dann in einer neuen, meist veränderten Ansicht mit gleicher Kennzeichnung dargestellt (siehe Abb. 3.5).

Für vertiefende Informationen zu technischen Zeichnungen wird auf [15] verwiesen.

3.1.4 Strichskizze

Eine Strichskizze ist eine symbolhafte Darstellung von Bauteilen, Funktionen und/oder Zusammenhängen. Abb. 3.6 zeigt beispielhaft die Anordnung der Lager, Wellen und Dichtungen der verwendeten Beispielbaugruppe „Steifigkeitseinheit". Diese Darstellungsform wird entweder freihand oder am Computer erstellt und folgt einer Symbolik, welche je nach Literaturquelle eine andere Darstellungsart verwendet. Beispielhaft ist diese Symbolik in Tab. 3.2 dargestellt.

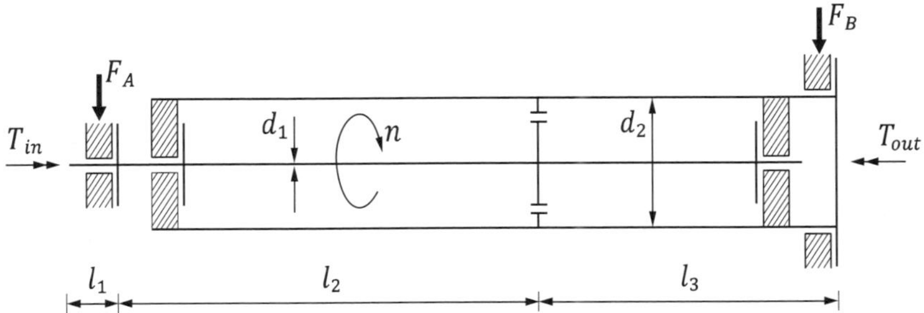

Abb. 3.6 – Strichskizze der Steifigkeitseinheit

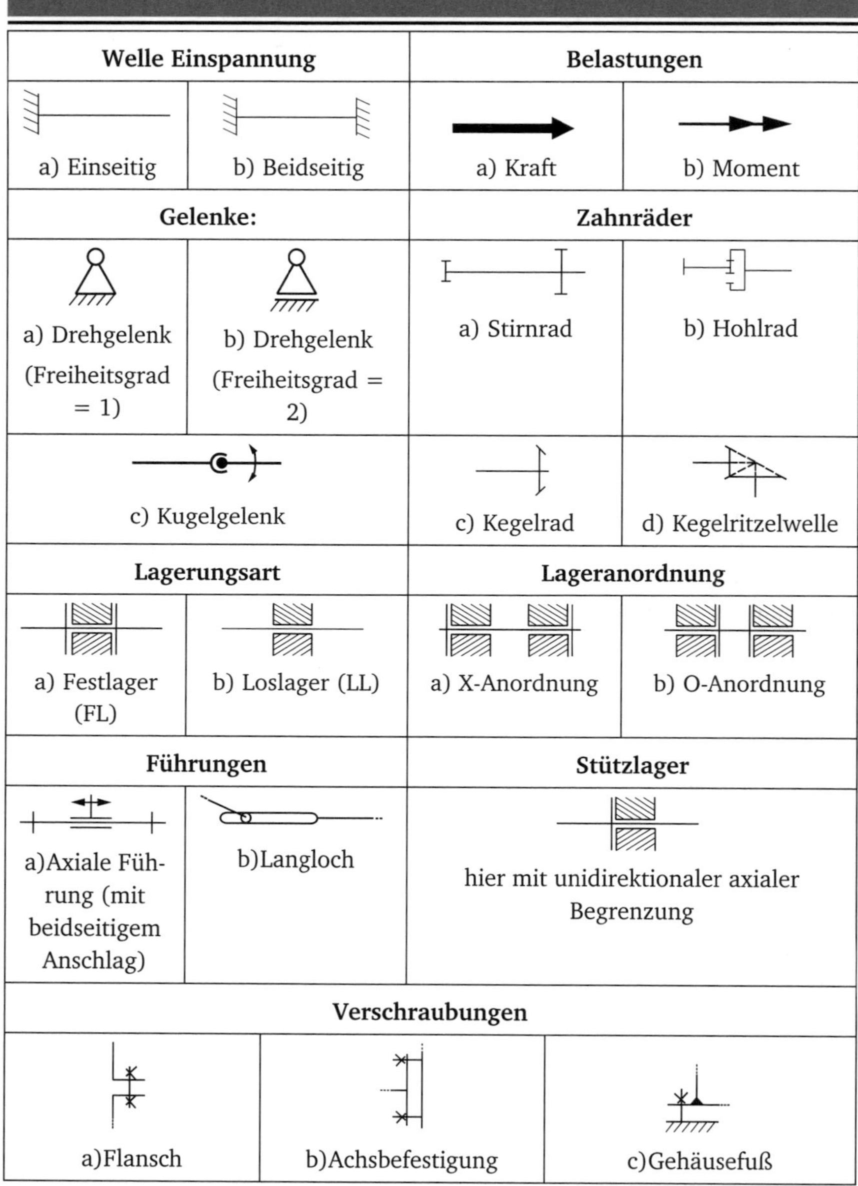

Welle Einspannung		Belastungen	
a) Einseitig	b) Beidseitig	a) Kraft	b) Moment
Gelenke:		**Zahnräder**	
a) Drehgelenk (Freiheitsgrad = 1)	b) Drehgelenk (Freiheitsgrad = 2)	a) Stirnrad	b) Hohlrad
c) Kugelgelenk		c) Kegelrad	d) Kegelritzelwelle
Lagerungsart		**Lageranordnung**	
a) Festlager (FL)	b) Loslager (LL)	a) X-Anordnung	b) O-Anordnung
Führungen		**Stützlager**	
a)Axiale Führung (mit beidseitigem Anschlag)	b)Langloch	hier mit unidirektionaler axialer Begrenzung	
Verschraubungen			
a)Flansch	b)Achsbefestigung	c)Gehäusefuß	

Tab. 3.2 – Grundlegende Symbolik von Strichskizzen

3.1.5 Prinzipskizze

Eine Prinzipskizze ist eine Freihandzeichnung, die wesentliche Funktionen und die Gestalt eines Bauteils grob abbildet. Wie zu sehen ist, stellt sie die einfachste Form der Abbildungen mit dem größten Abstraktionsgrad dar.

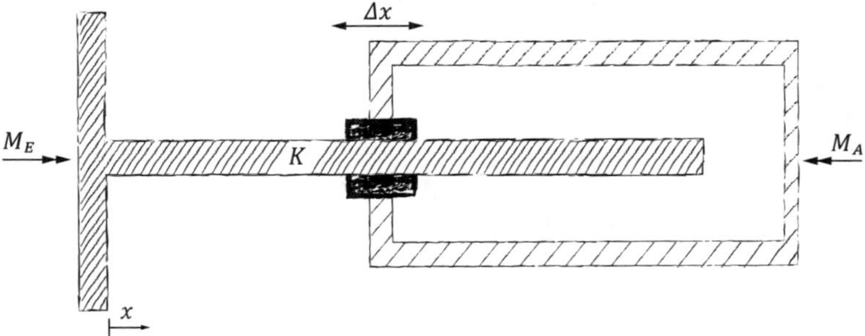

Abb. 3.7 – Freihand-Prinzipskizze der Steifigkeitseinheit

3.2 Mechanische Energieleiter

Gegenstand dieses Kapitels sind Komponenten, mit denen mechanische Energie von einem Ort an einen anderen übertragen werden kann, ohne dabei die Bewegungsgröße zu verändern. Hierbei erfolgt zunächst eine allgemeine Darstellung der Funktionsweise und des Wirkprinzips mechanischer Energieleiter. Im weiteren Verlauf wird dann zwischen Energieleitern für rotatorische und translatorische Bewegungen unterschieden. Neben Anwendungsbeispielen, Modellen, Gestaltungsrichtlinien und Lagerungs-/Führungsformen soll für rotatorisch wirkende Energieleiter zudem eine Betrachtung mit Formeln erfolgen. Hierbei wird es insbesondere darauf ankommen, Energieleiter als massebehaftete, elastische und damit schwingungsfähige Bauteile zu begreifen.

Ein Aktor, der eine Kraft oder ein Moment und damit mechanische Energie erzeugt, kann nur selten direkt dort platziert werden, wo die mechanische Energie letztendlich benötigt wird. Vielmehr müssen aus Funktions-, Bauraum-, Montage- oder auch Sicherheitsgründen An- und Abtrieb oftmals voneinander getrennt werden. Die hierdurch entstehende räumliche Distanz zwischen An- und Abtrieb muss dann durch einen Energieleiter überbrückt werden.

Im Allgemeinen können mechanische Energieleiter somit als Komponenten technischer Systeme verstanden werden, die mechanische Energie von einem Ort an einen anderen übertragen. Sie bestehen aus mindestens einem bewegten, die Energie übertragenden Bauteil, z. B. einer Welle oder einer Achse und Lagerungen bzw. Führungen, die eine kinematisch richtige Bewegung dieses Bauteils bezüglich eines Bezugselements (Gehäuse, Fundament, Träger) ermöglichen.

Ein typisches Beispiel für den Einsatz von Energieleitern zeigt Abb. 3.8 links. Hier dargestellt ist eine Standbohrmaschine, bei der eine Drehmomentübertragung zwischen dem am oberen Ende der Maschine sitzenden Antrieb (Elektromotor) und dem darunterliegenden Abtrieb (Bohrwerkzeug) notwendig ist.

Darüber hinaus sind in Aktoren, Getrieben und Schaltkupplungen oft Energieleiter verbaut, wie Abb. 3.8 rechts anhand eines Servo- bzw. Getriebemotors zeigt.

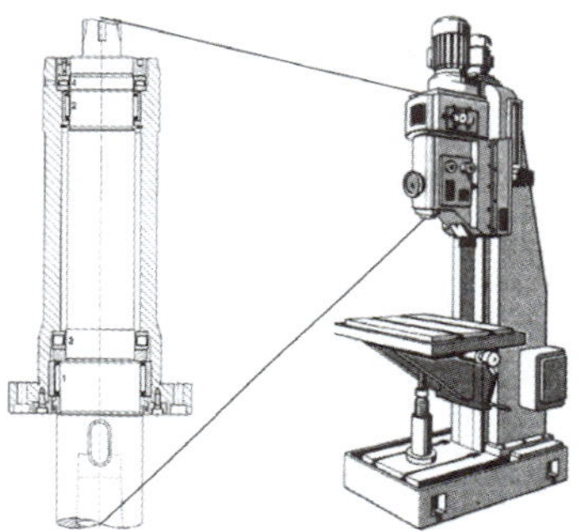

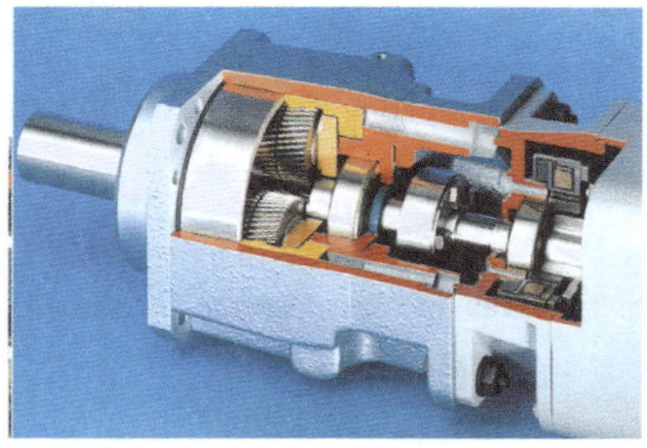

Abb. 3.8 – Bohrspindel als mechanischer Energieleiter (links); Mechanische Energieleiter innerhalb eines Aktors am Beispiel eines Getriebemotors (rechts) [16, S. 13 f.]

3.2.1 Gliederung mechanischer Energieleiter

Unterscheidung nach der Funktion

Ein erstes grundsätzliches Unterscheidungsmerkmal ist die Art der Wirkbewegung, die das energieleitende Bauteil ausführt. Die Wirkbewegung wird bestimmt durch die Art der Abstützung des Bauteils. Diese kann entweder in gelagerter oder geführter Form realisiert werden, wobei Lagerungen eine Rotationsbewegung und Führungen eine Translationsbewegung des Bauteils ermöglichen. Alle anderen Bewegungsmöglichkeiten werden unterbunden, sodass die entstehenden Systeme stets einen Freiheitsgrad der Ordnung eins besitzen. Die Anzahl der Freiheitsgrade gibt die in einem System unabhängig voneinander ausführbaren Bewegungen an. Energieleiter, die im Bereich der Übertragung von Drehmomenten und Drehbewegungen zum Einsatz kommen, werden gemeinhin als Wellen bezeichnet. Sollen hingegen Zug- bzw. Druckkräfte oder Linearbewegungen übertragen werden, tragen die zu diesem Zwecke eingesetzten Energieleiter den Oberbegriff Zug- bzw. Druck-Elemente.

Unterscheidung nach dem Wirkprinzip

Mechanische Bauteile übertragen Kräfte und Momente aufgrund ihrer Steifigkeit in Übertragungsrichtung. Quer dazu können sie zum einen steif, zum anderen aber auch nachgiebig (elastisch) oder gelenkig ausgebildet sein, um einen Ortsversatz von An- und Abtrieb zu ermöglichen. Im Bereich der Wellen können diesbezüglich starre/steife Wellen, biegsame Wellen und Gelenkwellen unterschieden werden. Zug-Druck-Elemente lassen sich in geführte Stößel, Züge/Seile und Ketten/Druckstücke in Rohren unterteilen. Tab. 3.3 zeigt eine Systematik, in der mechanische Energieleiter sowohl nach ihrer Funktion als auch nach ihrem Wirkprinzip entsprechend der vorherigen Ausführungen unterschieden werden. Im weiteren Verlauf dieses Kapitels werden aufgrund ihrer zentralen Bedeutung für den Maschinenbau lediglich Wellen mit Lagerungen (Nr. 1) und Zug-Druck-Elemente mit Führungen (Nr. 4) näher betrachtet.

Gliederungsteil		Hauptteil			Zugriffsteil	
Art der Wirkbewegung	Art der Wirkelemente	Bezeichnung	Beispiel	Nr.	Zur Übertragung von	
					Drehmomenten	Zug-, Druckkräften
Rotation	Steife Elemente	Starre Wellen		1	X	(X)
	Elastische Elemente (Federn)	Biegsame Wellen		2	X	
	Gelenkige Elemente (Wellenstücke + Gelenke)	Gelenkwellen		3	X	
Translation	Steife Elemente	Stößel		4	(X)	X
	Elastische Elemente	(Bowden-) Züge, Seile		5		X
	Gelenkige Elemente	Ketten, Druckstücke in Rohren		6		X

Tab. 3.3 – Systematik: Mechanische Energieleiter (Kreuze in Klammern repräsentieren zusätzliche Übertragungsmöglichkeiten, die nicht mit der Wirkbewegung korrespondieren)

3.2.2 Mechanische Energieleiter für Rotationsbewegungen – Wellen mit Lagerungen

Wellen sind umlaufende Maschinenelemente zur Übertragung von Drehmomenten und Drehbewegungen. Zur Einleitung oder Abnahme des Drehmoments dienen mechanische Umformer und Kupplungen, die im weiteren Verlauf dieses Kapitels noch näher behandelt werden sollen. Neben Drehmomenten übertragen Wellen oftmals auch Kräfte und Biegemomente. Die Drehbewegung wird durch Lagerungen ermöglicht, die alle anderen Bewegungen relativ zum Gestell verhindern.

Anwendungsbeispiele

Tab. 3., Abb. 3.9 und Abb. 3.10 zeigen Beispiele für mechanische Energieleiter. Mittels einer flexiblen Welle aus gewickelten Drähten ist es möglich, Drehbewegungen zwischen zwei Orten zu übertragen, die nicht in einer Ebene liegen.

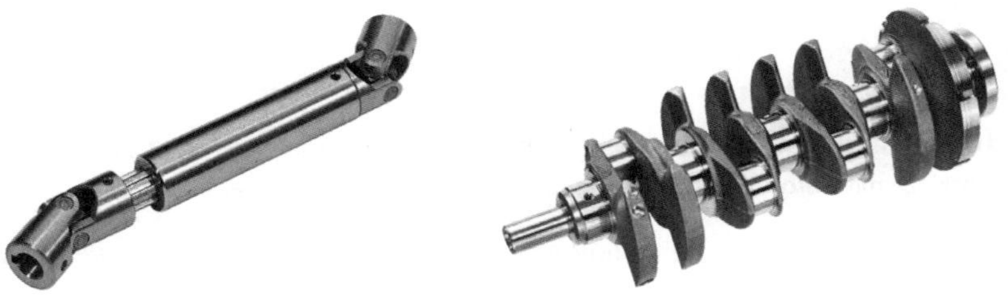

Abb. 3.9 – Gelenkwelle mit Axialausgleich über Vielkeilwelle (links), Kurbelwelle als starre Welle (rechts) [17]

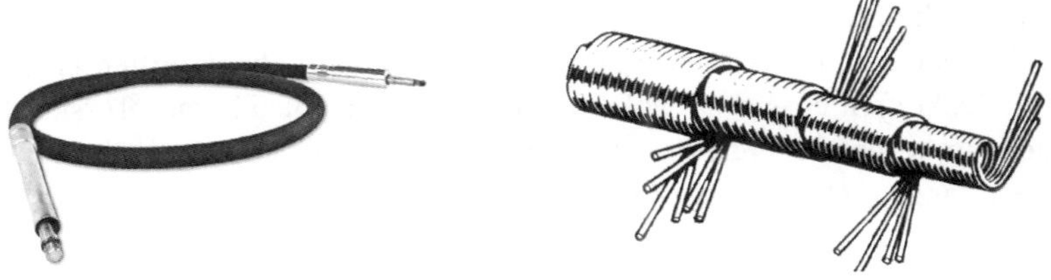

Abb. 3.10 – Flexible Welle [18] als Aufsatz für Sechskant-Schraubenschlüssel mit grundlegendem Aufbau [19]

Modell und Gestaltung einer Welle mit Lagerung

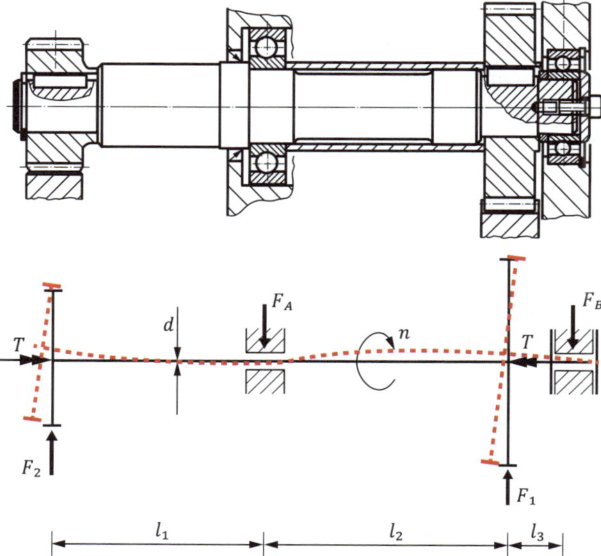

Abb. 3.11 – Technische Zeichnung einer Zahnradwelle mit Rillenkugellagern inklusive Strichskizze mit Deformationsverlauf in der Ebene des Zahneingriffes

Die auf eine Welle wirkenden äußeren Belastungen (Kräfte und Momente) rufen innere Beanspruchungen (Spannungen) hervor, die zur Verformung der Welle führen. Bei diesen Verformungen kann es sich zum einen um Durchbiegungen, zum anderen auch um Torsion handeln. Durchbiegungen lassen sich generell durch eine entsprechende Lagerung der Welle reduzieren, jedoch nicht gänzlich vermeiden. Abb. 3.11 zeigt das Beispiel einer Welle mit jeweils einer geradverzahnten Zahnradstufe (vgl. Abschnitt 3.3.3) am Eingang und am Ausgang. Die Biegebeanspruchung ergibt sich aufgrund der an den Zahneingriffen entstehenden Radialkräften F_1 und F_2 (vgl. Tab. 3.14). Zudem entsteht eine Torsionsbeanspruchung, wobei das entsprechende Drehmoment T im statischen Gleichgewicht mit den Tangentialkräften im Zahneingriff steht (Abb. 3.46).

Wellen sind generell so zu gestalten, dass sie einerseits kostengünstig, andererseits aber auch betriebssicher sind. Die Herstellkosten werden maßgeblich durch die Art der Bearbeitung und bei sehr großen Wellen zusätzlich vom verwendeten Werkstoff beeinflusst. Dies bedeutet, dass die Bearbeitungskosten im Vergleich zu den Materialkosten generell als sehr viel höher einzustufen sind.

Um eine Welle kostengünstig fertigen zu können, sollten möglichst

- wenig bearbeitete Flächen,
- große Toleranzen und
- große Rauhtiefen

vorgesehen werden. Allerdings dürfen sich günstige Herstellkosten keinesfalls negativ auf die Betriebssicherheit einer Welle auswirken, was wiederum bedeutet, dass das Ziel der Gestaltung ein Kompromiss aus minimalen Kosten und Anforderungserfüllung sein muss. Die Anforderungen an eine Welle ergeben sich aus

- den zu erfüllenden Funktionen,
- der geforderten statischen und dynamischen Tragfähigkeit und
- der zulässigen Verformbarkeit.

Berechnung von Wellen - Statische und dynamische Auslegung

Statische Auslegung von Wellen – Tragfähigkeit und Verformung

Generell kann eine Welle auf Torsion, Biegung und Schub beansprucht werden. Das zu übertragende Drehmoment verursacht eine Verdrehung der Welle und ist damit ausschlaggebend für die Torsionsbeanspruchung. Biegung und Schub resultieren aus dem Eigengewicht von Welle und der auf ihr sitzenden Antriebselemente sowie den auftretenden Umfangs-, Radial- und Axialkräften. Da die Schubbeanspruchung nur für sehr kurze Wellen mit dem Verhältnis der Länge l zu dem Wellendurchmesser d mit $l/d<5$ zu berücksichtigen ist, werden im Folgenden lediglich Biege- und Torsionsbeanspruchung näher betrachtet [20, S. 288]. Zur Auslegung von Wellen gegen Durchbiegung und Torsion finden die in Tab. 3.4 aufgelisteten Kenngrößen zu dem Beispiel aus Abb. 3.11 Anwendung, wobei die entsprechenden Formeln im Allgemeinen nur für Vollwellen zutreffen. Jede der nachfolgenden Berechnungen führt auf einen Wellendurchmesser, der bei Relevanz des zugehörigen Belastungsfalls mindestens einzuhalten ist. Letztendlich ist derjenige Mindestdurchmesser auszuwählen, der unter allen den größten Wert aufweist und damit den als am kritischsten einzustufenden Belastungsfall abdeckt.

Kenngröße	Formel	Einheit
Wirkendes Drehmoment T	$T = \frac{P}{\omega} = \frac{P}{2 \cdot \pi \cdot n}$ mit P = Leistung in W ω = Winkelgeschwindigkeit in rad/s n = Drehzahl in 1/s	Nm
Masse m	$m = \rho \cdot V = \rho \cdot \pi \cdot \frac{d^2}{4} \cdot l$ mit ρ = Dichte in kg/m^3 V = Volumen in m^3 d = Wellendurchmesser in m $l = l_1 + l_2 + l_3$ = Wellenlänge in m	kg
Massenträgheitsmoment Θ	$\Theta = m \cdot \frac{d^2}{8}$	kgm^2
Axiales Flächenmoment I	$I = \frac{\pi \cdot d^4}{64}$	m^4
Polares Flächenmoment I_p	$I_p = \frac{\pi \cdot d^4}{32}$	m^4
Polares Widerstandsmoment W_p	$W_p = \frac{\pi \cdot d^3}{16}$	m^3
Biegesteifigkeit k_b	$k_{b1} = \frac{F_1}{f_1} = \frac{3 \cdot E \cdot I}{l_2^2 \cdot l_3^2} (l_2 + l_3)$ $k_{b2} = \frac{F_2}{f_2} = \frac{3 \cdot E \cdot I}{l_1^2 \cdot l}$ F = Querkraft in N f = Durchbiegung in mm E = Elastizitätsmodul in N/mm^2	N/m N/m
Torsionssteifigkeit k_t	$k_t = \frac{T}{\varphi} = \frac{G \cdot I_P}{l_1 + l_2}$ mit T = Wirkendes Drehmoment in Nm φ = Verdrehwinkel in rad G = Schubmodul in N/m^2	Nm/rad

Tab. 3.4 – Kenngrößen einer Welle für d = konstant

Für die in Tab. 3.4 dargestellten Krafteinleitungspunkte vgl. Kapitel 2, Tab. 2.3.

Wellendimensionierung nach Tragfähigkeit

Die in einer Welle auftretenden Spannungen können erst dann im Detail berechnet werden, wenn ihre Gestalt eindeutig festgelegt ist. Diese definiert sich bspw. über Querschnitte, Wellenabsätze, Nuten (Kerben), Lagerstellen sowie Welle-Nabe-Verbindungen, an denen Kräfte und Momente ein- und ausgeleitet werden. Da die genaue Wellengeometrie in den meisten Fällen erst während der Detailierungsphase entsteht, ist es in der Praxis üblich, zunächst mittels einer groben Überschlagsrechnung die Hauptabmessungen, d. h. insbesondere den erforderlichen Wellendurchmesser, festzulegen. Im Anschluss können dann unter Berücksichtigung von Bauraumverhältnissen, Lagerungsmöglichkeiten sowie Werkstoff- und Herstellungsfragen die übrigen Maße bestimmt werden. Steht die Wellengeometrie fest, sollte abschließend noch ein detaillierter Festigkeitsnachweis, bspw. nach DIN 743, für kritische, versagensgefährdete Stellen in der Wellengeometrie erfolgen. Dieser soll allerdings an dieser Stelle lediglich erwähnt und keiner genaueren Betrachtung unterzogen werden [20, S. 289].

Stellt die Torsionsbeanspruchung die dominierende Beanspruchungsart dar, muss bei der überschlägigen Dimensionierung lediglich das Drehmoment berücksichtigt werden. Eine Abschätzung des als konstant angenommenen Wellendurchmessers d erfolgt dann aus dem wirkenden Drehmoment *T* und einer zulässigen Torsionsspannung $\tau_{t,zul}$. Hierzu muss die tatsächlich vorherrschende Torsionsspannung τ_t folgender Bedingung genügen:

$$\tau_t = \frac{T}{W_p} = \frac{T}{\frac{\pi \cdot d^3}{16}} \approx \frac{5 \cdot T}{d^3} \leq \tau_{t,zul} \tag{3.1}$$

Wird die Gleichung nach dem Wellendurchmesser d aufgelöst, so ergibt sich folgender Zusammenhang für den erforderlichen Mindestdurchmesser d_{erf} [21, S. 358]:

$$d_{erf} \geq \sqrt[3]{\frac{16}{\pi} \frac{T}{\tau_{t,zul}}} \approx 1{,}72 \cdot \sqrt[3]{\frac{T}{\tau_{t,zul}}} \tag{3.2}$$

Um bei der Auslegung noch nicht bekannte Biegemomente, die trotz dominierender Torsionsbeanspruchung nicht vernachlässigt werden dürfen, Kerbwirkungen sowie Größen- und Oberflächeneinflüsse zu berücksichtigen, sollte ein sehr niedriger Wert für $\tau_{t,zul}$ gewählt werden. Dies erfolgt durch Einsetzen eines hohen Wertes für den Sicherheitsfaktor S in Gleichung (3.3). Das Intervall für übliche Sicherheitsfaktoren erstreckt sich je nach Anwendungsfall von S = 2 ... 10. Neben der Berücksichtigung einer möglichst hohen Sicherheit darf es bei der

Auslegung des Wellendurchmessers aber auch zu keiner Überdimensionierung kommen, weshalb die Wahl des Sicherheitsfaktors stets einen Kompromiss aus Sicherheit und Kosten erfordert.

$$\tau_{t,zul} \approx \frac{\tau_{t,Sch}}{S} \tag{3.3}$$

Wie in Gleichung (3.3) bereits berücksichtigt kann als Werkstoffkennwert zur Berechnung der zulässigen Torsionsspannung im Regelfall die Torsionsschwellfestigkeit $\tau_{t,Sch}$ verwendet werden. Nur wenn tatsächlich eine wechselnde und somit dynamische Verdrehbeanspruchung vorliegt, wird anstelle von $\tau_{t,Sch}$ die Torsionswechselfestigkeit $\tau_{t,W}$ eingesetzt. Für die wichtigsten Wellenwerkstoffe können die entsprechenden Schwell- und Wechselfestigkeitswerte Tab. 3.5 entnommen werden.

Werkstoffbezeichnung nach DIN EN 10027-1	**Torsionsschwellfestigkeit** $\tau_{t,Sch}$	**Torsionswechselfestigkeit** $\tau_{t,W}$
E295 (alte Bez.: St50) (Baustahl)	170	145
C35 (Vergütungsstahl)	250	185
16MnCr5 (Einsatzstahl)	365	230

Tab. 3.5 – Schwell- und Wechselfestigkeit bei Torsion in N/mm² für die wichtigsten Wellenwerkstoffe [20, S. 287]

Kann weder Biegung noch Torsion als die dominierende bzw. kritischere Beanspruchungsart identifiziert werden, liegt eine zusammengesetzte Beanspruchung vor. In diesem Fall muss die überschlägige Dimensionierung nach einem anderen Verfahren erfolgen, dessen Basis die Berechnung einer Vergleichsspannung ist. Hierzu werden die in der höchstbelasteten Stelle einer Welle auftretenden Biege- und Torsionsspannungen nach der Gestaltänderungsenergiehypothese zu einem Spannungswert zusammengesetzt. Für eine detailliertere Darstellung des Verfahrens sei an dieser Stelle auf die entsprechende Literatur verwiesen [20, S. 290 f.].

Wellendimensionierung nach Verformung

Neben der Wellendimensionierung hinsichtlich ihrer Tragfähigkeit muss zudem die Verformung einer Welle berücksichtigt werden. Insbesondere Wellen, an die besondere Anforderungen hinsichtlich der Führungsgenauigkeit gestellt werden, sind möglichst steif auszuführen. Festigkeitsgesichtspunkte, wie sie im vorherigen Unterkapitel berücksichtigt wurden, sind diesbezüglich oft von untergeordneter Bedeutung. Insbesondere Werkzeugmaschinenspindeln, Getriebewellen mit genauen Verzahnungen und elektrische Maschinen mit geringem Luftspalt erfordern sehr kleine Verformungen. Bei Belastung können sich Wellen sowohl durchbiegen als auch verdrehen. Diese beiden Lastfälle sollen im Folgenden näher untersucht werden.

Durchbiegung f

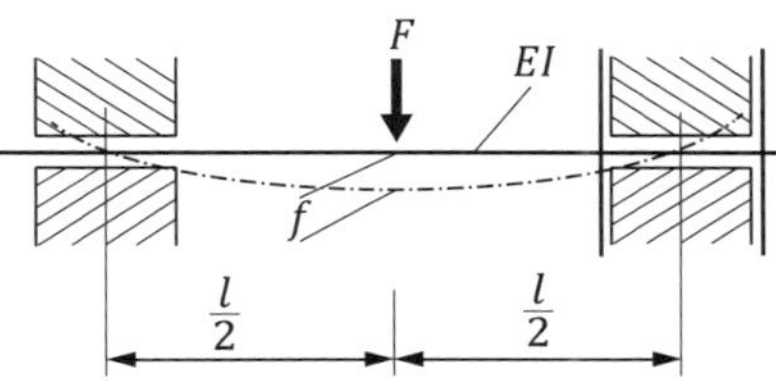

Abb. 3.12 – Elastische Verformung bei Biegebeanspruchung

Zu große Durchbiegungen können die Funktionsfähigkeit einer Welle erheblich einschränken. Durch Winkelabweichungen kann es bspw. zu einem Verkanten und damit zu einer unzulässigen Beanspruchung der Lager infolge von „Kantenpressen“ kommen. Des Weiteren können bei Zahneingriffen ungleichmäßige Lastverteilungen über der Zahnbreite auftreten, welche wiederum eine punktuell zu hohe Belastung der Wirkflächen hervorrufen (Kantentragen bei Zahnrädern). Die Folgen sind unter anderem Verschleiß, unerwünschte Geräusche oder vorzeitiger Ausfall einzelner Bauteile. Die zulässigen Durchbiegungen und Neigungswinkel sind vom jeweiligen Verwendungszweck abhängig. Zur Orientierung: Im allgemeinen Maschinenbau sind Durchbiegungen f_{zul} von bis zu 0,3 mm pro m Wellenlänge erlaubt, während bei Werkzeugmaschinen Durchbiegungen von maximal 0,2 mm pro m Wellenlänge die zulässige Grenze darstellen. Für elektrische Maschinen, für deren Funktion die Größe des Luftspaltes s ausschlaggebend ist, wird $f_{zul}/s \leq 0{,}1$ als Richtwert angesetzt. Der infolge einer Durchbiegung entstehende Neigungswinkel ist insbesondere für Lagerstellen von Bedeutung, soll aber an dieser Stelle nicht näher betrachtet werden.

Für eine zweifach gelagerte Vollwelle mit mittig wirkender Kraft F, wie in Abb. 3.12 dargestellt, berechnet sich die Durchbiegung in der Wellenmitte wie folgt:

$$f = \frac{F}{k_b} = \frac{F \cdot l^3}{48 \cdot E \cdot I} \tag{3.4}$$

Auf Basis der aus Tab. 3.4 bekannten Beziehung für das axiale Flächenträgheitsmoment ergibt sich mit $f \leq f_{zul}$ für den erforderlichen Wellendurchmesser einer glatten Vollwelle:

$$d \geq \sqrt[4]{\frac{4}{3\pi}\frac{F \cdot l^3}{E \cdot f_{zul}}} \tag{3.5}$$

Verdrehung φ

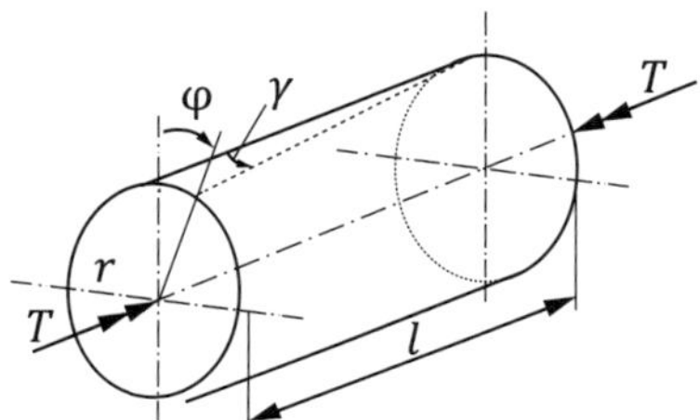

Abb. 3.13 – Elastische Verformung bei Torsionsbeanspruchung

Werden Wellen mit einem Drehmoment T belastet, verdrehen sich die Querschnittsflächen im Abstand l gegeneinander. Wie aus Abb. 3.13 hervorgeht, gilt für kleine Winkel ($\sin\varphi \approx \varphi$, $\sin\gamma \approx \gamma$) der Zusammenhang $\varphi \cdot r = \gamma \cdot l$. Mit Hilfe der Schiebung $\gamma = \tau_t/G$ (mit G = Schubmodul und $\tau_t = (T/I_p) \cdot r = T/W_p$ = Torsionsspannung) lässt sich der Verdrehwinkel φ für glatte Wellen (d. h. die betrachtete Welle weist keine Absätze mit unterschiedlichen Durchmessern auf) berechnen zu:

$$\varphi = \frac{T \cdot l}{G \cdot I_p} = \frac{T}{k_t} \,. \tag{3.6}$$

Setzt man für das polare Flächenträgheitsmoment I_p die Beziehung aus Tab. 3. ein, so ergibt sich mit $\varphi \leq \varphi_{zul}$ für den erforderlichen Wellendurchmesser einer glatten Vollwelle:

$$d \geq \sqrt[4]{\frac{32}{\pi}\frac{T \cdot l}{G \cdot \varphi_{zul}}} \tag{3.7}$$

Der zulässige Verdrehwinkel φ_{zul} ist abhängig vom Verwendungszweck. So darf φ_{zul} bei Steuerwellen nur sehr klein sein, während bei Transmissions- und Fahrwerkswellen 0,25° bis 0,5° je m Wellenlänge zulässig sind [20, S. 298 ff.].

Dynamische Auslegung von Wellen – kritische Drehzahlen

Wellen sind elastische, massebehaftete Bauteile, die im Allgemeinen zusätzlich mit anderen Massen (Zahnräder, Riemenscheiben usw.) verbunden sind. Daher stellen sie schwingungsfähige Systeme dar, die durch Fliehkräfte oder periodische/zyklische Kraft- und Drehmomentschwankungen zu erzwungenen Schwingungen angeregt werden. Die Amplituden dieser Schwingungen können theoretisch bei verschwindender Dämpfung unendlich groß werden, wenn Erregerfrequenz und Eigenfrequenz übereinstimmen (siehe Kapitel 2). Dieser Betriebszustand wird gemeinhin als Resonanz bezeichnet. Die mit der Eigenfrequenz einer Welle übereinstimmende Drehzahl wird daher kritische Drehzahl genannt. Betriebsdrehzahl und kritische Drehzahl sollten nach Möglichkeit nicht zusammenfallen, da es ansonsten zu Schwingungsbrüchen (Dauer- oder Gewaltbrüche) kommen kann. Darüber hinaus werden die im Resonanzbereich auftretenden Erschütterungen auf Lagerstellen und Fundamente übertragen, wo sie sich wiederum störend auf Lager und Umgebung auswirken.

Je nach Belastung können Biegeschwingungen (transversale Schwingungen) oder Torsionsschwingungen (Drehschwingungen) auftreten. Die entsprechenden kritischen Drehzahlen ergeben sich auf Basis des verwendeten Werkstoffs und der Wellengestaltung (Masse und Elastizität), sind aber von der Belastung unabhängig. Wie zuvor bereits erwähnt sollten Betriebsdrehzahl n_b und kritische Drehzahl n_{krit} einen ausreichenden Abstand zueinander aufweisen. Hierbei gilt folgende Orientierung [22, S. 405]:

$$n_b < 0{,}8 \cdot n_{krit} \quad \text{Unterkritischer Bereich}$$

$$n_b > 1{,}25 \cdot n_{krit} \quad \text{Überkritischer Bereich}$$

Wird eine Welle bei niedrigen Drehzahlen betrieben, ist lediglich darauf zu achten, dass die Betriebsdrehzahl nicht für längere Zeit im kritischen Bereich von $0{,}85 \cdot n_{krit} \leq n_b \leq 1{,}25 \cdot n_{krit}$ (siehe markierter Bereich in Abb. 3.14) liegt. Wird eine Welle hingegen im überkritischen Bereich betrieben, muss genügend Antriebsenergie bereitgestellt werden, um den kritischen Bereich schnell zu durchfahren. Dies ist für eine Welle im Regelfall nicht schädlich, da die Ausbildung der großen, bauteilzerstörenden Amplituden im Resonanzbereich einer gewissen Zeit bedarf. Zudem tritt im realen System immer eine Dämpfung auf, welche die Amplituden auch theoretisch begrenzt. [20, S. 302 ff.], [21, S. 369 ff.]

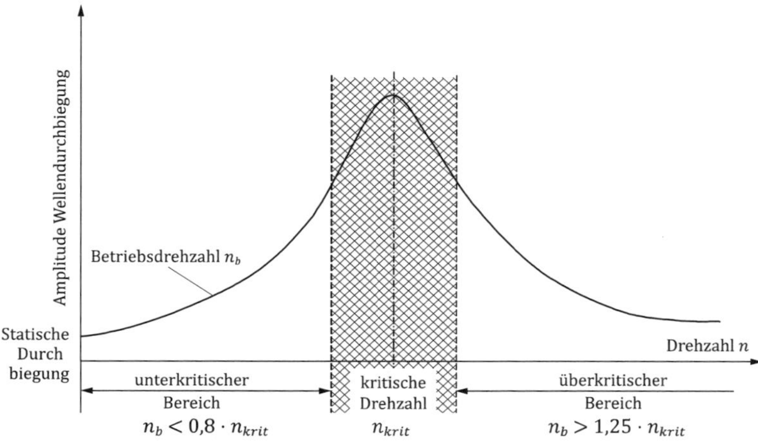

Abb. 3.14 – Amplitude der Wellendurchbiegung bei unterschiedlichen Drehzahlen

Zur Auslegung und Abschätzung des kritischen Bereiches sind die kritischen Drehzahlen zu bestimmen. Den Verformungsmöglichkeiten entsprechend können Wellen zwei unterschiedliche Arten kritischer Drehzahlen aufweisen, die biegekritische und die torsionskritische Drehzahl.

Biegekritische Drehzahl $n_{krit,b}$

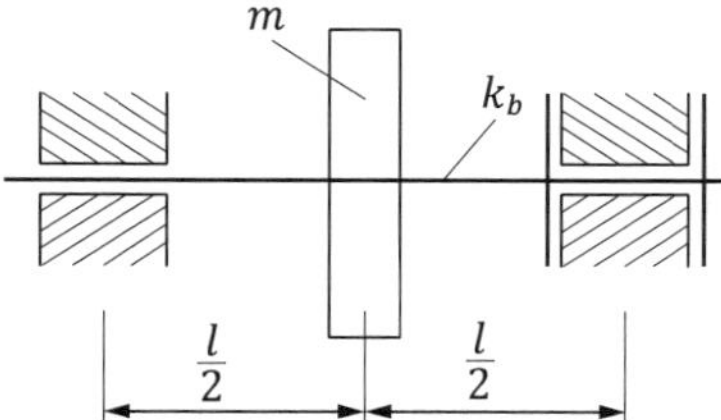

Abb. 3.15 – Zweifach gelagerte, masselose Welle mit mittig angebrachter Masse m

Liegt der Schwerpunkt bei Drehbewegungen nicht genau in der Drehachse, rufen Einzelmassen in Form von Bauteilen, die mit der Welle fest verbunden sind (Zahnräder, Scheiben, Läufer), und kontinuierlich verteilte Massen wie bspw. die Welle selbst Fliehkräfte (Unwucht) hervor. In der Praxis ist es auch bei sehr sorgfältigem Auswuchten wegen der Inhomogenität des Wellenwerkstoffs und aufgrund von Fertigungsungenauigkeiten nicht möglich, den Schwerpunkt bzw. die Schwerachse exakt in die Drehachse der Welle zu legen. Da selbst bei geringsten Exzentrizitäten Massenwirkungen auftreten, wird eine Welle stets zu Biegeschwingungen angeregt. Insbesondere schlanke, schnelllaufende Wellen sind hinsichtlich ihrer Betriebsdrehzahl auf ausreichenden Abstand zur biegekritischen Drehzahl auszulegen. Die biegekritische Drehzahl $n_{krit,b}$ in 1/s einer zweifach gelagerten, masselosen Welle mit mittig angebrachter Masse m (vgl. Abb. 3.15) berechnet sich wie folgt:

$$n_{krit,b} = \frac{1}{2\pi} \cdot \omega_{krit,b} = \frac{1}{2\pi}\sqrt{\frac{k_b}{m}} = \frac{2}{\pi}\sqrt{\frac{3 \cdot E \cdot I}{m \cdot l^3}} \,. \tag{3.8}$$

Für zweifach gelagerte Wellen mit n Dreh- bzw. Einzelmassen ($n = 1, \ldots, N$) ergeben sich n biegekritische Drehfrequenzen $\omega_{krit,1} \ldots \omega_{krit,N}$, die sich unabhängig voneinander und für jede der n Drehmassen einzeln über die Beziehung $\sqrt{k_b/m}$ berechnen lassen. Die dazu notwendige Biegesteifigkeit k_b ist abhängig von den Positionen der Einzelmassen. Darüber hinaus kann zusätzlich eine kritische Drehfrequenz für die massebehaftete Welle ohne Einzelmassen $\omega_{krit,Welle}$ berechnet werden [20, S. 307 f.]. Bei Überlagerung der des Sonderfalls „mehrere Einzelmassen" berechnet sich die resultierende erste biegekritische Drehfrequenz $\omega_{krit,b}$ in ausreichender Näherung (im Vergleich zur exakten Lösung in etwa 4% zu niedrig) über die Gleichung (nach Dunkerley):

$$\frac{1}{\omega_{krit,b}^2} = \frac{1}{\omega_{krit,Welle}^2} + \frac{1}{\omega_{krit,1}^2} + \frac{1}{\omega_{krit,2}^2} + \cdots + \frac{1}{\omega_{krit,N}^2} \tag{3.9}$$

Die so ermittelte kritische Drehfrequenz kann anschließend zur Berechnung der kritischen Drehzahl in Gleichung (3.8) eingesetzt werden.

Torsionskritische Drehzahl $n_{krit,t}$

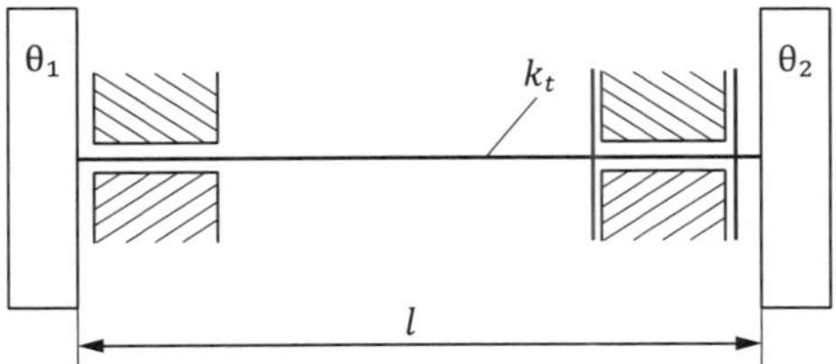

Abb. 3.16 – Zweifach gelagerte Welle mit zwei Drehmassen und einem elastischen, masselosen Zwischenstück

Treten periodische Drehmomentschwankungen am An- und/oder Abtrieb auf, wird die Welle über die Massenträgheitsmomente θ_1 und θ_2 zu Torsionsschwingungen angeregt. In der Praxis lassen sich viele Fälle auf das in Abb. 3.16 gezeigte Schema mit zwei Drehmassen zurückführen, indem mehrere dicht beieinander liegende Drehmassen zu einer Ersatzdrehmasse zusammengefasst werden. Je nach Anzahl der (Ersatz-)Drehmassen eines Systems ergeben sich unterschiedlich viele torsionskritische Drehzahlen. Bei einem Zweimassensystem (vgl. Abb. 3.16) existiert bspw. nur eine kritische Drehzahl. Bei einem Dreimassensystem müssen hingegen bereits zwei kritische Drehzahlen beachtet werden. Die rotatorisch gelagerten Massen sind als analog zu den in Abschnitt 2.3.5 und 2.3.6 behandelten translatorischen Massen ohne Dämpfung anzusehen.

Die torsionskritische Drehzahl $n_{krit,t}$ für eine zweifach gelagerte Welle mit zwei Drehmassen und einem elastischen, masselosen Zwischenstück (vgl. Abb. 3.16) berechnet sich unter Einführung der Ersatzdrehmasse θ_g des Gesamtsystems mit

$$\frac{1}{\theta_g} = \frac{1}{\theta_1} + \frac{1}{\theta_2} = \frac{\theta_1 + \theta_2}{\theta_1 \cdot \theta_2} \tag{3.10}$$

zu:

$$n_{krit,t} = \frac{1}{2\pi}\sqrt{\frac{k_t}{\theta_g}} = \frac{1}{2\pi}\sqrt{\frac{k_t \cdot (\theta_1 + \theta_2)}{\theta_1 \cdot \theta_2}} = \frac{1}{2\pi}\sqrt{\frac{G \cdot I_p \cdot (\theta_1 + \theta_2)}{l \cdot \theta_1 \cdot \theta_2}} \tag{3.11}$$

Wellenlagerungen

Die Aufgabe von Lagern ist es, relativ zueinander bewegliche, insbesondere drehbewegliche Bauteile in Maschinen und Geräten (z. B. eine Welle) abzustützen und zu führen und dadurch Lageveränderungen in bestimmten Richtungen zu begrenzen. Hierbei nehmen sie Kräfte von beweglichen Bauteilen auf (quer, längs oder schräg zur Bewegungsachse) und übertragen diese mit möglichst geringen Reibungsverlusten auf ruhende Bauteile wie bspw. Fundamente oder Gehäuse. [20, S. 313], [21, S. 483], [23, S. 145]

Eine Wellenlagerung muss grundsätzlich dazu in der Lage sein, die auftretenden Radialkräfte aufzunehmen. Darüber hinaus muss, auch wenn keine Axialkraft erkennbar ist, eine Axialkraftaufnahme vorhanden sein. Hierzu umfasst der Begriff „Lagerung“ neben den eigentlichen Lagern und deren Anordnung auch noch Bauteile wie bspw. Gehäuse, Sicherungen oder Flansche.

Klassifizierung von Lagern

Lager lassen sich grundsätzlich nach Wirkprinzip, Lagerart und Funktion klassifizieren.

Das Wirkprinzip eines Lagers definiert, auf welche Weise Kräfte aufgenommen und übertragen werden bzw. welches Zwischenmedium zur Kraftaufnahme und -übertragung zum Einsatz kommt. Hinsichtlich des Wirkprinzips lassen sich entsprechend Abb. 3.17 Gleitlager, Wälzlager und Magnetlager unterscheiden.

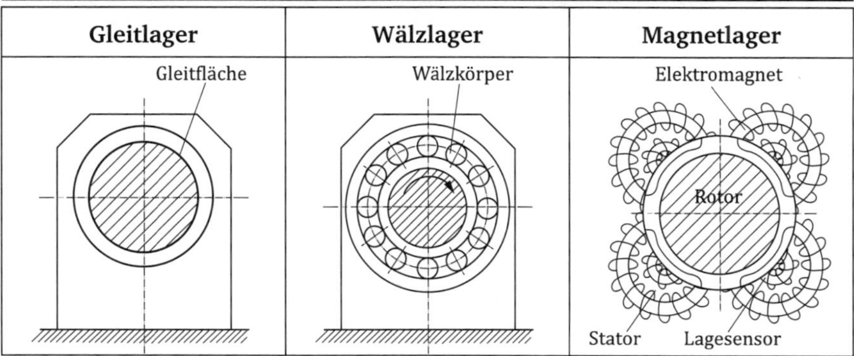

Abb. 3.17 – Klassifizierung von Lagern nach dem Wirkprinzip

Gleitlager

In Gleitlagern kommt es grundsätzlich zu einer Gleitbewegung zwischen Lager und gelagertem Teil. Zur Übertragung der Kräfte, meist zwischen rotierender Welle und Gehäuse, wird ein Zwischenmedium eingesetzt, welches je nach Ausführungsform des Gleitlagers variiert.

- Trockengleitlager: Als Zwischenmedium zwischen rotierender Welle und Gehäuse werden Gleitbuchsen (z. B. aus Polymerwerkstoffen) eingesetzt.
- Hydrostatische und hydrodynamische Gleitlager: In hydrobasierten Gleitlagern kommt Öl als tragendes Zwischenmedium zum Einsatz.
- Luftlager: In Luftlagern läuft die rotierende Welle auf einem Luftpolster.

Wälzlager

Die Kraftübertragung zwischen den relativ zueinander bewegten Bauteilen basiert im Falle von Wälzlagern auf einer Wälzbewegung der zwischen den Laufbahnen angeordneten Wälzkörper. Als Wälzkörper werden Kugeln, Zylinder, Kegel oder Tonnen eingesetzt.

Magnetlager

Durch Anlegen eines Magnetfeldes entstehen Magnetkräfte, die ein berührungsfreies Trennen der relativ zueinander bewegten Bauteile und damit einen berührungslosen Lauf der rotierenden Welle ermöglichen. [21, S. 484]

Bezüglich der Lagerart wird eine Unterscheidung zwischen einzelnen Lagern hinsichtlich der Richtung, in der sie Kräfte aufnehmen und übertragen können, vorgenommen. Entsprechend Abb. 3.18 existieren Radiallager, Axiallager und kombinierte Lager.

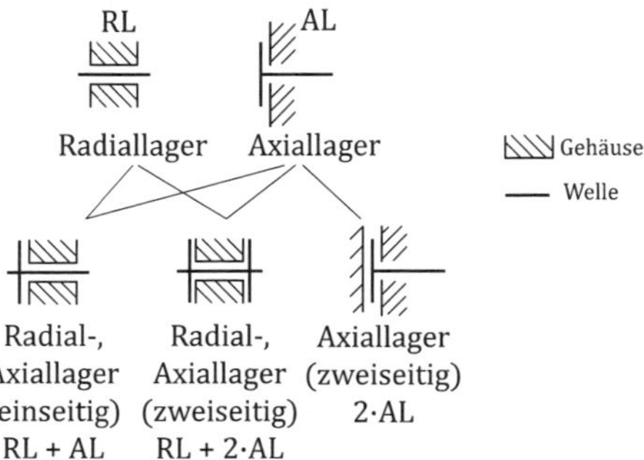

Abb. 3.18 – Übersicht Lagerarten

Radiallager (RL)

Ein Radiallager nimmt Kräfte auf, die senkrecht zur Drehachse wirken. Die Welle bzw. Achse kann sich in diesem Fall in axiale Richtung bewegen. Aufgrund eines im Allgemeinen vorhandenen Lagerspiels kann nicht davon ausgegangen werden, dass ein Radiallager auch Biegemomente der Welle aufnehmen kann. Lagerinnen- und -außenring lassen sich aufgrund des Spiels in einem bestimmten Winkelbereich relativ zueinander verkippen.

Axiallager (AL)

Lager, die Kräfte in Längsrichtung der Drehachse aufnehmen und übertragen, werden als Axiallager bezeichnet. Im Gegensatz zu Radiallagern sind sie nicht in der Lage, eine Welle radial zu führen. Entsprechend Abb. 3.18 lassen sich einseitig und zweiseitig wirkende Axiallager unterscheiden.

Kombinierte Lager (KL)

Diese Lagerart erlaubt es, Kräfte sowohl in radialer als auch in axialer Richtung aufzunehmen und zu übertragen [20, S. 313].

Jeweils ein Beispiel für die zuvor näher erläuterten Lagerarten zeigt Tab. 3.6. Darüber hinaus existiert eine Vielzahl weiterer Ausführungsvarianten, die in entsprechenden Nachschlagewerken und Katalogen der Lagerhersteller (z. B. SKF, Schaeffler/ FAG, usw.) eingesehen werden können.

In einer Lagerung werden Lager stets so eingebaut, dass eine eindeutige Kraftaufnahme sichergestellt ist. Dabei kommt es nicht nur auf die Lagerart an, sondern auch auf die Einbausituation des Lagers. Der Begriff Einbausituation bezeichnet hierbei die Vorgehensweise zur Fixierung eines Lagers auf der Welle und im Gehäuse. Die Kombination aus Lagerart und Einbausituation bestimmt die Funktion eines Lagers, nach der Fest-, Los- und Stützlager unterschieden werden können. Eine detailliertere Beschreibung der einzelnen Funktionstypen soll im anschließenden Kapitel „Lageranordnungen“ erfolgen, da Fest-, Los- und

Stützlager im Regelfall nicht alleine, sondern meist in kombinierter Ausführung zum Einsatz kommen. [21, S. 484]

Zylinderrollenlager Radiallager (RL)	Rillenkugellager	Axial-Rillenkugellager (RL + Zweiseitig wirkendes AL)
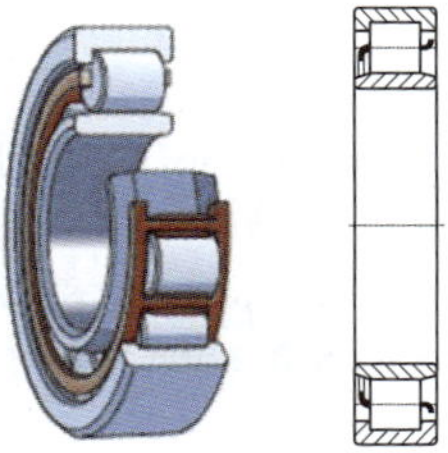	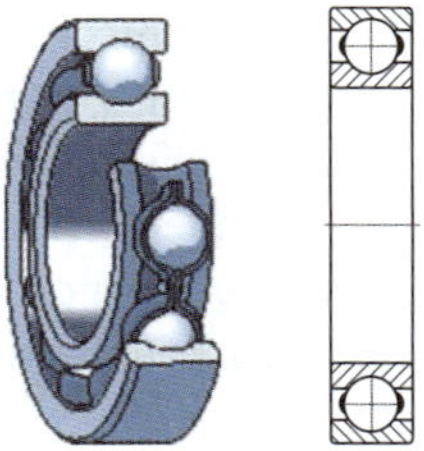	a) einseitig wirkendes AL 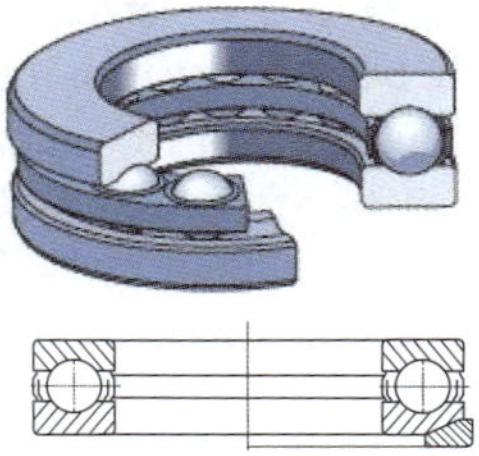
		b) zweiseitig wirkendes AL 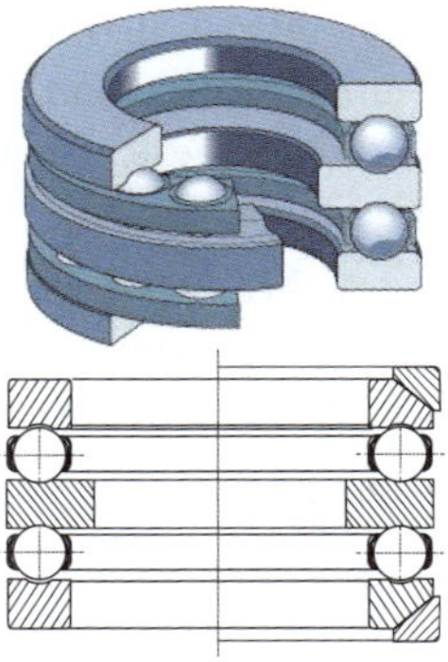

Tab. 3.6 – Unterschiedliche Lagerarten am Beispiel von Wälzlagern, Quellen: [20, S. 356,358,361][6, S. 356, 358, 361], [3.6, S. 356, 358, 361], [3.6, S. 356, 358, 361], [24]–[26]

Lageranordnungen

Durch Kombination von Lagern mit unterschiedlicher Funktion ergeben sich unterschiedliche Lageranordnungen. Die Entscheidung für eine bestimmte Anordnungsform sollte stets unter Berücksichtigung der statischen Bestimmtheit, Montierbarkeit, Belastung und Lagerart erfolgen.

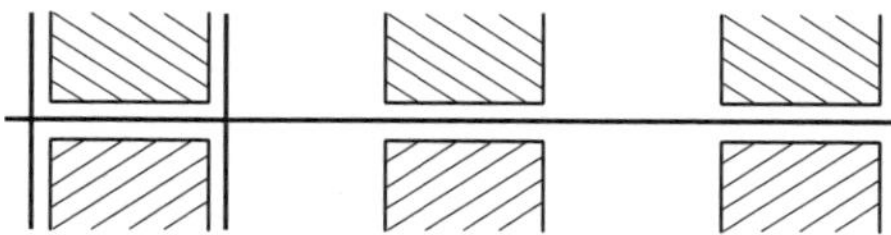

Abb. 3.19 – Mehrfache, statisch unbestimmte Lagerung bestehend aus einem Festlager und zwei Loslagern

Eine Lagerung heißt statisch bestimmt, wenn die Reaktionskräfte in den Lagerstellen mittels Gesetzen der Statik bestimmbar sind und dementsprechend eindeutig berechnet werden kann, wie sich die äußeren Belastungen auf die einzelnen Lager aufteilen. Durch eine statisch bestimmte Lagerung wird somit eine eindeutige Kraftaufnahme bei definierter Beweglichkeit gewährleistet. Um statische Bestimmtheit herzustellen, sollte eine Welle nach Möglichkeit zweifach radial gelagert werden. [20, S. 313], [21, S. 483]

Durch eine statisch unbestimmte Lagerung entsprechend Abb. 3.19 können die Verformungen der Welle reduziert werden. Allerdings hängen dann die resultierenden Kräfte in den Lagerstellen von Bauteilsteifigkeiten, Lagerspielen, Herstellungstoleranzen und möglichen auftretenden Wärmedehnungen ab und eine eindeutige Kraftaufnahme bei definierter Beweglichkeit kann nicht sichergestellt werden. Aus diesem Grund ist eine statisch unbestimmte Lagerung nach Möglichkeit zu vermeiden.

Grundsätzlich lassen sich hinsichtlich der Lageranordnung Fest-Los-Lagerungen und Stützlagerungen unterscheiden. Letztere unterteilen sich nochmals in schwimmende und angestellte Lagerungen.

Fest-Los-Lagerung

Fest-Los-Lagerungen bestehen in ihrer grundlegenden Ausführung aus einem Fest- und einem Loslager. Mehrfach gelagerte Wellen werden wegen der Herstellungstoleranzen und des verspannungsfreien Einbaus ebenfalls nur mit einem Festlager versehen. Alle übrigen Lagerstellen sind als Loslager zu realisieren (vgl. Abb. 3.19).

Festlager können Kräfte sowohl radial als auch axial in beide Richtungen übertragen. Dazu muss das Lager zum einen selbst eine Kombination aus Radial- und zweiseitig wirkendem Axiallager darstellen und daher unverschieblich auf der Welle und im Gehäuse fixiert sein. Die einfachste Variante eines Festlagers ist, wie in Abb. 3.20 dargestellt, ein im Gehäuse und auf der Welle fixiertes Rillenkugellager. Daneben können aber auch Zylinderrollenlager, die im Gegensatz zu Rillenkugellagern aufgrund eines anderen Aufbaus in sich verschiebbar sind, in Verbindung mit einem zweiseitig wirkenden Axial-Rillenkugellager und einer entsprechenden konstruktiven Fixierung die Aufgabe eines Festlagers übernehmen.

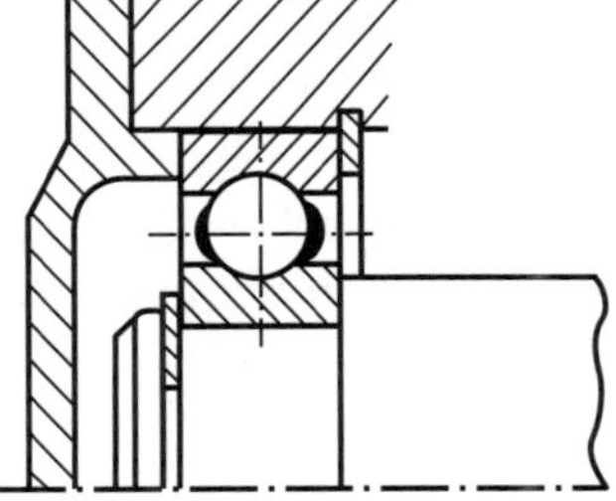

Abb. 3.20 – Rillenkugellager in Festlagerausführung

Als **Loslager** werden Lager bezeichnet, die nur Querkräfte aufnehmen können und sich dementsprechend zum Ausgleich von Wärmespannungen bzw. zum Kompensieren von Fertigungs- und Montagetoleranzen axial in beide Richtungen verschieben lassen. Ein Rillenkugellager in Loslagerausführung kommt bspw. ohne Fixierung im Gehäuse oder auf der Welle aus, da Rillenkugellager selbsthaltende Lager sind (vgl. Abb. 3.21 links). Ein Zylinderrollenlager ist hingegen, wie zuvor bereits erwähnt, in sich verschiebbar, weshalb es selbst in Loslagerausführung eine Fixierung im Gehäuse benötigt (vgl. Abb. 3.21 rechts). Im Allgemeinen gilt, dass ein Loslager die Welle gegenüber dem Gehäuse in axialer Richtung nicht fixieren kann und die Welle damit „lose" ist.

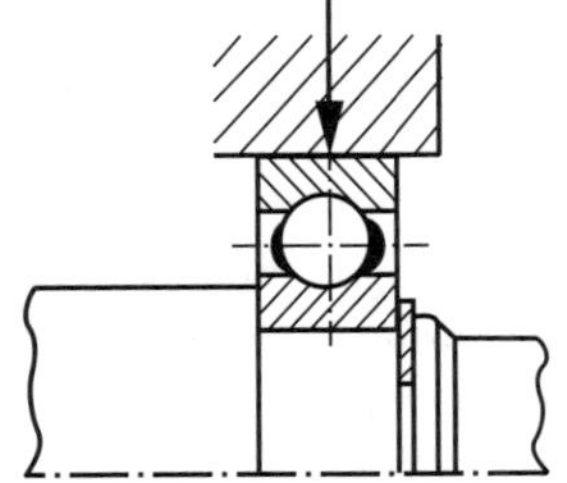

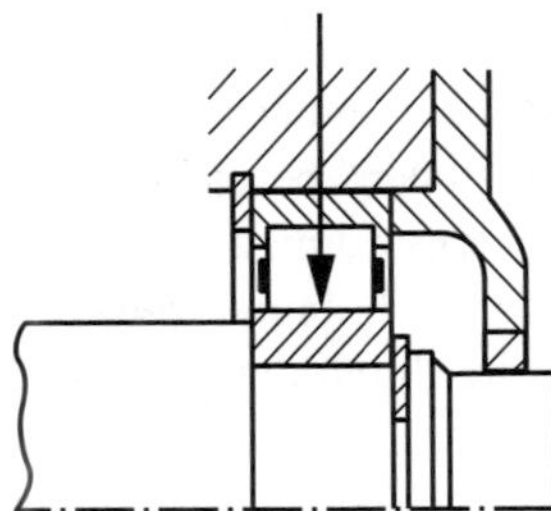

Abb. 3.21 – Rillenkugellager (links) und Zylinderrollenlager (rechts) in Loslagerausführung

Stützlagerung

Stützlagerungen bestehen aus zwei Stützlagern. Wie bei der Fest-Los-Lagerung teilt sich auch hier die Radialkraft auf die beiden Lager auf. Die Axialkräfte hingegen werden je nach Wirkrichtung entweder vom linksseitig oder vom rechtsseitig angebrachten Lager aufgenommen.

Dementsprechend sind **Stützlager** ebenso wie Festlager grundsätzlich in der Lage, Quer- und Längskräfte zu übertragen. Der einzige Unterschied zwischen Stütz- und Festlagern besteht darin, dass Stützlager lediglich Längskräfte in einer Richtung verarbeiten können und sich in die jeweils andere Richtung axial verschieben lassen.

Als Beispiel für Stützlager können Rillenkugellager mit axialem Spiel (vgl. Abb. 3.22) genannt werden. Diese werden in schwimmenden Lagerungen eingesetzt. Schwimmende Lagerungen stellen fertigungsgünstige Lösungen dar und können angewandt werden, wenn keine enge axiale Führung der Welle erforderlich ist.

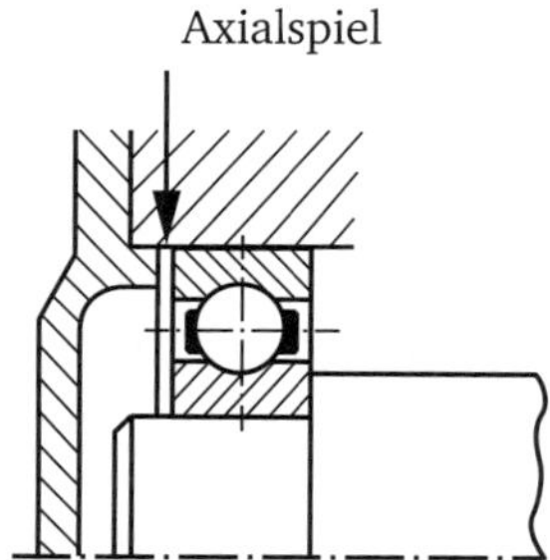

Abb. 3.22 – Rillenkugellager mit Axialspiel

Wie eingangs des Kapitels bereits angesprochen können Stützlagerungen auch noch in der Variante einer angestellten Lagerung ausgeführt werden. Bei einer angestellten Lagerung werden im Normalfall zwei Schrägkugellager oder Kegelrollenlager, ebenfalls Stützlager, spiegelbildlich angeordnet. Mittels Wellenmutter oder Passscheiben muss das axiale Lagerspiel oder die Vorspannung der Lager bei der Montage eingestellt werden. Dieser Vorgang wird in der Wälzlagertechnik als „Anstellen“ bezeichnet. Die Anstellung kann in O- oder X-Form erfolgen, wobei die Drucklinien bei der O-Anordnung nach außen und bei der X-Anordnung nach innen zeigen. Die beiden Anordnungen unterscheiden sich insbesondere durch den wirksamen Lagerabstand (Abstand der Kegelspitzen der Drucklinien der jeweils spieglesymmetrisch angeordneten Lager), der bei der O-Anordnung größer ist und damit zu geringeren Lagerkräften führt (vgl. Abb. 3.23, jeweils nur linkes Lager dargestellt).

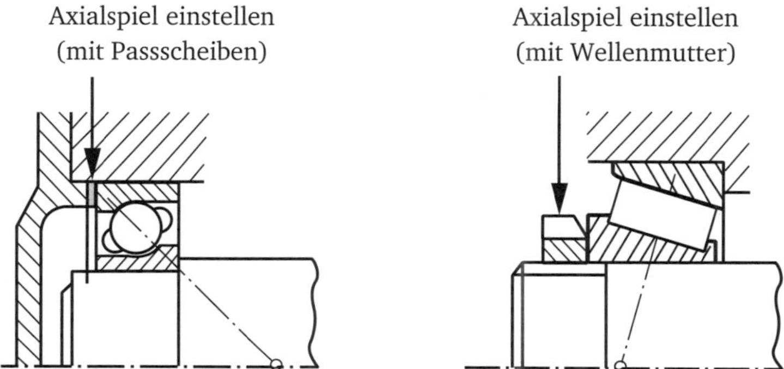

Abb. 3.23 – Schrägkugellager (links, für X-Anordnung) und Kegelrollenlager (rechts, für O-Anordnung) mit Drucklinien, jeweils auf der linken Seite der Welle angebracht

Abb. 3.24 zeigt beispielhaft eine der am häufigsten zum Einsatz kommenden Lageranordnungen, die Fest-Los-Lagerung. Das Festlager (links) ist hierbei als Rillenkugellager ausgeführt, wohingegen das Loslager in Form eines Zylinderrollenlagers realisiert wurde. In der Mitte der Welle (in Abb. 3.24 nicht dargestellt) könnte bspw. ein Zahnrad sitzen, dessen resultierende Radial- und Axialkräfte durch die beiden Lager aufgenommen werden. [20, S. 377 ff.], [21, S. 495 f.]

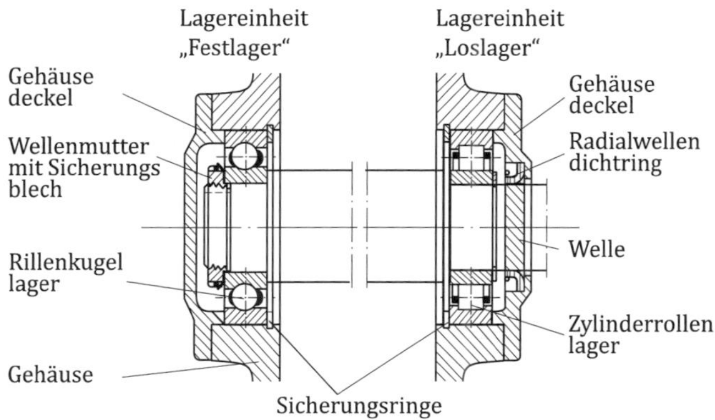

Abb. 3.24 – Fest-Los-Lagerung einer Welle mit einem Rillenkugellager (links) als Festlager und einem Zylinderrollenlager (rechts) als Loslager

In Tab. 3.7 wird ein zusammenfassender Überblick über mögliche Lageranordnungsvarianten und ihre jeweiligen Vor- und Nachteile gegeben.

Lageranordnung		Skizze	Lagerart	Lagerfunktion	Vorteile	Nachteile
Fest-Los-Lagerung			1 Festlager, 1 Loslager	1 Kombiniertes Lager (RL+ zweiseitiges AL), 1 Radiallager	Eindeutig, statisch bestimmt, Längsdehnung möglich, Standardlagerung	
Fest-Los-Lagerung			1 Festlager, 2 Loslager	1 zweiseitiges Axiallager, 2 Radiallager	Eindeutig, statisch bestimmt, Längsdehnung möglich, für große Axialkräfte	Höherer Aufwand durch 3 Lager (im Vergleich zu obiger Variante)
Stützlagerung	Schwimmende Lagerung	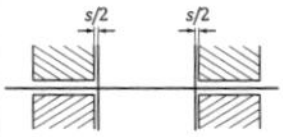 s/2 s/2	2 Stützlager (Welle mit Axialspiel *s*	2 kombinierte Lager (RL+ einseitiges AL)	Einfache Konstruktion und Montage, keine axiale Toleranzforderungen	Ungenaue axiale Führung durch großes Axialspiel, nur für geringe Lagerabstände
Stützlagerung	Angestellte Lagerung	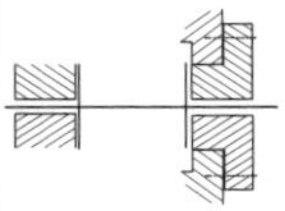	2 Stützlager (Lager gegeneinander mit Spiel $s=0$ eingestellt	2 kombinierte Lager (RL+ einseitiges AL)	Spielfrei und steif, statisch bestimmt, hohe Kraftübertragung	Aufwendige Montage durch Lagereinstellung, Überlastung bei Wärmedehnung der Welle
Stützlagerung	Federnd vorgespannte Lagerung	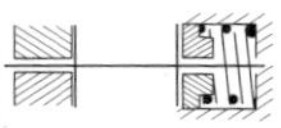	2 Stützlager (Lager gegeneinander federnd verspannt)	2 kombinierte Lager (RL+ einseitiges AL)	Grundsätzlich spielfrei, hohe Axialkraftübertragung in einer Richtung	Stets Lagerreibung durch axiale Verspannung, keine Axialkraftübertragung gegen Feder

Tab. 3.7 – Lageranordnungen mit unterschiedlichen Lagerarten und Lagerfunktionen sowie Vor- und Nachteilen

3.2.3 Mechanische Energieleiter für Translationsbewegungen

Neben Drehbewegungen spielen im Maschinenbau auch lineare Bewegungen eine bedeutende Rolle. Die hierfür eingesetzten mechanischen Energieleiter werden als Zug-Druck-Elemente bezeichnet. Diese übertragen stets Axialkräfte und Linearbewegungen, teilweise aber auch zusätzliche Querkräfte, Biege- und Torsionsmomente. Die Linearbewegung wird durch Führungen ermöglicht, die alle anderen Relativbewegungen zum Gehäuse verhindern.

Anwendungsbeispiele

Als Anwendungsbeispiele können bspw. ein sog. Bohrhammer oder ein Schwingungsdämpfer genannt werden (vgl. Abb. 3.25). Im ersten Fall überträgt ein Schläger translatorische Bewegungsenergie vom Koppeltrieb samt Kolben auf den Bohrer, der dadurch neben der für einen Bohrer üblichen rotatorischen Bewegung auch Schlagbewegungen ausführt. Beim Hydraulikzylinder vollzieht sich das Übertragen von translatorischer Energie durch das Ein- und Ausfahren einer Kolbenstange, die damit einen mechanischen Energieleiter für Translationsbewegungen darstellt. Das Aus- und Einfahren der Kolbenstange erfolgt aufgrund von Druckunterschieden im Zylinder.

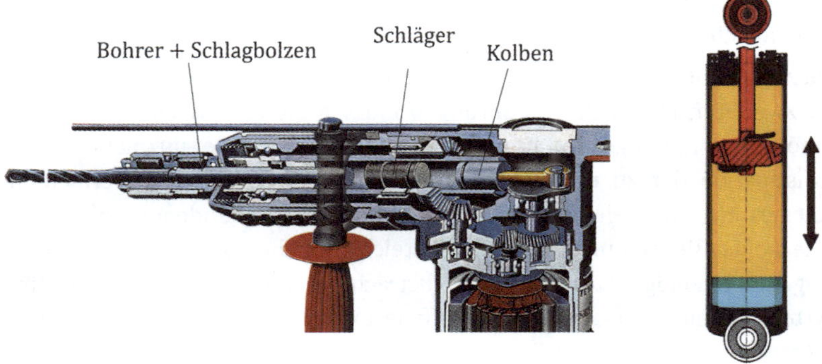

Abb. 3.25 – Bohrhammer (links) und Hydraulikzylinder (rechts) [27]

Modell und Gestaltung eines Zug-Druck-Elements mit Führungen

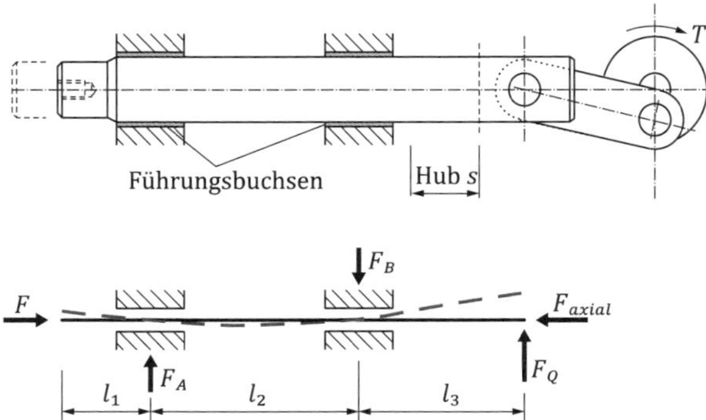

Abb. 3.26 – Technische Zeichnung eines Pressenstößels mit Gleitbuchsen inklusive Strichskizze mit Belastungsverlauf

Abb. 3.26 zeigt das Modell eines Pressenstößels. Durch die resultierenden Radialkräfte F_A und F_B in den Führungen sowie die von außen angreifenden Kräfte F, F_{axial} und F_Q ergibt sich der rot dargestellte Deformationsverlauf. Es ist deutlich zu erkennen, dass der Stößel neben Zug- und Druckkräften auch auf Biegung beansprucht wird. Diese resultiert aus der Querkraft F_Q, die der Koppeltrieb auf den Stößel ausübt.

Zug-Druck-Elemente werden wie Wellen bevorzugt statisch bestimmt gelagert, d. h. mit zwei Führungen. Beide Führungen müssen die entsprechenden Radialkräfte möglichst reibungsarm aufnehmen können, um eine unzulässig hohe Energiedissipation der zu übertragenden Translationsbewegung zu vermeiden. Aufgrund des im Allgemeinen in den Einzelführungen vorhandenen Spiels können diese keine Biegemomente im Spielbereich aufnehmen und sind in erster Näherung als gelenkige Lagerungen zu betrachten. Im Hinblick auf das Reibungssystem ist eine geeignete Werkstoffpaarung für Zug-Druck-Element und Führung auszuwählen. Darüber hinaus gelten auch für translatorische Energieleiter die zuvor bereits für Wellen diskutierten Gestaltungshinweise.

Berechnung von Zug-Druck-Elementen

Da Zug-Druck-Elemente primär Axialkräfte übertragen und somit meist auf Zug und/oder Druck beansprucht werden, muss bei ihrer Gestaltung und Auslegung insbesondere die Gefahr des Knickens und der plastischen Verformung (Fließen) berücksichtigt werden. Dies betrifft in erster Linie dünne Elemente. Im Vergleich zu Biegung und Knicken spielt die Torsionsbeanspruchung bei translatorischer Bewegung eine untergeordnete Rolle, wenngleich sie auch ein Bauteilversagen zur Folge haben kann. Wie genau die Auslegung und Berechnung eines Zug-Druck-Elements vonstatten geht, soll an dieser Stelle nicht näher erläutert werden. Für weiterführende Informationen zu diesem Thema sei an dieser Stelle auf einschlägige Literatur verwiesen.

Führungen

Führungen können anhand ihrer geometrischen Form in Paarung ebener Flächen (Profilstange-Schlitten) und Rundlingspaarungen (Buchsen) unterschieden werden. Beide Wirkprinzipien lassen sich wiederum über Wälzkörper über Gleitflächen oder mittels Magnetführungen realisieren.

- Gleitführungen: Hier werden Gleitbuchsen bzw. Gleitelemente aus Materialien mit geringerer Gleitreibungszahl (z. B. Hochleistungspolymere) eingesetzt.
- Wälzführungen: Die Wälzkörper (meist Kugeln oder Zylinder) kommen in Kugelbuchsen oder Kugel- bzw. Rollenumlaufeinheiten zum Einsatz.
- Magnetführungen: Hierbei erfolgt die axiale Führung durch ein Schweben im Magnetfeld. [21, S. 520]

Um eine uneingeschränkte Funktionalität des geführten Bauteils zu gewährleisten, müssen Geradführungen stets bestimmten Anforderungen genügen. Zu deren Erfüllung dienen konstruktive und fertigungstechnische Maßnahmen, geeignete Werkstoffkombinationen und eine zuverlässige Schmierung sowie Schutzvorrichtungen gegen Staub, Schmutz und Späne während des Betriebs. Die wichtigsten Anforderungen lauten:

- Aufrechterhaltung der gewünschten Position auch unter Krafteinwirkung zur genauen Lagebestimmung der geführten Teile. Ein Ecken, Kippen, Abheben oder Entgleisen ist zu verhindern.
- Geringer Verschleiß bzw. Möglichkeiten zur Ein- oder Nachstellung bei unvermeidbarem Verschleiß.
- Leicht und, falls erforderlich, auch gleichförmig und genau begrenzt ausführbare Verstellbewegungen durch möglichst geringe und konstante Reibkräfte. [20, S. 435]

Abb. 3.27 zeigt abschließend einige Beispiele für Geradführungen. Hierbei wird zwischen den beiden Wirkprinzipien „Rundlingspaarung“ und „Paarung ebener Flächen“ unterschieden.

a)

b)

c)

Zug-Druck-Element mit Rundlingsführung

a) Kugelbuchse für Rotations- und Translationsbewegungen

b) Kugelbuchse für reine Translationsbewegungen

c) Gleitbuchse für Rotations- und Translationsbewegungen

Parallelführung mit kugeligen (links) und zylindrischen (rechts) Wälzkörpern

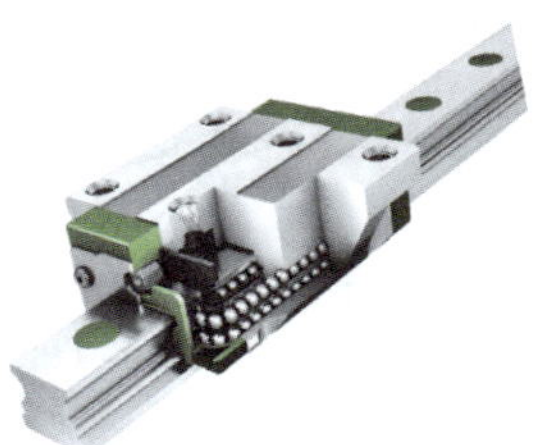

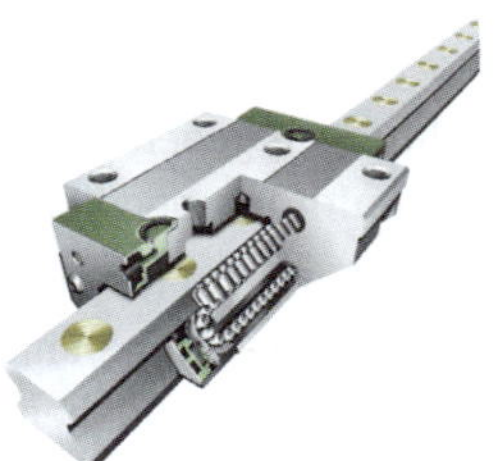

Abb. 3.27 – Ausführungsvarianten von Führungen Quellen: [28], [29], [30, S. 9], [31], [32]

3.3 Mechanische Energieumformer

Im Folgenden wird eine nähere Betrachtung von mechanischen (Energie-)Umformern bzw. Getrieben erfolgen. Ziel dieses Kapitels ist es, einen Überblick zu schaffen und typische Eigenschaften von Getrieben zunächst in allgemeiner Form und anschließend spezifiziert für die unterschiedlichen Ausführungsformen vorzustellen. Auf Basis dessen soll eine zielgerichtete Auswahl von Getrieben für unterschiedliche Anwendungsfälle ermöglicht werden.

Hinsichtlich der allgemeinen Beschreibung von Getrieben wird aufgrund der großen Vielfalt der mechanischen Umformer die Entwicklung einer Systematik zu deren Einteilung nach ihren typischen Wirkprinzipien und Bauarten eine wichtige Rolle spielen. Anschließend wird eine Erläuterung grundlegender, verhaltensbestimmender Effekte bei Getrieben wie Übersetzung, Reibung, Wirkungsgrad und Selbsthemmung erfolgen.

Bei der detaillierten Betrachtung einzelner Getriebeausführungen wird besonderen Wert auf eine praxisnahe Darstellung gelegt, die in einer Vielzahl an realen Anwendungsbeispielen zum Ausdruck kommt. Um das Verhalten der einzelnen Umformer mathematisch beschreiben und simulieren zu können, werden für die gebräuchlichsten Getriebetypen Berechnungen durchgeführt. Darüber hinaus wird für jede Getriebevariante eine ausführliche Darstellung der jeweiligen Vor- und Nachteile erfolgen.

Mechanische Umformer bzw. Getriebe sind Maschinenelemente, die mechanische Kraft- und Bewegungsgrößen (Eingangsgrößen G_1) in einem Antriebsstrang in andere mechanische Kraft- und Bewegungsgrößen (Ausgangsgrößen G_2) umformen. Der Umformer selbst zeichnet sich durch spezifische Eigenschaftsparameter Z_i aus, wodurch er die Ausgangsgrößen maßgeblich beeinflusst. Das schematische Blockschaltbild (BSB) ist in Abb. 3.28 dargestellt.

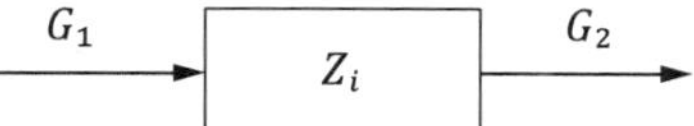

Abb. 3.28 – Schematisches Blockschaltbild eines mechanischen Umformers

Im Allgemeinen gilt für die Ausgangsgrößen G_2 eines mechanischen Umformers folgender Zusammenhang:

$$G_2 = f(G_1, Z_i) \neq G_1 \tag{3.12}$$

Mechanische Umformer sind häufig verwendete Komponenten in der Antriebstechnik und treten in sehr unterschiedlichen Ausführungen und Anwendungen auf. Eine Auswahl an verschiedenen Getriebetypen zeigt Tab. 3.8.

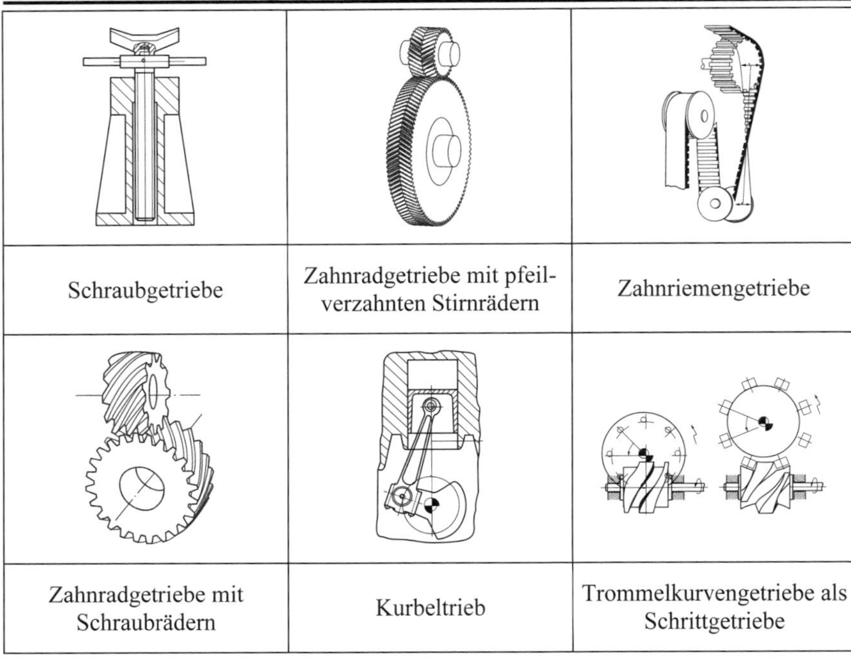

Tab. 3.8 – Beispielhafte Ausführungsformen mechanischer Umformer

Unter dem Begriff „Getriebe“ sind nicht nur gleichförmig übersetzende Getriebe wie beispielsweise Zahnradgetriebe zu verstehen, sondern jede spezifische Anordnung und Kopplung mechanischer Bauteile, mit denen mechanische Energie umgeformt also deren Energieform geändert werden kann. Neben mechanisch wirkenden Energieumformern gibt es auch nicht-mechanisch wirkende Umformer für mechanische Ein- und Ausgangsgrößen. Hierbei handelt es sich beispielsweise um Hydrogetriebe oder elektrische Getriebe. Ein Hydrogetriebe wandelt ein Eingangsdrehmoment über eine Pumpe in einen Volumenstrom. Anschließend wird der Volumenstrom über einen Hydromotor wieder zurück in ein Drehmoment gewandelt. Elektrische Getriebe funktionieren in analoger Weise, lediglich auf Basis von elektrischen Größen. Bei Hydrogetrieben und elektrischen Getrieben (siehe Kapitel Energiespeicher) kommt es somit intern zu einer mehrfachen Änderung der wirkenden Energieart durch Umwandlung, die nach außen zu einer Umformung der mechanischen Eingangs- in die mechanischen Ausgangsgrößen führt. Bei mechanischen Umformern bleibt die Energieart der Eingangsgrößen hingegen durchgehend erhalten. Im weiteren Verlauf dieses Kapitels sollen ausschließlich mechanisch wirkende Energieumformer näher betrachtet werden.

Wie zuvor bereits erwähnt wandeln mechanische Umformer mechanische Eingangsgrößen in entsprechende Ausgangsgrößen. Sie formen stets Kraftgrößen (Kräfte, Drehmomente), Bewegungsgrößen (Wege, Geschwindigkeiten und Beschleunigungen bzw. Drehwinkel, Winkelgeschwindigkeiten und Winkelbeschleunigungen) sowie mechanische Leistungen (translatorische und rotatorische Leistung) um. Dabei können Art, Betrag, Richtung, Angriffspunkt und Anzahl der Eingangsgrößen im Vergleich zu den Ausgangsgrößen geändert werden.

Mechanische Energieumformer werden üblicherweise eingesetzt, um Kraft- und Bewegungsgrößen eines Aktors an die erforderlichen Prozessgrößen anzupassen. Allerdings ergibt sich durch die Vielfalt an Ausführungsformen sowie durch die Möglichkeit der Kombination mehrerer Getriebe in Reihen- oder Parallelschaltung ein außerordentlich großes Spektrum an Aufgaben, die mit mechanischen Energieumformern gelöst werden können.

Das Fahrrad als Alltagsbeispiel verdeutlicht dies besonders anschaulich. Bei der Übertragung der Tretkraft auf die Fahrbahn kommen ein Kurbeltrieb (Tretkurbel), ein Kettentrieb (Paarung Kette-Kettenräder teilweise in Kombination mit einer Naben- oder Kettenschaltung) sowie ein Reibradgetriebe (Paarung Reifen-Fahrbahn) zum Einsatz (siehe Tab. 3.9). [33, S. 248]

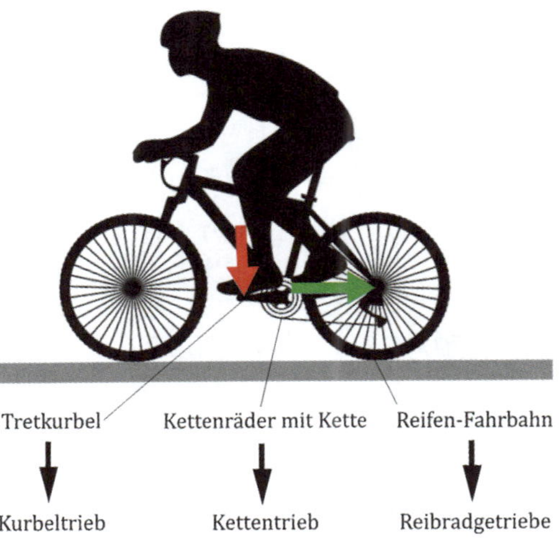

Abb. 3.29 – Mechanische Umformer am Beispiel Fahrrad

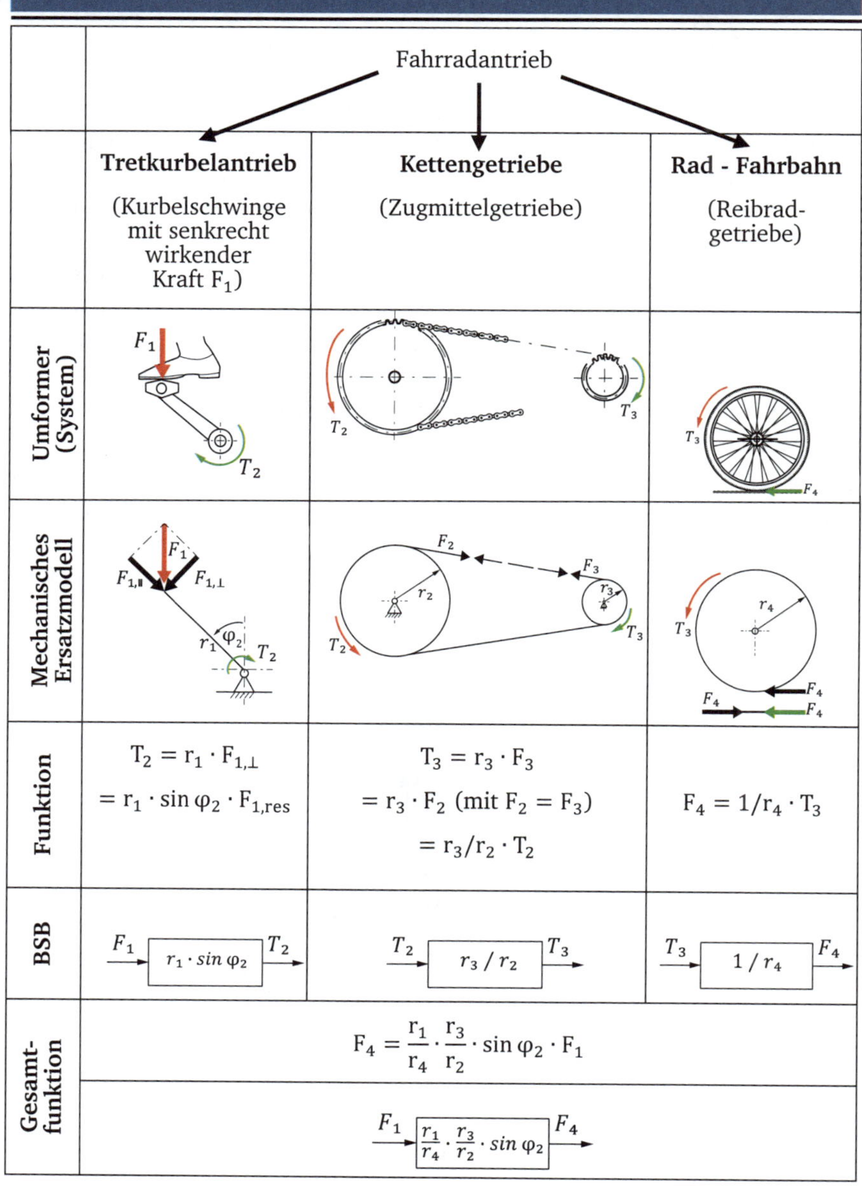

	Fahrradantrieb		
	Tretkurbelantrieb (Kurbelschwinge mit senkrecht wirkender Kraft F_1)	**Kettengetriebe** (Zugmittelgetriebe)	**Rad - Fahrbahn** (Reibrad-getriebe)
Umformer (System)	F_1, T_2	T_2, T_3	T_3, F_4
Mechanisches Ersatzmodell	F_1, $F_{1,\parallel}$, $F_{1,\perp}$, r_1, φ_2, T_2	F_2, F_3, r_2, r_3, T_2, T_3	T_3, r_4, F_4
Funktion	$T_2 = r_1 \cdot F_{1,\perp}$ $= r_1 \cdot \sin\varphi_2 \cdot F_{1,res}$	$T_3 = r_3 \cdot F_3$ $= r_3 \cdot F_2$ (mit $F_2 = F_3$) $= r_3/r_2 \cdot T_2$	$F_4 = 1/r_4 \cdot T_3$
BSB	$F_1 \rightarrow$ [$r_1 \cdot \sin\varphi_2$] $\rightarrow T_2$	$T_2 \rightarrow$ [r_3 / r_2] $\rightarrow T_3$	$T_3 \rightarrow$ [$1 / r_4$] $\rightarrow F_4$
Gesamt-funktion	$F_4 = \frac{r_1}{r_4} \cdot \frac{r_3}{r_2} \cdot \sin\varphi_2 \cdot F_1$		
	$F_1 \rightarrow$ [$\frac{r_1}{r_4} \cdot \frac{r_3}{r_2} \cdot \sin\varphi_2$] $\rightarrow F_4$		

Tab. 3.9 – Reihenschaltung mechanischer Umformer am Beispiel Fahrradantrieb mit ihren Funktionen

3.3.1 Verhaltensbestimmende Eigenschaften mechanischer Energieumformer

Das Verhalten von mechanischen Umformern kann beispielsweise bei Beschleunigungsvorgängen erheblich von der idealisierten Funktion abweichen. Diese Abweichung macht sich in Form einer reduzierten Übertragungsgenauigkeit bemerkbar. Gründe hierfür können die Massenträgheiten der bewegten Massen, Steifigkeiten, Dämpfung, Reibung und Verschleiß sein.

Massenträgheit

Bei einem instationären Verlauf der Kraft- und Bewegungsgrößen entstehen Massenkräfte, deren Ursache in den Massenträgheiten der beschleunigten Bauteile zu suchen ist. Im Allgemeinen lässt sich sagen, dass diese Scheinkräfte überall dort auftreten, wo es zu Beschleunigungen oder Winkelbeschleunigungen und damit zu einer Änderung des Bewegungszustandes kommt. Bei gleichförmig übersetzenden Getrieben sind solche Änderungen des Bewegungszustandes auf Anfahr-, Umschalt- und Abbremsvorgänge beschränkt. Bei ungleichförmig übersetzenden Getrieben treten diese Massenkräfte hingegen periodisch auf, da hier Beschleunigungen bzw. Winkelbeschleunigungen periodisch verlaufen und sich damit auch der Bewegungszustand periodisch ändert [34, S. 3]. Je nach Bewegungsart unterscheidet man rotatorische und translatorische Massenträgheiten. Die Beschleunigung dieser Massenträgheiten erfordert zum Beispiel beim Anfahren einen Teil der Eingangsleistung, die dann am Ausgang nicht mehr zur Verfügung steht [22, S. 257].

Tab. 3.10 zeigt beispielhaft Formeln zur Berechnung der Massenträgheiten für die Einzelbestandteile verschiedener mechanischer Umformer. Werden mehrere Einzelbestandteile kombiniert, wie dies in der letzten Spalte der Fall ist (Getriebestufe mit zwei Zahnrädern), lassen sich sämtliche Massenträgheiten vorteilhaft auf das antreibende Element, im Regelfall auf den Motor, der in direkter Verbindung mit der Antriebsseite des Getriebes steht, reduzieren (vgl. Abschnitt 2.3.1).

Translatorisch bewegte Schwungmasse (z. B. Stößel)	Rotatorisch bewegte Schwungscheibe (z. B. Zahnrad)	Translatorisch bewegte und rotatorisch angetriebene Schwungmasse m' (z. B. Kettentrum mit Masse m')	Rotatorisch bewegte Schwungscheiben, reduziert auf Eingangswelle (z. B. Zahnrad-getriebestufe)
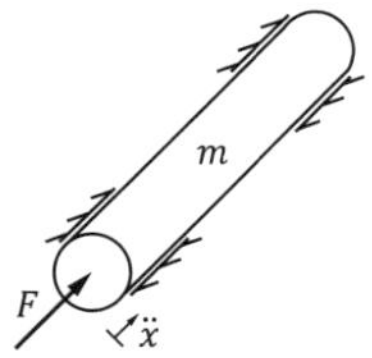	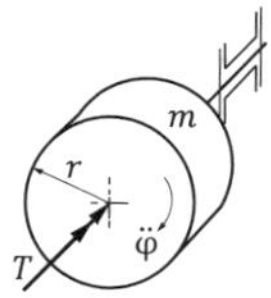	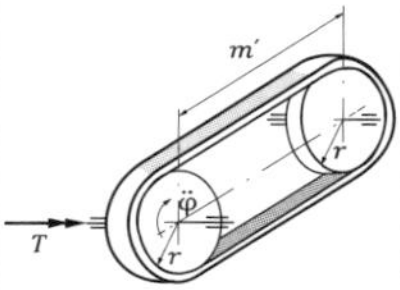	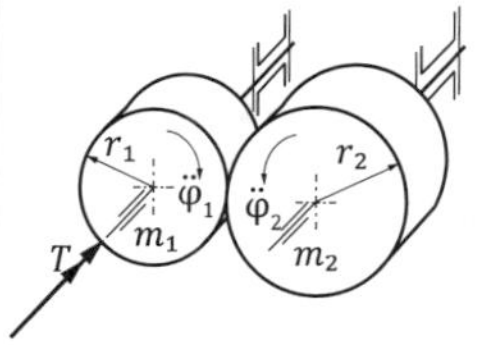
Massenträgheit der Schwungmasse: m	Massenträgheit der Schwungscheibe: $\theta = \frac{1}{2} m \cdot r^2$	Massenträgheit des Zugmittelabschnitts oben und unten (unter Vernachlässigung der Massenträgheiten der beiden Rollen): $\theta = m' \cdot r^2$	Massenträgheit des Gesamtsystems bestehend aus zwei Schwungscheiben: $\theta_{red,1} = \theta_1 + \frac{1}{i^2}\theta_2 = \frac{1}{2} m_1 \cdot r_1^2 + \frac{1}{2 \cdot i^2} m_2 \cdot r_2^2$ mit $i = \frac{\dot{\varphi}_1}{\dot{\varphi}_2} = \frac{r_2}{r_1}$
Massenträgheitsscheinkraft: $F = m \cdot \ddot{x}$	Massenträgheitsscheinmoment: $T = \theta \cdot \ddot{\varphi}$	Massenträgheitsscheinmoment: $T = \theta \cdot \ddot{\varphi}$	Massenträgheitsscheinmoment: $T = \theta_{red,1} \cdot \ddot{\varphi}_1$

Tab. 3.10 – Massenträgheiten und deren Kräfte/Momente in mechanischen Umformern

Steifigkeit und Dämpfung

Bauteileigenschaften sind die Masse, Steifigkeit und Dämpfung. Die Steifigkeit von Getriebegliedern wird durch die Federsteifigkeit k ausgedrückt, die wiederum durch die Werkstoffelastizität und die Bauteilgeometrie bestimmt wird. Je nach Beanspruchungsart müssen unterschiedliche Federsteifigkeiten berücksichtigt werden. Die Fahrradkette im Beispiel des Fahrradantriebs wird beispielsweise auf Zug beansprucht, weshalb hier die Zugfedersteifigkeit die primär zu beachtende Federsteifigkeit bezüglich der Übertragungsgenauigkeit des Umformers darstellt. Die Tretlagerwelle wird hingegen auf Torsion beansprucht. Hier ist die Torsionssteifigkeit somit die relevante Steifigkeitsart zur Bestimmung der Übertragungseigenschaften. Zusammen mit der Bauteilmasse lassen sich entsprechend der Beziehungen aus Abschnitt 3.2 die kritischen, zu Resonanz führenden Drehzahlen bzw. Eigenfrequenzen der einzelnen Komponenten berechnen [22, S. 257].

Die bisherige Betrachtung der Funktionsweise mechanischer Umformer ging von idealen Vorstellungen aus, in denen Reibung in den Gelenken vernachlässigt wurde. Findet zwischen zwei Wirkflächen eines Gelenks eine Kraftübertragung bei gleichzeitiger Relativbewegung statt, entsteht grundsätzlich Reibung in Form von Gleit- oder Rollreibung bzw. deren Überlagerung als so genannte Wälzreibung. Die sich infolge der Reibung ergebende Reibungskraft wirkt stets der Gelenkbewegung entgegen. Die Reibung wird hier als trockene bzw. Coulombsche Reibung betrachtet, bei der die Reibungskraft F_R in einer proportionalen Beziehung zur Normalkraft F_N steht (vgl. Abschnitt 2.4). Der Betrag der Reibungskraft ergibt sich entsprechend nachfolgender Beziehung in Abhängigkeit von der Höhe des Gleitreibungskoeffizienten μ zu:

$$|F_R| = \mu \cdot F_N \tag{3.13}$$

Die Normalkraft F_N entspricht der senkrecht zur Bewegungsrichtung wirkenden Komponente, die zu einer Druckbeanspruchung im Reibkontakt führt und sich abhängig von der Betriebskraft, der Gewichtskraft und dynamischen Kraft der Bauteile, einer weiteren Gelenkvorspannkraft usw. ergibt. Bei Gleitreibung in den Gelenken nimmt der Reibungskoeffizient μ Werte im Bereich von 0,1 bis 0,6 an, bei Rollreibung ergeben sich hingegen wesentlich geringere Reibungskoeffizienten in der Größenordnung von 0,002 bis 0,04. Die durch Reibungskräfte erzeugte Arbeit ist stets thermische Verlustarbeit und steht damit für die Nutzung als mechanische Energie am Abtrieb nicht mehr zur Verfügung [22, S. 257], [35, S. 84 f.].

Wirkungsgrad mechanischer Umformer

Eine wesentlich durch Reibung beeinflusste Eigenschaft mechanischer Umformer ist ihr Wirkungsgrad η. Der Wirkungsgrad η beschreibt das Verhältnis von nutzbarer Leistung am Abtrieb P_{ab} zu zugeführter Leistung am Antrieb P_{an} und ist durchweg kleiner als 1. Dies wiederum bedeutet, dass die Leistung am Antrieb stets größer als die Leistung am Abtrieb sein muss, da ansonsten ein „Perpetuum Mobile“ vorliegen würde.

$$\eta = \frac{\text{abgegebene Leistung}}{\text{zugeführte Leistung}} < 1 \tag{3.14}$$

Abb. 3.30 zeigt die an einem mechanischen Umformer auftretenden Leistungen. Die Größe P_V bezeichnet hierbei die Verlustleistung, die sich im Betrieb infolge reibungsbasierter Leerlauf-, Lager-, Gelenk- und Dichtungsverluste einstellt. Darüber hinaus haben auch Größen wie Schlupf, Luftwiderstand, Wärme und Schmierstoffwiderstand bedeutenden Einfluss auf die Verlustleistung.

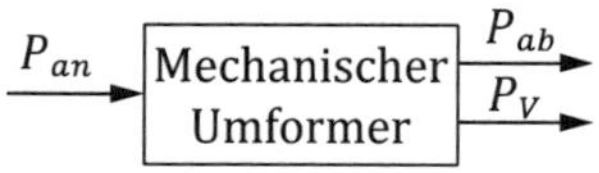

Abb. 3.30 – Leistungsgrößen am Ein- und Ausgang eines mechanischen Umformers

Die Leistungsbilanz eines mechanischen Umformers entsprechend Abb. 3.30 stellt sich wie folgt dar:

$$\sum P = 0 \rightarrow P_{an}\text{-}P_{ab}\text{-}P_V = 0 \tag{3.15}$$

Die Antriebsleistung P_{an} wird über die Systemgrenze zugeführt und geht daher mit positivem Vorzeichen in die Bilanzgleichung ein. Die Abtriebsleistung P_{ab} sowie die Verlustleistung P_V werden aus dem System abgeführt und gehen somit negativ in die Bilanzgleichung ein.

Damit ergibt sich für die Verlustleistung P_V folgender Zusammenhang:

$$P_V = P_{an}\text{-}P_{ab} \tag{3.16}$$

Folglich ergibt sich im Umkehrschluss, dass aufgrund der Verluste stets eine um den Betrag der Verlustleistung größere Antriebsleistung P_{an} eingeleitet werden muss, um eine bestimmte Abtriebsleistung P_{ab} gewährleisten zu können.

Unter Einbeziehung der Größe Verlustleistung lässt sich der Wirkungsgrad η entsprechend folgender Beziehung darstellen:

$$\eta = \frac{P_{ab}}{P_{an}} = \frac{P_{an}\text{-}P_V}{P_{an}} = 1\text{-}\frac{P_V}{P_{an}} \tag{3.17}$$

Für ein Getriebe mit n Getriebestufen lautet die Formel zur Berechnung von η_{ges} entsprechend [33, S. 256]:

$$\eta_{ges} = \prod_{j=1}^{n} \eta_j = \eta_1 \cdot \eta_2 \cdot \ldots \cdot \eta_n \tag{3.18}$$

Bei mehrstufigen Getrieben ergibt sich somit der Gesamtwirkungsgrad η_{ges} als Produkt der Einzelwirkungsgrade η_j, wie beispielhaft in Abb. 3.31 dargestellt.

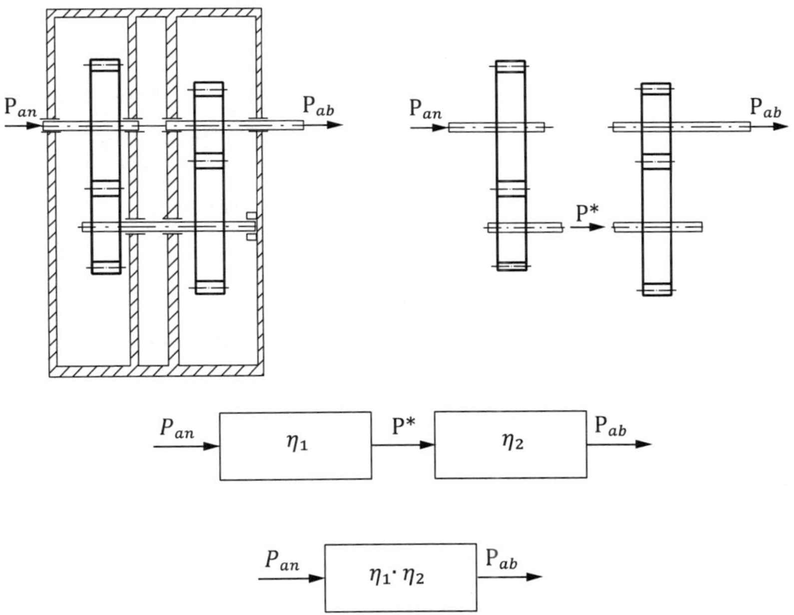

Abb. 3.31 – Wirkungsgrad eines mehrstufigen Getriebes

Im Folgenden soll der Wirkungsgrad eines Keilgetriebes detailliert betrachtet werden. Anhand dieses Beispiels lässt sich sehr anschaulich zeigen, inwiefern die Reibung den Wirkungsgrad beeinflusst und welche weiteren Auswirkungen (Selbsthemmung) die Reibung in mechanischen Umformern haben kann.

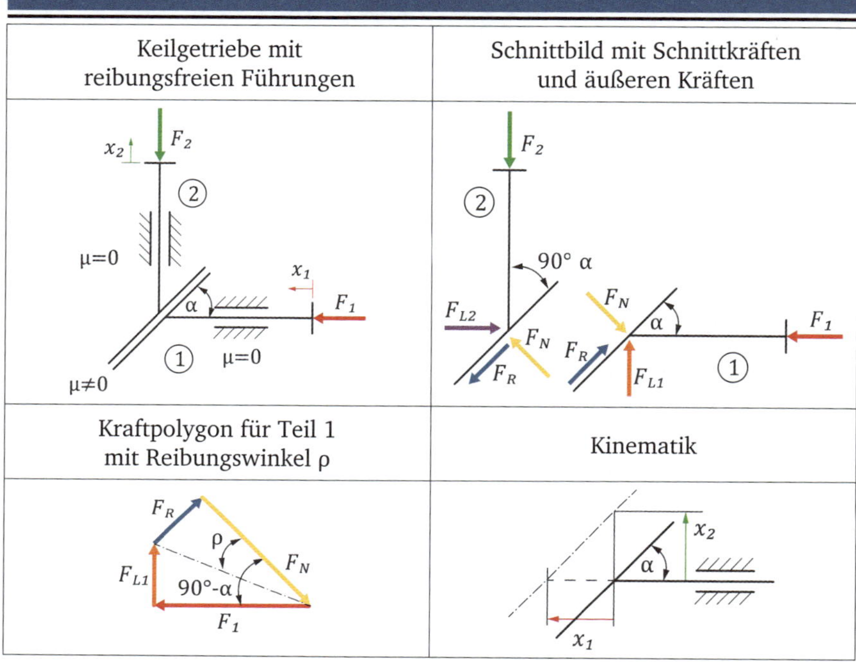

Tab. 3.11 – Skizzen und Schnittbilder zur Beschreibung der Wirkungsweise eines Keilgetriebes mit reibungsfreien Führungen

Der Wirkungsgrad des Keilgetriebes aus Tab. 3.11 berechnet sich auf folgende Weise:

$$\eta = \frac{P_{ab}}{P_{an}} = \frac{P_2}{P_1} = \frac{W_{ab}}{W_{an}} = \frac{W_2}{W_1} = \frac{F_2 \cdot x_2}{F_1 \cdot x_1} \tag{3.19}$$

Die Variable W bezeichnet hierbei die verrichtete Arbeit und berechnet sich als Produkt der jeweils wirkenden Kraft F und dem resultierenden Verschiebungsweg x in horizontale oder vertikale Richtung. Die Arbeiten/Leistungen W_1 und P_1 sowie W_2 und P_2 werden als konstant angenommen. Bei der Arbeit am Antrieb ($W_1 = W_{an}$) handelt es sich um dem System zugeführte Energie, sodass Kraft F und Weg x in dieselbe Richtung zeigen, während die Arbeit am Abtrieb ($W_2 = W_{ab}$) eine aus dem System abgeführte Energie repräsentiert, bei der folglich Kraft F_2 und Weg x_2 entgegengesetzt gerichtet sind (vgl. entsprechend der analogen Darstellung für die Leistungen in Abb. 3.30).

Um den Wirkungsgrad ausschließlich über geometrische Größen beschreiben zu können, muss die Kraft F_2 als eine Funktion der Kraft F_1 ausgedrückt werden.

Zunächst ergibt sich aus der Betrachtung des statischen Kräftegleichgewichts für die Kräfte F_1 und F_2 folgender Zusammenhang:

$$\begin{aligned} F_1 &= F_{L2} \\ F_2 &= F_{L1} \end{aligned} \tag{3.20}$$

Bildet man das Verhältnis beider Kräfte, erhält man:

$$\frac{F_2}{F_1} = \frac{F_{L1}}{F_1} = \tan(90°\text{-}\alpha\text{-}\rho) = \cot(\alpha + \rho) \tag{3.21}$$

mit

$$\rho = \text{Reibungswinkel} = \arctan \mu \tag{3.22}$$

Gleichung (3.21) aufgelöst nach F_2 führt zu folgender Beziehung:

$$F_2 = F_1 \cdot \cot(\alpha + \rho) \tag{3.23}$$

Mit der sich aus der Geometrie des Keilgetriebes ergebenden kinematischen Beziehung zwischen x_1 und x_2

$$\begin{aligned} \frac{x_2}{x_1} &= \tan \alpha \\ \rightarrow \quad x_2 &= x_1 \cdot \tan \alpha \end{aligned} \tag{3.24}$$

erhält man für den Wirkungsgrad letztendlich folgenden Zusammenhang:

$$\eta = \frac{F_2 \cdot x_2}{F_1 \cdot x_1} = \frac{F_1 \cdot \cot(\alpha + \rho) \cdot x_1 \cdot \tan \alpha}{F_1 \cdot x_1} = \frac{\tan \alpha}{\tan(\alpha + \rho)} \tag{3.25}$$

Wie zu sehen ist, hängt der Wirkungsgrad vom Reibungswinkel ρ ab. Welch gravierenden Einfluss der Reibungswinkel allerdings auf den Wirkungsgrad hat, zeigt Abb. 3.32. So beträgt der Wirkungsgrad bei einer Reibungszahl von $\mu = 0{,}4$ gerade noch $\eta \approx 0{,}45$. Damit wird deutlich, dass Reibung in den Gelenken erhebliche Auswirkungen auf die Kinetik von Umformern hat und daher ihre Auswahl für eine gegebene Aufgabenstellung maßgeblich bestimmt.

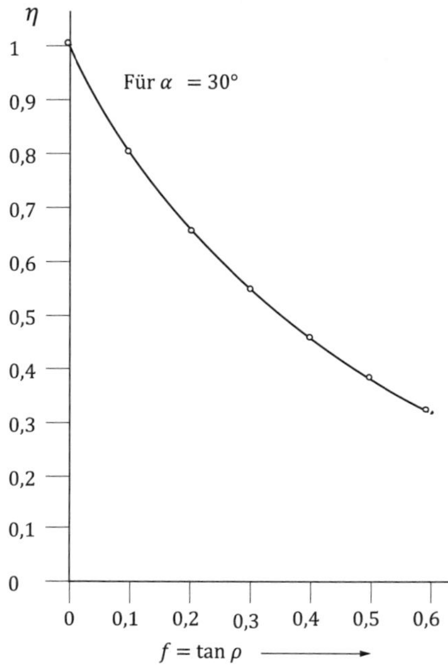

Abb. 3.32 – Wirkungsgradverlauf in Abhängigkeit des Reibungswinkels bei einem Keilgetriebe

Selbsthemmung

Eine weitere wichtige, auf dem Effekt der Reibung beruhende Eigenschaft mechanischer Umformer ist die Selbsthemmung. Selbsthemmung liegt zum Beispiel dann vor, wenn ein System sich bei einer Umkehr der Kraftrichtung (Vertauschen von Ein- und Ausgangsgrößen) nicht mehr bewegen lässt. Am Beispiel des Keilgetriebes nach Tab. 3.11 lässt sich einfach erkennen, dass bei einem sehr kleinen Keilwinkel α die waagrechte Komponente der zwischen den Keilflächen wirkenden Normalkraft F_N nicht mehr ausreicht, um die Reibungskraft F_R zu überwinden. Keil 1 kann damit nicht mehr durch den zum antreibenden Element umfunktionierten Keil 2 bewegt werden. Das Keilgetriebe klemmt. Für sehr große Keilwinkel α liegt am Eingang 1 ebenfalls Selbsthemmung vor. In diesem Fall wird der Wirkungsgrad aus Gleichung (3.25) negativ. Anschaulich bedeutet dies, dass am bewegten Ausgang 2 negative Energie abgeführt, d. h. also (positive) Energie zugeführt werden muss.

Selbsthemmung in Getrieben wird insbesondere dann nutzbringend eingesetzt, wenn Getriebe bewusst nicht „zurücklaufen“ dürfen, zum Beispiel beim Antrieb der Seiltrommel eines Aufzugs. Ein Getriebe, das zu diesem Zweck häufig verwendet wird, ist das an späterer Stelle erläuterte Schneckenradgetriebe.

Verschleiß

Festkörper- oder Mischreibung in Gelenken führt zu Verschleiß, also einem Abtrag von Partikeln in der reibbeanspruchten Zone. Dies wiederum bedingt eine Änderung der Fein-, im Extremfall sogar der Grobgeometrie der Gelenke. Als Konsequenz ergibt sich eine Veränderung der ursprünglich festgelegten Passungen zwischen den Gelenkflächen, so dass sich das Spiel unzulässig erhöht. Wird ein derart verschlissenes Gelenk durch wechselnde Belastungen beansprucht, ergeben sich Stöße zwischen den Gelenkflächen, die sich durch Geräusche (Schlagen, Klopfen) bemerkbar machen und meist zum baldigen Versagen des Gelenkes durch Überbeanspruchung und damit zum Funktionsverlust des gesamten Umformers führen. Eine fehlerhafte Grundauslegung des Spiels zwischen den Gelenkflächen, beispielsweise durch falsche Wahl der Passung, hat vergleichbaren Einfluss. [33, S. 257]

3.3.2 Gliederung mechanischer Energieumformer

Mechanische Umformer können generell nach der Funktion, dem Wirkprinzip und der Bauform unterschieden werden. Im Folgenden soll eine kurze Erläuterung dieser Unterscheidungskategorien erfolgen.

Unterscheidung nach der Funktion

Die Funktion eines Getriebes kann im Allgemeinen als die Art der Transformation der Eingangs- in die Ausgangsgrößen definiert werden. Hierbei lassen sich gleichförmig übersetzende Getriebe und ungleichförmig übersetzende Getriebe unterscheiden.

Ebenso ist eine funktionale Unterscheidung der Getriebe hinsichtlich der Eigenschaften der Eingangs- und Ausgangsgrößen möglich. Diese Eigenschaften sind zum einen die Bewegungsart (Translation, Rotation oder eine Kombination aus Translation und Rotation) und zum anderen der Bewegungsablauf (kontinuierlich, schwenkend, oszillierend etc.).

Gleichförmig übersetzende Getriebe weisen ein konstant bleibendes Übersetzungsverhältnis i auf. Bei ungleichförmig übersetzenden Getrieben kommt es hingegen zu einer positionsabhängigen Änderung des Übersetzungsverhältnisses. Dies soll anhand einer Gegenüberstellung eines Kettengetriebes mit kreisförmigen Kettenrädern (gleichförmig übersetzendes Getriebe) und einer Kurbelschwinge (ungleichförmig übersetzendes Getriebe) verdeutlicht werden. Beide mechanischen Umformer kommen im Eingangsbeispiel des Fahrradantriebs zur Anwendung.

Die Übersetzung i kann entsprechend Gleichung (3.26) als Verhältnis zwischen einer Bewegungsgröße am Antrieb und einer Bewegungsgröße am Abtrieb definiert werden. Bewegungsgrößen am Antrieb sind je nach Getriebeausführung die Drehfrequenz ω_{an} oder Drehzahl n_{an} bei rotatorischen Systemen bzw. die Geschwindigkeit v_{an} bei translatorischen Systemen. Die entsprechenden Bewegungsgrößen am Abtrieb sind die Drehfrequenz ω_{ab} oder Drehzahl n_{ab} bzw. die Geschwindigkeit v_{ab}.

$$\text{Übersetzung i} = \frac{\text{Bewegungsgröße Antrieb}}{\text{Bewegungsgröße Abtrieb}}$$
$$i = \frac{\omega_{an}}{\omega_{ab}} = \frac{n_{an}}{n_{ab}} \text{ bzw. } \frac{v_{an}}{v_{ab}} \tag{3.26}$$

Bei mehrstufigen Getrieben berechnet sich die Übersetzung einer Getriebestufe j entsprechend Gleichung (3.27).

$$i_j = \frac{\omega_{j,an}}{\omega_{j,ab}} = \frac{n_{j,an}}{n_{j,ab}} \text{ bzw. } \frac{v_{j,an}}{v_{j,ab}} \tag{3.27}$$

Die Gesamtübersetzung i_{ges} eines mehrstufigen Getriebes ergibt sich als Produkt der Übersetzungen i_j der einzelnen Getriebestufen. Analog zur Berechnung des Gesamtwirkungsgrades (Gleichung (3.18)), berechnet sich die Gesamtübersetzung eines n-stufigen Getriebes zu:

$$i_{ges} = \prod_{j=1}^{n} i_j = i_1 \cdot i_2 \cdot \ldots \cdot i_n \tag{3.28}$$

Bezüglich der Übersetzung i kann zwischen einer Übersetzung ins Schnelle und einer Übersetzung ins Langsame unterschieden werden, je nachdem welche Werte i annimmt:

Übersetzung ins Schnelle: $i < 1$

Übersetzung ins Langsame: $i > 1$

[33, S. 254 f.]

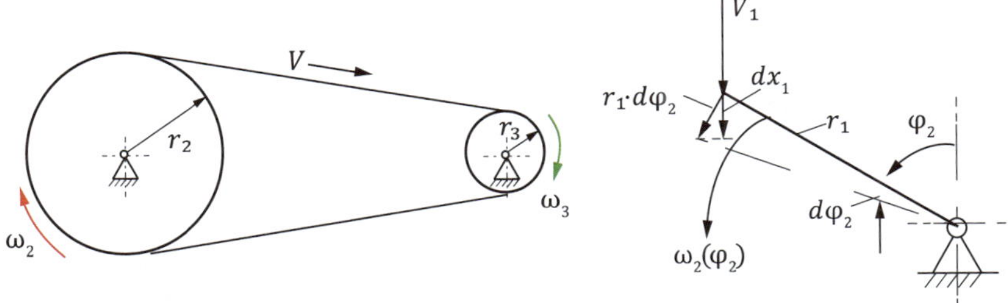

Abb. 3.33 – Kettengetriebe (links) und Kurbelschwinge (rechts) eines Fahrrads (schematische Darstellung)

Für das Kettengetriebe gemäß Abb. 3.33 ergibt sich folgender Zusammenhang für das Übersetzungsverhältnis i:

$$i = \frac{\omega_{an}}{\omega_{ab}} = \frac{\omega_2}{\omega_3} = \frac{r_3}{r_2} = f(\text{Konstanten}) = \text{konstant} \tag{3.29}$$

mit

$$v = \omega_2 \cdot r_2 = \omega_3 \cdot r_3 = \text{konstant} \tag{3.30}$$

Da es sich bei den zur Berechnung des Übersetzungsverhältnisses i herangezogenen Größen um Konstanten handelt, ist dieses stets gleichbleibend. Das Kettengetriebe stellt damit ein gleichförmig übersetzendes Getriebe dar. Im Allgemeinen können Rädergetriebe und Zugmittelgetriebe als gleichförmig übersetzende Getriebe klassifiziert werden. Eine Drehrichtungsumkehr zwischen An- und Abtrieb ist in Abhängigkeit der Übersetzungsstufen möglich. Bezüglich des Bewegungsablaufs bei gleichförmig übersetzenden Getrieben bleibt festzuhalten, dass dieser kontinuierlich ist und es somit zu einer kontinuierlichen Vergrößerung oder Verkleinerung der Eingangsgrößen kommt. Beim Kettengetriebe bewegen sich sowohl An- als auch Abtrieb auf rotatorische Weise. Die Übertragung der Drehbewegung erfolgt kontinuierlich, wobei es aber zu keiner Drehrichtungsumkehr kommt [36, S. 62].

Für die Kurbelschwinge gemäß Abb. 3.33 ergibt sich hingegen folgender Zusammenhang für die Übersetzung i:

$$i = \frac{v_1}{\omega_2} = r_1 \cdot \sin \varphi_2 = f(\text{Variablen}) \neq \text{konstant} \tag{3.31}$$

mit

$$dx_1 = r_1 \cdot \sin\varphi_2 \cdot d\varphi_2$$

$$\rightarrow \quad \frac{dx_1}{dt} = v_1 = r_1 \cdot \sin\varphi_2 \cdot \frac{d\varphi_2}{dt} = r_1 \cdot \sin\varphi_2 \cdot \omega_2 \tag{3.32}$$

Bei der Kurbelschwinge hängt das Übersetzungsverhältnis vom zeitlich veränderlichen Winkel φ_2 ab. Damit ist auch das Übersetzungsverhältnis variabel und die Kurbelschwinge ein ungleichförmig übersetzendes Getriebe. Zur Klasse der ungleichförmig übersetzenden Getriebe zählen generell Koppel- und Kurvengetriebe, wobei es hier einige Ausnahmen gibt. Bei ungleichförmig übersetzenden Umformern können An- oder Abtriebsbewegungen rückkehrend, d. h. translatorisch oszillierend oder rotatorisch schwenkend sein. Hierbei kann es zu einer Änderung der Bewegungsart kommen. Bei der Kurbelschwinge wird beispielsweise eine translatorische in eine rotatorische Bewegung umgeformt [36, S. 62].

Bei vielen mechanischen Umformern können Antrieb und Abtrieb vertauscht werden. Bei ungleichförmig übersetzenden Getrieben sind diesbezüglich stets Tot- und Strecklagen zu beachten, die auftreten, wenn alle Glieder und Gelenke fluchten und somit beim Antreiben durch eine Linearbewegung keine eindeutige Drehrichtung der Abtriebsseite festgelegt ist. [33, S. 261] Darüber hinaus ist auch der Einfluss der Reibung in Form von Selbsthemmung zu berücksichtigen, die ebenso eine Bewegungsübertragung bei sowohl gleichförmig als auch ungleichförmig übersetzenden Getrieben be- oder verhindern kann.

Unterscheidung nach dem Wirkprinzip

Bezüglich der Unterscheidung nach dem Wirkprinzip ist es wichtig, wie die Kraftgrößen von einem Getriebeglied auf ein anderes übertragen werden. Die Art der Kraftübertragung innerhalb eines Gelenks wird als Schlussart bezeichnet. Eine bei mechanischen Umformern häufig anzutreffende und für ihr Verhalten wesentliche Unterscheidung der Schlussarten ist der Formschluss und der Reibkraftschluss.

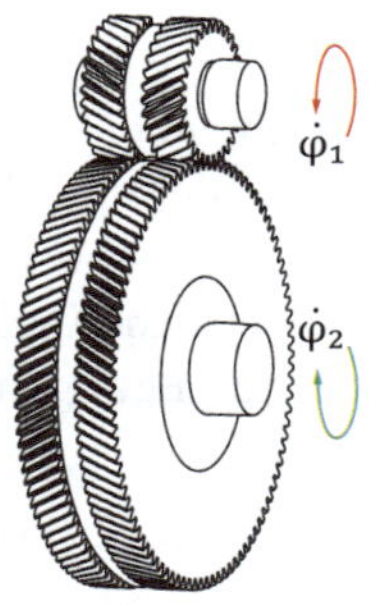

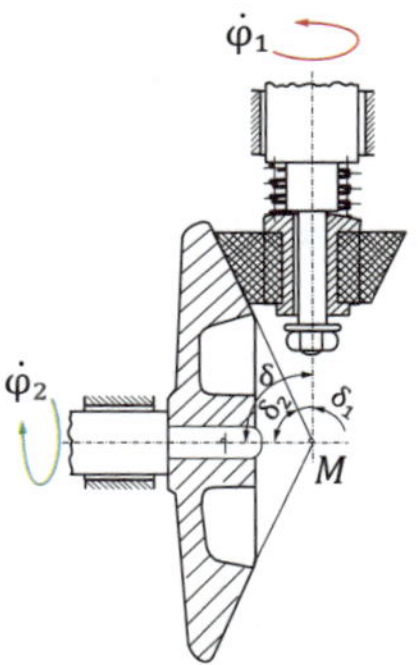

Abb. 3.34 – Zahnradgetriebe als formschlüssiger Umformer (links), Kegelreibradgetriebe als reibkraftschlüssiger Umformer (rechts)

Bei formschlüssig wirkenden Umformern ist jeder Position der Eingangsbewegung entsprechend der Funktionsbeziehung eine eindeutige Position der Ausgangsbewegung zugeordnet. Die Bewegungsübertragung in formschlüssig und spielfrei wirkenden Umformern ist gemeinhin bewegungstreu und schlupffrei, es handelt sich also um eine kinematische Kopplung (vgl. Abschnitt 2.3.1). Beispiele für formschlüssige Getriebe sind Zahnrad-, Ketten- oder Gelenkgetriebe.

Für das Übersetzungsverhältnis i eines formschlüssigen Zahnradgetriebes entsprechend Abb. 3.34 gilt:

$$i = \frac{\omega_{an}}{\omega_{ab}} = \frac{\dot{\varphi}_1}{\dot{\varphi}_2} = \frac{r_2}{r_1} = f(\text{geometrische Größen}) \tag{3.33}$$

mit

$$\varphi_2 = \varphi_1 \cdot \frac{r_1}{r_2} \tag{3.34}$$

Da der Radius des antreibenden Zahnrads r_1 (Radien beziehen sich bei der Bestimmung von Übersetzungen stets auf den sogenannten Teilkreis, der in Abschnitt 3.3.3 näher erläutert wird) wesentlich kleiner ist als der Radius des angetriebenen Zahnrads r_2, gilt für die Übersetzung dieses Getriebes $i > 1$. Damit liegt entsprechend der Definition aus Abschnitt 3.2 eine Übersetzung ins Langsame vor.

Bei reibkraftschlüssig wirkenden mechanischen Umformern liegt im Normalfall keine bewegungstreue und schlupffreie Kraftübertragung vor. Es handelt sich hierbei um eine Kraftkopplung (vgl. Abschnitt 2.3.1). Hier kann ein mikro- oder makroskopisches Rutschen zwischen den kraftübertragenden Wirkflächen auftreten. Dieses als Schlupf s bezeichnete Rutschen erlaubt keine eindeutige Zuordnung zwischen Eingangs- und Ausgangsposition.

Schlupf ist eine Relativbewegung zwischen antreibendem und angetriebenem Getriebeglied. Diese Relativbewegung führt zu einer Reduktion der sich aus der Kinematik des Umformers ideal ergebenden Übertragungsgeschwindigkeit im Berührpunkt. Schlupf in Getrieben bewirkt somit eine zusätzliche Drehzahl- und Leistungseinbuße am Abtrieb gegenüber einer schlupffreien Bewegungsübertragung.

Für den Schlupf s gilt bei positiven Antriebsmomenten folgender Zusammenhang (v_{an} und v_{ab} bezeichnen hierbei die Geschwindigkeiten des An- und Abtriebs jeweils im Berührpunkt der kraftübertragenden Wirkflächen):

$$s = \frac{v_{an} - v_{ab}}{v_{an}} = \frac{\dot{\varphi}_1 \cdot r_1 - \dot{\varphi}_2 \cdot r_2}{\dot{\varphi}_1 \cdot r_1} \tag{3.35}$$

mit

$$\begin{aligned} v_{an} &= \dot{\varphi}_1 \cdot r_1 \\ v_{ab} &= \dot{\varphi}_2 \cdot r_2 \end{aligned} \tag{3.36}$$

Der Schlupf eines reibkraftschlüssigen Getriebes ist stets positiv und größer Null, wenn das Antriebsmoment positiv und größer Null ist.:

$$s > 0 \tag{3.37}$$

Das Übersetzungsverhältnis eines reibkraftschlüssigen Kegelradgetriebes gemäß Abb. 3.34 berechnet sich dementsprechend zu:

$$\begin{aligned} i = \frac{\omega_{an}}{\omega_{ab}} = \frac{\dot{\varphi}_1}{\dot{\varphi}_2} = \frac{\dot{\varphi}_1}{\dot{\varphi}_1 \cdot \frac{r_1}{r_2} \cdot (1-s)} = \frac{r_2}{r_1} \cdot \frac{1}{1-s} > \frac{r_2}{r_1} \\ = \text{f(geometrische Größen, Schlupf)} \end{aligned} \tag{3.38}$$

mit

$$\dot{\varphi}_2 = \frac{\dot{\varphi}_1 \cdot r_1 - s \cdot \dot{\varphi}_1 \cdot r_1}{r_2} = \frac{\dot{\varphi}_1 \cdot r_1 (1-s)}{r_2} \tag{3.39}$$

Beispiele für reibkraftschlüssige Umformer sind Reibradgetriebe und reibkraftkraftschlüssige Riemengetriebe.

Unterscheidung nach der Bauform

Mechanische Umformer bestehen aus Bauteilen, die über bewegliche Kopplungen miteinander verbunden sind und dadurch definierte Relativbewegungen ausführen können. Die gegenseitigen Bewegungsmöglichkeiten sind durch die Art der Verbindungen bzw. Wirkflächenpaare bestimmt. Die Verbindungen werden gemeinhin als Gelenke bezeichnet. In diesem Sinne reduziert die Getriebelehre mechanische Umformer auf eine Anordnung von Gliedern und Gelenken.

Glieder sind abstrahierte Darstellungen mechanischer Bauteile. Sie werden hier in erster Näherung als starr und masselos betrachtet. Die Getriebelehre unterscheidet Glieder nach der Anzahl der Gelenke, die ein Glied trägt.

Ein Glied, das ortsfest ist bzw. sich im Verhältnis zu einem bestimmten Koordinatensystem in Ruhe befindet, wird als Gestell oder Gestellglied bezeichnet. Es stellt damit den Bezugskörper für die übrigen Glieder dar. Bei mechanischen Umformern ist das Gestell meist ein Gehäuse, ein Rahmen oder eine Grundplatte, an dem die beweglichen Glieder über Gelenke befestigt sind. Gestellglieder weisen oftmals mehrere Gelenke auf.

Gelenke sind die im Betrieb relativ zueinander beweglichen Kopplungen mit Wirkflächenpaaren von mindestens zwei Gliedern. In der Getriebelehre werden sie unterschieden nach der Anzahl und Art der möglichen Relativbewegungen, den sogenannten Gelenkfreiheitsgraden, welche die über ein Gelenk gekoppelten Glieder damit ausführen können. Gelenke werden durch Gelenksymbole entsprechend Tab. 3.2 dargestellt. Die wichtigsten Vertreter mit einem Gelenkfreiheitsgrad sind hierbei das Drehgelenk (rotatorisch), das Schubgelenk (translatorisch) und das Schraubgelenk (rotatorisch-translatorisch). Darüber hinaus existieren auch Gelenke mit mehreren Freiheitsgraden wie ein Wälzgelenk z. B. als Zahneingriff von Zahnrädern (zwei Freiheitsgrade, translatorsich und rotatorisch), das Kardangelenk (zwei Freiheitsgrade, rotatorisch) oder das Kugelgelenk (drei Freiheitsgrade rotatorisch). [33, S. 248 f.], [37, Teil G 160 f.]

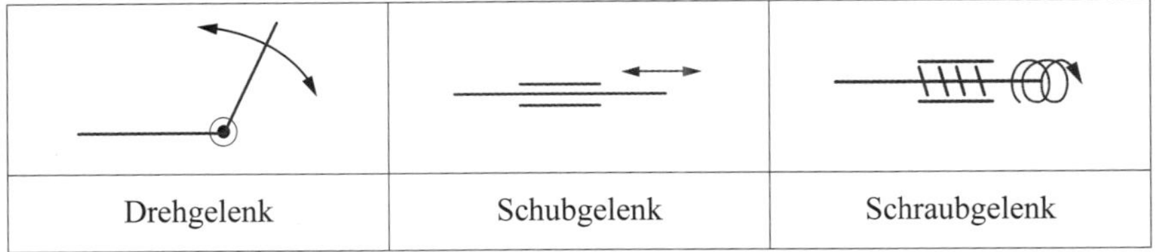

Drehgelenk	Schubgelenk	Schraubgelenk

Abb. 3.35 – Einteilung und Darstellung von Gelenken mit einem Gelenkfreiheitsgrad

Die Ermittlung der Bewegungsfreiheitsgrade f eines Getriebes erfolgt mittels Betrachtung der Anzahl der Freiheitsgrade aller beweglichen Glieder n (Anzahl je Glied im Betrachtungsraum: Ebene=3, Raum=6) abzüglich der Anzahl kinematisch gekoppelter Freiheitsgrade m sämtlicher Gelenke (unterdrückte Bewegungsmöglichkeiten der Gelenke). Die Anzahl der Bewegungsfreiheitsgrade des Gesamtsystem ist somit:

$$f = n\text{-}m \tag{3.40}$$

Im Folgenden wird diese Vorgehensweise am Beispiel eines Rädergetriebes (Abb. 3.32) demonstriert.

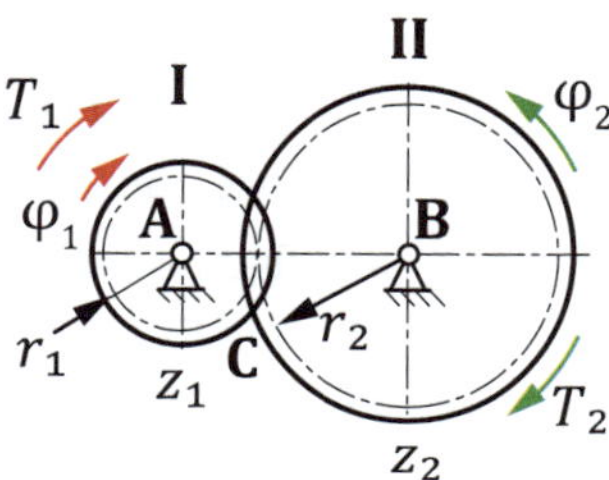

Abb. 3.36 – Rädergetriebe als Beispiel zur Bewegungsfreiheitsgradermittlung

Die beiden Zahnräder I und II (2 Glieder) befinden sich in der Ebene. Somit ist $n = 2 \cdot 3 = 6$. Die beiden Glieder sind über zwei Drehgelenke A und B (ein Freiheitsgrad vorhanden und daher zwei Freiheitsgrade unterdrückt) gelagert und über den Zahneingriff C (zwei Freiheitsgrade vorhanden und daher ein Freiheitsgrad unterdrückt) kinematisch gekoppelt. Somit ist $m = 2 \cdot 2 + 1 \cdot 1 = 5$. Aus (3.40) ergibt sich, dass das Rädergetriebe einen Bewegungsfreiheitsgrad besitzt.

Zur Realisierung eines Getriebes unter Verwendung einfacher Drehgelenke mit nur einem Gelenkfreiheitsgrad sind entsprechend Tab. 3.12 mindestens vier Glieder (inklusive Gehäuse) und vier Gelenke nötig. Eine Kopplung von zwei Gliedern über ein Drehgelenk mit Gelenkfreiheitsgrad eins ist ebenfalls bewegungsfähig, jedoch findet hier keine Bewegungsübertragung bzw. -umformung statt. Damit handelt es sich gemäß der eingangs des Kapitels erbrachten Definition nicht um ein Getriebe.

Ein rotationsfähiges, zwangläufiges Getriebe aus drei Gliedern benötigt zur Übertragung von Kräften ein Wälzgelenk mit zwei Freiheitsgraden. Ein solches Wälzgelenk mit zwei Freiheitsgraden ist beispielsweise der Zahneingriff bei einem Zahnradgetriebe.

Zwanglauf liegt bei einem Getriebe dann vor, wenn die Position eines jeden Getriebegliedes unter Vernachlässigung kleiner Bewegungsabweichungen durch Schlupf zu jedem Zeitpunkt ausschließlich durch die Position des Antriebsgliedes bestimmt wird. Die Lagen der einzelnen Getriebeglieder sind dann nur von einem einzigen Bewegungsparameter, dem des Antriebsgliedes, abhängig [34, S. 15].

1 Glied	2 Glieder	3 Glieder	4 Glieder
			ω_{an} ω_{ab}
Bauteil	Lagerung	Stabdreischlag	Getriebe
unbeweglich	beweglich	unbeweglich	beweglich

Tab. 3.12 – Bewegliche und unbewegliche Kopplungen von Gliedern über einfache Drehgelenke mit einem Freiheitsgrad

Stellt man nun einen mechanischen Umformer als Struktur von Gliedern und Gelenken dar und kennzeichnet zusätzlich die Ein- und Ausgangsgrößen am An- und Abtrieb, erhält man die nur auf funktionsrelevante Eigenschaften reduzierte Darstellung eines Getriebes entsprechend Abb. 3.37. Hierbei wird beispielhaft der Aufbau eines Kurbeltriebs gezeigt. Dieser besteht aus vier Gliedern und vier Gelenken mit jeweils einem Gelenkfreiheitsgrad.

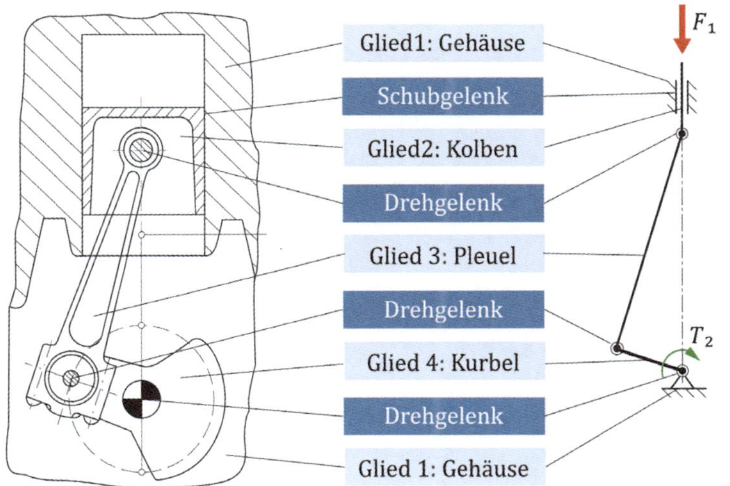

Abb. 3.37 – Getriebeaufbau aus Gliedern und Gelenken am Beispiel eines Kurbeltriebs

Bezüglich der Bauform werden in der Technik bestimmte Getriebetypen unterschieden. Kämmen zwei Räder bzw. ein Rad und eine Stange miteinander, spricht man von Rädergetrieben. Werden Kräfte in Kurvengelenken übertragen, ist von Kurvengetrieben die Rede. Zugmittelgetriebe (Ketten- oder Riemengetriebe) sowie Koppelgetriebe sind im Allgemeinen viergliedrige Getriebe. Hier erfolgt die Übertragung der Kräfte vom Antrieb auf den Abtrieb über ein Zugelement (Kette oder Riemen) oder ein Koppelglied.

Die in der folgenden Systematik (siehe Tab. 3.13) behandelten mechanischen Umformer weisen folgende Eigenschaften auf:

- je ein An- und Abtriebsglied
- Zwanglauf
- basierend auf Viergelenkgetrieben
- translatorische, rotatorische oder schraubenförmige An- und Abtriebsbewegungen

Zudem werden nur technisch gebräuchliche Ausführungsformen beschrieben, weshalb die Systematik als nicht vollständig angesehen werden darf. Dennoch kann mit der in Tab. 3.13 enthaltenen Auswahl an Getrieben ein wesentlicher Teil aller Aufgaben der Getriebelehre abgedeckt werden, da sich die beschriebenen Umformer für spezielle Aufgaben kombinieren lassen. Dies wird insbesondere am Beispiel des zuvor behandelten Fahrradantriebs ersichtlich.

Gliederungsteil				Hauptteil	Zugriffsteil Mögliche Funktionen der Übertragungsgelenke							Beispiele
Anzahl der Getriebeglieder	Getriebebauformen	Typische Getriebeglieder	Schlussart in den Übertragungsgelenken	Bezeichnung	Rot-Rot		Rot-Trans Trans-Rot			Trans-Trans	#	
3-gliedrige Getriebe	Rädergetriebe	Räder	Formschluss (Wälzgelenke)	Zahnradgetriebe	X		X				1	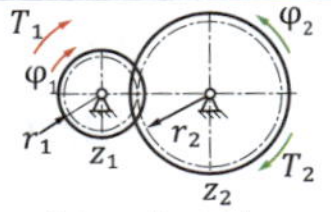 Stirnradgetriebe
			Reibkraftschluss	Reibradgetriebe	X		X				2	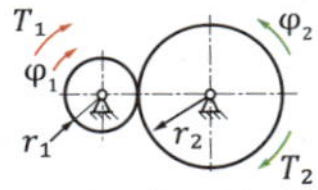 Reibradgetriebe
	Kurvengetriebe	Schraube-Mutter	Formschluss (Gelenke	Schraubgetriebe (Gewindespindelgetrie-			X				3	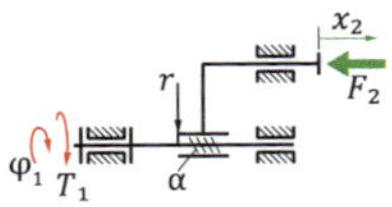 Schraubgetriebe
		Kurvenscheiben		Kurvenscheibengetriebe		X		X			4	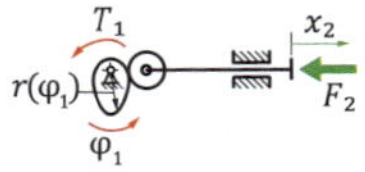 Kurvengetriebe mit Rollenstößel
		Kurvenbahnen (Kulissen)		Kulissengetriebe			X	X	X	X	5	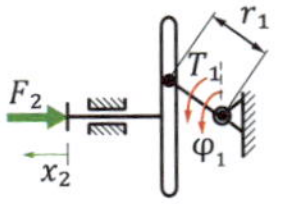 Kreuzschleifengetriebe
4-gliedrige Getriebe	Hüllgetriebe	Rad-Zugelement	Formschluss (Wälzgelenk)	Formschlüssige Hülltriebe	X		X				6	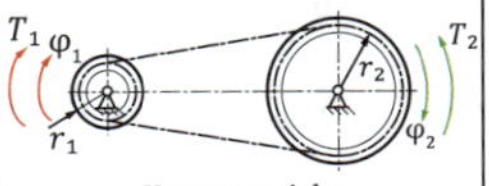 Kettengetriebe
			Reibkraftschluss	Reibschlüssig Hülltriebe	X		X				7	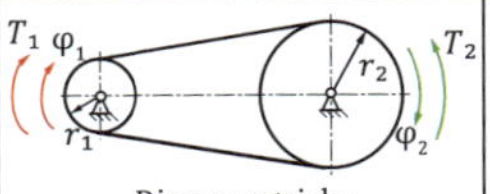 Riemengetriebe
	Koppelgetriebe	Kurbel und Koppel	Formschluss (Gelenke)	Koppelgetriebe		X		X	X	X	8	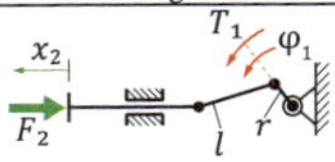 Schubkurbelgetriebe

Tab. 3.13 – Systematisierung mechanischer Umformer basierend auf Viergelenkgetrieben bezüglich der Bauform

3.3.3 Rädergetriebe

Rädergetriebe übertragen Kraft- und Bewegungsgrößen mit Hilfe von Rädern und Stangen. Stangen können hierbei als Räder mit einem Radius von $r = \infty$ betrachtet werden. Handelt es sich bei der übertragenen Bewegung um eine Drehbewegung und bleibt das Verhältnis zwischen An- und Abtriebsdrehzahl aufgrund gleichbleibender Raddurchmesser konstant, spricht man von gleichförmig übersetzenden Getrieben.

Arten von Rädergetrieben

Zunächst lassen sich Rädergetriebe in formschlüssige und reibkraftschlüssige Rädergetriebe unterteilen. Bei formschlüssigen Rädergetrieben erfolgt die Übertragung der Drehmomente schlupffrei, wohingegen bei reibkraftschlüssigen Rädergetrieben die Arbeitsweise stets schlupfbehaftet ist.

Des Weiteren können Rädergetriebe nach der Art der Radpaarung Abb. 3.38 und der Lage der Achsen von An- und Abtriebsrädern Abb. 3.39 unterschieden werden. Um die geforderten Drehmomente, Drehzahlen und Drehrichtungen zu erreichen, können Rädergetriebe mit unterschiedlichen Radpaarungen und Achslagen hintereinander geschaltet werden.

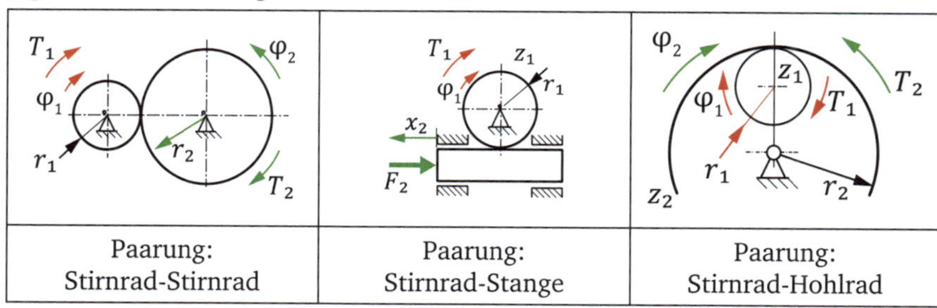

Abb. 3.38 – Rädergetriebe mit unterschiedlicher Radpaarung

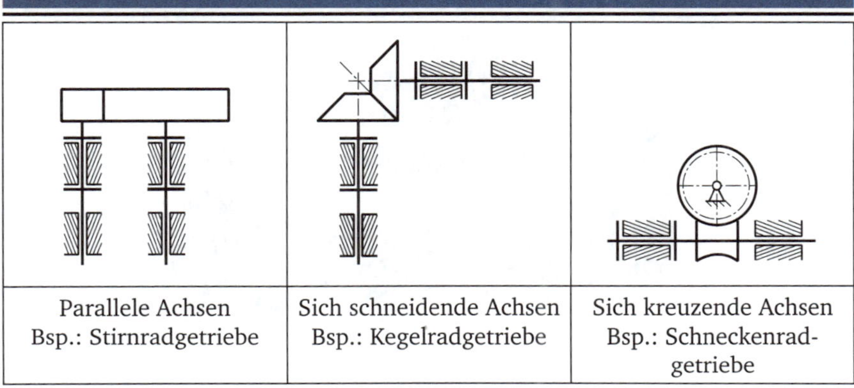

Parallele Achsen Bsp.: Stirnradgetriebe	Sich schneidende Achsen Bsp.: Kegelradgetriebe	Sich kreuzende Achsen Bsp.: Schneckenrad-getriebe

Abb. 3.39 – Rädergetriebe mit unterschiedlicher Achslage

Formschlüssige Rädergetriebe (Zahnradgetriebe)

Zahnradgetriebe setzen sich im Allgemeinen aus einem oder mehreren Zahnradpaaren zusammen, die entweder vollständig oder nur zum Teil von einem Gehäuse umgeben sind (geschlossene/offene Getriebe). [21, S. 686] Sie übertragen Leistungen und Drehmomente bei konstanter Übersetzung bewegungstreu, d. h. ohne Schlupf, durch Normalkräfte zwischen den Zähnen.

Weitere Aufgaben von gleichförmig übersetzenden Zahnradgetrieben können sein [21, S. 687]

- die Drehmomenten- oder Drehzahlwandlung,
- die Festlegung der Drehrichtung zwischen An- und Abtriebswelle sowie
- die Bestimmung der Lage von An- und Abtriebswelle zueinander.

Anwendungsbeispiele

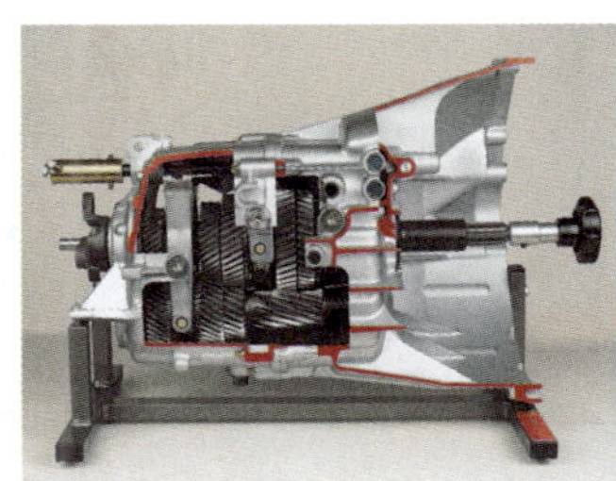

Abb. 3.40 – Differentialgetriebe und PKW-Getriebe [27]

Abb. 3.41 – 7-Gang-Getriebe der Firma Getrag

Häufige Einsatzgebiete für Zahnradgetriebe sind automobile Anwendungen, bspw. in Form von Schalt- und Differentialgetrieben. Schaltgetriebe dienen der Veränderung des Übersetzungsverhältnisses zwischen An- und Abtrieb beim Schalten in einen höheren oder niedrigeren Gang. Differentialgetriebe werden hingegen eingesetzt, um Drehzahlunterschiede zwischen linkem und rechtem Rad an einer Achse zu ermöglichen, ohne dass es dabei zu unterschiedlichen Vortriebskräften an den beiden Rädern kommt. Dies ist bei Kurvenfahrt notwendig, da sich das kurvenäußere Rad bei gleichem Schlupf schneller drehen muss als das innere.

Darüber hinaus werden Elektromotoren oftmals direkt mit einem Getriebe kombiniert, um Drehmoment- und Drehzahlspektrum des Elektromotors anwendungsspezifisch anzupassen. Derartige Motoren werden als Getriebemotoren bezeichnet.

Gestaltung und Berechnung eines Zahnradgetriebes

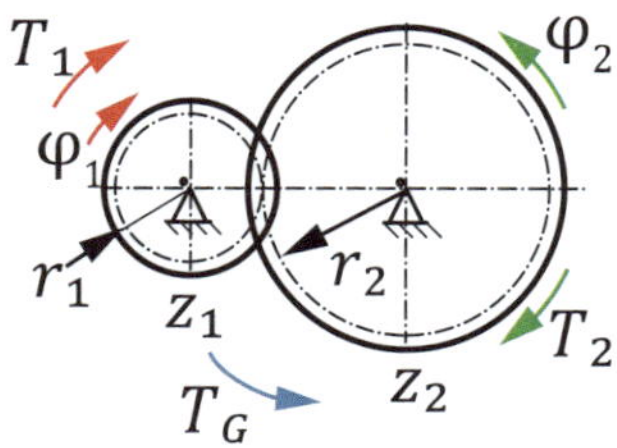

Abb. 3.42 – Modell eines Stirnradgetriebes

Zahnradgetriebe werden im Allgemeinen dimensioniert gegen [37, S. 130,131]:

- Gewaltbruch: Resultat von Unfall oder Blockierungen, wobei die Kräfte kaum abschätzbar sind
- Dauerbruch: Ermüdungsbruch meist am Zahnfuß nach längerer Laufzeit oberhalb der Dauerfestigkeit des verwendeten Materials

- Grübchenbildung: Ausbrüche in den Zahnflanken infolge zu hoher Flächenpressungen (Hertzsche Flächenpressung)
- Warmfressen: Riefen und Fressmarken bei hohen Gleitgeschwindigkeiten und/oder hohen Temperaturen
- Kaltfressen: Riefenverschleiß mit starkem Materialabtrag bei niedrigen Umfangsgeschwindigkeiten
- Abriebverschleiß: Flächenhafter Materialabtrag insbesondere an Zahnköpfen und -füßen bei niedrigen Umfangsgeschwindigkeiten infolge mangelnder Schmierdruckbildung

Übersetzung

In der Literatur enthält die Übersetzung i häufig Informationen bezüglich der Drehrichtung von An- und Abtriebsseite. Ein negatives i bedeutet dann, dass es zu einer Drehrichtungsumkehr zwischen An- und Abtrieb kommt. Im Zuge dieser Ausführung werden lediglich positive Übersetzungen betrachtet. Die Information bezüglich der Drehrichtungen von An- und Abtrieb ist den Freikörperbildern und Skizzen zu entnehmen. Diese (so auch Abb. 3.42) zeigen stets den Gleichgewichtszustand des jeweiligen mechanischen Umformers, d. h. φ_{ab} und T_{ab} (hier φ_2 und T_2) zeigen in entgegengesetzte Richtungen.

Generell gelten zur Berechnung und Dimensionierung eines Zahnradgetriebes die bereits in den Grundlagen des Kapitels aufgelisteten Gleichungen. Da Zahnräder jedoch eine feste Zähnezahl z aufweisen, kann das Übersetzungsverhältnis i einer Getriebestufe gemäß Abb. 3.42 auch auf andere Weise dargestellt werden:

$$i = \frac{\dot{\varphi}_1}{\dot{\varphi}_2} = \frac{r_2}{r_1} = \frac{z_2}{z_1} \tag{3.41}$$

Darüber hinaus kann das Übersetzungsverhältnis eines Getriebes auch über Kraft- und Momentengrößen ausgedrückt werden. Hierbei ist zu beachten, dass Kraft- und Momentengrößen anders als kinematische und geometrische Größen, stets vom Wirkungsgrad eines Getriebes beeinflusst werden. Dieser muss entsprechend bei Verwendung der Kraft- und Momentengrößen (siehe Abb. 3.42, $T_1=T_{an}$ und $T_2=T_{ab}$) zur Berechnung des Übersetzungsverhältnisses berücksichtigt werden.

Grundsätzlich gilt folgende Beziehung für die Leistungen am An- und Abtrieb eines Getriebes (vgl. Abschnitt 3.3.1):

$$P_{ab} = \eta \cdot P_{an} \,. \tag{3.42}$$

Ersetzt man die Leistung P durch das Produkt aus Drehmoment T und Drehfrequenz $\omega = \dot{\varphi}$, erhält man folgenden Zusammenhang:

$$T_{ab} \cdot \dot{\varphi}_{ab} = \eta \cdot T_{an} \cdot \dot{\varphi}_{an} . \tag{3.43}$$

Gleichung (3.43) verdeutlicht, dass jede an- oder abtriebsseitige Drehzahl- bzw. Drehfrequenzänderung eine Momentenänderung zur Folge hat, da die Beträge von linker und rechter Seite stets identisch bleiben müssen. Nach Umstellen von Gleichung (3.43) erhält man für das Übersetzungsverhältnis folgende Beziehung:

$$i = \frac{\dot{\varphi}_{an}}{\dot{\varphi}_{ab}} = \frac{T_{ab}}{\eta \cdot T_{an}} . \tag{3.44}$$

Im Vergleich zur Darstellung der Übersetzung über Drehfrequenzen sind bei der Verwendung von Momentengrößen An- und Abtrieb im Zähler und Nenner vertauscht.

Ein Getriebe setzt sich wie bereits erläutert stets aus mindestens drei Gliedern zusammen. Diese Glieder sind beim Rädergetriebe die Antriebswelle, die Abtriebswelle und ein feststehendes Gestell (Getriebegehäuse). Aufgabe des Gestells ist es, das Abstütz- oder Restmoment T_G über die Befestigungselemente auf das Fundament bzw. das umgebende System (z. B. Fahrzeugkarosserie) zu übertragen und so ein Mitdrehen des Gehäuses zu verhindern. Hierzu ist eine entsprechende Auslegung der Befestigungselemente erforderlich. Das Restmoment für eine Getriebestufe T_G gemäß Abb. 3.42 ergibt sich aufgrund des statischen Drehmomentengleichgewichts $\sum T = 0$ zu [20, S. 451]:

$$T_G = T_{an} + T_{ab} = T_{an} + \eta \cdot i \cdot T_{an} = (1 + \eta \cdot i) \cdot T_{an} \tag{3.45}$$

Um eine gleichmäßige Übertragung der Drehbewegung zu gewährleisten, muss in jeder Zahnstellung ein konstantes Übersetzungsverhältnis i vorliegen. Dies erfordert spezielle Zahnformen. Aus dem allgemeinen Verzahnungsgesetz geht hervor, dass nur solche Verzahnungen zur Übertragung einer Drehbewegung mit konstanter Übersetzung brauchbar sind, deren Zahnflanken eine gemeinsame Normale n-n aufweisen, die in jedem Eingriffs-/Berührpunkt B durch den Wälzpunkt C geht. Diesen Sachverhalt verdeutlicht untenstehende Abb. 3.43, die die Eingriffsstellungen bei einem Außenradpaar zu Beginn (a), in der Mitte (b) und am Ende (c) des Eingriffs zeigt [21, S. 691].

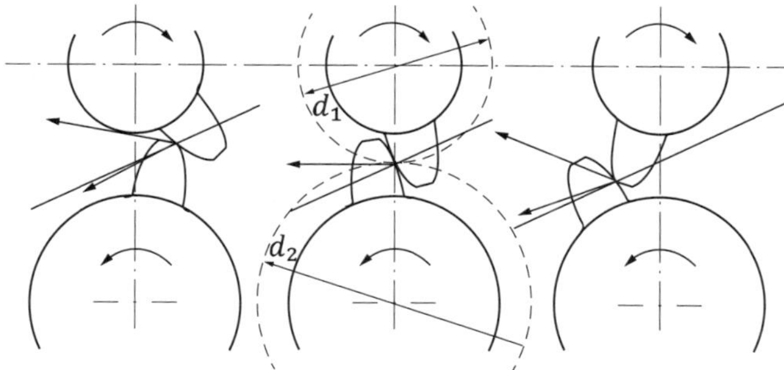

Abb. 3.43 – Eingriffsstellungen bei einem Außenradpaar

Für die Praxis erweisen sich lediglich solche Flankenprofile als sinnvoll, die im Zusammenspiel einfache Eingriffslinien (Verbindungslinie aller Eingriffspunkte B) ergeben und mit möglichst geringem Aufwand sehr genau hergestellt werden können [21, S. 692].

Die im Maschinenbau und insbesondere bei Leistungsgetrieben vorherrschende Verzahnungsart ist die Evolventenverzahnung. Die der Evolventenverzahnung zugrunde liegende Geometrie ist eine Kreisevolvente. Kreisevolventen sind generell als Kurven zu verstehen, die ein Punkt einer Geraden, der Rollgeraden, beschreibt (Punkt 1 in Abb. 3.44), während diese auf einem Kreis, dem Grundkreis, abrollt [21, S. 694].

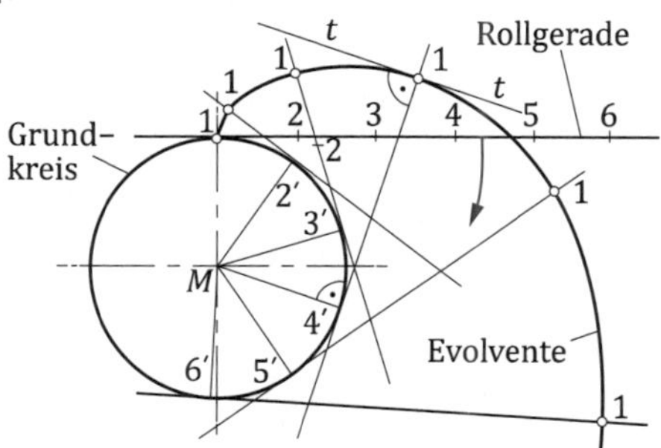

Abb. 3.44 – Kreisevolvente

Werden jeweils zwei dieser Kreisevolventen kombiniert, ergibt sich die in Abb. 3.45 dargestellte typische Form der Zähne einer Evolventenverzahnung. Als wichtige Bezugsgröße bestimmt der Modul m die Abmessung der Verzahnung und berechnet sich über den Quotienten aus Teilkreisdurchmesser d (vgl. Abb. 3.43 gestrichelter Teilkreis) und Zähnezahl z des Zahnrades, siehe Gleichung (3.46).

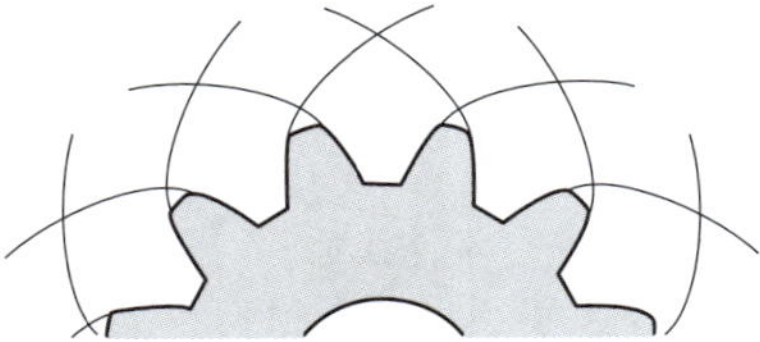

Abb. 3.45 – Evolventen am Stirnrad

$$m = \frac{d}{z} \tag{3.46}$$

Der bevorzugte Einsatz von Evolventenverzahnungen im Maschinenbau liegt begründet in folgenden Vorteilen [20, S. 468]:

- Einfache und wirtschaftliche Herstellbarkeit durch das Abwälzen geradflankiger Werkzeuge, bspw. eines Zahnstangenprofils, an einem Kreis
- Unempfindlichkeit gegenüber Achsabstandsänderungen, so dass der Achsabstand angepasst und grob toleriert werden kann
- Paarung sämtlicher Zahnräder mit gleicher Teilung bzw. gleichem Modul unabhängig von der Zähnezahl möglich (Zahnräder mit gleicher Teilung stimmen in ihrem Modul m überein)
- Gleichbleibende Übersetzung bei Zahneingriff

Der Vollständigkeit halber sollen an dieser Stelle auch die Nachteile der Evolventenverzahnung nicht unerwähnt bleiben. Diese sind bei der Dimensionierung zu beachten, um eine hinreichende Betriebssicherheit und Lebensdauer zu erzielen. [20, S. 468]:

- Hohe Zahnflankenpressung und geringer hydrodynamischer Traganteil, da die Zahnflanken außenverzahnter Räder keinen Wendepunkt aufweisen und somit stets konvex sind
- Gefahr des Unterschnitts, d. h. dünner Zahnfuß und kürzere aktive Zahnflanke, bei Zahnrädern mit kleinen Zähnezahlen

Neben Evolventenverzahnungen kommen vereinzelt auch Zykloidenverzahnungen und Triebstockverzahnungen zum Einsatz. Da diese für den Maschinenbau allerdings von untergeordneter Bedeutung sind, soll an dieser Stelle keine vertiefende Betrachtung erfolgen [33, S. 391].

Lagerkräfte

Bezüglich der Lagerkräfte, die infolge des Ineinandergreifens zweier außenverzahnter Stirnräder entstehen, ergeben sich je nach Verzahnungsart unterschiedliche Kraftgleichungen und Ergebnisse. Generell lassen sich die in Abb. 3.46 aufgelisteten Verzahnungsarten für außenverzahnte Stirnräder unterscheiden, wobei

Gerad- und Schrägverzahnung auch bei innenverzahnten Stirnrädern eingesetzt werden:

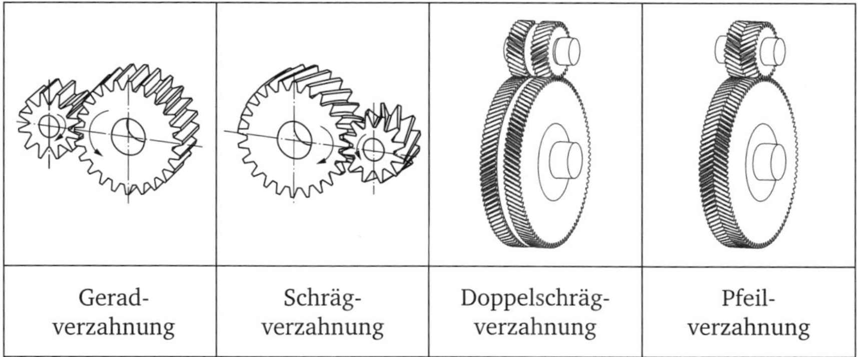

Abb. 3.46 – Verzahnungsarten bei Stirnradpaarungen Quelle:

Im weiteren Verlauf der Ausführungen sollen lediglich die Gerad- und die Schrägverzahnung näher betrachtet werden, da Doppelschräg- und Pfeilverzahnung als Sonderfälle der Schrägverzahnung angesehen werden können.

Geradverzahnungen zeichnen sich durch ihre einfache Herstellbarkeit aus und eignen sich insbesondere für kleine Umfangsgeschwindigkeiten. Im Gegensatz zur Schrägverzahnung entstehen bei der Geradverzahnung keine Axialkräfte im Betrieb, was jedoch im Allgemeinen zu einer geringeren Laufruhe führt [37, S. 122].

Schrägverzahnungen können aufgrund ihrer großen Laufruhe bei hohen Umfangsgeschwindigkeiten sowie bei hohen Anforderungen an die Tragfähigkeitseigenschaften der Zähne eingesetzt werden. Gründe für diese Eigenschaften sind beispielsweise, dass sich bei Schrägverzahnungen immer mehr Zähne zeitgleich im Eingriff befinden und die Belastung eines Zahnes nicht plötzlich über die ganze Zahnbreite, sondern allmählich und zudem schräg über die Flankenfläche erfolgt. Im Vergleich zur Geradverzahnung ergibt sich zudem ein niedrigerer Geräuschpegel aufgrund des kontinuierlichen Zahneingriffs. Allerdings ist bei der Berechnung der Lagerkräfte eines schrägverzahnten Zahnrades eine Axialkomponente zu berücksichtigen. Diese resultiert aus der schräg auf die Zahnflanke stehenden Zahnnormalkraft F_N. Der diese Schrägstellung beschreibende Winkel wird als Schrägungswinkel β bezeichnet. Im Allgemeinen kann die entstehende Axialkraft meist leicht in den Lagern aufgenommen oder durch Doppelschräg- oder Pfeilverzahnung ausgeglichen werden [37, S. 122].

Sowohl bei Gerad- als auch bei Schrägverzahnung steht die Zahnnormalkraft senkrecht auf die im Eingriff befindliche Zahnflanke. Ebenso gilt in beiden Fällen, dass die Zahnnormalkraft F_N um den Winkel α zur Horizontalen geneigt ist. Dieser Winkel wird als Eingriffswinkel α bezeichnet.

Tab. 3.14 stellt die zur Berechnung der einzelnen Lagerkraftkomponenten benötigten Gleichungen für gerad- und schrägverzahnte Stirnräder gegenüber.

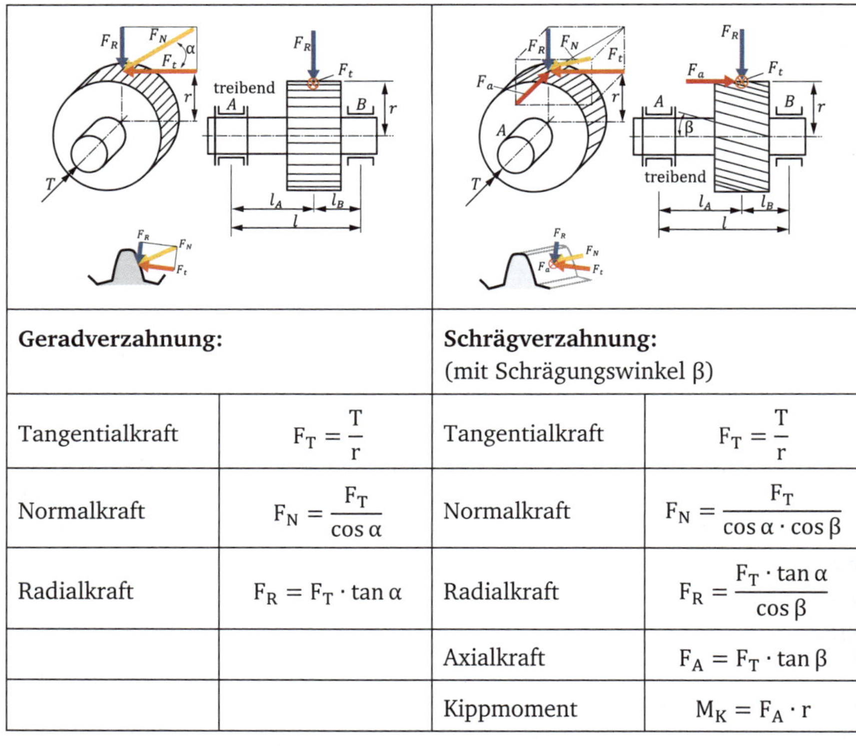

Geradverzahnung:		Schrägverzahnung: (mit Schrägungswinkel β)	
Tangentialkraft	$F_T = \frac{T}{r}$	Tangentialkraft	$F_T = \frac{T}{r}$
Normalkraft	$F_N = \frac{F_T}{\cos\alpha}$	Normalkraft	$F_N = \frac{F_T}{\cos\alpha \cdot \cos\beta}$
Radialkraft	$F_R = F_T \cdot \tan\alpha$	Radialkraft	$F_R = \frac{F_T \cdot \tan\alpha}{\cos\beta}$
		Axialkraft	$F_A = F_T \cdot \tan\beta$
		Kippmoment	$M_K = F_A \cdot r$

Tab. 3.14 – Lagerkräfte bei gerad- und schrägverzahnten Stirnrädern

Ausführungsformen von Zahnradgetrieben

Zahnradgetriebe können gemäß DIN 868 nach der gegenseitigen Lage der Radachsen bzw. der Wellen eines Zahnradpaares und nach der Richtung der Flanken unterteilt werden in Wälzgetriebe, Schraubwälzgetriebe und reine Schraubgetriebe [21, S. 688]. Tab. 3.15 zeigt eine Übersicht dieser Getriebebauarten.

Getriebeart			Funktionsfläche	Lage der Achsen
Wälzgetriebe	Stirnradgetriebe	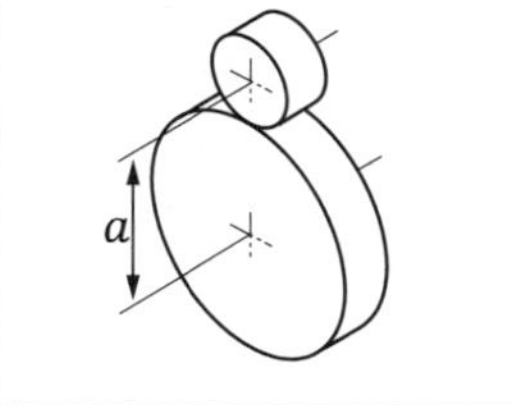 a	Zylinder	parallel $\sum = 0$ $a > 0$
	Kegelradgetriebe	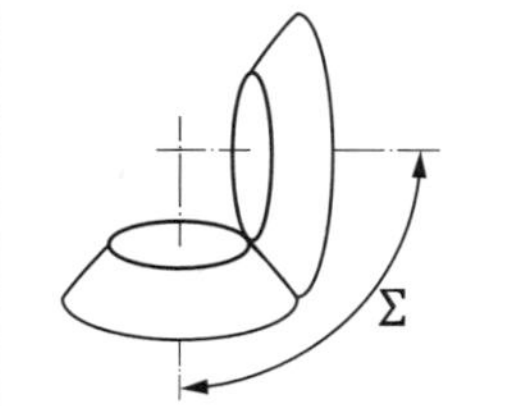 Σ	Kegel	sich schneidend $\sum > 0$ (meist $\sum = 90°$) $a = 0$
Schraubradgetriebe	Stirnradschraubgetriebe	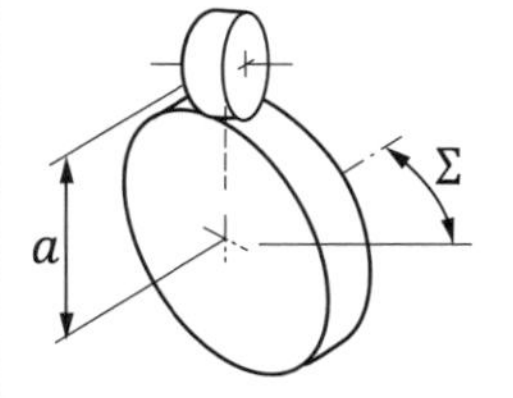 a Σ	Zylinder	windschief $\sum > 0$ $a > 0$
	Kegelradschraubgetriebe	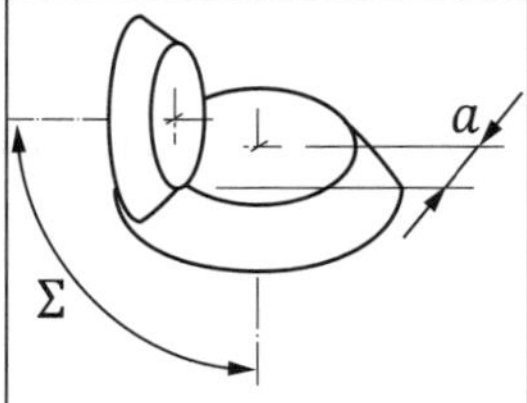 a Σ	Kegel	sich kreuzend $\sum = 90°$ $a > 0$
	Schneckengetriebe	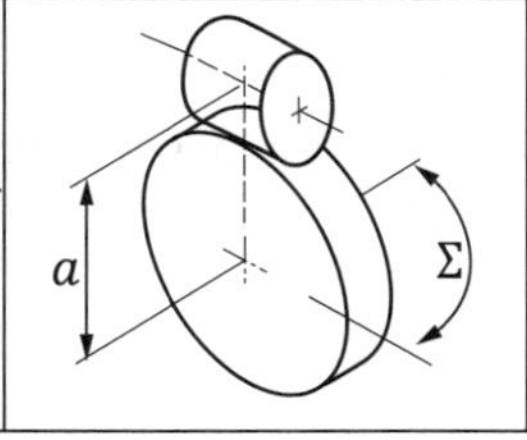 a Σ	Zylinder und Globoid	sich kreuzend $\sum = 90°$ $a > 0$

Tab. 3.15 – Getriebebauarten

Wälzgetriebe

Der Begriff Wälzgetriebe umfasst sämtliche Getriebe, bei denen in den Funktionsflächen reines Wälzen auftritt. Die Radachsen/Wellen der Radpaare können entweder in einer Ebene liegen, also parallel sein, oder sich schneiden. Der Kontakt zwischen den ineinandergreifenden Zahnrädern ist stets linienförmig. Wälzgetriebe können weiter klassifiziert werden in Stirnrad- und Kegelradgetriebe [21, S. 686].

Stirnradgetriebe

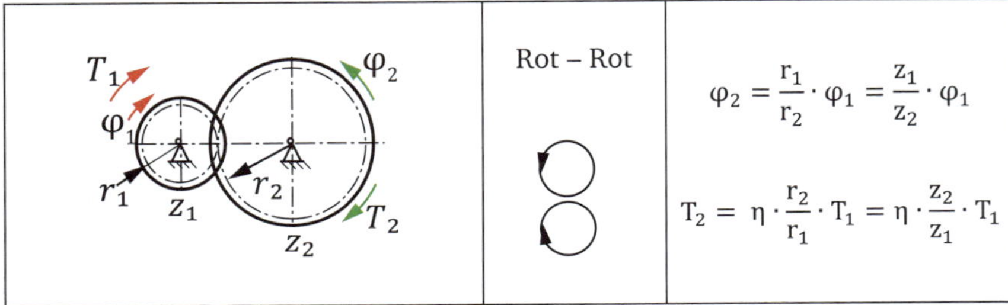

Abb. 3.47 – Paarung zweier außenverzahnter Stirnräder (Außenradpaar)

Stirnradgetriebe in Außenradpaar-Ausführung sind die am einfachsten herstellbaren Stirnradgetriebe. Sie können bis zu höchsten Leistungen und Drehzahlen betrieben werden. Die übliche Übersetzung je Radpaar liegt bei $i \leq 6$, wobei das maximal zulässige Übersetzungsverhältnis für ein außenverzahntes Stirnradpaar im Bereich von ca. $8 \leq i_{max} \leq 10$ angesiedelt ist. Zudem zeichnen sich Außenradpaarungen durch einen hohen Wirkungsgrad (pro Getriebestufe) aus ([21, S. 688], [37, Teil G 121]):

- Fettschmierung, gegossene Zahnräder: $\eta \approx 93\%$
- Fettschmierung, gefräste Zahnräder: $\eta \approx 95\%$
- Ölschmierung: $\eta \approx 98\%$
- Hochleistungsgetriebe mit Ölnebel: η bis 99%

Bei Schräg-Stirnradgetrieben fallen die (Verzahnungs-)Wirkungsgrade generell um ca. 1-2% kleiner aus als bei der Geradverzahnung. Grund hierfür sind die erhöhten Reibungsverluste in den Lagern, die durch die Axialkraft und die erhöhte Zahnreibung infolge des „Ineinanderschraubens“ der Zähne hervorgerufen werden [21, S. 703].

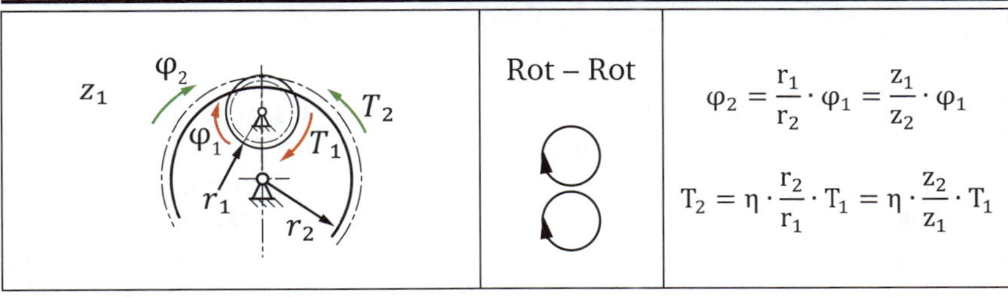

Abb. 3.48 – Paarung eines außenverzahnten Ritzels mit einem innenverzahnten Rad (Innenradpaar oder Hohlradgetriebe)

Innenradpaare setzen sich zusammen aus einem innenverzahnten Rad und einem außenverzahnten Ritzel. Im Gegensatz zu Außenradpaaren bewirken sie keine Drehrichtungsumkehr zwischen An- und Abtrieb, so dass Ritzel und Rad (Hohlrad) stets im gleichen Drehsinn laufen [21, S. 688].

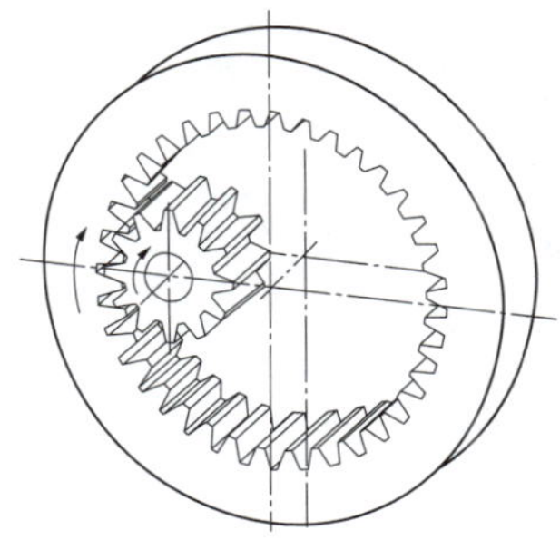

Abb. 3.49 – Innenradpaar

Vorteile dieser Ausführungsform sind eine besonders raumsparende Bauweise sowie eine höhere Tragfähigkeit. Letzteres resultiert aus der Tatsache, dass durch die Paarung einer konkav gekrümmten (Hohlrad) mit einer konvex gekrümmten Flanke (Ritzel) eine geringere Hertzsche Pressung und damit eine bessere Anschmiegung zwischen den ineinandergreifenden Zahnflanken entsteht. Dies bedingt zudem eine gute Schmierung und sehr hohe Wirkungsgrade [20, S. 485,488].

Als nachteilig ist hingegen die Innenverzahnung des Hohlrads anzusehen, da diese nur eingeschränkte Herstellmöglichkeiten bietet und generell höhere Kosten bei der Herstellung verursacht. Darüber hinaus können sich bei lediglich geringen Unterschieden zwischen den Zähnezahlen von Rad und Ritzel kinematische Probleme (Zahnkopfschneiden, Montierbarkeit) ergeben. Bezüglich der Montierbarkeit von Innenradpaaren muss ebenfalls berücksichtigt werden, dass diese nur axial montierbar sind [20, S. 488], [21, S. 688].

Innenradpaarungen bzw. Innenverzahnungen werden hauptsächlich bei Planetengetrieben eingesetzt. Der typische Aufbau eines Planetengetriebes ist in Abb. 3.50 dargestellt. Planetengetriebe gehören zu den Umlaufgetrieben. Ein Umlaufgetriebe entsteht, wenn das Gehäuse eines Getriebes anstelle einer Befestigung am Fundament drehbar gelagert wird. Dadurch besitzen Umlaufgetriebe im Vergleich zu herkömmlichen Standgetrieben mit feststehendem Gehäuse einen kinematischen Freiheitsgrad der Größe zwei. Der kinematische Freiheitsgrad eines Getriebes gibt in diesem Zusammenhang Aufschluss über die Anzahl der Drehzahlen, die in einem Getriebe unabhängig voneinander vorgegeben werden können [33, S. 529].

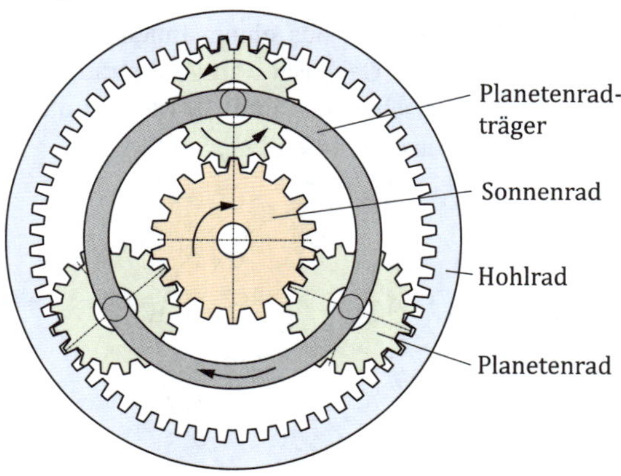

Abb. 3.50 – Planetengetriebe

Planetengetriebe zeichnen sich insbesondere durch ein kleines Leistungsgewicht, einen kleinen Bauraum sowie einen größeren erreichbaren Wirkungsgrad als bei gleichartigen Standgetrieben aus. An- und Abtriebswelle sind koaxial angeordnet und es besteht die Möglichkeit, sehr große Übersetzungen mit wenigen Getriebeelementen zu realisieren. Darüber hinaus ergeben sich lastfreie Lager der Zentralwellen durch die mehrfach am Umfang angeordneten Planeten. Es sind zwei An- bzw. Abtriebe zeitgleich realisierbar, zum Beispiel zur Übertragung verschiedener Antriebsdrehzahlen auf eine Abtriebswelle oder für eine Leistungsverzweigung von einer Antriebswelle auf mehrere Abtriebswellen (Summierungs- oder Differentialgetriebe). Die Anwendbarkeit von Planetengetrieben wird drehzahltechnisch begrenzt durch die Fliehkräfte, welche auf die Planeten wirken und die daraus resultierende Belastung der Planetenlager [20, S. 563], [33, S. 530].

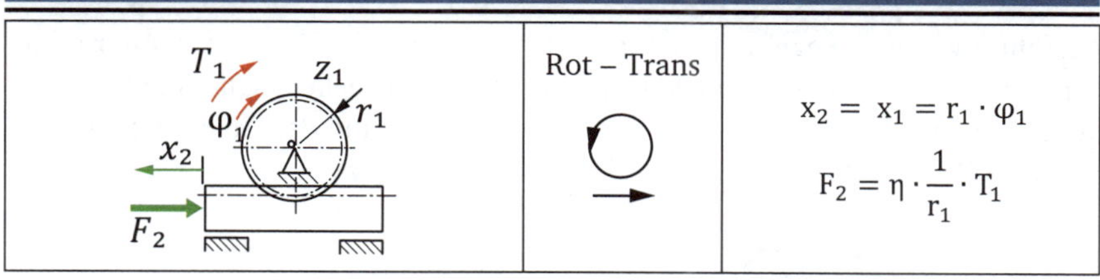

Abb. 3.51 – Paarung einer Zahnstange mit einem außenverzahnten Ritzel (Ritzel-Zahnstangengetriebe)

Das Ritzel-Zahnstangengetriebe beschreibt den Grenzfall unter den Stirnradgetrieben. Grenzfall deshalb, da die Zahnstange, wie in Abb. 3.52 ersichtlich, als ein Zahnrad mit unendlich großem Durchmesser/unendlich großer Zähnezahl und ebener Funktionsfläche angesehen werden kann. In Kombination mit einem außenverzahnten Ritzel lassen sich Drehbewegungen in Translationsbewegungen und umgekehrt Linearbewegungen in Drehbewegungen umformen. Das Ritzel kann entweder als stationäres oder mitbewegtes Ritzel ausgeführt werden. Unabhängig davon, ob es sich um ein stationäres oder ein mitbewegtes Ritzel handelt, muss das Ritzel bezüglich der Zahnstange zur Aufnahme der radialen Zahnkräfte sowie zur Einhaltung des Achsabstandes gelagert werden. [20, S. 490], [21, S. 688]

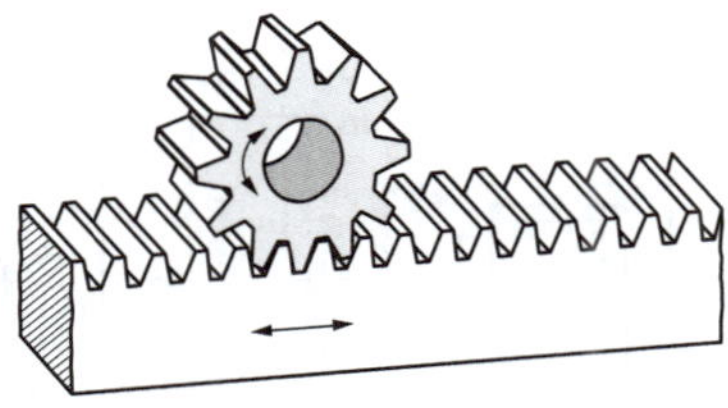

Abb. 3.52 – Zahnstange

Kegelradgetriebe

Kegelradgetriebe basieren auf der Paarung zweier Kegelräder mit Gerad- oder Schrägverzahnung (siehe Abb. 3.53), deren Funktionsflächen Wälzkegel sind und deren Radachsen einen gemeinsamen Schnittpunkt aufweisen. Das maximale Übersetzungsverhältnis pro Getriebestufe liegt bei $i_{max} \approx 6$ und die Zahnflanken berühren sich linienförmig. Kegelradgetriebe zeichnen sich im Allgemeinen durch einen hohen Wirkungsgrad pro Getriebestufe von $\eta \approx 97\%$ [37, Teil G 121] aus, der nur geringfügig unter demjenigen von Stirnradgetrieben liegt. Im Vergleich zu Stirnradgetrieben bedarf es eines aufwendigeren Fertigungsprozesses zur Herstellung von Kegelrädern. Zudem ist eine genaue Fertigung und axiale Einstellbarkeit von Kegelritzel und Kegelrad erforderlich, um ein kinematisch einwandfreies Ineinandergreifen der einzelnen Zähne zu gewährleisten. Die

Ausführung eines Kegelradgetriebes erfolgt meist in „fliegender" Anordnung (Kragbalken). Um eine minimale Durchbiegung zu erreichen, sollte die Lagerung deshalb möglichst dicht am Ritzel bzw. Rad erfolgen und das Gehäuse möglichst steif sein [20, S. 533], [21, S. 688], [33, S. 511].

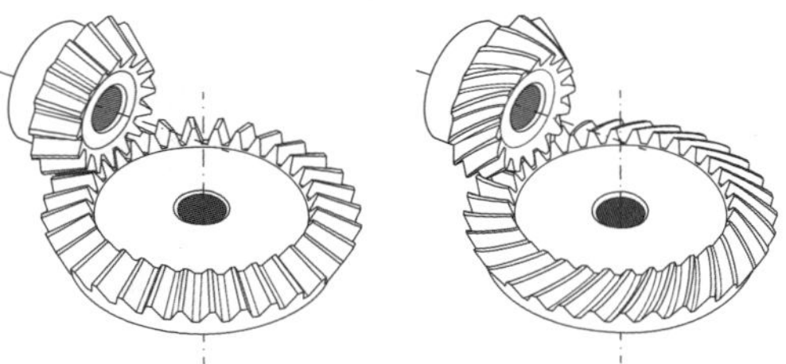

Abb. 3.53 – Kegelradpaar mit Geradverzahnung (links) und Schrägverzahnung (rechts)

Wälzgetriebe stehen generell in einer großen Vielfalt zur Verfügung. So können beispielsweise Stirn- und Kegelradgetriebe kombiniert werden, um ein entsprechendes Übersetzungsverhältnis bei unterschiedlicher Achslage von An- und Abtrieb zu erreichen. Darüber hinaus sind Übersetzungsverhältnisse, die das maximale Übersetzungsverhältnis einer Getriebestufe überschreiten würden, durch Kombination mehrerer Getriebestufen realisierbar. Eine Auswahl möglicher Ausführungsformen für Wälzgetriebe zeigt untenstehende Tab. 3.16.

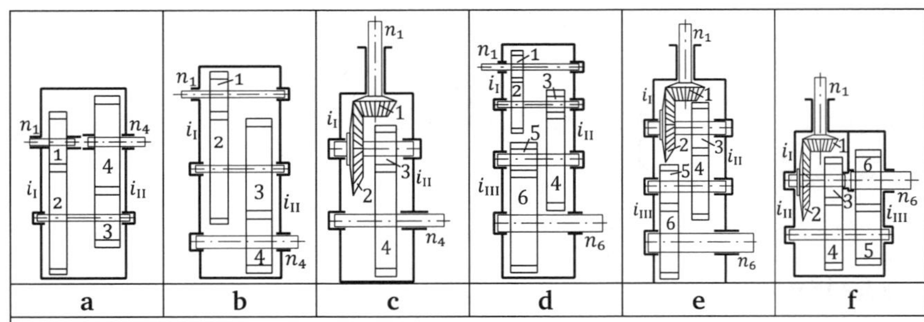

Zweistufige Wälzgetriebe: a, b, c
Dreistufige Wälzgetriebe: d, e, f
Stirnradgetriebe: a, b, d
Kegelstirnradgetriebe: c, e, f
Getriebe mit koaxialer An- und Abtriebswelle: a

Tab. 3.16 – Ausführungsformen für mehrstufige Wälzgetriebe

Schraubradgetriebe

Schraubradgetriebe sind Zahnradpaarungen, bei denen sich die Radachsen der verzahnten Räder windschief zueinander sind. Die Funktionsflächen der ineinandergreifenden Zähne werden durch Hyperboloide beschrieben, die sich bei Drehung unter gleichzeitigem Gleiten längs ihrer gemeinsamen Berührungslinie, der sogenannten Schraubenachse, aufeinander abwälzen. Somit tritt neben der Wälzbewegung auch eine Gleitbewegung auf, was in Kombination als Schraubenbewegung bezeichnet wird. Die in Schraubradgetrieben eingesetzten Zahnräder können als hyperbolische Stirnräder oder als hyperbolische Kegelräder ausgeführt werden. Es werden daher Stirn- und Kegelradschraubgetriebe unterschieden. Schneckengetriebe stellen eine Sonderform der Schraubradgetriebe dar und müssen gesondert betrachtet werden [21, S. 688].

Stirnradschraubgetriebe

Stirnradschraubgetriebe (Abb. 3.54) setzen sich zusammen aus zwei hyperbolischen Stirnschraubrädern, deren Verzahnungen im Stillstand (ohne Deformation) lediglich Punktberührung aufweisen. Unter Betriebsbedingungen erweitert sich der Berührpunkt zu einer Berührfläche, weshalb es zu erheblichen Reibungsverlusten kommen kann. Der Eignungsbereich solcher Getriebe beschränkt sich häufig auf kleine Leistungen und Drehmomente sowie auf Übersetzungen bis $i_{max} = 5$. Die erreichbaren Wirkungsgrade pro Getriebestufe liegen bei Stirnradschraubgetrieben im Bereich $50\% \leq \eta \leq 94\%$. Zu den wenigen Einsatzbereichen von Stirnradschraubgetriebe zählen beispielsweise Tachoantriebe oder Nebenantriebe. Als Vorteil kann der einfache Einbau genannt werden, da keine genaue axiale Zustellung der Räder erforderlich ist [20, S. 543 f.], [21, S. 689,779], [33, S. 375].

Kegelradschraubgetriebe

Die in Kegelradschraubgetrieben eingesetzten, meist bogenverzahnten Kegelschraubräder werden Hypoidräder genannt. Bei der Paarung dieser Räder kommt es meist zu einer rechtwinkligen Orientierung der Radachsen, wobei die Achsen in solchen Hypoidgetrieben um den Achsabstand a gegeneinander versetzt liegen. Als vorteilhaft bei Kegelradschraubgetrieben kann beispielsweise die Möglichkeit der Durchführung der Wellen mit eventuell beidseitiger anstatt fliegender Lagerung des Ritzels und Rades infolge des Achsversatzes angesehen werden. Weitere Vorteile sind der geräuscharme Lauf sowie eine gute Schmierfilmausbildung bei Verwendung von geeigneten Schmierölen (Hypoidschmiermittel). Im Vergleich zu nicht-achsversetzten Kegelradgetrieben weisen achsversetzte Kegelradgetriebe einen ruhigeren Lauf auf, weshalb sie bei Kraftfahrzeugen Anwendung finden (vgl. Abb. 3.54). Allerdings ist der Wirkungsgrad infolge des auch längs der Kontaktlinie stattfindenden Gleitens geringer als bei (normalen) Kegelradgetrieben und liegt pro Getriebestufe im Bereich $85\% \leq \eta =\leq 96\%$ [20, S. 544], [21, S. 689], [33, S. 511], [37, Teil G 121].

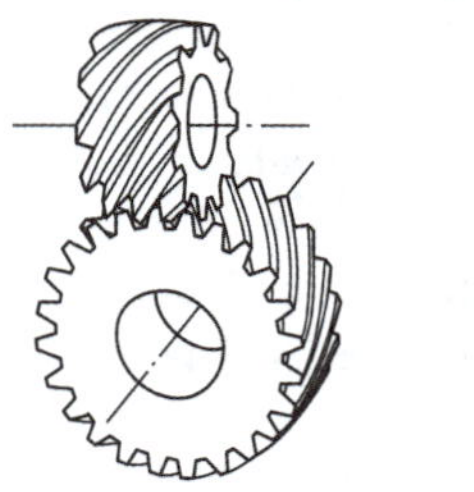

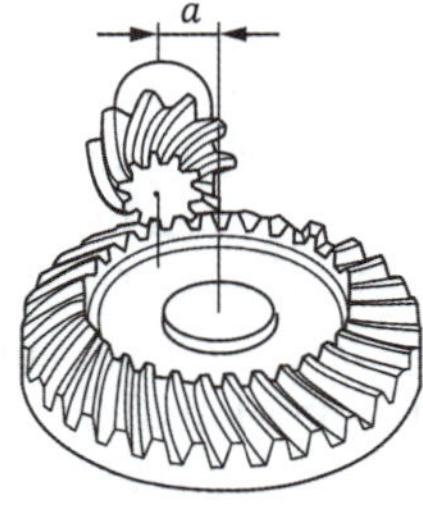

Abb. 3.54 – Stirnradschraubgetriebe (links) und Kegelradschraubgetriebe als Hypoidradpaar (rechts)

Schneckengetriebe

Schneckenradgetriebe mit sich rechtwinklig zueinander stehenden Radachsen bestehen aus einer Schnecke (ein- oder mehrgängige Schraube) und einem Schneckenrad. Die Schnecke ist hierbei ein Zahnrad mit zylindrischer oder globoidischer Funktionsfläche, das Schneckenrad das dazu passende globoidische Gegenrad (siehe Abb. 3.55).

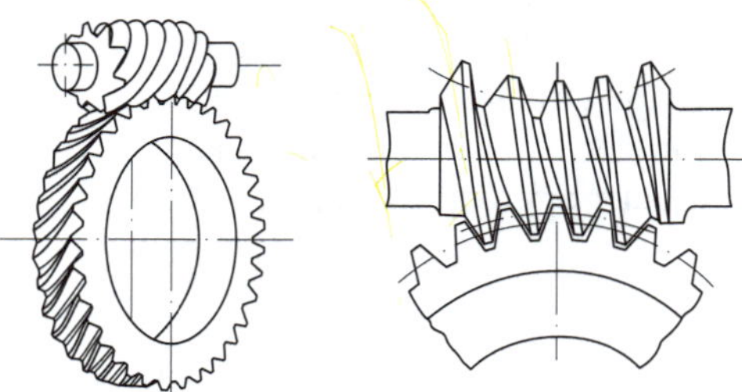

Abb. 3.55 – Zylinderschneckengetriebe (Zylinderschnecke und Globoidschneckenrad, links) und Globoidschneckengetriebe (Globoid-schnecke und Globoidschneckenrad, rechts)

Die Verzahnungen von Schnecke und Schneckenrad weisen im Eingriffsfeld Linienberührung auf. Längs der Kontaktlinie kommt es zu Gleiten. Damit sind Flächenpressung und Abnutzung geringer als bei Stirnradschraubgetrieben. Schneckenradgetriebe decken ein breites Spektrum an möglichen Übersetzungsverhältnissen ab. So sind Übersetzungen pro Stufe von $i_{min} \approx 5$ bis $i_{max} \approx 100$ (bei Antrieb Schnecke) oder $i_{min} \approx \frac{1}{15}$ bis $i_{max} \approx \frac{1}{4}$ (bei Antrieb Schneckenrad) möglich. Schneckenradgetriebe eignen sich darüber hinaus für hohe Tragkräfte und Belastungen sowie für niedrige bis mittlere Schneckendrehzahlen (üblicherweise bis 3000 $\frac{1}{min}$), wobei die Belastbarkeit vorwiegend durch Verschleiß und Erwärmung begrenzt wird. Im Betrieb ergibt sich ein niedriger Geräuschpegel und ein dämpfender Lauf aufgrund des hohen Gleitanteils beim Ineinandergreifen der Verzahnungen. Der Wirkungsgrad pro Getriebestufe liegt allerdings aufgrund des

Gleitens je nach Getriebeausführung im Bereich 40% ≤ η =≤ 95% [37, Teil G121] und damit stets unterhalb des Wirkungsgrades von Stirnrad- oder Kegelradgetrieben. Zudem gilt, dass der Wirkungsgrad η mit steigendem Übersetzungsverhältnis i fällt. Es entstehen generell hohe Axialkräfte, die eine starke Wellenlagerung besonders bei der Schnecke erfordern. Im Vergleich zu Stirnradschraubgetrieben sind Schneckengetriebe empfindlich gegen Veränderungen des Achsabstandes. Selbsthemmung ist bei über das Schneckenrad angetriebenen Schneckenradgetrieben (Übersetzung vom Langsamen ins Schnelle) generell möglich, um beispielsweise den Sicherheitsanforderungen an ein Aufzuggetriebe gerecht werden zu können. Bei Schneckenradgetrieben mit Selbsthemmungsfunktion gilt η ≤ 50%. [20, S. 549 f.], [21, S. 689,783 f.], [33, S. 522 f.]

Allgemeine Vor- und Nachteile von Zahnradgetrieben:

Zahnradgetriebe bzw. formschlüssige Rädergetriebe ermöglichen eine schlupffreie und damit bewegungstreue Übertragung von Drehmomenten. Ihr extrem breiter Einsatzbereich reicht von Mikroverzahnungen bis hin zu Hochleistungsgetrieben. Zudem weisen formschlüssige Rädergetriebe infolge der hohen Leistungsdichte eine kompakte und damit relativ kleine Bauweise auf. Ihre Wirkungsgrade erreichen bei Stirn- und Kegelradgetrieben mit Ölschmierung 98% pro Stufe, bei Hochleistungsgetrieben sogar bis zu 99% pro Stufe ([21, S. 686], [33, S. 258]).

Als nachteilig ist die durch den Formschluss bedingte „starre" Kraftübertragung bei Zahnradgetrieben anzusehen, weshalb eventuell elastische Kupplungen im Kraftflussstrang vorzusehen sind. Ebenso kann es bei hohen Drehzahlen zu Stößen beim Zahneingriff und damit zu unerwünschten periodischen Schwingungen kommen, die dann bei Zerspanprozessen beispielsweise Rattermarken verursachen [21, S. 686], [33, S. 258].

Vorteile	**Nachteile**
Bewegungstreue Übertragung von Drehmomenten	„Starre" Kraftübertragung
Breiter Einsatzbereich	Schwingungen durch Zahneingriffe
Hohe Leistungsdichte	
Hoher Wirkungsgrad	

Tab. 3.17 – Allgemeine Vor- und Nachteile von Zahnradgetrieben

Reibkraftschlüssige Rädergetriebe (Reibradgetriebe)

Reibkraftschlüssige Rädergetriebe, auch Reibradgetriebe genannt, übertragen Leistungen und Drehmomente gleichförmig durch Reibkraftschluss. Hierbei erzeugen normalgerichtete Anpresskräfte (Radialkräfte) an den Berührstellen der zylinder-, kegel-, kugel- oder auch scheibenförmigen Reibkörper tangentiale Reibungskräfte (Umfangskräfte). Die Größe der übertragbaren Umfangskräfte ist neben den Anpresskräften selbst in erster Linie von den Reibungszahlen μ abhängig, die ihrerseits wiederum maßgeblich von den Werkstoffpaarungen und der Schmierung beeinflusst werden [20, S. 582]. Die Arbeitsweise von Reibradgetrieben ist stets schlupfbehaftet und damit nicht bewegungstreu. Sie werden bevorzugt aus Sicherheitsgründen eingesetzt, um beispielsweise ein Durchrutschen des Getriebes bei Überlast zu ermöglichen und so andere Bauteile vor Schäden zu schützen. Darüber hinaus werden sie auch für stufenlos verstellbare Getriebe verwendet. Letztere Anwendung wurde allerdings weitgehend durch elektronisch geregelte bzw. gesteuerte elektrische Antriebe ersetzt.

Anwendungsbeispiel

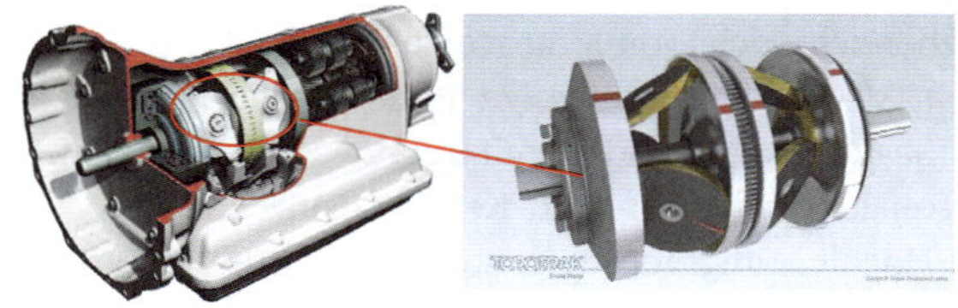

Abb. 3.56 – Volltoroid-Reibradgetriebe der Firma Torotrak Quelle: [38]

Abb. 3.56 zeigt beispielhaft ein Volltoroid-Reibradgetriebe. Hierbei handelt es sich um ein stufenlos übersetzendes Getriebe, bei dem die Drehbewegung der beiden äußeren Scheiben auf die in der Mitte sitzende Scheibe übertragen wird. Die beiden äußeren Scheiben werden vom Motor angetrieben, die in der Mitte sitzende Scheibe ist mit der Abtriebsachse verbunden. Zur Übertragung der Drehbewegung von den Inputscheiben zur Outputscheibe werden Laufrollen eingesetzt, deren Winkellage relativ zu den Scheiben entsprechend der gewünschten Übersetzung verändert werden kann. [38]

Gestaltung und Berechnung eines Reibradgetriebes:

Reibradgetriebe bestehen in der einfachsten Ausführung aus zwei, unmittelbar auf An- und Abtriebswelle angeordneten Rotationskörpern (siehe Abb. 3.57).

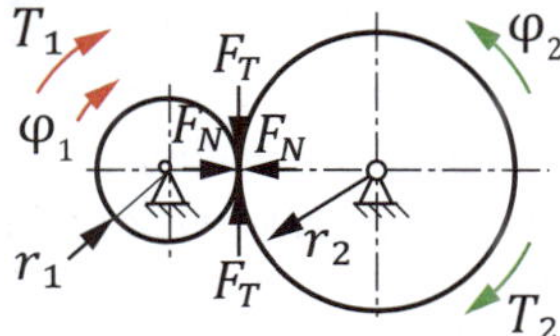

Abb. 3.57 – Modell eines Reibradgetriebes

Die Momentenübertragung erfolgt bei Reibradgetrieben durch Umfangskräfte F_T, die zwischen den rotationssymmetrischen Rädern unter der Anpresskraft F_N als Reibkräfte F_R wirken. Es handelt sich um eine Kraftkopplung mit schlupfabhängigem Reibkoeffizienten $\mu = \mu(s)$, bei der bedingt durch die Elastizität der Körper in Verbindung mit lokaler Be- und Entlastung auch ein sogenannter Dehnschlupf auftritt. Dieser soll hier allerdings nicht weiter vertieft werden. In Anlehnung an die Coulombsche Reibung für starre Körper (siehe Abschnitt 2.4) gilt folgender Zusammenhang:

$$F_T = F_R = \mu(s)\, F_N = \frac{T_1}{r_1} = \frac{T_2}{r_2} \tag{3.47}$$

Das Übersetzungsverhältnis des in Abb. 3.57 dargestellten Reibradgetriebes ergibt sich unter Berücksichtigung des normalkraftabhängigen Schlupfes $s = s(F_n)$ zu:

$$i = \frac{\dot{\varphi}_1}{\dot{\varphi}_2} = \frac{r_2}{r_1} \cdot \frac{1}{1\text{-}s} \tag{3.48}$$

Die Anpresskraft F_N wird hierbei entweder über eine Federkraft erzeugt, wodurch die Anpressung in der Regel konstant und ein Durchrutschen bei Überlast möglich ist, oder sie wächst (passiv oder aktiv) mit zunehmender Belastung, wobei die Anpresskraft prinzipbedingt last- oder drehmomentenabhängig sein kann [37, Teil G114,115].

Generell gilt, dass zur Verringerung der hohen Anpresskräfte, die im Fall von Abb. 71 vollständig von den Lagern aufgenommen werden müssen, zwischen den Rotationskörpern bevorzugt Werkstoffpaarungen mit größeren Reibwerten eingesetzt werden sollten [37, Teil G114].

Diesbezüglich eignen sich Weichstoffreibräder, beispielsweise aus Gummi, die in Reibradgetrieben mit konstanter Übersetzung zum Einsatz kommen und dort mit Stahl- oder Gussrädern möglichst hoher Oberflächengüte interagieren. Es ergeben sich hohe Reibwerte bei verhältnismäßig kleinen Anpresskräften, deren zulässige Obergrenze im Wesentlichen von der in Wärme umgesetzten Verformungsarbeit und der für Gummi zulässigen Temperaturobergrenze (etwa 60 °C bis 70 °C) abhängt. Die Paarung zweier gehärteter Stahlräder ermöglicht aufgrund der hohen zulässigen Wälzpressung und des günstigen Verschleißverhaltens die Übertragung hoher Leistungen bei gleichzeitig großer Lebensdauer. Bei der im Allgemeinen zur Anwendung kommenden Ölschmierung ergeben sich allerdings nur geringe Reibkoeffizienten, die im Bereich der Mischreibung bei $\mu \approx 0{,}06$ liegen und hohe Anpresskräfte erfordern [20, S. 582,585].

Ausführungsformen

Generell lassen sich Reibradgetriebe mit konstanter Übersetzung und Reibradgetriebe mit stufenlos verstellbarer Übersetzung unterscheiden.

Bei allen Anwendungen, die keinen Synchronlauf benötigen, stehen Reibradgetriebe mit konstanter Übersetzung, wie in Abb. 3.58 sowohl schematisch als auch formelmäßig dargestellt, in direkter Konkurrenz zu formschlüssigen Zahnradgetrieben [37, Teil G 115]. Hierbei werden Verluste, die nicht vom Schlupf herrühren, wie z. B. Lagerreibung, durch einen spezifischen Wirkungsgrad $\tilde{\eta}$ berücksichtigt.

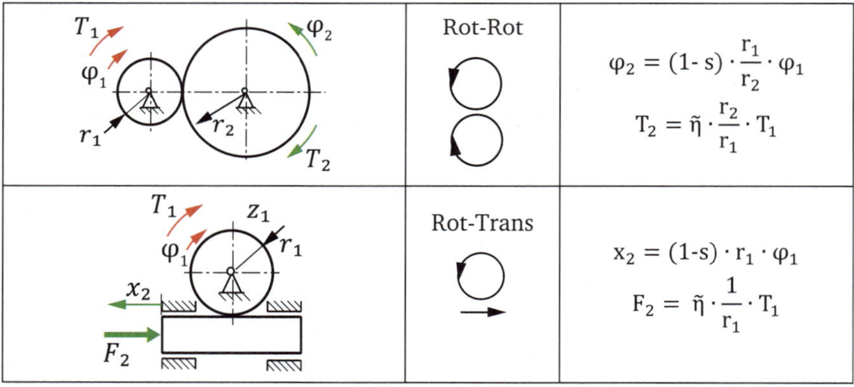

Abb. 3.58 – Reibradgetriebe mit konstanter Übersetzung

Reibradgetriebe mit stufenlos verstellbarer Übersetzung dienen zur Drehzahl- und Drehmomentenanpassung zwischen An- und Abtrieb bei veränderlichen Betriebszuständen. Je größer der Verstellbereich des Getriebes ist, desto universeller kann der Einsatz der antreibenden Maschine erfolgen. Eine Verstellung der Übersetzung wird über die veränderlichen Wälzkreisradien der verschiedenen zusammenarbeitenden Wälzkörper vorgenommen. Die Spreizung ist ein Maß für den Verstellbereich des Getriebes und gibt das Verhältnis zwischen den Grenzwerten der Übersetzung (i_{max}/i_{min}) an. Gängige Spreizungen liegen in der Größenordnung von 4 bis 10. Abb. 3.59 zeigt beispielhaft ein sogenanntes Wesselmann-Getriebe, bei dem die Lage der schräggestellten Topfscheiben in vertikaler Richtung ausschlaggebend für das aktuell vorherrschende Übersetzungsverhältnis ist. Abb. 3.60 zeigt einen um etwa 3° schräggestellten Motor mit Kegelscheibe, der auf einem zur Abtriebswelle senkrechten Schlitten verschoben wird. Auf der Abtriebswelle ist eine mit Trockenreibbelag versehene Topfscheibe angebracht, die beispielsweise durch Federkraft gegen die Kegelscheibe gedrückt wird (Spreizung 1: 5, Leistung bis 3 kW) [20, S. 588 f.].

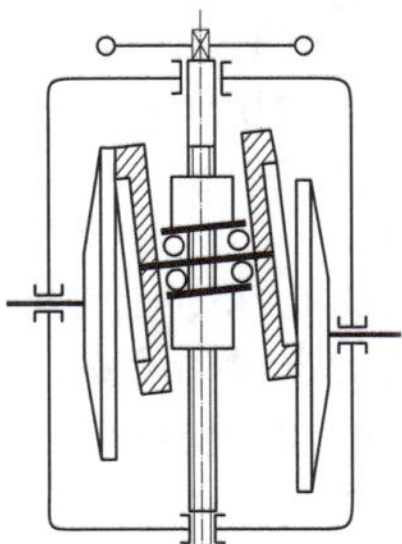

Abb. 3.59 – Zwei Tellerscheiben und zwei schräggestellte Topfscheiben

Abb. 3.60 – Verschiebbarer schräggestellter Motor mit Kegelscheibe Quelle: [39]

Allgemeine Vor- und Nachteile von Reibradgetrieben

Reibradgetriebe zeichnen sich insbesondere durch ihren einfachen Aufbau, geringe Achsabstände sowie einen geringen Wartungsaufwand aus. Infolge der Durchrutschmöglichkeit bieten sie einen gewissen Überlastschutz und stellen eine einfache Möglichkeit dar, um stufenlos verstellbare Übersetzungen ohne größeren konstruktiven Aufwand zu realisieren [20, S. 582]. Im Gegensatz zu Zahnradgerieben sind bei Reibradgetrieben aufgrund der zeitlich unveränderlichen Geometrie der Kontaktzone keine periodischen Schwingungsanregungen durch Eingriffsstöße oder Zahnsteifigkeitsschwankungen zu befürchten. Es lassen sich daher sehr geräuscharme Getriebe realisieren, die bis zu sehr hohen Drehzahlen (z. B. bis $16000\frac{1}{s}$ bei Texturiermaschinen) und Umfangsgeschwindigkeiten bei Übersetzung ins Schnelle betrieben werden können [37, Teil G115]. Darüber hinaus können nach neuestem Stand der Technik auch größere Leistungen übertragen werden [33, S. 260].

Als Nachteile sind der nicht zu vermeidende Schlupf sowie die verhältnismäßig großen Anpress-/ Normalkräfte inklusive der hieraus resultierenden hohen Lagerkräfte zu nennen. Ebenso ergibt sich eine Beeinflussung bzw. Begrenzung der Lebensdauer und der übertragbaren Leistung durch die Werkstoffeigenschaften (Härte, mechanische Festigkeit und Abnutzungswiderstand) [20, S. 582]. Erfolgt die Übertragung der Drehbewegung bei nicht geschmierten Reibpartnern, kommt es im Regelfall zu einer starken Erwärmung der Reibzone durch Reibarbeit und infolge dessen zu Verschleißerscheinungen. Bei Überlastbetrieb und Durchrutschen der Reibpartner tritt Gleitschlupf auf, der wiederum zu Rillenbildung und Pittings führen kann. Alles in allem weisen Reibradgetriebe im Vergleich zu Zahnradgetrieben deutlich niedrigere Getriebewirkungsgrade auf. [33, S. 260], [36, Teil K 67]

Vorteile	**Nachteile**
Einfacher Aufbau	Schlupf
Geringer Achsabstand	Hohe Lagerkräfte
Geringer Wartungsaufwand	Verschleiß der Reibpartner
Überlastschutz	Geringe Getriebewirkungsgrade
Keine periodischen Schwingungsanregungen	

Tab. 3.18 – Allgemeine Vor- und Nachteile von Reibradgetrieben

3.3.4 Zugmittelgetriebe (Hülltriebe)

Zugmittelgetriebe bzw. Hülltriebe dienen in erster Linie der Wandlung von Drehmomenten und Drehzahlen, werden aber auch zur Änderung von Drehrichtungen eingesetzt. Ihr grundsätzlicher Aufbau basiert auf zwei oder mehreren Scheiben bzw. Rädern, die sich nicht berühren, aber von einem kraftübertragenden, nur Zugkräfte aufnehmenden Zwischenglied, dem „Zugmittel" (Kette oder Riemen) umschlungen werden. Aus diesem Grund können Zugmittelgetriebe auch als Umschlingungsgetriebe bezeichnet werden. Die Zugmittel übertragen im Betrieb Umfangsgeschwindigkeiten und Umfangskräfte. Abb. 3.61 zeigt mögliche Ausführungsformen von Zugmittelgetrieben. [20, S. 591], [33, S. 573], [37, Teil G 106]

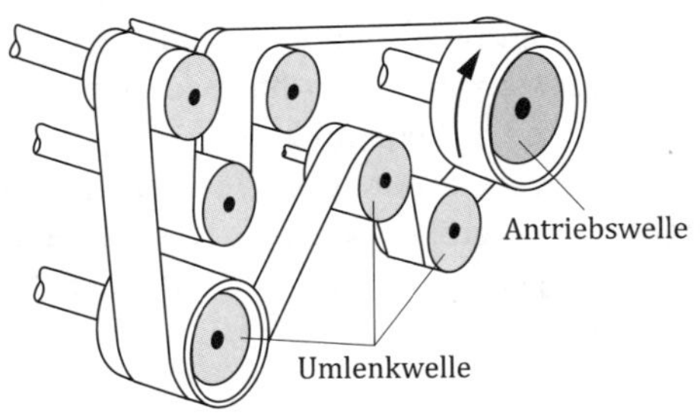

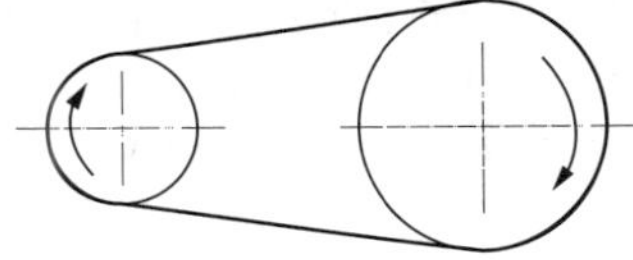

b) offenes Riemengetriebe

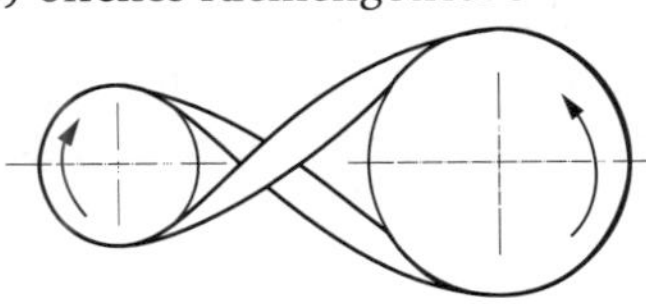

a) Vielwellenantrieb mit innen und außen liegenden Rädern

c) gekreuztes Riemengetriebe

Abb. 3.61 – Zugmittelgetriebe

Aufgrund der Tatsache, dass die zum Einsatz kommenden Riemen und Ketten (in Grenzen) beliebig lang sein können, besteht bei Zugmittelgetrieben die Möglichkeit, beliebige Wellenabstände zu überbrücken. Die Kraftübertragung zwischen Antriebsrad und Zugmittel bzw. zwischen Zugmittel und Abtriebsrad kann reibkraftschlüssig (durch Reibung zwischen Zugmittel und Rad) oder formschlüssig (durch Ineinandergreifen von Zugmittel und Rad) erfolgen (siehe Abb. 3.62). [33, S. 573]

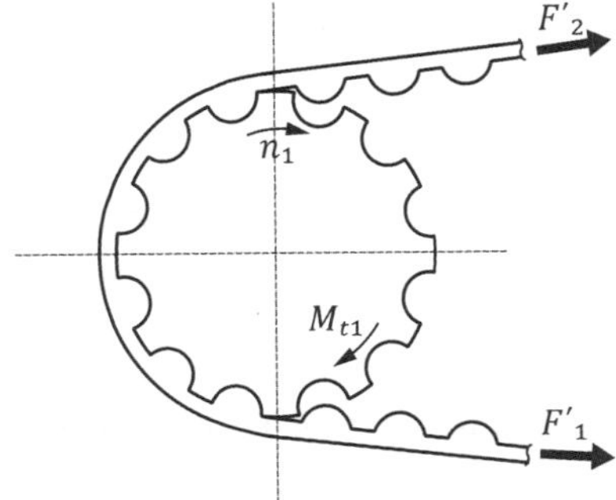

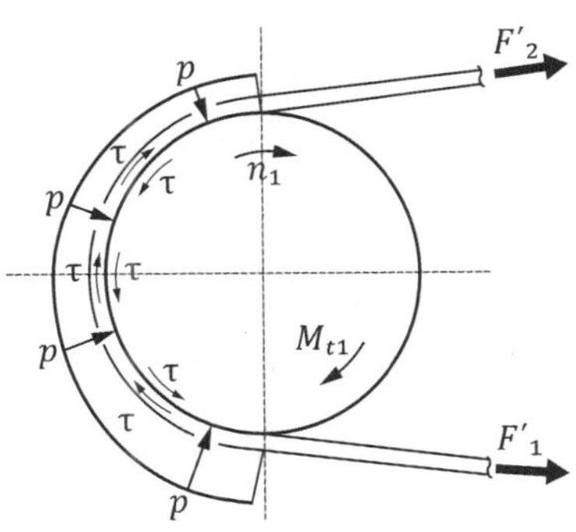

a) formschlüssig

b) reibkraftschlüssig

Abb. 3.62 – Kraftübertragung in Zugmittelgetrieben

Die Beanspruchung des Zugmittels setzt sich grundsätzlich aus Vorspannkraft S_V und Betriebskraft S_B zusammen. Die sich während des Betriebs einstellende Betriebskraft S_B besteht wiederum aus den Seilkräften F'_1 und F'_2 zur Übertragung des Drehmoments und der Fliehkraft S_F am Zugmittel im Umlenkbereich. Durch die unterschiedlichen Seilkräfte wird das Zugmittel zwischen den Rädern bzw. Scheiben unterschiedlich stark belastet. Man unterscheidet deshalb zweierlei Zugmittelstränge, das Lasttrum und das Leertrum. Das ziehende und im Betrieb um den Betrag der Nutzkraft stärker beanspruchte Trum ist das Lasttrum, das gezogene und damit weniger stark beanspruchte Trum hingegen das Leertrum. Somit gilt: $F'_1 > F'_2$. Eine weitere wichtige Kenngröße von Zugmittelgetrieben ist der Umschlingungswinkel α. Dieser kann durch die Verwendung von Umlenkrollen, wie in Abb. 3.61c dargestellt, vergrößert werden, was wiederum zu einem Anstieg der übertragbaren Leistungen führt. [33, S. 573] Abb. 3.63 veranschaulicht die zuvor erläuterten Zusammenhänge.

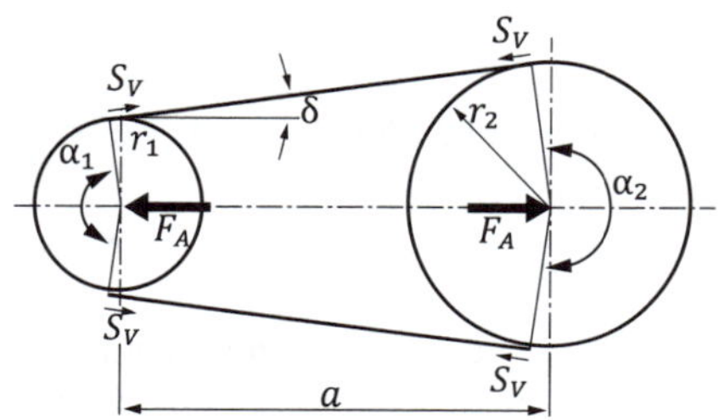

a) Ruhezustand

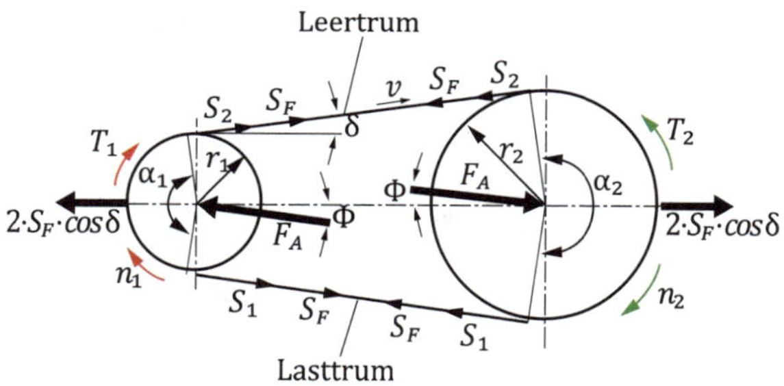

b) Betriebszustand

Abb. 3.63 – Kräfte am Zugmittel [16, S. 57]

Wie im vorherigen Absatz bereits angedeutet, müssen Zugmittelgetriebe aus Gründen der Funktionserfüllung, der Laufruhe und Lebensdauer stets vorgespannt werden. Die erforderliche Vorspannung ist bei formschlüssigen Getrieben im Allgemeinen deutlich geringer als bei reibkraftschlüssigen Zugmittelgetrieben. Zur Realisierung der Vorspannung bestehen grundsätzlich mehrere Möglichkeiten, die im Folgenden kurz charakterisiert werden sollen:

Feste Spannwelle

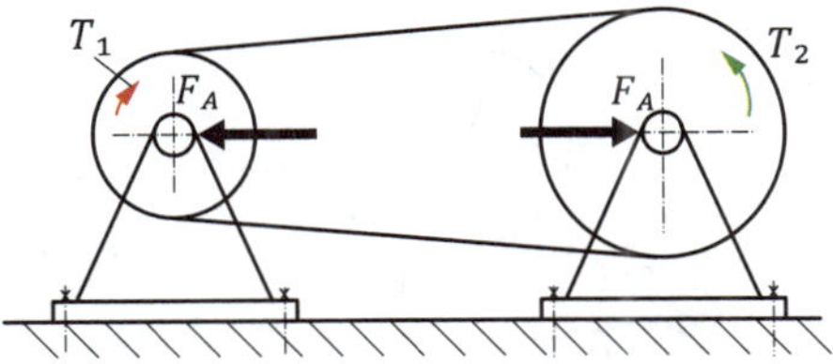

Abb. 3.64 – Vorspannung über feste Spannwelle [16, S. 57]

Eine Variante zur Erzeugung der erforderlichen Vorspannkräfte ist eine feste Spannwelle gemäß Abb. 3.64. Hierbei muss sich ein Rad, das sogenannte Spannrad, um eine bestimmte Weglänge zum anderen Rad hin verschieben lassen, um das Zugmittel auf die Räder auflegen zu können. Anschließend kann durch Verschieben des Rades in entgegengesetzte Richtung, also vom anderen Rad weg, die notwendige Vorspannung im Zugmittel erzeugt werden. Nach Beendigung des Vorspannprozesses werden Spannrad und Spannwelle fixiert. Bei dieser Art der Vorspannung gilt es zu beachten, dass sich das weniger stark belastete und damit bedingt durch die Gewichstkraft stärker durchhängende Leertrum stets oben befinden sollte, um den Umschlingungswinkel α zu vergrößern. Der Nachteil bezüglich dieser Variante besteht darin, dass die aufgrund der Längung des Zugmittels in bestimmten Zeitintervallen erforderliche Nachjustierung des Getriebes nur durch Lösen der Fixierung von Statten gehen kann. [33, S. 573]

Gleitende Spannwelle

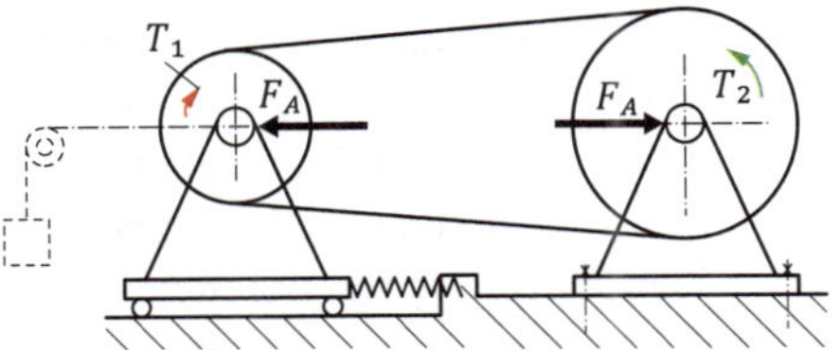

Abb. 3.65 – Vorspannung über gleitende Spannwelle [16, S. 66]

Bei einer gleitenden Spannwelle wird die Vorspannung ebenfalls durch eine Verschiebung des Spannrades erzeugt. Allerdings werden die Vorspannkräfte in diesem Fall nicht über eine Fixierung, sondern über Feder- oder Gewichtskräfte, wie in Abb. 3.65 dargestellt, aufrechterhalten. Dies hat zur Folge, dass die Nachjustierung des Getriebes zum Ausgleich der Längung des Zugmittels kontinuierlich und ohne zusätzlichen Aufwand erfolgt.

Spannrolle

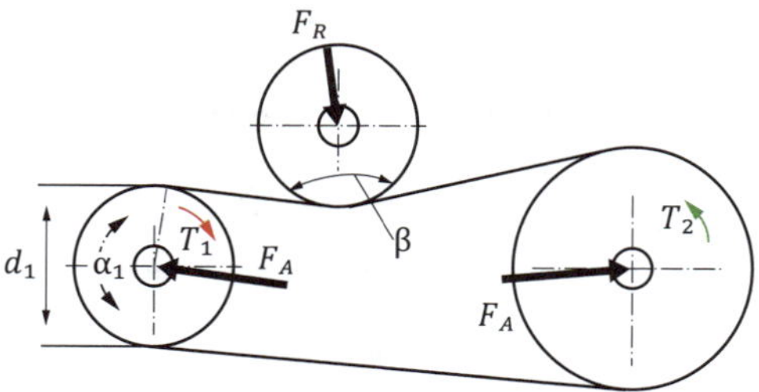

Abb. 3.66 – Vorspannung über Spannrolle

Durch den Einsatz einer Spannrolle entsprechend Abb. 3.66 ist das Auflegen und Spannen des Zugmittels im Gegensatz zu den vorherigen Varianten bei nicht verstellbarem Wellenabstand möglich. Bei Spannrollen gilt es zu beachten, dass diese stets im Leertrum aufgrund der dort vorherrschenden geringeren Belastung angeordnet werden sollten. Durch die nach innen gerichtete Kraft, welche die Spannrolle auf das Zugmittel ausübt, vergrößert sich der Umschlingungswinkel α. Als ein Nachteil der Spannrolle kann die sich einstellende Wechselbiegung des Zugmittels genannt werden. [33, S. 573]

Formschlüssige Zugmittelgetriebe

Formschlüssige Zugmittelgetriebe benutzen Gelenkketten (Kettengetriebe) oder Bänder mit Zahnprofil (Zahnriemengetriebe) als Zugmittel, die formschlüssig in entsprechend geformte Kettenräder bzw. Zahnscheiben auf einem Teil ihres Umfangs eingreifen. [20, S. 591] Bei formschlüssigen Zugmittelgetrieben erfolgt die Übertragung eines Drehmoments durch Normalkräfte zwischen den Wirkflächen (Zahnflanke-Zahnflanke, Zahnflanke-Rolle). Eine seitliche Führung der Zugmittel wird entweder über Führungsglieder (Innen- oder Außenlaschen) oder über Bordscheiben realisiert. Abb. 3.67 zeigt Beispiele für formschlüssige Zugmittel mit entsprechender Führung.

Kettengetriebe

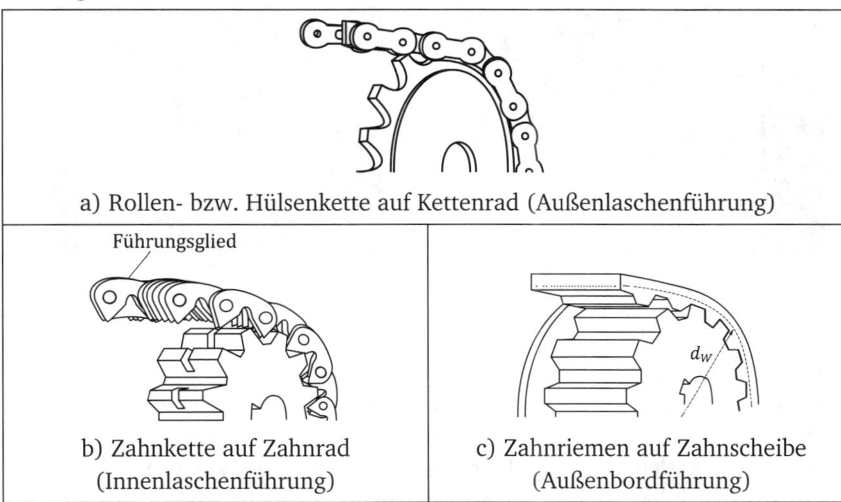

Abb. 3.67 – Formschlüssige Zugmittel

Als Rädergetriebe mit vielgliedrigem Zugmittel werden Kettengetriebe im Regelfall zur Drehmomentenübertragung bei größeren Wellenabständen an parallelen, möglichst waagerechten Wellen verwendet. Bei den einzelnen Kettengliedern handelt es sich vorwiegend um Metallteile hoher Präzision, die über Drehgelenke miteinander verbunden sind. Aufgrund ihrer Zuverlässigkeit und Wirtschaftlichkeit werden Kettengetriebe vielseitig für Leistungsübertragungen eingesetzt, wobei sie formschlüssig hohe Drehmomente bei niedrigen Umfangsgeschwindigkeiten übertragen. Ausgehend von einem treibenden Rad können auch mehrere Räder mit gleicher oder entgegengesetzter Drehrichtung über eine Kette angetrieben werden. Hinsichtlich ihrer Eigenschaften, des Bauaufwandes, der übertragbaren Leistung und der Anforderungen an ihre Wartung nehmen Kettengetriebe eine Mittelstellung zwischen Zahnrad- und Riemengetrieben ein. [21, S. 619]

Anwendungsbeispiele

Abb. 3.68 – Rollenkette mit Sonderelementen als Förderkette (links) [[40, S. 15]]; Kettengetriebe als Nockenwellenantrieb eines Motorrads (rechts) [41]

Kettengetriebe weisen ein breites Einsatzspektrum auf, welches sich vom Fahrzeugbau über Werkzeug- und Textilmaschinen bis hin zur Transport- und Fördertechnik erstreckt. [21, S. 619] Abb. 3.68 (links) zeigt eine Rollenkette mit aufgebrachten Sonderelementen als Förderkette in der Verpackungsindustrie. Abb. 3.68 (rechts) beinhaltet hingegen einen typischen Anwendungsfall für Kettengetriebe in der Zweirad- bzw. Motorradtechnik. Hierbei wird die Nockenwelle, deren Aufgabe das Öffnen und Schließen der Ein- und Auslassventile eines Verbrennungsmotors ist, über eine Rollenkette von der Kurbelwelle angetrieben. Bei Viertaktmotoren dreht sich die Nockenwelle dann mit der halben Drehzahl der Kurbelwelle. [42]

Gestaltung und Berechnung eines Kettengetriebes

Bei der Gestaltung und Montage von Kettengetrieben ist auf ein Fluchten der Kettenräder zu achten, da es ansonsten zu einem Verkanten der Kette und damit zu Verschleiß an Kette und Kettenrädern kommt. Wellenabstände sind so zu bemessen, dass der Umschlingungswinkel auf dem Kleinrad mindestens 120° und der Durchhang des Leertrums etwa 1% des Achsabstandes beträgt. Aufgrund nachfolgend erläuterten Polygoneffektes sollten die Räder üblicherweise eine Mindestzähneanzahl von $z_{min} = 17$ aufweisen [16, S. 60]. Für mittlere bis hohe Geschwindigkeiten oder Maximalbelastung sollte das Kleinrad möglichst 21 Zähne in gehärteter Ausführung besitzen. Bezüglich der zulässigen Höchstanzahl der Zähne eines Kettenrades gilt normalerweise $z_{max} \leq 150$. Ungerade Zähnezahlen sind hierbei stets zu bevorzugen, um im Betrieb ein häufiges, verschleißförderndes Zusammentreffen eines Kettengliedes mit derselben Zahnlücke zu umgehen. Übersetzungen im Bereich $3 \leq i \leq 7$ können als günstig angesehen werden. Allerdings sind auch Übersetzungen bis $i = 10$ bei niedrigen Kettengeschwindigkeiten möglich. Generell gilt, dass Übersetzungen ins Schnelle (kleines Rad getrieben) ungünstig sind und daher vermieden werden sollten. [21, S. 626], [37, Teil G 113]

Bezüglich der eingesetzten Ketten gilt es zu beachten, dass bei Kettengetrieben mit nachstellbarem Wellenabstand die maximal zulässige Verschleißlängung der Kette Δl im Allgemeinen 3% der ursprünglichen Kettenlänge l nicht überschreiten sollte, da ansonsten ein Aufsteigen und Abspringen der Kette vom Kettenrad erfolgt. Für feste Wellenabstände liegt der empfohlene Grenzwert für die zulässige Kettenlängung bei 0.8% der ursprünglichen Kettenlänge l liegen. Die erforderliche Schmierung der Ketten ist abhängig vom Kettentyp und der Kettengeschwindigkeit. [33, S. 619], [37, Teil G 113] Um eine ausreichende Schmierung gewährleisten zu können, sollten in Abhängigkeit der Kettengeschwindigkeit v_k und der Teilung p die in Abb. 3.70 Grenzwerte für die jeweilige Schmierungsart eingehalten werden.

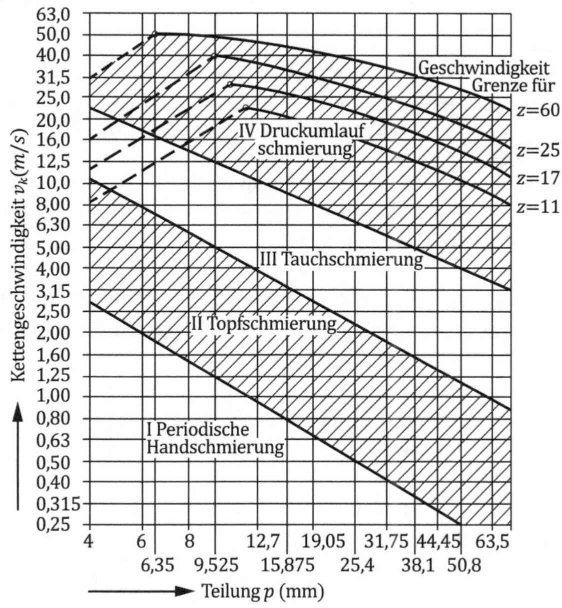

Abb. 3.69 – Ungleichförmigkeitsgrad der Kettengeschwindigkeit [33, S. 633]

Ein wichtiger Effekt bei der Auslegung von Kettengetrieben ist der sogenannte Polygoneffekt. Generell gilt, dass die Kette die Räder nicht in Form eines Kreises, sondern in Form eines Vielecks umschlingt. Dies führt zu einer Schwankung des wirksamen Raddurchmessers und dementsprechend auch zu einer Schwankung der Kettengeschwindigkeit. Der wirksame Raddurchmesser d_w schwankt zwischen $d_{max} = d$ und $d_{min} = d \cdot \cos\alpha$, wobei α als der halbe Teilungswinkel definiert wird. Die Kettengeschwindigkeit v_k (Geschwindigkeitskomponente in Richtung der Trumbewegung) variiert im Intervall zwischen $v_{k,max} = v_u$ und $v_{k,min} = v_u \cdot \cos\alpha$ (siehe Tab. 3.19). Die Geschwindigkeit v_u steht hierbei für die Momentan-/Umfangsgeschwindigkeit des Kettenglieds, mit der dieses sich auf dem Kettenrad bewegt. Für v_u gilt im Allgemeinen folgende Beziehung:

$$v_u = \frac{d}{2} \cdot \omega = \text{konst} \tag{3.49}$$

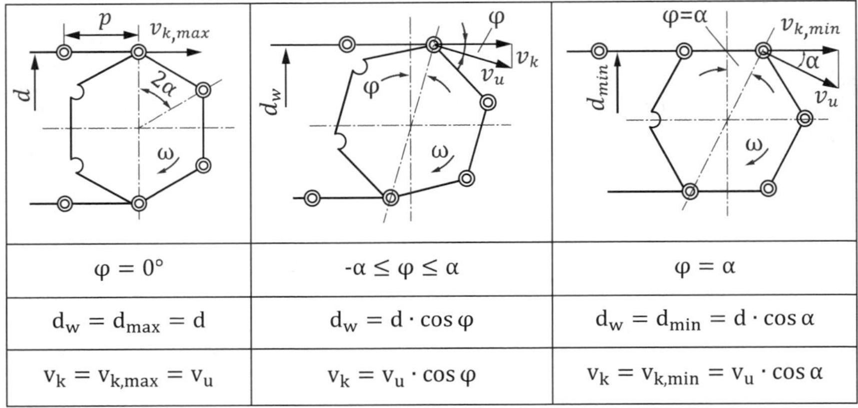

$\varphi = 0°$	$-\alpha \leq \varphi \leq \alpha$	$\varphi = \alpha$
$d_w = d_{max} = d$	$d_w = d \cdot \cos\varphi$	$d_w = d_{min} = d \cdot \cos\alpha$
$v_k = v_{k,max} = v_u$	$v_k = v_u \cdot \cos\varphi$	$v_k = v_{k,min} = v_u \cdot \cos\alpha$

Tab. 3.19 – Polygoneffekt bei Kettengetrieben

Die periodische Änderung der Kettengeschwindigkeit lässt sich in Form eines Ungleichförmigkeitsgrades ausdrücken. Der Ungleichförmigkeitsgrad δ der Trumgeschwindigkeit ist wie folgt definiert:

$$\delta = \frac{v_{k,max} - v_{k,min}}{v_{k,max}} = \frac{v_u - v_u \cdot \cos\alpha}{v_u} = 1 - \cos\alpha \tag{3.50}$$

Ersetzt man den Winkel α durch eine Beziehung mit der Zähnezahl z des Kettenrades, ergeben sich folgende Zusammenhänge:

$$2\alpha = \frac{2\pi}{z} \quad \text{bzw.} \quad \alpha = \frac{\pi}{z} \tag{3.51}$$

$$\delta = 1 - \cos\frac{\pi}{z} \triangleq 1 - \cos\frac{180°}{z} \tag{3.52}$$

Tab. 3.20 enthält ausgehend von letzterer Formel konkrete Werte für den Ungleichförmigkeitsgrad δ bei aufsteigender Anzahl an Zähnen des Kettenrades. Wie zu sehen ist, sinkt der Ungleichförmigkeitsgrad mit zunehmender Anzahl an Zähnen ab, wobei dieser Effekt bei niedrigen Zähnezahlen deutlich stärker ausgeprägt ist als bei hohen Zähnezahlen. Um den Ungleichförmigkeitsgrad auf einem Wert $\leq 1\%$ zu halten, müssen Kettenräder mit mindestens 23 Zähnen verwendet werden.

Zähnezahl z	8	10	12	14	16	18	20	22	23	24
Ungleichförmigkeits-grad δ in %	7,61	4,89	3,41	2,51	1,92	1,52	1,23	1,02	0,93	0,86

Tab. 3.20 – Ungleichförmigkeitsgrad der Kettengeschwindigkeit bei verschiedenen Zähnezahlen des Kettenrades [16, S. 59]

Trägt man den Unförmigkeitsgrad über die Zähnezahl des Kettenrades auf, ergibt sich folgender Verlauf:

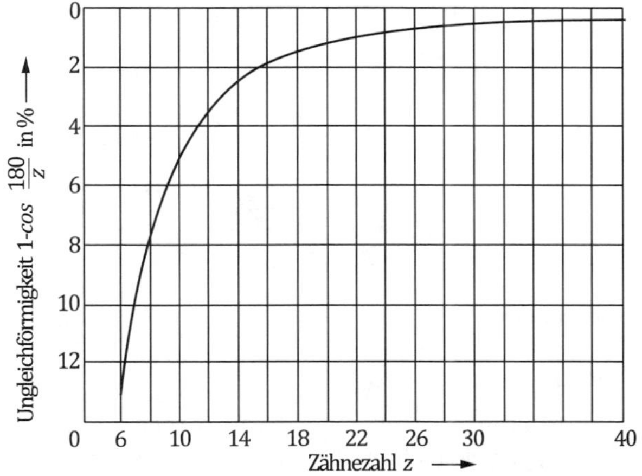

Abb. 3.70 – Ungleichförmigkeitsgrad der Kettengeschwindigkeit

Die Ungleichförmigkeit der Kettengeschwindigkeit verursacht einen unruhigen Lauf der Kette und kann diese zu Längsschwingungen anregen. Längsschwingungen rufen eine sich dauernde Änderung der Kettenspannung zwischen den Kettenrädern hervor, die umso größer wird, je kleiner die Zähnezahl ist. Querschwingungen können bei langen, losen Kettensträngen durch Überlagerung von Impuls- und Eigenfrequenz des Triebes entstehen. Das Auftreten dieser Schwingungen begrenzt den Einsatzbereich von Kettengetrieben bezüglich Drehzahl und Umfangsgeschwindigkeit. Bei schnelllaufenden Leistungsgetrieben mit größerem Achsabstand sind deshalb Dämpfungseinrichtungen, sogenannte Kettendämpfer, erforderlich, um die Querschwingungen der Kette zu beherrschen.

Abb. 3.71 zeigt zwei mögliche Ausführungsformen für Kettendämpfer. Das grundlegende Funktionsprinzip besteht darin, dass Gleitschienen aus Kunststoff auf den Rollen der Rollenkette gleiten und damit Querschwingungen dämpfen.

Neben diesen Problemen kann es durch die mit der Ungleichförmigkeit der Kettengeschwindigkeit zu hohen Zusatzkräften und damit zur vorzeitigen Zerstörung oder erhöhten Verschleiß der Kette kommen. Aufgrund der hohen Elastizität der Kette ist dies für die praktische Auslegung einer Kette jedoch unbedeutend, solange $z \geq 19$ und bei höheren Geschwindigkeiten eine kleine Teilung (Maß für den Abstand zwischen aufeinanderfolgenden Kettengliedern) der Kette vorgesehen wird. Kettenräder mit $z \leq 17$ sollten nur bei Handbetrieb oder langsam laufenden Ketten zum Einsatz kommen. [21, S. 624], [33, S. 623 f.]

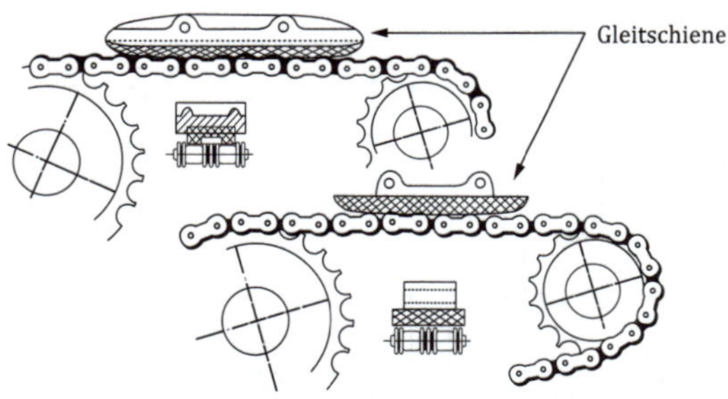

Abb. 3.71 – Kettendämpfer

Ausführungsformen

Hinsichtlich der Ausführungsformen von Kettengetrieben können zwei Arten der Bewegungsumformung sowie mehrere Kettenarten unterschieden werden:

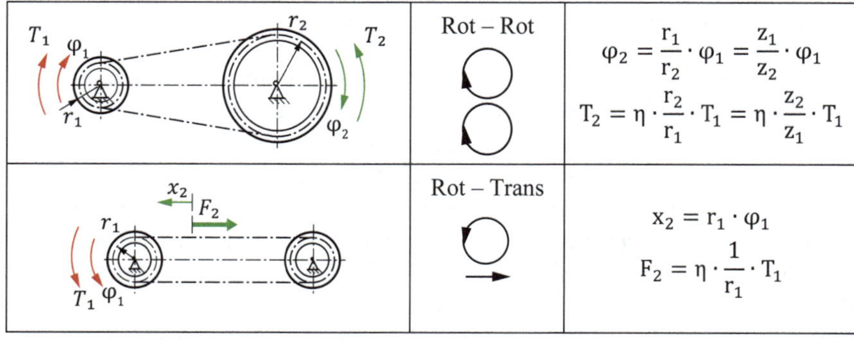

Abb. 3.72 –Ausführungsformen von Kettengetrieben

Ketten können nach ihrem Aufbau und nach ihrem Verwendungszweck unterschieden werden. Nach dem Aufbau kann eine Einteilung in Bolzenketten, Buchsenketten, Rollenketten, Zahnketten und Sonderketten vorgenommen werden. Nach der Verwendung erfolgt eine Unterscheidung von Lastketten, Treib- und Förderketten und Getriebeketten. Abgesehen von Spezialausführungen für stufenlose Getriebe sind unter den Ketten insbesondere Rollen- und Zahnketten für die Antriebstechnik von Bedeutung. In der Regel werden sie aus Stahl gefertigt und setzen sich aus einzelnen, gelenkig miteinander verbundenen Gliedern zusammen. [20, S. 592]

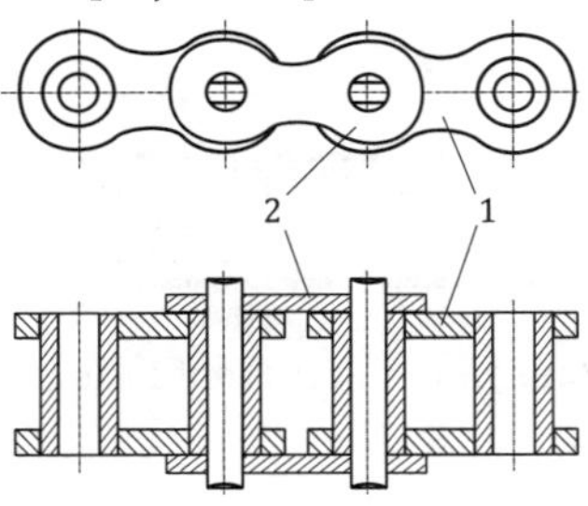

a) einfache Buchsenkette

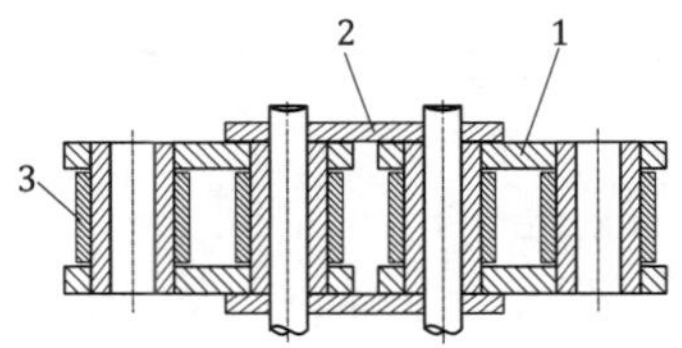

b) einfache Rollenkette

Abb. 3.73 – Getriebeketten

1) Innenglied mit eingepressten Hülsen, 2) Außenglied mit Bolzen, 3) bewegliche Rolle

Rollenketten haben wegen ihres fast unbeschränkten Anwendungsbereichs die größte Bedeutung, obwohl sie die teuerste Ausführung der Stahlgelenkketten darstellen. Der Unterschied zwischen Buchsenketten (siehe Abb. 3.73a) und Rollenketten (siehe Abb. 3.73b) besteht darin, dass auf jeder Buchse eine gelagerte, gehärtete und geschliffene Rolle zur Verschleiß- und Geräuschminderung sitzt. Rollenketten erlauben einen beidseitigen Eingriff von Kettenrädern und ermöglichen als Antriebsketten die Übertragung großer Leistungen (bis 1000 kW) und hohe Kettengeschwindigkeiten (bis 30-35 m/s). [20, S. 593], [21, S. 621 f.], [33, S. 621]

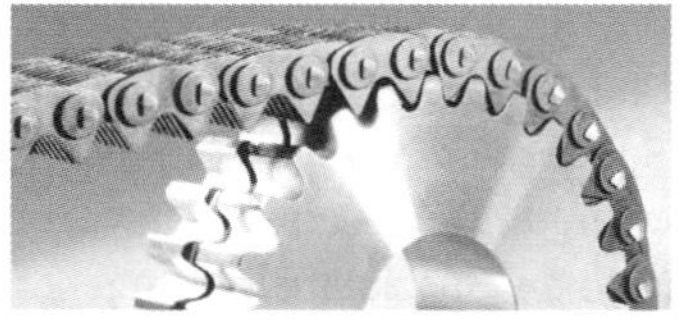

a) Antriebszahnkette und Zahnkettenrad mit Innenführung

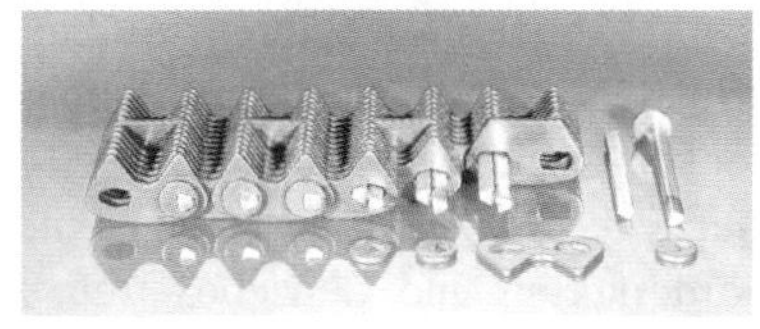

b) Kettenaufbau aus Zahn- und Führungslaschen

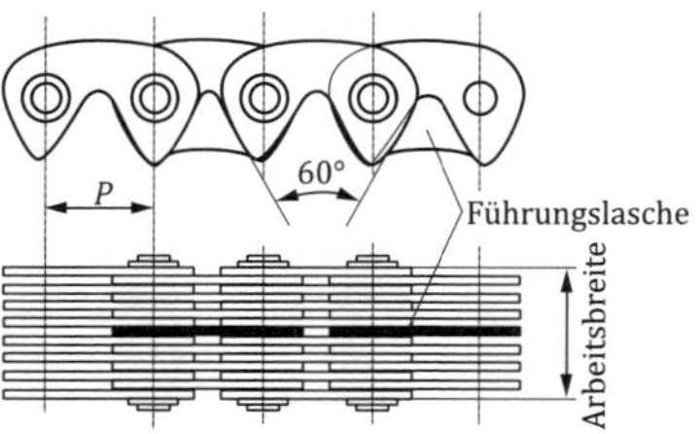

c) Zahnkette mit Innenführung

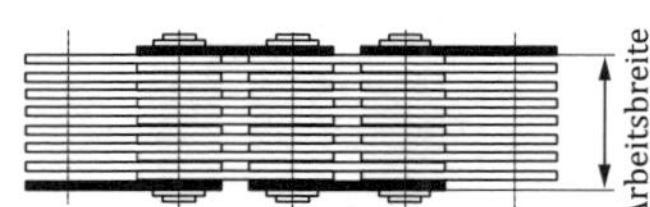

d) Zahnkette mit Außenführung

Abb. 3.74 – Zahnketten [43, S. 4 u. 12]

Die Zahnkette stellt nach der Rollenkette die wichtigste Antriebskette dar. Die Übertragung der Drehbewegung und des Drehmoments erfolgt durch Zahnlaschen, deren Zahnflanken einen Winkel von 60° einschließen (siehe Abb. 3.74c). Die Kraftübertragung erfolgt durch Abwälzen der Zahnflanken auf den Kettenradzähnen. Zahnketten zeichnen sich aufgrund ihres schwachen Einlaufstoßes durch einen ruhigen Lauf aus und lassen in der Basisausführung Kettengeschwindigkeiten von bis zu 25 m/s, als moderne Hochleistungszahnketten 50 m/s zu. Die seitliche Führung der Zahnkette auf dem Kettenrad erfolgt durch Führungslaschen, die entweder in eine mittige Nut des Kettenrads eingreifen (Innenführung) oder das Kettenrad umschließen (Außenführung) (siehe Abb. 3.74c und d). [20, S. 596], [21, S. 619 ff.], [37, Teil G 113]

Allgemeine Vor- und Nachteile von Kettengetrieben

Als Hauptvorteil von Kettengetrieben kann zunächst die schlupffreie Bewegungsübertragung bei lediglich geringer bis keiner Vorspannung inklusive der daraus resultierenden geringen Lagerkräfte genannt werden. Kettengetriebe eignen sich insbesondere für hohe Drehmomente und große Leistungen (bis 225 kW pro Einzelkette, bis über 500 kW bei Mehrfachketten). Des Weiteren ist es mit Kettengetrieben möglich, beliebig große Achsabstände zu überbrücken und gleichzeitig mehrere Wellen (Leistungsverzweigung) bei beliebigem Drehsinn anzutreiben. Kettengetriebe zeichnen sich zudem durch einen geringen Raumbedarf in seitlicher Richtung, eine geringe Empfindlichkeit gegen Feuchtigkeit, Hitze und Schmutz sowie durch geringe Ansprüche an Wartungsaufgaben aus. Sie erreichen im Allgemeinen hohe Wirkungsgrade (bis 98 %) und besitzen einen ruhigen Lauf, was in erster Linie aus der Längselastizität bzw. der Dämpfungsfähigkeit der Kette durch Ölpolster in Gelenken und an Rollen und der damit einhergehenden Abmilderung von Betriebsstößen resultiert. [20, S. 591], [21, S. 619], [37, Teil G 113]

Demgegenüber stehen als Nachteile Übersetzungsschwankungen infolge der Vieleckwirkung der Kettenräder (für $z = 16$ beträgt die Ungleichförmigkeit $\approx$ 2 %, für $z = 20$ beträgt sie etwa 1 %) sowie eine nicht realisierbare, absolute Spielfreiheit. Kettengetriebe sind nur für parallele und im Regelfall waagerecht angeordnete Wellen verwendbar und weisen hohe Anforderungen an die Montagegenauigkeit auf, da die Kettenräder stets fluchten müssen. Im Betriebszustand kann es infolge ungleichförmiger Kettengeschwindigkeiten zu Schwingungen der Kette sowie zu Geräuschen, die sich insbesondere bei kleinen Zähnezahlen der Kettenräder bemerkbar machen, kommen. Um Schwingungen zu verhindern, müssen bei Leistungsantrieben oftmals Kettendämpfer appliziert werden. Kettengetriebe eignen sich nur für kleine bis mittlere Umfangsgeschwindigkeiten und erfordern üblicherweise ein Nachschmieren. Die Lebensdauer eines Kettengetriebes ist durch den Verschleiß in den Gelenken und an den Kettenrädern limitiert. Der Verschleiß in den Gelenken führt zu einer Längung der Kette, die zu einem Aufsteigen der Kette auf dem Kettenrad führen kann und damit die Gefahr des Überspringens birgt. Darüber hinaus sind Kettengetriebe im Regelfall teurer als leistungsmäßig vergleichbare Riemengetriebe und eignen sich nicht für eine periodische Bewegungsumkehr, da der Leertrumdurchhang bei der Bewegungsumkehr eine Totzeit am getriebenen Rad verursacht. [20, S. 591 f.], [21, S. 619], [33, S. 619], [37, Teil G 113]

Vorteile	**Nachteile**
Kein Schlupf	Übersetzungsschwankungen
Geringe Lagerkräfte	Spiel
Hohe Drehmomente	Hohe Montagegenauigkeit erforderlich
Gleichzeitiger Antrieb mehrerer Wellen	Kettenschwingungen
Geringe Empfindlichkeit gegen Feuchtigkeit, Hitze und Schmutz	Verschleiß in den Gelenken
Hoher Wirkungsgrad	Höhere Kosten als Riemengetriebe

Tab. 3.21 – Allgemeine Vor- und Nachteile von Kettengetrieben

Zahnriemengetriebe

Trotz ihrer bauartbedingten Ähnlichkeit zu reibkraftschlüssigen Flachriemen sind Zahnriemen durch das Eingreifen der Zähne in die Zahnlücken der Riemenscheibe formschlüssig wirkende Zugmittel, die Drehmomente/Umfangskräfte bewegungstreu und damit ohne Schlupf übertragen. Sie werden deshalb auch als Synchronriemen bezeichnet. Aufgrund der hohen Elastizität des Zahnriemens ist der Polygoneffekt bei Zahnriemengetrieben kaum vorhanden und damit vernachlässigbar. Ebenso weisen Zahnriemen nur geringe Fliehkräfte auf, die zu einem Abheben des Riemens von der Riemenscheibe führen könnten. [21, S. 592], [37, Teil G 112]

Anwendungsbeispiele

Abb. 3.75 – Nockenwellenantrieb im Kraftfahrzeug (© ContiTech) [44]

Abb. 3.76 – Zahnriemenantrieb beim Fahrrad [45]

Der Nockenwellenantrieb in einem Kraftfahrzeug gemäß Abb. 3.75 stellt die wohl bekannteste Anwendung für Zahnriemengetriebe dar. Wie auch beim Motorrad (siehe Anwendungsbeispiele zu Kettengetrieben) erfolgt eine drehwinkelgetreue Kraftübertragung von der Kurbelwelle auf die Nockenwelle, so dass die Drehzahl der Nockenwelle von der Drehzahl der Kurbelwelle bestimmt wird. Zeitgleich zur Nockenwelle können über den Zahnriemen auch weitere Nebenaggregate angetrieben werden. [44]

Abb. 3.76 zeigt ein im Vergleich zu Nockenwellenantrieben noch sehr junges Einsatzgebiet für Zahnriemengetriebe, die Kraftübertragung zwischen Tretkurbel und Hinterrad eines Fahrrads. Insbesondere bei E-Bikes, aber auch bei herkömmlichen Fahrrädern bietet der Zahnriemen gegenüber den heutig eingesetzten Rollenketten aufgrund seiner Langlebigkeit, Wartungsfreiheit und seines geräuschlosen Laufs Vorteile. [45]

Gestaltung eines Zahnriemengetriebes

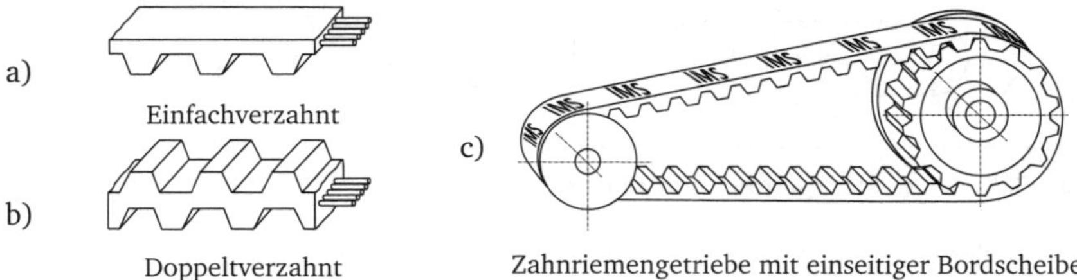

Abb. 3.77 – Zahn-/Synchronriemen mit trapezförmigem Zahnprofil

Zahnriemen können neben einer einseitigen auch eine doppelseitige Verzahnung aufweisen (siehe Abb. 3.77b). Auf diese Weise können Zahnriemengetriebe zum Antrieb mehrerer Wellen verwendet werden. Bei ebenen Getrieben ist es erforderlich, den Zahnriemen an mindestens einer Zahnscheibe beidseitig (meist an der kleineren Zahnscheibe) oder wechselseitig an zwei Zahnscheiben (siehe Abb. 3.77c) axial zu führen. Diese seitliche Führung wird über sogenannte Bordscheiben realisiert. [37, Teil G 112]

Die im Regelfall endlos in Normlängen gefertigten Synchronriemen bestehen aus dem Riemenkörper, den Zugsträngen sowie vielfach einem Polyamidgewebe zum dauerhaften Schutz der Zähne. Der Riemenkörper, der auch gleichzeitig die Zähne einschießt, wird meist aus Gummi- oder Elastomermischungen (Neopren oder Polyurethan) gefertigt. Die schraubenförmig gewickelten Zugstränge, wie in Abb. 3.77a zu sehen, durchziehen den Riemenkörper über die gesamte Riemenbreite und bestehen aus hochfesten Glasfasern oder Stahl-, Kevlar- bzw. Polyestercord. [21, S. 592], [37, Teil G 112]

Ausführungsformen

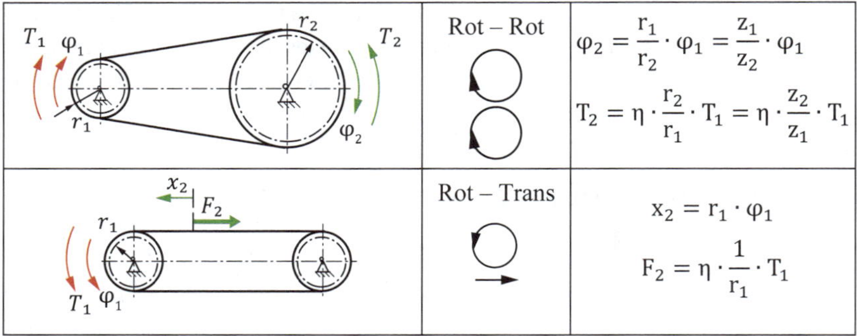

T_1 φ_1 r_1 r_2 T_2 φ_2	Rot – Rot	$\varphi_2 = \frac{r_1}{r_2} \cdot \varphi_1 = \frac{z_1}{z_2} \cdot \varphi_1$ $T_2 = \eta \cdot \frac{r_2}{r_1} \cdot T_1 = \eta \cdot \frac{z_2}{z_1} \cdot T_1$
x_2 F_2 r_1 T_1 φ_1	Rot – Trans	$x_2 = r_1 \cdot \varphi_1$ $F_2 = \eta \cdot \frac{1}{r_1} \cdot T_1$

Abb. 3.78 – Ausführungsformen von Zahnriemengetriebe

Neben der Art der Bewegungsumformung (Dreh- und Linearantriebe) können Zahnriemengetriebe auch nach der Ausführung ihres Zahnprofils unterschieden werden. In herkömmlicher Ausführung sind Zahnriemen mit einem trapezförmigen Zahnprofil ausgestattet. Zur Übertragung großer Drehmomente bei kleinen Umfangsgeschwindigkeiten wurde ein Zahnriemen mit Halbrundprofil mit besonders günstiger Spannungsverteilung unter Last entwickelt (Abb. 3.79). Bei gleichen Bauabmessungen besitzt dieses Profil eine etwas höhere Leistungsfähigkeit als das herkömmliche Trapezprofil. [21, S. 593]

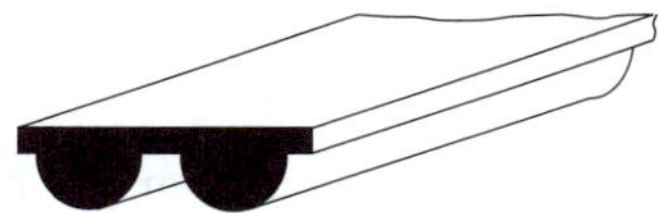

Abb. 3.79 – Zahnriemen mit Halbrundprofil

Allgemeine Vor- und Nachteile von Zahnriemengetrieben

Zahnriemengetriebe verbinden die Vorteile der im Anschluss erläuterten reibkraftschlüssigen Riemengetriebe mit denen der Kettengetriebe. Sie gewährleisten eine synchrone, schlupflose Bewegungsübertragung (i = konstant) und zeichnen sich zeitgleich durch einen stoßdämpfenden, geräuscharmen und wartungsfreien Lauf ohne nennenswerte Vorspannung aus. Durch die geringe Vorspannung ergeben sich im Allgemeinen geringere Lagerbelastungen als bei reibkraftschlüssigen Riemengetrieben. Ebenso ist der hohe Wirkungsgrad von Zahnriemengetrieben (bis $\eta = 0{,}99$) als positiv anzumerken. Durch Verwendung sehr dünner Einzeldrähte für die Zugstränge wird eine hohe Biegefähigkeit des Zahnriemens erreicht, so dass kleine Kettenraddurchmesser gewählt und erhebliche Raum- und Gewichtsersparnisse erzielt werden können. Aufgrund der hohen Elastizität des Zahnriemens sind sowohl der Polygoneffekt als auch die im Betrieb auf das

Zugmittel wirkenden Fliehkräfte im Vergleich zu Kettengetrieben gering. Mit Zahnriemen lassen sich mittlere Drehmomente und Leistungen bei hohen Drehzahlen und Umfangsgeschwindigkeiten von bis zu 60 m/s übertragen. Des Weiteren erfordern Zahnriemengetriebe keine Schmierung und sind bei beidseitiger Verzahnung auch für Vielwellenantriebe mit gegenläufigen Scheiben geeignet. Durch die im Vergleich zu Ketten wesentlich geringere Massenträgheit lassen sich Zahnriemen insbesondere als dynamische Antriebe mit hohen Anforderungen an die Positioniergenauigkeit (z. B. bei Antrieben in der Robotertechnik) einsetzen. [20, S. 597], [21, S. 593], [37, Teil G 112]

Als nachteilig sind in erster Linie die teure Fertigung (besonders der Scheiben), die Empfindlichkeit gegenüber Fremdkörpern sowie die stärkeren Zahneingriffsgeräusche bei höheren Drehzahlen, Leistungen und Riemenbreiten anzusehen. In Bezug auf Belastungsüberschreitungen sind Zahnriemen als äußerst sensibel einzustufen, da Gleitschlupf nicht möglich ist. Ebenso müssen die in den Zugsträngen (Stahllitzen) auftretenden Zugspannungen stets unterhalb der Elastizitätsgrenze liegen, da es ansonsten zu einer Längung des Riemens kommt. Ein weiterer Nachteil besteht darin, dass Zahnriemengetriebe lediglich bei Umgebungstemperaturen von -40 °C bis 150 °C ingesetzt werden dürfen. [20, S. 597], [21, S. 593], [37, Teil G 112]

Vorteile	Nachteile
Kein Schlupf	Hohe Fertigungskosten
Stoßdämpfender, geräuscharmer und wartungsfreier Lauf	Zahneingriffsgeräusche bei höheren Drehzahlen, Leistungen und Riemenbreiten
Geringe Vorspannung	Empfindlich gegenüber Fremdkörpern
Hoher Wirkungsgrad	Sensibel gegenüber Belastungsüberschreitungen
Geringere Massenträgheit	Beschränkte Umgebungstemperaturen
Gleichzeitiger Antrieb mehrerer Wellen	

Tab. 3.22 – Allgemeine Vor- und Nachteile von Zahnriemengetrieben

Reibkraftschlüssige Zugmittelgetriebe

Reibkraftschlüssige Zugmittelgetriebe sind Riemengetriebe, bei denen die Kraftübertragung nach dem Prinzip der Seilreibung erfolgt und aufgrund der Elastizität des Zugmittels auch ein Dehnschlupf (vergleiche auch Reibradgetriebe in Abschnitt 3.3.3) auftritt. Das kraftschlüssige Zugmittel ist hierbei ein biegeweicher, elastischer Riemen, der eine in Umfangsrichtung glatte Scheibe, die sogenannte Riemenscheibe, umschlingt. Reibkraftschlüssige Riemengetriebe erfordern gemäß dem Prinzip der Seilreibung eine Mindestvorspannkraft zur Aufrechterhaltung des Reibschlusses. [20, S. 598]

Beispielhafte Einsatzgebiete von reibkraftschlüssigen Zugmittelgetrieben sind die Hochleistungsantriebstechnik (siehe Abb. 3.80 links) und der Antrieb einer Lichtmaschine im Automobil (siehe Abb. 3.80 rechts). In beiden Fällen kommt es nicht darauf an, dass eine Drehbewegung hinsichtlich ihrer Drehzahl und Leistung zu 100 % exakt vom Antrieb auf den Abtrieb übertragen wird (bewegungstreu). Es ist lediglich entscheidend, dass die Antriebsenergie mit möglichst geringen Verlusten und geringen Kosten den Abtrieb erreicht.

Abb. 3.80 – Hochleistungsflachriemenantrieb (links) [46] und Lichtmaschinenantrieb bei einem KFZ mittels Keilrippenriemen (rechts) [44]

Gestaltung und Berechnung eines Riemengetriebes

Bei der Gestaltung und Auslegung eines reibkraftschlüssigen Riemengetriebes sind insbesondere die Wahl der Riemenart sowie die Wahl des Riemenwerkstoffes von Bedeutung. Beide Entscheidungen sollten so getroffen werden, dass die jeweiligen Kriterien hinsichtlich der spezifischen Antriebs- und Abtriebsbedingungen bestmöglich erfüllt werden. Allgemeingültige Kriterien sind beispielsweise eine hohe Zerreißfestigkeit des Zugmittels, ein gutes Reibverhalten zwischen Riemen und Riemenscheibe sowie die Unempfindlichkeit gegenüber Umwelteinflüssen. Reibkraftschlüssige Zugmittelgetriebe müssen stets vorgespannt werden. Im Stillstand wird der Riemen deshalb durch die Vorspannkraft S_V belastet Abb. 3.81. Im Betrieb wird das Lasttrum stärker gedehnt als das Leertrum, weshalb sich unterschiedliche Seilkräfte im Last- und Leertrum ergeben. Allgemein gilt, dass die Seilkraft im Lasttrum S_1 größer ist als die Seilkraft im Leertrum S_2. Da im Leertrum stets eine Restvorspannkraft $S_{2,min}$ vorhanden sein muss, gilt zudem: $S_2 \geq S_{2,min}$. Der sich einstellende, lastabhängige Dehnschlupf ($v_1 \neq v_2$) ist der Grund dafür, weshalb reibkraftschlüssige Riemengetriebe nicht bewegungstreu arbeiten können. [21, S. 589]

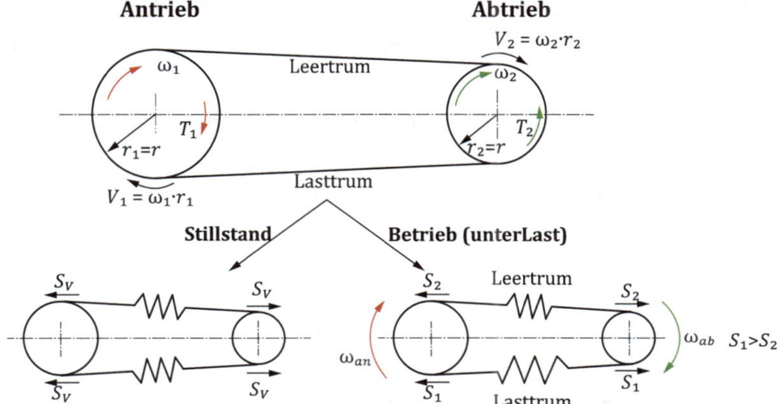

Abb. 3.81 – Riemenkräfte bei Stillstand und Betrieb eines reibkraftschlüssigen Riemengetriebes

Die Berechnung reibkraftschlüssiger Riemengetriebe beruht auf dem Modell der Seilreibung (Abb. 3.82) und der Eytelweinschen Gleichung, die sich wie folgt darstellt:

$$\frac{S_1}{S_2} \leq e^{\mu\alpha} = m \quad \rightarrow \quad S_1 \leq S_2 \cdot m \tag{3.53}$$

mit

μ: Reibungszahl

α: Umschlingungswinkel

m: Verhältnis der Seilkräfte bei maximaler Kraftübertragung

Für den Betriebsfall muss gelten:

$$\frac{S_1}{S_2} < e^{\mu\alpha} \tag{3.54}$$

Im Betrieb wird nur die Differenz zwischen den Seilkräften im Last- und im Leertrum übertragen. Die Differenz der Trumkräfte wird deshalb als übertragene Umfangskraft F_u bezeichnet.

$$F_u = S_1 - S_2 \tag{3.55}$$

Im Grenzfall bei voller Ausnutzung der Übertragungsfähigkeit gilt:

$$\frac{S_1}{S_2} = e^{\mu\alpha} = m \tag{3.56}$$

Damit ergibt sich eine maximal übertragbare Umfangskraft $F_{u,max}$ von

$$F_{u,max} = S_1\text{-}S_2 = S_1\text{-}\frac{S_1}{e^{\mu\alpha}} = S_1 \cdot \frac{m\text{-}1}{m} \tag{3.57}$$

und für das übertragbare Drehmoment T gilt damit:

$$T \leq F_{u,max} \cdot r = S_1 \cdot \frac{m\text{-}1}{m} \cdot r \tag{3.58}$$

Da die Seilkraft S_1 maßgeblich von der Vorspannkraft S_V beeinflusst wird, kann folgende Aussage getroffen werden: Je größer die Vorspannkraft S_V, desto größer ist die Seilkraft S_1 und desto größer ist damit auch das übertragbare Drehmoment T.

Gilt hingegen

$$\frac{S_1}{S_2} > e^{\mu\alpha} \tag{3.59}$$

und damit

$$F_u > F_{u,max} \tag{3.60}$$

ist die Übertragungsfähigkeit erschöpft und es kommt zu einem Durchrutschen des Riemens auf der Riemenscheibe. Dieses als Gleitschlupf bezeichnete Phänomen führt wiedrum zu einer hohen Wärmeentwicklung und zerstört letztendlich den Riemen.

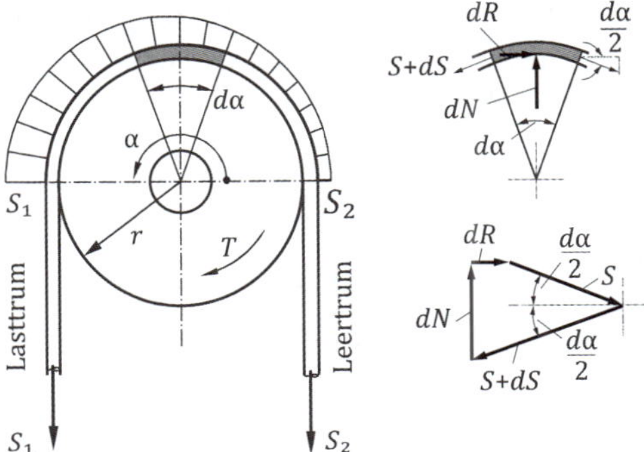

Abb. 3.82 – Modell eines kraftschlüssigen Riemens mit Riemenscheibe und infinitesimales Riemensegment mit wirkenden Kräften [16, S. 64]

Als Beispiel soll ein Riemengetriebe mit Reibungszahl $\mu = 0{,}1$ und Umschlingungswinkel $\alpha = 180°$ betrachtet werden.

Es ergeben sich für die Größen m und $F_{u,max}$ folgende Werte:

$$m = e^{\mu\alpha} = 1{,}37$$
$$F_{u,max} = \frac{m\text{-}1}{m} \cdot S_1 = 0{,}27 \cdot S_1 < S_1 \qquad (3.61)$$

Die maximal übertragbare Umfangskraft $F_{u,max}$ liegt unter diesen Bedingungen deutlich unterhalb der Seilkraft S_1. [33, S. 587 ff.]

Ausführungsformen

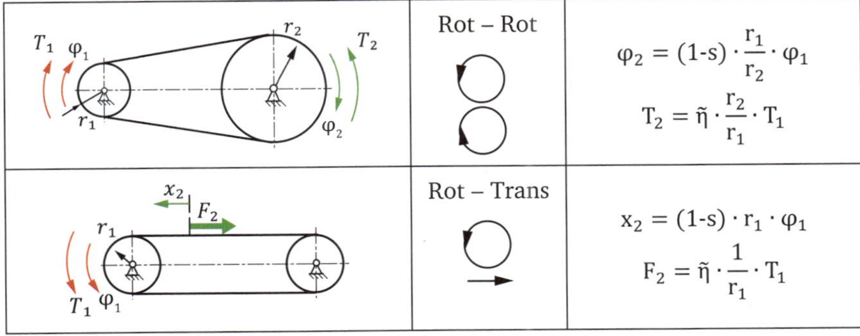

	Rot – Rot	$\varphi_2 = (1\text{-}s) \cdot \frac{r_1}{r_2} \cdot \varphi_1$ $T_2 = \tilde{\eta} \cdot \frac{r_2}{r_1} \cdot T_1$
	Rot – Trans	$x_2 = (1\text{-}s) \cdot r_1 \cdot \varphi_1$ $F_2 = \tilde{\eta} \cdot \frac{1}{r_1} \cdot T_1$

Abb. 3.83 – Ausführungsformen von Riemengetriebe (Verluste, die nicht vom Schlupf herrühren, wie z. B. Lagerreibung, werden wie beim Reibradgetriebe durch den spezifischen Wirkungsgrad $\tilde{\eta}$ berücksichtigt)

Eine weitere Unterscheidungsmöglichkeit von Riemengetrieben ist neben der Art der Bewegungsumformung (siehe oben) die Wahl des eingesetzten Riemens. Grundsätzlich existieren Flach-, Keil- und Rundriemen (siehe Abb. 3.84).

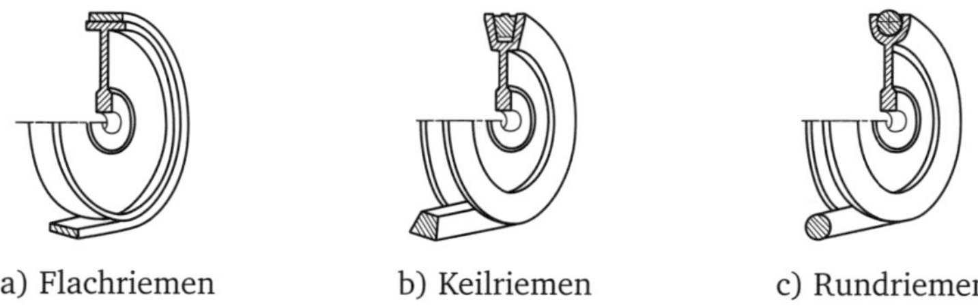

a) Flachriemen b) Keilriemen c) Rundriemen

Abb. 3.84 – Riemenquerschnitte und dazugehörige Riemenscheiben

Flachriemengetriebe

Flachriemengetriebe eignen sich insbesondere für große Wellenabstände, hohe Umlaufgeschwindigkeiten, große bis sehr kleine Umfangskräfte und für Mehrwellenantriebe. Ihr primäres Einsatzgebiet ist die Leistungsübertragung und Antriebstechnik in Verarbeitungs- und Werkzeugmaschinen. Darüber hinaus werden sie auch in der Fördertechnik zum Transport von Stück- und Schüttgut eingesetzt.

Moderne Flachriemen sind gemäß Abb. 3.85 Mehrschicht- oder Verbundriemen und haben die zuvor eingesetzten Lederriemen fast vollständig abgelöst. Um den Anforderungen hinsichtlich Zugfestigkeit und Biegsamkeit sowie Reibungs- und Verschleißverhalten gerecht werden zu können, müssen verschiedene Materialien kombiniert werden. Flachriemen bestehen daher aus einer Reibschicht (Laufschicht), einer Zugschicht und einer Deckschicht. Die Reibschicht bilden Materialien wie Chromleder oder Elastomere. Die Zugschicht besteht wiederum aus hochverstrecktem Polyamid oder Polyesterkordfäden. Sind die Zugelemente verstreckt, erreichen sie eine höhere Zugfestigkeit bzw. einen höheren E-Modul und damit eine geringere Dehnung. Die Deckschicht basiert auf einem Textilgewebe oder einer Elastomerfolie. Die Reibschicht ist diejenige Schicht, die mit den Riemenscheiben in Kontakt tritt.

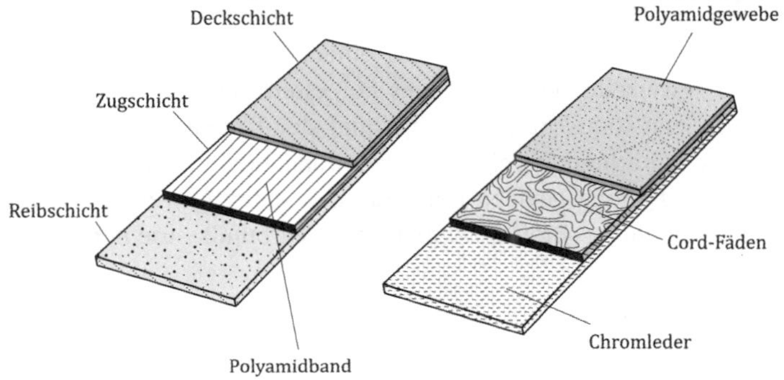

Abb. 3.85 – Aufbau eines Mehrschichtriemens

Um einen besseren Geradlauf des Riemens zu gewährleisten, werden die Riemenscheiben meist nicht flach, sondern ballig ausgeführt (siehe Abb. 3.86). [20, S. 608], [21, S. 590], [33, S. 578,581]

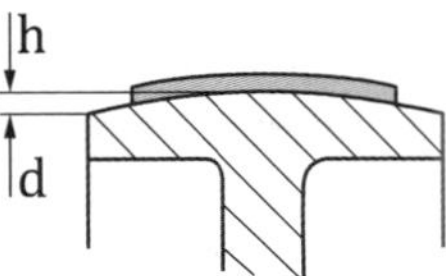

Abb. 3.86 – Ballig ausgeführte Riemenscheibe

Keilriemengetriebe

Keilriemengetriebe benötigen zur Kraftübertragung kleinere Umschlingungswinkeln und kleinere Spannkräfte im Vergleich zu Flachriemengetrieben. Grund hierfür ist die den Reibschluss erzeugende höhere Anpresskraft, deren Verstärkung aus der Keilwirkung zwischen Riemen und Flanken der Riemenscheibe resultiert. Die geringeren Spannkräfte führen wiederum zu einer geringeren Wellen- und Lagerbelastung. Hinzu kommen als Vorteile die Laufruhe, der weiche Anlauf und die mühelose Anpassung an die geforderte Leistung durch Mehrriemenanordnung. Keilriemengetriebe eignen sich für kleine Wellenabstände und große Übersetzungen und werden im allgemeinen Maschinenbau insbesondere für mittlere Antriebsleistungen bevorzugt eingesetzt. Im Gegensatz zu Flachriemen ist mit Keilriemen auch eine Leistungsübertragung mit hohen Genauigkeitsanforderungen möglich. Allerdings ist der maximal erreichbare Wirkungsgrad von $\eta_{max} = 0{,}97$ (Einzelriemen) bzw. $\eta_{max} = 0{,}95$ (Keilrippenriemen) [37, Teil G 111] aufgrund der größeren Verlustleistung infolge einer höherer Reibung etwas geringer. Ebenso weisen die Riemenscheiben bei Keilriemengetrieben im Allgemeinen größere Durchmesser als bei Flachriemengetrieben auf, da Keilriemen grundsätzlich weniger biegeweich sind.

Keilriemen unterscheiden sich von Flachriemen durch ihren trapez- bzw. keilförmigen Querschnitt. Sie bestehen aus einer Zugschicht (eine oder mehrere Lagen endlos gewickelter Kordfäden aus Polyesterfasern), dem Kern (meist aus einer hochwertigen Kautschukmischung) und der Umhüllung aus gummiertem Baumwoll- oder Synthetikgewebe. Flankenoffene Keilriemen sind hierbei nicht komplett mit Umhüllungsgewebe ummantelt. Je nach Anwendungszweck kommen Normal-, Schmal-, Breit-, Doppel- und Verbundkeilriemen zum Einsatz (siehe Abb. 3.87).

Die heute gebräuchlichste Form des Keilriemens ist der Schmalkeilriemen, da er wesentlich biegeweicher ist und dadurch kleinere Riemenscheibendurchmesser, höhere Biegefrequenzen und Riemengeschwindigkeiten sowie eine höhere, auf den Querschnitt bezogene, übertragbare Leistung ermöglicht. Eine weitere Erhöhung der Flexibilität und Biegeweichheit ist durch eine gezahnte Ausführung erreichbar. Mit Doppelkeilriemen können auch außenliegende und damit gegenläufige Scheiben angetrieben werden. Diese Scheiben müssen sich allerdings in der gleichen Ebene wie die innen liegende Scheibe befinden. Verbundkeilriemen bestehen aus bis zu 5 parallel angeordneten Keilriemen, die über eine Deckplatte miteinander verbunden sind. Sie führen zu einer Reduktion der häufig nicht zu vermeidenden Riemenschwingungen und damit zu einer Verbesserung des Betriebsverhaltens gegenüber einzeln angeordneten Keilriemen. Keilrippenriemen vereinen in sich die Vorteile von Flach- und Keilriemen. Sie sind äußerst biegsam, was ein hohes Übersetzungsverhältnis ermöglicht, und laufen auch bei hohen Geschwindigkeiten leise und vibrationsfrei. Die Leistungsübertragung findet durch Reibschluss der keilförmigen Rippen mit den Rillen der Riemenscheibe statt. [6, S. 610 ff.], [7, S. 591 ff.], [19, S. 578, 582 f.], [23, Teil G 111 f.]

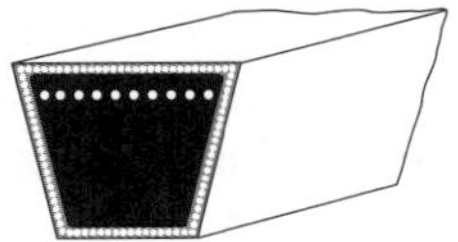

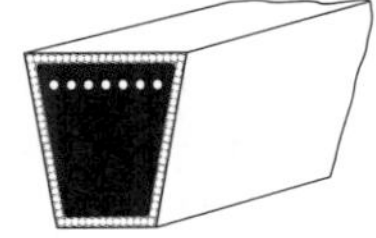

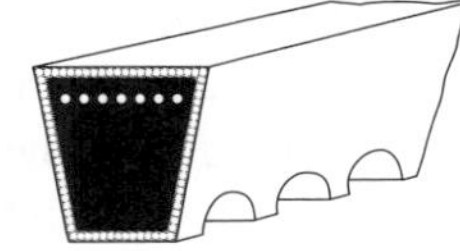

a) Normalkeilriemen   b) Schmalkeilriemen   c) Schmalkeilriemen (flankenoffen und gezahnt)

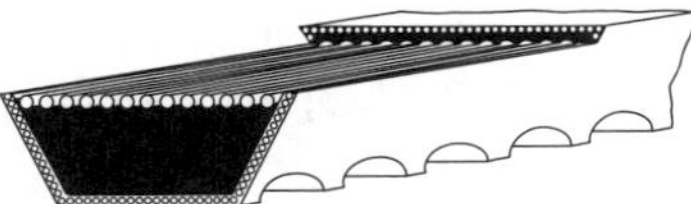

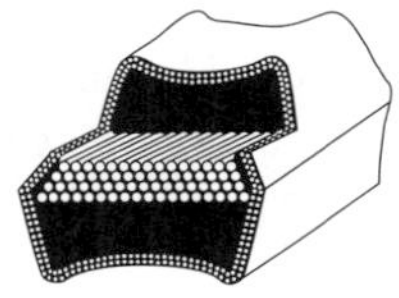

d) Breitkeilriemen (gezahnt)   e) Doppelkeilriemen

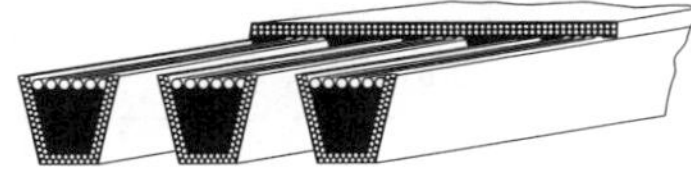

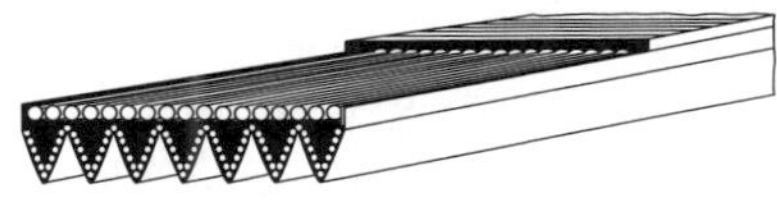

f) Verbundkeilriemen   g) Keilrippenriemen

Abb. 3.87 – Ausführungsarten von Keilriemen

Rundriemengetriebe

Rundriemengetriebe werden generell nur zur Bewegungsübertragung und nicht zur Leistungsübertragung eingesetzt. Ihr Vorteil liegt in ihrer beliebigen, räumlichen Umlenkbarkeit, weshalb sie vor allem in der Geräte- und Feinwerktechnik zum Einsatz kommen. [33, S. 578]

Allgemeine Vor- und Nachteile von reibkraftschlüssigen Zugmittelgetrieben

Bei reibkraftschlüssigen Zugmittelgetrieben handelt es sich um einfache, preiswerte Getriebe, die für höchste Umfangsgeschwindigkeiten bei mittleren Leistungen geeignet sind. Sie ermöglichen einen gleichzeitigen Antrieb mehrerer Wellen, zum Teil sogar mit wechselnden Drehrichtungen. Sie zeichnen sich durch einen geräuscharmen Lauf sowie ein günstiges elastisches Verhalten, insbesondere hinsichtlich Stoßaufnahme, Dämpfung und Überlastschutz (durch das Auftreten von Gleitschlupf bei kurzzeitiger Überlastung) aus. Ihr Übersetzungsspektrum reicht von konstanten bis hin zu stufenlos verstellbaren Übersetzungen. Insbesondere bei Flachriemen können hohe Wirkungsgrade im Bereich von $0{,}96 \leq \eta \leq 0{,}98$ [37, Teil G 108] erreicht werden. Da Riemengetriebe mit reibschlüssiger Kraftübertragung ohne Schmierung arbeiten, ergibt sich ein geringer Wartungsaufwand. Lediglich ein Austausch des Riemens ist nach einer gewissen Betriebsdauer erforderlich. [20, S. 598], [21, S. 589], [33, S. 578 f.]

Als nachteilig ist zunächst die fehlende Bewegungstreue anzusehen, da es im Betrieb zu Dehnschlupf (bis zu 2 %) durch die unterschiedliche Dehnung von

Leer- und Lasttrum und damit zu Drehzahlschwankungen kommt. Durch die zum Teil erhebliche und oft nur unter Zusatzaufwand realisierbare Riemenvorspannung entstehen hohe Lagerkräfte. Bei manchen Riemenwerkstoffen sind wegen einer mit der Zeit eintretenden bleibenden Riemendehnung auch Nachspannmöglichkeiten vorzusehen. Ebenso weisen Riemengetriebe in reibkraftschlüssiger Ausführung eine hohe Empfindlichkeit gegenüber Temperatur, Feuchtigkeit, Staub, Schmutz und Öl hinsichtlich ihres Reibungsverhaltens auf und können wegen ihrer relativ großen Baugröße (größere Wellenabstände als bei Zahnradgetrieben) nicht überall eingesetzt werden. [20, S. 599], [21, S. 589], [33, S. 579]

Vorteile	**Nachteile**
Niedrige Kosten	Dehnschlupf
Hohe Umfangsgeschwindigkeiten	Drehzahlschwankungen
Gleichzeitiger Antrieb mehrerer Wellen	Hohe Lagerkräfte
Geräuscharmer Lauf	Empfindlich gegenüber Temperatur, Feuchtigkeit, Staub, Schmutz und Öl
Geringer Wartungsaufwand	Großer Bauraum

Tab. 3.23 – Allgemeine Vor- und Nachteile von reibkraftschlüssigen Zugmittelgetrieben

Einsatzbereiche von Zugmittelgetrieben

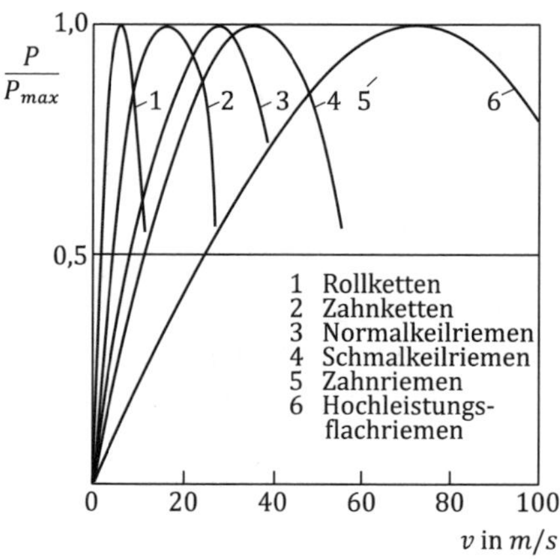

Abb. 3.88 – Einsatzbereiche verschiedener Zugmittel in Abhängigkeit von der Umfangsgeschwindigkeit

Abb. 3.88 zeigt zum Abschluss des Kapitels „Zugmittelgetriebe" die Einsatzbereiche verschiedener Zugmittel. Der Parameter v bezeichnet hierbei die Umfangsgeschwindigkeit, P/P_{max} steht für das Verhältnis aus übertragener und maximal übertragbarer Leistung. Es wird deutlich, dass Rollenketten schon bei relativ niedrigen Umfangsgeschwindigkeiten ihr Leistungsmaximum erreichen. Zahnriemen oder auch Hochleistungsflachriemen sollten hingegen bei hohen Umfangsgeschwindigkeiten betrieben werden, da sie ihre volle Leistung erst deutlich später abrufen können.

3.3.5 Kurvengetriebe

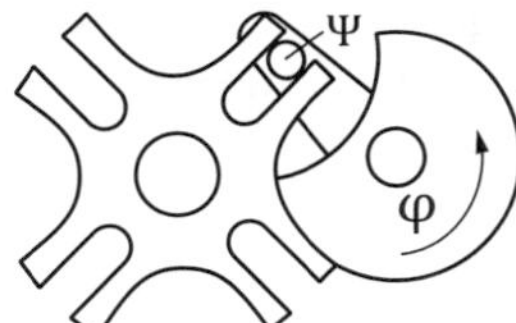

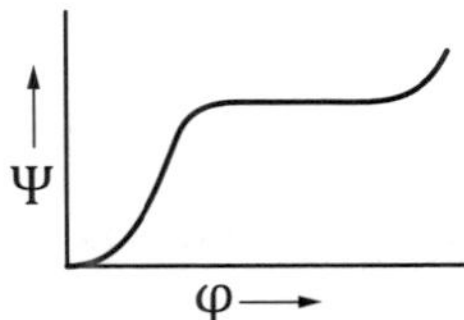

Abb. 3.89 – Malteserkreuzgetriebe mit Bewegungsablaufdiagramm

Kurvengetriebe sind Getriebe, bei denen die gewünschte Bewegung in einer Bauteilgeometrie hinterlegt ist, die dann wiederum durch Abtasten einer Kontur oder eines Profils abgerufen werden kann. Somit wird die Bewegung zwischen Antriebs- und Abtriebsglied durch eine mechanisch gefertigte Kurve übertragen, indem das Abtriebsglied die Kurve im Antriebsglied „abfährt". Im Allgemeinen handelt es sich bei Kurvengetrieben um dreigliedrige Getriebe mit einem (Kurven-) Gelenk, das zwei Freiheitsgrade aufweist. Kurvengetriebe kommen im Maschinenbau im Bereich der Nocken- und Kurvensteuerung zum Einsatz, wobei sie verschiedene Bewegungszustände wie beispielsweise komplexe Bewegungs-Zeit-Gesetze, periodische, reversierende oder auch durch variable Rastzeiten unterbrochene Bewegungen ermöglichen (siehe Abb. 3.89). [33, S. 262] Kurvengetriebe lassen sich grundsätzlich unterteilen in Schraubgetriebe und Kurvenscheibengetriebe.

Schraubgetriebe

Schraubgetriebe sind Getriebe, bei denen Antriebs- und Abtriebsglied über ein Schraubgelenk verbunden sind. Sie werden bevorzugt zur Umformung von Rotations- in Translationsbewegungen und umgekehrt eingesetzt und haben üblicherweise eine konstante Übersetzung.

Anwendungsbeispiele

Als klassische Anwendungsbeispiele für Schraubgetriebe können Scherenwagenheber, Maschinenschraubstöcke sowie Kugelgewindetriebe mit Kugelumlaufmuttern genannt werden. Der Unterschied zwischen diesen Anwendungsbeispielen liegt in den Eigenschaften der zum Einsatz kommenden Gewinde. Beim Scherenwagenheber und Maschinenschraubstock wird ein selbsthemmendes Trapezgewinde verwendet, welches ein Lösen der Fixierung nur unter externer Krafteinwirkung ermöglicht. Insbesondere beim Wagenheber ist die Funktion des selbsthemmenden Gewindes klar ersichtlich, da der Wagenheber inklusive des angehobenen Objektes ohne Selbsthemmung einfach wieder absinken würde. Kugelgewindetriebe sind im Gegensatz zu Wagenhebern und Maschinenschraubstöcken mit selbstlösenden Gewinden ausgestattet und werden daher bevorzugt zur flexiblen Positionierung eingesetzt.

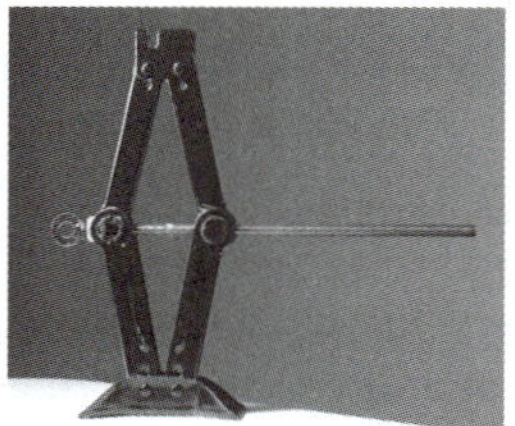
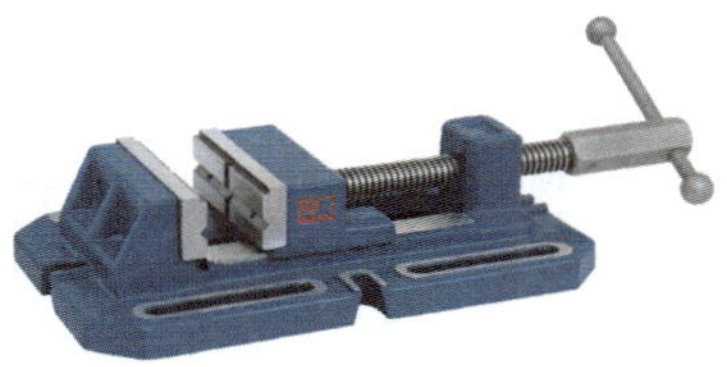

Abb. 3.90 – Scherenwagenheber und Maschinenschraubstock [47] (beide selbsthemmendes Trapezgewinde)

Abb. 3.91 – Schraubgetriebe mit Kugelumlaufmutter (selbstlösendes Gewinde) [16, S. 53]

Gestaltung und Berechnung eines Schraubgetriebes

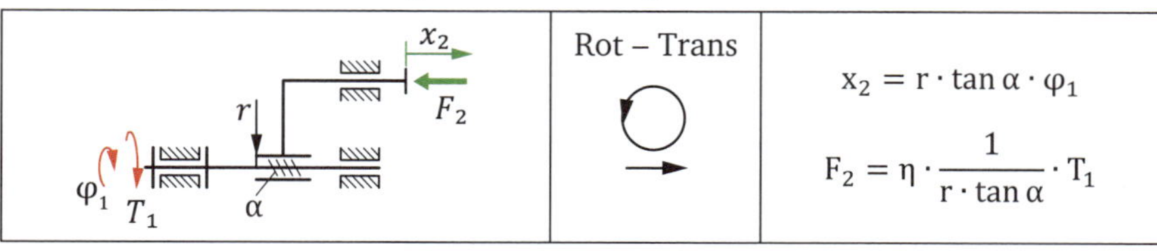

Abb. 3.92 – Schraubgetriebe als Beispiel eines Kurvengetriebe

Basis eines Schraubgetriebes ist stets ein Gewinde, welches die Rotations- in eine Translationsbewegung wandelt. Abb. 3.93 zeigt die Entstehung einer Gewindelinie.

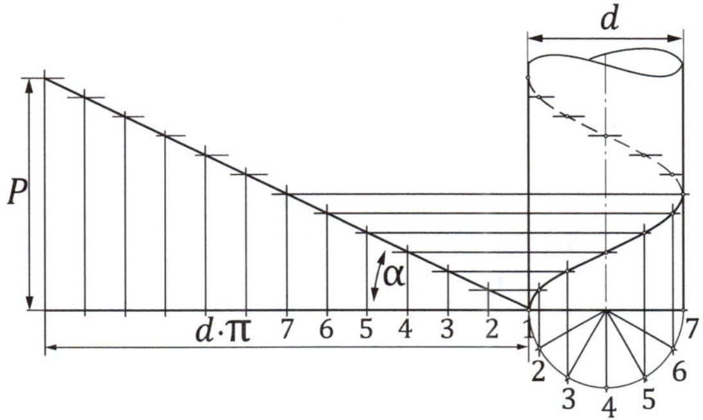

Abb. 3.93 – Entstehung einer Gewindelinie [16, S. 50]

Zur Berechnung der Gewindesteigung α (entspricht Axialverschiebung) pro Umdrehung p eines Gewindes mit dem mittleren Gewindedurchmesser d gelten folgende Zusammenhänge:

$$\tan\alpha = \frac{p}{\pi \cdot d}$$
$$\leftrightarrow \quad p = \pi \cdot d \cdot \tan\alpha \tag{3.62}$$

Während des Abgleitens des Gleitkörpers auf der Schraube bzw. dem Gewinde treten Axial- und Umfangskräfte (F_A und F_U) auf. Diese stehen entsprechend Abb. 3.94 im statischen Gleichgewicht mit der resultierenden Gesamtkraft F_{res}.

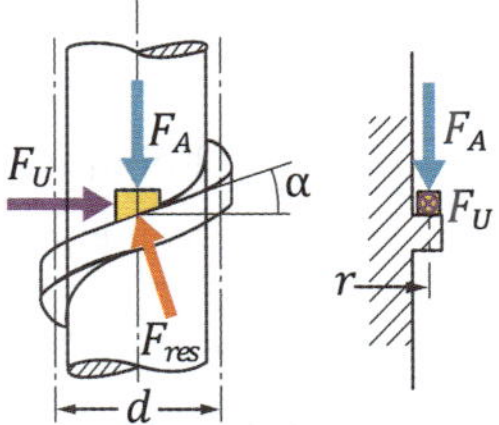

Abb. 3.94 – Schraube mit Gleitkörper (ersetzt Muttergewinde)

Bei der Berechnung der Umfangskraft F_U muss grundsätzlich zwischen den beiden Belastungsfällen „Last heben" und „Last senken" unterschieden werden.

Das erforderliche Drehmoment T_{erf} zum Einleiten der Gleitbewegung berechnet sich unabhängig vom jeweiligen Belastungsfall aus der Umfangskraft F_U und dem mittleren Gewindedurchmesser d zu:

$$T_{erf} = F_U \cdot \frac{d}{2} \tag{3.63}$$

Für die einzelnen Belastungsfälle ergeben sich die in Tab. 3.24 dargestellten mathematischen Beziehungen. Bezüglich des Belastungsfalls „Last senken“ ist eine weitere Fallunterscheidung zu treffen, je nachdem, ob der Steigungswinkel α größer oder kleiner als der Reibungswinkel ϱ ist. Gilt $\alpha < \varrho$, kehrt sich die Wirkrichtung von F_U um. F_U wird damit negativ und muss zusätzlich zum „Senken“ aufgebracht werden, was dem Lösen einer Schraube mit selbsthemmendem Gewinde entspricht. [21, S. 248]

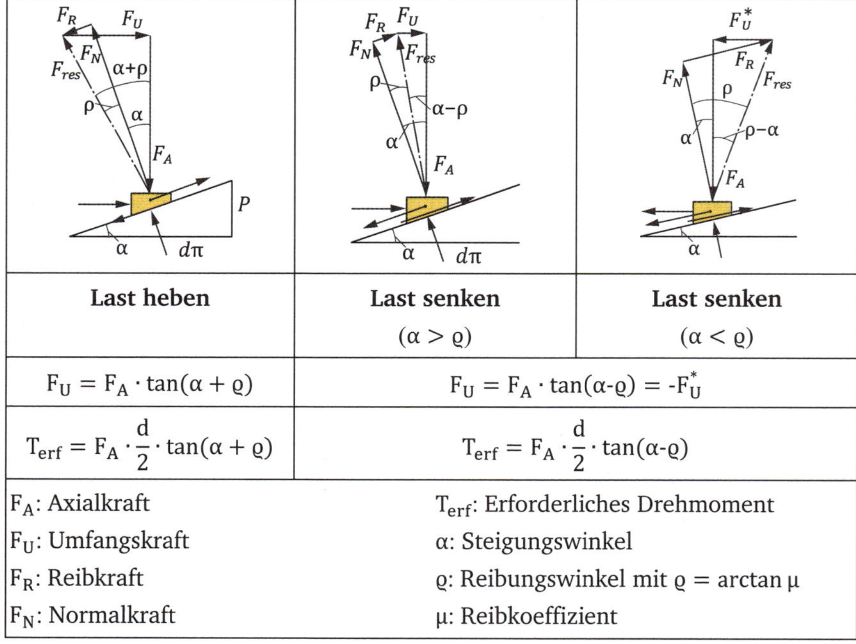

Last heben	Last senken ($\alpha > \varrho$)	Last senken ($\alpha < \varrho$)
$F_U = F_A \cdot \tan(\alpha + \varrho)$	$F_U = F_A \cdot \tan(\alpha - \varrho) = -F_U^*$	
$T_{erf} = F_A \cdot \frac{d}{2} \cdot \tan(\alpha + \varrho)$	$T_{erf} = F_A \cdot \frac{d}{2} \cdot \tan(\alpha - \varrho)$	

F_A: Axialkraft	T_{erf}: Erforderliches Drehmoment
F_U: Umfangskraft	α: Steigungswinkel
F_R: Reibkraft	ϱ: Reibungswinkel mit $\varrho = \arctan \mu$
F_N: Normalkraft	μ: Reibkoeffizient

Tab. 3.24 – Berechnung der Gewindekräfte bei Schraubgetriebe

Beim Heben einer Last wird ein Drehmoment in eine Axialkraft umgeformt. Aus diesem Grund ist bei der Berechnung von Umfangskraft und erforderlichem Drehmoment der Tangens von der Summe aus α und ϱ zu bilden. Beim Senken einer Last wird hingegen eine Axialkraft in ein Drehmoment gewandelt. Dies hat eine subtraktive Verkettung von α und ϱ im Tangens zur Folge.

Zur Berechnung des Wirkungsgrades η wird von der allgemeingültigen Formel ausgegangen. Diese gilt belastungsfallübergreifend und stellt sich wie folgt dar:

$$\eta = \frac{P_{ab}}{P_{an}} = \frac{W_{ab}}{W_{an}} \tag{3.64}$$

Hierbei bezeichnen P_{ab} und W_{ab} jeweils die am Abtrieb abgegebene Leistung und Arbeit pro Umdrehung. P_{an} und W_{an} repräsentieren entsprechend die zum Antrieb aufgewandte Leistung und Arbeit pro Umdrehung.

Zur Berechnung der aufgewandten und abgegebenen Arbeit pro Umdrehung muss wiederum zwischen den beiden Belastungsfällen „Heben" und „Senken" differenziert werden. Die entsprechenden Formeln können Tab. 3.25 entnommen werden.

Heben der Last (rot → trans)	**Senken der Last (trans → rot)**
$W_{an} = T_{erf} \cdot 2\pi = F_A \cdot \frac{d}{2} \cdot 2\pi \cdot \tan(\alpha + \varrho)$	$W_{an} = F_A \cdot p = F_A \cdot \pi \cdot d \cdot \tan\alpha$
$W_{ab} = F_A \cdot p = F_A \cdot \pi \cdot d \cdot \tan\alpha$	$W_{ab} = T_{erf} \cdot 2\pi = F_A \cdot \frac{d}{2} \cdot 2\pi \cdot \tan(\alpha\text{-}\varrho)$
$\eta_{Heben} = \frac{W_{ab}}{W_{an}} = \frac{\tan\alpha}{\tan(\alpha + \varrho)}$	$\eta_{Senken} = \frac{W_{ab}}{W_{an}} = \frac{\tan(\alpha\text{-}\varrho)}{\tan\alpha}$
$0 < \eta_{Heben} \leq 1$ → selbstlösend (für kleine Steigungswinkel $\alpha > 0$)	$\eta_{Senken} > 0$ → selbstlösend $\eta_{Senken} < 0$ → selbsthemmend

Tab. 3.25 – Berechnung der Wirkungsgrade eines Schraubgetriebes für das Heben und Senken einer Last [16, S. 51 f.]

Wie aus Tab. 3.25 ersichtlich ist, kann der Wirkungsgrad eines Schraubgetriebes für sehr kleine Steigungswinkel α beim Senken einer Last auch Werte kleiner null annehmen. Sollte dies der Fall sein, kommt es zur Selbsthemmung des Getriebes. Selbsthemmung bedeutet bei Schraubgetrieben, dass die Abtriebskraft den Antrieb rückwirkend nicht mehr bewegen kann und das Getriebe somit blockiert.

Abb. 3.95 stellt beispielhaft die Wirkungsgradverläufe für das Heben und Senken einer Last aufgetragen über dem Steigungswinkel der Gewindespindel dar. Es wird ersichtlich, dass auch beim Heben ein Wirkungsgrad kleiner null und damit Selbsthemmung für Steigungswinkel von $\alpha > 82°$ vorhanden ist. Beim Senken tritt Selbsthemmung bei Steigungswinkeln von $\alpha < 8°$ und entsprechend erfolgt die Auslegung von Befestigungsschrauben in diesem Bereich mit noch ausreichendem Abstand zur Selbsthemmungsgrenze.

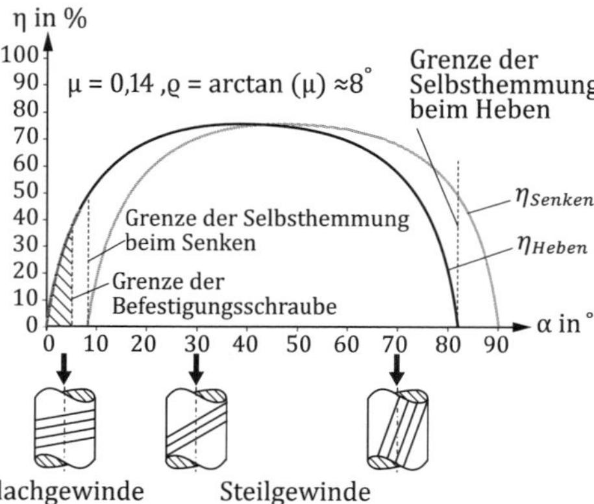

Abb. 3.95 – Wirkungsgradverläufe eines Schraubgetriebes beim Heben und Senken einer Last [16, S. 52]

Ausführungsformen

Bezüglich der Ausführungsformen lassen sich, wie zuvor bereits verdeutlicht, grundsätzlich selbsthemmende und selbstlösende Schraubgetriebe unterscheiden. Hinsichtlich der selbstlösenden Gewindetriebe kann weiterhin zwischen Gewindetrieben für die Umformung einer Rotations- in eine Translationsbewegung („Heben der Last") und Gewindetrieben für die Umformung einer Translations- in eine Rotationsbewegung („Senken der Last") unterschieden werden.

In selbsthemmenden Gewindetrieben kommen Trapezgewinde zum Einsatz, die mit kleinen Steigungswinkeln α versehen sind. Durch die Form eines gleichschenkligen Trapezes können Trapezgewinde im Vergleich zu dreieckigen Profilen größere Axialkräfte übertragen, was in Verbindung mit kleinen Steigungswinkeln zu Haften und damit Selbsthemmung führt. [48] Im Betrieb tritt Gleitreibung mit Reibzahlen im Bereich von $0{,}1 < \mu < 0{,}3$ auf.

Selbstlösende Gewindetriebe zum Heben einer Last werden meist in Hochleistungsantrieben eingesetzt. Es handelt sich hierbei um Gewindetriebe mit Kugelumlaufmuttern oder Rollmuttern. Bei den in selbstlösenden Gewindetrieben zum Heben einer Last üblichen mittleren Steigungswinkeln α kommt es im Betrieb zu Wälzreibung bei Reibzahlen von $\mu \approx 0{,}01$.

Die in selbstlösenden Gewindetrieben zum Senken einer Last zur Anwendung kommenden Gewindespindeln werden als Steilgewindespindeln bezeichnet. Sie besitzen Steigungswinkel von $\alpha > 30°$. Wie bei selbstlösenden Gewindetrieben zum Heben einer Last werden auch hier Kugelumlaufmuttern oder Rollmuttern zur Kraftübertragung eingesetzt.

Allgemeine Vor- und Nachteile von Schraubgetrieben

Schraubgetriebe zeichnen sich in erster Linie durch eine einfache Fertigung aus. Die entsprechenden Gewinde können entweder gedreht, gefräst oder gerollt werden. Darüber hinaus sind Gewinde vollständig genormt und entsprechen somit dem Grundsatz des Austauschbaus. Dieser besagt, dass beliebig viele, zu verschiedenen Zeiten, an verschiedenen Orten gefertigte Teile „A" zu beliebig vielen, ebenso gefertigten Teilen „B" ohne Nacharbeit passen müssen [49]. Zudem sind Schraubgetriebe vielfach als Zulieferkomponenten in großer Variantenvielfalt erhältlich. Je nach Anwendungsfall können sie in selbsthemmender oder selbstlösender Ausführung eingesetzt werden.

Als Nachteil lässt sich der geringe Wirkungsgrad bei Schraubgetrieben mit Gleitpaarung bzw. Trapezgewinden nennen.

Vorteile	Nachteile
Einfache Fertigung	Geringer Wirkungsgrad
Vollständig genormt	
Hohe Variantenvielfalt	

Tab. 3.26 – Allgemeine Vor- und Nachteile von Schraubgetrieben

Kurvenscheibengetriebe

Kurvenscheibengetriebe sind im gesamten Maschinenbau verbreitet und werden bevorzugt für besonders schnelle und präzise Bewegungsabläufe verwendet. Die meist auf das Antriebsglied aufgebrachte Kurve definiert dabei den Bewegungsablauf und „zwingt" das Abtriebsglied formschlüssig in eine definierte Bahn. Kommt das Abtriebsglied in den Bereich der negativen Steigung der Kurvenbahn, muss es durch äußere Kräfte oder eine zweite Kurvenbahn nachgeführt werden, um insbesondere bei höheren Drehzahlen ein Abheben von der Kurvenbahn zu vermeiden.

Anwendungsbeispiele

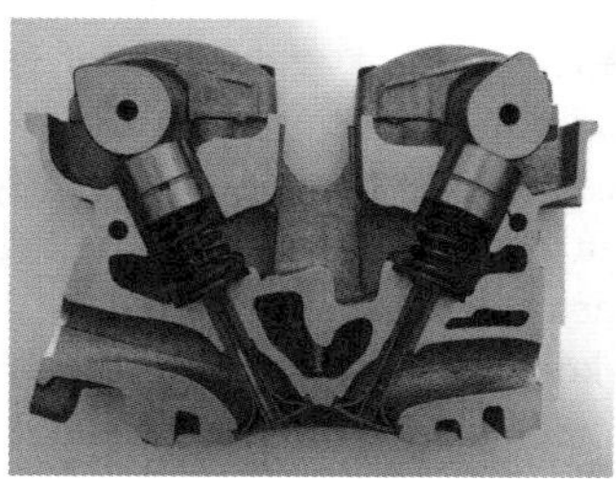

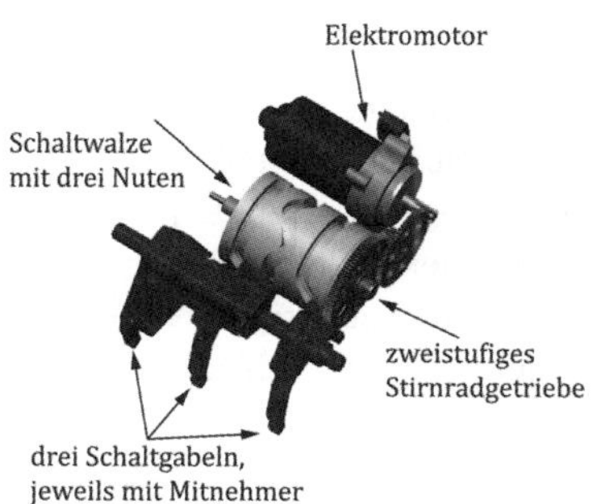

Abb. 3.96 – Ventilhubsteuerung in Hubkolbenmotor (links) [50] und Schaltgabelantrieb für automatisiertes Schaltgetriebe (Firma GETRAG) (rechts)

Anwendungsbeispiele für Kurvenscheibengetriebe sind die Nocken-Stößel-Mechanik im Ventiltrieb eines Verbrennungsmotors (siehe Abb. 3.96 links) sowie das Trommelkurvengetriebe zum Antrieb der Schaltgabeln in einem automatisierten Schaltgetriebe der Firma GETRAG (siehe Abb. 3.96 rechts). Im Falle der Ventilhubsteuerung drücken rotierende Kurvenscheiben zu unterschiedlichen Zeitpunkten auf die entsprechenden Ventile, so dass diese abwechselnd schließen und öffnen. Das Schließen der Ventile erfolgt über Federn, die die Ventile wieder zurück in ihre Ausgangslage bewegen bzw. rückstellen. Beim Schaltgabelantrieb treibt ein Elektromotor über ein zweistufiges Stirnradgetriebe eine Schaltwalze an. Die Schaltwalze ist mit drei Nuten bzw. Kurvenbahnen versehen, die je nach Drehrichtung und Drehwinkel der Schaltwalze unterschiedliche Schaltgabeln betätigen. Die Schaltgabeln dienen wiederum zum Einlegen der entsprechenden Gänge im automatisierten Schaltgetriebe.

Gestaltung von Kurvenscheibengetrieben

Wie zuvor bereits erwähnt ist bei der Gestaltung von Kurvenscheibengetrieben insbesondere auf die Nachführung des Abtriebsglieds zu achten, um ein exaktes Einhalten der vom Antriebsglied vorgegebenen Kurvenbahn zu gewährleisten. Tab. 3.27 zeigt eine Auswahl an möglichen Rückstellmechanismen, die den beiden Kategorien „Anpressung durch äußere Kraft“ und „Rückstellung durch zweite Kurve“ zugeordnet werden können.

Anpressung durch äußere Kraft			Rückstellung durch zweite Kurve		
Federkraft	Gewichtskraft	Pneumatik/ Hydraulik	Nutkurve	Konjugierte Kurvenscheiben (Doppelkurve)	Kurve gleichen Durchmessers (Gleichdick)
	m		Innenkurve IK Außenkurve AK		

Tab. 3.27 – Rückstellmechanismen bei Kurvenscheibengetrieben

Ausführungsformen

Kurvengetriebe mit Rollenstößel (ohne Reibkräfte)

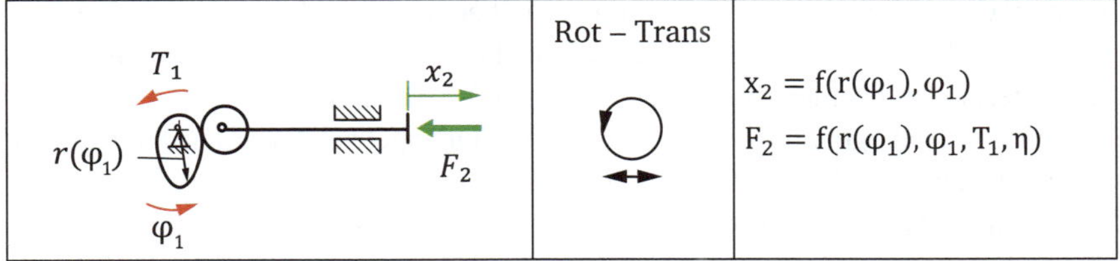

Abb. 3.97 – Kurvengetriebe mit Rollenstößel

Kurvengetriebe mit Schwinge

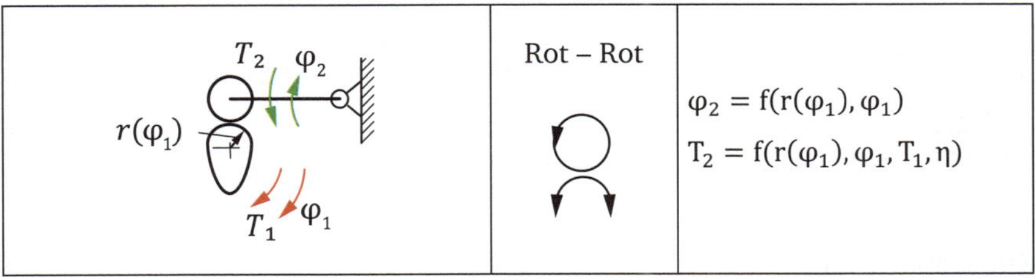

Abb. 3.98 – Kurvengetriebe mit Schwinge

Trommelkurvengetriebe mit Schwinge

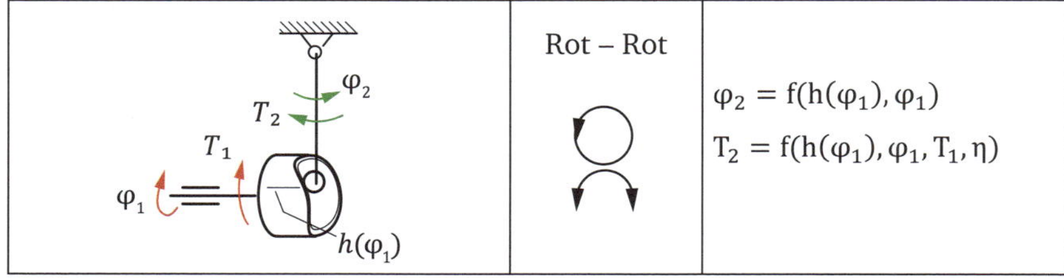

Abb. 3.99 – Trommelkurvengetriebe mit Schwinge

Allgemeine Vor- und Nachteile von Kurvenscheibengetrieben

Kurvenscheibengetriebe gewährleisten eine sehr hohe Genauigkeit des Bewegungsablaufs bei hohen Geschwindigkeiten. Über eine entsprechende Gestaltung der mechanischen Kurve sind auch komplizierte Bewegungsabläufe realisierbar. Ein weiterer Vorteil ist die Möglichkeit der CNC-Fertigung der Kurvenscheiben direkt aus dem entsprechenden CAD-Modell, was als besonders wirtschaftlich angesehen werden kann.

Als negative Eigenschaften von Kurvenscheibengetrieben können der Aufwand zur Rückstellung des Abtriebsglieds bei hochdynamischen Antrieben sowie des bei höheren Drehzahlen wegen auftretender Unwuchten häufig erforderlichen Massenausgleichs genannt werden. Kurvenscheibengetriebe werden häufig über Gleitpaarungen realisiert, die sich nicht für hochdynamische Antriebe eignen. Sollen Kurvenscheibengetriebe dennoch in hochdynamischen Antrieben zum Einsatz kommen, sind wälzgelagerte Kurvenrollen zu applizieren. [36, Teil K 67]

Vorteile	Nachteile
Hohe Genauigkeit des Bewegungsablaufs	Aufwand zur Rückstellung des Abtriebsglieds
Komplizierte Bewegungsabläufe realisierbar	Massensausgleich erforderlich

Tab. 3.28 – Allgemeine Vor- und Nachteile von Kurvenscheibengetrieben

Kulissengetriebe

Kulissengetriebe sind im einfachsten Fall dreigliedrige Getriebe, in denen Antriebs- und Abtriebsglied über ein Gelenk mit zwei Freiheitsgraden (Kulisse) verbunden sind. Mit Kulissengetrieben lassen sich in Analogie zu Kurvenscheibengetrieben definierte Bewegungsabläufe erzielen oder kinematisch geforderte Bewegungen, beispielsweise bei Hebelgetrieben, realisieren.

Anwendungsbeispiel

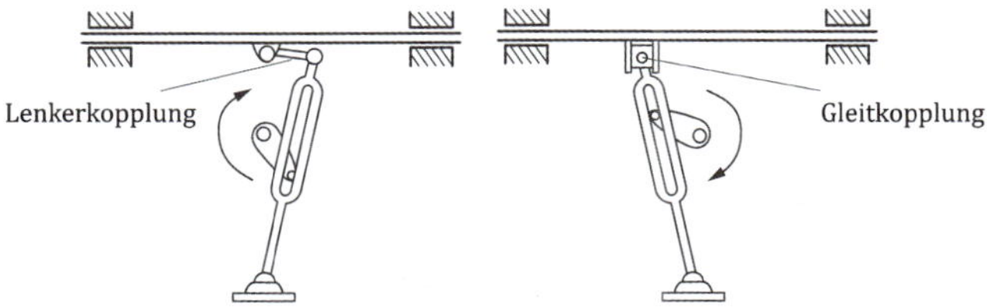

Abb. 3.100 – Kurbelschleifengetriebe am Beispiel einer Shapingmaschine

Abb. 3.100 zeigt die prinzipielle Funktionsweise einer Shapingmaschine, deren Anwendungsbereich die Oberflächenbehandlung von Werkstücken ist. Hierbei wird die Rotationsbewegung eines Bolzens über ein Langloch in eine Linearbewegung gewandelt. Dies kann entweder über eine Lenkerkopplung oder eine Gleitkopplung erfolgen.

Ausführungsformen

Bei den im Folgenden gezeigten Ausführungsformen von Kulissengetrieben handelt es sich um Getriebe ohne Reibung und Reibkräfte.

Kurbelschleifengetriebe

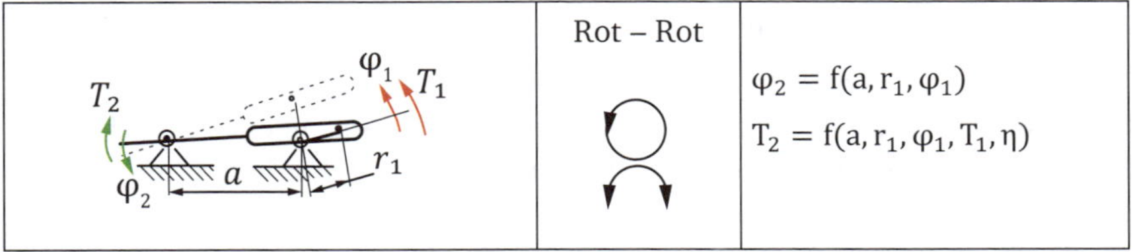

Abb. 3.101 – Kurbelschleifengetriebe als Ausführungsform eines Kulissengetriebes

Kreuzschleifengetriebe

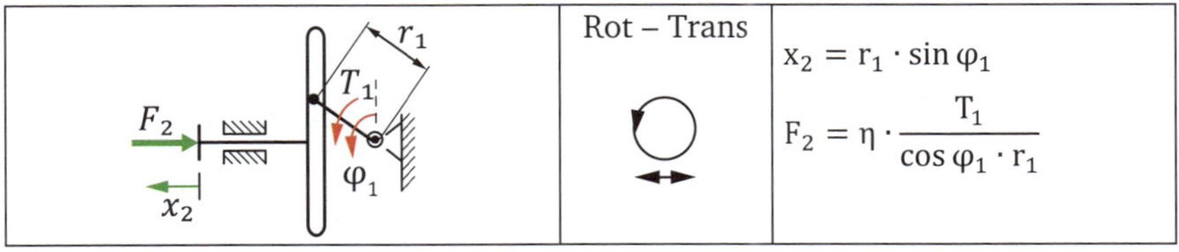

Abb. 3.102 – Kreuzschleifengetriebe als Ausführungsform eines Kulissengetriebes

Keilgetriebe

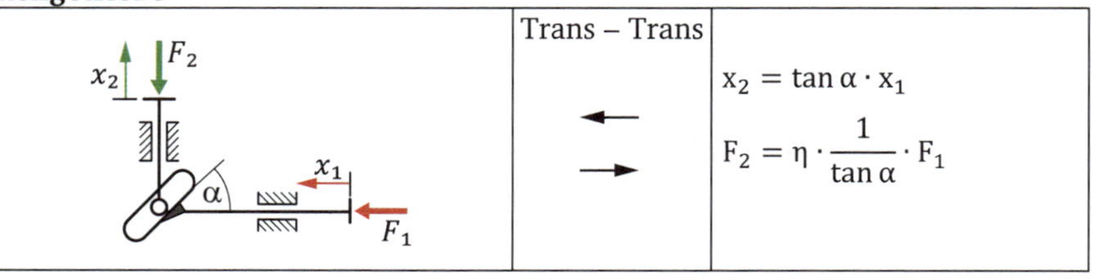

Abb. 3.103 – Keilgetriebe als Ausführungsform eines Kulissengetriebes

Hebelgetriebe in Kulissenausführung:

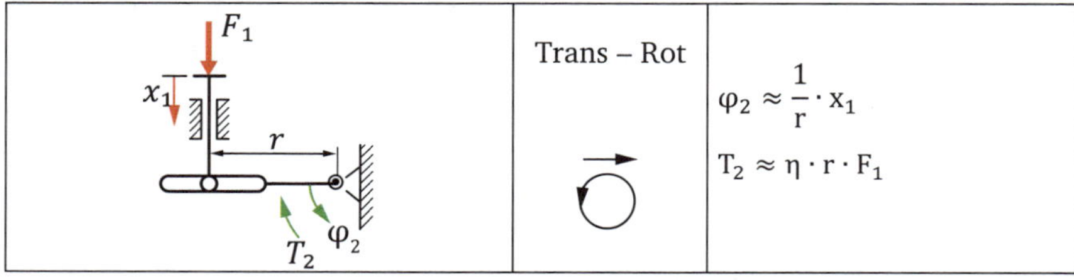

Abb. 3.104 – Hebelgetriebe als Ausführungsform eines Kulissengetriebes

Allgemeine Vor- und Nachteile von Kulissengetrieben

Kulissengetriebe sind meist einfach herstellbar, zum Beispiel durch Führungen oder Langlöcher. Demgegenüber steht der Nachteil, dass bei einem Wechsel der Führungsbahn wegen des Spiels zwischen Kulisse und Abtriebsbolzen Schläge entstehen können, die wiederum zu Schwingungen führen.

3.3.6 Koppelgetriebe

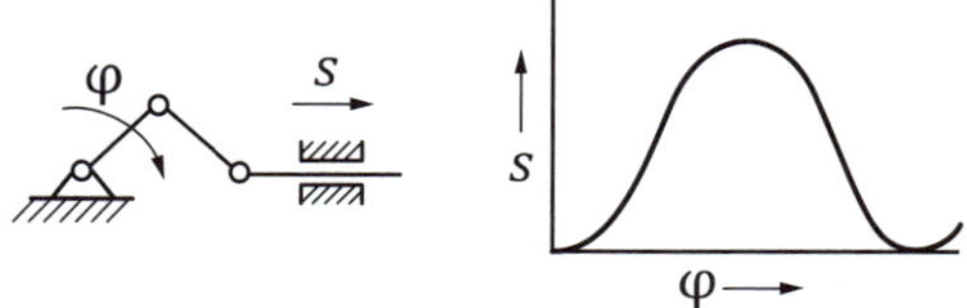

Abb. 3.105 – Schubkurbelgetriebe mit Bewegungsablaufdiagramm

Koppelgetriebe zählen im Allgemeinen zur Gattung der ungleichförmig übersetzenden Getriebe. Damit bieten sie die Möglichkeit, eine gleichförmige Drehbewegung in eine ungleichförmige oder reversierende Bewegung zu wandeln. Grundsätzlich kann dieser Vorgang auch in umgekehrter Richtung ablaufen. [33, S. 261]

Koppelgetriebe bestehen in ihrer einfachsten Form (4-gliedrige, ebene Getriebe) aus starren Gliedern, die über Dreh- oder Schubgelenke (ebene Gelenke) verbunden sind. Das nicht mit dem Gestell verbundene Getriebeglied wird als Koppel bezeichnet. Ortsfeste Punkte auf der Koppel beschreiben Koppelkurven relativ zum Gestell, die als Führungskurven genutzt werden können. Im Betrieb stellen sich ständig wechselnde Bewegungsgeschwindigkeiten ein (siehe φ-s-Diagramm in Abb. 3.105), die einerseits einen Nachteil darstellen, andererseits aber auch erhebliches Potenzial für die Entwicklung neuer, komplexer Bewegungen bieten. [33, S. 261]

Anwendungsbeispiele

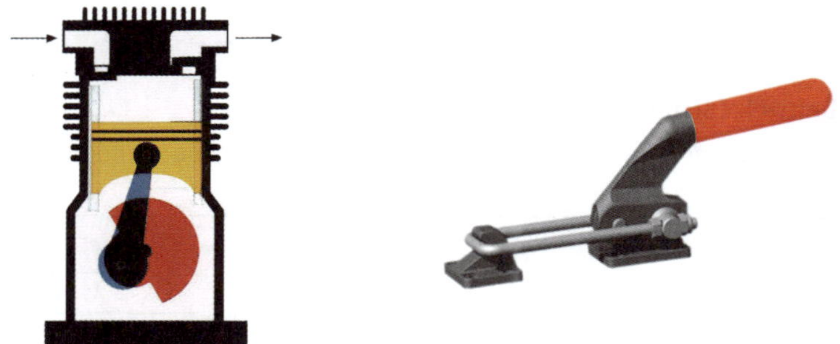

Abb. 3.106 – Kurbelwelle-Pleuel-Kolben-Mechanik eines Verbrennungsmotors Luftkompressors (links) [27] und manuell betätigter Verschlussspanner (rechts) [51]

Die wohl bekannteste Anwendung für Koppelgetriebe ist die Kurbelwelle-Pleuel-Kolben-Mechanik eines Verbrennungsmotors, wie in Abb. 3.106 für einen Luftkompressor (gleiches Wirkprinzip) dargestellt. [33, S. 261] Darüber hinaus werden Koppelgetriebe auch in Verschlussspannern eingesetzt. In beiden Fällen wird eine antreibende Rotationsbewegung in eine translatorische Bewegung gewandelt. Die nicht am Gehäuse/Gestell angelenkten Getriebeglieder sind zum einen das Pleuel (blau eingefärbt in Abb. 3.106) und zum anderen der U-Bügel beim Verschlussspanner.

Ausführungsformen

Kurbelschwinge

Einsatzgebiete der Kurbelschwinge sind beispielsweise Stanz- und Scherprozesse. Zudem ist sie in Rührwerken vorzufinden.

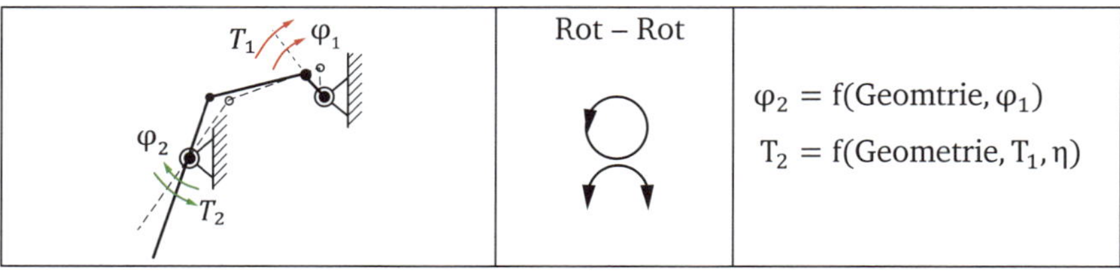

Abb. 3.107 – Kurbelschwinge als Ausführungsform eines Koppelgetriebes

Kurbeltrieb (Schubkurbel)

Kurbeltriebe werden bevorzugt in Kolbenmotoren und Kolbenkompressoren eingesetzt.

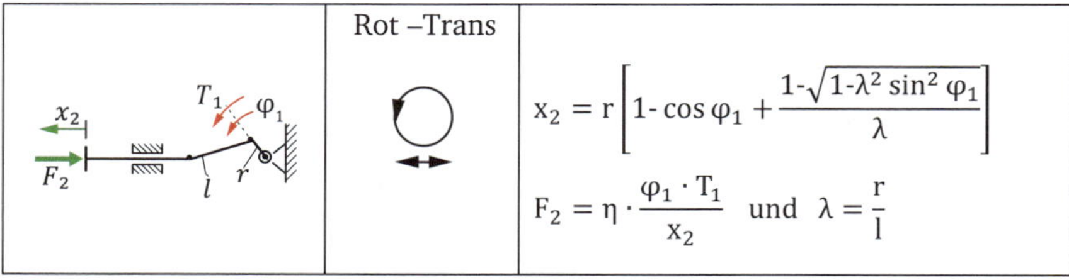

Abb. 3.108 – Kurbeltrieb als Ausführungsform eines Koppelgetriebes

Kniehebelgetriebe

Kniehebelgetriebe lassen sich häufig in Sportgeräten als Verbindungselemente wiederfinden. Ebenso werden sie in Spannvorrichtungen verbaut.

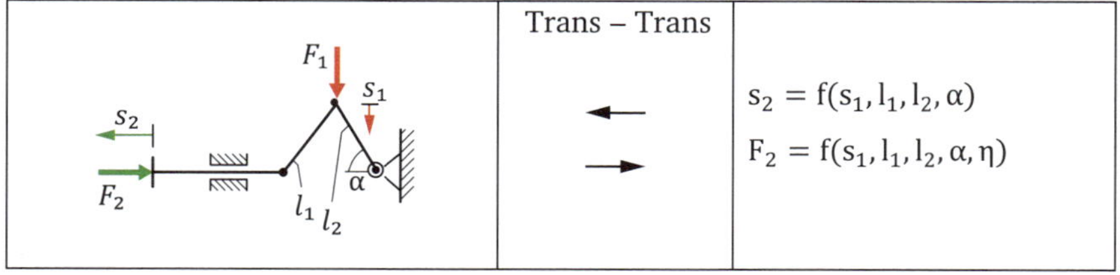

Abb. 3.109 – Kniehebel als Ausführungsform eines Koppelgetriebes

Schubschwinge (Hebelgetriebe)

Mögliche Anwendungsgebiete für Schubschwingen bzw. Hebelgetriebe sind Stanzen, Pressen oder Locher.

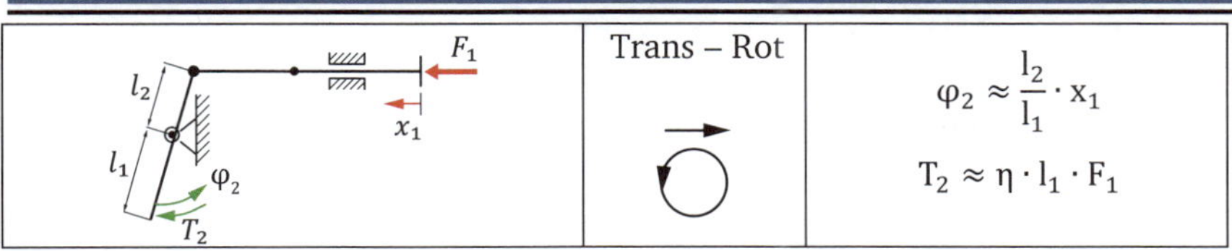

Abb. 3.110 – Schubschwinge als Ausführungsform eines Koppelgetriebes

Die Anwendungsmöglichkeiten und Variationsvielfalt von Koppelgetrieben lassen sich sehr anschaulich am Beispiel der Scheibenwischermechanik verdeutlichen. Bei gleichbleibender Funktion können hier drei grundsätzliche Anordnungen (Serienschaltung, Parallelschaltung und gegenläufige Schaltung) unterschieden werden, deren Wahl je nach dem zur Verfügung stehenden Bauraum erfolgt. [33, S. 262] Abb. 3.111 stellt diese einander gegenüber.

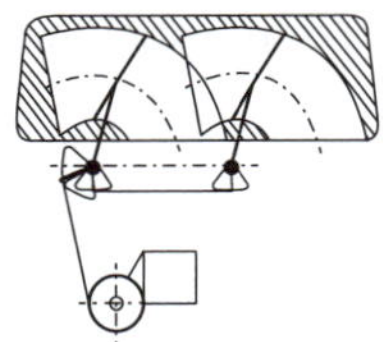

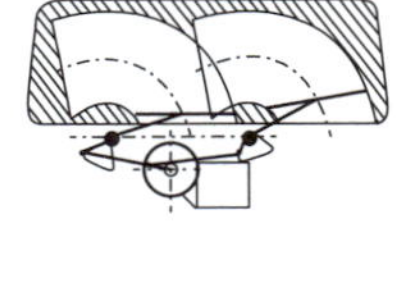

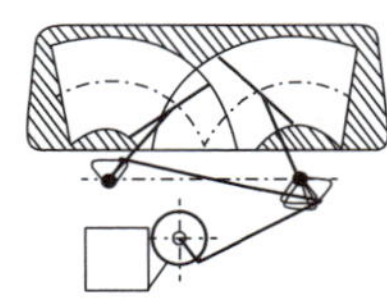

a) Serienschaltung b) Parallelschaltung c) Gegenläufige Schaltung

Abb. 3.111 – Gestaltungsmöglichkeiten der Scheibenwischermechanik [Robert Bosch GmbH]

Allgemeine Vor- und Nachteile von Koppelgetrieben

Als Vorteile von Koppelgetrieben sind unter anderem ihre vielfältigen Anwendungsmöglichkeiten zu nennen. Diese ergeben sich durch Variation der Anzahl, Abmessungen und Relativlagen der Glieder sowie der Art und Anordnung der Gelenke. Sie besitzen einen einfachen Aufbau und lassen sich aufgrund der einfachen (Dreh-)Gelenke ohne größeren Aufwand herstellen. Wegen der günstigen Berührungsverhältnisse in den Gelenken (meist Flächenberührung) ergibt sich eine hohe Beanspruchbarkeit. Zudem ermöglichen die bei Koppelgetrieben auftretenden Strecklagen der Glieder Sonderlösungen, beispielsweise in Form von Spannvorrichtungen, mit großen Spannkräften. [33, S. 262]

Als nachteilig ist hingegen die Nichtlinearität der Bewegungstransformation bei Koppelgetrieben anzusehen, die häufig aus den, sich bei komplexen Bewegungswünschen ergebenden, komplexen Geometrien resultiert. Zudem weisen Koppelgetriebe oftmals ein starres und damit nicht oder nur aufwändig veränderbares Übersetzungsverhältnis auf. Dies ist unter anderem der Grund dafür, dass Koppelgetriebe zunehmend durch „mechatronische Antriebe“ ersetzt werden. [33, S. 262]

Vorteile	Nachteile
Vielfältige Anwendungsmöglichkeiten	Nichtlineare Bewegungstransformation
Einfacher Aufbau	Starres Übersetzungsverhältnis
Hohe Beanspruchbarkeit	

Tab. 3.29 – Allgemeine Vor- und Nachteile von Koppelgetrieben

3.3.7 Einsatzbereiche und Auswahl mechanischer Energieumformer

Die Auswahl einer Getriebebauart hängt generell von den Rahmenbedingungen des Einsatzfalles ab, wobei eine allgemeingültige Vorgehensweise nicht angegeben werden kann. Die zwei wichtigsten Auswahlkriterien sind Übersetzung und Wirkungsgrad. Zudem können folgende Parameter im Auswahlprozess berücksichtigt werden:

- Übertragbare Leistung und Drehmomente
- Drehmoment- und Drehzahlgrenze
- Übersetzungsgenauigkeit und -variabilität
- Schlupf
- Vorhandene Schmierung
- Leitungsdichte und Bauraum
- Betriebsverhalten
- Überlastbarkeit
- Gesamtgewicht
- Kosten und Wirtschaftlichkeit

Im allgemeinen Maschinenbau werden die meisten Getriebe als Zahnradgetriebe ausgeführt. Tab. 3.30 zeigt einen groben Überblick der Leistungsdaten für die einzelnen Getriebebauformen. Die Angaben in Klammern stehen jeweils für die maximal erreichbaren Übersetzungsverhältnisse. [52, S. 324 f.]

Getriebe-bauart	Leistung in kW	Drehzahl in min^{-1}	Übersetzung i	Wirkungsgrad η je Stufe in %
Stirnrad-getriebe	2.000-150.000	150.000	1-6 (max. 10)	93-99
Planeten-getriebe	5.000-35.000	17.000	3-13 (max. 35)[1)]	98-99,5
Kegelrad-getriebe	500-4.000	50.000	1-5 (max. 6)	97-98,5
Kegel-schraub-radgetriebe	300-1.000	17.000	4-8 (max. 50)	85-96
Schnecken-getriebe	90-1.000	30.000	5-100 (max. 300)	40-95[2)]
Ketten-getriebe	200-3.000	10.000	1-7 (max. 10)	97-98
Flachriemen-getriebe	150-3.000	17.000	1-5 (max. 20)	96-98
Keilriemen-getriebe	100-4.000	6.000	1-10 (max. 15)	94-97
Zahnriemen-getriebe	100-400	30.000	1-10 (max. 12)	96-99
Reibradge-triebe	50-150	6.000	1-10 (max. 15)	95-98

1) hochübersetzend bis 10^6
2) η fallend mit steigender Übersetzung

Tab. 3.30 – Grobe Anhaltswerte für maximale Leistungen, Drehzahlen und Übersetzungen der einzelnen Getriebebauformen [33, S. 384], [52, S. 325], [53]

Darüber hinaus kann auch Tab. 3.31 zur Auswahl eines geeigneten Getriebes herangezogen werden. Sie zeigt die Standardeinsatzgebiete der einzelnen Getriebe. Ein Kreuz bedeutet hierbei, dass das jeweilige Getriebe der entsprechenden Anforderung gerecht werden kann und diesbezüglich einsatzfähig ist.

Anforderung/Auswahl mechanischer Umformer		Gleichförmige Übersetzung	Hoher Wirkungsgrad	Bewegungstreu (kein Schlupf)	Drehzahl-verstellung	Selbsthemmung	Geräuscharm	Tot- oder Raststellungen
Rädergetriebe	Stirnradgetriebe	x	x	x			x	
	Kegelradgetriebe	x	x	x			x	
	Planetengetriebe	x	x	x			x	
	Schneckengetriebe	x		x		x	x	
	Reibradgetriebe	x			x		x	
Hüllgetriebe	Kettentriebe	x	x	x				
	Zahnriementriebe	x	x	x			x	
	Flachriementriebe	x	x		x		x	
	Keilriementriebe	x			x		x	
Kurven-getriebe	Schraubgetriebe	x		x		x	x	
	Kurvenscheibengetriebe		x	x			x	x
	Keilgetriebe	x		x		x	x	
Koppel-getriebe	Kurbeltriebe		x	x			x	x
	Kniehebeltriebe		x	x			x	x
	Hebelgetriebe	x	x	x			x	x

Tab. 3.31 – Standardeinsatzgebiete verschiedener mechanischer Umformer [16, S. 71]

3.4 Mechanische Stellglieder

Mit Schalt- und Trennkupplungen lässt sich ein mechanischer Energiefluss steuern. Beim Ein- und Ausschaltvorgang muss das Verhalten des Antriebs- und Abtriebsstranges berücksichtigt werden. Stoßartige Belastung und Erwärmung führen zu zusätzlichen Beanspruchungen der Bauteile in der Kupplung selbst und im gesamten Antriebsstrang. Schalt- und Trennkupplungen sind wie in Abschnitt 3.4.1 dargestellt zu unterscheiden.

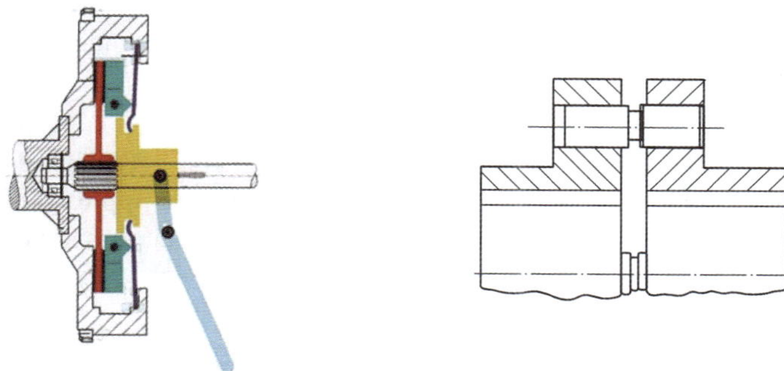

Abb. 3.112 – Links Einscheibentrockenkupplung als Schaltkupplung [27], rechts Brechbolzen-Trennkupplung

Die Schaltkupplung nach Abb. 3.112 links ermöglicht ein beliebiges Trennen und Verbinden des Antriebsstranges z. B. im Antrieb eines Pkw beim Anfahren oder beim Schalten des Getriebes.

Bei der Trennkupplung nach Abb. 3.112 rechts hingegen wird der Abtrieb vom Antrieb durch den Bruch der Bolzen getrennt. Der Trennvorgang ist irreversibel und muss nach Stillsetzen des Systems durch separate Maßnahmen behoben werden. Trennkupplungen werden z. B. in Backenbrechern eingesetzt, um schwerwiegende Schäden durch sehr selten auftretende Überlasten zu verhindern.

Definition

Schalt- und Trennkupplungen sind Maschinenelemente, die als Stellglieder in einem Antriebsstrang einen mechanischen Energiefluss unterbrechen bzw. weiterleiten. Das Betätigen der Kupplung erfordert ein Stellsignal S, das von außerhalb oder innerhalb des Antriebsstranges kommen kann.

3.4.1 Gliederung von Schalt- und Trennkupplungen

Unterscheidung nach der Funktion

Das **Schalten** ist ein Vorgang, bei dem der Energiefluss in einem Antriebsstrang unterbrochen und während des Betriebs wiederhergestellt werden kann. Schaltkupplungen sind deshalb Antriebskomponenten, die aus- und einrückbar sind. Das **Trennen** ist ein Vorgang, bei dem der Energiefluss in einem Antriebsstrang nur unterbrochen werden kann. Ein Einrücken ist im Betrieb nicht mehr möglich, in der Regel muss dazu der Antrieb stillgelegt und durch besondere Maßnahmen der Betriebszustand wiederhergestellt werden.

Um den Schalt- bzw. Trennvorgang einzuleiten, müssen Kupplungen durch ein Stellsignal S betätigt werden. Kommt das Stellsignal von außerhalb der Systemgrenze der Kupplung, spricht man von **fremdbetätigten Kupplungen**, wird das Stellsignal von einer Größe des Antriebsstranges abgeleitet, spricht man von **eigenbetätigten Kupplungen** (Tab. 3.32).

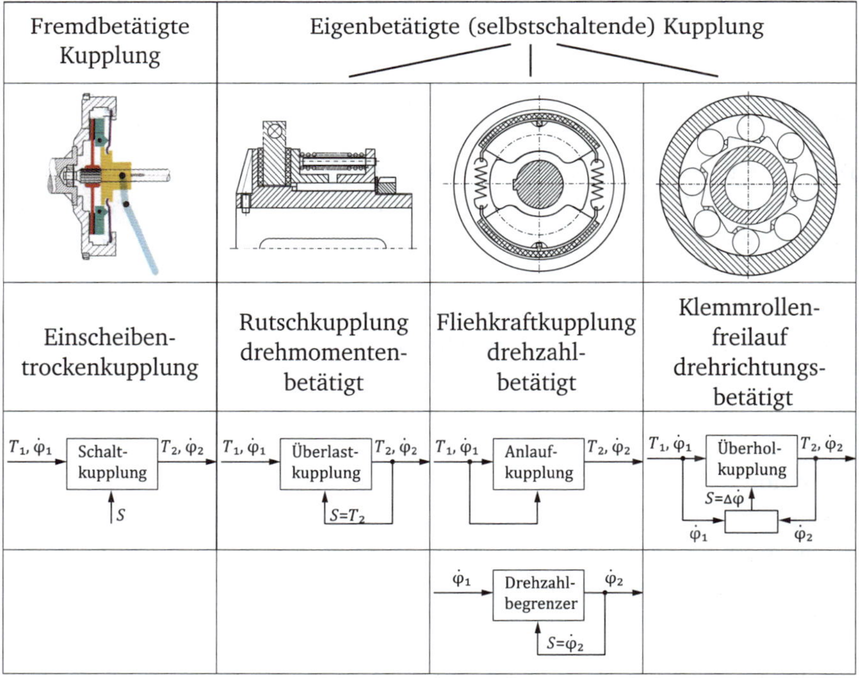

Fremdbetätigte Kupplung	Eigenbetätigte (selbstschaltende) Kupplung		
Einscheiben-trockenkupplung	Rutschkupplung drehmomenten-betätigt	Fliehkraftkupplung drehzahl-betätigt	Klemmrollen-freilauf drehrichtungs-betätigt
$T_1, \dot{\varphi}_1$ → Schalt-kupplung → $T_2, \dot{\varphi}_2$; S	$T_1, \dot{\varphi}_1$ → Überlast-kupplung → $T_2, \dot{\varphi}_2$; $S=T_2$	$T_1, \dot{\varphi}_1$ → Anlauf-kupplung → $T_2, \dot{\varphi}_2$	$T_1, \dot{\varphi}_1$ → Überhol-kupplung → $T_2, \dot{\varphi}_2$; $S=\Delta\dot{\varphi}$; $\dot{\varphi}_1$, $\dot{\varphi}_2$
		$\dot{\varphi}_1$ → Drehzahl-begrenzer → $\dot{\varphi}_2$; $S=\dot{\varphi}_2$	

Tab. 3.32 – Fremd- und eigenbetätigte Kupplungen mit ihren Funktionen [16], [27]

Entsprechend der jeweiligen Größe in einem Antriebsstrang, die für das Schaltsignal genutzt wird, unterscheidet man drehmoment-, drehzahl- oder drehrichtungsbetätigte Kupplungen.

Unterscheidung nach dem Wirkprinzip

Das Wirkprinzip von Schalt- und Trennkupplungen basiert auf der Schlussart zwischen den drehmomentübertragenden Wirkflächen.

Formschlüssige Schalt- und Trennkupplungen übertragen ein Drehmoment über Klauen oder Zähne. Wegen der durch die Schaltelemente bedingten Teilung sind die Kupplungshälften nur in bestimmten Relativpositionen einrückbar.

Reibkraftschlüssige Schalt- und Trennkupplungen übertragen ein Drehmoment über den Reibkraftschluss mittels einer Anpresskraft an Wirkflächen. Schaltvorgänge sind wegen des sich einstellenden Synchronisierungsvorgang, der die Drehzahl beider Kupplungshälften angleicht, selbst bei hohen Relativgeschwindigkeiten und unter großen Lasten durchführbar.

Die nachfolgende Systematik (Tab. 3.33) gibt einen geordneten Überblick über reibkraftschlüssige und formschlüssige Schalt- und Trennkupplungen.

Gliederungsteil		Hauptteil			Zugriffsteil	
Wirkprinzip der Drehmomentübertragung	Wirkprinzip des Trennvorgangs	Bezeichnung	Beispiel	Nr.	Betätigungsart (Schalten, Trennen)	
					Fremdbetätigt	Eigenbetätigt durch
Reibkraftschluss zwischen Plan-, Kegel- oder Zylinderflächen	Externes Aufheben der Anpresskraft	Reibkraftschlüssige Schaltkupplungen	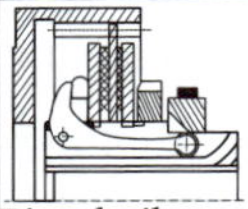 Einscheibentrockenkupplung	1	X	
	Überschreiten des maximalen Reibmoments	Rutschkupplungen	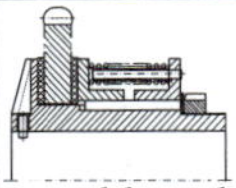 Rutschkupplung	2		X Drehmoment
	Fliehkraft kleiner als erforderliche Anpresskraft	Fliehkraftkupplungen	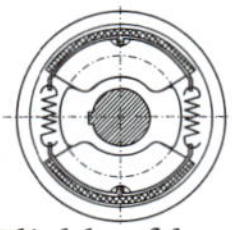 Fliehkraftkupplung	3		X Drehzahl
	Aufheben der Klemmung durch Rückdrehen	Klemmfreiläufe	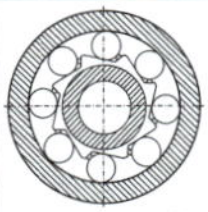 Klemmrollenfreilauf	4		X Drehsinn
Formschluss zwischen Normalflächen in Tangentialrichtung	Externes Ausrücken der eingreifenden Kupplungsflächen	Klauenkupplungen	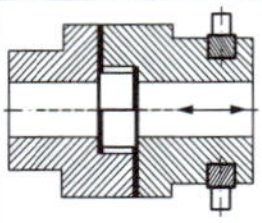 Klauenkupplung	5	X	
	Bruch der Bolzen durch Überbeanspruchung	Scherbolzenkupplungen	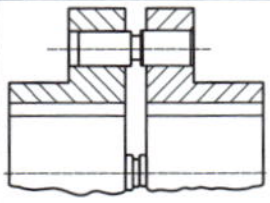 Scherbolzenkupplung	6		X Drehmoment
	Aufheben der Anschläge durch Rückdrehen	Klinkenfreiläufe	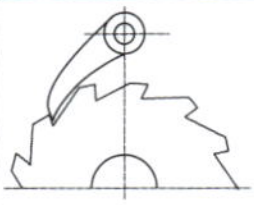 Klinkenfreilauf	7		X Drehsinn

Tab. 3.33 – Systematik „Schalt- und Trennkupplungen“ [2]

3.4.2 Reibkraftschlüssige Schalt- und Trennkupplungen

Wenn die Drehzahl zwischen An- und Abtrieb unterschiedlich ist, muss beim Einschalten einer Kupplung die Relativbewegung ausgeglichen werden. Dieser Ausgleich kann nicht schlagartig erfolgen, weil dann die resultierenden Ausgleichskräfte/-momente wegen der dabei erforderlichen schlagartigen Beschleunigung der Massenträgheiten von An- bzw. Abtrieb unendlich groß werden würden. Ein Schaltvorgang ist in diesem Fall nur möglich, wenn zwischen den entsprechenden Wirkflächen eine, wenn auch nur kurzzeitige Relativbewegung, möglich ist und dabei gleichzeitig ein Moment übertragen wird, das zum Ausgleich der Relativbewegung führt. Nur kraftschlüssige Kupplungen (z. B. Elektromagnet- oder hydrodynamische Kupplungen) und als besonders wichtiger Sonderfall reibkraftschlüssige Kupplungen (z. B. Einscheibentrockenkupplungen) erfüllen diese Anforderungen (Abb. 3.113).

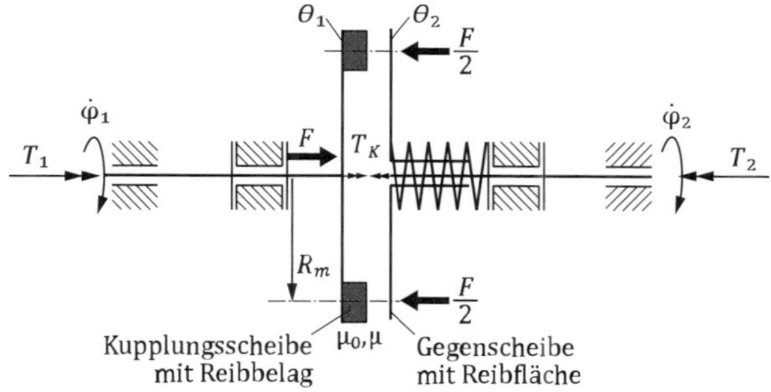

Abb. 3.113 – Reibkraftschlüssige Schaltkupplung (Prinzipbild) [16]

Der Reibkraftschluss bei Reibkraftschlüssige Kupplungen erfordert eine Anpresskraft, die beim Einschalten erzeugt bzw. beim Trennen aufgehoben werden muss. Gleitreibungskoeffizient μ und Haftreibungskoeffizient μ_0 hängen maßgeblich von der Materialpaarung, der Temperatur und der Oberflächengestalt ab.

Reibkraftschlüssige Kupplungen können als trocken- und nasslaufende Kupplungen ausgeführt werden. Trockenlaufende Kupplungen sind vor Eindringen von Schmiermitteln zu schützen, um einen Abfall der Reibkoeffizienten zu verhindern. Bei nasslaufenden Kupplungen sind die Reibkoeffizienten niedriger, die Wärmeabfuhr durch die Flüssigkeit jedoch weitaus besser.

Jeder Schaltvorgang und der Betrieb verursacht Reibung und damit Verschleiß. Daher müssen reibkraftschlüssige Kupplungen ein- und nachstellbar sein.

Weiterhin übernehmen reibkraftschlüssige Kupplungen auch die Funktion einer Anfahr- und Überlast- bzw. Sicherheitskupplung, wenn das Lastmoment T_2 das von der Kupplung maximal übertragbare Drehmoment $T_{k,max}$ übersteigt.

Jeder Schaltvorgang sowie allgemein der Schlupfbetrieb verursachen Gleitreibung und damit Verschleiß. Dies ist bei trockenlaufenden Kupplungen besonders ausgeprägt, während bei nasslaufenden Kupplungen zudem eine funktionsbeeinträchtigende Veränderung der Öleigenschaften auftreten kann. Zur Kompensation des Verschleißes werden Kupplungen ein- und nachstellbar ausgeführt.

Beim Durchrutschen wird die Reibarbeit in Wärme gewandelt und muss z. B. durch Konvektion abgeführt werden. Andernfalls wird die zulässige Temperatur der Kupplung überschritten, sie wird funktionsunfähig.

Reibkraftschlüssige Kupplungen können im Betrieb unter Last und großen Drehzahldifferenzen geschaltet werden. Diese Fähigkeit ermöglicht den Synchronisierungsvorgang, bei dem beide Kupplungshälften ihre Drehzahl nach dem Schaltvorgang einander angeglichen haben.

Mögliche Ausführungsformen können hinsichtlich der Anzahl an wirksamen Reibflächen differenziert werden. So unterscheidet man zwischen Ein- oder Mehrscheibenkupplung. Die über eine einzige aufgeprägte Axialkraft angepressten wirksamen Reibflächen weisen eine Parallelfunktion auf, sodass sich die zugehörigen Reibmomente zum Gesamtreibmoment der Kupplung addieren. Mehrscheibenkupplungen (Lamellenkupplungen) bestechen durch einen kleineren Außendurchmesser, wodurch sie ein geringeres Trägheitsmoment aufweisen. Nachteilig sind die ungünstigeren Kühlverhältnisse durch die im Vergleich zu Einscheibenkupplungen geringere leistungsbezogene Wärmekapazität, sodass Lamellenkupplungen in der Regel als nasslaufende Kupplungen ausgeführt werden und nur in Ausnahmefällen, z. B. bei sehr kurzen Schaltzeiten, trocken laufen.

Anwendungsbeispiel: Fremdbetätigte reibkraftschlüssige Kupplungen

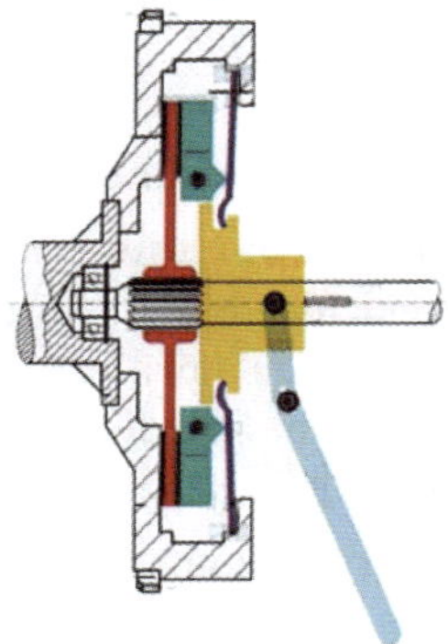

Abb. 3.114 – Einscheibentrockenkupplung (Kfz-Kupplung) [27]

Beschreibung

Das Kupplungsdrehmoment entspricht dem Reibmoment zwischen Kupplungsbelag und den beiden Anpressflächen (n = 2): $T_K = n \cdot \mu \cdot R_m \cdot F$ (vergleiche auch Abb. 3.114 mit einer Anpressfläche).

Die Anpresskraft (Normalkraft) wird durch Membranfedern erzeugt und bei Betätigen des Fußpedals über eine Hebelübersetzung aufgehoben. Die Reibbelagscheibe kann sich auf der Vielkeilwelle axial einstellen um den Verschleiß der Kupplungsbeläge auszugleichen.

Anwendungsbeispiele

Mehrscheibenkupplungen (Lamellenkupplungen)

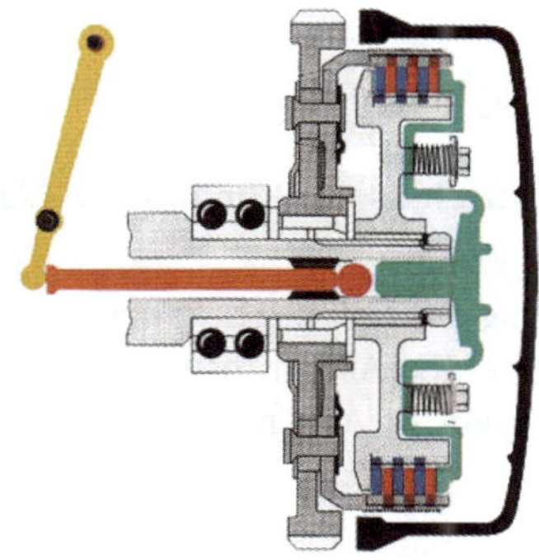

Abb. 3.115 –Lamellenkupplung [27]

Eigenbetätigte reibkraftschlüssige Kupplungen

Alle eigenbetätigten reibkraftschlüssigen Kupplungen lassen sich auf die Bauarten der fremdbetätigten zurückführen. Lediglich das Schaltsignal wird aus dem Antriebsstrang entnommen.

Drehmomentbetätigte reibkraftschlüssige Kupplungen (Rutsch-, Überlastkupplungen)

Rutsch-, und Überlastkupplungen sichern Maschinen gegen Stöße bzw. kurzzeitige Überlastung. Sie verhindern ein Durchleiten der Überlast im Antriebsstrang durch das Durchrutschen der Kupplung. Die Anpresskraft ist dabei meist durch Federn eingestellt und bewirkt ein bestimmtes Maximaldrehmoment.

Die beim Durchrutschen erzeugte Reibarbeit muss in der Kupplung aufgenommen werden. Damit bestimmt die Wärmekapazität der Kupplung die zulässige Schalthäufigkeit.

Derartige Kupplungen werden auch als Anlaufkupplungen eingesetzt, um bei großen Antriebsmomenten ein sanftes Anlaufen des Abtriebs zu erreichen.

Abb. 3.116 Beispiel Rutschkupplung [54]

Drehzahlbetätigte reibkraftschlüssige Kupplungen (Anlauf-, Fliehkraftkupplungen)

Um Motoren ohne Belastung auf Nenndrehzahl hochzufahren und dann erst mit dem Abtrieb zu koppeln, werden Anlauf- bzw. Fliehkraftkupplungen eingesetzt. Sie erzeugen ein Drehmoment in Abhängigkeit von der Drehzahl durch Fliehkraftwirkung.

Die Fliehkraft kann dabei auf Backen wirken, die sich gegen Federwirkung nach außen auf die Innenseite der Kupplungsglocke pressen. Üblich sind auch pulver-, granulat- oder kugelgefüllte Kupplungen, bei denen die Partikel durch Fliehkraft nach außen gedrückt werden und die Reibkraft zur Drehmomentübertragung erzeugen

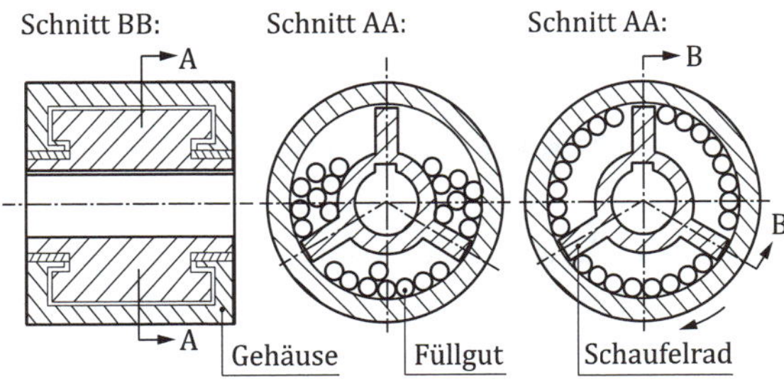

Abb. 3.117 – Metalluk-Fliehkraft-Kupplung [16]

Drehrichtungsbetätigte reibkraftschlüssige Kupplungen (Freilauf)

Soll ein Drehmoment nur in einer Richtung übertragen werden, in der Gegenrichtung jedoch nicht, werden Freiläufe eingesetzt. Typische Anwendungen sind:

- Rücklaufsperren z. B. bei Förderbändern oder Aufzügen, die beim Bruch des Antriebsstranges ein Rückfahren zuverlässig verhindern
- Schaltelemente z. B. in Verpackungsanlagen, die aus einer oszillierenden Schwenkbewegung eine fortschreitende Translationsbewegung (Schrittbewegung) erzeugen

Reibkraftschlüssige Freiläufe greifen im Unterschied zu den teilungsbehafteten formschlüssigen Freiläufen in jeder Stellung, arbeiten geräuschlos und weitgehend verschleißfrei und sind auch für hohe Drehzahlen geeignet.

Abb. 3.118 – Klemmrollenfreilauf mit Außenstern [27]

Berechnung und Modell einer reibkraftschlüssigen Kupplung

Dynamisches Verhalten

Das Verhalten von reibkraftschlüssigen Kupplungen beim Schalt- und Trennvorgang soll am Beispiel eines Seiltrommelantriebs (Abb. 3.119) erläutert werden.

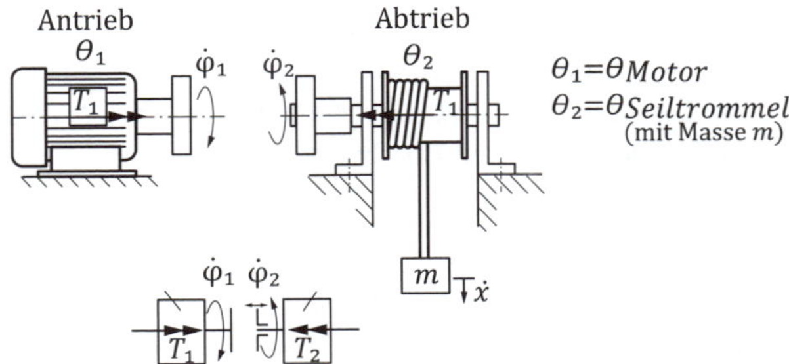

Abb. 3.119 – Seiltrommelantrieb mit reibkraftschlüssiger Schaltkupplung und mechanisches Ersatzmodell in verschiedenen Betriebszuständen [16]

Einschalten

Beim Einschalten zum Zeitpunkt t_0 wirkt das Reibmoment der Schaltkupplung T_{1K} auf An- und Abtriebsstrang (siehe Abb. 3.120) und es gilt:

$$\dot{\varphi}_1(t = t_0) = \dot{\varphi}_{10}$$
$$\dot{\varphi}_2(t = t_0) = \dot{\varphi}_{20} \tag{3.65}$$

$$T_1 - T_K = \theta_1 \ddot{\varphi}_1 = \theta_1 \frac{d\dot{\varphi}_1}{dt} \tag{3.66}$$

$$T_K - T_2 = \theta_2 \ddot{\varphi}_2 = \theta_2 \frac{d\dot{\varphi}_2}{dt} \tag{3.67}$$

$$\text{aus (3.66):} \int_{\dot{\varphi}_{10}}^{\dot{\varphi}_1} d\dot{\varphi}_1 = \int_{t_0}^{t} \frac{T_1 - T_K}{\theta_1} dt \tag{3.68}$$

$$\text{aus (3.67):} \int_{\dot{\varphi}_{20}}^{\dot{\varphi}_2} d\dot{\varphi}_2 = \int_{t_0}^{t} \frac{T_K - T_2}{\theta_2} dt \tag{3.69}$$

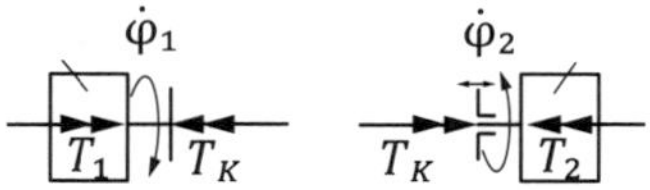

Abb. 3.120 – Freigeschnittener Seiltrommelantrieb

Ist das Kupplungsmoment T_{1K} größer als das Antriebsmoment T_1 bzw. das Lastmoment T_2 , wird die Antriebsschwungmasse θ_1 abgebremst und die Abtriebsschwungmasse θ_2 beschleunigt. Sind alle Momente konstant, ergeben sich die unten angegebenen Gleichungen und Geschwindigkeitsverläufe.

Annahme: T_1, T_2, T_K = konstant und $T_K > T_1, T_2$

Bezüglich des Reibmoments wird hierbei davon ausgegangen, dass das maximale Kupplungsmoment $T_{K,max}$ sofort wirkt und während des gesamten Schaltvorgangs erhalten bleibt. Ein bewusstes „Schleifen" der Kupplung wird hier nicht betrachtet.

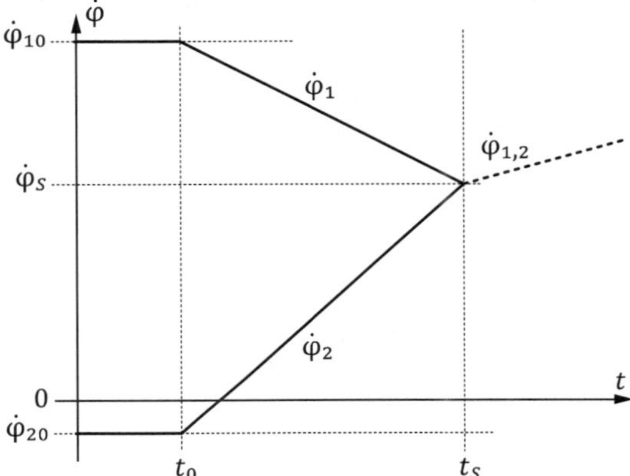

Abb. 3.121 – Winkelgeschwindigkeitsdiagramm von Antrieb, Abtrieb und Synchronisation

$$\dot{\varphi}_1 - \dot{\varphi}_{10} = \frac{T_1 - T_K}{\theta_1}(t - t_0)$$

$$\dot{\varphi}_2 - \dot{\varphi}_{20} = \frac{T_K - T_2}{\theta_2}(t - t_0) \tag{3.70}$$

Die linear verlaufenden Winkelgeschwindigkeiten nähern sich an und treffen sich zum Synchronisationszeitpunkt t_s:

Bei t_s: $\dot{\varphi}_1 = \dot{\varphi}_2 = \dot{\varphi}_s$

$$\dot{\varphi}_{10} + \frac{T_1 - T_K}{\theta_1}(t_s - t_0) = \dot{\varphi}_{20} + \frac{T_K - T_2}{\theta_2}(t_s - t_0)$$

$$(t_s - t_0)\left[\frac{T_K - T_2}{\theta_2} - \frac{T_1 - T_K}{\theta_1}\right] = \dot{\varphi}_{10} - \dot{\varphi}_{20} \tag{3.71}$$

$$t_s = t_0 + \frac{\dot{\varphi}_{10} - \dot{\varphi}_{20}}{\left[\frac{T_K - T_2}{\theta_2} - \frac{T_1 - T_K}{\theta_1}\right]}$$

Zum Synchronisationszeitpunkt t_s haben An- und Abtrieb die Synchronwinkelgeschwindigkeit $\dot{\varphi}_s$

$$\dot{\varphi}_s = \dot{\varphi}_{10} + \frac{T_1 - T_K}{\theta_1} (t_s - t_0) \tag{3.72}$$

Danach erfolgt ein linearer Anstieg für den gekuppelten An- und Abtrieb gemeinsamen Winkelgeschwindigkeit $\dot{\varphi}_{1,2}$ gemäß:

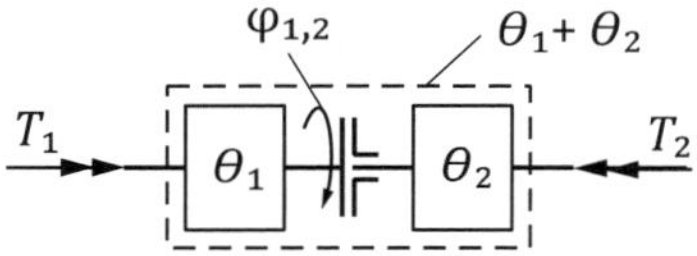

Abb. 3.122 – Gekuppelter An- und Abtrieb reibkraftschlüssiger Schaltkupplung

$$T_1 - T_2 = (\theta_1 + \theta_2)\, \ddot{\varphi}_{1,2} = (\theta_1 + \theta_2) \frac{d\dot{\varphi}_{1,2}}{dt}$$

$$\int_{\dot{\varphi}_s}^{\dot{\varphi}_{1,2}} d\dot{\varphi}_{1,2} = \int_{t_s}^{t} \frac{(T_1 - T_2)}{(\theta_1 + \theta_2)} dt$$

Annahme: $T_1, T_2 =$ konstant

$$(\dot{\varphi}_{1,2} - \dot{\varphi}_s) = \frac{T_1 - T_2}{(\theta_1 + \theta_2)} (t - t_s) \tag{3.73}$$

$$\dot{\varphi}_{1,2} = \dot{\varphi}_s \frac{T_1 - T_2}{(\theta_1 + \theta_2)} (t - t_s)$$

$\dot{\varphi}_{1,2}$: gestrichelte Linie im Diagramm

Bei realen Aktoren (Bsp. Asynchronmotor) wird die gemeinsame Winkelgeschwindigkeit meist gegen einen Grenzwert gehen, da das Antriebsmoment T_1 üblicherweise nicht konstant ist, sondern mit zunehmender Winkelgeschwindigkeit $\dot{\varphi}_1$ gegen 0 geht.

Trennen

Wird der gekuppelte Antrieb getrennt, wirken die jeweiligen An- bzw. Abtriebsmomente auf die entsprechenden Massenträgheiten. Durch die wirkenden Momente werden sowohl An- als auch Abtrieb beschleunigt und es ergeben sich bei konstanten Momenten lineare Geschwindigkeitsverläufe. Der Motor im Beispiel Seilwinde (Abb. 3.119) würde hochlaufen während die Drehzahl der Seiltrommel infolge des gegenwirkenden Lastmoments T_2 abnimmt bis sich die Drehrichtung der Seiltrommel umkehrt und sich das Seil abspult.

$t < t_1$: $\dot{\varphi}_1 = \dot{\varphi}_2 = \dot{\varphi}_{1,2}$

$t \geq t_1$: $\dot{\varphi}_1 \neq \dot{\varphi}_2$

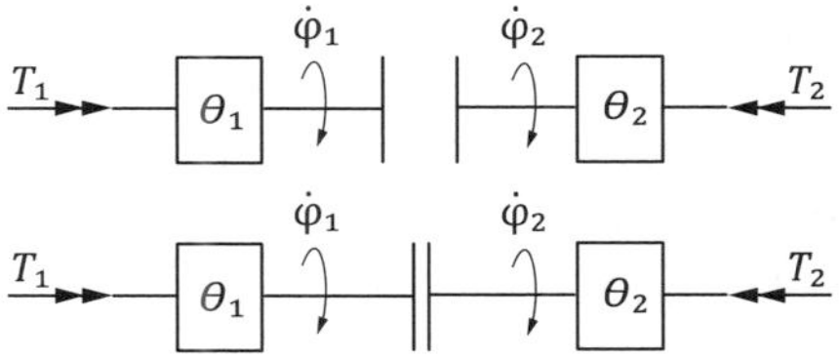

$t \leq t_t$: $\dot{\varphi}_1 = \dot{\varphi}_2 = \dot{\varphi}_{1,2}$

$t \geq t_t$:

1.) $T_1 = \theta_1 \ddot{\varphi}_1 = \theta_1 \frac{d\dot{\varphi}_1}{dt}$

2.) $T_2 = -\theta_2 \ddot{\varphi}_2 = -\theta_2 \frac{d\dot{\varphi}_2}{dt}$

aus 1.) $\int_{\dot{\varphi}_{1,2}}^{\dot{\varphi}_1} d\dot{\varphi}_1 = \int_{t_t}^{t} \frac{T_1}{\theta_1} dt$

aus 2.) $\int_{\dot{\varphi}_{1,2}}^{\dot{\varphi}_2} d\dot{\varphi}_2 = \int_{t_t}^{t} \frac{T_2}{\theta_2} dt$

mit der Annahme T_1, T_2 = konstant folgt

$$\dot{\varphi}_1 = \dot{\varphi}_{1,2} \frac{T_1}{\theta_1} (t-t_t)$$

$$\dot{\varphi}_2 = \dot{\varphi}_{1,2} \frac{T_2}{\theta_2} (t-t_2)$$

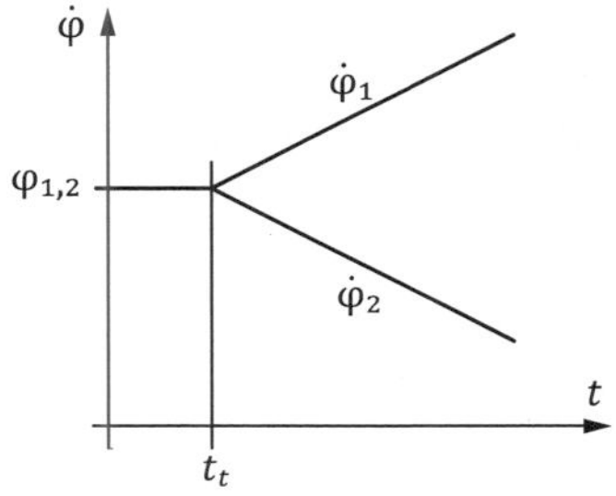

Abb. 3.123 – Trennen von reibkraftschlüssigen Kupplungen

Wird eine Schalt- bzw. Trennkupplung geöffnet, beschleunigt der Aktor die Antriebsseite der Kupplung. Da das Lastmoment als Gegenmoment fehlt, besteht bei bestimmten Aktoren die Gefahr des Erreichens einer unzulässig hohen Geschwindigkeit. Beispielsweise ist bei Dampfturbinen der sogenannte „Lastabwurf" ein besonders kritischer Zustand.

Ferner ist anzumerken, dass beim Trennen reibkraftschlüssiger Kupplungen lediglich die Anpresskräfte aufgehoben werden müssen. Dieser Vorgang ist unabhängig von möglichen dynamischen Drehmomentspitzen, die im Antriebsstrang auftreten. Diese führen bei zu geringen Anpresskräften auch ohne Öffnen der Kupplung zum Durchrutschen.

Vor- und Nachteile von reibkraftschlüssigen Schalt- und Trennkupplungen

Schaltvorgänge können unter Last und/oder bei großen Differenzdrehzahlen stattfinden, da die Kupplung beim Schalten automatisch einen Synchronisierungsvorgang initiiert. Zum Trennen der Kupplungen sind lediglich die Anpresskräfte aufzuheben. Es kann eine einfache Skalierung des übertragbaren Drehmoments über die Scheibenanzahl, sowie über die Reibungskoeffizienten erfolgen. Durch die Verwendung mehrerer Scheiben kann der Außendurchmesser reduziert werden, wodurch sich das Trägheitsmoment der Kupplung signifikant verringert. Reibkraftschlüssige Kupplungen sind sehr gut als Sicherheitskupplungen geeignet, da falls das maximal zulässige Drehmoment überschritten wird, die Kupplung durch rutscht.

Reibkraftschlüssige Kupplungen arbeiten verschleißbehaftet. Der Verschleiß äußert sich durch den Abrieb der Beläge der Kupplungsscheiben. Daher ist bei diesen Kupplungen auf die Begrenzung der Nutzungsdauer zu achten und eine axiale Nachstellbarkeit vorzusehen, um den Scheibenabrieb zu kompensieren. Reibkraftschlüssige Kupplungen erwärmen sich durch die Reibung beim Schalten. Dadurch muss die Kupplung über eine ausreichende Möglichkeit zur Wärmeabfuhr verfügen. Für die Übertragung von Drehmomenten benötigen reibkraftschlüssige Kupplungen eine äußere Anpresskraft. Der Reibungskoeffizient μ kann im Betrieb schwanken und durch Alterung abnehmen, sodass sich das Verhalten der Kupplung mit der Zeit verändert. Bei nasslaufenden reibkraftschlüssigen Kupplungen können die Reibbeläge nach langen Standzeiten verkleben. Ein vollständiges Öffnen ist bei Mehrscheibenkupplungen (Lamellenkupplungen) nur sehr schwer zu realisieren, sodass diese Ausführungen erhöhte Schleppmomente im Leerlauf aufweisen.

Vorteile	**Nachteile**
Schalten unter Last und hoher Drehzahldifferenz	Abrieb der Beläge der Kupplungsscheiben
Einfache Skalierung des übertragbaren Drehmoments	Erwärmung beim Schalten
Als Sicherheitskupplungen geeignet	Zeitabhängige Änderung des Kupplungsverhaltens

Tab. 3.34 – Vor- und Nachteile von reibkraftschlüssigen Schalt- und Trennkupplungen

3.4.3 Formschlüssige Schalt- und Trennkupplungen

Formschlüssige Kupplungen, z. B. Zahnkupplungen, übertragen Drehmomente über tangential gerichtete Normalkräfte zwischen radialen Wirkflächen (Abb. 3.124).

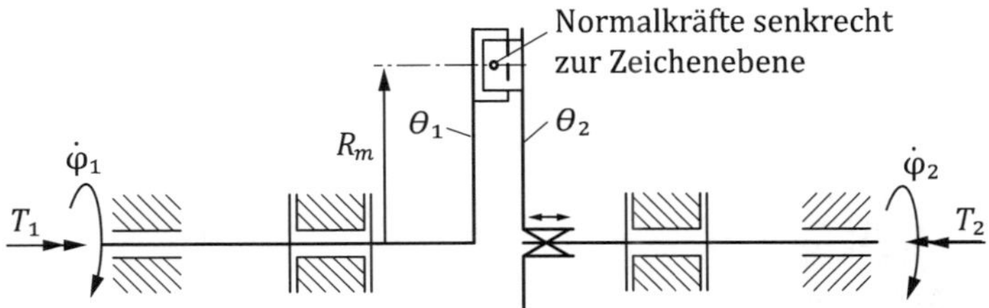

Abb. 3.124 – Formschlüssige Schaltkupplung (Prinzipbild) [16]

Formschlüssige Kupplungen sind drehstarr. Falls keine zusätzlichen elastischen bzw. dämpfenden Elemente eingebaut sind, werden Drehmomentstöße und Schwingungen ungedämpft weitergeleitet. Folglich kann bei Überlast plastische Deformation oder gar ein Bruch auftreten. Im Allgemeinen können formschlüssige Kupplungen nur bei Synchrondrehzahl bzw. im Stillstand (Synchrondrehzahl = 0) eingeschaltet werden. Die formschlüssigen Elemente müssen sich dabei in der richtigen Position gegenüberstehen. Bei einer Relativdrehzahl zwischen An- und Abtrieb kann ein Einrücken meist nur bei sehr geringen Drehzahlunterschieden, Trägheitsmomenten und Lastmomenten erfolgen. Bei größeren Relativdrehzahlen ist ein Einrücken meist nicht mehr möglich, da die Kupplungselemente nicht mehr ineinander eingreifen können. Die Kupplung „ratscht" beim Versuch des Einschaltens. Das Trennen der Kupplung unter Last erfordert eine Ausrückkraft wegen der beim Trennvorgang zu überwindenden Reibkräfte, die zwischen den Wirkflächen aufgrund der Normalkräfte durch die Drehmomentübertragung auftreten. Das wesentliche Auslegungskriterium dieser Kupplungen ist die Festigkeit der formschlüssigen Elemente bei den Drehmomentstößen inklusive der zulässigen Flächenpressung an den Wirkflächen. Zudem muss darauf geachtet werden, dass am Fuß der Klauen kein Bruch auftritt. (Analog zu der Auslegung von Verzahnungen.)

Anwendungsbeispiele
Fremdbetätigte formschlüssige Schalt- und Trennkupplungen
Klauenkupplungen

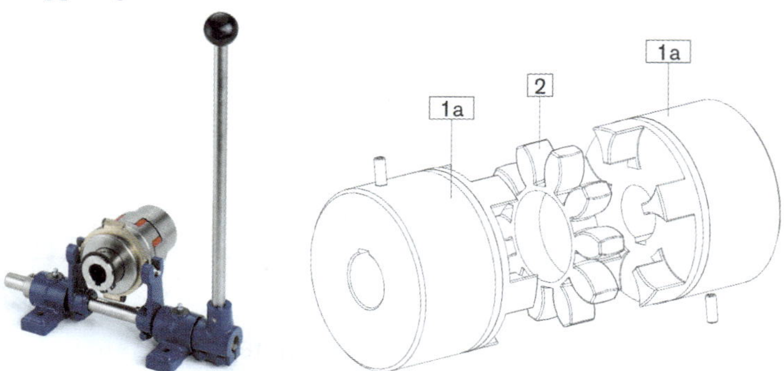

Abb. 3.125 – Anwendungsbeispiel drehelastische Klauenkupplung [54]

Klauenkupplungen sind die einfachste Bauart formschlüssiger Schalt- und Trennkupplungen. Eine verschiebbare Kupplungsmuffe wird zum Ein- bzw. Ausrücken axial verschoben und nimmt die Welle über eine formschlüssige Welle-Nabe-Verbindung (z. B. Gleitfeder) mit. Das verschiebbare Teil wird auf der zeitweise stillstehenden Welle angeordnet, um ein Ausschlagen bzw. Schleifen zu vermeiden. Die Betätigung kann manuell oder automatisiert über Schaltgabeln oder direkt elektromagnetisch erfolgen.

Zahnkupplungen

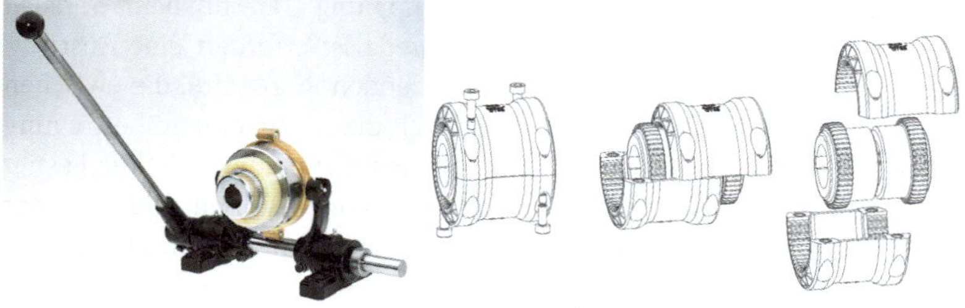

Abb. 3.126 – Anwendungsbeispiel Zahnkupplung [54]

Zahnkupplungen (siehe Anwendungsbeispiel Abb. 3.126) haben radial oder axial angebrachte Zähne, die beim Schalten ineinandergreifen. Die Teilung ist im Allgemeinen kleiner als bei Klauenkupplungen.

Eigenbetätigte formschlüssige Kupplungen

Auch die eigenbetätigten formschlüssigen Kupplungen lassen sich auf die Bauarten der fremdbetätigten zurückführen. Lediglich das Schaltsignal wird aus dem Antriebsstrang entnommen.

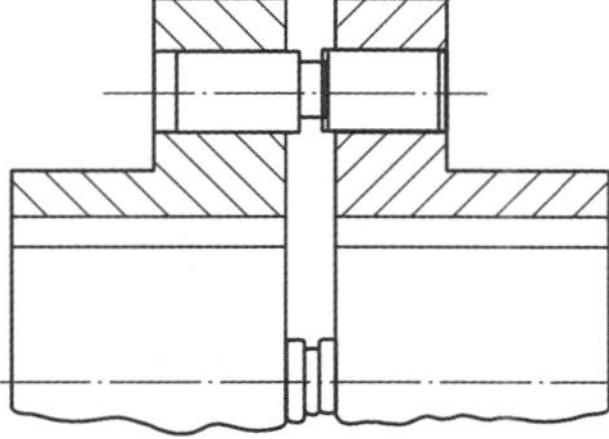

Abb. 3.127 – Drehmomentbetätigte formschlüssige Kupplungen (Überlastkupplungen)

Bei formschlüssigen Überlastkupplungen (Abb. 3.127) brechen bei Überlast die Trennelemente und trennen den Antrieb vom Abtrieb (Brechbolzenkupplungen). Da die Kupplung erst durch Austausch der Trennelemente wieder funktionsfähig wird, ist der Einsatz auf sehr seltene, aber gefährliche Überlasten beschränkt. Um ein definiertes Ansprechen der Kupplung und ein leichteres Austauschen der Trennelemente zu ermöglichen werden diese meist gekerbt und in separaten Hülsen aufgenommen.

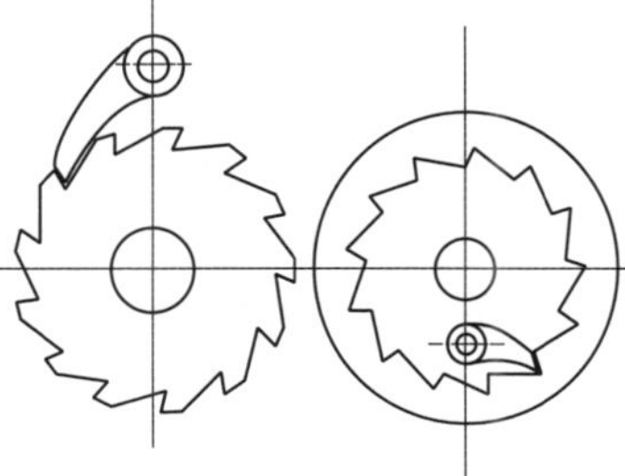

Abb. 3.128 – Drehrichtungsbetätigte formschlüssigen Kupplungen (Freiläufe)

Formschlüssige Freiläufe (Abb. 3.128) werden analog zu den reibkraftschlüssigen Freiläufen eingesetzt. Wegen der Teilungsproblematik und des Geräusches kommen sie bevorzugt bei niedrigen Drehzahlen und größeren Drehmomenten als Klauen-Überholkupplungen und Zahn- oder Richtungsgesperre zum Einsatz. Typische Anwendungen sind Ratschen und Klinkengesperre (z. B. Fahrradfreilaufnabe).

Dynamisches Verhalten

Einschalten

Bei formschlüssigen Schalt- und Trennkupplungen kann ein Schaltvorgang wegen der durch die Schaltelemente bedingten Teilung nur in bestimmten Relativpositionen und dies idealerweise bei Synchrondrehzahl erfolgen. Da in diesem

Fall weder eine Rutschphase auftritt, noch Beschleunigungsarbeit beim Einschalten zu leisten ist, muss somit lediglich darauf geachtet werden, dass beide Kupplungshälften synchron drehen und ein Einrücken ermöglichen (Position Lücke auf Zahn).

Beim Einschalten von formschlüssigen Kupplungen unter Relativdrehzahl, die außer im Stillstand im Allgemeinen nie vollständig zu vermeiden ist, führt zu Lastspitzen. Diese werden verursacht durch die fehlende Möglichkeit der Formschlusselemente eine Relativbewegung der Kupplungshälften zuzulassen. In der Folge kommt es zu einem schlagartigen Einrücken und zu Stößen mit entsprechenden Lastspitzen an den Flanken der Formschlusselemente. Sowohl im Hinblick auf die Geräuschentwicklung als auch auf die Festigkeit der Kupplungen können diese kritisch sein.

Trennen

Der Trennvorgang bei formschlüssigen Schalt- und Trennkupplungen kann prinzipiell auch unter Last erfolgen, benötigt dabei aber eine entsprechende Ausrückkraft F_A. Um einen Trennvorgang einleiten zu können, muss die Ausrückkraft größer sein als die aus den Reibkräften an den Wirkflächen der Kupplung resultierende Kraft in Ausrückrichtung. Bei großen Drehmomenten erfordert ein Trennen der Kupplung deshalb auch entsprechend große Ausrückkräfte. Hinsichtlich des Verhaltens beim Trennen gilt ansonsten für formschlüssige Schalt- und Trennkupplungen das Gleiche wie für reibkraftschlüssige Kupplungen.

Vor- und Nachteile von formschlüssigen Schalt- und Trennkupplungen

Formschlüssige Kupplungen benötigen einen kleinen Bauraum bezogen auf das zu übertragende Drehmoment. Im Wesentlichen bestehen sie lediglich aus einer Formpaarung, die eine Übertragung der auftretenden Kräfte ermöglichen muss. Sie können sehr hohe Drehmomente übertragen und eigenen sich für den Betrieb bei hohen Drehzahlen.

Da das Wirkprinzip der formschlüssigen Drehmomentübertragung führt zu einer sehr steifen Kopplung der Kupplungshälften und keiner Drehmomentbegrenzung als Sicherheitsfunktion. Beim Einrücken tritt somit eine hohe Stoßempfindlichkeit sowie geringe Dämpfung aufgrund des fehlenden Schlupfbetriebs auf. Folglich ist ein Einrücken nur bei Synchronlauf bzw. geringer Relativdrehzahl möglich. Die dazu erforderlichen Ausrückkräfte sind lastabhängig und dadurch unter Umständen sehr hoch.

Vorteile	Nachteile
Kleiner Bauraum	Sehr steife Kopplung
Hohe Drehmomente	Keine Drehmomentbegrenzung
Hohe Drehzahlen	Einrücken nur bei Synchronlauf

Tab. 3.35 – Vor- und Nachteile von formschlüssigen Schalt- und Trennkupplungen

3.5 Energiespeicher

Gegenstand dieses Kapitels sind Komponenten, die Energie speichern und in Form von Arbeit aufnehmen und/oder freisetzen können. Da Energiespeicher hinsichtlich ihres Verhaltens viele Ähnlichkeiten aufweisen, werden in diesem Kapitel auch solche Speicher behandelt, in denen nichtmechanische Größen auftreten. Lediglich Speicher für Wärmeenergie, sogenannte Wärmespeicher, werden keiner näheren Betrachtung unterzogen. Hierzu wird zunächst ein Überblick über die grundsätzlichen Ausführungsformen erfolgen, bevor im Anschluss die im Maschinenbau gebräuchlichsten Energiespeicher detaillierter betrachtet werden können.

Die Verfügbarkeit von Energie ist eine grundsätzliche Voraussetzung für die Funktionserfüllung technischer Systeme. Unter dem Begriff „Energie" ist generell das in einem System gespeicherte Arbeitsvermögen zu verstehen. Energie kann dabei in sehr unterschiedlichen Energiearten und Energieformen auftreten, wie Tab. 3.36 zu entnehmen ist, und aus energiespeichernden Systemen gewonnen werden.

Energiearten	Energieformen
Mechanische Energie	Lage-, Bewegungs-, Deformationsenergie
Pneumatische Energie	Druck-, Strömungsenergie
Hydraulische Energie	Druck-, Strömungsenergie
Elektrische Energie	Kapazitive Energie (elektrisches Feld)
Magnetische Energie	Induktive Energie (magnetisches Feld)
Optische Energie	Lichtenergie
Thermische Energie	Wärmekapazität, Wärmeenthalpie
Chemische Energie	Oxidationsenergie, Reaktionsenergie
Nukleare (Kern-)Energie	Kernspaltungsenergie, Kernfusionsenergie
Biologische Energie	Muskelenergie

Tab. 3.36 – Energiearten und beispielhafte Erscheinungsformen [16, S. 72]

Im Bereich der Thermodynamik definiert sich die physikalische Größe „Energie“ als Summe der beiden Größen „Exergie“ und „Anergie“. Exergie kann gemäß dem zweiten Hauptsatz der Thermodynamik als derjenige Teil der Gesamtenergie verstanden werden, der Arbeit verrichten kann und damit nutzbar ist. Anergie bzw. innere Energie kann hingegen grundsätzlich keine Arbeit verrichten. Da im Rahmen dieses Kapitels lediglich der nutzbare Teil der Energie und damit keine Anergie betrachtet werden soll, können die beiden Größen „Energie“ und „Exergie“ als äquivalent verstanden werden.

Als Arbeit wird die einem System zugeführte bzw. aus ihm gewonnene Menge an Energie bezeichnet. Um beispielsweise eine Uhrfeder zu spannen, muss der Bediener am Aufziehrädchen mechanische (Bewegungs-)Arbeit verrichten. Diese Arbeit wird in der gespannten Feder als mechanische (Deformations-)Energie gespeichert und treibt als mechanische Arbeit beim Entladen des Federspeichers das Uhrwerk an. Die Einheit der Energie wird wie die Einheit der Arbeit in Newtonmeter (Nm) angegeben.

Energiespeicher werden eingesetzt, um Systeme unabhängig von stationären Energiequellen betreiben oder Lastspitzen ausgleichen zu können. Ebenso kann mittels eines Energiespeichers die zu einem bestimmten Zeitpunkt nicht benötigte Energie aufgenommen und zu einem späteren Zeitpunkt wieder nutzbringend abgegeben werden, um dadurch Kräfte, Momente, Drücke oder Spannungen zu erzeugen. Als Energiespeicher werden im Kontext dieses Kapitels sämtliche Systeme aufgefasst, die Energie speichern und diese als nutzbare Arbeit wieder abgeben können. Energiespeicher mit quasi unbegrenztem Energieinhalt werden als Energienetz bezeichnet.

In Antriebssystemen wird Energie benötigt, um den Abtrieb prozesstechnisch in der geforderten Weise zu realisieren und Verluste innerhalb des Antriebssystems auszugleichen. Zur Entnahme der erforderlichen Energie dienen

- externe Energienetze (z. B. Druckluftnetz, elektrisches Netz)
- extern angeordnete Energiespeicher (z. B. externer Gastank, externer Akkumulator)
- im System befindliche, oft mobile Energiespeicher (z. B. Batterie, Federspeicher)

Entsprechend Abb. 3.129 sind Energiespeicher als Hauptspeicher oder Zwischenspeicher einsetzbar. Hauptspeicher treiben ein technisches System an und werden in einem eigenen Ladevorgang durch ein separates technisches System aufgeladen. Damit dienen sie der Energieversorgung des jeweiligen technischen Systems. Zwischenspeicher werden hingegen in den Prozessablauf integriert und während des Betriebs des technischen Systems ge- und entladen. Damit erfüllen Zwischenspeicher den Zweck der Energiepufferung.

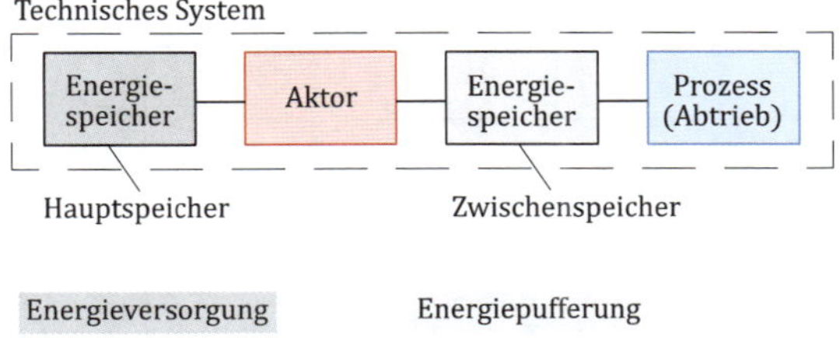

Abb. 3.129 – Energiespeicher als Haupt- und Zwischenspeicher

Als Beispiel für einen Energiezwischenspeicher zum Ausgleich von Lastspitzen dient die Schraubenfeder in der Teleskopgabel eines Mountainbikes. Den typischen Aufbau dieses Federspeichers zeigt

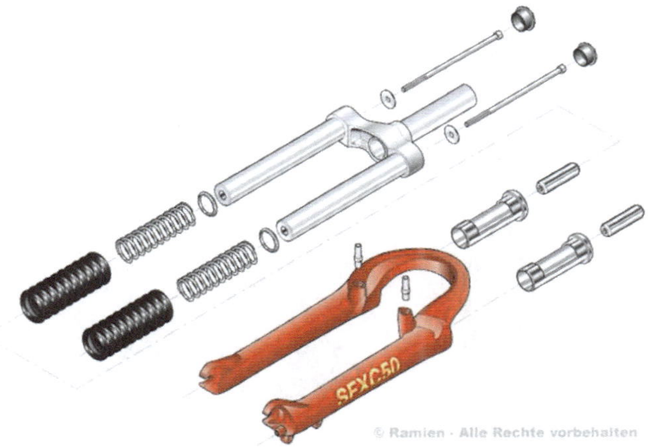

Abb. 3.130 – Federgabel eines Mountainbikes [55]

Die Schraubenfeder wird beim Einbau in die Gabel gegenüber dem entlasteten Zustand unter Aufbringen einer Kraft F_1 um den Weg x_1 verkürzt. Dieser Vorgang wird als Vorspannung bezeichnet. Durch das Gewicht des Fahrers beim Aufsitzen verkürzt sie sich gemäß Abb. 3.131 weiter um den Betrag x_2-x_1. Beim Auftreffen des Vorderrads nach einem Sprung treten zusätzliche Massenkräfte auf, die eine weitere Verkürzung der Feder um x_3-x_2 hervorrufen. Wird die Feder soweit zusammengepresst, dass sich die Drahtwindungen berühren und x_4 erreicht wird, ist die Federeigenschaft erschöpft und die Federkennlinie knickt steil nach oben ab. Eine derartige Verformung der Feder sollte grundsätzlich vermieden werden, da es ansonsten zu einer plastischen Deformation der Drahtoberflächen in der Berührzone und einer damit einhergehenden Abnahme des Energieinhalts kommt.

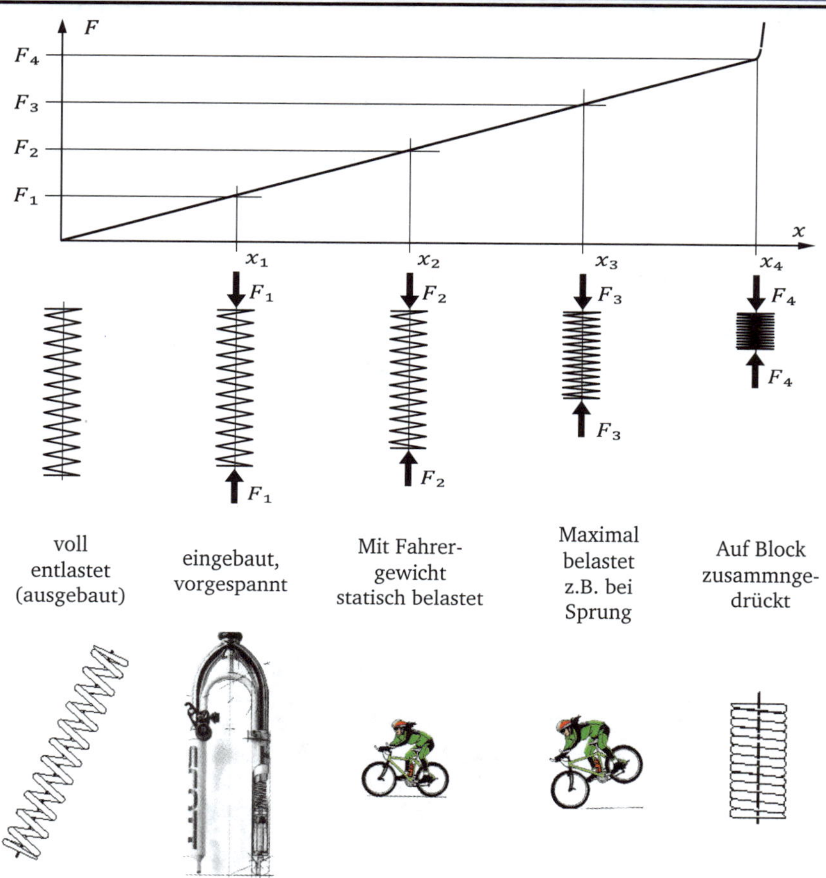

Abb. 3.131 – Kraft-Weg-Kennlinie einer linearen Feder am Beispiel einer Fahrradfedergabel

Entsprechend verhält sich die Feder bei der Abgabe von Arbeit. Dieser Fall tritt beispielsweise ein, wenn der Fahrer vom Fahrrad absteigt und die Feder sich entspannt.

3.5.1 Gliederung von Energiespeichern

Unterscheidung nach der Funktion

Energiespeicher lassen sich hinsichtlich der Reversibilität der Energiespeicherung und der Art der beim Ladevorgang aufgenommenen bzw. beim Entladevorgang abgegebenen Arbeit unterscheiden.

<table>
<tr><th colspan="3">Energiespeicher</th></tr>
<tr><td>Primärenergiespeicher</td><td colspan="2">Sekundärenergiespeicher</td></tr>
<tr><td>mit irreversibler Speicherung</td><td colspan="2">mit reversibler Speicherung</td></tr>
<tr><td rowspan="3">E_{therm}
E_{chem}</td><td colspan="2">Lade- und Entladearbeit</td></tr>
<tr><td>gleich gespeicheter Energie</td><td>ungleich gespeicheter Energie</td></tr>
<tr><td>E_{mech}
E_{mech}</td><td>E_{magn}
E_{elektr}</td></tr>
<tr><td>Butangas</td><td>Schwungradspeicher</td><td>Spule</td></tr>
</table>

Tab. 3.37 – Einteilung der Energiespeicher nach ihrer Funktion

Erfolgt die Speicherung von Energie irreversibel, handelt es sich um einen Primärenergiespeicher. Primärspeicher können Arbeit nur irreversibel abgeben, da ein Wiederaufladen in kurzer Zeit und damit ein Laden im technisch praktikablen Sinne nicht möglich ist. Beispiele für Primärenergiespeicher sind fossile, radioaktive oder künstlich erzeugte Brennstoffe.

Sekundärenergiespeicher können Energie mehrmals innerhalb kurzer Zeit, jedoch nicht beliebig schnell, aufnehmen und wieder abgeben, wobei der Lade- bzw. Entladevorgang die gleiche oder eine unterschiedliche Energieart im Vergleich zur gespeicherten Energie aufweisen kann.

Unterscheidung nach dem Wirkprinzip

In Bezug auf die Wirkprinzipien der Energiespeicherung lassen sich generell potentielle und kinetische Energiespeicher unterscheiden.

Energiespeicher, die Energie in potentieller Form speichern, nutzen stoffliche Eigenschaften des Energieträgers wie seine Lageenergie, die Fähigkeit Wärme zu speichern oder die chemisch im Werkstoff gebundene Energie, die bei chemischen Reaktionen meist in Form von Wärme abgegeben wird.

Energiespeicher, die Energie in kinetischer Form speichern, beruhen auf dem Wirkprinzip der Kinetik. Dieses besagt, dass bewegte Körper kinetische Energie besitzen, die durch geeignete Systeme wie beispielsweise einem Schwungradantrieb gespeichert und zurückgewonnen werden kann.

Unterscheidung nach der gespeicherten Energieart und –form

Gespeicherte Energieart	Gespeicherte Energieform	Wirkprinzip	Bezeichnung	Beispiel	Art des Speichers
E_{chem}	Bindungs-energie	Oxidation	Brennstoff	Brennstoff	Primärenergiespeicher (nur Hauptspeicher)
			Wasserstoff	$2H+O=H_2O$	
		Chem. Reaktion	Thermo-chemischer Speicher	$\dot{Q}$	
		Phosphoreszenz / Lumineszenz	Phosphore		
E_{biolog}	Nährstoff-energie	Verbrennung	Muskel-energie		
$E_{nuklear}$	Atomare Energie	Kernspaltung, Kernfusion	Kernbrennstoff		
E_{pneum}	Druckenergie	Kompressibilität eines Gases	Druckgas-speicher	p, v; $\dot{V}$	Sekundärenergiespeicher (Haupt- und Zwischenspeicher)
			Kolben-, Membran-speicher (Gasfeder)	p, v; F	
			Hydro-speicher	p, v; p_{hydr}; $\dot{V}_{hydr}$	
E_{hydr}		Hydrostatischer Auftrieb	Auftriebs-körper	A; x; ρ	
E_{mech}	Lage-energie	Gravitation	Gewichts-speicher	m; $m \cdot g$; h	

Gespeicherte Energieart	Gespeicherte Energieform	Wirkprinzip	Bezeichnung	Beispiel	Art des Speichers
E_{mech}	Bewegungs-energie trans.	Massenträg-heit	Schwungmasse	m, V	Sekundärenergiespeicher (Haupt- und Zwischenspeicher)
	Bewegungs-energie rot.		Schwungrad-speicher	J, ω	
	Elastische Deformations-energie	Elastische Verformung	Federspeicher	F, c, x	
	Gitterenergie	Shape-Memory -Effekt	Formgedächt-nislegierung		
E_{elektr}	Energie des elektr. Feldes	Elektr. Feld	Konden-sator	C, u	
E_{magn}	Energie des magn. Feldes	Magn. Feld	Spule	L, I, I	
$E_{elektrochem}$	Potential-differenz	Ionen-transport	Elektrochemi-sches Element	u	
E_{therm}	Wärme	Wärme-kapazität	Wärmespeicher	T, Tu, m, c_P	
	Wärme-enthalpie	Phasen-wechsel eines Stoffes	Latentwärme-speicher		

Tab. 3.38 – Systematisierung der Energiespeicher nach gespeicherter Energieart und -form (Teil 2) [16, S. 76]

3.5.2 Kenngrößen von Energiespeichern

Das Verhalten von Energiespeichern kann sehr unterschiedlich sein und bestimmt ihre Einsatzmöglichkeiten und -grenzen.

Der Energieinhalt E ist ein Maß für die in einem Energiespeicher zu einem bestimmten Zeitpunkt bzw. in einem bestimmten Zustand gespeicherte „Energiemenge“, die ihm in Form von Arbeit entnommen werden kann. Der Energieinhalt eines Energiespeichers wird durch Zustandsgrößen bestimmt, die in den meisten Fällen konstruktiv beeinflussbar sind. Hierbei handelt es sich beispielsweise um Federsteifigkeiten, Massen oder Kapazitäten. Jeder Energiespeicher besitzt typische Zustandsgrößen, die aus seinem Wirkprinzip abgeleitet werden können. Der Energieinhalt eines Energiespeichers berechnet sich im Allgemeinen wie folgt, wobei die Parameter W und v über die Energie definierte Größen gemäß Gleichung (3.74) darstellen:

v → Energie-speicher → $W(v)$

Abb. 3.132 – Übertragungsblock für Energiespeicher

$$E = \int_{v_1}^{v_2} W(v)\, dv \tag{3.74}$$

Für den Spezialfall eines Federspeichers mit linearer Kennlinie ergibt sich folgende Beziehung:

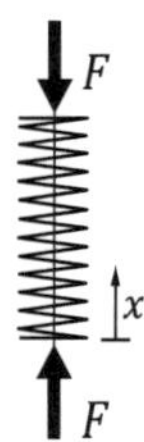

Abb. 3.133 – Axiale Druckkraft auf Federelement

$$E = \int_{x_1}^{x_2} F(x)\, dx = \int_{x_1}^{x_2} k \cdot x\, dx = \frac{k}{2}(x_2^2 - x_1^2) \tag{3.75}$$

Bei praktischen Anwendungen kann unter anderem wegen Verlusten (Wandlungs- und Selbstentladungsverluste) und einer maximal zulässigen Entladetiefe nicht die gesamte Ladearbeit in einem Energiespeicher gespeichert bzw. die gesamte gespeicherte Energie beim Entladen zurückgewonnen werden. Aus diesem Grund werden folgende Energieinhaltsdefinitionen unterschieden:

- Der theoretische Energieinhalt E_{theor} bezeichnet die insgesamt gespeicherte bzw. maximal speicherbare Energiemenge ohne Berücksichtigung von Verlusten.
- Der technische Energieinhalt E_{techn} umfasst diejenige Energiemenge, die aus einem Energiespeicher bei seiner Entladung unter Berücksichtigung von Verlusten maximal gewonnen werden kann.

- Der praktische Energieinhalt E_{prakt} steht letztendlich für diejenige Energiemenge, die aus einem Energiespeicher bei regulärem Betrieb üblicherweise gewonnen werden kann. So werden Bleiakkumulatoren (Batterien) im Regelfall nicht vollständig entladen, um deren Lebensdauer nicht erheblich zu reduzieren.

Das Verhältnis von theoretischem, technischem und praktischem Energieinhalt ist vom jeweiligen Energiespeicher, seiner konstruktiven Auslegung und der jeweiligen Aufgabenstellung abhängig. Abb. 3.134 zeigt dieses Verhältnis beispielhaft für einen Federspeicher.

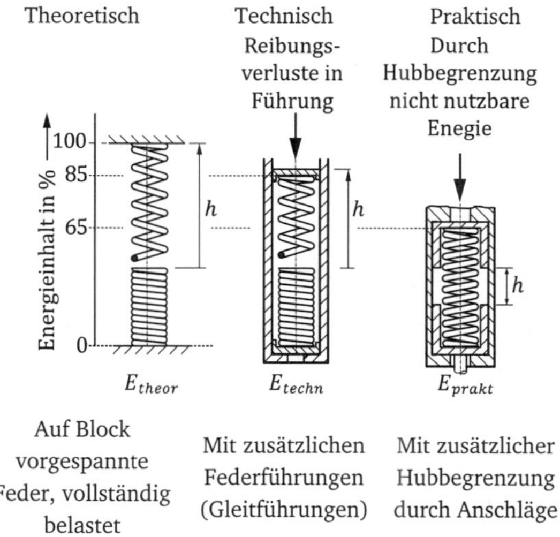

Abb. 3.134 – Verhältnis von theoretischem, technischem und praktischem Energieinhalt bei einem Federspeicher [16, S. 78]

Die Energiedichte (spezifische Energie) beschreibt das Verhältnis des theoretischen Energieinhalts zum Volumen (zur Masse) eines vollgeladenen Energiespeichers inklusive aller für die Energiespeicherung notwendigen Komponenten in Form der jeweiligen Nebenaggregate (z. B. Reglerplattform, Kühlung oder Pumpen). Die Energiedichte/spezifische Energie ist ein Maß für die Kompaktheit von Energiespeichern und wird insbesondere bei der Beurteilung von Energiespeichern für mobile Anwendungen (z. B. in Fahrzeugen) herangezogen.

Eine weitere wichtige Kenngröße bei der anwendungsfallspezifischen Auswahl eines Energiespeichers ist sein Energie-zu-Leistungs-Verhältnis (E2P). Dieses beschreibt das Verhältnis von installierter Speicherkapazität bzw. maximalem Energieinhalt zu maximaler Lade- bzw. Entladeleistung des Speichers. Speicher mit einem hohen E2P-Wert können für einen längeren Zeitraum Energie liefern als Speicher mit einem niedrigen E2P-Wert und werden deshalb als Langzeitspeicher bezeichnet. Speicher mit einem niedrigen E2P-Wert weisen ein deutlich größeres Leistungsvermögen als Langzeitspeicher auf, können aber lediglich für kurze Zeiträume Energie bereitstellen. Aus diesem Grund werden Kurzzeitspeicher häufig auch als Leistungsspeicher und nicht als Energiespeicher bezeichnet.

Der Nutzungsgrad eines Speichers beschreibt das Verhältnis zwischen Entladearbeit und der, einem Energiespeicher zugeführten Arbeit. Dieses Verhältnis ist stets kleiner eins, da bei einem Federspeicher z. B. stets Reibungsverluste in den Gleitführungen und Dämpfungsverluste in den Anschlägen auftreten.

Die Lebensdauer eines Energiespeichers kann entweder in kalendarischer oder in zyklischer Form angegeben werden. Die Zyklenlebensdauer beschreibt die maximal mögliche Anzahl an Vollzyklen bzw. die maximal mögliche Anzahl an vollständigen Lade-/Entladevorgängen, bis zu der ein Energiespeicher seine charakteristischen Eigenschaften nicht verliert. Beim Federspeicher ist offensichtlich, dass nur die Angabe der Zyklenlebensdauer sinnvoll ist, da die kalendarische Lebensdauer sehr stark von der tatsächlichen Belastungshäufigkeit abhängt.

3.5.3 Mechanische Energiespeicher

Bei den im Folgenden vorgestellten Speichern handelt es sich um Speicher, die Energie in mechanischer Form speichern. Sie lassen sich unterteilen in Gewichts- und Gravitationsspeicher, translatorische Schwungmassenspeicher und rotatorische Schwungmassenspeicher.

Gewichts- und Gravitationsspeicher

Verändert ein Körper seine Lage entgegen der Richtung des Gravitationsfeldes der Erde, speichert er Lageenergie, die bei einer Bewegung in Richtung des Gravitationsfeldes als Hubarbeit wiedergewonnen werden kann.

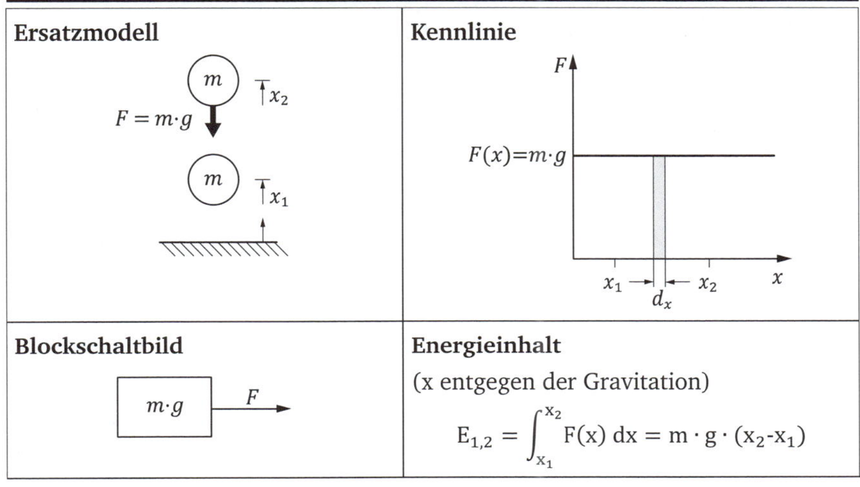

Ersatzmodell	**Kennlinie**
$F = m \cdot g$, m, x_2, x_1	F, $F(x)=m \cdot g$, x_1, d_x, x_2, x
Blockschaltbild	**Energieinhalt**
$m \cdot g$ → F	(x entgegen der Gravitation) $E_{1,2} = \int_{x_1}^{x_2} F(x)\,dx = m \cdot g \cdot (x_2 - x_1)$

Tab. 3.39 – Gewichts- und Gravitationsspeicher

Energiearten:

- Eingangsarbeit: mechanisch
- Ausgangsarbeit: mechanisch
- Gespeicherte Energie: mechanisch (Lageenergie)

Anwendungsbeispiele:

- Gegengewichte bei Aufzügen
- Wasser bei Pumpspeicherkraft-werken
- Gewichtsspeicher auch zum Aufrechterhalten einer konstanten Kraft, z. B. bei Prüfeinrichtungen

Abb. 3.135 – Pumpspeicherkraftwerk [56]

Translatorische Schwungmassenspeicher

Translatorische Schwungmassenspeicher nutzen die kinetische Energie translatorisch bewegter Körper, indem sie beim Beschleunigen Energie aufnehmen und beim Verzögern abgeben.

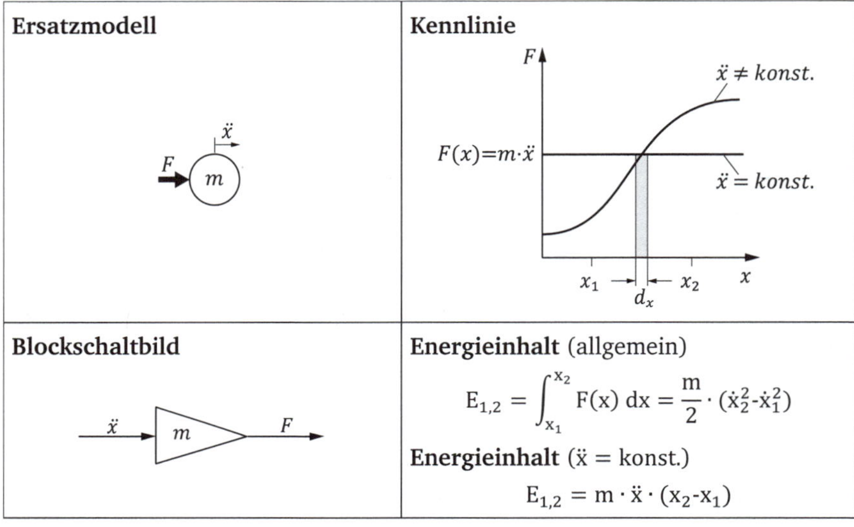

Ersatzmodell	**Kennlinie**
F, m, $\ddot{x}$	F; $F(x)=m\cdot\ddot{x}$; $\ddot{x} \neq konst.$; $\ddot{x} = konst.$; x_1, x_2, d_x, x
Blockschaltbild	**Energieinhalt** (allgemein)
$\ddot{x}$ → m → F	$$E_{1,2} = \int_{x_1}^{x_2} F(x)\,dx = \frac{m}{2}\cdot(\dot{x}_2^2 - \dot{x}_1^2)$$ **Energieinhalt** ($\ddot{x}$ = konst.) $$E_{1,2} = m\cdot\ddot{x}\cdot(x_2 - x_1)$$

Tab. 3.40 – Translatorische Schwungmassenspeicher

Energiearten:

- Eingangsarbeit: mechanisch
- Ausgangsarbeit: mechanisch
- Gespeicherte Energie: mechanisch (kinetische Energie)

Anwendungsbeispiele:

- Hammerprinzip bei Schlagbohrmaschinen [16, S. 80]

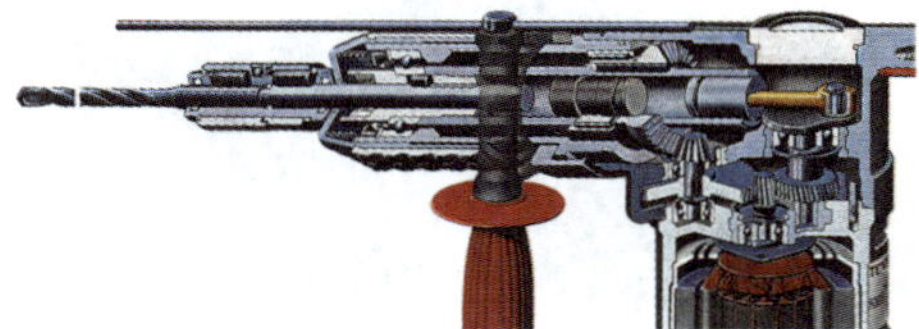

Abb. 3.136 – Schlagbohrhammer [16, S. 80]

Rotatorische Schwungmassenspeicher

Rotatorische Schwungmassenspeicher nutzen die kinetische Energie rotatorisch bewegter Körper, indem sie beim Beschleunigen Energie aufnehmen und beim Verzögern abgeben.

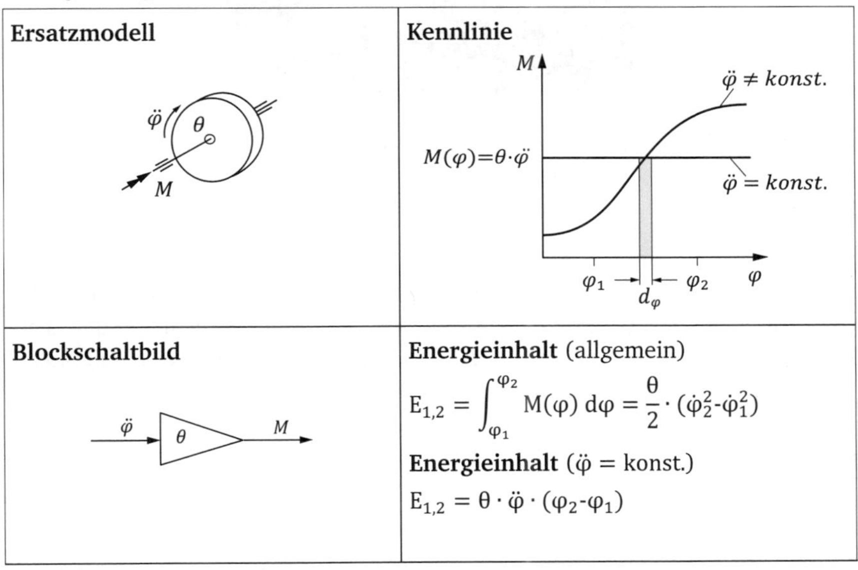

Tab. 3.41 – Rotatorischer Schwungmassenspeicher

Energiearten:

- Eingangsarbeit: mechanisch
- Ausgangsarbeit: mechanisch
- Gespeicherte Energie: mechanisch (kinetische Energie)

Anwendungsbeispiele:

- Speicherung und Rückgewinnung von Energie bei Bremsvorgängen
- Schwungräder in Pkw-Motoren
- Kreiselantriebe für die Navigation
- Bremsen bei älteren Aufzügen
- Energiespeicherung im Stromnetz

Abb. 3.137 –Schwungradspeicher im Porsche 918 RSR [57]

Federspeicher

Federspeicher nutzen die Elastizität fester Körper, indem sie deren elastische Deformationsenergie speichern. Federn sind elastische Elemente, die beim Laden (Beanspruchung auf Druck oder Zug) mechanische Arbeit aufnehmen und diese beim Entladen entweder teilweise oder ganz abgeben. Je nach Bewegungsablauf und Beanspruchung werden Zugfedern, Druckfedern, Biegefedern, Torsionsfedern und Schubfedern unterschieden.

Energiearten:

- Eingangsarbeit: mechanisch
- Ausgangsarbeit: mechanisch
- Gespeicherte Energie: mechanisch (elastische Deformationsenergie)

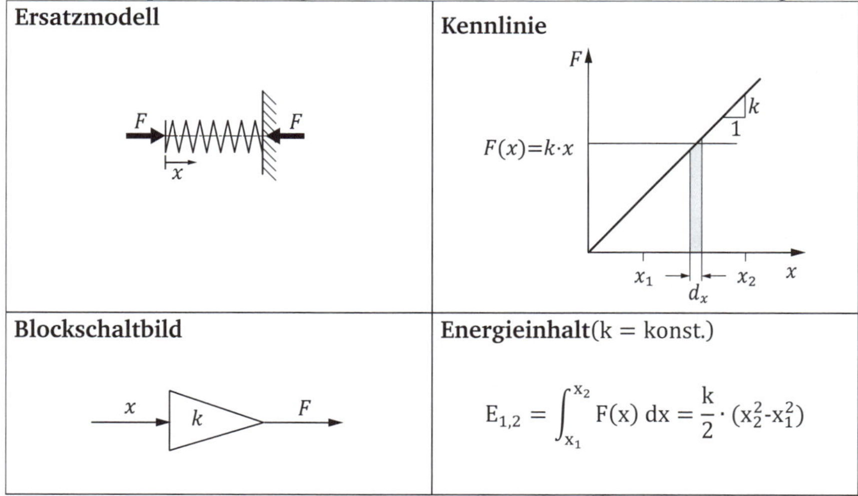

Tab. 3.42 – Federspeicher

Anwendungsbeispiele:

- Antriebstechnik, z. B. Uhrfedern als Primärenergiespeicher oder Ventilfedern, Spannfedern, Kontaktfedern und Pufferfedern als Sekundärenergiespeicher
- Schwingungsbeeinflussung in Maschinenlagerungen

Abb. 3.138 – Carbonfeder einer Fußprothese [58]

3.5.4 Pneumatische Energiespeicher

Pneumatische Speicher nutzen die Kompressibilität von Gasen als elastisches Element. Beim Ladevorgang wird das Gas verdichtet und beim Entladevorgang entspannt, wobei Arbeit abgegeben wird. Pneumatische Speicher werden in unterschiedlichen Ausführungsformen realisiert, z. B. als Druckgasspeicher und als Kolben- oder Membranspeicher.

Druckgasspeicher

Druckgasspeicher speichern Druckgas, das sie beim Entspannen als Druck- oder Strömungsarbeit an das nachgeschaltete System abgeben.

Ersatzmodell (Laden)	**Kennlinie**
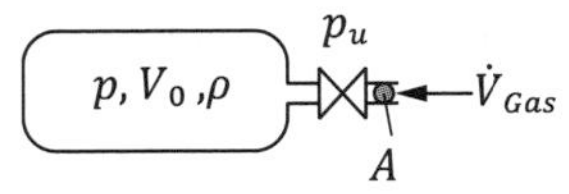 V_0 Behältervolumen P Behälterdruck p_u Umgebungsdruck ρ Dichte des Gases A Strömungsquerschnitt $\dot{V}_{Gas}$ Volumenstrom des Gases	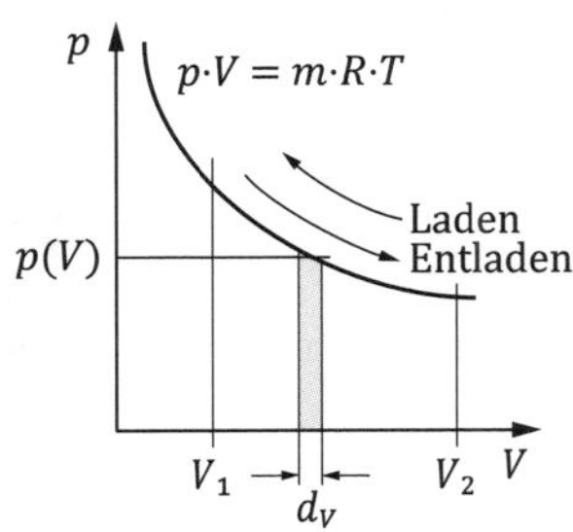
Blockschaltbild (Entladen) $\dot{V}_{Gas}$, t, T → $\rho = f(\dot{V}_{Gas}, t, T)$ → p $p = f(V_0, \dot{V}_{Gas}, A, t, \rho, T)$ t = Zeit T = Temperatur	**Energieinhalt** (isotherme Zustandsänderung) $E_{1,2} = m \cdot R \cdot T \cdot \ln\left(\frac{p_2}{p_1}\right) = p_1 \cdot V_0 \cdot \ln\left(\frac{p_2}{p_1}\right)$ m = Masse R = Allgemeine Gaskonstante p_1 = Behälterdruck zum Zeitpunkt 1 p_2 = Behälterdruck zum Zeitpunkt 2

Tab. 3.43 – Druckgasspeicher

Energiearten:

- Eingangsarbeit: pneumatisch
- Ausgangsarbeit: pneumatisch
- Gespeicherte Energie: pneumatisch

Anwendungsbeispiele:

- Druckluftbehälter an pneumatisch betriebenen Anlagen
- Druckluftpatronen für Werkzeuge und Kleingeräte
- Spraydosen

Abb. 3.139 – Druckluftkompressor [59]

Kolben- oder Membranspeicher

Kolben- oder Membranspeicher speichern Druckgas, dessen Energieinhalt sie beim Entspannen über einen Kolben bzw. eine Membran an einen Stößel abgeben, der ausfährt und so mechanische Arbeit verrichtet. Das Laden des Speichers erfolgt ebenfalls über den Stößel, jedoch wird der Stößel hierbei in die entgegengesetzte Richtung bewegt und das Gas verdichtet.

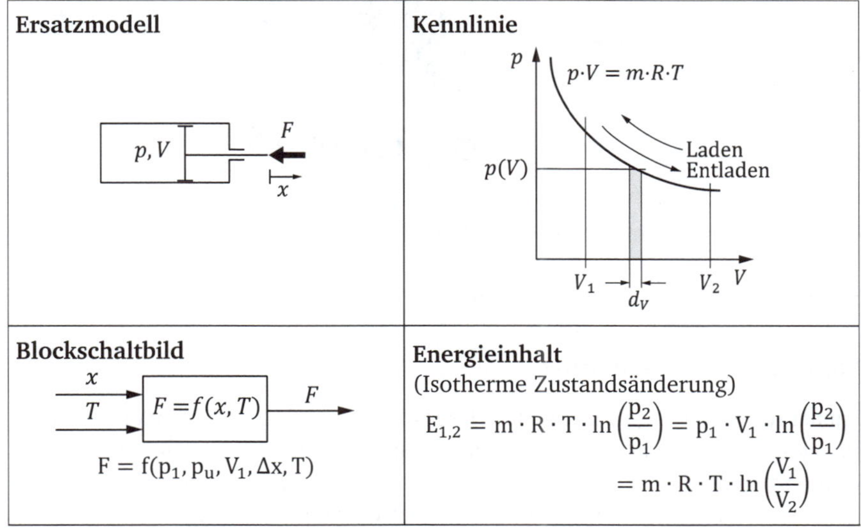

Ersatzmodell	Kennlinie
Blockschaltbild	**Energieinhalt**
$F = f(x,T)$ $F = f(p_1, p_u, V_1, \Delta x, T)$	(Isotherme Zustandsänderung) $E_{1,2} = m \cdot R \cdot T \cdot \ln\left(\frac{p_2}{p_1}\right) = p_1 \cdot V_1 \cdot \ln\left(\frac{p_2}{p_1}\right) = m \cdot R \cdot T \cdot \ln\left(\frac{V_1}{V_2}\right)$

Tab. 3.44 – Kolben – oder Membranspeicher

Energiearten:

- Eingangsarbeit: pneumatisch, mechanisch
- Ausgangsarbeit: pneumatisch, mechanisch
- Gespeicherte Energie: pneumatisch

Anwendungsbeispiele für reine Gasspeicher:

- Kolben- und Membranspeicher als Zwischenspeicher in pneumatischen Antrieben
- Gasfedern, die mit Drosselung als Feder-Dämpfer-Element eingesetzt werden

Anwendungsbeispiele für Hydrospeicher:

- Membranspeicher für kleine Volumina
- Kolbenspeicher für große Volumina
- Blasenspeicher für kleine und mittlere Volumina
- Einsatz als Federelement und mit Drosselung als Feder-Dämpfer-Element

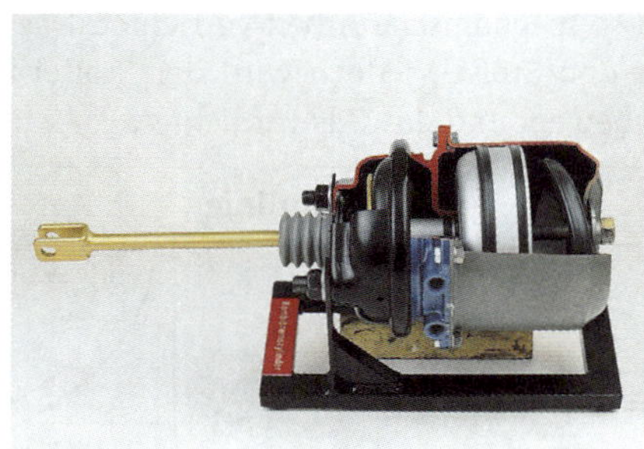

Abb. 3.140 – Gaskolbenspeicher als Federspeicher in einer Bremse [27]

3.5.5 Elektrische Energiespeicher

Kapazitive Energiespeicher

Kapazitive Speicher (Kondensatoren) bestehen aus zwei, voneinander durch ein Dielektrikum getrennte Metallelektroden. Sie speichern Energie im elektrischen Feld, indem sie an der Oberfläche der Elektroden Ladungsmengen aufbauen, die beim Entladen als elektrischer Strom genutzt werden können. Bei Doppelschichtkondensatoren werden die Metallelektroden durch einen flüssigen Elektrolyten getrennt, wobei sich an der Phasengrenze zwischen Metall und Elektrolyt eine Schicht ausbildet, die Ladungen speichern kann.

Ersatzmodell	**Kennlinie**
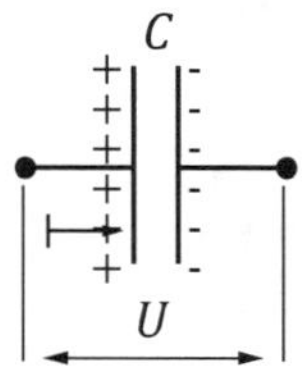	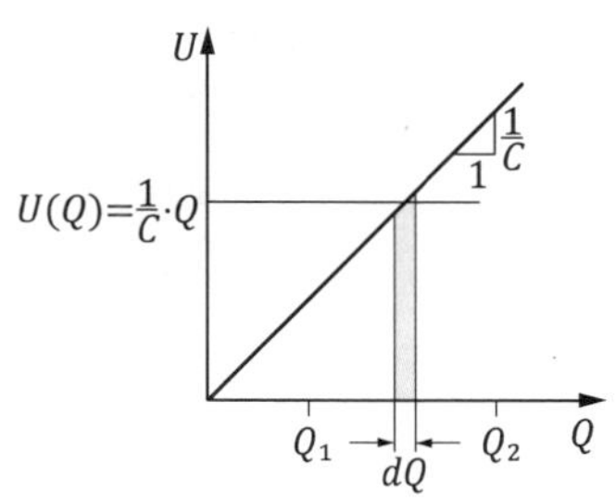
Blockschaltbild 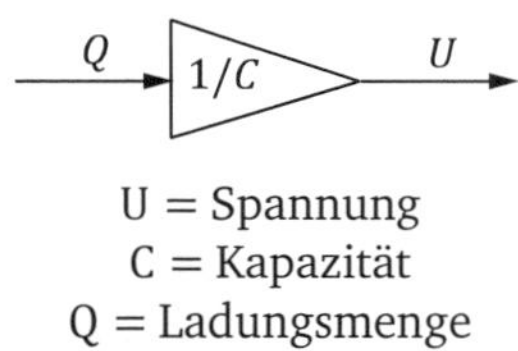 U = Spannung C = Kapazität Q = Ladungsmenge	**Energieinhalt** (Isotherme Zustandsänderung) $E = \int U \cdot I\,dt = \int U\,dQ$ $E_{1,2} = \frac{C}{2}(U_2^2\text{-}U_1^2) = \frac{1}{2C}(Q_2^2\text{-}Q_1^2)$

Tab. 3.45 – Kapazitive Energiespeicher

Energiearten:

- Eingangsarbeit: elektrisch
- Ausgangsarbeit: elektrisch
- Gespeicherte Energie: elektrisch

Anwendungsbeispiele:

- Fahrradbeleuchtungen
- Stromstoßkondensatoren bei Fotoblitzen
- Blindleistungskompensation in der Energietechnik
- Als Filter-, Trenn-, Kopplungs- und Glättungseinrichtungen in der Nachrichten- und Messtechnik
- Unterstützen des Anlassvorgangs von Verbrennungsmotoren
- Vorheizen von Katalysatoren in Kraftfahrzeugen
- In Kombination mit Batterien als Hybridantriebssystem für Elektrofahrzeuge

Abb. 3.141 – Ultrakondensatoren [60]

Induktive Energiespeicher

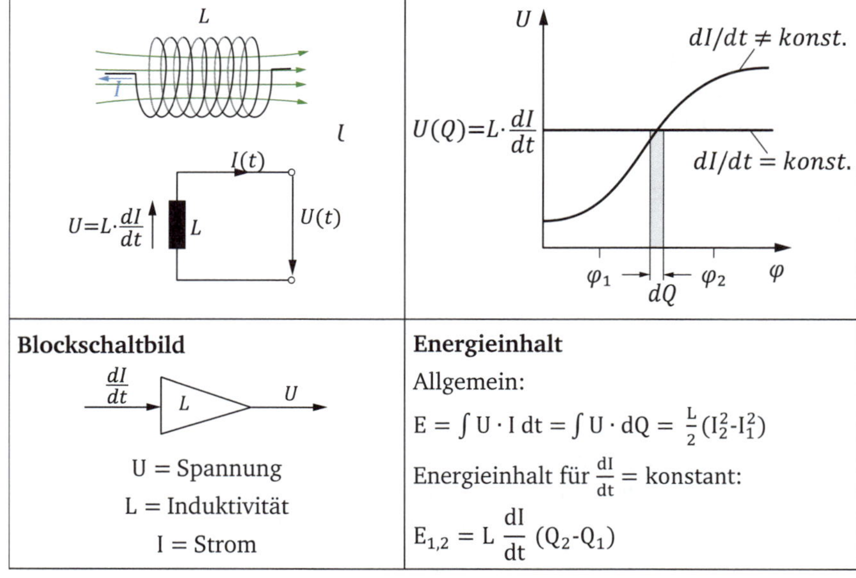

Ersatzmodell	Kennlinie
Blockschaltbild U = Spannung L = Induktivität I = Strom	Energieinhalt Allgemein: $E = \int U \cdot I\, dt = \int U \cdot dQ = \frac{L}{2}(I_2^2 - I_1^2)$ Energieinhalt für $\frac{dI}{dt}$ = konstant: $E_{1,2} = L \frac{dI}{dt} (Q_2 - Q_1)$

Tab. 3.46 – Induktive Energiespeicher [61, S. 84 ff.], [62, S. 676]

Energiearten:

- Eingangsarbeit: elektrisch
- Ausgangsarbeit: elektrisch
- Gespeicherte Energie: magnetisch

Anwendungsbeispiele:

- Signalverarbeitung und -beeinflussung: Filter, Impedanzanpassung
- Strombegrenzung
- Energiespeicher in Schaltnetzteilen

Abb. 3.142 – Ringkernspule [63]

3.5.6 Elektrochemische Energiespeicher

Elektrochemische Speicher sind galvanische Elemente, die auf elektrochemischem Weg eine Spannung erzeugen und Arbeit abgeben können. Ein galvanisches Element besteht aus zwei Elektroden, die sich in einem festen oder flüssigen Elektrolyten befinden. Beim Laden läuft ein chemischer Vorgang auf den Elektroden unter Mitwirkung des Elektrolyten ab, der Elektronen freisetzt, die dann wiederum als Strom genutzt werden können. Primärzellen sind elektrochemische Elemente, deren chemische Reaktion irreversibel abläuft. Nach ihrer Entladung können sie nicht erneut aufgeladen werden, weshalb sie Primärspeicher darstellen. Bei Sekundärzellen bzw. Akkumulatoren verläuft die chemische Reaktion reversibel. Sie können nach ihrer Entladung also erneut aufgeladen werden und sind damit Sekundärspeicher. Der Begriff Batterie, der umgangssprachlich oft mit Primärzellen in Verbindung gebracht wird, beschreibt im technischen Sinne lediglich die Kombination mehrer Zellen gleichen Typs. Starterbatterien im KFZ oder auch Traktionsbatterien von Elektrofahrzeugen bestehen aus einer Kombination mehrer Sekundärzellen bzw. Akkumulatoren und stellen damit sekundären Energiespeicher da.

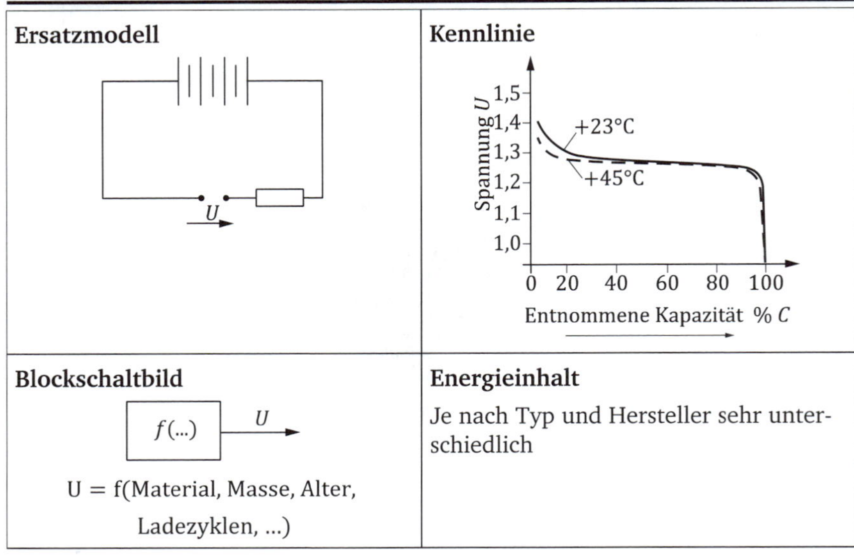

Ersatzmodell	**Kennlinie**
U	Spannung U 1,5 1,4 1,3 1,2 1,1 1,0 +23°C +45°C 0 20 40 60 80 100 Entnommene Kapazität % C
Blockschaltbild	**Energieinhalt**
$f(...)$ → U U = f(Material, Masse, Alter, Ladezyklen, ...)	Je nach Typ und Hersteller sehr unterschiedlich

Tab. 3.47 – Elektrochemische Energiespeicher

Energiearten:

- Eingangsarbeit: elektrisch
- Ausgangsarbeit: elektrisch
- Gespeicherte Energie: chemisch

Anwendungsbeispiele:

- Gerätebatterien für Uhren, Telefone, kabellose Haushaltsgeräte, Taschenlampen, Spielzeuge und andere Konsumgüter
- Starterbatterien von Kraftfahrzeug-, Schiffs- und Flugzeugmotoren
- Traktionsbatterien von Elektro- und Hybridfahrzeugen
- Bereitstellen von Energie für Notstrom- und Bordversorgung

Abb. 3.143 – Starterbatterie eines Pkw

3.6 Zusammenfassung

In diesem Kapitel erfolgt eine allgemeine Einführung in die mechanischen Komponenten, die insbesondere in Antriebssystemen eingesetzt werden, um mechanische Abtriebsenergie eines Aktors zu erzeugen oder prozessgerecht bereitzustellen. Betrachtet werden mechanische Energieleiter, Energieumformer und Energiesteller sowie Energiespeicher allgemein. Als Einstieg wird ein kurzer Überblick über die Darstellungsmöglichkeiten von technischen Systemen gegeben. Von einer detaillierten Beschreibung als CAD-Modell über technische Zeichnungen, Strichskizzen bis hin zu einfachen händischen Prinzipskizzen sind zu verschiedenen Entwurfsstadien unterschiedliche Darstellungensformen sinnvoll. Mechanische Energieleiter sind Komponenten, mit denen mechanische Energie von einem Ort an einen anderen übertragen werden kann, ohne dabei die Kraft- bzw. Bewegungsgrößen zu verändern. Betrachtet wird die einfache statische und dynamische Auslegung von sowohl rotierenden Energieleitern, also Wellen, als auch von Zug-Druck-Elementen. Zudem wird auf die Gestaltung ihrer Lagerung bzw. Führung eingegangen. Bei den mechanischen Energieumformern bzw. Getrieben handelt es sich um Maschinenelemente, die mechanische Kraft- bzw. Bewegungsgrößen in andere mechanische Kraft- bzw. Bewegungsgrößen umformen. Die verhaltensbestimmenden Eigenschaften mechanischer Energieumformer sind die Masse bzw. Massenträgheit, die Steifigkeit und die Dämpfung sowie der Wirkungsgrad. Der Fokus liegt hier auf form- und reibkraftschlüssigen Rädergetriebe sowie Zugmittel- und Kurvengetrieben. Energiesteller für mechanische Größen stellen Schalt- und Trennkupplungen dar, die als Stellglieder in einem Antriebsstrang einen mechanischen Energiefluss unterbrechen bzw. weiterleiten. Schaltkupplungen ermöglichen ein beliebiges Trennen und Verbinden des Antriebsstranges. Bei Trennkupplungen hingegen ist der Trennvorgang irreversibel und muss nach Stillsetzen des Systems durch zusätzliche Maßnahmen wieder behoben werden. Mechanische Energiesteller können formschlüssig oder reibkraftschlüssig sowie eigen- oder fremdbetätigt ausgeführt werden. Abschließend werden Energiespeicher betrachtet, also Komponenten, die Energie zur Verrichtung von Arbeit bereitstellen und ggf. in einem reversiblen Prozess auch wieder aufnehmen können. Nach einer systematischen Einteilung bzw. Gliederung der Energiespeicher werden mechanische fluidtechnische, elektrische und elektrochemische Ausführungen behandelt. Die genutzten Wirkprinzipien sowie die wichtigsten Kenngrößen dieser Energiespeicher werden erläutert.

4 Aktorik

In diesem Kapitel werden die Aktoren in mechatronischen Systemen vorgestellt. Sie bilden gemeinsam mit den bereits eingeführten mechanischen Komponenten die mechanische Strecke, die im Gesamtsystem geregelt werden soll.

Aktoren nehmen nach vorgegebenen Stellsignalen der Regelung Energie aus einem Speicher auf und führen diese nach Energiestellung (Leistungsverstärkung), Energiewandlung und möglicherweise Energieumformung dem Prozess als mechanische Antriebsenergie in der benötigten Form zu. Dabei werden Aktoren sowohl nach funktionalen Gesichtspunkten als auch nach dem Prinzip ihrer Wirkung (elektromechanisch, fluidenergetisch und unkonventionell) eingeteilt und in den folgenden Abschnitten ausführlich behandelt.

4.1 Struktur und Funktionen von Aktoren

Aktoren sind wichtige Komponenten in technischen Systemen. Sie stellen die Verbindung zwischen der Informationsverarbeitung (Mikroprozessoren, Regler) und dem zu beeinflussenden Prozess dar. Aktoren haben die Aufgabe, Energie aus einem Speicher aufzunehmen, diese entsprechend der vorgegebenen Steuerbefehle (Informationsverarbeitung) prozessgerecht einzustellen (Leistungsverstärkung) und dem Prozess in Form von mechanischer Energie bzw. Leistung zuzuführen. Am Aktoreingang liegt dazu i. Allg. ein elektrisches Informationssignal geringer Leistung (standardisierte Schnittstelle von einem Mikrorechner) vor und am Ausgang des Aktors soll mechanische Energie in translatorischer oder rotatorischer Form so zur Verfügung gestellt werden, dass der Prozess entsprechend einer geforderten Aufgabenstellung optimal ablaufen kann. Diese Energie wird durch Hilfsenergie aus einem Energiespeicher einer bestimmten Energieart (elektrisch, pneumatisch, hydraulisch, thermisch, magnetisch etc.) bereitgestellt.

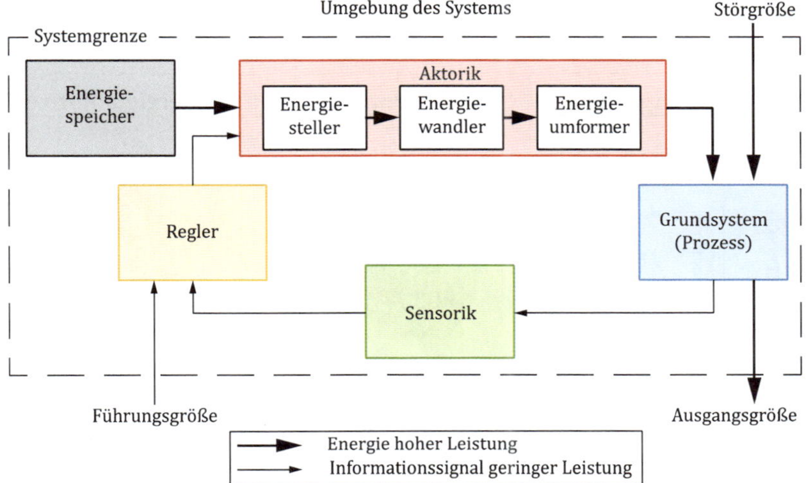

Abb. 4.1 – Aktor als Verbindungsglied zwischen Informationsverarbeitung und Prozess

Damit ein Aktor die beschriebene Gesamtfunktion wahrnehmen kann, wird er grundsätzlich in die elementaren Funktionsglieder Energiesteller, Energiewandler und Energieumformer gemäß Abb. 4.1 unterteilt. Am Energiesteller liegt zunächst nur die leistungsarme Stellgröße vor. Durch Energiezufuhr aus dem Energiespeicher (Hilfsenergiequelle) erhält man am Ausgang des Energiestellers Energie auf höherem Niveau. Beispiele für Energiesteller sind Transistoren, Thyristoren oder Ventile (Tab. 4.1).

Beim nachfolgenden Energiewandler hat man sowohl am Eingang als auch am Ausgang Energien. Diese Energien sind aber unterschiedlicher Art – es erfolgt also eine Energiewandlung. Beispiele sind der Elektromotor (Eingang: elektrische Energie, Ausgang: mechanische Rotationsenergie) oder der Hydraulikzylinder (Eingang: hydraulische Energie, Ausgang: mechanische Translationsenergie).

An die mechanische Ausgangsenergie werden bestimmte Anforderungen gerichtet. Beispielsweise kann die bereitgestellte mechanische Energie als Translationsarbeit „Kraft mal Weg“ verwendet werden. Extremfälle sind „große Kraft bei kleinem Weg“ (Kraftstellglied) oder „kleine Kraft bei großem Weg“ (Wegstellglied). Entsprechendes gilt für die Rotationsarbeit. Um die Anforderungen hinsichtlich der Ausgangsenergie zu erfüllen, werden mechanische „Wandler“, die sogenannten Energieumformer, nachgeschaltet. Dies sind z. B. Hebel, Getriebe, Spindeln usw., die wir bereits in Kapitel 3 kennengelernt haben. Im Gegensatz zum Energiewandler bleibt beim Energieumformer die Energieart zwischen Eingang und Ausgang erhalten. Es sei darauf hingewiesen, dass Energieumformer manchmal auch dem Prozess (vgl. Tab. 4.1) zugeschlagen werden.

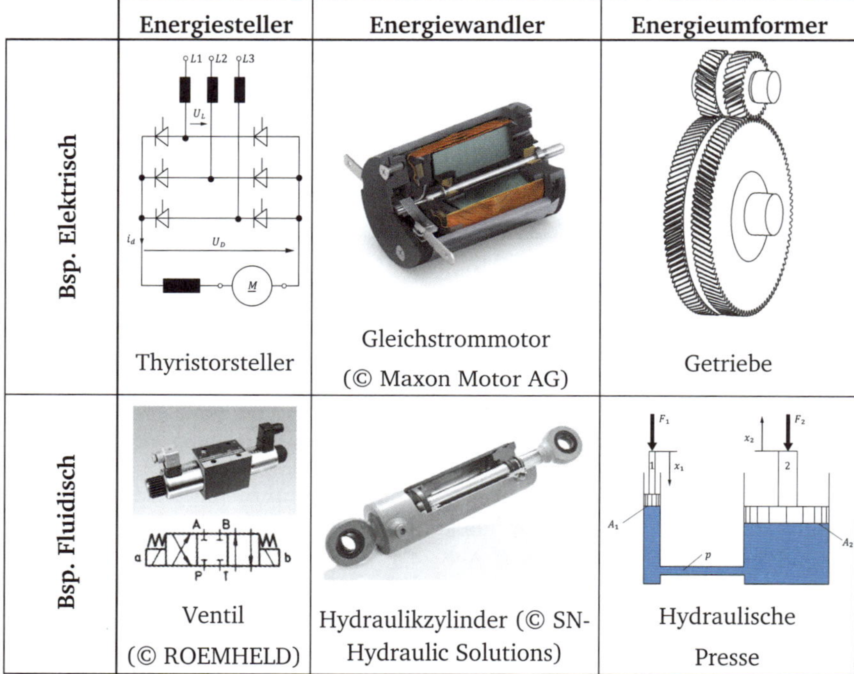

	Energiesteller	Energiewandler	Energieumformer
Bsp. Elektrisch	Thyristorsteller	Gleichstrommotor (© Maxon Motor AG)	Getriebe
Bsp. Fluidisch	Ventil (© ROEMHELD)	Hydraulikzylinder (© SN-Hydraulic Solutions)	Hydraulische Presse

Tab. 4.1 – Beispiele für Energiesteller, Energiewandler und Energieumformer

Da die Aufgabe von Aktoren darin besteht, Energieflüsse (bzw. auch Materieströme) zu steuern, muss jeder Aktor wenigstens einen Energiesteller enthalten.

4.1.1 Potentialgröße, Flussgröße und Leistung in Aktoren

Die Leistungen setzen sich jeweils aus einer verallgemeinerten Potentialgröße und einer verallgemeinerten Flussgröße zusammen, wobei sich die Leistung als das Produkt aus den beiden Größen ergibt. In Tab. 4.2 sind für die Energiearten elektrisch, fluidisch und mechanisch (unterteilt in translatorisch und rotatorisch) jeweils Potentialgröße, Flussgröße und Leistung tabellarisch zusammengestellt (siehe auch Kap. 2.3.4).

	Elektrisch	Fluidisch	Mechanisch	
			Translatorisch	Rotatorisch
Potential-größe	Spannung U	Druckdifferenz Δp	Kraft F	Moment M
Flussgröße	Strom I	Volumenstrom $\dot{V}$	Geschwindigkeit $v = \dot{x}$	Winkelgeschwindigkeit $\omega = \dot{\varphi}$
Leistung	$P_{el} = U \cdot I$	$P_{fl} = \Delta p \cdot \dot{V}$	$P_{tr} = F \cdot v$	$P_{rot} = M \cdot \omega$

Tab. 4.2 – Potentialgröße, Flussgröße und Leistung für verschiedene Energiearten in Aktoren

Am Ausgang des Aktors steht dem Prozess nicht mehr die volle Leistung zur Verfügung, die am Eingang zugeführt wurde (vgl. Abb. 4.2). Durch Verluste in allen Funktionsgliedern (Energiesteller, Energiewandler, Energieumformer) wird die Leistung reduziert. Wie bereits bei den mechanischen Umformern kann entsprechend auch bei den Aktoren ein Wirkungsgrad eingeführt werden.

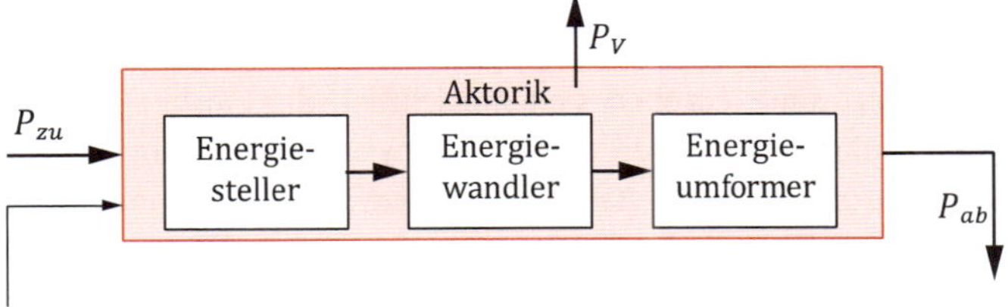

Abb. 4.2 – Wirkungsgrad von Aktoren

$$\eta_A = \frac{P_{ab}}{P_{zu}} = \frac{P_{zu}-P_V}{P_{zu}} = 1-\frac{P_V}{P_{zu}} \tag{4.1}$$

Der Wirkungsgrad wird nach Gleichung (4.1) berechnet und beschreibt das Verhältnis der am Ausgang nutzbaren Leistung P_{ab} zu der am Eingang zugeführten Leistung P_{zu}. Entsprechend der Aufteilung des Aktors in die drei Funktionsglieder kann man auch den Wirkungsgrad der jeweiligen Funktionsglieder getrennt betrachten.

4.1.2 Unterscheidung nach der Funktion

Die Hauptfunktion von Aktoren ist die Umsetzung von leistungsarmen Stellgrößen (z. B. analoge Spannungen 0-10 V oder kleine eingeprägte Ströme) in Ausgangsgrößen des Aktors bzw. Eingangsgrößen des Grundsystems (z. B. Energieströme oder Materieströme) mit einem in der Regel wesentlich höheren Leistungsniveau. Die dazu erforderliche Leistung wird einer Hilfsenergieversorgung entnommen, die den im Aktor eingebauten Leistungsverstärker speist. Die beschriebene Gesamtfunktion lässt sich i. Allg. in folgende Teilfunktionen unterteilen:

- Aufnahme der leistungsarmen elektrischen Stellgröße vom Regler (Mikroprozessor).
- Steuerung und Zufuhr von Hilfsenergie aus einem Speicher durch den Energiesteller (Leistungsverstärkung) mit dem Ziel der modulierten Energiebereitstellung.
- Wandlung der Energieart im Energiewandler, wobei am Aktorausgang für die Anwendungen im Maschinenbau meistens mechanische Energie (Kräfte und Wege bzw. Momente und Winkel) vorliegt.
- Nachgeschaltete Energieumformung, z. B. mit einem mechanischen Getriebe oder einer Spindel.
- Bereitstellung mechanischer Energie bzw. Leistung oder eines Materiestromes am Aktorausgang für die Zufuhr in den Prozess.

Während die leistungsarmen, elektrischen Eingangsgrößen von Aktoren heute meist standardisiert sind, ergeben sich hinsichtlich der Ausgangsgrößen Unterschiede in der Funktion. Zu differenzieren ist zwischen Aktoren, die Energieflüsse bzw. Materieströme steuern. Bei den hier vorwiegend behandelten mechanischen Energieflüssen liegt die Energie am Ausgang entweder in Form von Translationsenergie (Kraft mal Weg) oder Rotationsenergie (Moment mal Winkel) vor.

In Tab. 4.3 sind schematisch einige Beispiele für Energiewandler bzw. Energieumformer angegeben. Auf der Eingangsseite werden Wandler mit elektrischer Leistung (Spannung mal Strom) und fluidischer Leistung (Druck mal Volumenstrom) betrachtet. Auf der Wandler-Ausgangsseite entsteht mechanische Leistung als „Kraft mal Geschwindigkeit“ für den translatorischen Fall bzw. als „Moment mal Winkelgeschwindigkeit“ für den rotatorischen Fall.

Schließt sich noch eine Energieumformung an, so erfolgt diese nur im Rahmen der mechanischen Leistung. Die translatorische bzw. rotatorische Eingangsleistung wird dabei in den mechanischen Umformern (beispielsweise Hebel, Getriebe, Zahnstange-Zahnrad, Spindel-Mutter) in die entsprechende mechanische Ausgangsleistung transformiert.

Eingang / Ausgang	Energiewandler		Energieumformer	
	Elektrisch	Fluidisch	Mechanisch, translatorisch	Mechanisch, rotatorisch
Mechanisch, translatorisch	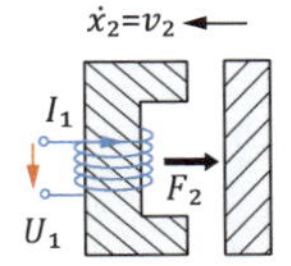 Elektro-magnet	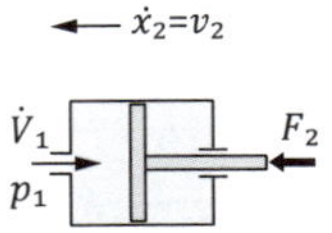 Kolben-Schubst.	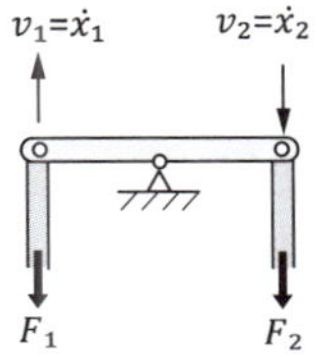 Hebel	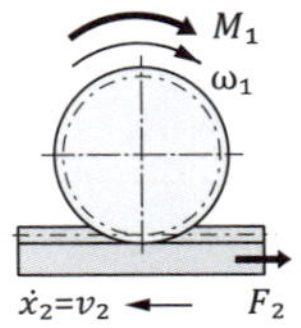 Rad-Zahn-Stange
Mechanisch, rotatorisch	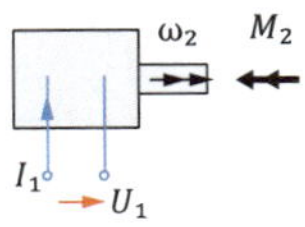 Elektromotor	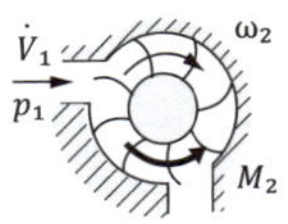 Fluidmotor	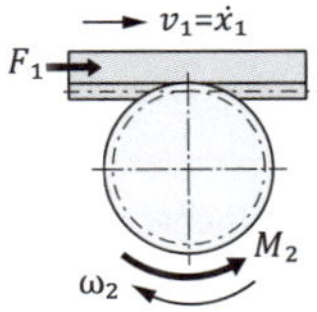 Zahnstange-Rad	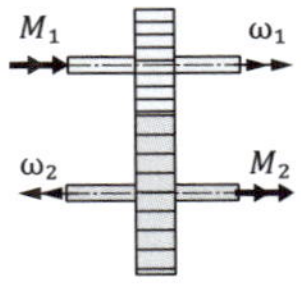 Getriebe

Tab. 4.3 – Beispiele für Energiewandler und Energieumformer mit mechanischer Ausgangsleistung in translatorischer bzw. rotatorischer Form

Ein Beispiel mit einer hohen Systemintegration zeigt Abb. 4.3, bei der ein Drehstromsynchronmotor als Wandler direkt mit dem mechanischen Umformer Spindelmutter-Spindel gekoppelt ist. Dieser Drehstromsynchronmotor wird u. a. zum Vorschubantrieb bei Werkzeugmaschinen und bei Robotern verwendet. Er wird später in Abschnitt 4.2.10 nochmals ausführlich behandelt.

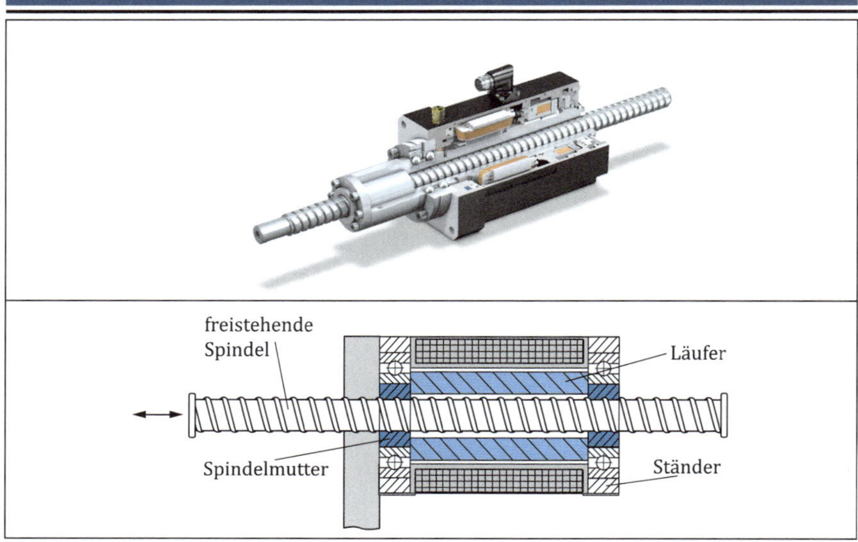

Abb. 4.3 – Drehstromsynchronmotor als Energiewandler und Spindelmutter-Spindel als Energieumformer (www.stober.com)

Als Hohlwellenmotor dreht sich der Motorläufer zusammen mit der Spindelmutter um die Kugelumlaufspindel (siehe auch Abschnitt 3.3.5). Da das Motorgehäuse fest eingespannt ist, bewegt sich die Spindel.

4.1.3 Unterscheidung nach dem Wirkprinzip

Für die Gesamtfunktion eines Aktors ist wichtig, nach welchen Wirkprinzipien die wichtigsten Teilfunktionen (Leistungsverstärkung im Energiesteller, Wandlung der Energie im Energiewandler sowie Energieumformung) durchgeführt werden. Dabei spielt die Art der Hilfsenergie eine wichtige Rolle, die man in elektrische Energie, Fluidenergie (Hydraulik und Pneumatik), thermische und chemische Energie unterteilen kann. Im Bereich der Aktorik im Maschinenbau haben heute die Elektrizität, die Hydraulik und die Pneumatik die größte Bedeutung.

Elektrizität

- Elektrische Energie i. Allg. schon vorhanden und dezentral verfügbar.
- Unproblematische Bereitstellung bei hohem Wirkungsgrad.
- Gute Wandlungs- und Übertragungsfähigkeit.
- Einfache Stellung der Energieströme mit kostengünstigen Halbleiterbauelementen.
- Vergleichsweise niedriger Entwicklungsaufwand.

Hydraulik

- Hilfsenergieerzeuger erforderlich, um den Druckölstrom des Hydraulikkreises zu erzeugen.
- Relativ hohe Arbeitsdrücke (bis zu 300-6000 bar) ergeben große Stellkräfte sowie robuste und kompakte Aktoren mit sehr hoher Leistungsdichte [64].
- In der Regel hoher Entwicklungsaufwand.

Pneumatik

- Anschlussdrücke pneumatischer Systeme i. d. R. auf 10-40 bar begrenzt, wodurch sich relativ große Abmessungen ergeben [65].
- Aufbereitung der Luft erforderlich.
- Durch robusten Aufbau zuverlässiger und sicherer Betrieb.
- Vergleichsweise moderater Entwicklungsaufwand.

Wegen der vielen Vorteile wird die elektrische Energie gern verwendet. Bei sehr großen Stellkräften, bei hohen Temperaturen und bei durch elektrische Aktoren nicht befriedigten sicherheitstechnischen Anforderungen sind andere Energieformen vorzuziehen.

Eine erste Unterteilung nach verschiedenen Wirkprinzipien ist in Abb. 4.4 vorgenommen. Neben den elektromechanischen Aktoren und den Fluidenergieaktoren, die sich insbesondere in der Art der Hilfsenergie und nach den unterschiedlichen Wirkprinzipien unterscheiden, sind in einer dritten Gruppe die unkonventionellen Aktoren dargestellt.

Elektromechanische Aktoren (4.2)	**Fluidenergie Aktoren** (4.3)	**Unkonventionelle Aktoren** (4.4)
Elektromagnetische Aktoren • Elektromagnete (4.2.3) • Reluktanzmotor (4.2.4) **Elektrodynamische Aktoren** • Tauchspule (4.2.7) • Gleichstrommotor (4.2.8) • EC-Motor (4.2.9) • Synchronmaschine (4.2.10) • Asynchronmaschine (4.2.11)	**Hydraulische Aktoren** (4.3.6) • Schrägachsenmotor • Schrägscheibenmotor • Radialkolbenmotor • Flügelzellenmotor • Zahnradmotor • Hydraulikzylinder **Pneumatische Aktoren** (4.3.6.) • Lamellenmotor • Radialkolbenmotor • Axialkolbenmotor • Pneumatikzylinder	• Piezoelektrische Aktoren (4.4.1) • Magnetostriktive Aktoren (4.4.2) • Elektro-/Magneto-rheologische Aktoren (4.4.3) • Thermobimetall Aktoren (4.4.4) • Memory-Metall-Aktoren (4.4.5)

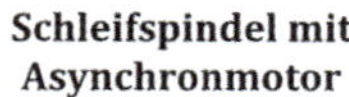

Schleifspindel mit Asynchronmotor

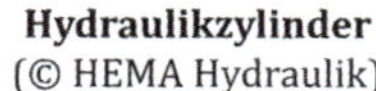

Hydraulikzylinder (© HEMA Hydraulik)

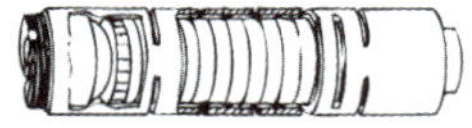

Piezo-Stapelaktor

Abb. 4.4 – Einteilung nach verschiedenen Aktorprinzipien mit zugehöriger Abschnittsnummer

Bei der Unterscheidung nach dem Wirkprinzip sind insbesondere die Vorgänge bei der Energiewandlung in mechanische Energie von Bedeutung.

In elektromechanischen Aktoren (Abschnitt 4.2) erfolgt dabei die Umsetzung elektrischer in mechanische Leistung unter Ausnutzung elektromagnetischer Felder. Dabei wirken bei elektrodynamischen Wandlern Kräfte auf stromdurchflossene Leiter in einem Magnetfeld (Lorentzkraft) und bei elektromagnetischen Wandlern treten Kräfte auf Trennflächen von Gebieten unterschiedlicher Permeabilität (Reluktanzkraft) auf. Zur Gruppe der elektrodynamischen Wandler gehören z. B. Tauchspulen, Elektromotoren (Gleichstrom-, Synchron- und Asynchronmotoren) sowie Linearantriebe und in den Bereich der elektromagnetischen Wandler fallen Elektromagnete (Tragmagnete, Magnetschwebebahn, aktive Magnetlager, elektromagnetisch betätigte Ventile) sowie Schrittmotoren und Reluktanzmotoren.

Zu den Fluidenergieaktoren (Abschnitt 4.3) zählen sowohl hydraulische als auch pneumatische Aktoren. Sie nutzen flüssige bzw. gasförmige Energieträger, um

Kräfte (Momente) und Wege (Winkel) am Aktorausgang zu erzeugen. Dabei wird jeweils die fluidische Leistung, ausgedrückt durch „Volumenstrom mal Druck“, in mechanische Leistung umgewandelt. Zur Energiewandlung dienen sowohl Schubmotoren (Hydraulik- bzw. Pneumatikzylinder) als Linearwandler, die nach dem Prinzip der Kolbenschubstange wirken, als auch die vielfältigen Formen der Fluidmotoren (Hydromotoren und pneumatische Motoren: Radialkolbenmotor, Flügelzellenmotor, Zahnradmotor), die nach dem Verdrängerprinzip arbeiten.

Als unkonventionelle Aktoren (Abschnitt 4.4) bezeichnet man solche, die nach anderen Prinzipien als den bisher betrachteten arbeiten. Diese Aktoren wurden in den letzten Jahren insbesondere für kleine Leistungen und für lineare Bewegungen entwickelt. Dabei ist ein Trend zur Miniaturisierung zu beobachten, wodurch sich neben den bereits bestehenden Disziplinen der Mikroelektronik (Mikrorechner) und der Mikrosensorik auch die Mikroaktorik und damit die Mikrosystemtechnik (Mikromechatronik) weiterentwickeln. Zu dieser Gruppe gehören u. a. piezoelektrische Aktoren, magnetostriktive und elektro- bzw. magnetorheologische Aktoren, Thermobimetall-Aktoren und Memory-Metall-Aktoren. Insbesondere die piezoelektrischen Aktoren werden in unterschiedlichsten Ausführungsformen auch für große Stellkräfte und Leistungen eingesetzt, wobei die realisierten Stellwege prinzipbedingt sehr klein sind.

4.2 Elektromechanische Aktoren

Elektromechanische Aktoren wandeln elektrische in mechanische Energie. Umgekehrt können sie auch teilweise als Generatoren eingesetzt werden, d. h. mechanische in elektrische Energie wandeln.

Elektromechanische Aktoren beruhen auf zwei verschiedenen Wirkprinzipien, dem elektromagnetischen und dem elektrodynamischen Wirkprinzip. Während beim elektromagnetischen Wirkprinzip Kräfte durch magnetische Anziehung innerhalb eines Magnetfeldes entstehen, werden beim elektrodynamischen Prinzip Interaktionen zwischen elektrischen und magnetischen Feldern ausgenutzt, um Kräfte zu erzeugen. Beide Wirkprinzipien werden in diesem Kapitel detailliert vorgestellt.

4.2.1 Magnetische Felder

Magnetische Felder sind bei allen folgenden elektromechanischen Aktoren für die Krafterzeugung notwendig. Dabei gibt es unterschiedliche Möglichkeiten diese magnetischen Felder zu erzeugen. Zum einen kann das Magnetfeld durch einen magnetischen Werkstoff erzeugt werden. Zum anderen gibt es die Möglichkeit, das Magnetfeld durch eine äußere elektrische Erregung mittels eines stromdurchflossenen Leiters zu erzeugen. Beide Möglichkeiten werden im Folgenden näher beschrieben. Die Beschreibung magnetischer Felder ist mit der magnetischen Flussdichte B und der magnetischen Feldstärke H mit dem Werkstoffgesetz

$$B = \mu \cdot H \tag{4.2}$$

mit

H : magnetische Feldstärke; $[H] = \frac{A}{m}$

B : magnetische Flussdichte; $[B] = T$

gegeben, wobei μ die Permeabilität des Werkstoffes ist:

μ : Permeabilität; $[\mu] = \frac{V \cdot s}{A \cdot m}$.

Die Permeabilität setzt sich zusammen aus der magnetischen Feldkonstante (absolute Permeabilität) $\mu_0 = 4\pi \cdot 10^{-7} \frac{V \cdot s}{A \cdot m}$ und der werkstoffabhängigen, relativen Permeabilitätszahl μ_r als

$$\mu = \mu_0 \cdot \mu_r. \tag{4.3}$$

Vakuum weist eine relative Permeabilitätszahl von $\mu_r = 1$ auf, welche auch auf Luft in guter Näherung zutrifft.

Allgemein ist μ_r allerdings nicht konstant, sondern hängt von der Werkstofftemperatur und der magnetischen Feldstärke H sowie deren zeitlichem Verlauf vor dem Betrachtungszeitpunkt ab (vgl. Abb. 4.6).

Der magnetische Kreis

Ein magnetischer Flusskreis lässt sich in Analogie zu einem elektrischen Stromkreis mit der magnetischen Spannung Θ_D, dem magnetischen Fluss Φ (als Äquivalent zum elektrischen Strom I) und dem magnetischen Widerstand R_m beschreiben, wie Abb. 4.5 für einen einfachen, unverzweigten Fall, hier mit magnetischem Feldanteil in Luft und in Eisen, veranschaulicht.

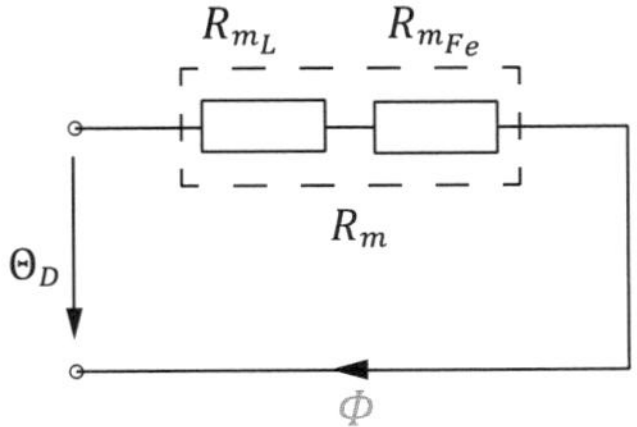

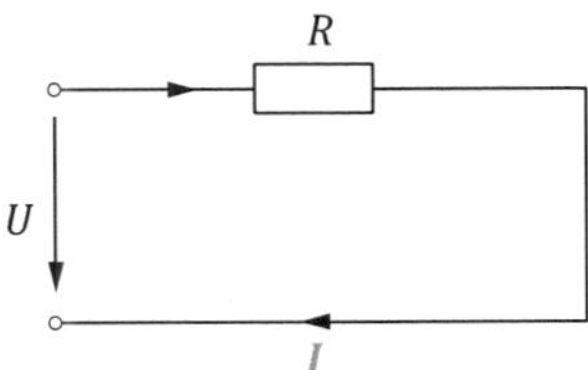

Abb. 4.5 – Analogie: magnetischer Flusskreis (mit Feldanteil in Luft und Eisen) und elektrischer Stromkreis

Der magnetische Ersatzkreis für ein homogenes Magnetfeld ergibt sich damit analog zum Ohmschen Gesetz elektrischer Kreise zu

$$\Theta_D = R_m \cdot \Phi \tag{4.4}$$

mit

Θ_D : magnetische Durchflutung; $[\Theta_D] = A$

Φ : magnetischer Fluss; $[\Phi] = V \cdot s$

R_m : magnetischer Widerstand; $[R_m] = \frac{A}{V \cdot s}$.

Der magnetische Gesamtwiderstand R_m kann sich dabei aus Einzelwiderständen zusammensetzen.

Aus dem Ampèreschen Durchflutungsgesetz in Gleichung (4.5) folgt der Zusammenhang zwischen magnetischer Durchflutung Θ_D und magnetischer Feldstärke H.

$$\Theta_D = \oint H \, dl \tag{4.5}$$

Unter der Annahme konstanter magnetischen Feldstärken H_i über den jeweiligen Längenabschnitten Δl_i geht dieser Ausdruck über zu

$$\Theta_D = \sum_{i=1}^{N} H_i \cdot \Delta l_i \tag{4.6}$$

Für den einfachen, unverzweigten Fall aus Abb. 4.5 ist der magnetische Fluss im gesamten magnetischen Kreis konstant.

$$\Phi = B_i \cdot A_i. \tag{4.7}$$

Aus der Grundgleichung des magnetischen Kreises (4.4), dem Ampèreschen Durchflutungsgesetz (4.6) mit eingesetztem Werkstoffgesetz (4.2) und der Beschreibung des magnetischen Flusses Φ aus Gleichung (4.7) folgt der magnetische Widerstand R_m:

$$
\begin{aligned}
\sum_{i=1}^{N} \frac{B_i \cdot \Delta l_i}{\mu_i} &= R_m \cdot \Phi \\
\sum_{i=1}^{N} \frac{A_i}{A_i} \cdot \frac{B_i \cdot \Delta l_i}{\mu_i} &= R_m \cdot \Phi \\
\Phi \sum_{i=1}^{N} \frac{1}{A_i} \cdot \frac{\Delta l_i}{\mu_i} &= R_m \cdot \Phi \\
R_m &= \sum_{i=1}^{N} \frac{\Delta l_i}{A_i \mu_i}.
\end{aligned}
\tag{4.8}
$$

Felderzeugung mittels magnetischen Werkstoffes

Die in Magneten in der Regel verwendeten Materialien mit $\mu_r \gg 1$ werden ferromagnetisch genannt. Zunächst wird nur der lineare Bereich dieses Werkstoffgesetzes betrachtet, wodurch die Permeabilität μ als zwar werkstoffabhängig, aber konstant angenommen werden kann. Das bedeutet, dass bei dieser Betrachtung sowohl eine sogenannte Sättigung der Magnetisierung als auch ein Hystereseverhalten des Werkstoffs vernachlässigt werden.

Das Hystereseverhalten und die Sättigung sind in Abb. 4.6 dargestellt.

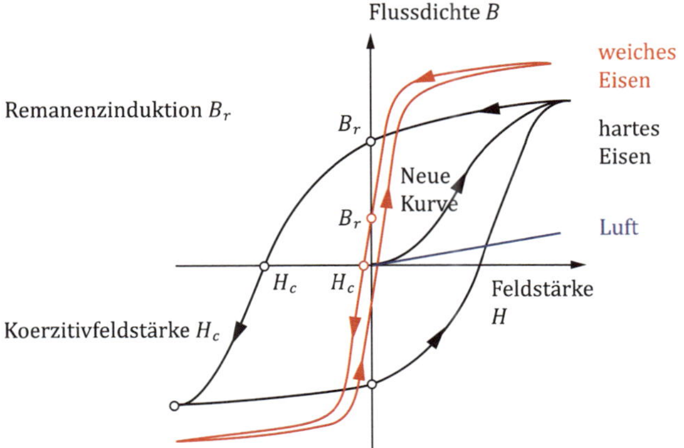

Abb. 4.6 – B-H-Kurven unterschiedlicher Werkstoffe

Zudem wird unterschieden zwischen hartem und weichem Magneteisen. Harteisen wird für Dauermagnete (Permanentmagnete) verwendet. Bei deren Herstellung wird von außen eine große Feldstärke H aufgeprägt, wobei die resultierende Flussdichte B der Neukurve folgt. Wird das äußere Feld abgeschaltet, verbleibt eine Remanenzinduktion B_r auch ohne Vorhandensein einer äußeren Erregung.

Weicheisen hingegen weist ohne äußeres Magnetfeld eine sehr schwache Remanenzinduktion B_r auf und bedarf nur einer geringen Koerzitivfeldstärke H_c, um seine Magnetisierung vollständig zu verlieren. Außerdem weisen Bauteile aus Weicheisen nach kurzer Zeit bereits keine Polarisation mehr auf. In Elektromagneten wird Weicheisen eingesetzt, um mittels äußerer elektrischer Erregung gezielt Magnetfelder zu erzeugen (siehe nächster Abschnitt).

Beim Durchfahren der Hystereseschleife treten Ummagnetisierungsverluste auf, wobei die eingeschlossene Fläche der Hystereseschleife ein Maß für diese Verluste ist. Bei Anwendungen, welche die Hystereseschleife durchfahren müssen, sollte diese deshalb möglichst schmal sein. Die Koerzitivfeldstärke H_c und die Remanenzinduktion B_r bestimmen die Energiedichte des Materials.

Permanentmagnete gestatten eine Erregung von magnetischen Feldern in Luftspalten, ohne das elektrische Leistung aufgeprägt werden muss. Man findet sie u. a. im Stator von Gleichstrommaschinen, im Rotor von bürstenlosen Motoren und bei Magnetkupplungen.

Permanentmagnete können aus verschiedenen Materialien hergestellt werden. In Abb. 4.7 sind verschiedene Permanentmagnete abgebildet, wobei diese bei unterschiedlichen Volumen einen gleich großen permanentmagnetischen Fluss ausbilden.

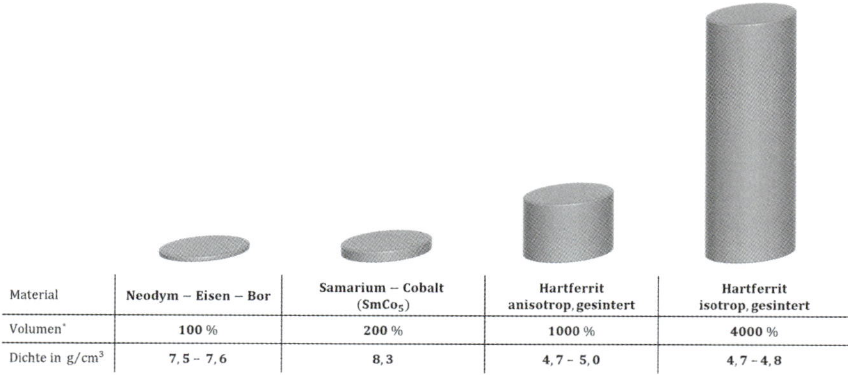

Material	Neodym – Eisen – Bor	Samarium – Cobalt ($SmCo_5$)	Hartferrit anisotrop, gesintert	Hartferrit isotrop, gesintert
Volumen*	100 %	200 %	1000 %	4000 %
Dichte in g/cm³	7,5 - 7,6	8,3	4,7 - 5,0	4,7 - 4,8

*bei gleicher magnetischer Energiedichte

Abb. 4.7 – Selten-Erden-Magnete (Eigene Darstellung in Anlehnung an [66])

Felderzeugung mittels elektrischer Erregung

Ein magnetisches Feld wird auch durch einen stromdurchflossenen Leiter erzeugt. Dieses Magnetfeld bildet sich ringförmig um diesen Leiter aus (vgl. Abb. 4.8). Zur Beschreibung der Feldlinienrichtung kann die Rechte-Hand-Regel angewendet werden:

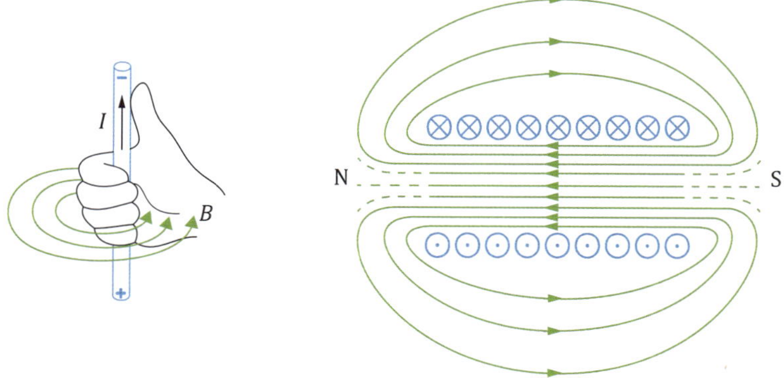

Abb. 4.8 – Magnetfeld von stromdurchflossenem Leiter/Spule

Wickelt man einen stromdurchflossenen Leiter als Spule, bildet sich ein gerichtetes Magnetfeld im Inneren der Spule aus. Ist diese Spule um einen weichmagnetischen Kern gewickelt, wird diesem eine Polarisation entsprechend der Richtung des angelegten Feldes aufgeprägt.

Durch den Spulenstrom I wird im magnetischen Kreis eine magnetische Durchflutung Θ_D aufgeprägt, welche sich aus dem Produkt von Strom I und der Windungszahl N der Spule ergibt:

$$\Theta_D = I \cdot N \tag{4.9}$$

mit

I : Strom durch Spule; [I] = A

N : Windungszahl der Spule; [N] =/.

Durch Einsetzen von Gleichung (4.7) in (4.4) und gleichsetzen mit (4.9) erhält man einen Zusammenhang zwischen den beschreibenden Magnetfeldgrößen und dem von außen auf den Elektromagneten aufgeprägtem Spulenstrom I:

$$I \cdot N = B_i \cdot A_i \cdot R_m. \tag{4.10}$$

Durch Auflösen nach der magnetischen Flussdichte B_i mit der Beschreibung des magnetischen Widerstands R_m aus Gleichung (4.8) folgt

$$B_i = \frac{I \cdot N}{A_i \cdot R_m}. \tag{4.11}$$

4.2.2 Elektromagnetische Aktoren – Reluktanzkräfte

Bei elektromagnetischen Aktoren (Elektromagnete, Magnetlager, Reluktanzmotoren) werden Körper von einem elektrisch erzeugten Magnetfeld durchflutet.

Unter Einwirkung eines Magnetfelds strebt das System an, seinen magnetischen Widerstand zu minimieren, woraus Kräfte resultieren. Diese werden als Reluktanz- oder Maxwellkräfte bezeichnet. Die Kräfte wirken stets so, dass der magnetische Widerstand (die Reluktanz) verringert wird. Die Wirkrichtung ist damit nicht umkehrbar (vgl. Abb. 4.9).

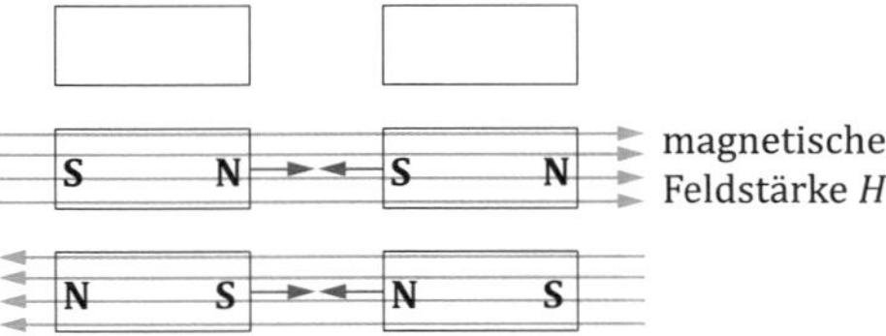

Abb. 4.9 – Reluktanzkräfte zwischen Körpern aus Weicheisen

Für die Technik von großer Bedeutung sind insbesondere die Kraftwirkungen auf Trennflächen zwischen Eisen und Luft. Reluktanzkräfte zeigen dabei stets in

Richtung des Luftspalts, da die Permeabilität von Luft wesentlich kleiner ist als die Permeabilität von Eisen.

Einige Aktoren, die nach diesem Prinzip arbeiten, zeigt Abb. 4.10.

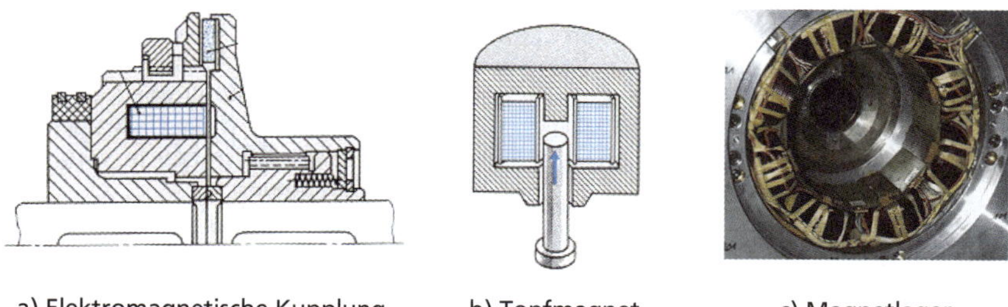

a) Elektromagnetische Kupplung b) Topfmagnet c) Magnetlager

Abb. 4.10 – Beispiele für elektromagnetische Aktoren (a) und (b) aus [67]

Bei Permanentmagneten (hartes Eisen) ist der Betrag der magnetischen Durchflutung abhängig von den Werkstoffeigenschaften und der magnetischen Feldstärke beim Aufmagnetisieren, wohingegen die Durchflutung bei den hier diskutierten Elektromagneten (weiches Eisen) aktiv vom elektrischen Strom I, der durch eine Spule um einen Eisenkern fließt, beeinflusst wird. Durch die Möglichkeit zur Veränderung der magnetischen Durchflutung kann die resultierende Reluktanzkraft variiert bzw. eingestellt werden.

Die Reluktanzkraft eines elektromagnetischen Aktors ist dabei nicht nur von der extern aufgeprägten elektrischen Erregung, sondern auch vom magnetischen Widerstand des Systems abhängig. Der magnetische Widerstand wiederum hängt, wie damit auch die resultierende Reluktanzkraft, von der Größe des Luftspalts l_L zwischen den Körpern aus Weicheisen ab. Dies stellt das in Abb. 4.11 gezeigte Blockschaltbild eines Elektromagneten dar.

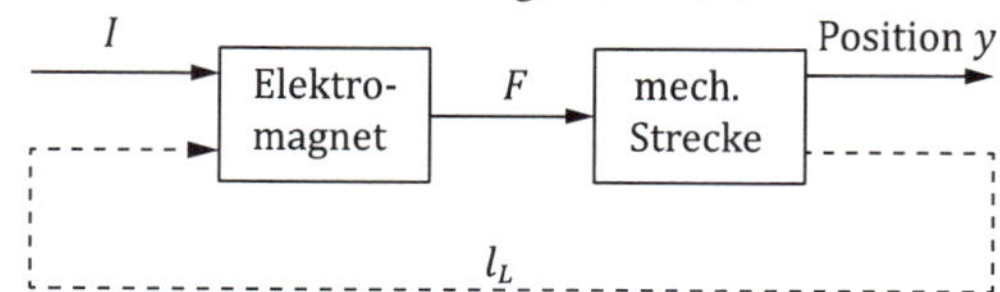

Abb. 4.11 – Blockschaltbild Elektromagnet

Somit besteht eine Abhängigkeit des Ausgangs der Aktorstrecke von einer inneren Größe der mechanischen Strecke des Gesamtsystems.

4.2.3 Elektromagnet

Ein als Elektromagnet ausgeführter Aktor kann bspw. eingesetzt werden, um Kräfte auf Körper aufzuprägen, damit diese translatorische Bewegungen ausführen oder Positionen definiert halten. Für die technische Anwendung ist von besonderem Interesse, welcher Zusammenhang zwischen den Ein- und Ausgangsgrößen des Aktors besteht. Die Berechnung der Reluktanzkraft eines Elektromagneten ergibt sich für einen einfachen magnetischen Kreis anhand einer Energiebetrachtung.

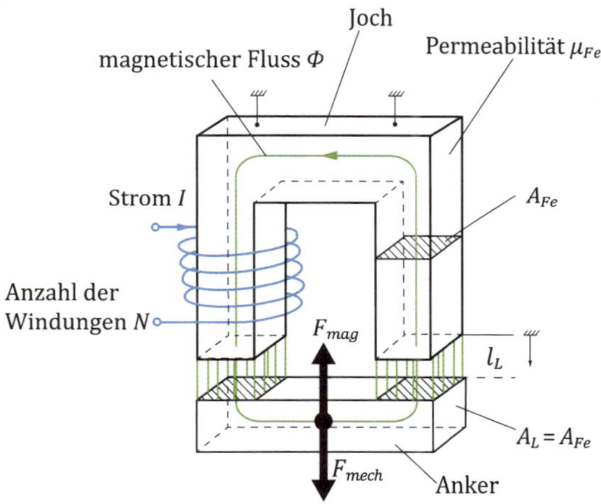

Abb. 4.12 – Einfacher Elektromagnet

Der betrachtete Magnetkreis nach Abb. 4.12 besitzt einen U-förmigen Eisenkern und einen Anker, wobei diese durch einen Luftspalt der Länge l_L voneinander getrennt sind. Die elektrische Erregung erfolgt über eine Spule mit N Windungen. Unter Vernachlässigung der Streuung des Flusses handelt es sich um einen einfachen, unverzweigten magnetischen Kreis gemäß Abb. 4.5.

Energetische Betrachtung

Wirkt auf den Anker des Magnetkreises von außen eine mechanische Kraft, wird dem System über die virtuelle Verrückung δl_L der Energiebetrag

$$\delta W_{mech} = F_{mech} \delta l_L \tag{4.12}$$

zugeführt.

Für den stationären Fall des nicht beschleunigten, reibungsfreien Ankers sind die äußere mechanisch aufgeprägte Kraft und die innere Reluktanzkraft des Elektromagneten gleich groß:

$$F_{mech} = F_{mag}. \tag{4.13}$$

Unter Annahme eines idealisierten Systems, bei dem der Strom während der virtuellen Verrückung δl_L so geführt wird, dass $B = \text{konst.}$, wird dem System keine elektrische Energie zuführt ($\delta W_{el} = 0$, was hier aber nicht weiter vertieft werden soll). Somit wird die zugeführte mechanische Energie vollständig als magnetische Energie gespeichert.

Aus dem Arbeits- bzw. Energiesatz ergibt sich daher folgender Zusammenhang:

$$\delta W_{mech} = F_{mech}\delta l_L = \delta W_{mag} \quad \text{für} \quad B = \text{konst}. \tag{4.14}$$

Daraus resultiert die Kraft des Elektromagneten durch Einsetzen der umgeformten Gleichung (4.13) in (4.14):

$$F_{mag} = F_{mech} = \frac{\delta W_{mag}}{\delta l_L}. \tag{4.15}$$

Hierfür wird zunächst die Energie W_{mag} im Volumen V des Magnetkreises in Abhängigkeit der äußeren Erregung ermittelt. Die pro Volumen gespeicherte Energie w_{mag} ist definiert als

$$w_{mag} = \frac{W_{mag}}{V} = \int H \, dB. \tag{4.16}$$

Die Abhängigkeit der magnetischen Feldstärke H von der magnetischen Flussdichte B wird mit Hilfe von Gleichung (4.2) hergestellt. Unter der Annahme eines linearen Verlaufs der B-H-Kurve (Abb. 4.6) folgt dann aus Gleichung (4.16)

$$w_{mag} = \int H \, dB = \int \frac{B}{\mu} \, dB = \frac{1}{2}\frac{B^2}{\mu} = \frac{1}{2}\mu H^2. \tag{4.17}$$

Die gesamte magnetische Energie im Magnetkreis ergibt sich aus der Summe des Energieinhalts im Eisenwerkstoff und Luftspalt:

$$W_{mag} = w_{mag,L} \cdot V_L + w_{mag,Fe} \cdot V_{Fe}. \tag{4.18}$$

Damit resultiert für den linearen Fall die Energie im gesamten magnetischen Kreis zu

$$W_{mag} = \frac{1}{2}\frac{B_L^2}{\mu_L} \cdot V_L + \frac{1}{2}\frac{B_{Fe}^2}{\mu_{Fe}} \cdot V_{Fe}. \tag{4.19}$$

Das durchflutete Volumen ergibt sich aus der Grundfläche und der mittleren Feldlinienlänge des jeweiligen Abschnitts. Für die Weglänge im Eisen wird eine gesamte, mittlere Eisenlänge von l_{Fe} angenommen. Der Gesamtumfang der Feldlinien des magnetischen Flusses Φ aus Abb. 4.12 ergibt sich also aus der Summe $l_{Fe} + l_L$. In der sich ergebenden Gleichung (4.20) wird zudem die Abhängigkeit der im Magnetfeld gespeicherten Energie von Länge l_L des Luftspalts deutlich:

$$W_{mag} = \frac{1}{2} B_L^2 \cdot A_L \cdot \frac{2l_L}{\mu_L} + \frac{1}{2} B_{Fe}^2 \cdot A_{Fe} \cdot \frac{l_{Fe}}{\mu_{Fe}} \tag{4.20}$$

Aus dem Prinzip der virtuellen Verrückung kann hiermit nach Gleichung (4.15) die Kraft auf die Trennflächen unterschiedlicher Permeabilität bestimmt werden.

Reluktanzkräfte am U-Magneten

Unter den Annahmen $A_L = A_{Fe}$, $B = \text{konst.}$ und der Vernachlässigung von Streuflüssen folgt mit der Beschreibung des magnetischen Widerstands aus Gleichung (4.8) die gespeicherte Energie im magnetischen Kreis nach Gleichung (4.20) als

$$\begin{aligned} W_{mag} &= \frac{1}{2} B^2 \cdot A \cdot \left(\frac{2l_L}{\mu_L} + \frac{l_{Fe}}{\mu_{Fe}}\right) \\ W_{mag} &= \frac{1}{2} B^2 \cdot A^2 \cdot \frac{1}{A}\left(\frac{2l_L}{\mu_L} + \frac{l_{Fe}}{\mu_{Fe}}\right) \\ W_{mag} &= \frac{1}{2} B^2 \cdot A^2 \cdot (R_{m,L} + R_{m,Fe}) \\ W_{mag} &= \frac{1}{2} B^2 \cdot A^2 \cdot R_m. \end{aligned} \tag{4.21}$$

Aus der Gleichung (4.14) vorangestellten Annahme folgt, dass sich die magnetische Flussdichte über der Auslenkung des Ankers nicht ändert:

$$\frac{dB}{dl_L} = 0, \tag{4.22}$$

wodurch sich die magnetischen Kraft mittels des Prinzips der virtuellen Verrückung gemäß Gleichung (4.15) aus der Ableitung der magnetischen Energie nach der Luftspaltlänge vereinfacht zu

$$F_{mag} = \frac{\delta W_{mag}}{\delta l_L} = \frac{1}{2} B^2 \cdot A^2 \cdot \frac{\delta R_m}{\delta l_L}. \tag{4.23}$$

Weiter gilt

$$\frac{\delta R_{m,Fe}}{\delta l_L} = 0, \tag{4.24}$$

da gemäß Gleichung (4.21) keine Abhängigkeit zum Luftspalt besteht, wodurch sich Gleichung (4.23) vereinfacht zu

$$F_{mag} = \frac{1}{2} B^2 \cdot A^2 \cdot \frac{\delta R_{m,L}}{\delta l_L}. \tag{4.25}$$

Zur Beschreibung der gestellten Kraft eines elektromagnetischen Aktors in Abhängigkeit von der äußeren Stellgröße ist nun noch der Zusammenhang zwischen magnetischer Flussdichte B und der elektrischen Erregung in Form eines von außen aufgeprägten Spulenstroms I erforderlich.

Aus Gleichung (4.11) ergibt sich diese für den gezeigten einfachen Elektromagneten aus Abb. 4.12 zu

$$B = \frac{I \cdot N}{\left(\frac{2l_L}{\mu_L} + \frac{l_{Fe}}{\mu_{Fe}}\right)}. \tag{4.26}$$

Aufgrund der wesentlichen höheren Permeabilität von Eisen

$$\mu_{Fe} \gg \mu_L, \tag{4.27}$$

vereinfacht sich dann der Zusammenhang in guter Näherung zu

$$B \approx \mu_L \frac{I \cdot N}{2l_L}. \tag{4.28}$$

Damit folgt schlussendlich die magnetische Kraft aus der Betrachtung der Änderung der Energie im System unter Verwendung der Näherung zur magnetischen Flussdichte B in Abhängigkeit des äußeren Erregerstroms I aus Gleichung (4.28) zu

$$F_{mag} = \frac{1}{2} B^2 \cdot A^2 \cdot \frac{\delta R_{m,L}}{\delta l_L} = \frac{B^2 A}{\mu_L} \approx \frac{\mu_L (N^2 \cdot I^2 \cdot A)}{4 l_L^2} \sim \frac{I^2}{l_L^2}. \tag{4.29}$$

In Analogie zu einer mechanischen Feder, welche in Folge einer Auslenkung durch ihre Eigenschaft der Steifigkeit immer eine rückstellende Kraft ausübt, lässt sich anhand von Gleichung (4.29) eine negative Steifigkeit ableiten: Bei konstant gehaltenem Strom I und einer Vergrößerung des Luftspalts l_L verringert sich die anziehende Kraft F_{mag} bzw. bei Verkleinerung des Luftspalts l_L vergrößert sich die anziehende Kraft F_{mag}, woraus ein instabiles Systemverhalten resultiert. Verdeutlicht wird dies durch die Kennlinien in Abb. 4.17, in der ein Elektromagnet gegen eine Feder arbeitet.

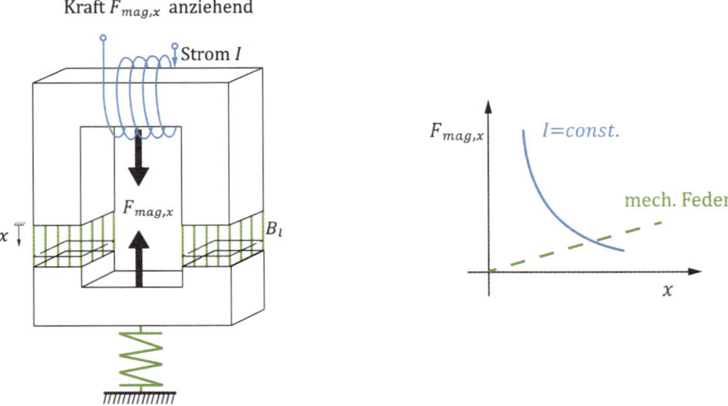

Abbildung 4.13 – Elektromagnet mit rückstellender Feder

Neben der anziehenden Kraft $F_{mag,x} = F_{mag}$ ergibt sich auch eine zentrierend wirkende Kraft $F_{mag,y}$. Diese berechnet sich gemäß Gleichung (4.30) grundsätzlich analog zu $F_{mag,x}$, wobei auf eine detaillierte Herleitung wegen des deutlich aufwändigeren Vorgehens bei der Berechnung der Änderung der magnetischen Widerstände verzichtet wird.

$$F_{mag,y} = \frac{\delta W_{mag}}{\delta y} \sim \frac{\delta R_m}{\delta y} \tag{4.30}$$

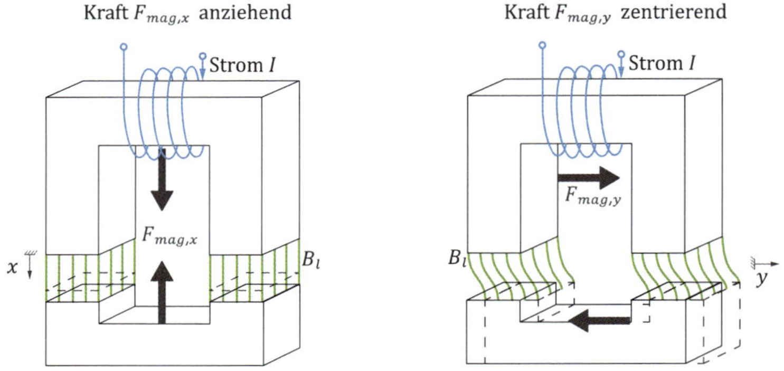

Kraft $F_{mag,x}$ anziehend

Kraft $F_{mag,y}$ zentrierend

Abb. 4.14 – Anziehende und zentrierende Wirkung Elektromagnet

Im Gegensatz zur anziehenden Kraftwirkung weist die zentrierende Kraftwirkung hier keine instabile Charakteristik auf.

4.2.4 Reluktanz-Schrittmotor

Reluktanz-Schrittmotoren sind Rotationsmotoren, die auf dem elektromagnetischen Prinzip basieren und mittels Reluktanzkräften ein Drehmoment auf einen Rotor aufprägen. Sie sind die ersten serienmäßig gebauten und eingesetzten Schrittmotoren. Im Stator (auch als Ständer bezeichnet) haben sie einzeln ansteuerbare Elektromagnete (Zahnspulen). Der Rotor besteht aus Weicheisenblechen und trägt keine Wicklungen. Hierbei werden einzelne Statorwicklungen mit Gleichstrom-Steuerimpulsen angesteuert, wodurch mittels Reluktanzkräften ein Drehmoment erzeugt wird. Die Drehbewegung erfolgt dabei nicht kontinuierlich, sondern die Welle dreht sich schrittweise um einen definierten Winkel β (Schrittauflösung), wobei es möglich ist die Schritte abzuzählen. Die Schrittauflösung ist von der Motorkonstruktion und von der Art der elektrischen Ansteuerung abhängig. Es werden Auflösungen von bis zu 10.000 Schritten pro Umdrehung realisiert. In Abb. 4.15 ist beispielhaft ein solcher Motor dargestellt.

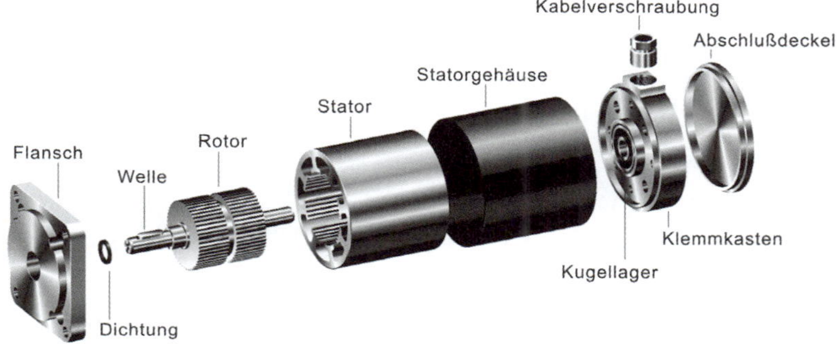

Abb. 4.15 – Aufbau eines Reluktanz-Schrittmotors [67]

Der Reluktanz-Schrittmotor kann sowohl definierte diskrete Positionen anfahren als auch eine Last mit einer vorgegebenen Drehzahl antreiben. Reluktanz-Schrittmotoren können auch im Stillstand ein Drehmoment aufprägen (Haltemoment), welches in derselben Größenordnung wie das Antriebsmoment bei Rotation liegt.

Beim Reluktanz-Schrittmotor sind Drehmomente im Newtonmillimeter- bis Newtonmeterbereich möglich. In Verbindung mit den möglichen Drehzahlen ergibt dies eine extrem weite Spanne der mechanischen Ausgangsleistung bis in den Bereich mehrerer Kilowatt. Beim geschalteten Reluktanzmotor (vgl. Abschnitt 0) werden sogar noch deutlich größere Leistungen erreicht.

Zunächst werden der grundsätzliche Aufbau und die Wirkungsweise des Reluktanz-Schrittmotors sowie im Anschluss die Ansteuerung erläutert.

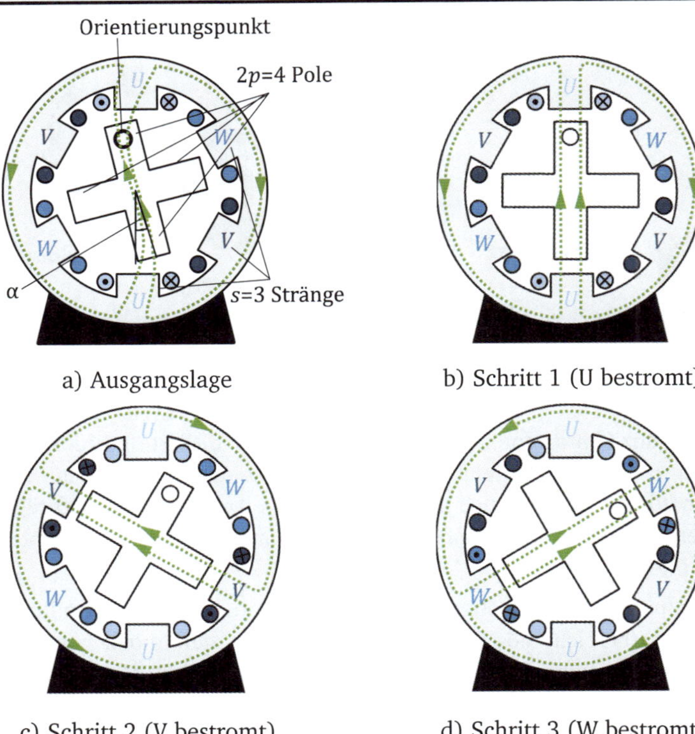

Abb. 4.16 – Funktion des Reluktanz-Schrittmotors (in Anlehnung an [68])

In Abb. 4.16 sind Aufbau und Funktion am Beispiel einer 3-phasigen Ausführung mit vier Rotorzähnen, d. h. mit einer Strangzahl s = 3 und einer Polpaarzahl von p = 2 (Polzahl 2p = 4), dargestellt. Stator und Rotor bestehen aus weichmagnetischem Eisen. Der Stator nimmt die Wicklungen auf, wobei gegenüberliegende Wicklungen zusammengehören. Sie bilden jeweils einen Strang S und werden auch gleichzeitig elektronisch angesteuert.

In Abb. 4.16a ist der Stator zunächst unbestromt. Ohne Strom und damit ohne Magnetisierung der einzelnen Stränge kann sich der Rotor frei drehen, da es keine Kräfte und somit auch kein Haltemoment bzw. Rastmoment gibt. Sobald Strang U bestromt wird, bildet sich am Stator oben ein Südpol und gegenüberliegend ein Nordpol aus. Auf den Rotor wirkt aufgrund des Magnetfeldes eine Reluktanzkraft, die anstrebt den magnetischen Widerstand R_m und damit den Luftspalt zu verringern (vgl. Abschnitt 4.2.3).

Der magnetische Kreis bildet sich hierbei über den Stator und den nahezu senkrechten Schenkel des Rotors aus. Die dabei entstehenden magnetischen Momente drehen den Rotor in die Lage aus Abb. 4.16b. Von Abb. 4.16a nach Abb. 4.16b wird der Winkel α zwischen Rotor und Magnetfeld zu null. Der Rotor dreht sich im Uhrzeigersinn, bis die Rotorzähne und die magnetisierten Statorzähne sich gegenüberstehen. Wenn der Rotor diese Lage erreicht, hat der magnetische Widerstand (die Reluktanz) des Kreises den geringsten Wert, die magnetische Energie ist minimal und die Tangentialkräfte verschwinden in dieser Stellung.

Im nächsten Schritt wird der darauffolgende Strang V bestromt und der Rotor dreht sich um eine Schrittteilung weiter (Abb. 4.16c). Analoges ist in Abb. 4.16d zu sehen. Nachfolgend wird wieder der erste Strang U bestromt usw. Nach insgesamt 12 Einzelschritten ist wieder die Ausgangslage erreicht und der Rotor hat eine komplette Umdrehung durchlaufen.

Der Rotor schließt den Eisenkreis über den Stator, aber verändert dabei positionsabhängig den magnetischen Widerstand. Das resultierende magnetische Moment in Abhängigkeit des Winkels α wird in Abb. 4.17 gezeigt.

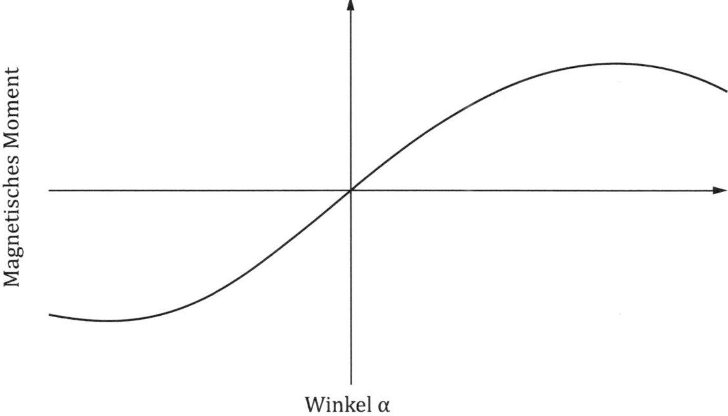

Abb. 4.17 – Winkel und Moment (nach [68])

Die Schrittauflösung β errechnet sich allgemein über den Quotienten aus π und dem Produkt von Polpaar- und Strangzahl.

$$\beta = \frac{\pi}{p \cdot s} \tag{4.31}$$

Im obigen Beispiel ergibt sich damit ein Schrittwinkel von $\beta = 30°$. In der Praxis wird eine deutlich größere Anzahl von Zähnen verwendet, sodass auch höhere Auflösungen möglich sind. Für eine höhere Auflösung muss allerdings nicht zwangsläufig die Polzahl des Stators erhöht werden. Stattdessen werden die

Statorpole und der Rotor gezahnt ausgeführt, wodurch sich die Auflösung durch die entstehenden Zwischenschritte erhöhen lässt.

Die Richtung des Drehmomentes ist unabhängig vom Vorzeichen des aufgeprägten Stromes, da der Motor auf dem Reluktanzprinzip basiert. Es wird der Zustand der minimalen Reluktanz angestrebt, welcher unabhängig von der Richtung der Magnetfeldlinien ist. Erkennen lässt sich dieser Sachverhalt zudem dadurch, dass die Reluktanzkräfte proportional zum Quadrat des aufgeprägten Stromes sind. Eine Umkehr der Drehrichtung erreicht man nur durch Änderung der Reihenfolge der Ansteuerung der Stränge und nicht durch Umpolung.

Das Prinzip der Ansteuerung des gezeigten Beispiels eines Schrittmotors mit drei Strängen wird in Abb. 4.18a. dargestellt. Sie besteht aus einem dreistufigen Ringzähler und drei Leistungsschaltern.

Von außen vorgegeben wird ein Pulssignal an den Ringzähler gestellt. Jedes Mal, wenn ein Puls an den Ringzähler gesendet wird, schaltet dieser einen Kanal und damit einen Maschinenstrang weiter.

In Abb. 4.18b ist ein beispielhaftes Ansteuermuster mit einem Pulssignal und den drei zugehörigen Spannungen der Kanäle dargestellt.

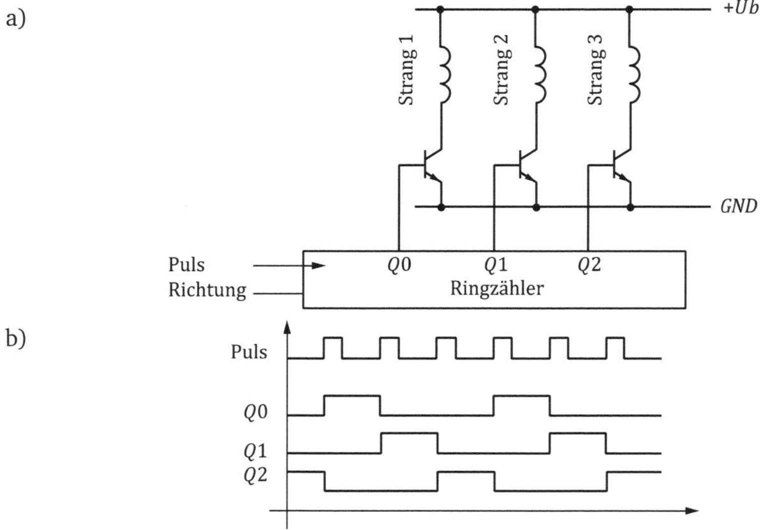

Abb. 4.18 – Ansteuerung eines 3-strängigen Reluktanzmotors (nach [68])

Ausführungsformen

Der Reluktanz-Schrittmotor wird insbesondere für Anwendungen mit geringer Leistung bzw. kleinen Momenten eingesetzt, da eine teure Sensorik nicht notwendig ist. Nachteilig ist die erforderliche Sicherstellung, dass der Rotor keine Schritte überspringt. Bei Schrittverlusten aufgrund zu großer Lastmomente läuft der Motor mit einem Differenzwinkel zum gesteuert aufgeprägten Statormagnetfeld weiter, so dass die über die Schritte abgezählte Position nicht mehr der realen Rotorposition entspricht. Daher muss der Reluktanz-Schrittmotor eine entsprechende Drehmomentreserve gegenüber der Last aufweisen.

Bei Anwendungen mit höheren Momenten ist die Verwendung von Sensoren kostengünstiger als der Vorhalt von Drehmomentreserven Bei großen Motoren wird daher anstelle des Reluktanz-Schrittmotors der geschaltete Reluktanzmotor mit Lagesensor (vgl. Abschnitt 0) bevorzugt.

Anwendungsbeispiele

Schrittmotoren haben ihr bevorzugtes Einsatzfeld, wo eine genaue Positionierung wichtig ist, auf eine Regelung aber verzichtet werden kann. Sie eignen sich beispielsweise für Anwendungen in Druckern und werden auch in Werkzeugmaschinen oder in der Robotik eingesetzt.

Der reine Reluktanz-Schrittmotor hat heute allerdings keine große Bedeutung mehr. In der Praxis werden die Wirkprinzipien des Reluktanz-Schrittmotors und des permanenterregten Synchronmotors (siehe Kapitel 4.2.10) kombiniert, so dass ein sogenannter Hybrid-Schrittmotor entsteht, der bei gleicher Baugröße erheblich größere mechanische Leistungen erzielt.

Vor- und Nachteile des Reluktanz-Schrittmotors

Der Reluktanz-Schrittmotor benötigt keine gesonderte Drehzahl- oder Wegsensorik, sondern kann durch einfache Schrittvorgabe gesteuert betrieben werden. Der offene Regelkreis erspart damit teure Sensoren. In Raststellungen kann bei Aufrechterhaltung des Feldes ein Haltemoment erzeugt werden. Ferner sorgt der sehr einfache mechanische Aufbau (keine Bürsten, Rotor nur aus Eisen) für eine lange Lebensdauer. Im Falle von Kurzschlüssen im Stator entsteht keine Brandgefahr wegen Wirbelströmen, wie es z. B. bei dem später vorgestellten Synchronmotor der Fall ist. Nachteilig wirkt sich jedoch im gesteuerten Betrieb aus, dass Schrittverluste entstehen können, wenn der Motor überlastet wird. Die Ermittlung der Schaltzeitpunkte ist vergleichsweise aufwändig. Aufgrund der fehlenden Rückführung ist das dynamische Moment gering. Auf unerwartete Lastwechsel kann das System von alleine nicht reagieren. Durch die diskreten Steuerimpulse wird der Rotor zu Schwingungen angeregt, was zu Instabilitäten führen kann. Hiergegen müssen im Zweifelsfall zusätzliche Dämpfungsmaßnahmen ergriffen werden. Generell ist auch die magnetische Geräuschbildung, die beim Schalten entsteht, für viele Anwendungen nachteilig.

Vorteile	Nachteile
Einfache Steuerungsmöglichkeiten von Position und definierter Drehbewegung in breitem Drehzahlbereich	Schrittverluste bei Überforderung durch zu hohe Lastmomente
Offener Regelkreis (Steuerung) erspart kostspielige Lage- bzw. Geschwindigkeitserfassung (Sensoren)	Aufwändige Ermittlung der Schaltzeitpunkte
Raststellungen mit Haltemoment	Geringes dynamisches Moment wegen fehlender Rückführung
Lange Lebensdauer durch einfachen mechanischen Aufbau, keine Bürsten	Schwingungsfähiges Antriebssystem, potentiell instabil; Abhilfe: zusätzliche Dämpfung
	Magnetische Geräuschbildung

Tab. 4.4 – Vor- und Nachteile des Reluktanz-Schrittmotors

4.2.5 Geschalteter Reluktanzmotor

Wird beim Reluktanz-Schrittmotor die Position des Rotors über Sensoren zurückgeführt und damit der Motor geregelt betrieben, spricht man von einem geschalteten Reluktanzmotor. Geschaltete Reluktanzmotoren sind mechanisch analog zu Reluktanz-Schrittmotoren aufgebaut. Die Funktionsweise ist mit Ausnahme der Ansteuerung/Regelung identisch. Der Unterschied besteht im Steuersignal, welches beim Reluktanzmotor durch ein internes Regelsignal ersetzt und nicht von außen vorgegeben wird (Abb. 4.19).

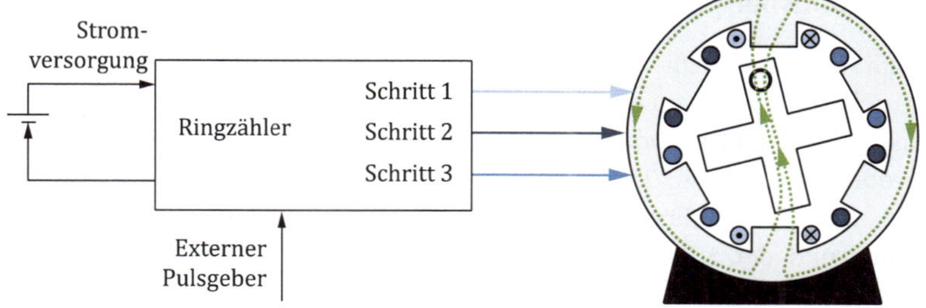

a) Reluktanz-Schrittmotor

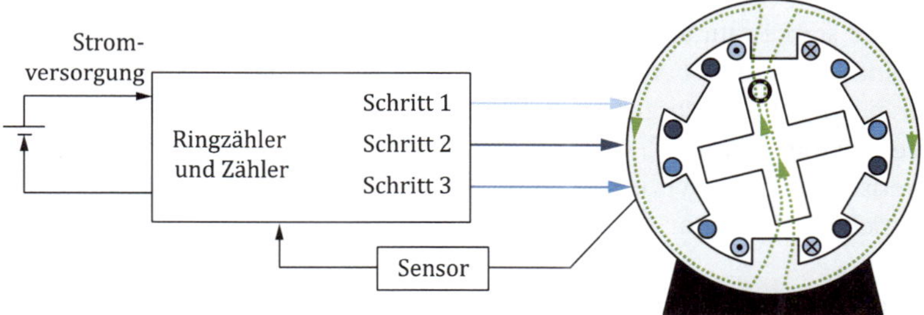

b) Geschalteter Reluktanzmotor

Abb. 4.19 – Vergleich des Reluktanz-Schrittmotors und des geschalteten Reluktanzmotors

Die Rotorlage wird über einen Sensor erfasst, wodurch die Ansteuerung der Maschinenstränge in Form von Impulsen zeitlich abgestimmt erfolgen kann. Dadurch, dass die Umschaltpunkte optimal auf den Soll-Lastwinkel α abgestimmt werden, wird das Drehmoment sehr genau eingestellt (vgl. Abb. 4.17).

Ausführungsformen

Im Gegensatz zum Schrittmotor wird der Reluktanzmotor üblicherweise mit einer geringeren Anzahl von Zähnen ausgeführt, da die Stränge nicht rein sequentiell, sondern überlappend geschaltet werden und somit die Schrittauflösung nicht mehr für die Positioniergenauigkeit bestimmend ist.

Die zusätzlich notwendige Erfassung der Rotorlage kann ggf. auch sensorlos realisiert werden, um die Systemkosten zu senken. Hierzu wird ein Zusammenhang von induzierter Spannung und magnetischem Fluss in den Strängen genutzt [69].

Anwendungsbeispiele

Geschaltete Reluktanzmotoren werden in industriellen Pumpen- und Kompressorantrieben, seltener auch in Haushaltsgeräten, eingesetzt. Auch im Automobilbereich und in Schiffs- und Flugzeugbau werden sie wegen günstiger Herstellung und Robustheit verbaut. Theoretisch eignen sie sich auch als Traktionsantrieb in Elektro- und Hybridfahrzeugen, wobei sich die praktische Umsetzung insbesondere aufgrund der Schallemissionen schwierig gestaltet. Sie sind auch für Anwendungen in extremen Umgebungen geeignet, z. B. im Bergbau oder in Ölfeldern. [70]

Reluktanzmotoren haben aufgrund fehlender Magnete gute Fail-Safe-Eigenschaften, die insbesondere in Anwendungen der Luftfahrt gefordert sind: Durch die starke räumliche Trennung der Statorspulen ist ein Kontakt derselben untereinander äußerst unwahrscheinlich, sodass Kurzschlüsse zwischen den Statorspulen sehr selten auftreten. Treten sie dennoch auf, so ist der spannungsfrei geschaltete Motor vollkommen unmagnetisch, sodass die Brandgefahr durch magnetisch erzeugte Wirbelströme nicht gegeben ist. Ebenso kann die Maschine im Betrieb als Generator verwendet werden. [70]

Vor- und Nachteile des geschalteten Reluktanzmotors

Die Vor- und Nachteile der geschalteten Reluktanzmotoren sind mit denen des Reluktanz-Schrittmotors aufgrund des ähnlichen Aufbaus vergleichbar. Im Gegensatz zum Reluktanz-Schrittmotor kann der geschaltete Reluktanzmotor die Rotorposition auch nach Überlast sicher erfassen, da sie über Sensoren abgegriffen wird. Haltemomente, lange Lebensdauer und Fail-Safe-Verhalten gelten analog auch für den geschalteten Reluktanzmotor. Nachteilig ist, dass er mit integrierter Sensorik und Regelung teure Komponenten beinhaltet. Die Regelung ist sehr anspruchsvoll und wie beim Reluktanz-Schrittmotor ist die Geräuschbildung ein Problem des Motors.

Vorteile	Nachteile
Sensorik ermöglicht zu jedem Zeitpunkt Erfassung der Rotorlage	Höhere Kosten durch aufwändige Regelung und Sensorik im Vergleich zu Schrittmotor
Raststellungen mit Haltemoment	Starke Abnahme des maximalen Drehmoments mit steigender Drehzahl
Lange Lebensdauer durch einfachen mechanischen Aufbau, keine Bürsten	Magnetische Geräuschbildung
Fail-Safe: Keine Brandgefahr durch Wirbelströme bei Kurzschlüssen und spannungsfreiem Motor	Ausfallgefahr der Sensoren
Kostengünstige mechanische Komponenten	
Geringe Stromwärmeverluste im Rotor	
Hohe Spitzendrehmomente wegen quadratischer Proportionalität zum Strom	

Tab. 4.5 – Vor- und Nachteile des geschalteten Reluktanzmotors (nach [70] und [69])

4.2.6 Elektrodynamische Aktoren – Lorentzkräfte

Alle elektrodynamischen Wandler (Lautsprecher, Tauchspule, Gleichstrom- und Drehfeldmotoren) beruhen auf der Wirkung der Lorentzkraft F_L. Sie tritt auf, wenn sich ein stromdurchflossener Leiter im Magnetfeld mit der Flussdichte B befindet. Durch die Interaktion zwischen dem vorhandenen Magnetfeld und dem Magnetfeld, das der stromdurchflossene Leiter ausbildet (vgl. Abb. 4.20), entsteht die Kraftwirkung. Die Lorentzkraft kann in vektorieller Form als

$$\overrightarrow{F_L} = q \cdot (\vec{v} \times \vec{B}) \tag{4.32}$$

angegeben werden, wobei q die mit der Geschwindigkeit $\vec{v}$ bewegte elektrische Ladung und $\vec{B}$ die magnetische Flussdichte ist. Die Flussdichte beschreibt die Intensität des Magnetfeldes pro Fläche. Befindet sich wie in Abb. 4.20 ein Leiterstück der Länge l, das durch einen Strom I durchflossen wird, in einem Magnetfeld, kann Gleichung (4.32) in

$$\vec{F}_L = I \cdot (\vec{l} \times \vec{B}) \tag{4.33}$$

überführt werden. Dies entspricht der Gleichung aus Abschnitt 2.5.1. Der Längenvektor $\vec{l}$ muss hierbei in Richtung der technischen Stromrichtung bzw. der Ladungsgeschwindigkeit zeigen.

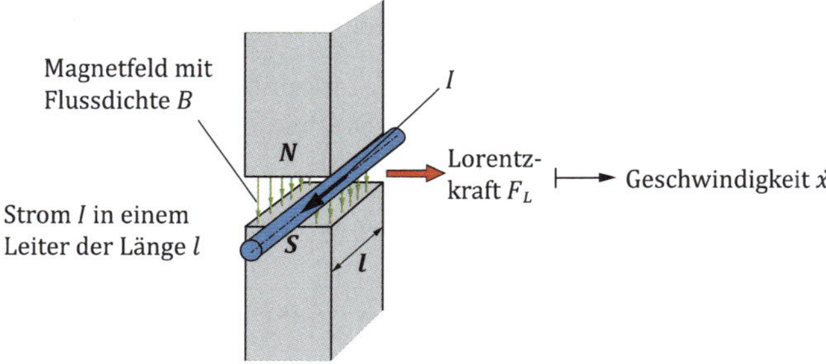

Abb. 4.20 – Stromdurchflossener Leiter in einem Magnetfeld mit Flussdichte B

Im Sonderfall, dass der stromdurchflossene Leiter wie in Abb. 4.20 senkrecht zum Magnetfeld steht, gilt:

$$F_L = I \cdot l \cdot B \tag{4.34}$$

wobei I der Strom im Leiter der Länge l ist.

Einige Beispiele für dieses elektrodynamische Prinzip sind in Abb. 4.21 dargestellt.

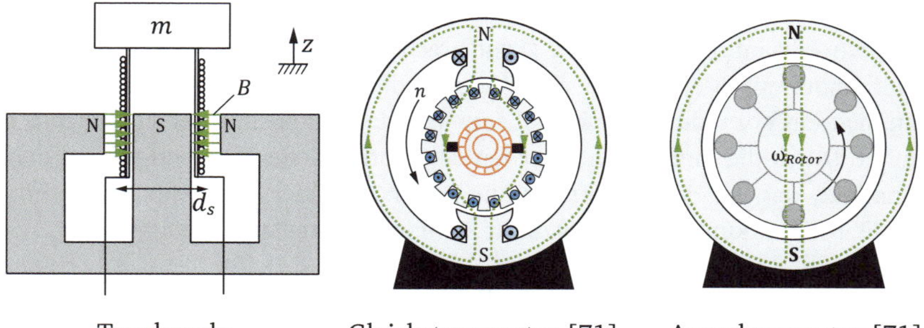

Abb. 4.21 – Beispiele für Aktoren, die nach dem elektrodynamischen Prinzip arbeiten

Induktionsgesetz

Wenn sich der Leiter infolge der Kraftwirkung mit der Geschwindigkeit $\dot{x}$ bewegt, erfährt er eine Flussänderung. Wie bereits in Kapitel 2 beschrieben ist, entsteht durch diese Flussänderung eine induzierte Spannung, die proportional zu der

Geschwindigkeit $\dot{x}$ ist. Die induzierte Spannung lässt sich nach Gleichung (4.35) als zeitliche Ableitung des Flusses schreiben.

$$U_{ind} = \frac{d\Phi}{dt} \tag{4.35}$$

Diese allgemeine Beschreibung der induzierten Spannung, wird als Induktionsgesetz bezeichnet. Nehmen wir wieder die in Kapitel 2 dargestellte Anordnung eines Leiters im Feld (Abb. 4.22), so ist der magnetische Fluss Φ das Integral der Flussdichte B über der Fläche A_L, die von der Leiterschleife umschlossen wird. Durch die Kraft F auf die Leiterschleife wird diese auf die Geschwindigkeit $\dot{x}$ beschleunigt. Aufgrund der Bewegung im Magnetfeld wird eine Spannung im Leiter induziert. Bei konstanter Flussdichte gilt $\Phi = B \cdot A_L$. Die induzierte Spannung ergibt sich somit zu

$$U_{ind} = \frac{d\Phi}{dt} = \frac{d(B \cdot A_L)}{dt} = B \cdot l \cdot \dot{x}\,. \tag{4.36}$$

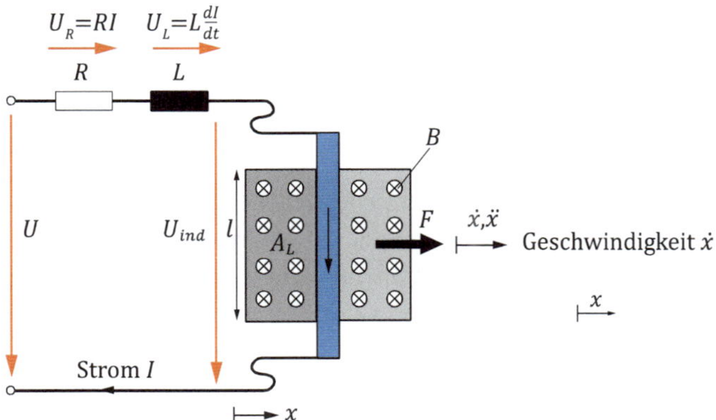

Abb. 4.22 – Bewegte Leiterschleife im Magnetfeld

Wie Gleichung (4.35) zeigt, sind induzierte Spannungen grundsätzlich von der zeitlichen Änderung des magnetischen Flusses Φ abhängig. Dabei kann die zeitliche Änderung wie in Gleichung (4.36) gezeigt, entweder durch die Bewegung der Leiterschleife mit der Geschwindigkeit $\dot{x}$ oder durch eine Änderung der Flussdichte B erfolgen.

4.2.7 Tauchspule

Die Tauchspule ist ein einfaches Beispiel für die Anwendung der Lorentzkräfte in einem Aktor. In Abb. 4.23 ist der exemplarische Aufbau einer Tauchspule gezeigt, auf den in den nächsten Abschnitten noch weiter eingegangen wird. Sie besteht aus einem Magnetkreis mit Permanentmagneten und einer beweglichen Spule, die auch als Moving Coil bezeichnet wird.

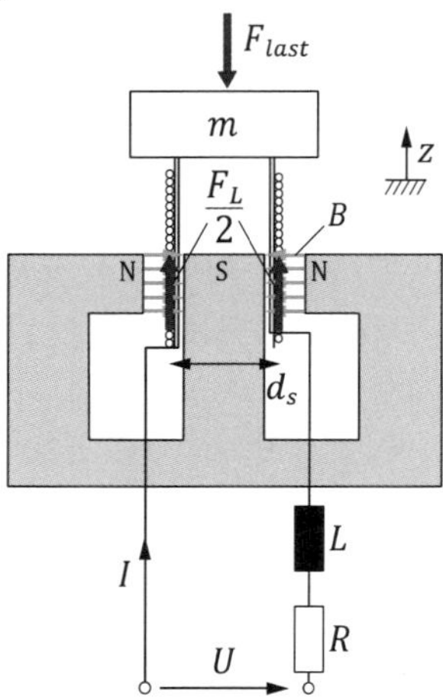

Abb. 4.23 – Aufbau einer Tauchspule mit elektrischem Ersatzschaltbild der Spule

Auf den stromdurchflossenen Leiter wird durch das Magnetfeld eine Lorentzkraft ausgeübt, die sich aus der Leiterlänge der Spule l, dem Strom I in der Spule und dem magnetischen Feld B der Permanentmagnete ergibt. Die Leiterlänge l der Spule ergibt sich aus dem Durchmesser der Spule d_s und der Anzahl der Wicklungen N, die vom magnetischen Feld durchdrungen werden, zu

$$l = N \cdot \pi \cdot d_s \tag{4.37}$$

Die Kraft auf die Spule wird durch Einsetzen von Gleichung (4.37) in Gleichung (4.34) mit

$$F_L = B \cdot N \cdot \pi \cdot d_s \cdot I \tag{4.38}$$

bestimmt.

Modellbildung

Im Folgenden werden im Rahmen der Modellbildung die Grundgleichungen der Tauchspule aufgestellt. Wirkt auf die Masse m der Tauchspule aus Abb. 4.23 eine Last mit der Kraft F_{last} ergibt sich das Kräftegleichgewicht an der Masse m aus der Kraft F_{last}, der Lorentzkraft F_L auf die Spule und der Trägheitskraft der Masse m zu

$$m\ddot{x} = F_L\text{-}F_{last}. \quad (4.39)$$

Zur Bestimmung der Kraft F_L ist nach Gleichung (4.38) der Strom I notwendig. Zur Bestimmung des Stroms wird die Kirchhoffsche Gleichung des elektrischen Kreises der Spule aufgestellt. In Abb. 4.23 ist hierfür zusätzlich das elektrische Ersatzschaltbild der Spule dargestellt. An eine Spannungsquelle ist ein Leiter angeschlossen der als Reihenschaltung eines Widerstandes und einer Induktivität vereinfacht wird. Nach dem Induktionsgesetz wird zudem eine Spannung in der Spule induziert, die sich nach Gleichung (4.40) analog zu Gleichung (4.36) berechnet.

$$U_{ind} = B \cdot l \cdot \dot{x} = B \cdot N \cdot \pi \cdot d_s \cdot \dot{x} \quad (4.40)$$

Die Kirchhoffsche Gleichung des elektrischen Kreises aus Abb. 4.23 ergibt sich zu

$$U(t) = U_R + U_L + U_{ind} = I \cdot R + L \cdot \frac{dI}{dt} + U_{ind}. \quad (4.41)$$

Die vier Grundgleichungen der Tauchspule sind somit:

Kräftesatz: $m\ddot{x} = F_L\text{-}F_{last}$ (4.42)

Kraft der Tauchspule: $F_L = B \cdot N \cdot \pi \cdot d_s \cdot I$ (4.43)

Stromkreis: $U(t) = I \cdot R + L \cdot \frac{dI}{dt} + U_{ind}$ (4.44)

Induzierte Spannung: $U_{ind} = B \cdot N \cdot \pi \cdot d_s \cdot \dot{x}$ (4.45)

Kennlinie

Eine wichtige Information zur Auswahl eines Aktors ist dessen Kennlinie (vgl. Abschnitt 4.2.8). Die Kennlinie beschreibt im Falle der Tauchspule, wie sich die Geschwindigkeit $\dot{x}$ gegenüber der Last F_{last} verhält. Die Betrachtung der Kennlinie erfolgt für den stationären Betrieb, d. h. bei konstantem Strom I, konstanter

Geschwindigkeit $\dot{x}$ und konstanter Quellspannung U. Zur Herleitung der Kennlinie (Abb. 4.24) wird Gleichung (4.43) und Gleichung (4.45) in Gleichung (4.44) eingesetzt. Werden die zeitlichen Ableitungen von I und $\dot{x}$ zu Null gesetzt, gilt zudem nach Gleichung (4.42) $F = F_L = F_{last}$ und die Kennlinie ergibt sich zu

$$\dot{x} = \frac{U}{B \cdot l} - \frac{R}{(B \cdot l)^2} \cdot F \tag{4.46}$$

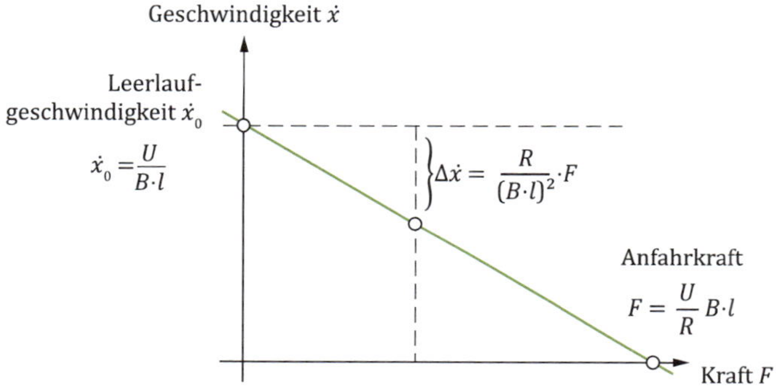

Abb. 4.24 – Kennlinie der Tauchspule im stationären Zustand

Ausführungsformen

Bei der Tauchspule wird grundsätzlich in zwei Varianten unterschieden. Neben der zuvor vorgestellten Moving Coil Variante gibt es auch die Moving Magnet Ausführung. Bei der Moving Magnet Variante wird die Spule festgehalten und der Magnet bewegt sich aufgrund der Lorentzkraft. Dieser Aufbau wird vorwiegend für Einsatzbereiche mit hohen Kräften und eher geringer Dynamik genutzt. Die Moving Coil Variante ist aufgrund der geringen bewegten Masse der Spule gegenüber dem Magneten für hochdynamische Einsatzzwecke geeignet.

Beispiele

Die Tauchspule eignet sich besonders in der Moving-Coil-Variante für dynamische Anwendungen, bei denen nur eine geringe Kraft benötigt wird. Daher wird sie häufig in Lautsprechern bzw. durch Umkehrung des physikalischen Prinzips in Mikrofonen eingesetzt.

Der exemplarische Aufbau eines Lautsprechers ist in Abb. 4.25 dargestellt. Beim Lautsprecher mit Tauchspulenaktor ist die Spule mit der Membran (blau) verbunden und der Magnet mit dem Chassis. Erzeugt die Tauchspule eine Relativbewegung zwischen Membran und Chassis, wird die Luft vor der Membran in Schwingungen versetzt und der Lautsprecher erzeugt Töne.

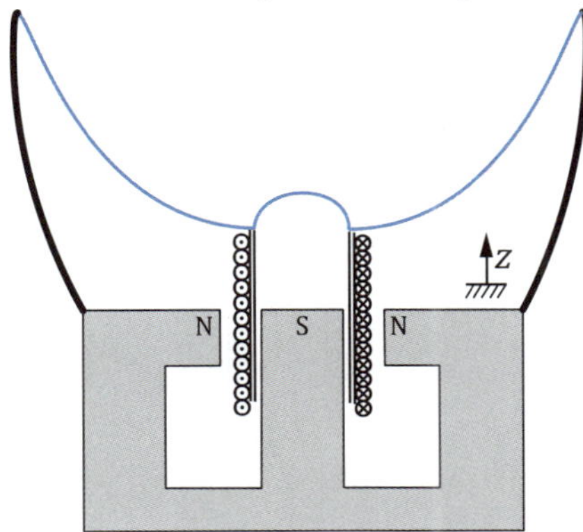

Abb. 4.25 – Beispielhafter Aufbau eines Lautsprechers mit Tauchspulenaktor.

4.2.8 Gleichstrommotor

Gleichstrommotoren funktionieren nach den gleichen Grundprinzipien wie die Tauchspule. Im Gegensatz zur Tauchspule führen sie aber eine Drehbewegung aus und erzeugen ein Moment. Gleichstrommotoren gehören heute zu den am häufigsten verwendeten drehzahlregelbaren Elektromotoren. In der Fertigungstechnik werden sie z. B. als Vorschubantriebe für Positionieraufgaben oder als Hauptantriebe in Werkzeugmaschinen eingesetzt. Auch bei Industrierobotern und Verfahreinrichtungen finden sie eine breite Anwendung. Bei den genannten Einsatzfeldern sind stufenlose Drehzahlstellbarkeit über einen großen Bereich, hohe Drehzahlsteifigkeit bei Laständerungen, guter Gleichlauf und hohe Dynamik gefordert, die vom Gleichstrommotor in sehr guter Weise erfüllt werden. Auch in der Kraftfahrzeugtechnik werden Gleichstrommotoren als Kleinantriebe in großer Anzahl verwendet. Anwendungsbeispiele sind Scheibenwischermotoren, Motoren für Frischluft- und Kühlgebläse, Flachmotoren für die Fensterbetätigung und Startermotoren.

In diesem Abschnitt wird zunächst der grundsätzliche Aufbau von Gleichstrommotoren dargestellt. Dem schließen sich die Modellbildung mit den Grundgleichungen sowie die Darstellung des Betriebsverhaltens des Energiewandlers Gleichstrommotor an.

Grundsätzlicher Aufbau

Der abstrahierte Aufbau eines einfachen Gleichstrommotors ist in Abb. 4.26 dargestellt. Er besteht im Wesentlichen aus einem Stator, der das magnetische Feld (grün) ausbildet und einem Rotor bzw. Anker (auch als Läufer bezeichnet) auf dem die stromführenden Ankerwicklungen (blau) liegen.

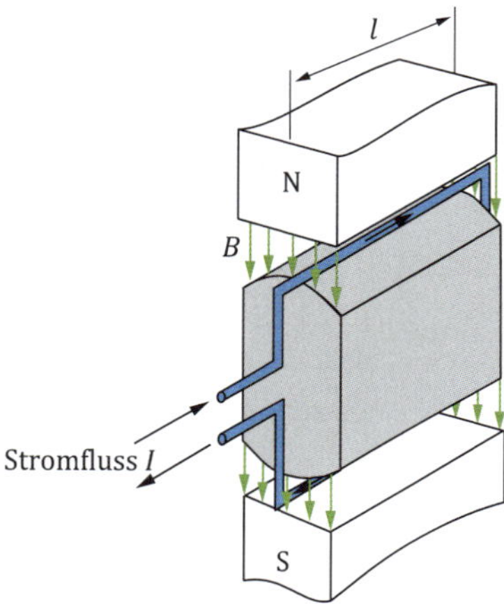

Abb. 4.26 – Einfacher Aufbau eines Gleichstrommotors mit einer Wicklung

Eine anschauliche Erläuterung der Kraftwirkung auf den Leiter ergibt sich auch durch die Überlagerung des Erreger-Magnetfeldes (bspw. Permanentmagnet) und des Magnetfeldes um den stromdurchflossenen Leiter. Abb. 4.27 verdeutlicht, wie durch Verdichtung bzw. Verdünnung der Feldlinien die Kraftwirkung auf den stromdurchflossenen Leiter entsteht.

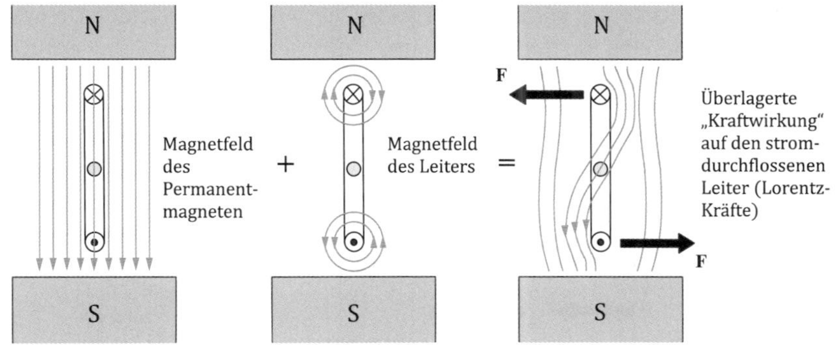

Abb. 4.27 – Anschauliche Darstellung der Kraftwirkung auf den Leiter

Die Drehmomentenbildung erfolgt durch die Lorentzkräfte an der Spule in Verbindung mit dem Hebelarm zur Rotationsachse. Die Herleitung der Lorentzkraft F_L ist in Abschnitt 4.2 ausführlich beschrieben und berechnet sich nach Gleichung (4.47) aus dem Spulenstrom I, der magnetischen Flussdichte B und der Länge l der Leiterschleife senkrecht zum magnetischen Feld.

$$F_L = B \cdot l \cdot I \tag{4.47}$$

Abb. 4.28 zeigt die Lorentzkraft am oberen und unteren Teil der Leiterschleife mit dem entsprechenden Hebelarm $r \cdot \cos(\varphi)$. Das Moment auf eine Leiterschleife M_{einzel} ergibt sich somit aus der Kraft und dem Hebelarm zu

$$M_{einzel} = 2 \cdot F_L \cdot r \cdot \cos(\varphi) = 2 \cdot B \cdot l \cdot I \cdot r \cdot \cos(\varphi). \tag{4.48}$$

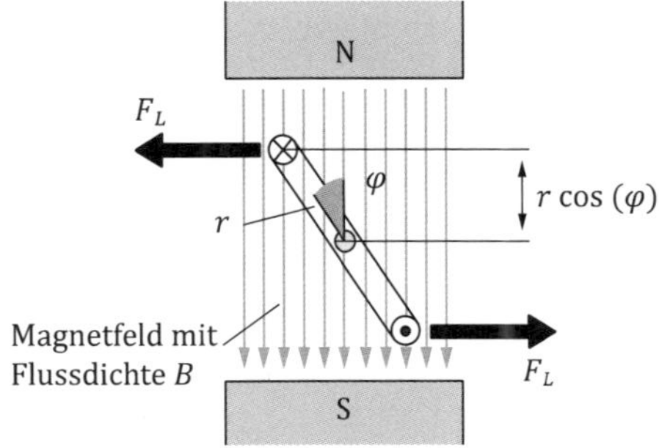

Abb. 4.28 – Kraft- und Momentenwirkung auf den Läufer des Gleichstrommotors

In Abb. 4.29a und Abb. 4.29b ist zu erkennen, dass die Kräfte vor und nach der Horizontallage ($\varphi = 90°$) bei unveränderter Stromrichtung ein Drehmoment in unterschiedliche Richtung auf den Anker ausüben würden. Damit das Drehmoment immer in dieselbe Richtung zeigt, muss daher eine Stromwendung erfolgen (vgl. Abb. 4.29a und Abb. 4.29c).

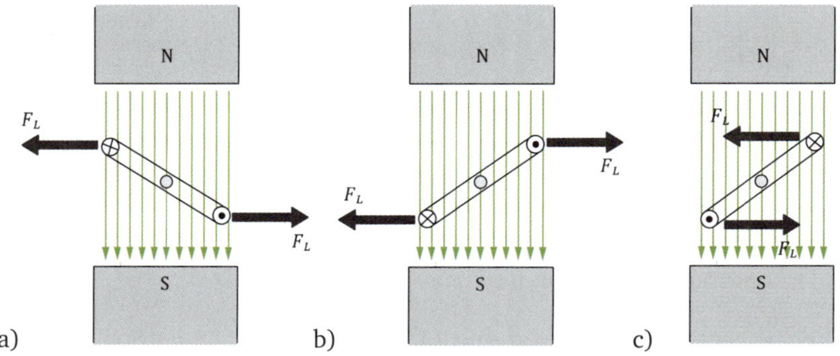

Abb. 4.29 – Kraftwirkung auf die Leiter vor der Horizontallage (a), nach der Horizontallage ohne Kommutierung (b) und nach der Horizontallage mit Kommutierung (c).

Die Stromwendung übernimmt der sogenannte Kommutator, dessen Aufbau beispielhaft in Abb. 4.30 gezeigt ist. Durch die Kohlebürsten werden die Ankerströme mechanisch am Scheitelpunkt umgepolt.

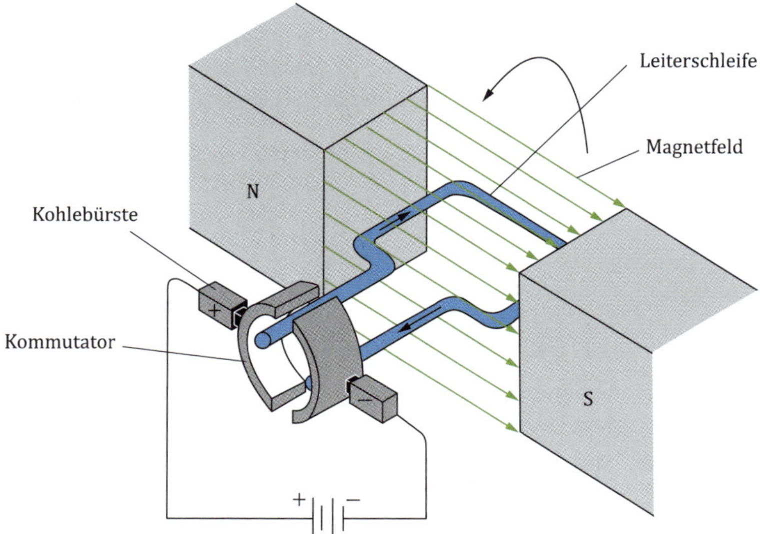

Abb. 4.30 – Prinzip der Stromwendung (Kommutator) beim Gleichstrommotor

Durch die Stromwendung an den Bürsten wird der Strom so umgeschaltet, dass für das Drehmoment Gleichung (4.49) folgt:

$$M_{einzel} = 2 \cdot B \cdot l \cdot I \cdot r \cdot |\cos(\varphi)| \tag{4.49}$$

Für globale Betrachtungen ist der Mittelwert des Momentes, d. h. der durchschnittliche Beitrag, den die Leiterschleife zum Gesamtmoment beiträgt, interessant. Als Mittelwert für das Moment ergibt sich durch die Kommutierung und die integrale Betrachtung eines Umlaufes

$$\begin{aligned} M_{eff} &= \frac{1}{2\pi} \cdot \int_0^{2\pi} M_{einzel}\, d\varphi \\ &= \frac{1}{2\pi} \cdot \int_0^{2\pi} 2 \cdot B \cdot l \cdot I \cdot r \cdot |\cos(\varphi)|\, d\varphi \\ &= \frac{B \cdot l \cdot I \cdot r}{\pi} \cdot \left(\left| \int_0^{\frac{\pi}{2}} \cos(\varphi)\, d\varphi \right| + \left| \int_{\frac{\pi}{2}}^{\frac{3\pi}{2}} \cos(\varphi)\, d\varphi \right| + \left| \int_{\frac{3\pi}{2}}^{2\pi} \cos(\varphi)\, d\varphi \right| \right) \\ &= \frac{B \cdot l \cdot I \cdot r}{\pi} \cdot (1 + 2 + 1) = \frac{4}{\pi} \cdot B \cdot l \cdot I \cdot r = \frac{2}{\pi} \cdot \widehat{M}_{einzel} \end{aligned} \tag{4.50}$$

Abb. 4.31 zeigt in blau den Momentenverlauf für eine Leiterschleife bezogen auf den Faktor $B \cdot l \cdot I \cdot r$ über eine halbe Umdrehung. In grün ist der zugehörige Effektivwert aus Gleichung (4.50) dargestellt. Zwischen der Näherung über den Effektivwert und dem Drehmoment der Leiterschleife sind dabei große Abweichungen über die Umdrehung zu erkennen.

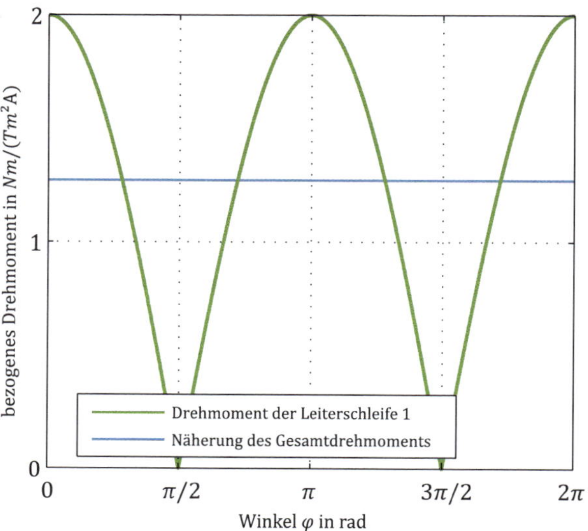

Abb. 4.31 – Betrachtung des Drehmoments für eine Leiterschleife (N = 1)

In der Realität ist der in Abb. 4.26 eingeführte Gleichstrommotor komplexer aufgebaut. Abb. 4.32 zeigt den Aufbau eines zweipoligen Gleichstrommotors. Die wichtigsten Komponenten sind der Stator mit dem Jochring und den Polen (in diesem Fall ein Polpaar), der Anker mit den Ankerspulen und der Kommutator (Stromwender), der auf der Welle befestigt ist und über die Kohlebürsten von außen mit Strom versorgt wird.

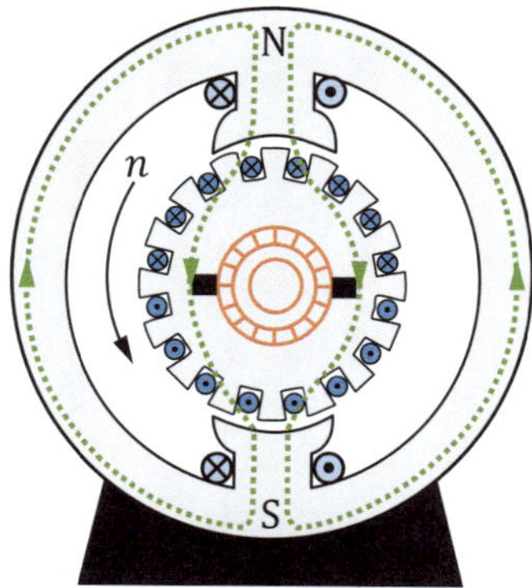

Abb. 4.32 – Aufbau eines zweipoligen Gleichstrommotors

Für den Fall, dass mehrere Wicklungen (Anzahl N) vorhanden sind und gleichzeitig ein Moment aufprägen (wie in Abb. 4.32), muss das winkelabhängige

Moment einer Wicklung (Gleichung (4.49)) mit dieser Anzahl der Wicklungen N multipliziert werden. Das Gesamtmoment M_{ges} ergibt sich somit zu

$$M_{ges} = \sum_{j=1}^{N} M_{einzel,j}. \tag{4.51}$$

Die Drehmomentschwankungen durch die Änderung des Hebelarms über dem Rotationswinkel können bei entsprechend hoher Anzahl an Windungen N, die in Drehrichtung gleichverteilt sind, vernachlässigt werden. Das Moment M_{einzel} kann durch den Effektivwert M_{eff} ersetzt werden und ist unabhängig vom Winkel φ

$$M_{ges} = \sum_{j=1}^{N} M_{einzel,j} \approx N \cdot M_{eff} = \frac{4}{\pi} \cdot N \cdot B \cdot l \cdot I \cdot r. \tag{4.52}$$

In Abb. 4.33 ist die Superposition exemplarisch für vier Leiterschleifen dargestellt. Es ist zudem zu erkennen, dass die Superposition der Einzeldrehmomente relativ gut durch Näherung über den Drehwinkel angenähert wird.

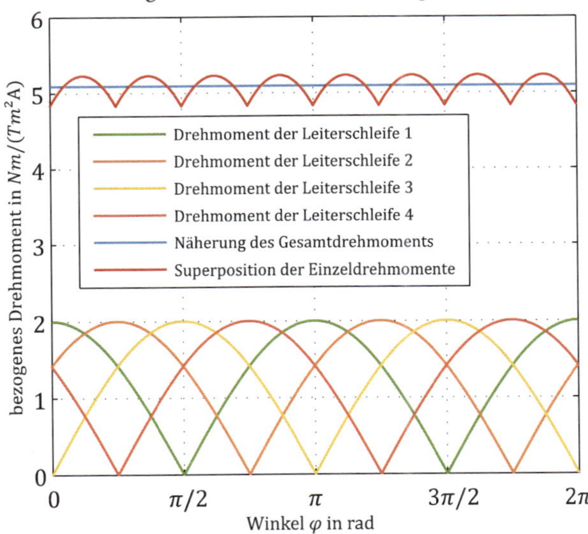

Abb. 4.33 – Betrachtung des Drehmoments für mehrere Leiterschleife (N = 4)

Je nach Aufbau des Motors haben aber auch weitere Größen Einfluss auf das Moment, auf die nicht näher eingegangen wird. Da der Zusammenhang zwischen dem Motormoment und dem Strom für einen Gleichstrommotor aber weiterhin konstant ist, wird die Motorkonstante k_M eingeführt. Der proportionale Zusammenhang zu den vorher genannten Größen bleibt nach Gleichung (4.53) bestehen.

$$M_{ges} = k_M \cdot I \quad \text{mit} \quad k_M \sim N \cdot B \cdot l \cdot r \tag{4.53}$$

Modellbildung

Wie in Abschnitt 4.2.7 sollen hier die Grundgleichungen des Gleichstrommotors aufgestellt werden. Die Vorgehensweise ist dabei analog zur Tauchspule, wird aber aufgrund der höheren Komplexität ausführlicher beschrieben.

Der Momentensatz für den Läufer (Abb. 4.34) sagt aus, dass das Produkt aus Massenträgheitsmoment und Winkelbeschleunigung $\ddot{\varphi}$ gleich der Summe aller Momente um die feste Drehachse des Läufers ist.

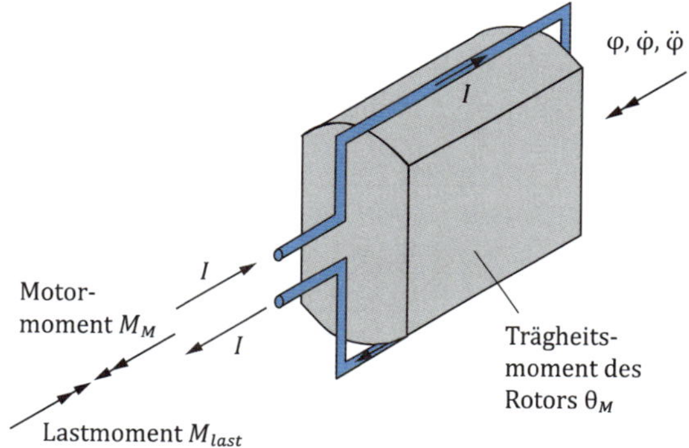

Abb. 4.34 – Freikörperbild für den Läufer ohne Lastmoment

Daraus folgt mit dem Trägheitsmoment des Rotors θ_M, dem Moment des Motors M_M sowie der Last M_{last}:

$$\theta_M \ddot{\varphi} = M_M\text{-}M_{last}. \tag{4.54}$$

Zur Bestimmung des Motormomentes ist nach Gleichung (4.53) der Strom I notwendig. Für die Ermittlung des Stromes wird analog zur Tauchspule die Kirchhoffsche Gleichung des Ankerkreises aufgestellt. In Abb. 4.35 ist der elektrische Ankerkreis dargestellt.

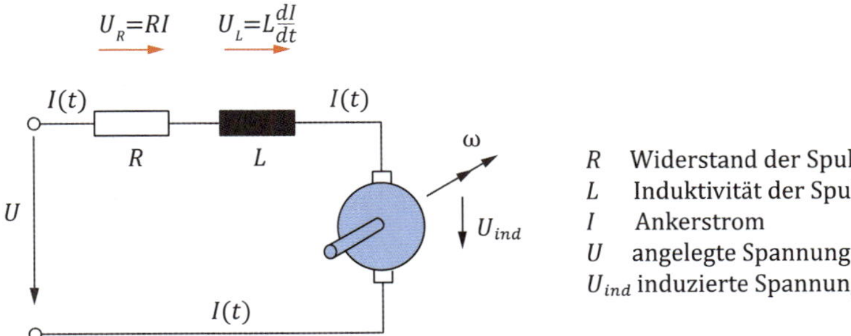

Abb. 4.35 – Elektrischer Ankerkreis des Gleichstrommotors

An eine Spannungsquelle ist ein Leiter angeschlossen, der als Reihenschaltung eines Widerstandes R und einer Induktivität L vereinfacht wird. Nach dem Induktionsgesetz (Abschnitt 4.2) wird zudem eine Spannung in den Spulen des Ankers induziert. Sie ergibt sich aus der relativen Flussänderung im Leiter durch Flächenänderung gegenüber dem magnetischen Feld aufgrund der Drehbewegung. Dazu sind in Abb. 4.36 drei Drehlagen für den Leiter und die jeweils zugehörigen Flussgrößen Φ eingetragen.

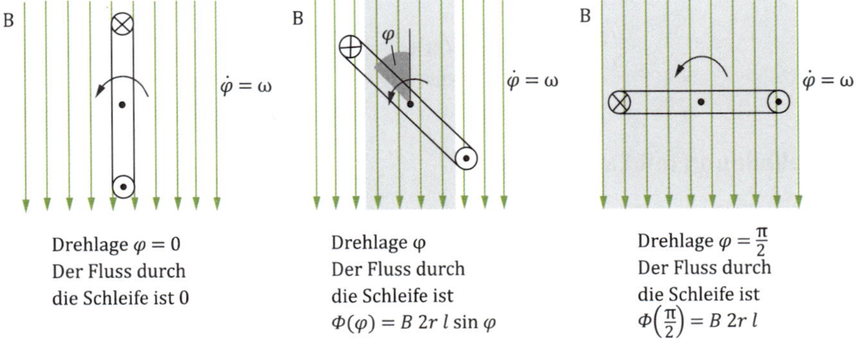

Abb. 4.36 – Induzierte Spannung U_{ind} im Läufer in Abhängigkeit der Drehlage

Die induzierte Spannung in einer Leiterschleife berechnet sich nach Gleichung (4.35) zu

$$U_{ind} = \frac{d\Phi}{dt} = \frac{d(B \cdot A)}{dt} = B \cdot \frac{d(2 \cdot r \cdot l \cdot \sin(\varphi))}{dt} \\ = 2 \cdot r \cdot B \cdot l \cdot \cos(\varphi) \cdot \dot{\varphi} \tag{4.55}$$

Die im Gleichstrommotor induzierte Spannung kann bei N Wicklungen äquivalent zum Drehmoment zu

$$U_{ind} = k_E \cdot \dot{\varphi} \quad \text{mit} \quad k_E \sim N \cdot B \cdot l \cdot r \tag{4.56}$$

vereinfacht werden. Durch Vergleich der Gleichungen (4.55), (4.56) und (4.50) lässt sich zeigen, dass bei idealer Betrachtung $k_M = k_E$ ist.

Die Kirchhoffsche Gleichung des elektrischen Kreises aus Abb. 4.35 lautet somit

$$U(t) = U_R + U_L + U_{ind} = I \cdot R + L \cdot \frac{dI}{dt} + k_E \cdot \dot{\varphi}\,. \tag{4.57}$$

Im Folgenden können die vier Grundgleichungen des Gleichstrommotors zusammengefasst werden und die Leistungsbilanz aufgestellt werden:

Momentensatz:	$\theta_M \ddot{\varphi} = M_M\text{-}M_{last}$	(4.58)
Motormoment:	$M_M = k_M \cdot I$	(4.59)
Stromkreis:	$U(t) = I \cdot R + L \cdot \frac{dI}{dt} + U_{ind}$	(4.60)
Induzierte Spannung:	$U_{ind} = k_E \cdot \dot{\varphi}$	(4.61)
Leistungsbilanz:	$U \cdot I \quad = \quad R \cdot I^2 \quad + \quad U_{ind} \cdot I$	(4.62)
	Zugeführte elektrische Leistung = Verlustleistung + Abgegebene mechanische Leistung	

Modellbildung mit Lastmoment

Die Modellbildung des Gleichstrommotors mit Lastmoment erfolgt am Beispiel des in Kapitel 2 vorgestellten Rohrverlegers. Dazu wird nochmalig das Freikörperbild des Antriebsstrangs betrachtet.

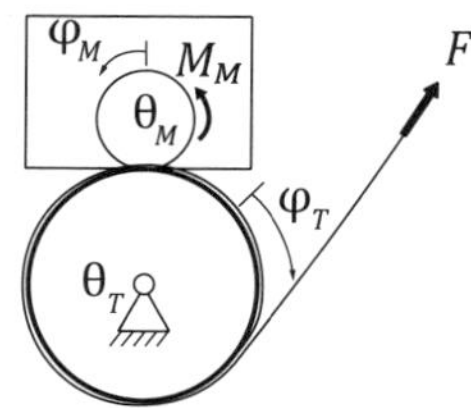

Abb. 4.37 – Freikörperbild des Baggers aus Kapitel 2

Zur Aufstellung der Bewegungsgleichung wird das System auf den Motorfreiheitsgrad φ_M reduziert. Daraus ergibt sich mit der Übersetzung $i = \varphi_M/\varphi_T$ das reduzierte Massenträgheitsmoment zu:

$$\theta_{red} = \theta_M + \frac{\theta_T}{i^2} \tag{4.63}$$

Die Kraft F kann mit dem Radius der Seiltrommel und der Übersetzung i als Lastmoment M_{last} angenommen weden. Der Momentensatz ergibt sich somit zu:

$$\theta_{red}\ddot{\varphi}_M = M_M\text{-}M_{last} \tag{4.64}$$

Die weiteren Grundgleichungen (4.59)-(4.61) bleiben gleich.

Blockschaltbild

Mit den Kenntnissen über Blockschaltbilder aus Kapitel 2 kann für den Gleichstrommotor mit Lastmoment eine entsprechende Darstellung erfolgen (Abb. 4.38). Sie ist Grundlage für die Behandlung von technischen Systemen, die von einem Gleichstrommotor angetrieben werden.

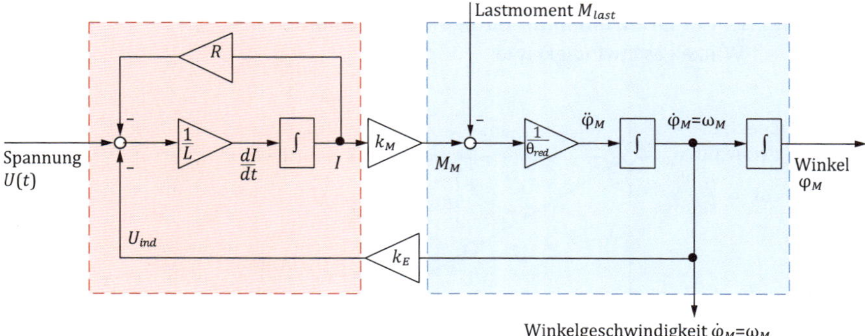

Abb. 4.38 – Blockschaltbild für den Gleichstrommotor mit Last unterteilt in die elektrische (rot) und die mechanische Strecke (blau).

Stationäres Betriebsverhalten

Als Anwender des elektrodynamischen Aktors Gleichstrommotor ist insbesondere die Drehzahl-Drehmoment-Charakteristik wichtig. Dazu wird zunächst bei konstant angelegter Spannung U der stationäre Fall, d. h. der Zustand, in dem die zeitlichen Ableitungen $\ddot{\varphi}$ (keine Drehbeschleunigung) und $\frac{dI}{dt}$ (keine Stromänderung) null sind, betrachtet. Das abgegebene Motormoment M_M entspricht dabei exakt der äußeren Last M_{last}. Dann gelten die nachfolgenden Gleichungen:

Momentensatz: $$0 = M_M\text{-}M_{last} \tag{4.65}$$

Motormoment: $M_M = k_M \cdot I$ (4.66)

Stromkreis: $U(t) = I \cdot R + U_{ind}$ (4.67)

Induzierte Spannung: $U_{ind} = k_E \cdot \dot{\varphi}$ (4.68)

Im Folgenden werden aufgrund von Gleichung (4.65) M_M und M_{last} für das stationäre Betriebsverhalten verkürzt als M bezeichnet. Aus Gleichung (4.67) folgt in Verbindung mit Gleichungen (4.68) und (4.66) durch Auflösen nach $\dot{\varphi}$ bzw. der Winkelgeschwindigkeit $\omega = \dot{\varphi}$

$$\omega = \frac{U}{k_E} - \frac{R}{k_E \cdot k_M} \cdot M = \omega_0 - \Delta\omega. \quad (4.69)$$

Dabei ist $\omega_0 = U/k_E$ die Leerlaufgeschwindigkeit bei fehlender Belastung ($M_{last} = 0$, damit auch kein Motormoment M_M notwendig für stationären Betrieb) und $\Delta\omega$ der Drehzahlabfall infolge des Lastmoments M_{last}.

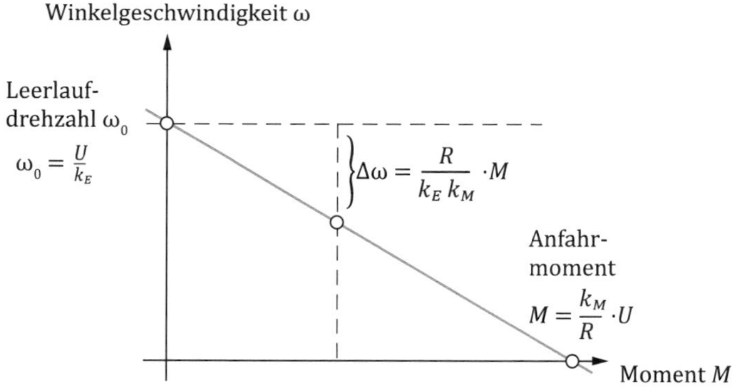

Abb. 4.39 – Motorkennlinie des Gleichstrommotors im stationären Zustand

Beim Anfahren ($\omega = 0$) ist das Anfahrmoment $M = \left(\frac{k_M}{R}\right) \cdot U$ besonders groß und wird zur Beschleunigung benötigt. Die Drehzahl-Drehmoment-Kennlinie zeigt, dass der Abfall der Drehzahl mit wachsendem Lastmoment von den Parametern R, k_E, k_M beeinflusst wird. Diese Parameter bestimmen die sogenannte Drehzahlsteifigkeit des Motors. Je größer die Steifigkeit desto geringer ist die Drehzahlschwankung bei einer Momentenschwankung. Steifes Verhalten lässt sich u. a. durch große Werte für k_M und k_E bzw. durch eine hohe Flussdichte B erreichen. Diese wiederum kann durch konstruktive Parameter (kleiner Luftspalt,

Material mit hoher Permeabilität) entsprechend beeinflusst werden. Die Flussdichte B geht auch direkt in die Größe des Momentes M ein.

Die in Abb. 4.39 dargestellte Motorkennlinie zeigt die Kennlinie für die maximale Ankerspannung bei konstanter magnetischer Flussdichte B. Zur Variation des Betriebspunktes kann die Ankerspannung verstellt werden und wie in Abb. 4.40 können bei konstanter Last (M = konst.) unterschiedliche Winkelgeschwindigkeiten bzw. Betriebspunkte eingestellt werden.

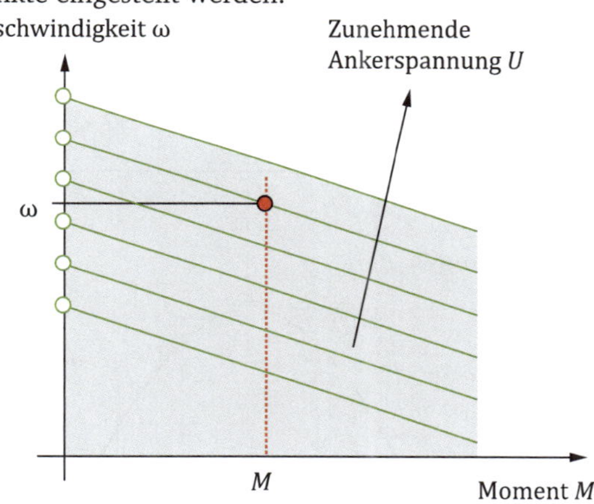

Abb. 4.40 – Motorkennlinien bei unterschiedlichen Ankerspannungen

Für die Auslegung eines mechatronischen Systems ist neben der Drehzahl-Drehmoment-Charakteristik die Leistungs-Drehmoment-Charakteristik ein wichtiges Kriterium. In ihr ist die mechanische Leistung

$$P_{mech} = M \cdot \omega = U_{ind} \cdot I \qquad (4.70)$$

über dem Motormoment aufgetragen.

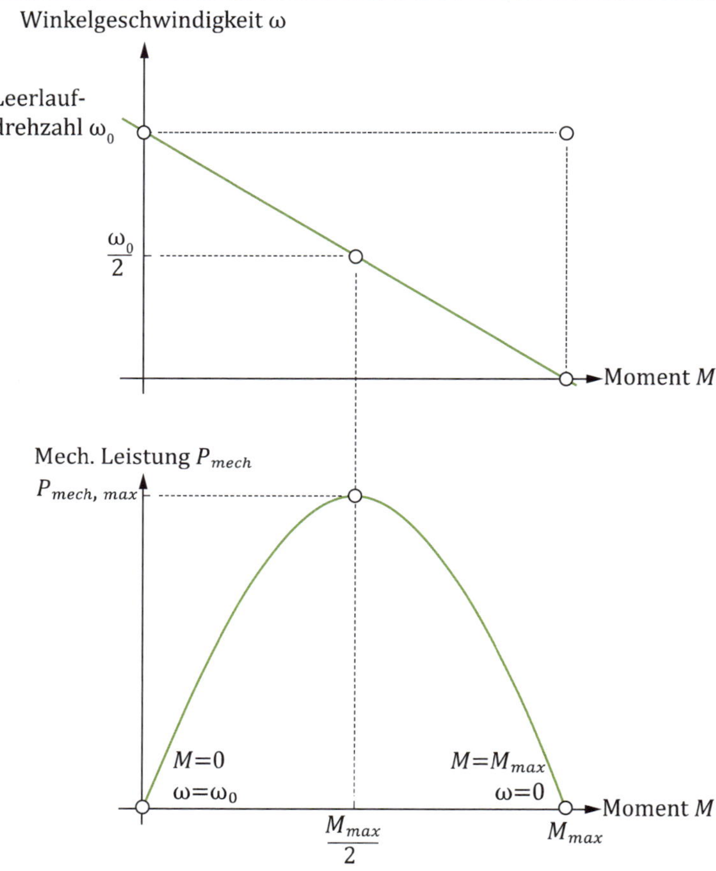

Abb. 4.41 – Leistung-Drehmoment-Charakteristik eines Gleichstrommotors bei maximaler Ankerspannung

In der Charakteristik (bei maximaler Ankerspannung) ist zu erkennen, dass die maximale mechanische Leistung des Motors bei der Hälfte des Maximaldrehmomentes anliegt. Zudem ist der Motorkennlinie zu entnehmen, dass in diesem Arbeitspunkt der Motor mit der halben Leerlaufdrehzahl dreht. Mit diesem Wissen kann somit die Übersetzung zwischen Motor und Last so ausgelegt werden, dass der Motor im Bereich seiner maximalen mechanischen Leistung betrieben werden kann.

Neben der Nutzung des Motors zur Erzeugung kinetischer Energie kann der Motor auch zur Erzeugung von elektrischer Energie aus mechanischer Energie genutzt werden. Dies wird auch als Generatorbetrieb bezeichnet und man spricht allgemeiner von einer Gleichstrommaschine. Der Generatorbetrieb ist dadurch gekennzeichnet, dass die Drehung des Rotors und das von der Maschine erzeugte Moment unterschiedliche Drehrichtungen aufweisen. Dies ist der Fall, wenn die induzierte Spannung U_{ind} größer als die zugeführte Spannung U ist und somit ein Strom in den Wicklungen entsteht, der ein Moment erzeugt welches der Ursache (der Drehung des Rotors) entgegenwirkt. Die notwendige Energie zur Drehung des Rotors kann dabei aus der Trägheit des Rotors stammen, oder z. B. aus einer Anregung durch Windkraft. Wird der Generatorbetrieb zum Abbremsen eines Systems genutzt und die Energie in einen Speicher geführt, spricht man auch von Rekuperation. Auch bei anderen elektrodynamischen Maschinen wird dieser Effekt sowohl zur Energiegewinnung als auch zur Bremsung genutzt.

Ausführungsformen

Erregung Magnetfeld im Stator

Das Drehmoment im Gleichstrommotor bildet sich aus der Lorentzkraft, die zum einen vom Strom in der rotierenden Leiterschleife und zum anderen von der Flussdichte B des Magnetfeldes im Stators abhängig ist. Dieses Statormagnetfeld kann dabei auf verschiedene Weise erzeugt werden. Bei permanenterregten Gleichstrommotoren erfolgt dies leistungslos über Permanentmagnete, wobei das Magnetfeld konstant ist. Die fremderregten Gleichstrommotoren erzeugen ihr Magnetfeld unabhängig von der am Ankerkreis angelegten Spannung U über eine separate Erregerspannung U_e. Die Nebenschluss- und die Reihenschlussmotoren erzeugen das Magnetfeld direkt in Abhängigkeit der am Ankerkreis angelegten Spannung U.

Fremderregte Gleichstrommotoren

Bei den fremderregten Gleichstrommotoren erfolgt die Erzeugung des Magnetfeldes durch zusätzliche Erregerwicklungen. Der grundsätzliche Aufbau ist in Abb. 4.42 gezeigt.

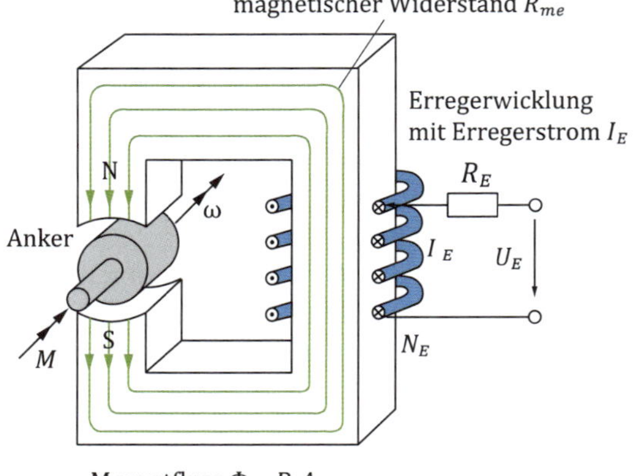

Abb. 4.42 – Elektrischer Kreis mit Durchflutung $\theta_E = I_E \cdot N_E$

Der Strom in der Erregerwicklung I_E wird durch eine zusätzliche unabhängige Spannungsquelle erzeugt. Dadurch ist es möglich die Stärke des Magnetfelds durch Beeinflussung des Erregerstromes zu ändern und die Kennlinie des Gleichstrommotors zu variieren. Das Magnetfeld ist mit

$$B = I_E \cdot \frac{N_E}{R_{me} \cdot A} \tag{4.71}$$

proportional zum Erregerstrom wodurch sich mit Einführung der Motorkonstante k_F die Beziehungen

$$M = k_F \cdot I_E \cdot I \tag{4.72}$$

und

$$U_{ind} = k_F \cdot I_E \cdot \omega \tag{4.73}$$

äquivalent zum permanent erregten Motor ergeben. Werden diese in die Maschengleichung (4.67) eingesetzt erhält man die Kennlinie für den fremderregten Gleichstrommotor

$$\omega = \frac{U}{k_F \cdot I_E} - \frac{R}{(k_F \cdot I_E)^2} \cdot M \tag{4.74}$$

Die Motorkonstante weißt dabei die Proportionalität

$$k_F \sim \frac{N_E}{R_{me} \cdot A} \cdot r \cdot l \cdot N \quad (4.75)$$

auf und kann äquivalent zu den Motorkonstanten des permanenterregten Gleichstrommotors aus Gleichung (4.47) hergeleitet werden.

In Abb. 4.43 sind die Auswirkungen auf die Kennlinie dargestellt.

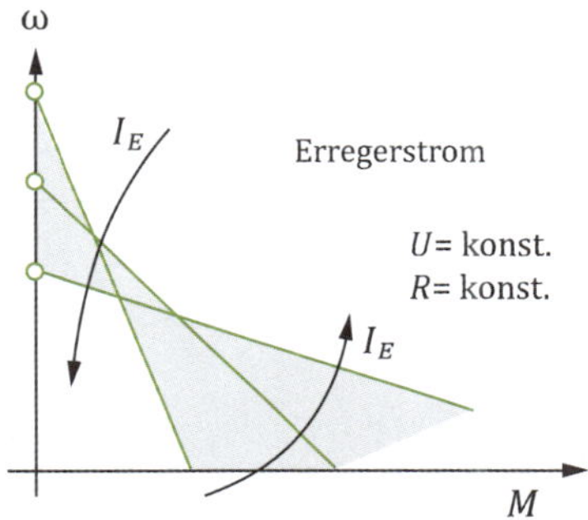

Abb. 4.43 – Verstellung der Motorkennlinie durch Erregerstrom I_E

Abb. 4.44 zeigt die Nutzungsmöglichkeit des fremderregten Gleichstrommotors über einen großen Drehzahlbereich. Bei kleinen bis mittleren Drehzahlen erfolgt die Verstellung der Spannung U, der Erregerstrom $I_{E_{max}}$ bleibt dabei konstant. Die Momentenlinien verlaufen steil, so dass die Drehzahl bei Belastung relativ konstant bleibt (steifes Verhalten). Für maximalen Ankerstrom I_{max} ergibt sich auch das maximale Moment M_{max}. Bei Erreichen der maschinenabhängigen Spannungsgrenze U_{max} und maximaler Stromausnutzung I_{max} lässt sich die Drehzahl nur noch erhöhen, wenn der Erregerstrom I_E verkleinert wird. Durch die Reduzierung des Erregerstroms verringert sich die magnetische Flussdichte B des Stators und somit nach Gleichung (4.56) auch die induzierte Spannung. Durch Verringerung der induzierten Spannung können höhere Drehzahlen erreicht werden, wobei das maximale Moment abnimmt und die maximale Leistung konstant bleibt. Dieses Verfahren wird Feldschwächung genannt, wobei sich die Steilheit der Kennlinien ändert (zunehmend weicheres Verhalten).

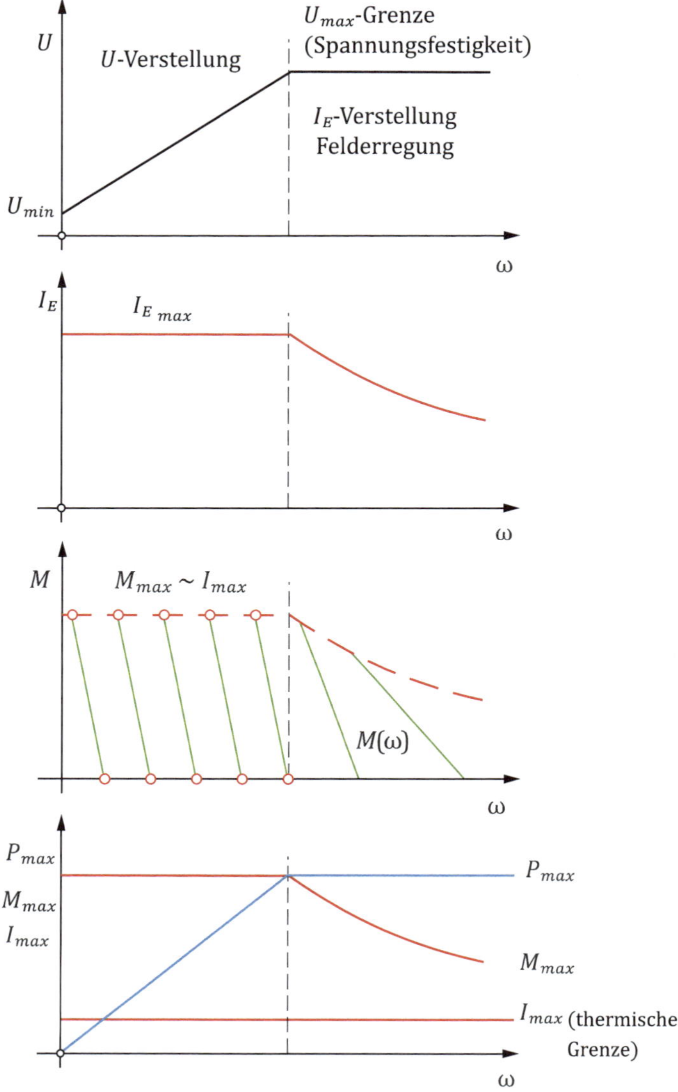

Abb. 4.44 – U-Verstellung bei kleineren bis mittleren Drehzahlen und Nutzung der Feld-schwächung

Nebenschlussmotoren

Bei Nebenschlussmotoren sind die Erregerwicklungen, dargestellt durch deren Widerstand R_E und den Strom I_E, parallel zu den Ankerwicklungen des Motors an eine Spannungsversorgung angeschlossen. Das zugehörige Schaltbild ist vereinfacht in Abb. 4.45 dargestellt.

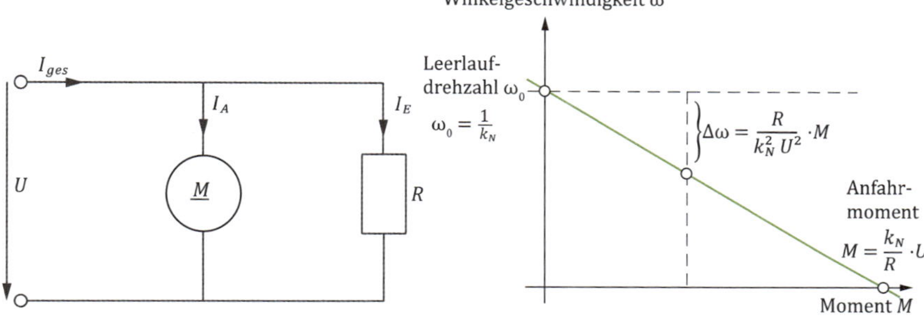

Abb. 4.45 – Ersatzschaltbild und Kennlinie eines Nebenschlussmotors.

Durch die Parallelschaltung werden die Erregerwicklungen stets direkt mit der Spannung U versorgt. Das magnetische Feld B ist somit proportional zu dem Strom im Nebenschluss I_E bzw. $\frac{U}{R_E}$. Durch die Einführung einer Motorkonstante k_N ergibt sich das Motormoment und die induzierte Spannung zu

$$\begin{aligned} M &= k_N \cdot U \cdot I_A \\ U_{ind} &= k_N \cdot U \cdot \omega \end{aligned} \tag{4.76}$$

Äquivalent zum fremderregten Gleichstrommotor kann durch einsetzen in die Maschengleichung die Kennlinie

$$\omega = \frac{1}{k_N} - \frac{R}{k_N^2 \cdot U^2} \cdot M \tag{4.77}$$

angegeben werden.

Reihenschlussmotoren

Bei Reihenschlussmotoren ist wie in Abb. 4.46 dargestellt die Erregerwicklung mit der Ankerwicklung in Reihe geschaltet.

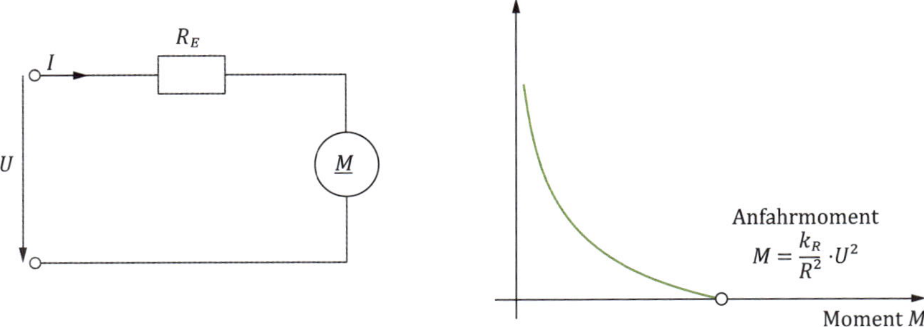

Abb. 4.46 – Ersatzschaltbild und Kennlinie eines Reihenschlussmotors.

Somit sind der Strom in der Ankerwicklung und der Strom in der Erregerwicklung identisch. Das magnetische Feld ist somit proportional zum Ankerstrom I und mit Einführung der Motorkonstante k_R ergibt sich

$$\begin{aligned} M &= k_R \cdot I^2 \\ U_{ind} &= k_R \cdot I \cdot \omega \end{aligned} \tag{4.78}$$

Daraus lässt sich die Kennlinie

$$\omega = \frac{U}{\sqrt{k_R} \cdot \sqrt{M}} - \frac{R}{k_R} \tag{4.79}$$

bestimmen. Der Reihenschlussmotor kann mit Gleichstrom oder mit Wechselstrom betrieben werden. Dies ist möglich, da durch die Reihenschaltung in Anker- und Erregerwicklung stets der gleiche Strom fließt und somit bei negativem Strom sich auch die Richtung des Magnetfeldes umkehrt. Durch die Möglichkeit den Motor sowohl an Wechselstrom als auch an Gleichstrom betreiben zu können wird diese Bauart häufig als Universalmotor bezeichnet.

Bauformen

Wichtig für das dynamische Verhalten eines Motors ist u. a. das Trägheitsmoment, wobei für hohe Drehbeschleunigungen ein niedriges Trägheitsmoment erforderlich ist. Wird der Einfachheit halber ein zylindrischer Körper für den Läufer zu Grunde gelegt, so ist das polare Trägheitsmoment $\theta_P = 0{,}5\ mr^2$ sowohl von der Masse m als auch vom Radius r abhängig. Niedrige Trägheitsmomente θ_P lassen sich durch verschiedene Bauformen realisieren, die in Abb. 4.47 zusammengestellt sind. Neben dem schlanken Stabankermotor sind dies der Scheibenläufermotor und der Glockenläufer. Der Stabankermotor hat einen langgestreckten Rotor mit geringem Durchmesser und entsprechend geringem Massenträgheitsmoment.

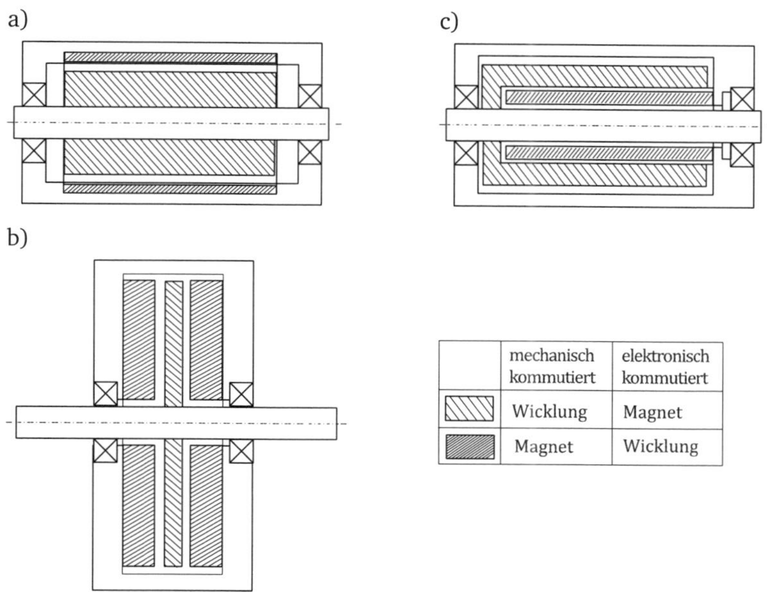

Abb. 4.47 – Verschiedene Bauformen von Gleichstrommotoren: a) Stabläufer, b) Scheibenläufer, c) Glockenläufer [67]

Bei der zweiten Bauform ist der Läufer als dünne Scheibe ausgeführt. Weiterhin ist diese Scheibe sehr leicht, da sie kein Eisen enthält, sondern aus Isoliermaterial besteht (glasfaserverstärktes Kunstharz), auf der sich bei der Bauform mit Permanentmagneterregung die Läuferwicklung aus massivem Kupferdraht befindet. Durch die geringe Läufermasse ist das Trägheitsmoment gering und durch den großen Scheibendurchmesser das Drehmoment aufgrund des langen Hebelarms groß.

Der Glockenläufermotor ist genauso aufgebaut wie Scheibenläufermotoren, nur ist der Rotor zylindrisch ausgeführt, was zu noch geringeren Trägheitsmomenten und einer schlanken Bauart führt. Die elektrischen und dynamischen Eigenschaften, wie Überlastbarkeit, Drehzahlbereich, konstante Beschleunigung über den ganzen Drehzahlbereich usw., sind mit denen von Scheibenläufern vergleichbar. Während jedoch Stab- und Scheibenläufermotoren bis in den Leistungsbereich von einigen Kilowatt gebaut werden, ist die Glockenläuferbauform nur mit Höchstleistungen unter 1 kW verfügbar. Ein Gleichstrommotor in Glockenläuferbauform ist beispielhaft in Abb. 4.48 dargestellt.

Abb. 4.48 – Gleichstrommotor in Glockenläuferbauform (maxon motor ag)

Anwendungsbeispiele

Wie am Anfang dieses Abschnittes erwähnt, gibt es ein breites Anwendungsspektrum für Gleichstrommotoren. Insbesondere Motoren kleiner Leistung sind als Gleichstrommotoren ausgeführt und finden ihre Anwendung beispielsweise im Antrieb von Scheibenwischern.

Besonders im Automobilbereich oder für akkubetriebene Geräte bieten sich, aufgrund der bereits vorhandenen Gleichspannung, Gleichstrommotoren an. Allerdings werden statt der hier vorgestellten Gleichstrommotoren oft auch elektronisch kommutierte Gleichstrommotoren eingesetzt, die nachfolgend noch detailliert erklärt werden.

Der in diesem Abschnitt beschriebene Reihenschlussmotor findet seine Anwendung häufig im Wechselspannungsnetz. Er wird auf Grund seines einfachen Aufbaus in vielen Haushaltsgeräten, wie Staubsaugern oder Bohrmaschinen, eingesetzt.

4.2.9 Elektronisch kommutierter Gleichstrommotor

Eine Herausforderung beim Gleichstrommotor stellt die mechanische Kommutierung dar, die unter anderem Probleme wie das Bürstenfeuer und das Abnutzen der Bürsten mit sich bringt. Diese negativen Eigenschaften können durch die Verwendung einer elektronischen Stromwendung vermieden werden [23]. Motoren, die nach diesem Prinzip arbeiten, werden als bürstenlose Gleichstrommotoren (auch Brushless DC-Motoren) oder elektronisch kommutierte Gleichstrommotor (EC-Motor) bezeichnet. Das Wirkprinzip dieser Motoren ist prinzipiell gleich wie bei den mechanisch kommutierten Gleichstrommotoren, die stromdurchflossenen Wicklungen und Permanentmagnete sind aber miteinander vertauscht. Dies ist auch in Tab. 4.6 zu sehen.

Mechanisch kommutierter Gleichstrommotor	Elektronisch kommutierter Gleichstrommotor
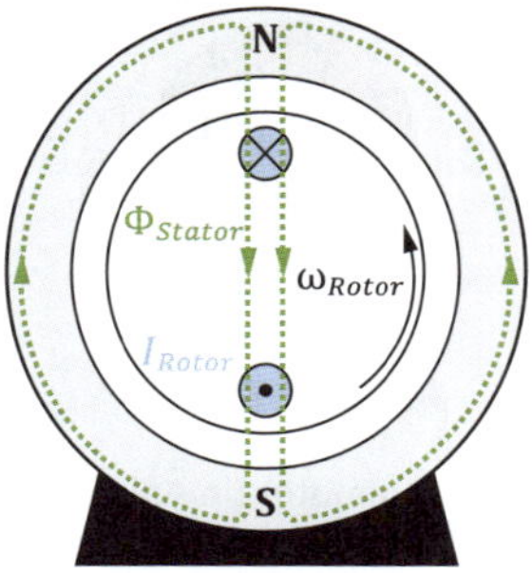	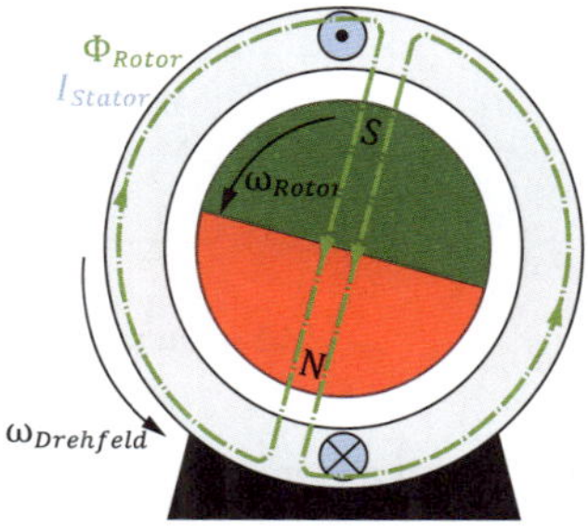
Magnetfeld wird im Stator erzeugt → statorfest	Magnetfeld wird im Rotor erzeugt → rotorfest
Strom am Rotor mechanisch gewendet	Strom elektronisch im Stator geschaltet (als Drehfeld auf Stator aufgeprägt)

Tab. 4.6 – Vergleich des Aufbaus des mechanisch kommutierten und des elektronisch kommutierten Gleichstrommotors.

Die Wicklungen sind im Stator angeordnet und der Läufer besteht aus Permanentmagneten, seltener auch aus Elektromagneten. Der Gleichstrom wird elektronisch so geschaltet, dass er auf dem Stator dreht. Um einen konstanten Kraftfluss zu erzeugen, wird die Lage des Läufers durch einen Positionsgeber erfasst und dadurch die Drehung des Ankerfeldes mit Hilfe der elektronischen Kommutierung synchronisiert (Abb. 4.49). Der Rotor dreht synchron mit dem Drehfeld ($\omega_{Rotor} = \omega_{Drehfeld}$). Solche extrem robusten und wartungsfreien Motoren eignen sich beispielsweise für den Einsatz in Industrierobotern, Fensterhebern oder CD-Laufwerken [70].

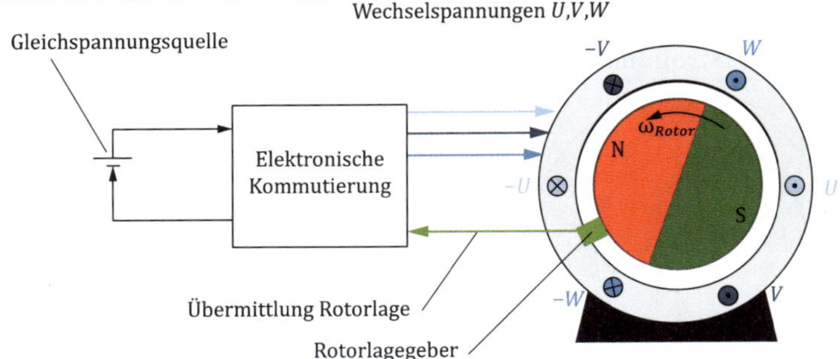

Abb. 4.49 – Bürstenloser elektronisch kommutierter Gleichstrommotor (in Anlehnung an [71])

Wie beim mechanisch kommutierten Gleichstrommotor wird auch beim elektronisch kommutierten Gleichstrommotor ein Drehmoment durch Lorentzkräfte auf einen stromdurchflossenen Leiter im Magnetfeld erzeugt.

Ausführungsformen

Sensorsysteme

Beim elektronisch kommutierten Gleichstrommotor erfolgt die Kommutierung nicht durch Bürsten, sondern durch eine elektronische Schaltung. Diese erfasst die Position des Rotors durch Sensoren und schaltet dementsprechend die Spannung an den Windungen (des Stators). Die Funktionsweise der Schaltung entspricht damit in umgekehrter Weise der Funktion der Bürsten bei der mechanischen Kommutierung, wie in Abb. 4.50 dargestellt.

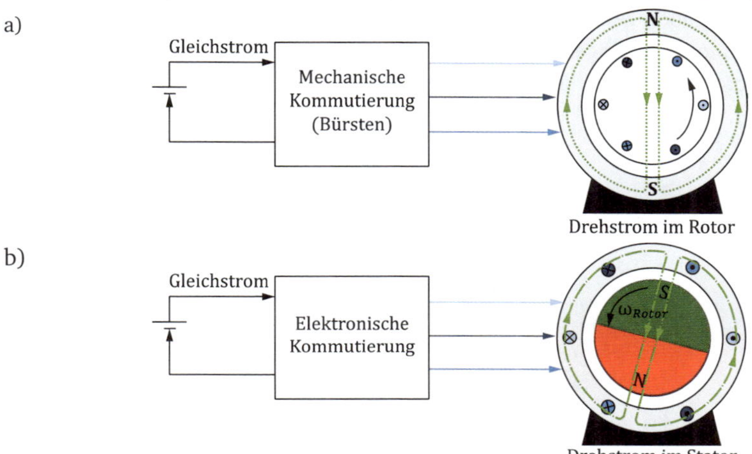

Abb. 4.50 – Vergleich des mechanisch und elektronisch kommutierten Gleichstrommotors

Als Sensoren für die elektronische Kommutierung können Hallsensoren, induktive oder optische Sensoren eingesetzt werden [23]. Weiterhin kann die Rotorposition sensorlos über die induzierte Spannung in den stromlosen Wicklungen ermittelt werden. Diese Methode ist jedoch nur unter eingeschränkten Bedingungen möglich.

Permanentmagnetischer Rotor

Die dynamischen Eigenschaften des Gleichstrommotors hängen insbesondere von dem Massenträgheitsmoment des Rotors ab. Für die leistungslose Erzeugung des Rotorfeldes beim EC-Motor werden üblicherweise Permanentmagnete als Rotor eingesetzt. Durch Verwendung solcher Permanentmagnete kann das Volumen und die Masse des Rotors reduziert und die Dynamik des Motors erhöht werden.

Anwendungsbeispiele

Elektronisch kommutierte Gleichstrommotoren eignen sich für die gleichen Anwendungen wie die mechanisch kommutierten Gleichstrommotoren, allerdings nur bei kleinen bis mittleren Leistungen von etwa 1 kW [23]. Antriebe für hohe Leistungen können direkt mit Drehstrom gespeist werden (siehe nachfolgender Abschnitt „Synchronmotor“), sodass eine Wechselrichtung nicht zwingend notwendig ist. Bei hohen Anforderungen an die Regelgüte oder eine variable Drehzahlverstellung wird aber auch dann eine Wechselrichtung durchgeführt und somit entsteht ein fließender Übergang zwischen den Motortypen.

Vor allem in hochwertigen Anwendungen werden elektronisch kommutierte Gleichstrommotoren eingesetzt. Im Automobilbereich beispielsweise können sie als Stellmotoren für Trockenkupplungen und Schaltwalzen eingesetzt werden (Abb. 4.51).

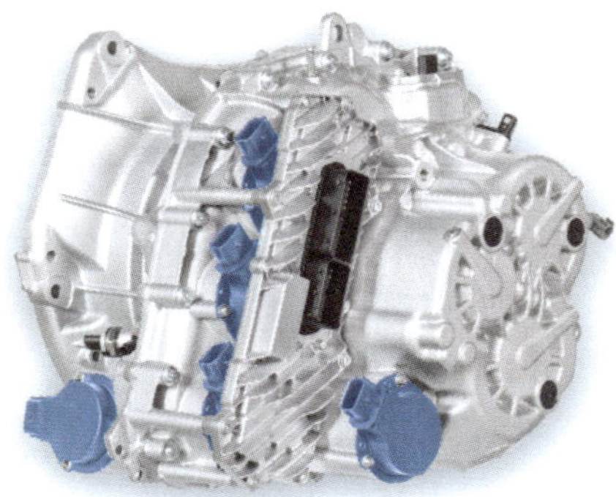

Abb. 4.51 – Bürstenlose Gleichstrommotoren (blau) im GETRAG Powershift 7DCT300 Doppelkupplungsgetriebe

Vor- und Nachteile

Im Einsatz verfügt der elektronisch kommutierte Gleichstrommotor über eine mit dem mechanisch kommutierten Gleichstrommotor vergleichbare, gute Dynamik und ist zusätzlich noch aufgrund der fehlenden Bürsten wartungsarm und stark überlastbar.

Im Gegensatz dazu muss die Rotorposition meist durch teure Sensoren permanent erfasst werden. Ferner ist der Motor aufwendig zu regeln und weist keine besonders gute Gleichlaufgüte auf.

Vorteile	Nachteile
Sehr gute Dynamik	Sensoren benötigt
Überlastbar	Aufwendige Regelung
Wartungsarm	Häufig eingeschränkte Gleichlaufgüte
Geringeres Trägheitsmoment bzw. höheres Leistungsgewicht im Vergleich zum mechanisch kommutierten Gleichstrommotor	Höhere Systemkosten als bei mechanisch kommutierten Gleichstrommotor

Tab. 4.7 – Vor- und Nachteile des elektronisch kommutierten Gleichstrommotors [72]

4.2.10 Synchronmotor

Beim elektronisch kommutierten Gleichstrommotor wird über eine Regelung aus einem Gleichstrom ein rotierendes Feld erzeugt. Schließt man einen Motor gleicher Bauart direkt an Drehstrom an (bspw. dreiphasiger Drehstrom aus dem Stromnetz), ergibt sich ebenfalls ein rotierendes Statorfeld. Dieser Motor wird als Synchronmotor bezeichnet.

Synchronmotoren sind Drehfeldmotoren, bei denen der Stator Wechsel- oder Drehstromwicklungen trägt, die ein umlaufendes Feld (Drehfeld) erzeugen. Der Rotor besitzt ein oder mehrere Polpaare (Polrad), wobei die Magnetisierung entweder elektromagnetisch durch zugeführten Gleichstrom oder über Permanentmagnete erfolgt. Die Drehfrequenz des Rotors ist synchron mit der Rotation des Statorfeldes, woraus auch die Namensbezeichnung resultiert.

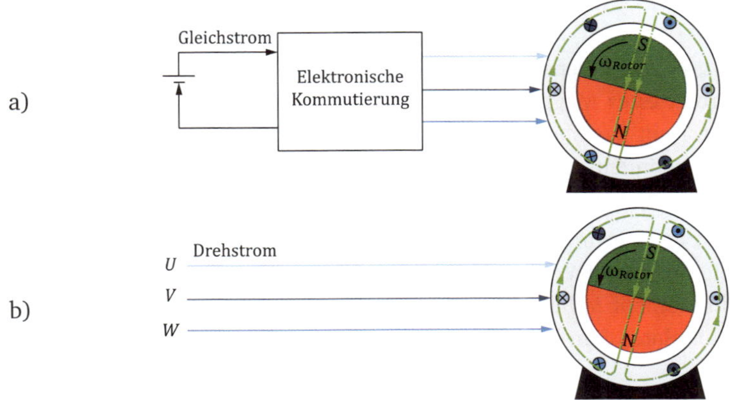

Abb. 4.52 – Vergleich von elektronisch kommutiertem Gleichstrom und Synchronmotor

Das Drehfeld wird bei vielen Anwendungen im kleineren Leistungsbereich indirekt erzeugt, wobei eine Hauptphase mit einer Hilfsphase kombiniert wird; die Hilfsphase wird dabei so geschaltet, dass der Strom möglichst 90° zur Hauptphase phasenversetzt ist (Abb. 4.53a). Dies kann beispielsweise durch eine Induktivität realisiert werden. Eine weitere Möglichkeit ist die Erzeugung des Drehfeldes über einen Frequenzumrichter, so dass die Frequenz variabel ist (Abb. 4.53b).

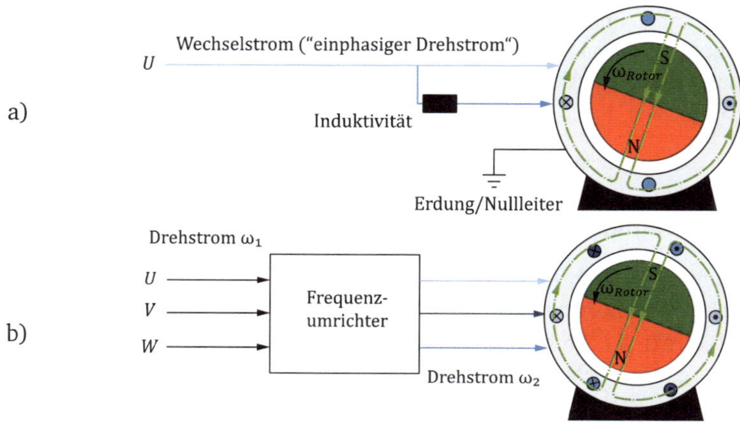

Abb. 4.53 – Einphasen- und Dreiphasensynchronmotor

Die Wirkungsweise des Synchronmotors ist vom Grundsatz her identisch wie beim elektrisch kommutierten Motor. Da jedoch wichtige Betrachtungen des Synchronmotors besser über die magnetische Sichtweise auf die Lorentzkraft zu erklären sind, wird die Wirkungsweise noch einmal über die magnetische Darstellung erläutert.

Im Stator wird ein drehendes Magnetfeld Φ_{Stator} erzeugt. Im Rotor liegt ein konstantes, rotorfestes Magnetfeld Φ_{Rotor} vor. Durch die Drehung des Magnetfeldes im Stator eilt das Magnetfeld im Rotor diesem hinterher. Dabei strebt der Rotor stets die momentenfreie Stellung (siehe Abb. 4.54a) an, da diese mit der geringsten magnetischen Energie verbunden ist.

Das Moment des Synchronmotors hängt von dem Winkel zwischen Statorfeld und Rotorfeld ab. Dieser Winkel wird als Lastwinkel ϑ bezeichnet. Wird der Rotor durch ein Moment M belastet, so nimmt der Lastwinkel zu. Der Rotor bleibt um ϑ synchron hinter dem Drehfeld und somit hinter der Leerlaufstellung zurück (Abb. 4.54).

a) $\vartheta = 0$ (momentenfreie Stellung, Magnetkräfte wirken nur in radialer Richtung): Gleichgewichtsposition bei lastlosem Betrieb

b) $\vartheta \neq 0$ (Magnetkräfte wirken auch in Umfangsrichtung): Rückstellmoment in Richtung der momentenfreien Stellung

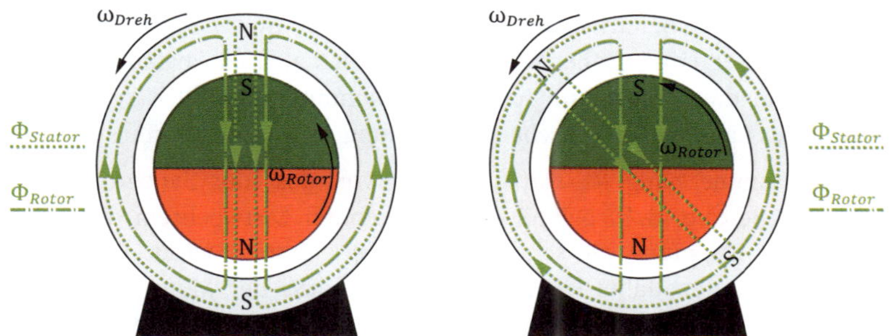

Abb. 4.54 – Wirkprinzip des Synchronmotors (hier Poolpaarzahl p=1)

Zwischen Lastwinkel und Moment des Synchronmotors gilt bei der Polpaarzahl p = 1 theoretisch folgender Zusammenhang:

$$M \sim \sin(\vartheta) \tag{4.80}$$

In der praktischen Anwendung tritt das als Kippmoment bezeichnete max. Moment schon bei einem kleineren Winkel als 90° auf, da zusätzliche Einflussfaktoren zu berücksichtigen sind. Wird dieser Zusammenhang in einem Diagramm dargestellt, ergibt sich der Verlauf aus Abb. 4.55. Es ist zudem zu erkennen, dass der Synchronmotor für negative Lastwinkel ein negatives Moment stellt, sodass sich damit der Leistungsfluss umkehrt und die Maschine als Generator eingesetzt werden kann.

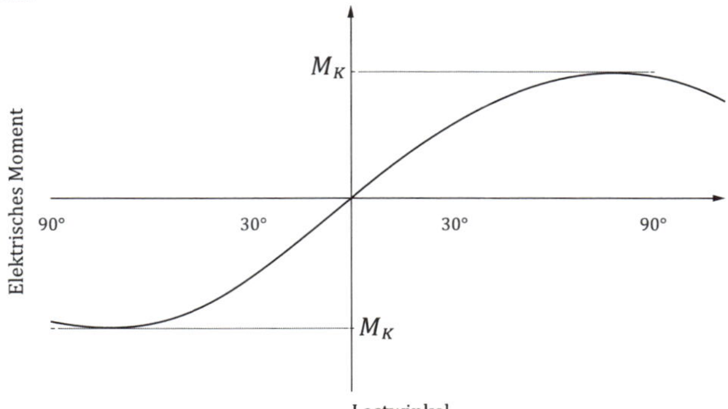

Abb. 4.55 – Zusammenhang zwischen Lastwinkel und elektrischem Moment

Der sinusförmige Zusammenhang zwischen elektrischem Moment und Lastwinkel bedeutet auch, dass bei einem Lastwinkel $\vartheta > 90°$ das elektrische Moment mit steigendem Winkel wieder abnimmt. Wenn bei Überschreiten des Kippmoments das mechanische Lastmoment gleich bleibt und das elektrische Moment sinkt, löst sich die magnetische Verbindung zwischen Stator und Rotor und der Rotor gerät „außer Tritt“. Daher wird dieser Bereich auch als instabil bezeichnet. Der Rotor läuft dann asynchron weiter oder kommt letztendlich komplett zum Stillstand. Dies kann zur thermischen Überlastung der Maschine führen.

Aus dem Zusammenhang $M \sim \sin(\vartheta)$ geht hervor, dass der Synchronmotor im dynamischen Betrieb, d. h. bei häufig auftretenden Lastwechseln, ähnlich wie eine elastische Kupplung als schwingungsfähiges System wirkt. Große Belastungswechsel können dabei leicht dazu führen, dass der Motor „außer Tritt“ gerät. Die Dämpfungswirkung des elektrischen Motors kann hierbei zu einer Reduktion der Schwingungen führen.

Die Kennlinie des Synchronmotors (Abb. 4.56) ist relativ simpel, da die Drehzahl in Abhängigkeit von der Belastung M konstant bleibt. Infolge der Last kommt es allerdings zu der erwähnten Relativverdrehung zwischen Polrad und Drehfeld (Abb. 4.57). Details zum asynchronen Anlauf werden im Folgenden Abschnitt erwähnt.

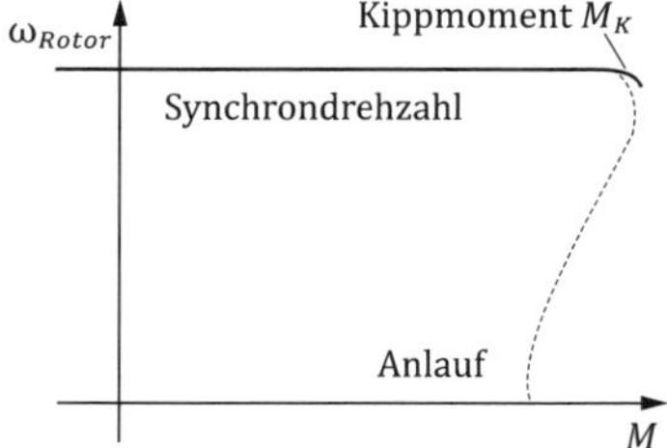

Abb. 4.56 – Drehzahl- Drehmomentkennlinie für den Synchronmotor

Das Moment des Synchronmotors ist abhängig von der Speisespannung $\widehat{U}_S$ *im Stator,* dem Lastwinkel und der magnetischen Flussdichte B des Rotors, welche bei einer Fremderregung wiederum vom Erregerstrom I_E im Rotor abhängt. Diesen Zusammenhang zeigt Gleichung (4.81).

$$M \sim \widehat{U}_S \cdot B \cdot \sin(\vartheta) \sim \widehat{U}_S \cdot I_E \cdot \sin(\vartheta) \tag{4.81}$$

Für die Winkelgeschwindigkeit ω_{Dreh} des Statordrehfeldes (siehe auch Abschnitt 4.2.12) gilt mit der Speisefrequenz ω_{Speise}

$$\omega_{\mathrm{Dreh}} = \frac{\omega_{\mathrm{Speise}}}{p} \, . \tag{4.82}$$

Die Winkelgeschwindigkeit des Drehfeldes ist somit antiproportional zur Polpaarzahl p. Eine exemplarische Verdeutlichung des Einflusses der Polpaarzahl zeigt Abb. 4.57: *Zwischen* linkem Bild ($t = 0$) und rechtem Bild ($t = \omega_{\mathrm{Netz}}/\pi$) haben sich die elektrischen Ströme in den Statorsträngen bzw. das elektrische Feld um genau 180° gedreht, was einer Umkehrung der Stromrichtung entspricht. Das magnetische Feld des Stators und der Rotor drehen sich dagegen in dieser Zeit nur um $90°(= \frac{180°}{p})$. Zur Drehzahlverstellung kann somit einerseits die Polpaarzahl p geändert werden, wobei lediglich diskrete Drehzahlsprünge realisierbar sind. Eine zu bevorzugende Lösung stellt die stufenlose Drehzahländerung über die Änderung der Frequenz der Statorspannung mithilfe eines Frequenzumrichters dar.

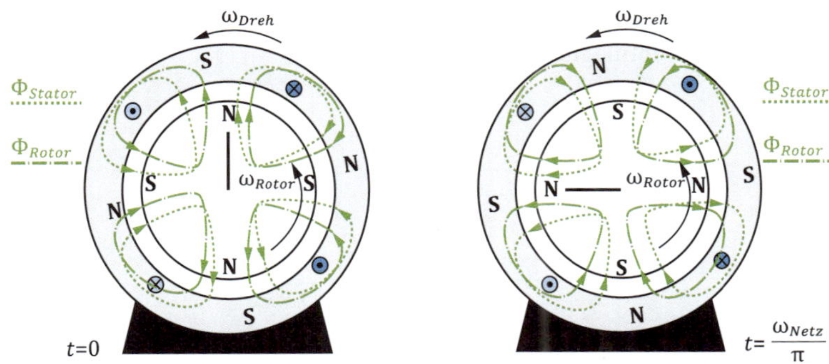

Abb. 4.57 – Vierpoliger Synchronmotor
Das elektrische Feld hat sich um 180° gedreht, der Rotor bzw. das magnetische Feld des Stators jedoch lediglich um 90° (schwarzer Strich)

Ausführungsformen

Der Rotor mit massivem oder geblechtem Polkern (Reduktion von Wirbelströmen) trägt bei Motoren größerer Leistung eine Erregerwicklung, der über Schleifringe oder Induktion Gleichstrom zugeführt wird. Er wirkt somit als Elektromagnet (Polrad). Bei kleineren Motoren wird das Magnetfeld meistens durch Permanentmagnete erzeugt, die am Rotor befestigt sind. Damit ergibt sich eine einfache und robuste Ausführung. Das Hochfahren des Rotors in die Nähe der Synchronfrequenz kann durch Variation der Speisefrequenz oder durch einen

Kurzschlusskäfig (asynchroner Hochlauf) erfolgen. Letzteres Wirkprinzip wird im Abschnitt Asynchronmotor behandelt.

Abb. 4.58 zeigt verschiedene Bauformen von Synchronmotoren. Hier wird auch nochmals das elektrodynamische Prinzip deutlich. An den stromdurchflossenen Leitern des Stators entstehen durch das Magnetfeld des Rotors Lorentzkräfte, die nach dem Prinzip von Actio und Reactio als Reaktionsmoment des Antriebs auf den Stator wirken. Die eingezeichneten Magnetfelder entsprechen dabei den „idealen“ Feldlinien, wenn die Interaktion zwischen Rotor- und Statorfeld vernachlässigt wird. Bei der Vollpolmaschine (Abb. 4.58a) ist die Erregerwicklung in den Nuten des Polrades eingelegt und das Polrad hat keine magnetische Vorzugsrichtung. Sie eignet sich für große Drehzahlen. Die Schenkelpolanordnung aus Abb. 4.58b ist aufgrund der Form nicht für hohe Fliehkräfte (und damit hohe Drehzahlen) geeignet. Sie trägt die Erregerwicklung auf ausgeprägten Polen, die bezüglich des Ständerfeldes Richtungen mit geringem und hohem magnetischen Widerstand aufweisen. Dadurch können auch Reluktanzkräfte genutzt werden. Die Schenkelpolanordnung aus Abb. 4.58c kann genauso wie die Vollpolmaschine auch mit Permanentmagneten ausgeführt sein.

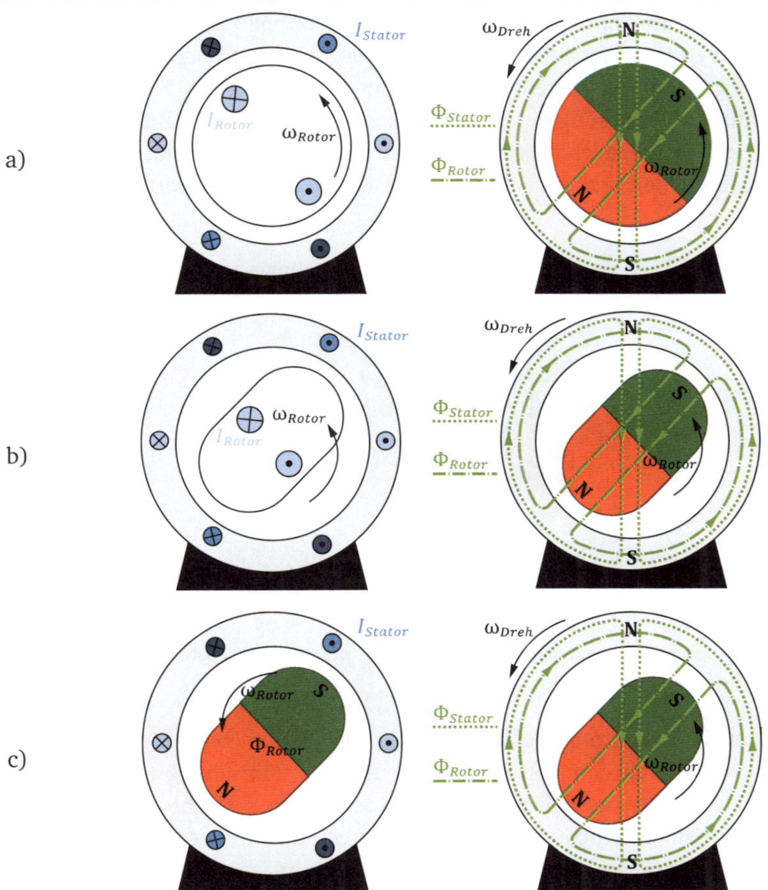

Abb. 4.58 – Ausführungsformen der Synchronmaschine

Anwendungsbeispiele

Synchronmaschinen werden als Motoren insbesondere dann eingesetzt, wenn eine konstante Drehzahl verlangt wird, da man die Drehzahl der Synchronmotoren ohne Regelung konstant halten kann. Anwendungsbeispiele dafür sind Uhren, Tonbandgeräte, Spinnspulen in der Textilindustrie, Studio-Filmkameras und Spielautomaten [23]. Im Maschinenbau ist der Einsatz von Synchronmotoren auch dann interessant, wenn mehrere Antriebe mit derselben Drehzahl oder bestimmten Drehzahlverhältnissen betrieben werden sollen, z. B. bei Papier- und

Textilmaschinen. In Abb. 4.59 ist als Beispiel ein Doppelkupplungsgetriebe mit zusätzlicher Synchronmaschine aus einem Hybridfahrzeug dargestellt. Die Synchronmaschine kann zur Erzeugung einer Beschleunigung des Fahrzeuges und als Generator zur Bremsung des Fahrzeuges eingesetzt werden. Beim Bremsvorgang kann zudem die mechanische Energie des Fahrzeuges in elektrische Energie umgewandelt werden und in den Akkus des Fahrzeuges gespeichert werden.

Abb. 4.59 – Doppelkupplungsgetriebe mit integrierter permanenterregter Synchronmaschine als Hybridantrieb (Quelle: GETRAG)

Ferner kann die Synchronmaschine auch bei im Vakuum befindlichen Rotoren eingesetzt werden um den Vorteil einer niedrigeren Luftreibung zu nutzen, jedoch hat dies den Nachteil, dass Wärme aus dem Rotor schlecht abgeführt werden kann. Vorteil der Synchronmaschine ist hierbei, dass die Verluste hauptsächlich statorseitig anfallen, d. h. sich der Rotor nur sehr wenig erwärmt. Ein Beispiel einer solchen Anwendung sind vakuumevakuierte kinetische Energiespeicher (Abb. 4.60).

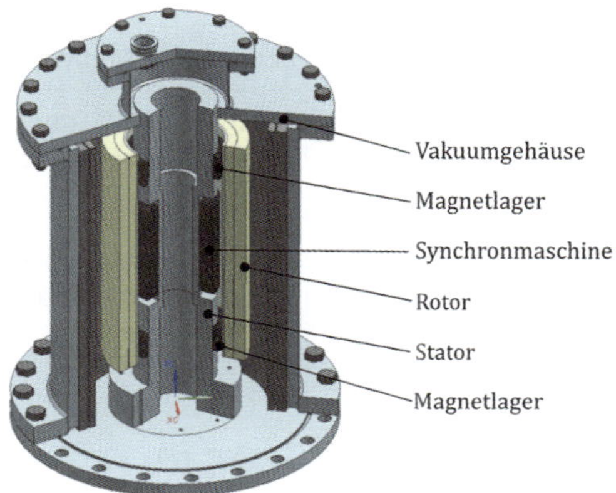

Abb. 4.60 – Permanenterregte Synchronmaschine in einem kinetischen Energiespeicher

Vor- und Nachteile

Vorteil des Synchronmotors ist die synchrone Drehzahl, d. h. der Motor läuft unabhängig vom Antriebsmoment (Unterhalb des Kippmomentes) immer mit der gleichen Drehzahl. Der Motor ist bei Verwendung einer Permanenterregung aufgrund des fehlenden Kontakts zwischen Rotor und Stator weitgehend wartungsfrei und hat ein geringes Trägheitsmoment im Vergleich zu mechanisch kommutierten Gleichstromantrieben. Mit den Permanentmagneten können die Rotorverluste im Lastbetrieb zudem sehr niedrig gehalten werden, was z. B. für Anwendungen im Vakuum interessant ist. Andererseits ergeben sich im lastlosen Betrieb Verluste durch die drehzahlsynchrone Ummagnetisierung des Stators. Nachteilig ist auch, dass die Maschine bei dynamischen Lasten zu Schwingungen neigt. Ebenso kann ein direkt mit Drehstrom betriebener Synchronmotor in der Regel nicht alleine starten; es ist eine Anfahrhilfe notwendig, bspw. in Form eines Asynchronkäfigs oder eines Frequenzumrichters. Im Vergleich zum Asynchronmotor ist der Synchronmotor teurer in der Herstellung, da der Rotor permanentmagnetische Materialien oder Spulen braucht.

Die Vor- und Nachteile des Synchronmotors sind denen des elektronisch kommutierten Gleichstrommotors ähnlich, da es sich prinzipiell um die gleiche Maschine handelt.

Vorteile	Nachteile
Synchrone Drehzahl (kein Schlupf)	Schwingungsanfällig
Geringeres Trägheitsmoment bzw. höheres Leistungsgewicht im Vergleich zum Gleichstrommotor	Hochlauf i. d. R. nur asynchron oder mit Frequenzumrichter möglich
Wartungsfrei bei permanentmagnetischem Rotor	Teurere Komponenten im Vergleich zum Asynchronmotor
Geringe rotorseitige Verluste bei permanentmagnetischem Rotor	

Tab. 4.8 – Vor- und Nachteile des Synchronmotors [23], [72]

4.2.11 Asynchronmotor

Asynchronmotoren sind die wichtigsten und am häufigsten eingesetzten Drehstrommotoren. Da sie eine einfache Konstruktion aufweisen, spielen sie in der Antriebstechnik eine große Rolle. Anstelle des permanent- bzw. elektromagnetischen Rotors, wie er in den Synchronmotoren vorhanden ist, wird der Rotor nicht magnetisch ausgeführt. Bewegt sich der Rotor relativ zum Drehfeld des Stators wird im Rotor eine Spannung induziert. Die Motoren werden daher auch als Induktionsmotoren bezeichnet. Durch die im Rotor induzierte Spannung fließt ein Rotorstrom. Das dadurch im Rotor entstehende Magnetfeld interagiert wiederum mit dem Statorfeld. Nach dem elektrodynamischen Prinzip wirken Lorentzkräfte auf die einzelnen Stäbe, die der Flussdichte des Drehfeldes und dem Rotorstrom proportional sind und so ein Drehmoment erzeugen.

Der Stator des Asynchronmotors ist prinzipiell genauso aufgebaut wie der Stator des elektronisch kommutierten Gleichstrommotors und des Synchronmotors. Es wird ebenfalls ein Drehfeld erzeugt, mit dessen Hilfe der Rotor dem Statormagnetfeld nacheilt. Ein wesentlicher konstruktiver Unterschied zum Synchronmotor besteht darin, dass der Rotor zunächst nicht magnetisch ist. Der Rotor ist aus Stäben aufgebaut, die kurzgeschlossen sind (Käfigläufer, Abb. 4.1), wodurch die induzierte Spannung einen Strom bzw. ein Rotormagnetfeld erzeugt.

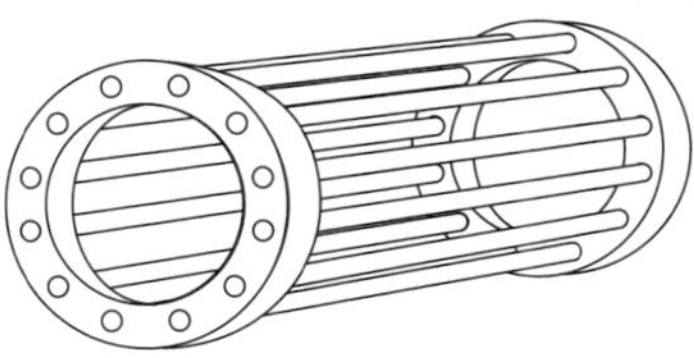

Abb. 4.61 – Käfigläufer eines Asynchronmotors

Da sich der Erregerstrom zeitlich ändert, muss zur exakten Herleitung der Motorgleichungen der Asynchronmaschine der Momentanstrom verwendet werden. Zur Herleitung von Proportionalitäten ist es aber ausreichend den Effektivwert oder aber auch die Amplitudengrößen zu betrachten. Daher werden im Folgenden Amplitudengrößen verwendet. Das Drehfeld des Stators wird analog zum Synchronmotor erzeugt und als exakt gleich wie das Drehfeld eines Synchronmotors angesehen. Es kann als magnetische Flussdichte B oder als magnetischer Fluss $\Phi = B \cdot A$ mit der durchfluteten Fläche A beschrieben werden und ist über den magnetischen Kreis durch

$$\widehat{\Phi}_{Stator} \sim \widehat{\Theta}_{Stator} = N_{Stator} \cdot \hat{I}_{Stator} \qquad (4.83)$$

mit den Statorgrößen Durchflutung $\widehat{\Theta}_{Stator}$, Windungszahl N_{Stator} und Strom $\hat{I}_{Stator}$ gegeben.

Über Betrachtung des elektrischen Statorkreises mit dem komplexen Widerstand der Statorwicklungen ergibt sich bei vernachlässigbarem Ohmschem Widerstand ($R_{Stator} \ll \omega_{Dreh} \cdot L_{Stator}$)

$$\hat{I}_{Stator} \sim \frac{\widehat{U}_{Stator}}{\omega_{Dreh} \cdot N_{Stator}^2}, \quad \text{da Induktivität } L_{Stator} \sim N_{Stator}^2 . \qquad (4.84)$$

Das Drehfeld $\widehat{\Phi}_{Stator}$ ist somit proportional zur angelegten Spannung $\widehat{U}_{Stator}$ und umgekehrt proportional zu der Drehfeldfrequenz ω_{Dreh} und der Windungszahl N_{Stator}:

$$\widehat{\Phi}_{Stator} \sim \frac{\widehat{U}_{Stator}}{\omega_{Dreh} \cdot N_{Stator}} \qquad (4.85)$$

Im Folgenden wird angenommen, dass das Drehfeld gegen den Uhrzeigersinn dreht. Wird der Motor von einem ruhenden Betrachter aus beobachtet, dreht sich das Drehfeld proportional zur Speisefrequenz, $\omega_{Dreh} = \frac{\omega_{Speise}}{p}$ (Polpaarzahl p), während der Rotor mit einer kleineren mechanischen Winkelgeschwindigkeit

ω_{Rotor} dem Drehfeld nacheilt, d. h., der Rotor läuft wie auch in der weiteren Herleitung gezeigt wird asynchron. Dies ist in Abb. 4.62 zu sehen. Zur besseren Anschauung ist der Fluss innerhalb des Stators nicht dargestellt (Abb. 4.62 b). Der Rotor ist abstrahiert über die Querschnitte der Stäbe abgebildet (Abb. 4.62 Abb. 4.74c).

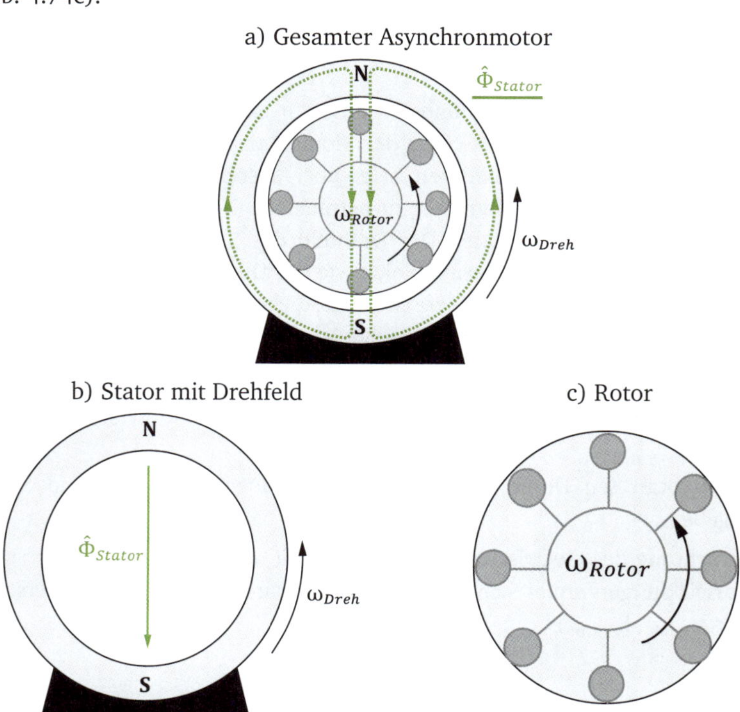

Abb. 4.62 – Ruhende Betrachtung des Asynchronmotors.

Wird der Motor aus einer feldfesten Perspektive betrachtet, d. h. von einem Beobachter aus, der sich mit dem Drehfeld dreht, rotiert der Stator im Uhrzeigersinn mit der Drehfeldfrequenz ω_{Dreh}. Der Rotor dreht sich aus dieser Perspektive mechanisch mit $\Delta\omega$ ebenfalls im Uhrzeigersinn, da ω_{Rotor} laut Annahme kleiner ist als ω_{Dreh}. Eine entsprechende Darstellung erfolgt in Abb. 4.63.

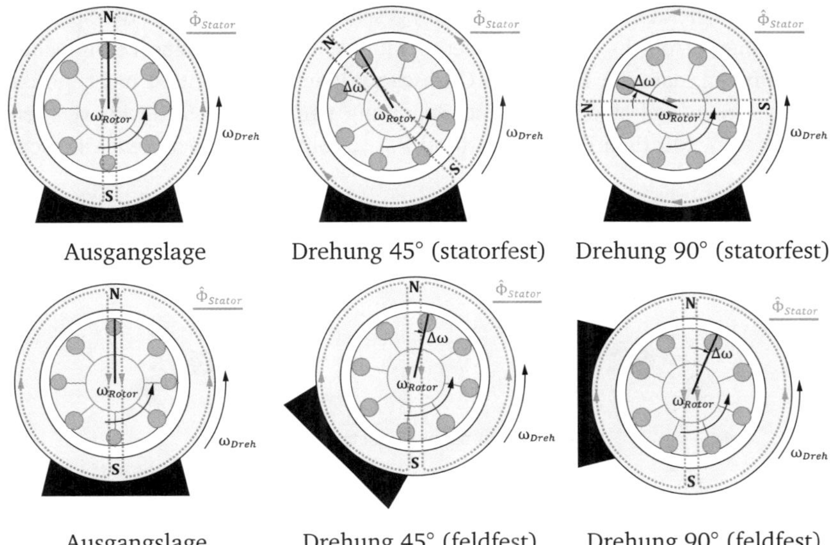

Abb. 4.63 – Statorfeste und drehfeldfeste Betrachtung des Asynchronmotors

Die Differenz zwischen Feldfrequenz und Rotorfrequenz $\Delta\omega$ ist eine wichtige Größe des Asynchronmotors und wird in der Regel auf die Feldfrequenz bezogen. Diese bezogene Größe ist dimensionsfrei und wird Schlupf s genannt.

$$s = \frac{\Delta\omega}{\omega_{\mathrm{Dreh}}} = \frac{\omega_{\mathrm{Dreh}} - \omega_{\mathrm{Rotor}}}{\omega_{\mathrm{Dreh}}} \tag{4.86}$$

Durch die Drehzahldifferenz entsteht zwischen Statorfeld und dem Rotor eine induzierte Spannung in den Stäben des Käfigläufers. Die induzierte Spannung im Rotor ist nach dem Induktionsgesetz (Gleichung (4.35)) proportional zum Statorfeld, der Anzahl der Stäbe/Windungen des Rotors und der Differenzwinkelgeschwindigkeit.

$$\hat{U}_{\mathrm{Rotor}} = \hat{U}_{\mathrm{ind}} \sim \hat{\Phi}_{\mathrm{Stator}} \cdot N_{\mathrm{Rotor}} \cdot \Delta\omega. \tag{4.87}$$

Unter Berücksichtigung der Gleichungen (4.85) und (4.86) ergibt sich folgende Proportionalitätsbeziehung für die Spannung im Rotor:

$$\hat{U}_{\mathrm{Rotor}} \sim \frac{N_{\mathrm{Rotor}}}{N_{\mathrm{Stator}}} \cdot \hat{U}_{\mathrm{Stator}} \cdot s. \tag{4.88}$$

Da die Stäbe beim Kurzschlussläufer kurzgeschlossen sind, erzeugt die Spannung $\hat{U}_{Rotor}$ einen Strom $\hat{I}_{Rotor}$. Für kleinen Schlupf wird zunächst zur Vereinfachung angenommen, dass der Rotor rein Ohmsche Widerstände hat und nicht induktiv ist. Für diesen Fall sind Strom und Spannung nach Abb. 4.64 in Phase (keine Blindanteile). Mit dem Rotorwiderstand R_{Rotor} folgt damit nach dem Ohmschen Gesetz:

$$\hat{I}_{Rotor} = \frac{\hat{U}_{Rotor}}{R_{Rotor}} \sim \frac{N_{Rotor}}{N_{Stator}} \cdot \frac{\hat{U}_{Stator}}{R_{Rotor}} \cdot s \tag{4.89}$$

Abb. 4.64 – Strom im Rotor unter Vernachlässigung der Induktivität

Weiter vereinfachend lässt sich der Strom auch durch zwei einzelne Vektoren beschreiben, die die jeweiligen Ströme zusammenfassen (Abb. 4.65).

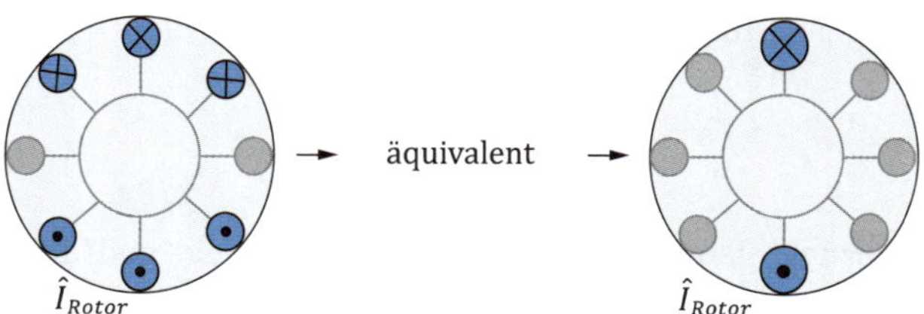

Abb. 4.65 – Zusammenfassung der Rotorströme

Fasst man das Drehfeld und den Rotorstrom zusammen, ergibt sich nach dem Lorentzprinzip analog zum Synchronmotor ein Kräftepaar nach Gleichung (4.90) und damit ein Moment auf den Rotor (Abb. 4.66).

$$\hat{F}_{Rotor} = \hat{I}_{Rotor} \cdot \left(\vec{l}_{Stäbe} \times \hat{B}_{Dreh}\right) \sim \hat{I}_{Rotor} \cdot \hat{\Phi}_{Stator} \tag{4.90}$$

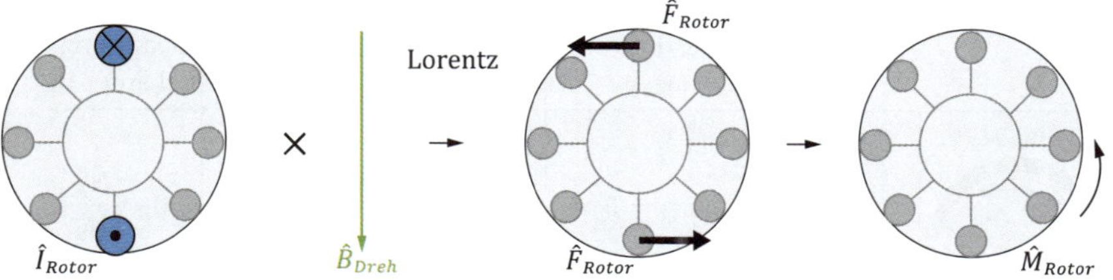

Abb. 4.66 – Momentenbildung im Rotor

Das Moment ist somit proportional zum Strom im Rotor und dem Drehfeld:

$$\widehat{M}_{Rotor} \sim \hat{I}_{Rotor} \cdot \widehat{\Phi}_{Stator} \tag{4.91}$$

Werden weiterhin Gleichungen (4.89) und (4.85) berücksichtigt, ergibt sich das Motormoment zu

$$\widehat{M}_{Rotor} \sim \frac{N_{Rotor}}{N_{Stator}} \cdot \frac{\widehat{U}_{Stator}}{R_{Rotor}} \cdot s \cdot \frac{\widehat{U}_{Stator}}{\omega_{Dreh} \cdot N_{Stator}} \tag{4.92}$$

bzw.

$$\begin{aligned} \widehat{M}_{Rotor} &\sim \frac{N_{Rotor}}{N_{Stator}^2} \cdot \frac{\widehat{U}_{Stator}^2}{\omega_{Dreh} R_{Rotor}} s \\ &= \frac{N_{Rotor}}{N_{Stator}^2} \cdot \frac{\widehat{U}_{Stator}^2}{R_{Rotor}} \cdot \frac{p}{\omega_{Speise}} (1 - \frac{p \cdot \omega_{Rotor}}{\omega_{Speise}}) \end{aligned} \tag{4.93}$$

An der feldfesten Betrachtung ist zu erkennen, dass das Moment einer Drehzahldifferenz entgegenwirkt und somit den Rotor antreibt. Hieraus erfolgt eine Bestätigung der Annahme, dass der Rotor im Motorbetrieb langsamer dreht als das Drehfeld. Bei Betrieb mit höherer Drehfrequenz als das Drehfeld ist das Kräftepaar entgegengesetzt gerichtet und bremst den Rotor. In diesem Fall wird die Maschine als Generator genutzt. Dreht der Rotor gleich schnell wie das Drehfeld, wird im Rotor keine Spannung induziert und in der Folge entsteht kein Moment. Bei Aufprägen eines äußeren Lastmoments läuft der Rotor somit langsamer als das Drehfeld (Motorbetrieb), bei Aufprägen eines äußeren Antriebsmoments ist es dagegen umgekehrt (Generatorbetrieb).

		Drehfrequenz des Rotors ω_{Rotor}	Schlupf s	Elektrische Frequenz des Rotors $\Delta\omega$	Induzierte Spannung im Läufer $\hat{U}_R$
ω_{Dreh} $\Delta\omega$ $\omega_{Rotor}=0$	Stillstand	$\omega_R = 0$	$s = 1$	$\Delta\omega = \omega_D$	$\hat{U}_R \sim \frac{N_R}{N_S} \hat{U}_S$
ω_{Dreh} $\Delta\omega$ ω_{Rotor}	Asynchroner Betrieb	$0 < \omega_R < \omega_D$	$1 > s > 0$	$\Delta\omega = s\omega_D$	$\hat{U}_R \sim s \frac{N_R}{N_S} \hat{U}_S$
ω_{Dreh} $\Delta\omega=0$ $\omega_{Rotor}=\omega_{Dreh}$	Synchron-Drehzahl	$\omega_R = \omega_D$	$s = 0$	$\Delta\omega = 0$	$\hat{U}_R = 0$

Tab. 4.9 – Schlupf s, elektrische Frequenz $\Delta\omega$, und induzierte Spannung $\hat{U}_{\mathrm{Rotor}}$ bei verschiedenen Betriebszuständen (Abkürzungen: R = Rotor, D = Dreh, S = Stator)

Bei den bisherigen Herleitungen wurde die Induktivität des Rotors vernachlässigt. Zur Betrachtung des Asynchronmotors bei großem Schlupf ist diese Vereinfachung nicht mehr zulässig. Durch die Induktivität nimmt bei $s > 0$ der Scheinwiderstand (Impedanz) des Rotors zu, sodass der Strom mit s nur unterproportional wächst statt proportional, wie bei Vernachlässigung der Induktivität der Fall. Rotorspannung und Rotorstrom sind zudem nicht mehr in Phase, sondern es liegt eine Phasendifferenz φ zwischen den beiden vor (Abb. 4.67a). Durch das Nacheilen des Rotorstromes wird das Moment weiter geschwächt (Abb. 4.67b).

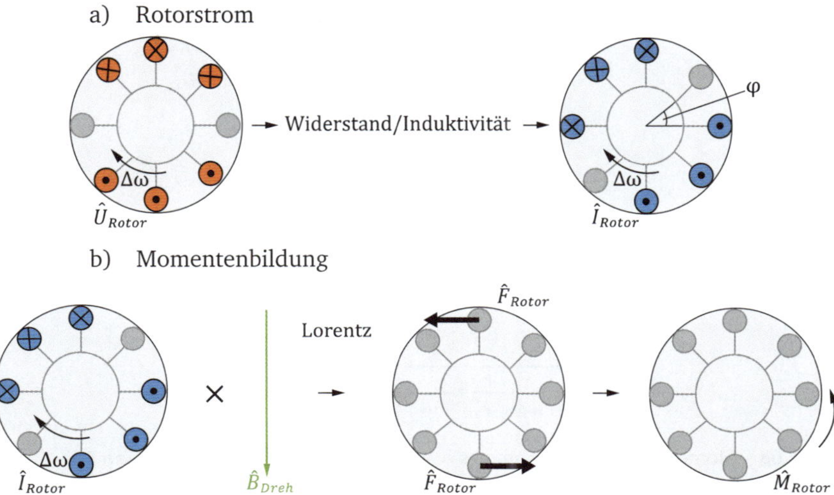

Abb. 4.67 – Tatsächlicher Strom im Rotor und Momentenbildung. Der Strom ist betragsmäßig kleiner als im linearen Fall und zudem phasenverschoben, wodurch das Moment geschwächt wird.

Diese Abschwächungen führen so weit, dass das Moment ab einem gewissen Schlupf abnimmt. Diesen Schlupf bezeichnet man als Kippschlupf s_k. Für die Herleitung des Momentes $M = M_{Rotor}$ in Abhängigkeit des Kippschlupfes wird auf [70] verwiesen. Das Motormoment lässt sich dann in Abhängigkeit vom Kippschlupf und einer weiteren Konstante dem Kippmoment M_k beschreiben. Diese Gleichung wird auch als Klosssche Formel bezeichnet.

$$M(s) = \frac{2M_k}{\frac{s_k}{s} + \frac{s}{s_k}} \sim \widehat{\Phi} \cdot \hat{I}_{Rotor} \cdot \cos\varphi \tag{4.94}$$

Die Klosssche Formel ist eine Näherung, die das Verhalten der Maschine für eine erste Betrachtung hinreichend genau beschreibt. Das Kippmoment ist das maximal erzeugbare Moment des Asynchronmotors. Dies wird in Abb. 4.68 veranschaulicht.

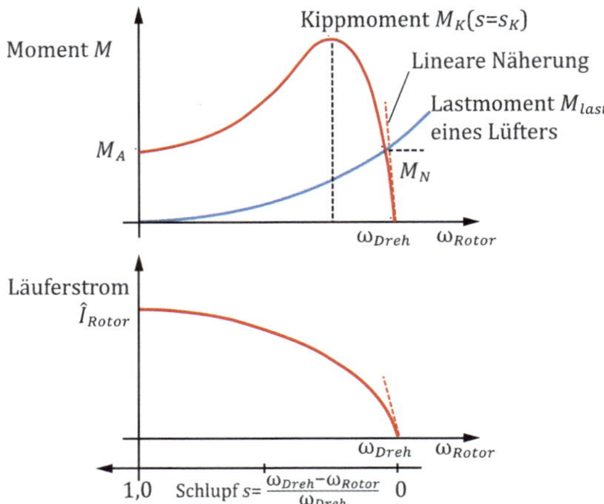

Abb. 4.68 – Moment und Läuferstrom des Asynchronmotors im quasistationären Fall

Wenn der Schlupf negativ wird, sich der Rotor also schneller als das Drehfeld bewegt, so arbeitet die Asynchronmaschine wie oben bereits beschrieben als Generator. Auch im niedrigen Bremsbetrieb kann die Kennlinie der Asynchronmaschine als näherungsweise linear angesehen werden, wie in Abb. 4.69 veranschaulicht.

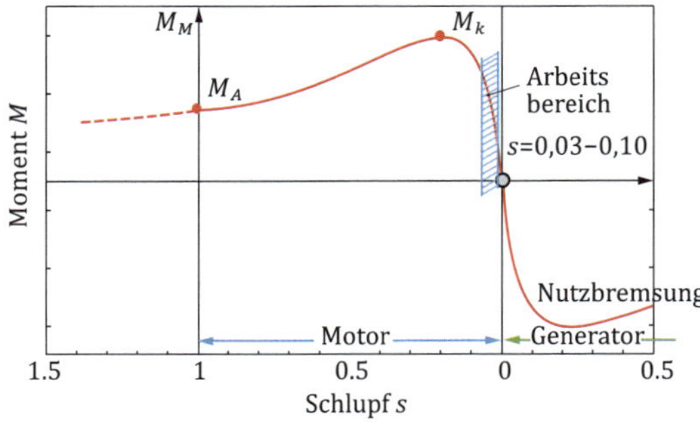

Abb. 4.69 – Elektrisches Moment der Asynchronmaschine über dem Schlupf

In der Praxis wird der Asynchronmotor in vielen Fällen geregelt betrieben, wobei es verschiedene Möglichkeiten der Drehzahlverstellung gibt. Nach Gleichung (4.93) lässt sich bei Vorgabe eines Moments eine Verstellung der Rotordrehzahl ω_{Rotor} grundsätzlich durch Variation der Speisefrequenz ω_{Speise}, der Polpaarzahl p, der Statorspannung $\hat{U}_{Stator}$ sowie des Rotorwiderstandes R_{Rotor} durchführen. Aufgrund des Einflusses des Schlupfes auf die Rotordrehzahl ist die Regelung aufwendig. Die häufigste Variante zur Drehzahlregelung von Asynchronmotoren ist heute die stufenlose Drehzahlverstellung mit variabler Speisefrequenz ω_{Speise}.

Abschließend ist nochmals wichtig festzuhalten, dass die betrachteten Kennlinien nur für den quasistationären Fall gelten, bei dem keine dynamischen Einflüsse vorhanden sind.

Ausführungsformen

Die Kurzschlusswicklungen bestehen aus massiven Kupfer- oder Aluminiumstäben, die axial angeordnet sind und an den Stirnseiten durch Kurzschlussringe elektrisch leitend miteinander verbunden sind (Käfigwicklung). Abb. 4.70 zeigt schematisch den Schnitt durch einen Kurzschlussläufer. Dabei ist der mechanischen Anordnung auch die elektrische Verschaltung gegenübergestellt.

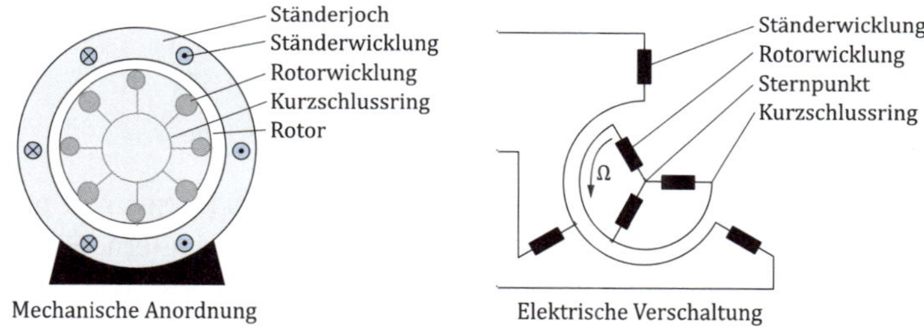

Abb. 4.70 – Schnitt durch den Kurzschlussläufer eines Asynchronmotors nach [71]

Abb. 4.71 zeigt eine Explosionsdarstellung einer Asynchronmaschine. Gut zu erkennen sind die Stäbe im Kurzschlussläufer. Lager und Lagerböcke sind angedeutet. Die Kühlrippen am Stator und der am Rotor befestigte Ventilator sorgen für die nötige Wärmeabfuhr.

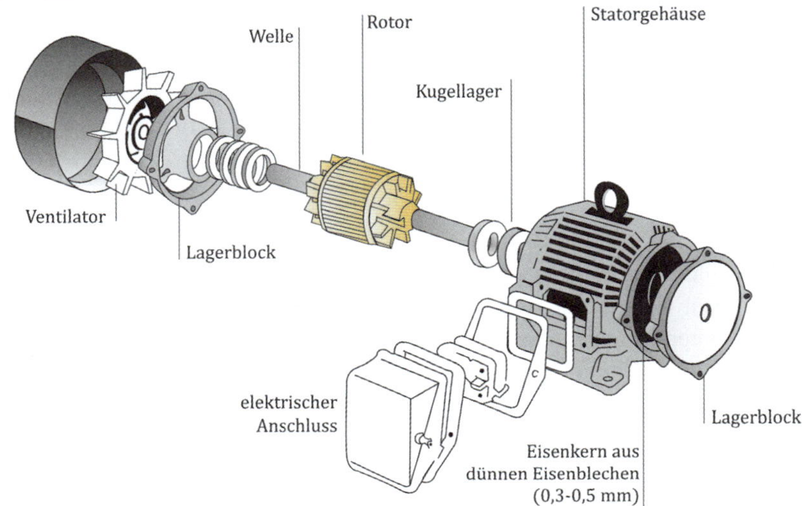

Abb. 4.71 – Explosionsdarstellung der Käfigläufer-Asynchronmaschine

Eine Möglichkeit, die Verwendung komplexer Regelungsstrategien zu umgehen, ist die Verwendung von Schleifringläufern statt Kurzschlussläufern. Hierbei werden die Stäbe nicht über einen Ring kurzgeschlossen, sondern über Schleifringe mit dem Stator verbunden. Von außen können sie entweder direkt oder über dazwischengeschaltete Widerstände kurzgeschlossen werden. Es lässt sich zeigen, dass der Kippschlupf sinkt, wenn der Rotorwiderstand vergrößert wird. Dadurch steigt das Anlaufmoment. Es kann also ohne Leistungselektronik Einfluss auf die Kennlinie der Maschine genommen werden. Da beim Hochlauf der Maschine ein hoher Rotorwiderstand bzw. ein hohes Anlaufmoment Vorteile bringt, im Betrieb jedoch wegen der Verluste ein niedriger Widerstand anzustreben ist, kann nun für beide Situationen die Schaltung angepasst werden. In Abb. 4.72 ist der Schleifringläufer-Asynchronmotor schematisch dargestellt. Im Gegensatz zum Käfigläufer-Asynchronmotor (Abb. 4.70) sind die Stäbe über Schleifringe nach außen verbunden.

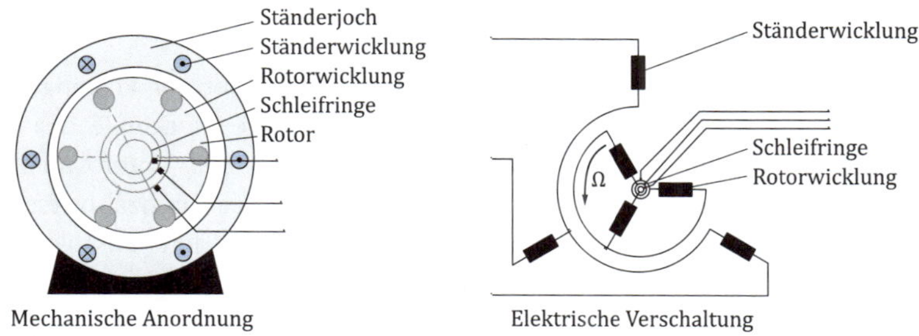

Abb. 4.72 – Schnitt durch den Schleifringläufer eines Asynchronmotors nach [71]

Diese Vorgehensweise wurde vor allem früher gewählt, da die Elektronik noch nicht so weit fortgeschritten war. Bei sehr großen E-Maschinen ist der Einsatz der Elektronik auch heute noch schwer, so dass der Schleifringläufermotor dort nach wie vor häufig eingesetzt wird.

Anwendungsbeispiele

Im Leistungsbereich bis etwa 1 kW findet der Asynchronmotor vielfach in Haushaltsmaschinen Anwendung (Waschmaschine, Kühlschrank, Ölbrenner, Pumpen, Lüfter). Ein weiteres verbreitetes Anwendungsgebiet sind Werkzeugmaschinenantriebe.

Der Asynchronmotor kann als Kleinstantrieb z. B. in Lüfterantrieben, Klimageräten, Waschmaschinen oder Haushaltspumpen eingesetzt werden. Hierbei wird der Asynchronmotor häufig als Einphasenmotor verwendet. Mit Drehstrom betrieben ist der Asynchronmotor aber auch der Standardmotor in größeren Industrieanwendungen. Große Asynchronmotoren mit Antriebsleistungen von über 30 MW werden in Wärmekraftwerken zum Antrieb von Kesselspeisepumpen eingesetzt. Im mobilen Bereich bedienen sich Eisenbahnantriebe (z. B. im ICE) und elektrisch angetriebene Automobile ebenfalls der Asynchronmaschine. Sie wird für Konstant-Drehzahl-Antriebe wie Pumpen, Transportbänder, Sägen oder Ventilatoren genauso eingesetzt wie für drehzahlveränderbare Antriebe wie Elektroautos, Extruder oder Bahnantriebe. Der robuste Aufbau, vor allem bei Kurzschlussläufern, ermöglicht den Einsatz auch unter rauen industriellen Bedingungen. Auch für die Stromerzeugung ist die Maschine prinzipiell geeignet, wird jedoch im Vergleich zu Synchrongeneratoren seltener eingesetzt, u. a. weil die Maschine keine Blindleistung stellen kann und damit für induktive Verbraucher ungeeignet ist. Asynchronmotoren gibt es somit in einem großen Leistungsbereich von wenigen Kilowatt bis mehreren Megawatt. [70], [73]

Vor- und Nachteile

Einfacher Aufbau, wenige Verschleißteile, geräuscharmer Betrieb, kostengünstige Herstellung und der selbsttätige Anlauf sind vorteilhafte Merkmale des Asynchronmotors. Nachteilig wirkt sich der große Anlaufstrom aus. Unter Umständen kann das Anlaufmoment sehr niedrig sein. Ferner ist die Drehzahlverstellung deutlich aufwendiger als bei anderen Maschinen. Durch den massiven Käfig erhöht sich auch das Massenträgheitsmoment.

Vorteile	Nachteile
Einfacher und robuster Aufbau	Großer Anlaufstrom
Wartungsfrei, wenig Verschleißteile	Niedriges Anlaufmoment (siehe Kennlinie)
Kostengünstige Herstellung	Aufwendige Maßnahmen zur Drehzahlverstellung
Im größeren Leistungsbereich deutlich günstiger als Synchronmotoren	Höheres Massenträgheitsmoment als bei permanentmagneterregten Motoren
Selbsttätiger Anlauf	

Tab. 4.10 – Vor- und Nachteile des Asynchronmotors [72], [73]

4.2.12 Energiesteller in elektromagnetischen und elektrodynamischen Motoren

In diesem Abschnitt wird näher auf die Energiesteller eingegangen, die in elektromechanischen Aktoren verwendet werden. Bisher wurde beispielsweise davon ausgegangen, dass eine Spannung beliebig eingestellt werden kann und auch drehende Magnetfelder wurden nicht näher betrachtet.

Spannungstiefstellen durch Pulsweitenmodulation

Für die Regelung jeglicher elektrodynamischer und elektromagnetischer Aktoren ist es am zielführendsten die Eingangsspannung der Maschine zu verstellen. Wenn die Spannungsquelle an sich nicht verstellbar ist (z. B. eine Autobatterie, die konstant 12 V liefert), kann die Spannung mithilfe der Pulsweitenmodulation variiert werden. Das Grundprinzip der Pulsweitenmodulation ist, dass zwischen zwei Spannungswerten hin und her geschaltet wird, um dadurch einen gemittelten Spannungswert zwischen den beiden Spannungswerten zu erreichen.

Zunächst wird ein Intervall Δt wie in Abb. 4.73 dargestellt betrachtet, in dem der Mittelwert des zu modellierenden Signals beispielsweise $0{,}3 \cdot U_{max}$ ist. Indem das Ausgangssignal in 30 % der Zeit auf U_{max} und in 70 % der Zeit auf 0 geschaltet ist, wird ein Mittelwert von $0{,}3 \cdot U_{max}$ erreicht.

Für allgemeine Werte von $\alpha \cdot U_{max}, \alpha \in [0,1]$ wird das Signal im Zeitintervall Δt somit für die Zeit $\alpha \cdot \Delta t$ auf U_{max} und für $(1\text{-}\alpha) \cdot \Delta t$ auf 0 gesetzt (Abb. 4.73).

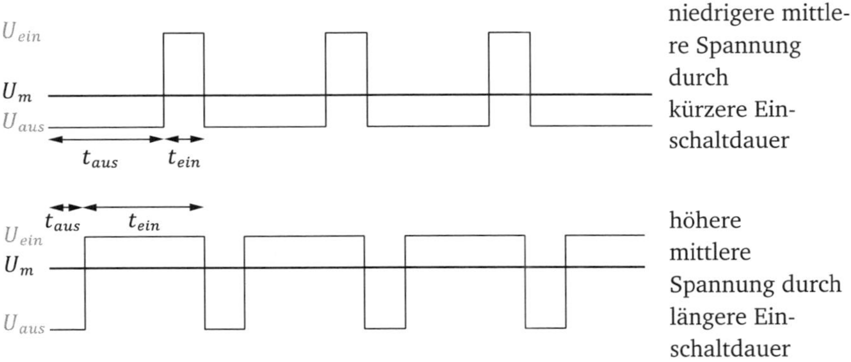

Abb. 4.73 – Prinzip der Pulsweitenmodulation

Wechselrichten durch Pulsweitenmodulation

Ein Hauptanwendungsgebiet der Pulsweitenmodulation ist die Erzeugung beliebiger Spannungssignale. Es kann in jedem Zeitintervall ein anderer Spannungsmittelwert gestellt werden, um so die Mittelwerte von allgemeinen Signalen nachzufahren. Eine geeignete Methode zur Stellung des pulsweitenmodulierten Signals mit positiven und negativen Spannungsanteilen ist heutzutage die H-Brückenschaltung, welche in Abb. 4.74 dargestellt ist. Da in diesem Abschnitt speziell das Wechselrichten behandelt wird, kann diese Schaltung auch als H-Brückenwechselrichter bezeichnet werden. Es können aber auch beliebige Signalverläufe mit dieser Schaltung angenähert werden. Zur Signalerzeugung stellt eine Ansteuerungslogik über die Signale S1 und S2 die Transistorenpaare T1, T2 und T3, T4. Die Brückenschaltung nähert somit aus dem Gleichspannungseingang beispielsweise eine Wechselspannung U~ als Ausgangsspannung an. Durch einen nachgeschalteten Transformator kann das Spannungsniveau zusätzlich angepasst werden.

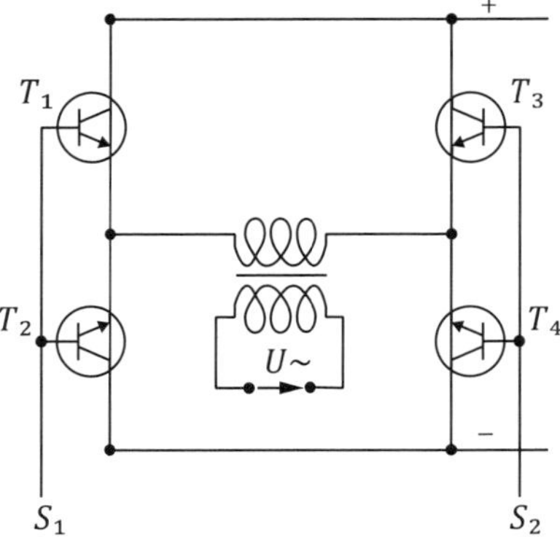

Abb. 4.74 – Schaltbild eines H-Brückenwechselrichters

In Abb. 4.75 ist als Ausgangssignal ein Sinussignal dargestellt, welches über die Pulsweitenmodulation angenähert wird. Im positiven Bereich wird stets zwischen U_{max} und 0 geschaltet. In den Bereichen, in denen der Mittelwert des Sinussignals klein ist, wird dabei das pulsweitenmodulierte Signal häufiger auf 0 geschaltet als in den Bereichen, in denen es nahe am Maximalwert ist. Im negativen Bereich wird analog zwischen $-U_{max}$ und 0 geschaltet.

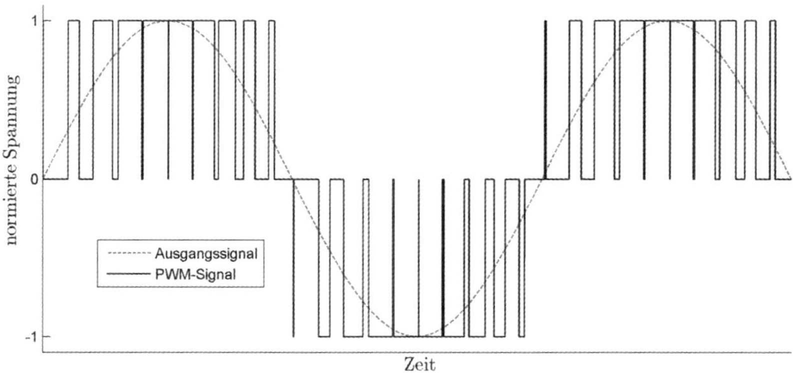

Abb. 4.75 – Pulsweitenmodulation beim Sinussignal

Der Strom wird durch die vorhandene Induktivität der elektromechanischen Aktoren (Motoren) geglättet, wie in Abb. 4.76 veranschaulicht. Durch diese Induktivität entsteht aber auch eine Phasenverschiebung.

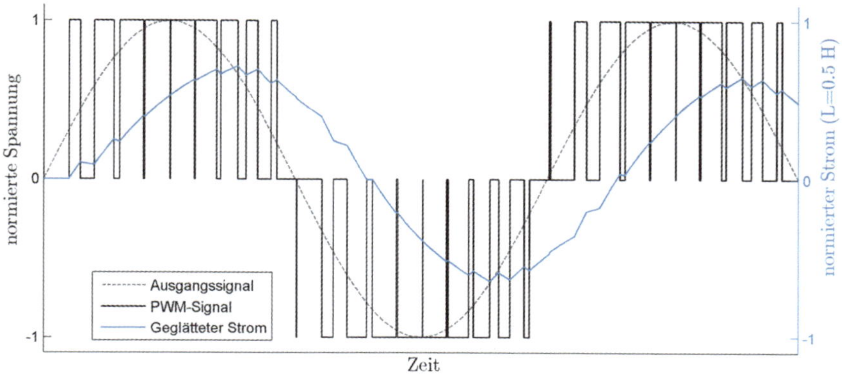

Abb. 4.76 – Induktiv geglätteter Strom bei pulsweitenmodulierter Spannung.

Obwohl das pulsweitenmodulierte Signal dem ursprünglichen Signal optisch nicht so ähnlich sieht, weist es diesem gegenüber eine Reihe von Vorteilen auf:

- Pulsweitenmodulierte Signale brauchen nur zwei Schaltzustände
- Die Stromoberwellen pulsweitenmodulierter Signale weisen eine sehr hohe Frequenz auf, die durch die Induktivität der Motoren in der Regel besser geglättet werden als Oberwellen aus der Kommutierung von elektrisch kommutierten Gleichstrommotoren
- Motoren können auch mit sehr niedrigen Spannungsmittelwerten betrieben werden, die unterhalb ihrer Mindestanlaufspannung liegen

Gleichrichter

Gleichrichter wandeln einen Wechselstrom in einen Gleichstrom um. Sie werden daher für den Anschluss von Gleichstrommotoren an ein Drehstromnetz benötigt. Sie werden aber häufig auch für Frequenzumrichter genutzt, die einen Zwischenkreis mit Gleichstrom haben und aus der Reihenschaltung eines Gleichrichters und eines Wechselrichters entstehen. Diese Gleichrichtung kann beispielsweise mit Dioden erfolgen, wobei im Folgenden ideale Dioden betrachtet werden. Ideale Dioden lassen Strom in eine Richtung uneingeschränkt durch, während sie entgegengesetzt gerichteten Strom sperren. Werden zwei Dioden an eine Wechselstromquelle angebracht und zwei weitere Dioden entgegengesetzt geschaltet, so liegt am Ausgang ein pulsierender Gleichstrom an (Abb. 4.77).

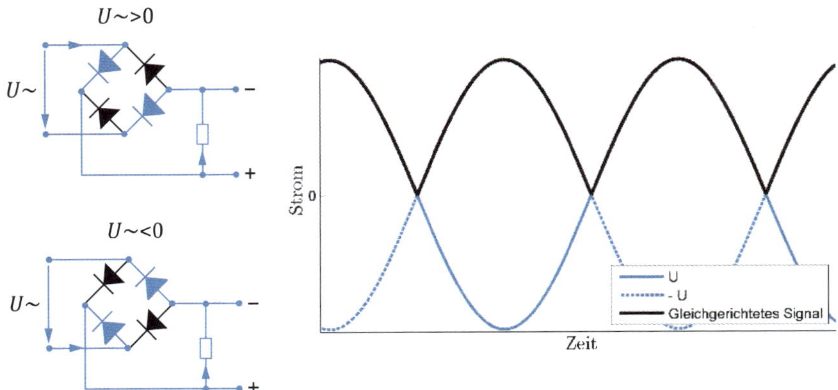

Abb. 4.77 – Gleichrichten von Wechselstrom (durch den Widerstand fließt der Strom über die blau eingefärbten Wege stets in die gleiche Richtung)

Wenn die Phasen U, V und W des Drehstromnetzes zu einem Pol über jeweils drei gleichgerichtete Dioden und zum anderen Pol über jeweils drei entgegengesetzt gerichtete Dioden verbunden sind, so fließt der Strom stets so, dass am Ausgang ein schwach pulsierender Gleichstrom vorliegt (Abb. 4.78).

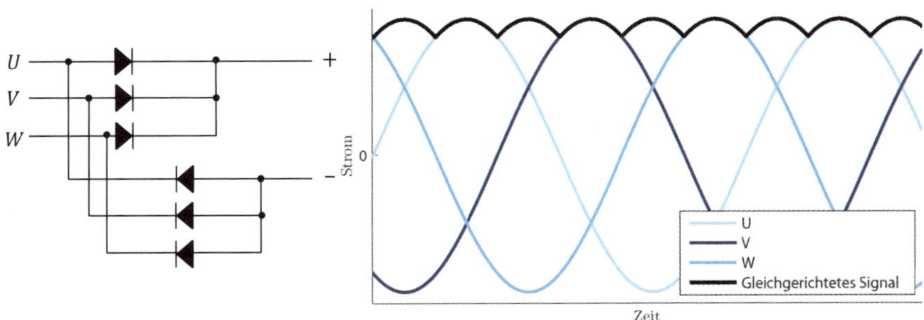

Abb. 4.78 – Gleichrichten von Drehstrom

Sollte dies in der praktischen Anwendung die gestellten Anforderungen noch nicht erfüllen, kann beispielsweise durch eine zusätzliche Kapazität im Kreis eine weitere Glättung des Stroms erfolgen (Abb. 4.79).

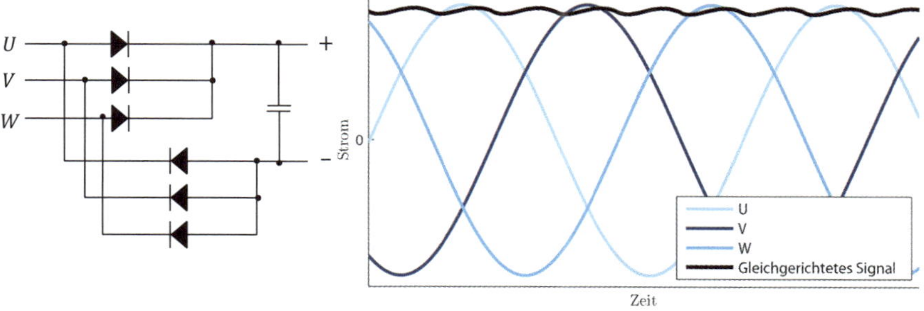

Abb. 4.79 – Gleichrichten von Drehstrom mit Kondensator

Erzeugung von magnetischen Drehfeldern

Magnetische Drehfelder können grundsätzlich durch rotierende Magneten oder mit Drehstrom erzeugt werden [74, S. 31]. Während erstere Alternative leicht verständlich ist, wird im Folgenden auf die zweite Variante detailliert eingegangen. Elektronisch kommutierte Gleichstrommaschinen und Drehfeldmaschinen besitzen im Stator in der Regel eine zwei-, drei- oder mehrsträngige Drehstromwicklung. Im Ständerblechpaket befindet sich die Drehstromwicklung zur Erzeugung des magnetischen Drehfeldes. Zum einfacheren Verständnis wird im Folgenden die Erzeugung eines Drehfeldes mithilfe einer zweisträngigen Drehstromwicklung betrachtet. Die Erzeugung durch eine drei- oder mehrsträngige Drehstromwicklung erfolgt vom Prinzip her analog.

Zunächst wird ein mit Wechselstrom gespeister Elektromagnet mit der Windungszahl N betrachtet. Durch den Strom I_A entsteht nach dem Durchflutungsgesetz ein pulsierendes, vertikales Magnetfeld $\Phi_{vertikal}$

$$\Phi_{vertikal}(t) \sim N \cdot I_A(t). \tag{4.95}$$

Wird beispielsweise ein sinusförmiger Strom mit dem Scheitelwert $\hat{I}$ und der Kreisfrequenz ω_{Dreh} auf Strang A aufgeprägt, ergibt sich ebenso ein sinusförmiges vertikales Magnetfeld mit dem Scheitelwert $\widehat{\Phi}$.

$$\begin{aligned} I_A(t) &= \hat{I} \cdot \sin(\omega_{Dreh} \cdot t) \\ \Phi_{vertikal}(t) &= \widehat{\Phi} \cdot \sin(\omega_{Dreh} \cdot t) \end{aligned} \tag{4.96}$$

Dies ist in Abb. 4.80 dargestellt.

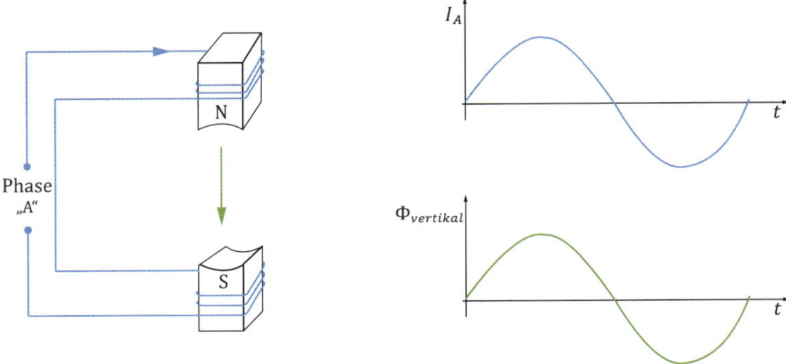

Abb. 4.80 – Erzeugung der vertikalen Komponente

Analog wir die horizontale Richtung betrachtet. Hier entsteht durch den Strom I_B ein pulsierendes horizontales Magnetfeld $\Phi_{horizontal}$.

$$\Phi_{horizontal}(t) \sim I_B(t) \tag{4.97}$$

In der folgenden Gleichung sowie in Abb. 4.81 ist ein mit einem kosinusförmigen Strom erregtes Magnetfeld dargestellt:

$$\begin{aligned} I_B(t) &= \hat{I} \cdot \cos(\omega_{Dreh} \cdot t) \\ \Phi_{horizontal}(t) &= \widehat{\Phi} \cdot \cos(\omega_{Dreh} \cdot t) \end{aligned} \tag{4.98}$$

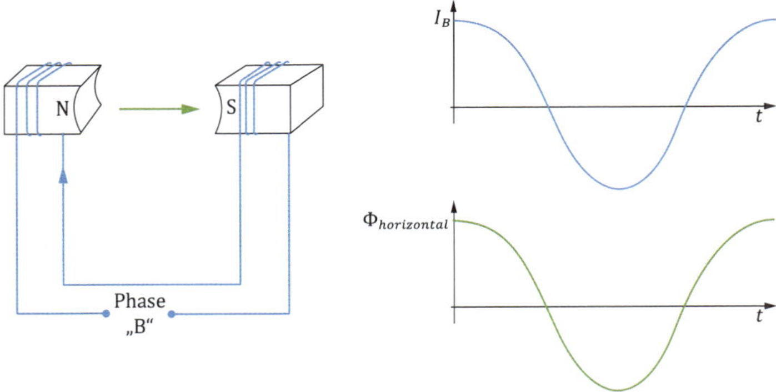

Abb. 4.81 – Erzeugung der horizontalen Komponente

Der Strom in Strang B wird 90° versetzt zum Strom in Strang A aufgeprägt. Durch die Überlagerung der beiden pulsierenden Magnetflüsse $\Phi_{vertikal}$ und

$\Phi_{horizontal}$ entsteht ein rotierender Stromvektor $\vec{I}_{dreh}$ und ein rotierendes Magnetfeld $\vec{\Phi}_{dreh}$. In vektorieller Notation ergibt sich:

$$\begin{aligned}\vec{I}_{dreh}(t) &= \begin{bmatrix} I_{horizontal}(t) \\ I_{vertikal}(t) \end{bmatrix} = \hat{I} \cdot \begin{bmatrix} \cos(\omega_{Dreh} \cdot t) \\ \sin(\omega_{Dreh} \cdot t) \end{bmatrix} \\ \vec{\Phi}_{dreh}(t) &= \begin{bmatrix} \Phi_{horizontal}(t) \\ \Phi_{vertikal}(t) \end{bmatrix} = \hat{\Phi} \cdot \begin{bmatrix} \cos(\omega_{Dreh} \cdot t) \\ \sin(\omega_{Dreh} \cdot t) \end{bmatrix}\end{aligned} \tag{4.99}$$

Abb. 4.82 verdeutlicht diesen Zusammenhang grafisch:

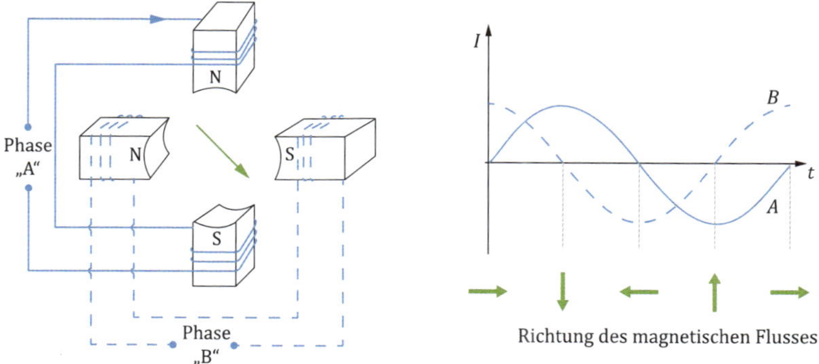

Abb. 4.82 – Erzeugung eines Drehfeldes mit zwei Strängen

In dreisträngigen Anordnungen wird das Drehfeld mit drei anstelle von zwei Strängen erzeugt. Die Statorspulen sind hier nicht mehr 90°, sondern 120° räumlich zueinander verdreht angeordnet und die zugehörigen Ströme um 120° statt 90° zeitlich phasenverschoben (siehe Abb. 4.83).

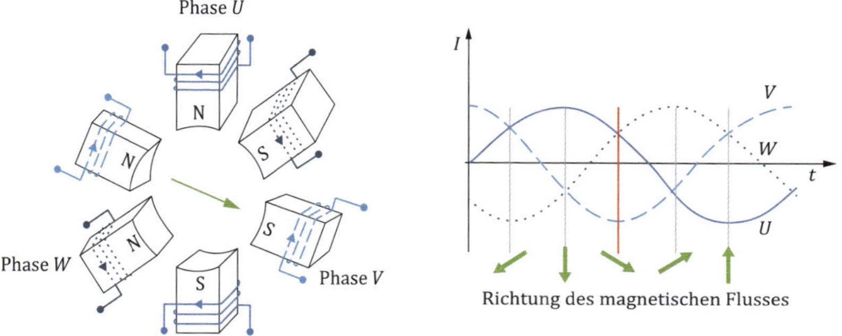

Abb. 4.83 - Erzeugung eines Drehfeldes mit drei Strängen

4.3 Fluidenergieaktoren

Nach einer kurzen Einführung zur Thematik der Fluidtechnik werden die zum Verständnis benötigten Grundlagen besprochen. Hierzu zählen z. B. Betrachtungen zur Kompressibilität von Fluiden und das Durchflussgesetz bei engen Querschnitten. Es folgt eine Darstellung der wichtigsten hydraulischen und pneumatischen Aktoren. Diese lassen sich in Rotations- und Translationsmotoren unterteilen. Neben Aktoren, die die Funktion der Energiewandlung von Fluidenergie in mechanische Energie übernehmen, wird auch auf Ventile eingegangen, die in der Fluidtechnik die Rolle der Energiesteller übernehmen. Abschließend werden für ein einfaches Beispielsystem aus Ventil und Hydraulikzylinder die Bewegungsgleichungen aufgestellt.

Die Fluidtechnik befasst sich sowohl mit flüssigen als auch mit gasförmigen Medien. Entsprechend unterteilt man in Hydraulik und Pneumatik, wobei zum Gebiet der Hydraulik sowohl die Hydrostatik als auch die Hydrodynamik gehört. In der Hydrostatik wird die Energie mit Hilfe des statischen Druckes übertragen. Hydrostatische Maschinen arbeiten im Gegensatz zu hydrodynamischen Maschinen überwiegend mit hohen Drücken und niedrigen Strömungsgeschwindigkeiten.

Hydraulische und pneumatische Systeme benötigen für ihre Funktion eine Vielzahl von Komponenten, die auch im Blockschaltbild des allgemeinen mechatronischen Systems enthalten sind. Dazu gehören u.a. Energiewandler, Energiesteller und Energiespeicher. Im Beispiel des Baggers in Abb. 4.84 sind einige der wichtigen Komponenten genannt, die den drei Teilgruppen „generatorisch", „motorisch" und „konduktiv" zugeordnet sind. Im Folgenden wird vor allem auf die Ventile als Steuerelemente sowie die Motoren als Energiewandler eingegangen.

Abb. 4.84 – Komponenten der Hydraulik an einem Bagger (Quelle: Volvo)

Die Bedeutung der Fluidtechnik wird aus einer Grafik in Abb. 4.85 klar. Es wird deutlich, dass die Fluidtechnik eine stark expandierende Branche ist, deren Wachstum seit etwa 30 Jahren sogar größer ist als das Wachstum des Maschinenbaus insgesamt.

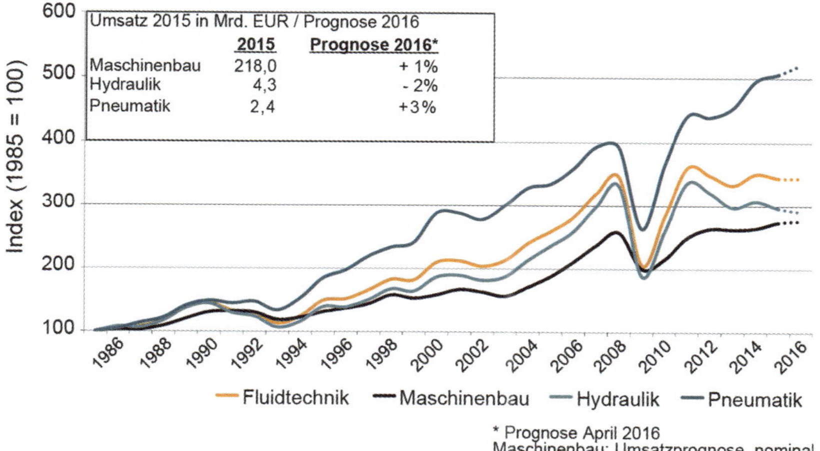

Abb. 4.85 – Entwicklung des Wachstums in der Fluidtechnik [75]

Typische Anwendungsbeispiele der Stationärhydraulik sind Werkzeugmaschinen, Spritzgießmaschinen, Pressen, Prüfmaschinen und Simulatoren. In Werkzeugmaschinen wird die Hydraulik in der Peripherie (Spannen, Klemmen, Sicherheitstechnik, Lagerungen etc.) und bei Haupt- und Nebenantrieben eingesetzt. Beispiele hierfür sind Tiefzieh-, Räum-, Hobel-, Stanz- und Nibbelmaschinen sowie Pressen und Vorschubantriebe in Bereichen, in denen der Bauraum minimiert werden muss, wie z. B. bei Mehrspindeldrehautomaten.

Pressen stellen an die Belastbarkeit von Pumpen hohe Anforderungen. Es treten hohe Drücke und schnelle Druckwechsel auf, d. h. in einer sehr kurzen Zeitspanne muss von dem Arbeitszylinder eine große Kraft aufgebracht werden.

In der Mobilhydraulik wird die Zusammenfassung bestimmter Bauelemente zu Hydraulikblöcken bevorzugt, ferner ein relativ einfacher, kompakter und robuster Aufbau der Elemente und Steuerungen. Die Betätigung erfolgt meistens von Hand. Bei Fahrzeugen werden besondere Anforderungen hinsichtlich der zulässigen Temperaturschwankung (Sommer/Winter) gestellt. Die Hydraulik findet hier u. a. Anwendung bei Steueraufgaben, Fahrwerksfederung, Blockierschutzsystemen der Bremsen (ABS), der Servolenkung (Abb. 4.86) und automatisierten Getrieben.

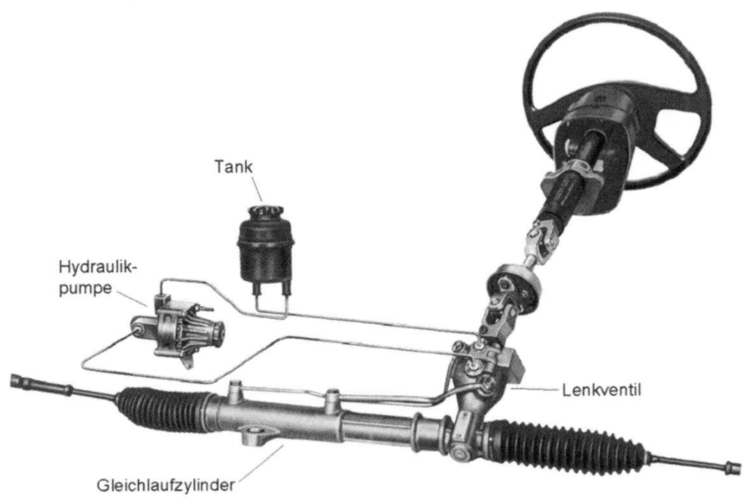

Abb. 4.86 – Hydraulik in der Fahrzeugtechnik am Beispiel der Servolenkung

In Bau- und Landmaschinen sowie Schiffen und Kranen ist eine einfache und robuste Bauweise erforderlich sowie eine weitgehende Unempfindlichkeit gegen Witterungseinflüsse. Die Fahrantriebe und die Steuerungen der Arbeitsgeräte von Raupen, Baggern und Radladern werden heute fast ausschließlich hydraulisch ausgeführt.

Die Flughydraulik erfordert Sondergeräte mit niedrigem Leistungsgewicht, hoher Druckfestigkeit und großen Durchflüssen. Ferner werden Servoventile zur stetigen Volumenstromdosierung in Abhängigkeit von einem elektrischen Signal sehr niedriger Leistung (elektrohydraulischer Verstärker) verwendet.

Die bevorzugten Anwendungsgebiete der Hydraulik bei Flugzeugen sind Rudersteuerungen und die Betätigung der Fahrwerke. Hierbei werden die Betriebsdrücke für neuere Flugzeugentwicklungen erhöht. So wurde im Airbus A380 für zwei der drei parallel installierten Hydraulikkreisläufe der Betriebsdruck von den üblichen ca. 200 bar auf 340 bar erhöht. Es ergeben sich Vorteile in Bezug auf das Leistungsgewicht der Systeme. In der Flughydraulik werden günstiges Leistungsgewicht, gutes Zeitverhalten und hohe Betriebssicherheit gefordert.

Bei Fluidenergie-Aktoren wird die Fluidenergie einer Flüssigkeit oder eines Gases durch Energiesteller, die durch ein elektrisches Signal angesteuert werden, dosiert und mithilfe von hydraulischen Energiewandlern in mechanische Energie einer Längs- oder Rotationsbewegung gewandelt. Die Energiestellung erfolgt dabei mit Ventilen und die Energiewandlung vollzieht sich in Hydro- und Druckluftmotoren (Rotationsmotoren) oder in Zylindern (Translationsmotoren).

4.3.1 Struktureller Aufbau

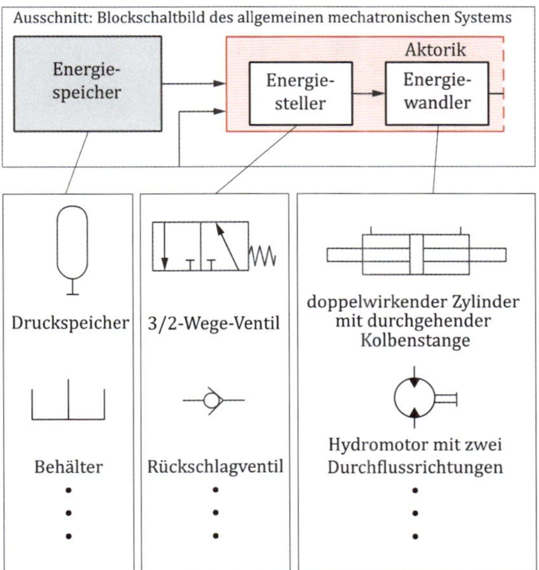

Abb. 4.87 – Aufbau von Fluidenergie-Aktoren

In Abb. 4.87 ist ein Ausschnitt des Blockschaltbildes für das allgemeine mechatronische System dargestellt. Zu den Teilen „Energiespeicher", „Energiesteller" und „Energiewandler" werden beispielhaft jeweils zwei fluidtechnische Realisierungen mit entsprechendem Schaltzeichen vorgestellt. Eine Übersicht über fluidtechnische Schaltzeichen sind in der DIN ISO 1219-1 zu finden [76].

Beim Einsatz von Fluidenergie-Aktoren muss der Ingenieur Kenntnisse darüber haben, wie die mechanischen Größen (Kräfte, Momente, Bewegungen) mit den Fluidgrößen (Druck, Volumenstrom) zusammenhängen. Dabei gehen wir zunächst von einem idealen Fluid aus, das wir als masselos, reibungsfrei und inkompressibel betrachten. Falls erforderlich, werden wir später von Vereinfachung abweichen und die vernachlässigten Effekte berücksichtigen.

4.3.2 Durchflussgesetz bei engen Querschnitten

In Hydraulik- und Pneumatikkreisläufen sind oftmals konstruktiv Strömungen durch enge Querschnitte vorgesehen. Ein typisches Beispiel hierfür ist die Durchströmung eines Fluids durch eine kleine Ventilöffnung, wie es in Abb. 4.88 dargestellt ist.

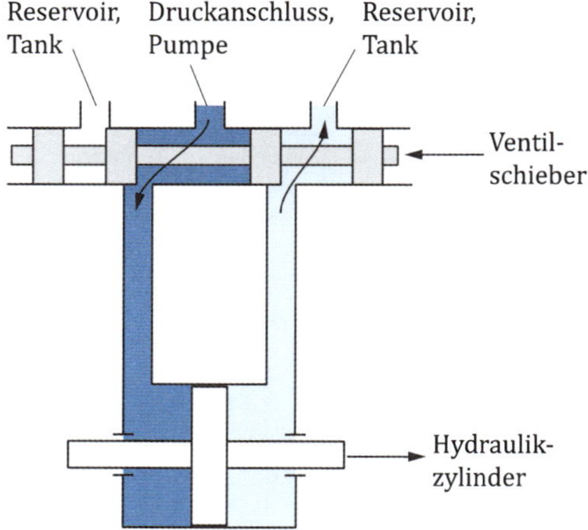

Abb. 4.88 – Strömung durch eine Ventilöffnung

Unabhängig von der jeweiligen Querschnittsform lassen sich allgemeine Gesetzmäßigkeiten für die Volumenstrom-Druck-Beziehungen angeben, wobei die in den Gleichungen auftretenden Koeffizienten von der speziellen Geometrie abhängen. So findet man beispielsweise für die in Abb. 4.89 gezeigte stationäre Strömung durch eine Blende für den Volumenstrom folgende Beziehung:

$$\dot{V} = \alpha_D \cdot A_0 \cdot \sqrt{\frac{2 \cdot \Delta p}{\rho}} \tag{4.100}$$

Hierbei ist α_D ein Durchflusskoeffizient, der alle Verluste berücksichtigt, die beim Durchströmen der Blende auftreten. Die Verluste sind durch Reibung bedingt und treten in der Energiebilanz als Erwärmung der Flüssigkeit wieder auf. A_0 ist der Blendenquerschnitt und ρ die Dichte der Flüssigkeit. Als Druckgefälle ist hier die Differenz $\Delta p = p_2\text{-}p_1$ einzusetzen. Dabei handelt es sich um Drücke, die im nicht gestörten Zustand weit vor und nach der Widerstandsstelle liegen.

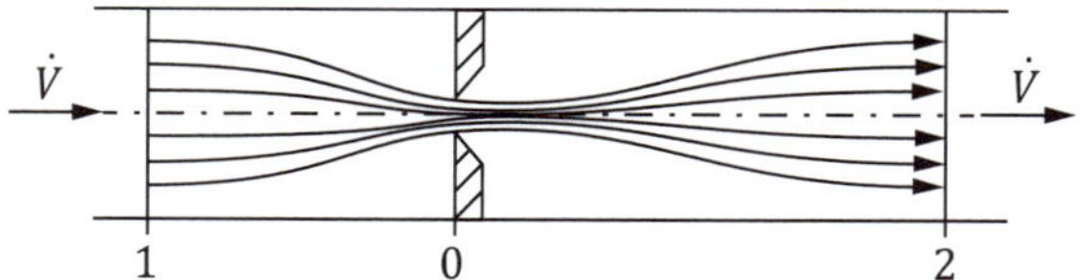

Abb. 4.89 – Stationäre Strömung durch eine Blende

Die Ermittlung des Durchflusskoeffizienten ist Gegenstand sehr umfangreicher Untersuchungen, da sich Querschnittsformen in Bezug auf die Geometrie der

Einlaufkante stark unterscheiden können. Der Durchflusskoeffizient wird meistens in Abhängigkeit von der Reynoldszahl aufgetragen.

4.3.3 Kompressibilität des Fluids

In der Hydraulik wird oftmals vereinfachend von inkompressiblen Fluiden ausgegangen, während in der Pneumatik die Kompressibilität der Arbeitsluft berücksichtigt wird. Tatsächlich sind aber auch Hydraulikflüssigkeiten kompressibel. Der sogenannte Kompressionsmodul E_{fl} ist eine Kenngröße für die Volumenelastizität von Fluiden. Er beschreibt, welche allseitige Druckänderung nötig ist, um eine bestimmte Volumenänderung hervorzurufen. In Tab. 4.11 sind Werte für Kompressionsmodule von Luft und Hydraulikflüssigkeiten sowie für Stahl aufgeführt.

Substanz	Kompressionsmodul
Luft	$1{,}01 \cdot 10^5$ Pa
Wasser	$2{,}08 \cdot 10^9$ Pa
Öl	$1{,}60 \cdot 10^9$ Pa
Stahl	$1{,}60 \cdot 10^{11}$ Pa

Tab. 4.11 – Übersicht der Kompressionsmodule [64]

Der Kompressionsmodul von Luft liegt vier Größenordnungen unter dem von Öl und Wasser. Die in der Hydraulik verwendeten Fluide weisen sehr große Kompessionsmodule auf, sodass für übliche Arbeitsdrücke vereinfachend von Inkompressibilität ausgegangen werden kann. Der Kompressionsmodul E_{fl} ist nicht konstant, sondern von verschiedenen Parametern, wie Druck, Temperatur und dem Anteil ungelöster Luft in der Druckflüssigkeit abhängig. Die Kompressibilität der Flüssigkeitsfüllung eines Zylinders, einer Rohrleitung oder eines anderen Raumes wird durch die Elastizität der Wände und durch Gasblasen in der Flüssigkeit erhöht, der Ersatzkompressionsmodul (berücksichtigt sowohl den Kompressionsmodul des Fluids als auch sonstige Nachgiebigkeiten) wird also verringert. Gasblasen sind deshalb in hydraulischen Systemen grundsätzlich zu vermeiden. Der Ersatzkompressionsmodul E'_{FL} ist über folgenden Zusammenhang mit dem drucklosen Ausgangsvolumen V_B und der hydraulischen Kapazität C_{hyd} (vgl. auch Kapitel 2) verknüpft.

$$E'_{FL} = \frac{V_B}{C_{hyd}} \tag{4.101}$$

Da die Steifigkeit von hydraulischen Systemen durch die vorhandenen Nachgiebigkeiten nicht unendlich hoch ist, sind diese grundsätzlich schwingungsfähig. Die hierbei auftretenden Eigenfrequenzen liegen aufgrund der sehr großen Steifigkeiten jedoch oft sehr hoch und außerhalb des Betriebsbereichs.

4.3.4 Steuerprinzipien

In der Fluidtechnik werden zwei Prinzipien zur Steuerung unterschieden: Die Widerstandssteuerung und die Verdrängersteuerung.

Stellelemente können z. B. Servoventile sein. Sie arbeiten meist mit aufgeprägtem Druck, der mittels Hydrospeicher konstant gehalten wird. In Servoventilen werden nur kleine Massen über kurze Wege verstellt. Das Zeitverhalten ist daher sehr gut. Diese Steuerungsart (Widerstandssteuerung) hat allerdings den Nachteil hoher Drosselverluste an den Steuerungskanten der Ventile (siehe Abb. 4.90).

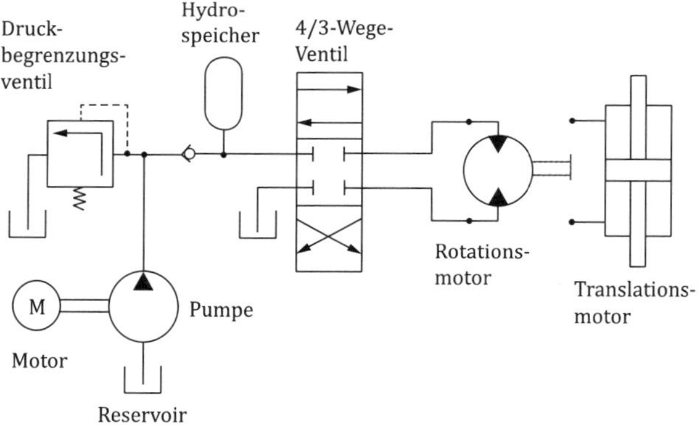

Abb. 4.90 – Prinzip der Widerstandssteuerung [77]

Eine wesentlich bessere Energieausnutzung bieten die Verdrängersteuerungen, z. B. mit aufgeprägtem Volumenstrom. Zur Verstellung des Verdrängervolumens ist auch hier entweder eine Ventilsteuerung erforderlich, die jedoch in einem Signalkreis auf niedrigem Leistungsniveau liegt (Abb. 4.92), oder eine direkte drosselfreie Drehzahlsteuerung der Pumpe (Abb. 4.91).

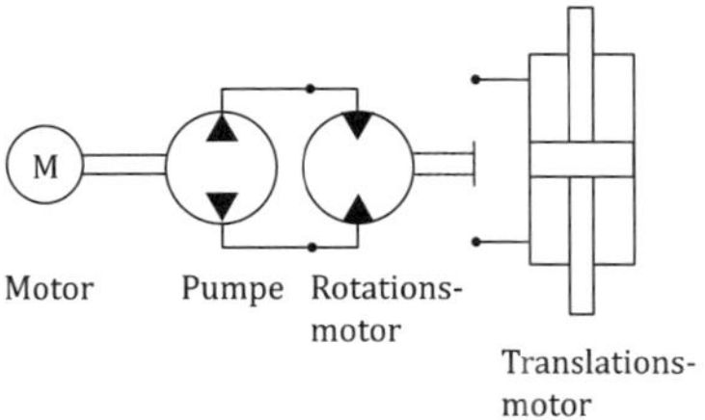

Abb. 4.91 – Direkte drosselfreie Steuerung der Pumpendrehzahl

Der aufgeprägte Volumenstrom bestimmt den Drehzahlverlauf des Rotationsmotors bzw. den Geschwindigkeitsverlauf des Translationsmotors. Der Druck stellt sich abhängig von der am Motor wirkenden Last ein. Das Zeitverhalten der Verdrängereinheiten ist nicht so gut wie bei Servoventilen, da größere Massen über längere Wege zu bewegen sind bzw. Antriebs- und Pumpenmotor beschleunigt werden müssen.

Bei der Auswahl des Steuerprinzips muss ein Kompromiss zwischen sehr kurzen Stellzeiten (Servoventil) und hohem Wirkungsgrad (Verdrängersteuerung) gefunden werden.

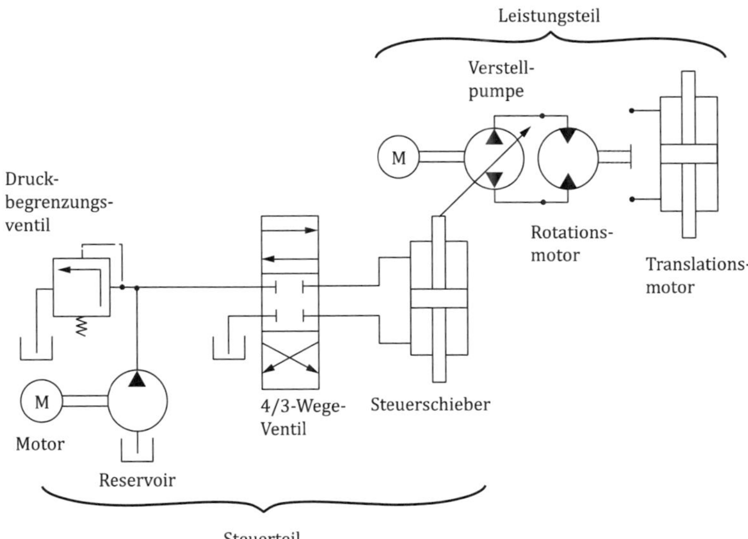

Abb. 4.92 – Prinzip der Verdrängersteuerung mit gedrosseltem Steuerstrom [77]

4.3.5 Ventile als Energiesteller

Elektrisch angesteuerte Ventile sorgen für die Verknüpfung des fluidtechnischen Leistungsteils (Rotations- oder Translationsmotoren) mit dem Steuer- bzw. Regelsystem. Allgemein werden Ventile zur Dosierung und Richtungssteuerung des Druckmediums eingesetzt. Bei Ventilen, mit denen der Volumenstrom dosiert werden soll, sind prinzipbedingt hohe Drosselverluste in Kauf zu nehmen. Dafür werden heute überwiegend stetige Ventile eingesetzt, bei denen die Verstellung des Volumenstroms kontinuierlich erfolgen kann. Die Umsetzung der elektrischen Eingangssignale des Ventils in eine Kraft und/oder Weg zur Betätigung des Ventils erfolgt elektromagnetisch oder elektrodynamisch, wobei fluidtechnische Widerstände in Form von Steuerschlitzen oder Sitzspalten verstellt werden.

Dabei finden Proportionalmagnete große Anwendung. Stetigventile, die nach diesem Prinzip arbeiten, sind unter dem Namen Proportional- oder Servoventile bekannt.

In Abb. 4.93 ist ein Hydraulikzylinder mit zweiseitiger Kolbenstange dargestellt, der von einem 5/3-Wegeventil angesteuert wird. Die Bezeichnung der Ventile erfolgt nach der Anzahl der geschalteten Anschlüsse und der Anzahl der Schaltstellungen. Das betrachtete Ventil hat 5 Anschlüsse und es gibt 3 Schaltpositionen. Man erkennt für die drei Schaltpositionen jeweils den Flüssigkeitsstrom und die Darstellung im Hydraulik-Schaltplan.

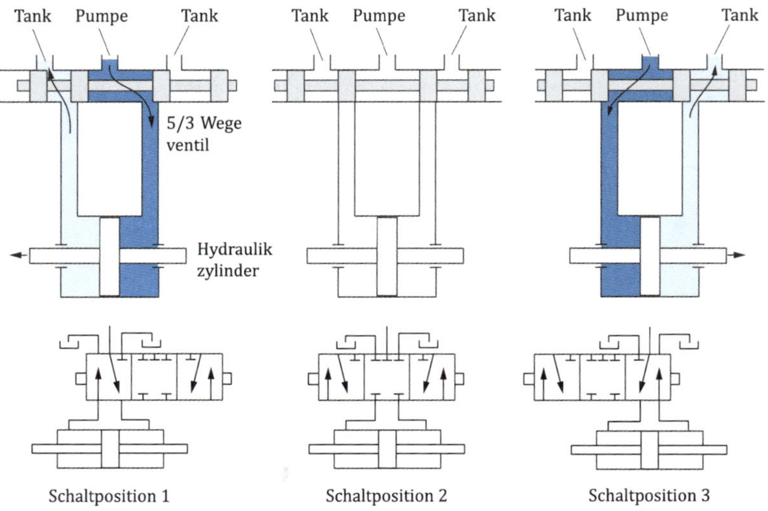

Abb. 4.93 – 5/3-Wegeventil mit Hydraulik-Zylinder und Schaltplan

4.3.6 Systematik von Fluidenergieaktoren

Tab. 4.12 stellt in einer ersten Übersicht zunächst vier Beispiele von Fluidenergie-Aktoren zusammen. Die Unterteilung wurde zum einen nach hydraulischen und pneumatischen Aktoren vorgenommen, zum anderen nach Rotations- und Translationsmotoren.

	Hydraulische Aktoren	Pneumatische Aktoren
Rotationsmotor	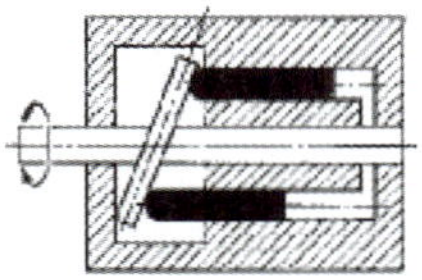 Taumelscheibenmotor	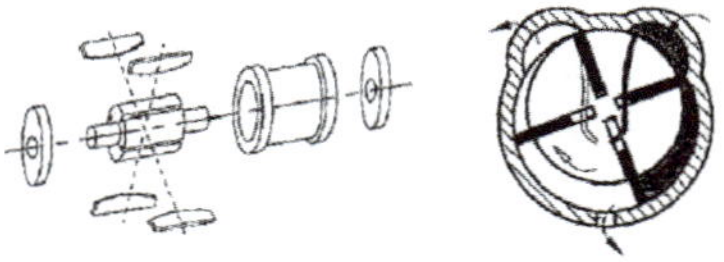 Lamellenmotor
Translationsmotor	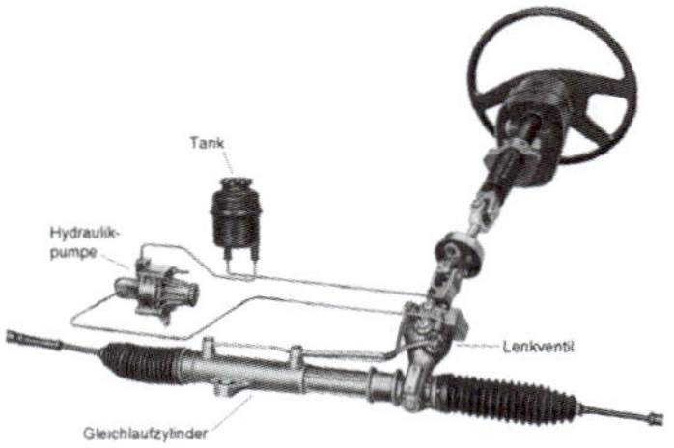 Servolenkung mit Hydraulikzylinder	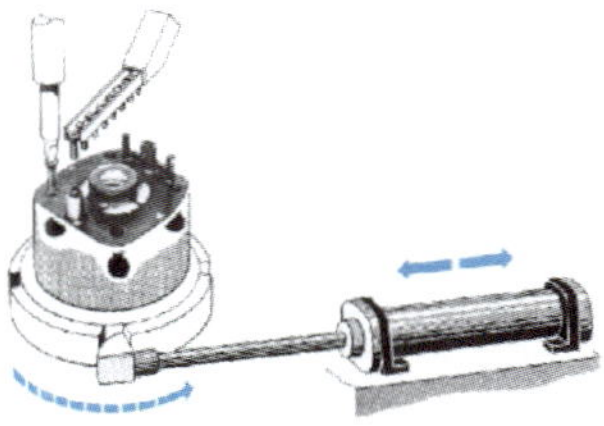 Pneumatikzylinder für Automatisierungstechnik

Tab. 4.12 – Übersicht über hydraulische und pneumatische Fluidenergie-Aktoren

Die wichtigsten Unterschiede sind in Tab. 4.13 tabellarisch dargestellt. Hydraulische Aktoren sind wesentlich steifer als pneumatische Aktoren. Dadurch sind sie unempfindlicher gegen Laststörungen (wichtig für Luftfahrt und Werkzeugmaschinen). Auch die Regelbarkeit des Systems ist besser. Diesen Vorteilen stehen folgende Nachteile gegenüber: Hydraulische Systeme sind teuer (Fertigung); man braucht Platz für Rohrleitungen; sie sind ungünstig bei Anwendungen in sauberer Umgebung (Lebensmittelindustrie). Einige Vorteile pneumatischer Aktoren sind: Verfügbarkeit, Sauberkeit, geringe Kosten, keine Explosionsgefahr.

Merkmal	Hydraulik-Aktor	Pneumatik-Aktor
Niederdruckbereich	0– 200 bar Handpumpen	bis 10 bar Steuerungen
Mitteldruckbereich	bis 450 bar Flugzeughydraulik, Baumaschinen, Fahrantriebe	bis 15 bar Low cost-Automatisierung
Hochdruckbereich	bis 6000 bar Pressen, Werkzeugmaschinen, Bergbau	40– 400 bar Pressen, Spannvorrichtungen, Kolbenkompressoren (Taucherflaschen)
Geschwindigkeit: Strömung Arbeitskolben	klein bis 5 m/s bis 0,15 m/s	groß bis 20 m/s bis 15 m/s
Kräfte / Momente	groß	klein
Regelbarkeit: Geschwindigkeit Kraft / Moment	sehr gut sehr gut	schlecht gut
Leistungsdichte	sehr groß	klein
Kompressibilität des Fluids	klein	groß
Leckageverlust	gering	groß
Fluidrückführung	Behälter	Umgebung

Tab. 4.13 – Unterschiede zwischen hydraulischen und pneumatischen Aktoren [64], [78]

Im Folgenden werden zunächst einige hydraulische Rotations- und Translationsmotoren und anschließend entsprechende pneumatische Rotations- und Translationsmotoren tabellarisch zusammengestellt. Nach dieser Übersicht greifen wir uns einzelne Fälle von wichtigen Aktoren heraus, für die wir genauere Angaben machen.

Hydraulische Rotationsmotoren

Die Funktion der hydrostatischen Rotationsmotoren basiert auf dem Verdrängerprinzip. Sie werden deshalb auch Umlaufverdrängermaschinen genannt. In Abhängigkeit von der geometrischen Gestaltung des Verdrängervolumens wird nach Kolbenmotoren, Flügelzellenmotoren und Zahnradmotoren aufgeteilt. Wenn bei Kolbenmotoren die Kolben axial zu der Antriebswelle angeordnet sind, spricht man von Axialkolbenmotoren, bei einer radialen Anordnung von Radialkolbenmotoren. Einige der eingesetzten Motorbauarten sind in Tab. 4.14 tabellarisch aufgeführt. Jede Bauart hat ihre spezifischen Eigenschaften, die sie für bestimmte Anwendungen besonders geeignet macht.

Schematische Darstellung und Bezeichnung	**Merkmale**	**Schluck-vol. [cm³]**	**Drehzahl [1/min]**	**Arbeits-druck [bar]**
Schrägachsenmotor	• Hohes Anfahrmoment • Auch für hohe Drehzahlen geeignet	5– 1000	1600– 10000	300– 450
Taumelscheiben-motor / Schräg-scheibenmotor	• Niedriger Drehzahlbereich aufgrund Unwucht • Geringere Bauhöhe als Schrägachsenmotor	20– 500	1800– 4000	300– 450
Radialkolbenmotor	• Niedriger Drehzahlbereich • Große Momente	160– 2300	0,5– 1400	200– 400
Flügelzellenmotor	• Mittlerer Leistungsbereich • geräuscharm	5– 2000	2800– 5000	280
Zahnradmotor	• Mittlerer Leistungsbereich • Einfacher Aufbau • Großer Drehzahlbereich • Günstig in Herstellung • Guter Wirkungsgrad	5– 300	500– 6000	100– 300

Tab. 4.14 – Bauarten von Rotationsmotoren/Hydromotoren) [77]

Hydraulische Translationsmotoren

Diese Motoren werden auch Hubverdrängermaschinen genannt. Sie werden einfach- oder doppeltwirkend aufgebaut. Bei den einfach wirkenden Zylindern erfolgt das Ausfahren hydraulisch, während äußere Kräfte (Gewichtskraft, Federkraft, Gegenzylinder) das Einfahren bewirken. Bei den doppelt wirkenden Zylindern werden beide Verfahrrichtungen hydraulisch erzeugt. Eine Übersicht der prinzipiellen Zylinderbauarten findet sich in Abb. 4.94. Zylinder mit einseitiger Kolbenstange haben gegenüber denen mit beidseitiger den Vorteil, dass sie bei gleichem Kolbenhub weniger Einbauraum benötigen. Jedoch sind bei gleichem Volumenstrom je nach Verfahrrichtung die Geschwindigkeiten unterschiedlich. Nur durch besondere schaltungstechnische Maßnahmen oder durch den Einsatz eines gleichflächigen, doppeltwirkenden Zylinders lässt sich dies vermeiden.

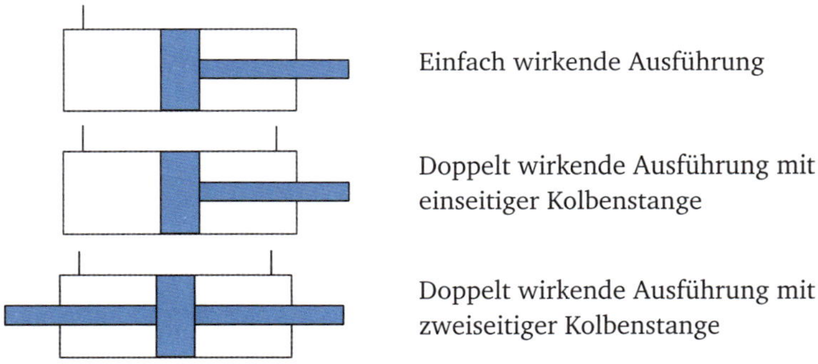

Abb. 4.94 – Zylinderbauweisen von hydraulischen Translationsmotoren

Pneumatische Rotationsmotoren

Lamellenmotoren werden für hohe Drehzahlen und kleine Drehmomente eingesetzt. Sie werden oft als Antrieb von Werkzeugen verwendet. Zahnradmotoren haben aufgrund des großen Schluckvolumens und des mittleren Drehzahlbereiches einen hohen Luftverbrauch, können aber ein hohes Drehmoment bis zu 400 Nm abgeben. Sie werden hauptsächlich in der Schwerindustrie und im Bergbau eingesetzt. Radialkolbenmotoren zeichnen sich durch einen niedrigen Drehzahlbereich bei mittleren Drehmomenten aus. Axialkolbenmotoren werden bei mittleren Drehzahlen und kleinen Drehmomenten eingesetzt.

Pneumatische Translationsmotoren

Als pneumatische Linearantriebe bezeichnet man Druckluftzylinder, die in einfachwirkende und doppeltwirkende Zylinder unterteilt werden können. Eine weitere Differenzierungsmöglichkeit bietet die Einteilung in kolbenstangenlose Zylinder und Zylinder mit Kolbenstange. In Tab. 4.15 sind die unterschiedlichen

Bauformen von Translationsmotoren dargestellt, sowie die Merkmale der einzelnen Zylindertypen beschrieben.

Bauart	Merkmale
Doppeltwirkender Zylinder 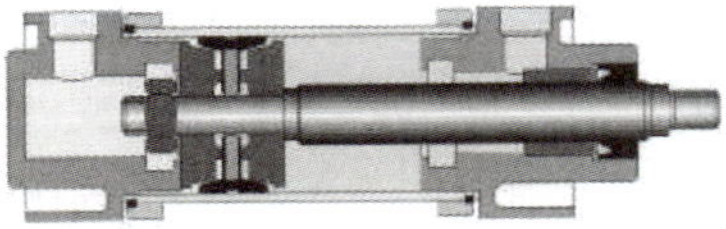	• Aus- und Einfahrbewegung durch Druckluft • Einbaulänge: 2 x Hub + 2 x Führung • Hub: 10-2000 mm • Kraft abhängig von Bewegungsrichtung da ungleiche Kolbenfläche
Zylinder mit durchgehender Kolbenstange 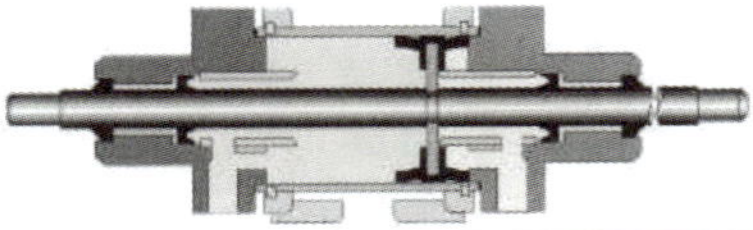	• Aus- und Einfahrbewegung durch Druckluft • Einbaulänge: 3 x Hub + 2 x Führung • Hub: 25-300 mm • Kraft unabhängig von Bewegungsrichtung da gleiche Kolbenfläche
Kolbenstangenlose Zylinder – z.B.: Bandzylinder 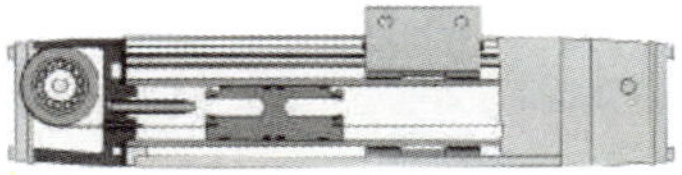 Magnetzylinder 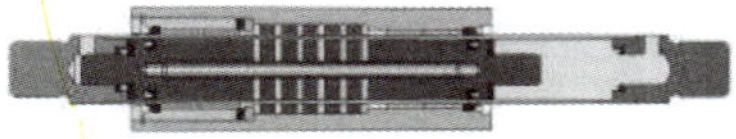 Geschlitzter Zylinder 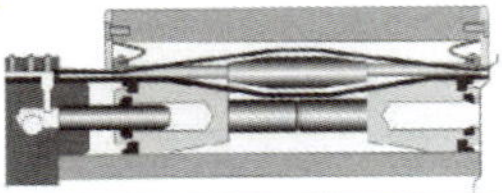	Vorteile des kolbenstangenlosen Prinzips: • Geringe Einbaulänge: 1x Hub + 2x Führung • Kraft unabhängig von Bewegungsrichtung da gleiche Kolbenfläche Es existieren jeweils spezifische Vor- und Nachteile für Band-, Magnet und geschlitzten Zylinder

Tab. 4.15 – Bauformen und Merkmale der verschiedenen Zylindertypen von pneumatischen Linearantrieben (Festo, Firmenschrift)

4.3.7 Fluidtechnische Umformer bzw. Wandler

Energieumformung bei translatorischer Bewegung

Anhand der beiden folgenden Beispiele sollen die oben beschriebenen Gleichungen angewandt und vertieft werden. Als erstes Beispiel wird die hydraulische

Presse gezeigt. Hierbei geschieht die Energieumformung zwischen dem Ein- und Ausgang bei translatorischer Bewegung. Im Anschluss daran wird ein System zur Energieumformung bei rotatorischer Bewegung gezeigt.

Am Beispiel der hydrostatischen Presse, vgl. Abb. 4.95, wird für eine ideale Flüssigkeit gezeigt, welche Zusammenhänge bei der hier stattfindenden Energiewandlung zwischen mechanischer und fluidischer Energie gelten. Bei einer Bewegung des Kolbens 1 um den Weg x_1 wird das Volumen $V_1 = A_1 \cdot x_1$ verdrängt. Bei idealer Flüssigkeit und fehlenden Leckageverlusten ist das Volumen $V_2 = A_2 \cdot x_2$ am Kolben 2 gleich. Es gilt also

$$V_1 = A_1 x_1 = A_2 x_2 = V_2 \tag{4.102}$$

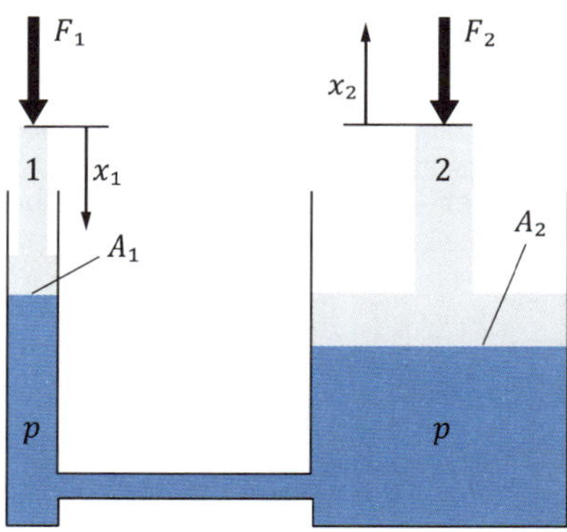

Abb. 4.95 – Hydrostatische Presse

Da die Wege x_1 und x_2 zur gleichen Zeit zurückgelegt werden, gilt auch das Kontinuitätsgesetz

$$\dot{V}_1 = A_1 \dot{x}_1 = A_2 \dot{x}_2 = \dot{V}_2 \tag{4.103}$$

wobei $\dot{V}$ der Volumenstrom ist, der in $\frac{m^3}{s}$ oder auch in $\frac{l}{min}$ angegeben wird. Die an den Kolben geleistete Arbeit (W_1 zugeführte Arbeit, W_2 abgegebene Arbeit) folgt aus

$$W = W_1 = F_1 x_1 = F_2 x_2 = W_2 \tag{4.104}$$

Da die Annahme vernachlässigbarer Energieverluste (keine Reibung bzw. Dissipation) erfolgt, sind auch die beiden Arbeiten gleich und folglich gilt das auch für die Leistungen als zeitliche Ableitung der Arbeiten

$$P_m = \dot{W} = \dot{W}_1 = F_1\dot{x}_1 = F_2\dot{x}_2 = \dot{W}_2\,. \tag{4.105}$$

Werden die Kräfte F_i und die Geschwindigkeiten x_i mit den Fluidgrößen p und $\dot{V}$ in Beziehung gebracht

$$F_i = p \cdot A_i \quad \text{und } \dot{x}_i = \frac{\dot{V}}{A_i}\,, \tag{4.106}$$

so ergibt sich ein Zusammenhang zwischen der mechanischen Leistung und der Fluidleistung

$$\underbrace{F_1 \cdot \dot{x}_1}_{\substack{\text{Mechanische}\\ \text{Leistung } P_{m1}}} = \underbrace{p \cdot \dot{V}}_{\substack{\text{Fluidleistung}\\ P_{fl}}} = \underbrace{F_2 \cdot \dot{x}_2}_{\substack{\text{Mechanische}\\ \text{Leistung } P_{m2}}} \tag{4.107}$$

Diese Gleichung kann so interpretiert werden, dass zunächst am Kolben 1 mechanische Leistung in Fluidleistung und diese anschließend am Kolben 2 zurück in mechanische Leistung gewandelt wird. Im angenommenen Idealfall bleibt also die Leistung erhalten, d. h. der Wirkungsgrad ist $\eta = 1$.

Mit der am Kolben eines Zylinders (Translations- oder Linearmotor) zur Verfügung stehenden Fluidenergie kann man allgemein in einen Prozess eingreifen. Dabei ist zu beachten, dass die Kraft des Fluids $F = p \cdot A$ zum einen zur Beschleunigung der Kolbenmasse m dient und zum anderen die Gegenkraft F_{last} des Prozesses (Last) überwinden muss, wie in Abb. 4.96 ersichtlich ist.

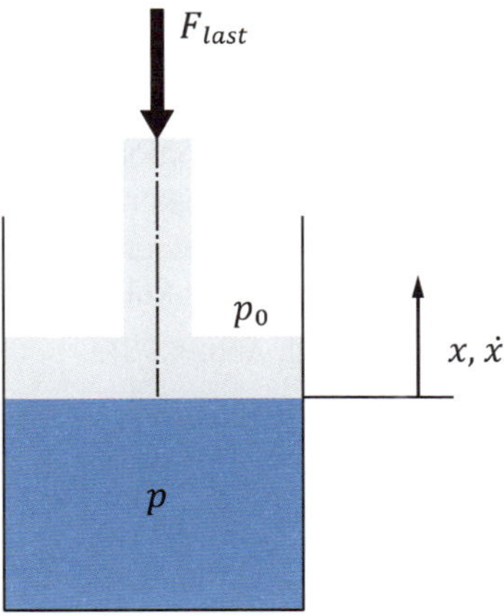

Abb. 4.96 – Kräftebilanz am Kolben eines Translationsmotors

Es gelten dann folgende Zusammenhänge

$$\text{Kräftebilanz:} \quad m\ddot{x} = (p\text{-}p_0) \cdot A\text{-}F_{last}$$
$$\text{Kontinuitätsgleichung:} \quad \dot{V} = A \cdot \dot{x} \tag{4.108}$$

Dabei wurde wieder Reibungsfreiheit angenommen.

Energieumformung bei rotatorischer Bewegung

Bei rotatorischer Bewegung können in analoger Weise die Gleichungen für Drehzahl, Drehmoment und Leistung bestimmt werden. Statt der hydrostatischen Presse wird nun ein hydrostatisches Getriebe, wie in Abb. 4.97 dargestellt, betrachtet. Es besteht aus einer Pumpe (Index 1), einem Motor (Index 2), den Verbindungsleitungen und einem Tank.

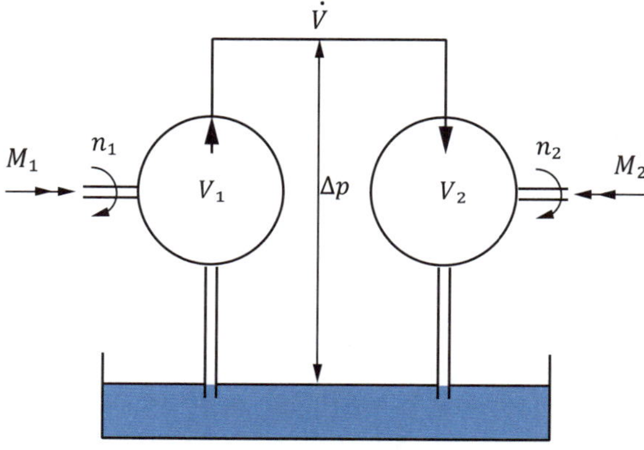

Abb. 4.97 – Schema eines idealen hydrostatischen Getriebes

Sowohl die Hydropumpe als auch der Hydromotor arbeiten nach dem Verdrängungsprinzip. Für eine Verdrängermaschine können wir eine vereinfachte Darstellung angeben. Die Maschine besteht aus einem ringförmigen Zylinder, in dem sich der Kolben mit der Fläche A bewegt. Der Kolben hat den mittleren Hebelarm $\frac{d}{2}$ zur Antriebs- bzw. Abtriebswelle (vgl. Abb. 4.98).

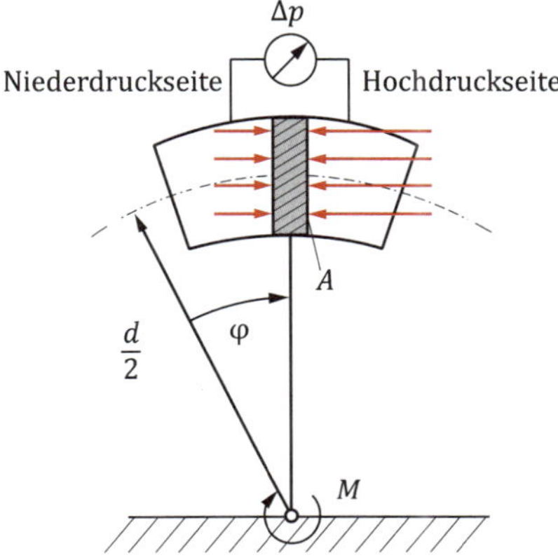

Abb. 4.98 – Modell einer Verdrängermaschine (hier Pumpe)

Damit ist es nun möglich, mit den bereits zuvor vereinbarten Annahmen für ideale Flüssigkeiten, folgende Gleichungen zu formulieren. Bei einer Umdrehung der Pumpe wird das Volumen

$$V_1 = A_1 \cdot d_1 \cdot \pi \tag{4.109}$$

gefördert. Hat die Pumpe die Drehzahl n_1, so folgt daraus der Volumenstrom zu

$$\dot{V}_1 = V_1 \cdot n_1 = A_1 \cdot d_1 \cdot \pi \cdot n_1 \,. \tag{4.110}$$

Entsprechend verdrängt ein Hydromotor bei einer Umdrehung das Volumen V_2, sein sogenanntes Schluckvolumen.

$$V_2 = A_2 \cdot d_2 \cdot \pi \tag{4.111}$$

und bei einer Drehzahl n_2 ist der Volumenstrom durch den Motor

$$\dot{V}_2 = V_2 \cdot n_2 = A_2 \cdot d_2 \cdot \pi \cdot n_2 \tag{4.112}$$

Wenn $\dot{V}_1 = \dot{V}_2$ ist, d. h. es gibt keine Leckageverluste, folgt das Drehzahlverhältnis des Getriebes aus

$$\dot{V}_1 = V_1 \cdot n_1 = V_2 \cdot n_2 = \dot{V}_2 \rightarrow \frac{n_2}{n_1} = \frac{V_1}{V_2} \tag{4.113}$$

Liegt an der Pumpe die Druckdifferenz Δp an, so ist das erforderliche Moment M_1 zum Antrieb

$$M_1 = A_1 \cdot \Delta p \frac{d_1}{2} \tag{4.114}$$

und mit $A_1 = \frac{V_1}{\pi d_1}$ ergibt sich daraus

$$M_1 = \frac{V_1}{\pi \cdot d_1} \Delta p \frac{d_1}{2} = \frac{V_1 \cdot \Delta p}{2\pi}. \tag{4.115}$$

Entsprechend ist das am Motor abgegebene Drehmoment

$$M_2 = \frac{V_2 \cdot \Delta p}{2\pi}. \tag{4.116}$$

Es ist zu erkennen, dass sich auch das Momentenverhältnis durch das Verhältnis der Volumina bzw. der Drehzahlen ausdrücken lässt und zur Getriebeübersetzung führt:

$$\frac{M_2}{M_1} = \frac{V_2}{V_1} = \frac{n_1}{n_2} = i \tag{4.117}$$

Schließlich soll die mechanische Leistung wieder in Relation zur Fluidleistung ausgedrückt werden. Für die Pumpe gilt

$$P_{m1} = M_1 \omega_1 = \frac{V_1 \cdot \Delta p}{2\pi} 2\pi n_1 = \dot{V}_1 \Delta p = \dot{V} \Delta p \tag{4.118}$$

und entsprechend für den Motor

$$P_{m2} = M_2 \omega_2 = \dot{V}_2 \Delta p = \dot{V} \Delta p\,. \tag{4.119}$$

Auch hier ergibt sich wieder für den idealisierten Fall (masselos, reibungsfrei, inkompressibel) ein einfacher Zusammenhang zwischen mechanischer Leistung und Fluidleistung:

$$\underset{\substack{\text{Mechanische}\\ \text{Leistung}\\ \text{Pumpe } P_{m1}}}{M_1 \omega_1} = \underset{\substack{\text{Fluidleistung}\\ P_{fl}}}{\Delta p\, \dot{V}} = \underset{\substack{\text{Mechanische}\\ \text{Leistung}\\ \text{Motor } P_{m2}}}{M_2 \omega_2} \tag{4.120}$$

Mit dem Lastmoment M_{last} ergibt sich für den Hydromotor:

$$\begin{aligned} &\text{Momentenbilanz:} && \theta_2 \dot{\omega}_2 = \frac{\Delta p \, V_2}{2\pi} - M_{last} \\ &\text{Kontinuitätsgleichung:} && \dot{V} = \frac{V_2 \omega_2}{2\pi} \end{aligned} \qquad (4.121)$$

4.4 Unkonventionelle Aktoren

Als unkonventionelle Aktoren werden solche Aktoren bezeichnet, denen andere als die bisher betrachteten physikalischen Prinzipien zugrunde liegen. Sie wurden in den vergangenen Jahren schwerpunktmäßig für kleine Leistungen und für lineare Bewegungen entwickelt. Fortschritte sind vor allem auf zwei Gebieten zu erwarten: Zum einen eröffnen neue Erkenntnisse in der Werkstoffforschung neue oder verbesserte Lösungen bei den Aktorprinzipien, zum anderen ist der Trend zur Miniaturisierung ungebrochen. Hier besteht ein gewisser Nachholbedarf, um mit den Mikrosensoren bzw. den Mikrorechnern gleichzuziehen und damit das Gebiet der Mikrosystemtechnik und Mikromechatronik weiterzuentwickeln. Im Folgenden wird eine Übersicht über unkonventionelle Aktoren gegeben, die heute bereits praktisch eingesetzt werden. Zunächst wird jeweils der zugrundeliegende physikalische Effekt beschrieben und daraufhin die Eigenschaften tabellarisch zusammengefasst. Abschließend sind Anwendungsbeispiele angegeben.

4.4.1 Piezoelektrische Aktoren

Piezoelektrische Materialien verformen sich, wenn an ihnen eine Spannung angelegt wird. Dies wird als reziproker piezoelektrischer Effekt bezeichnet und kann in Aktoren verwendet werden. Bei Behinderung der Verformungen werden diese in Kräfte umgesetzt und es wird elektrische in mechanische Energie umgewandelt. Hierbei können hohe Kräfte bei sehr kleinen Wegen realisiert werden. Die Aktoren reagieren hochdynamisch. Daher werden sie beispielsweise in Einspritzventilen für Verbrennungsmotoren (Abb. 4.100) eingesetzt, die hochdynamisch das Ventil öffnen bzw. schließen.

Technische Eigenschaft	Beschreibung/Wertebereich
Eingangsenergie	Elektrisch (Elektrisches Feld)
Ausgangsenergie	Mechanisch (Kraft/Weg)
Nennstellweg	10- 300 µm
Stellwegauflösung	bis 5 nm, geregelt bis 2 nm
Kraft	bis 100 kN
Steifigkeit	bis 2.000 $\frac{N}{\mu m}$
Eigenfrequenz	2- 130 kHz
Einsatz	Elektrische Zahnbürsten, Einspritzventile

Tab. 4.16 – Technische Daten von Piezoelektrischen Aktoren [79]

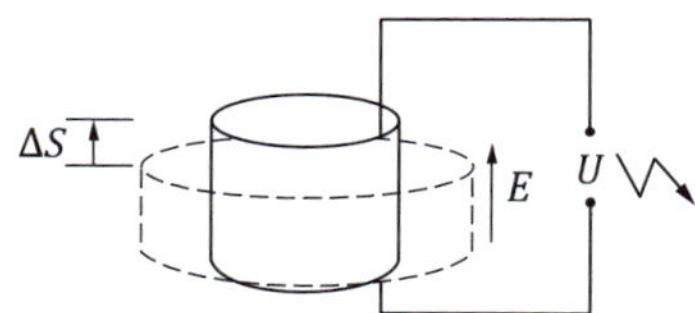

Abb. 4.99 – Grundprinzip piezoelektrischer Aktoren

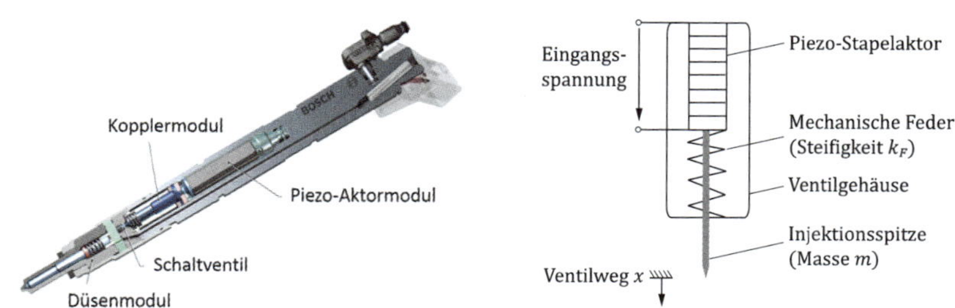

Abb. 4.100 – Piezo Einspritzventil (links: Audi)

4.4.2 Magnetostriktive Aktoren

Bei Anlegen eines magnetischen Feldes an ferromagnetische Kristalle tritt aufgrund des magnetostriktiven Effektes eine volumeninvariante Längenänderung auf. Der magnetostriktive Effekt ist vergleichbar mit dem piezoelektrischen, jedoch ist die Ursache der Längenänderung ein magnetisches Feld anstelle eines elektrischen Feldes.

Technische Eigenschaft	Beschreibung/Wertebereich
Eingangsenergie	Magnetisch bzw. elektrisch (Magnetisches Feld)
Ausgangsenergie	Mechanisch (Kraft/Weg)
Nennstellweg	bis 100 µm
Kraft	bis 20.000 N
E-Modul	25- 285 GPa
Maximalfrequenz	bis 5 kHz
Einsatz	Einspritzventile, Mikroventile, aktive Schwingungsdämpfer

Tab. 4.17 – Technische Daten von magnetostriktiven Aktoren [80]

4.4.3 Elektrorheologische und magnetorheologische Aktoren

Bei Anlegen eines elektrischen bzw. magnetischen Feldes zeigen bestimmte Flüssigkeiten eine Erhöhung der Viskosität. Hierdurch können sie bei Vorliegen des Feldes zu steifen Kupplungen werden, während sie bei Verringerung des Feldes zunehmend wie Dämpfer wirken.

Technische Eigenschaft	Beschreibung/Wertebereich
Eingangsenergie	Elektrisch oder magnetisches Feld
Ausgangsenergie	Mechanisch (Kraft/Weg)
Scherspannung	bis 100 kPa
Einsatz	Schaltbare Kupplungen, Ventile, Motorlager, Stoßdämpfer

Tab. 4.18 – Technische Daten von elektro- und magnetorheologischen Aktoren [81]

4.4.4 Thermobimetall-Aktoren

Bei Thermobimetall-Aktoren werden zwei Metalle (z. B. als Platte) mit unterschiedlicher Wärmedehnung fest miteinander verbunden. Wird dieser Verbund erhitzt, stellt sich durch die unterschiedliche Wärmedehnung eine spezifische Krümmung ein, die abhängig von den verwendeten Materialien und der Temperatur ist.

Technische Eigenschaft	Beschreibung/Wertebereich
Eingangsenergie	Thermisch (Wärmeenergie)
Ausgangsenergie	Mechanisch (Kraft/Weg bzw. Moment/Winkel)
Einsatz	Elektrische Überlastsicherungen, Thermostat, Klappvorrichtungen bei Ventilatoren

Tab. 4.19 – Technische Daten von Thermobimetall-Aktoren

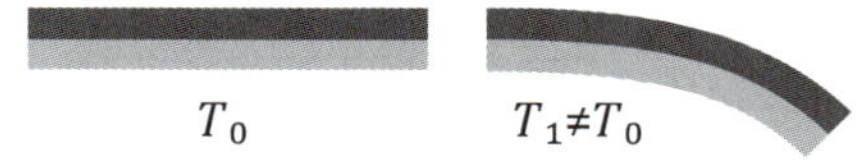

Abb. 4.101 – Grundprinzip von Thermobimetall-Aktoren

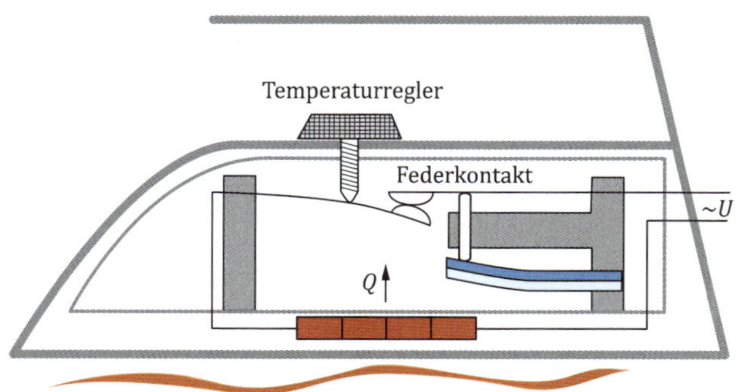

Abb. 4.102 – Bügeleisen mit Thermobimetall-Aktor

4.4.5 Memory-Metall-Aktoren

Die bei Raumtemperatur aufgebrachte Verformung eines Bauteils aus Memory-Metall (z. B. Titan) verschwindet bei Erwärmung.

Grundsätzlich sind sowohl Einwegeffekte als auch Zweiwegeffekte möglich. Während beim Einwegeffekt die Formänderung nicht umkehrbar ist, ermöglicht der Zweiwegeffekt, dass zwei verschiedene mechanische Zustände angenommen werden können.

Technische Eigenschaft	Beschreibung/Wertebereich
Eingangsenergie	Thermisch (Wärmeenergie)
Ausgangsenergie	Mechanisch (Kraft/Weg bzw. Moment/Winkel)
Effektrichtung	Einweg- und Zweiwegeffekt möglich
Einsatz	Thermoschalter, Stellglieder mit geringer Dynamik

Tab. 4.20 – Technische Daten von Thermobimetall-Aktoren

4.5 Zusammenfassung

In diesem Kapitel wird eine Übersicht über verschiedene Aktorprinzipien gegeben. Neben der einführenden Erläuterung der Struktur und der Funktionen von Aktoren im mechatronischen Gesamtsystem werden in den Abschnitten des Kapitels sowohl elektromechanische als auch fluidenergetische und unkonventionelle Aktoren vorgestellt.

Die elektromechanischen Aktoren werden in elektromagnetische und elektrodynamische Ausführungen weiter unterteilt, wobei die Wirkprinzipien näher beschrieben werden. An den Anwendungsbeispielen des Elektromagneten sowie der Tauchspule bzw. des Gleichstrommotors wird eine detaillierte Modellbildung zur Beschreibung des dynamischen Systemverhaltens vorgestellt. Mit Hilfe der hergeleiteten beschreibenden Gleichungen der Aktorik ist eine Integration in ein Gesamtmodell eines mechatronischen Systems möglich. Weitere Ausführungsformen von Aktoren basierend auf den vorgestellten Wirkprinzipien werden in ihrer grundlegenden Funktionsweise beschrieben, sodass die Zusammenhänge zwischen elektrischen Stellgrößen und mechanischen Ausgangsgrößen nachvollziehbar sind. Hierzu zählen Motoren, die nach dem Reluktanzprinzip arbeiten sowie Synchronmotor und Asynchronmotor. Abschließend wird ein Überblick über Energiesteller in elektromechanischen Aktoren gegeben.

Im Abschnitt der Fluidenergieaktoren werden die benötigten physikalischen Grundlagen erläutert. An die Beschreibung des strukturellen Aufbaus anknüpfend werden zunächst die Steuerprinzipien, insbesondere Ventile als Energiesteller diskutiert. Eine vergleichende Übersicht der Eigenschaften von hydraulisch und pneumatisch betriebenen Aktoren zeigt die anwendungsspezifische Eignung unterschiedlicher Ausführungen der Fluidenergieaktoren auf. Abschließend folgt eine mathematische Beschreibung der Energiewandlung bei Translation und Rotation zur grundlegenden Modellbildung von Fluidenergieaktoren.

Eine Übersicht mit Kurzbeschreibungen und Einsatzfeldern sogenannter unkonventioneller Aktoren mit von der Elektromechanik und der Fluidtechnik abweichenden physikalischen Wirkprinzipien, die in den vergangenen Jahren maßgeblich für kleinere Leistungen und lineare Bewegungen entwickelt wurden, schließt das Kapitel ab.

5 Sensorik

Zur vollständigen Beschreibung eines geschlossenen Regelkreises ist die Verwendung von Sensoren notwendig. Erst durch das Einbeziehen eines Sensors in den Regelkreis und die damit verbundene Rückführung des Signals ist es möglich, den Regelkreis zu schließen. In Abb. 5.1 ist der geschlossene Regelkreis einschließlich der Sensorik dargestellt. Sensoren sind Messglieder, welche entsprechend ihrer Funktion eine bestimmte charakteristische Größe des Prozesses erfassen und ein dieser Größe meist proportionales elektrisches Signal erzeugen. Die für eine Regelung notwendigen Informationen über den Zustand des Prozesses oder einer Systemkomponente werden damit von Sensoren zur Verfügung gestellt.

Ein Sensor ist das Element eines mechatronischen Systems, welches ein im allgemeinen Fall nicht elektrisches Eingangssignal (Weg, Geschwindigkeit, Beschleunigung, Kraft etc.) in ein elektrisches Ausgangssignal wandelt. Die zentrale Frage bei der Sensorauswahl lautet immer, welche physikalische Größe in welchem Messbereich mit welcher Genauigkeit erfasst werden soll.

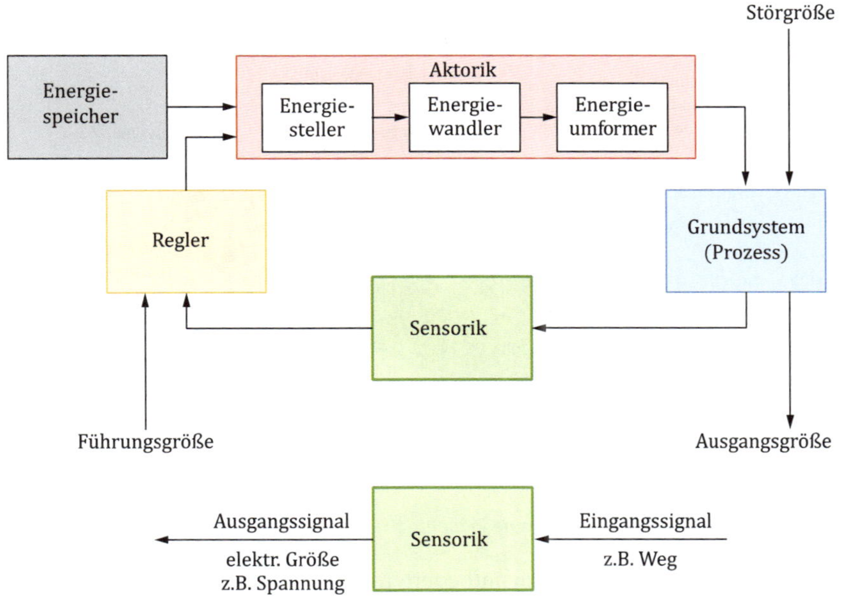

Abb. 5.1 – Blockschaltbild mit Sensorik in Anlehnung an [77]

Wie in Abb. 5.1 zu erkennen ist, befindet sich der Sensor im Rückführzweig des geschlossenen Regelkreises. Es wird deutlich, dass die Rückführung des Systemausgangs eines mechatronischen Systems auf den Reglereingang ein Messglied erfordert, welches den Systemzustand als physikalische Größe quantitativ erfasst und in eine, den Anforderungen entsprechende, elektrische Größe wandelt. Im Rahmen der Vorauslegung kann es in einem ersten Schritt sinnvoll sein, das Sensorverhalten zu vereinfachen und als ideal zu betrachten. Das Übertragungsverhalten eines idealen Sensors wird dabei zu Eins gesetzt. Für die weitere Auslegung, Berechnung und Simulation des Systems soll jedoch das reale Verhalten des Sensors angenommen werden, um das mechatronische System möglichst genau beschreiben zu können. In den nachfolgenden Kapiteln (siehe Kapitel 5.3) wird gezeigt, welche Eigenschaften reale Sensoren aufweisen.

5.1 Überblick und Funktionen von Sensoren

In Abb. 5.2 sind am Beispiel eines Kraftfahrzeuges mögliche Sensoren und Aktorsysteme aufgezeigt, wie sie in der Praxis auftreten können. Es ist zu erkennen, dass moderne technische Systeme eine große Anzahl von Regelkreisen zur zustandsabhängigen Beeinflussung des mechanischen Verhaltens bestimmter Baugruppen, Bauteile etc. enthalten.

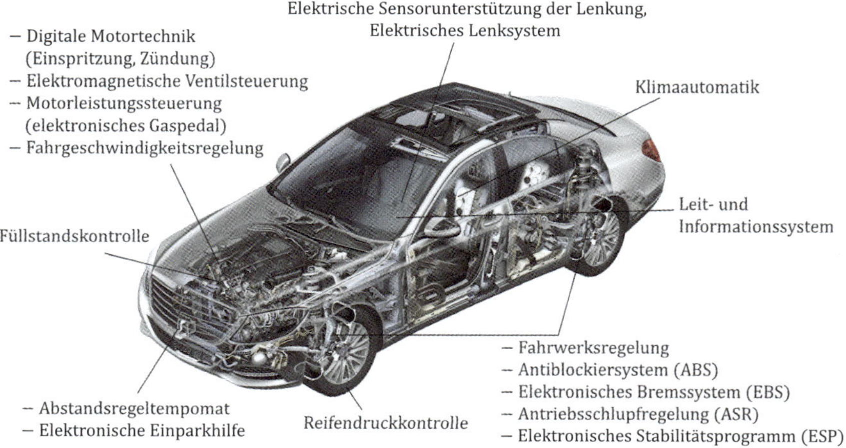

Abb. 5.2 – Sensoren und Aktorsysteme in einem Kraftfahrzeug [82]

Je nach Grad der in den Sensor integrierten Aufarbeitung des primären elektrischen Signals werden unter anderem Begriffe wie „einfacher Sensor“, „integrierter Sensor“ und „intelligenter Sensor“ verwendet. Abb. 5.3 zeigt den prinzipiellen Signalverlauf in einem Sensor mit unterschiedlichen Integrationsgraden.

Man erkennt, dass die zu messende nichtelektrische Größe zunächst in eine nichtelektrische Zwischengröße umgewandelt wird. Als Beispiel kann hier die Kraftmessung über die Verformung eines Biegebalkens dienen. Messverfahren, welche eine solche nichtelektrische Zwischengröße erzeugen, werden als indirekte Messverfahren bezeichnet. Die nichtelektrische Zwischengröße wird in einem Wandlerelement in eine primäre elektrische Größe umgeformt. Am beschriebenen, durch die zu messende Kraft verformten Biegebalken kann dies z. B. über Dehnungsmessstreifen (DMS) (siehe hierzu Kap. 5.2.1) geschehen. Die DMS verändern ihren elektrischen Widerstand in Abhängigkeit einer Dehnung, sodass die über den Widerstand abfallende Spannung die primäre elektrische Ausgangsgröße darstellt. Messverfahren, welche die primäre elektrische Ausgangsgröße ohne vorherige Umwandlung des Eingangssignals in eine nichtelektrische Zwischengröße erzeugen, werden als direkte Messverfahren bezeichnet. Zu diesen Verfahren gehört z. B. der Piezosensor. Im Gegensatz hierzu enthalten indirekte Messverfahren mindestens eine oder aber auch mehrere nichtelektrische Zwischengrößen und setzen sich folglich stets aus einer Umformung und einem Wandlerelement zusammen [77].

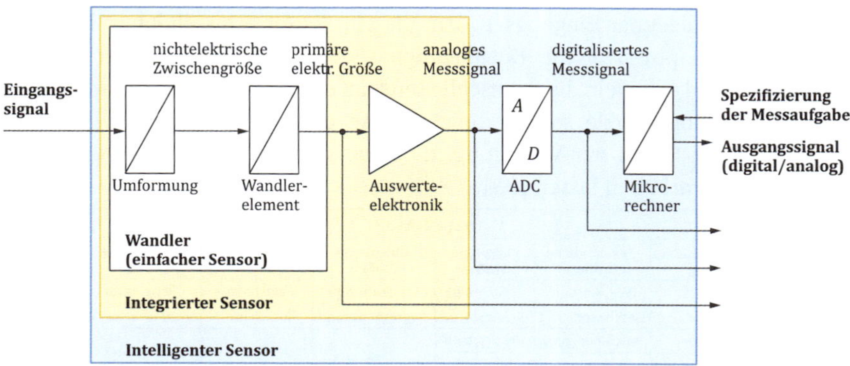

Abb. 5.3 – Integrationsgrade von Sensoren [77]

Die bauliche Einheit des mechanischen Umformers und eines Wandlerelements stellt die einfachste Art eines Sensors dar. Die nächsthöhere Integrationsstufe stellt der integrierte Sensor dar. In seinem Gehäuse ist eine zusätzliche Auswerteelektronik zumindest teilweise untergebracht. Neben der reinen Verstärkung des primären Signals können integrierte Sensoren unter anderem nachfolgende Funktionen übernehmen:

- Ausfilterung von Störsignalen
- Linearisierung des Messsignals
- Kompensation von Nullpunktschwankungen

Sollen die Messwerte in einem Rechner oder in einem Oszilloskop weiterverarbeitet bzw. dargestellt werden, so muss das analoge Messsignal mit einem Analog-/Digital-Wandler (A/D-Wandler) in ein digitales Signal umgewandelt werden. Gibt ein Sensor direkt ein solches Signal aus, ist also der A/D-Wandler baulich in das Sensorgehäuse integriert, so handelt es sich um eine Sonderform des integrierten Sensors. Der A/D-Wandler stellt den Übergang zum sogenannten intelligenten Sensor dar. Der intelligente Sensor hat durch die Miniaturisierung mikroelektronischer Bauteile in den letzten Jahren an Bedeutung gewonnen. Es ergeben sich damit stark erweiterte Möglichkeiten von der Verarbeitung des Messsignals hin zur Abspeicherung der Messdaten innerhalb des Sensors. Neben der reinen Wandlung verarbeitet somit ein intelligenter Sensor das erfasste Signal weiter [77].

5.2 Gliederung von Sensoren

Je nach Prozess und zu regelnder Größe kann eine Messaufgabe für einen Sensor definiert werden. Ist die Messgröße erfasst, so muss das Sensorsystem ein entsprechendes, in der Regel elektrisches, Ausgangssignal erzeugen. Abb. 5.4 zeigt Beispiele verschiedener Eingangsgrößen, die ein Sensor erfassen kann. Der Sensor erfasst das physikalische Eingangssignal, z. B. den Weg als mechanische Messgröße, und wandelt diese anschließend in ein elektrisches Ausgangssignal um. Als Ausgangssignale stehen üblicherweise elektrische Größen, wie bspw. Spannung oder Strom zur Verfügung, da diese sich am einfachsten rechnergestützt weiterverarbeiten lassen [83].

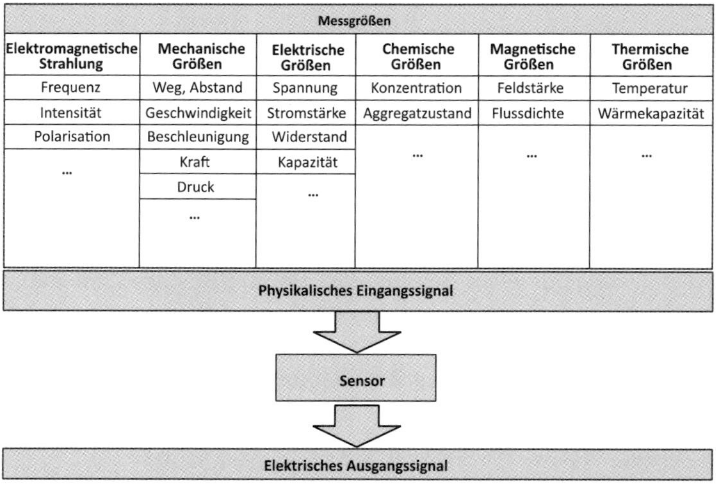

Messgrößen					
Elektromagnetische Strahlung	**Mechanische Größen**	**Elektrische Größen**	**Chemische Größen**	**Magnetische Größen**	**Thermische Größen**
Frequenz	Weg, Abstand	Spannung	Konzentration	Feldstärke	Temperatur
Intensität	Geschwindigkeit	Stromstärke	Aggregatzustand	Flussdichte	Wärmekapazität
Polarisation	Beschleunigung	Widerstand	...	...	...
...	Kraft	Kapazität			
	Druck	...			
	...				

Physikalisches Eingangssignal

↓

Sensor

↓

Elektrisches Ausgangssignal

Abb. 5.4 – Erfassung verschiedener Eingangsgrößen durch Sensoren

Sensoren können in Abhängigkeit ihrer Arbeitsweise nach aktiven und passiven Sensoren unterschieden werden. Aktive Sensoren stellen Energiewandler dar. Solche Sensoren wandeln die Messgröße direkt in ein elektrisches Signal um. Folglich kann festgehalten werden, dass bei dieser Art von Sensoren die Umwandlung der Messgröße in eine elektrische Größe ohne äußere Hilfsenergie vorgenommen wird. Demgegenüber stehen passive Sensoren, die für die Energiewandlung eine äußere Hilfsenergie benötigen. Der passive Sensor muss mit Hilfsenergie versorgt werden, sodass aus der gemessenen physikalischen Größe ein elektrisches Signal erzeugt wird [84]. Hierbei handelt es sich um Widerstände bzw. Wechselstromwiderstände, welche resistiver, kapazitiver oder induktiver Art sind und durch physikalische Messgrößen beeinflusst werden können [85].

Sensoren nutzen unterschiedliche Messeffekte bzw. -prinzipien, um die physikalischen Größen zu erfassen und in ein elektrisches Ausgangssignal umzuwandeln. Demnach können Sensoren auch nach dem zugrundeliegenden physikalischen Messeffekt gegliedert werden. In klassischen mechatronischen Systemen ist vor allem die Erfassung von Bewegungsgrößen (z. B. Geschwindigkeit) und Bewegungsursachen (z. B. Kraft) von Interesse. In der nachfolgenden Tab. 5.1 werden die wesentlichsten Messeffekte dargestellt, die häufig in solchen Systemen vorzufinden sind. Die Gliederung der Sensoren nach den Messeffekten erfolgt in Anlehnung an [83]. Zusätzlich sind diejenigen Messgrößen gekennzeichnet, die üblicherweise über den angegebenen Messeffekt erfasst werden. Es sei anzumerken, dass mithilfe geeigneter Auswerteelektronik gegebenenfalls weitere Messgrößen mit demselben Messeffekt erfasst werden können. Beispielsweise kann die Geschwindigkeit anhand der Integration eines gemessenen Beschleunigungssignals berechnet werden.

Messeffekt / Messgröße		Widerstandseffekt		Magnetische Effekte			Kapazitive Effekte	Piezo- und pyroelektrische Effekte	Optische Effekte
		Ohmsche Widerstandseffekte	Piezowiderstandseffekt	Induktionsprinzip	Galvanomagnetische Effekte	Magnetoelastische Effekte			
Weg, Winkel	x, φ	•		•	•		•		•
Geschwindigkeit	$\dot{x}$			•					
Beschleunigung	$\ddot{x}$		•	•				•	
Drehzahl	$\dot{\varphi} = \omega$			•					
Kraft	F	•	•	•		•	•	•	
Drehmoment	M	•		•				•	
Druck	p	•	•	•		•			
Dehnung	ε	•							
Temperatur	T	•						•	•
Magn. Flussdichte	B				•				

Tab. 5.1 – Wesentliche Messeffekte für Sensoren mechatronischer Systeme in Anlehnung an [83]

Im Folgenden werden einige ausgewählte Messeffekte im Zusammenhang mit der zu messenden physikalischen Größe anhand von Sensorausführungen näher erläutert.

5.2.1 Widerstandseffekt

Der Widerstandseffekt kann nach [83] in einen Ohmschen Widerstandseffekt und einen Piezowiderstandseffekt unterteilt werden. Im Folgenden soll auf den Ohmschen Widerstandseffekt näher eingegangen werden.

Ohmscher Widerstandseffekt

Sensoren, die den Ohmschen Widerstandseffekt nutzen, enthalten je nach Sensortyp einen veränderlichen elektrischen Widerstand, der seinen Wert in Abhängigkeit der Intensität der zu messenden physikalischen Größe anpasst. Insbesondere seien die Wirkprinzipien „Widerstandsänderung durch Abgriff" und die „Widerstandsänderung durch Verformung" zu nennen, die in mechatronischen Systemen häufig Anwendung finden.

Als Beispiel für das Wirkprinzip „Widerstandsänderung durch Abgriff" sei das Potentiometer zu nennen. Ein Potentiometer ist ein elektronisches Bauelement, dessen Widerstandswert durch mechanischen Eingriff verändert werden kann. Abb. 5.5 veranschaulicht einen möglichen Schaltkreis eines Potentiometers. Der Gesamtwiderstand ($R_{ges} = R_1 + R_2$) des Potentiometers wird an eine Spannungsquelle mit der Spannung U angelegt und mit Strom gespeist. Ein beweglicher Schleifer, an dem ein hochohmiger Messwiderstand R_{Mess} angebracht ist, unterteilt den Gesamtwiderstand in die Teilwiderstände R_1 und R_2. Die Spannung, die am Gesamtwiderstand anliegt, ist äquivalent zu der maximalen zu messenden Gesamtstrecke l_0. An dem durch den Schleifer abgegriffenen Teilwiderstand R_2 fällt die gemessene Spannung U_{Mess} ab. Diese ist proportional zu der gemessenen Strecke l. Aufgrund der positionsabhängigen Änderung der abfallenden Spannung U_{Mess} eignet sich das Potentiometer zur Messung eines Weges oder eines Winkels. Aufgrund seiner Messeigenschaften eignet sich ein Potentiometer beispielsweise für den Einsatz eines Füllstandsensors des Kraftstofftanks eines Kraftfahrzeugs, in dem die Füllhöhe gemessen werden soll.

Das Potentiometer stellt somit einen verstellbaren Spannungsteiler dar, dessen am Messwiderstand abfallende Spannung als Maß für die Messgröße herangezogen werden kann. Für die Annahme $R_{Mess} \gg (R_1 + R_2)$ gilt die folgende Beziehung [83]:

$$\frac{l}{l_0} = \frac{R_2}{R_1 + R_2} = \frac{U_{Mess}}{U} \tag{5.1}$$

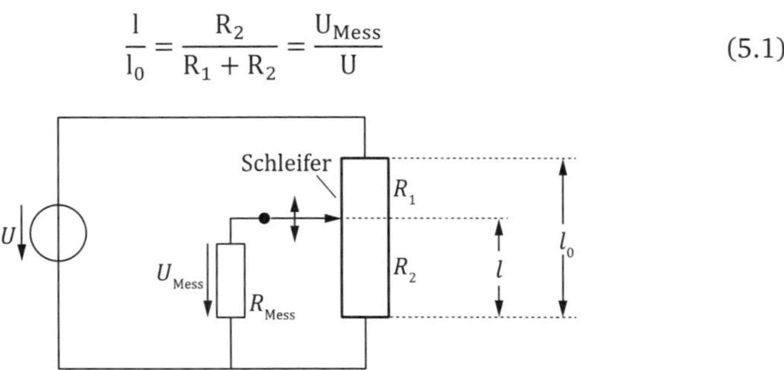

Abb. 5.5 – Elektrischer Schaltkreis eines Potentiometers

Gleichung (5.1) zeigt das lineare Verhalten eines Potentiometers zwischen den normierten Ein- und Ausgangsgrößen. Die Signalauswertung gestaltet sich dadurch leicht. Das Potentiometer stellt einen passiven Sensor dar.

Zur Messung von Kräften und Momenten werden oft Dehnungsmessstreifen (DMS) eingesetzt, die nach dem Prinzip der „Widerstandsänderung durch Verformung" arbeiten. Dehnungsmessstreifen sind Messkomponenten zur Erfassung von Materialverformungen und bestehen aus feinen Messdrähten bzw. Leiterbahnen, die bei Verformungen ihren elektrischen Widerstand ändern (siehe Abb. 5.6).

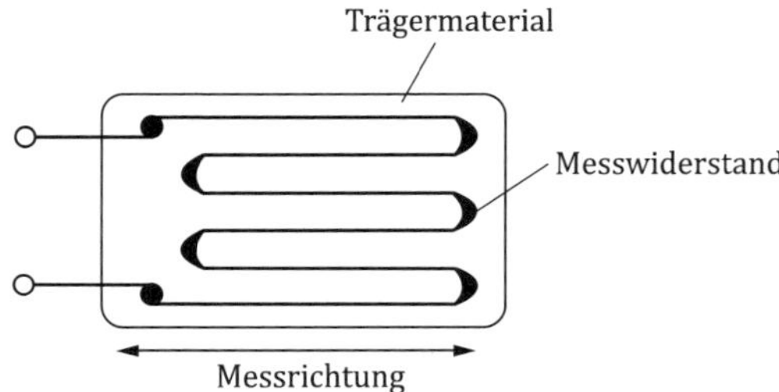

Abb. 5.6 – DMS-Element mit mäanderförmig angeordnetem Widerstandsdraht

Die DMS werden auf die Oberfläche des zu messenden, mechanisch beanspruchten Bauteils aufgeklebt (siehe Abb. 5.7 (links)). Wird das Bauteil mechanisch durch Aufprägung einer äußeren Kraft F belastet, erfährt das Bauteil eine Dehnung ε. Die Formänderung des Bauteils wird auf den DMS übertragen. Die Längen- und Querschnittsänderung der Messdrähte führt zu einer Änderung des elektrischen Widerstandes R. Beim Dehnen des Bauteils nimmt der elektrische Widerstand zu und beim Stauchen nimmt dieser ab. Anhand der gemessenen elektrischen Widerstandsänderung ΔR kann bei bekannter Steifigkeit des Materials auf die Kraft F zurückgeschlossen werden. Der elektrische Widerstand des DMS-Drahtes beträgt [83], [86]:

$$R = \frac{4\rho l}{D^2 \pi}. \qquad (5.2)$$

Hierbei sind ρ der spezifische elektrische Widerstand sowie D der Durchmesser des Drahtes und l dessen Länge im jeweils unbelasteten Zustand. Bei Dehnung des Bauteils ändern sich die Parameter und somit auch der elektrische Widerstand des Drahtes. Die relative elektrische Widerstandsänderung bei Dehnung beträgt:

$$\frac{\Delta R}{R} = \frac{\Delta \rho}{\rho} + \frac{\Delta l}{l} - \frac{2\Delta D}{D} \tag{5.3}$$

Der Term $\frac{\Delta l}{l}$ entspricht der Dehnung ε. Die Querkontraktionszahl υ (Poissonzahl) beschreibt die Querschnittsänderung infolge der Längenänderung des Materials, die aufgrund der Volumenkonstanz vorhanden ist. Die Querkontraktionszahl wird mit $\upsilon = -\frac{\Delta D/D}{\Delta l/l}$ angegeben. Unter Berücksichtigung der Dehnung und der Querkontraktionszahl kann die absolute Widerstandsänderung ausgedrückt werden als:

$$\frac{\Delta R}{R} = \varepsilon\left(1\text{-}2\upsilon + \frac{\Delta \rho}{\rho\varepsilon}\right). \tag{5.4}$$

Unter Hinzunahme von $k = 1\text{-}2\upsilon + \frac{\Delta \rho}{\rho\varepsilon}$ (materialabhängiger k-Faktor) resultiert die Grundgleichung des Dehnungsmessstreifens [86]:

$$\frac{\Delta R}{R} = k\varepsilon\,. \tag{5.5}$$

Um eine große Länge des elektrischen Widerstandes zu erzielen, werden die Drähte der DMS mäanderförmig angeordnet (siehe Abb. 5.6). Darüber hinaus können mehrere DMS in Form einer Wheatstoneschen Brückenschaltung (siehe Abb. 5.7 (rechts)) geschaltet werden, um die Messempfindlichkeit zu erhöhen und Messfehler zu verringern. Die Wheatstone-Brücke besteht aus vier Widerständen, die in einem Kreis miteinander in Form von zwei Spannungsteilern zusammengeschaltet sind. Jeweils zwei der Widerstände sind an der Dehnstelle mit den Dehnungen ε_1 und ε_4, und an der Stauchstelle mit den Stauchungen ε_2 und ε_3 des Materials angebracht. In einer Diagonalen wird eine Spannungsquelle U_B geschaltet und in der anderen Diagonalen wird die abfallende Spannung U_d gemessen. Aufgrund der Notwendigkeit einer äußeren Spannungsquelle handelt es sich beim DMS um einen passiven Sensor. Innerhalb der Wheatstone-Brücke stellen die DMS die Brückenwiderstände R_q (mit $q \in \{1, 2, 3, 4\}$) dar. Das Ausgangssignal des DMS ist die Spannung U_d. Sie repräsentiert die auftretende Dehnung bzw. die angreifende Kraft. Im unbelasteten Zustand ist die gemessene Spannung U_d gleich Null. Hierbei sind alle Widerstände gleich $R_1 = R_2 = R_3 = R_4$ und die Brücke ist abgeglichen. Bei Formänderung des DMS ändern sich die Widerstände in ihrem Wert ΔR_q, sodass die Brücke verstimmt ist und eine bestimmte Spannung U_d gemessen wird.

Des Weiteren kann durch geeignete Anordnung der DMS am Bauteil eine Temperaturkompensation an den temperaturabhängigen Widerständen realisiert werden. Hierfür werden ein DMS an die mechanisch belastete Stelle und ein weiterer an eine mechanisch unbelastete Stelle angebracht. Durch die Temperaturänderung erfolgt eine Widerstandswertänderung in beiden Dehnmessstreifen um den gleichen Betrag, welcher durch die Brückenanordnung an der Messstelle kompensiert wird. Somit resultiert nur eine Widerstandsänderung aufgrund der mechanischen Kraft an dem mechanisch belasteten Widerstandselement [83].

Die Wheatstone-Brücke kann entsprechend der Abb. 5.7 (links) an Biegebalken angebracht werden. Diese Anordnung kann beispielsweise unter der Voraussetzung einer elastischen Verformung des Balkens für die Gewichtsbestimmung eingesetzt werden. Hierbei folgt die Biegung des Balkens durch die angreifende Kraft F. Diese resultiert durch das Anhängen eines Gewichts, dessen Masse über die Auswertung der Brückenschaltung zu bestimmen ist. Die Dehnung an der Oberfläche des Balkens infolge der Biegung verändert die Diagonalspannung U_d. Die Diagonalspannung verhält sich bei kleinen Oberflächendehnungen linear.

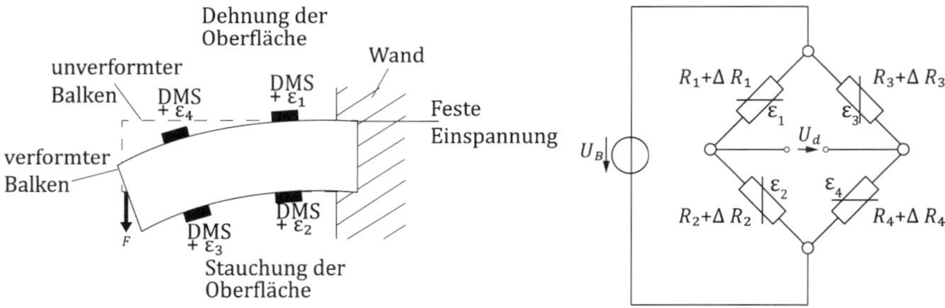

Abb. 5.7 – Vier DMS angebracht an einem Biegebalken (links) und Brückenschaltung mit vier Widerständen (rechts)

Mithilfe des Ohmschen Widerstandeffekts kann darüber hinaus auch die Temperatur eines Mediums gemessen werden. Anhand des Wirkprinzips „Widerstandsänderung durch Temperatur“ wird der elektrische Widerstand eines Temperatursensors durch den Temperatureinfluss verändert. Durch die Messung und Auswertung der abfallenden Spannung am temperaturempfindlichen Widerstand kann somit die Temperatur bestimmt werden.

5.2.2 Magnetische Effekte

Dem magnetischen Effekt können unter anderem das Induktionsprinzip und der galvanomagnetische Effekt zugeordnet werden, auf die im Folgenden näher eingegangen wird.

Induktionsprinzip

Zur Messung physikalischer Größen gibt es unterschiedliche Sensorausführungen, die das Induktionsprinzip nutzen. Die meisten Sensorausführungen setzen sich aus einer Spule und einem Spulenkern bzw. Dauermagneten zusammen. Das Induktionsgesetz besagt, dass eine zeitliche Änderung des Flusses ϕ eine induzierte Spannung U_{ind} in der Spule mit N Windungen hervorruft. Die induzierte Spannung kann auch in Abhängigkeit der als konstant angenommenen Induktivität L und der zeitlichen Ableitung des in der Spule fließenden Stroms I angegeben werden:

$$U_{ind} = N\frac{d\Phi}{dt} = L\frac{dI}{dt} \tag{5.6}$$

Die Änderung des Flusses resultiert häufig aber auch aus rotatorischer oder translatorischer Relativbewegung zum zu messenden Objekt, die zu einer Änderung der Induktivität führt.

Eine mögliche Sensorausführung nach dem Induktionsprinzip ist der Induktivsensor mit variabler Reluktanz. Ein Sensor nach dem variablen Reluktanz-Prinzip wird häufig verwendet, um die Drehzahl oder auch die Winkelposition eines rotierenden Bauteils zu messen. Diese Sensoren werden gewöhnlich in Industrieanlagen oder in Automobilen eingesetzt, um bei anspruchsvollen Bedingungen (starke Vibrationen, hohe Temperaturen etc.) Drehzahlen von Wellen zu erfassen. Ein solcher Sensor setzt sich unter anderem aus einem Dauermagneten, einem Weicheisenkern, einer Spule und einer mit der zu messenden Welle rotierenden, metallischen Zahnscheibe zusammen. Abb. 5.8 stellt einen möglichen Aufbau des Sensors inkl. der Messumgebung dar.

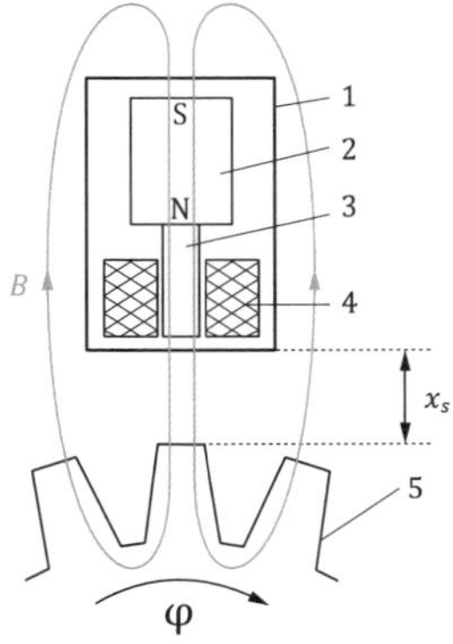

1: Sensorgehäuse

2: Dauermagnet

3: Weicheisenkern

4: Spule

5: Zahnrad

Abb. 5.8 – Drehzahlmessung nach dem Induktionsprinzip

Bedingt durch den Dauermagneten baut sich ein magnetisches Feld auf. Bei Rotation der Zahnscheibe um ihre Rotationsachse wechseln sich die Spitzen und Täler ihrer Zähne am Sensorkopf ab. Dabei variiert kontinuierlich der Abstand der Luftstrecke zwischen dem Sensorkopf und der Zahnscheibe. Diese Änderung des Luftspalts wiederum führt zu einer Änderung der Reluktanz des Luftspalts $R_{m,S}$:

$$R_{m,S} = \frac{x_S}{\mu_0 \mu_{r,L} A_M}. \tag{5.7}$$

x_S ist die Länge der Luftstrecke und verläuft radial von der Zahnscheibe in Richtung des Sensorkopfes. Sie stellt somit den kürzesten Abstand beider Komponenten dar. μ_0 ist die Permeabilität von Vakuum und A_M die Fläche des Weicheisenkerns. Die relative Permeabilität der Luft $\mu_{r,L}$ kann zu $\mu_{r,L} \approx 1$ angenommen werden. Die gesamte Reluktanz des magnetischen Kreises R_m setzt sich aus der Summe der Reluktanz des Dauermagneten, des Weicheisenkerns, des Sensorgehäuses, der Luft im Luftspalt, der Luft auf dem Rückweg der Feldlinien vom Zahnkranz zum Dauermagneten und der Reluktanz innerhalb der Zahnscheibe zusammen. Die Reluktanz der metallischen Werkstoffe kann wegen der hohen Permeabilität des Eisenwerkstoffs vernachlässigt werden. Ebenfalls kann die Reluktanz des Sensorgehäuses sowie der Luft auf dem Rückweg der Feldlinien, aufgrund der Vergleichsweise hohen Querschnittsfläche der Umgebung, vernachlässigt werden. Die Reluktanz der Luft im Luftspalt hat somit die größte Gewichtung, sodass vereinfacht $R_m \approx R_{m,S}$ angenommen werden kann. Die Reluktanz des magnetischen Kreises R_m geht in die Gleichung des magnetischen Flusses Φ ein mit:

$$\Phi = \frac{\Theta_D}{R_m} \tag{5.8}$$

Θ_D stellt die magnetische Durchflutung dar.

Der magnetische Fluss ϕ ist demnach beim kleinsten Abstand zwischen Sensorkopf und dem Zahn des Zahnrades am größten und nimmt bei größer werdendem Abstand ab. Die kontinuierliche Änderung des magnetischen Flusses ϕ induziert eine Spannung innerhalb der Spule (vgl. Gleichung (5.6)). Der Fluss kann in einen Gleichanteil Φ_0 und in einen dynamischen Anteil $\widehat{\Phi} \cdot \sin(z\dot{\varphi}t)$ unterteilt werden:

$$\Phi = \Phi_0 + \widehat{\Phi} \cdot \sin(z\dot{\varphi}t). \tag{5.9}$$

Die Größen z und $\dot{\varphi}$ stellen die Zähnezahl und die Winkelgeschwindigkeit des Zahnkranzes und die Größe $\widehat{\Phi}$ die Amplitude des Flusses dar. Die Amplitude der induzierten Spannung ist proportional zur Amplitude der magnetischen Flussänderung, der Drehzahl des Zahnkranzes sowie der Anzahl der Zähne und kann unter Berücksichtigung der Gleichungen (5.6) und (5.9) bestimmt werden mit:

$$U_{ind} = N \cdot \frac{d\Phi}{dt} = N\widehat{\Phi}z\dot{\varphi} \cdot \cos(z\dot{\varphi}t). \qquad (5.10)$$

Somit ist auch die Frequenz der induzierten Spannung proportional zur Drehzahl des Zahnkranzes sowie zur Anzahl der Zähne. In Abb. 5.9 wird beispielhaft das Ausgangssignal eines idealen Variable-Reluktanz-Sensors für zwei unterschiedliche Drehzahlen n und einem Zahnrad mit 20 Zähnen dargestellt. Der beschriebene Variable-Reluktanz-Sensor gehört zur Gruppe der aktiven Sensoren, da er keine externe Energieversorgung benötigt.

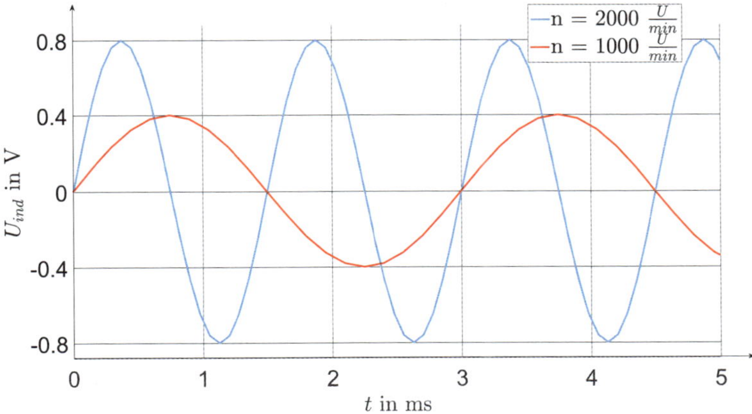

Abb. 5.9 – Ausgangssignal eines idealen Variable-Reluktanz-Sensors (Zähnezahl z = 20)

Eine weitere Möglichkeit, eine physikalische Größe nach dem Induktionsprinzip zu messen, bietet der Sensor in Form eines Differentialtransformators mit verschiebbarem Kern (englisch: linear variable differential transformer – LVDT), der dem Transformatorprinzip entspricht [84]. Ein solcher Sensor besteht aus einer primären Wicklung (Erregerspule) mit der Induktivität L_0, zwei sekundären Wicklungen mit den Induktivitäten L_1 und L_2 und einem um den Weg x_K verschiebbaren magnetischen Kern (siehe Abb. 5.10). Dieser ist mithilfe eines nichtmagnetischen Materialstückes mit dem Messobjekt verbunden. Die Induktivität L_0 der Primärspule wird über eine äußere Energiequelle mit einer Wechselspannung U_0 gespeist. Die Sekundärspulen sind gegenphasig in Reihe geschaltet und werden über die Primärspule gespeist. Die Kopplung von den Spulen in der

Primär- und der Sekundärwicklung bzw. der Betrag der induzierten Spannungen in den Sekundärspulen hängt von der Stellung des Kerns ab. Durch die serielle Gegentaktschaltung gehen die beiden Spannungen U_1 und U_2 mit verschiedenen Vorzeichen in die resultierende Differenzspannung $U_X = U_1\text{-}U_2$ ein und es wird ein näherungsweise lineares Verhalten zwischen Eingangs- und Ausgangsgröße des Sensors ermöglicht. Die Verschiebung des Kerns führt zu einer gegenläufigen Variation ihrer Induktivität.

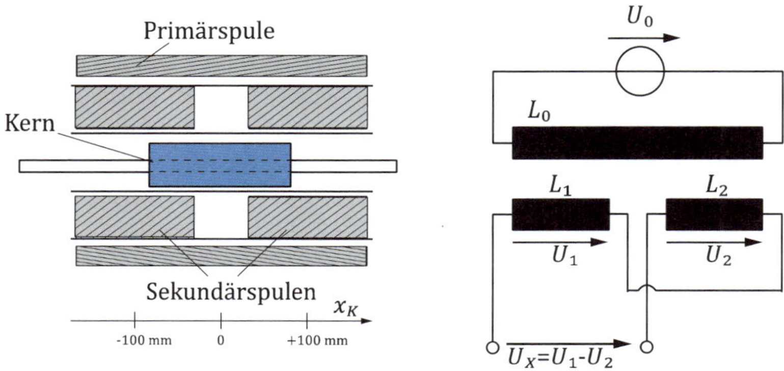

Abb. 5.10 – Querschnitt (links) und schematische Darstellung (rechts) des Sensorelements eines LVDT

In Abb. 5.11 ist die mit der Sensorelektronik ausgewertete Ausgangsspannung U_A über der Eingangsgröße x_K dargestellt. Steht der Kern mittig, sodass die Anordnung eine symmetrische Form annimmt, wirkt der gleiche magnetische Fluss auf beide Sekundärspulen. Die beiden induzierten Spannungen U_1 und U_2 der Sekundärspulen sind identisch und die resultierende Ausgangsspannung ist Null. Bei Auslenkung des Kerns wird die symmetrische Anordnung verlassen und eine über die verschiedenen Induktivitäten unterschiedliche Spannung in die beiden Sekundärspulen induziert. Beim Bewegen des Kerns in die positive Richtung von x_K nehmen der wirkende magnetische Fluss und die dadurch induzierte Spannung der Spule in Bewegungsrichtung zu und gleichzeitig nehmen der magnetische Fluss und die induzierte Spannung in der anderen Spule ab. Beim Bewegen des Kerns in die entgegengesetzte Richtung findet der umgekehrte Effekt statt. In beiden Fällen resultiert somit eine Ausgangsspannung ungleich Null. Das Vorzeichen der Steigung der Ausgangsspannung hängt von der Definition der resultierenden Differenzspannung ab.

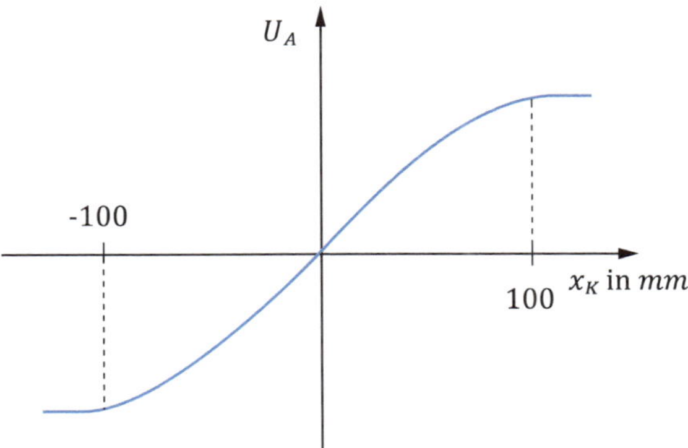

Abb. 5.11 – Ein- und Ausgangssignale eines LVDT-Sensor

Aufgrund der Versorgung der Primärwicklung über eine externe Erregerspannung handelt es sich beim LVDT-Sensor um einen passiven Sensor. LVDT-Sensoren werden beispielsweise in industriellen Sortieranlagen zur Messung von Wegen eingesetzt. Ein ausführliches Beispiel eines etwas anders aufgebauten Wegsensors nach dem Induktionsprinzip wird in Kapitel 5.4.1 erläutert.

Galvanomagnetische Effekte

Galvanomagnetische Effekte treten auf, wenn sich stromdurchflossene Plättchen von Leitern oder Halbleitern in einem Magnetfeld befinden, welches senkrecht zum Stromfluss innerhalb des Leiters steht. Der Hall-Effekt gehört zu den galvanomagnetischen Effekten, welcher häufig in Sensoren eines mechatronischen Systems vorzufinden ist. Im Folgenden wird auf den Hall-Effekt näher eingegangen.

Der Hall-Effekt tritt in einem stromdurchflossenen elektrischen Leiter auf, der von einem Magnetfeld umgeben ist. Er wird in Hallsensoren genutzt, um die Intensität eines Magnetfelds zu messen.

Ein wesentliches Sensorelement des Hallsensors ist der Hallgenerator. Dieser besteht aus einem Leiterplättchen eines Halbleitermaterials, durch den ein Strom I fließt. Parallel zur Stromrichtung sind seitlich am Leiter zwei Elektroden angebracht, an denen die Hallspannung U_H abfällt (siehe Abb. 5.12). Wird das Leiterplättchen einem dazu senkrecht stehenden Magnetfeld B ausgesetzt, so wirkt auf die Elektronen des stromdurchflossenen Leiters die Lorentzkraft F_L, die jeweils zur Stromrichtung und zur Magnetfeldrichtung senkrecht steht [87].

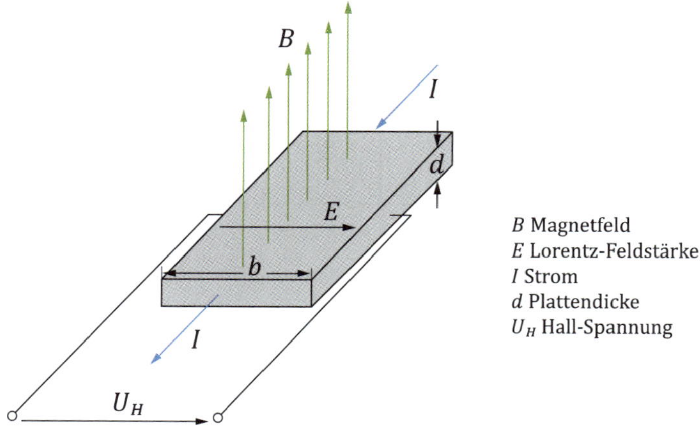

Abb. 5.12 – Stromdurchflossenes Leiterplättchen des Hallgenerators

Die Elektronen werden senkrecht zu ihrer Bewegungsrichtung abgelenkt. Durch die Ablenkung tritt ein Potentialunterschied zwischen den Elektroden auf, sodass eine Hallspannung U_H ungleich Null resultiert. Die Hallspannung U_H ist proportional zum Strom I und der magnetischen Flussdichte B und wird darüber hinaus vom Hallkoeffizienten R_H und der Dicke d des Leiterplättchens beeinflusst:

$$U_H = \frac{R_H B I}{d} \tag{5.11}$$

Der Hallkoeffizient R_H ist eine Konstante und beschreibt die Eigenschaften des Materials. Die Ablenkung der Elektronen verursacht einen Elektronenüberschuss auf der Seite, zu der die Elektronen abgelenkt werden und entsprechend einen Elektronenmangel auf der gegenüberliegenden Seite des Leiterplättchens. Durch diese Ladungstrennung innerhalb des Leiterplättchens bildet sich ein elektrisches Feld E, das eine der Lorentzkraft F_L entgegen gerichtete Kraft auf die Elektronen ausübt. Die Ladungstrennung findet statt, solange die Lorentzkraft größer als die Kraft aus der elektrischen Feldstärke ist.

In der Praxis werden Hallsensoren häufig zur Messung der Drehzahl von rotierenden Wellen eingesetzt (siehe Abb. 5.13 (links)). Je nach Ausführung ist im Hallsensor ein Dauermagnet integriert, welcher das magnetische Feld erzeugt (siehe Abb. 5.13 (rechts)). Die Rotation der Zähne verursacht eine Änderung der magnetischen Flussdichte, die vom Hallsensor anhand der veränderlichen Hallspannung registriert wird. Eine Annäherung der Zahnspitze an den Sensor verstärkt die Hallspannung. Eine darauffolgende Annäherung der Zahnlücke schwächt diese ab. Die Hallspannung alterniert somit um einen konstanten Wert.

Anhand der Frequenz der Signalfolge kann auf die Drehzahl der Welle geschlossen werden. Der Hallsensor ist unterschiedlichen Störgrößen wie beispielsweise der Temperatur ausgesetzt. Die Temperaturabhängigkeit resultiert durch die temperaturabhängigen Materialeigenschaften des Leiterplättchens. Zur Kompensierung des Temperatureinflusses können entsprechende Maßnahmen in der Auswerteelektronik des Sensors ergriffen werden. Aufgrund des notwendigen Stromes des Leiterplättchens stellt der Hallsensor einen passiven Sensor dar.

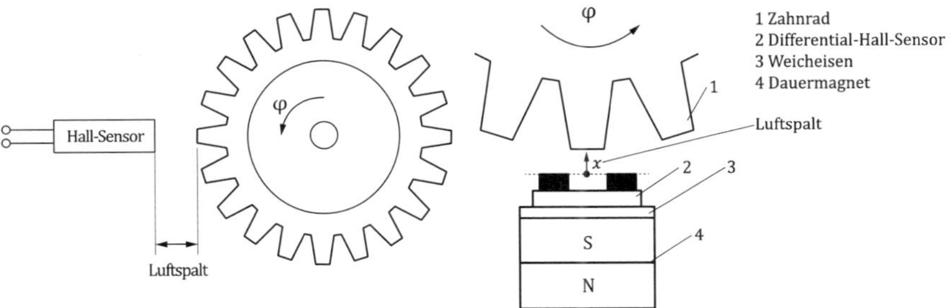

Abb. 5.13 – Anwendung des Hallsensors zur Drehzahlmessung (links) und Aufbau eines Differential-Hallsensors (rechts)

Zur Messung der Drehzahl werden oft Differential-Hallsensoren eingesetzt. Diese besitzen zur Drehzahlmessung den gleichen prinzipiellen Systemaufbau wie in Abb. 5.13 (links) mit dem Unterschied, dass zwei Hallsensoren direkt nebeneinander verwendet werden (siehe Abb. 5.13 (rechts)). Die Auswertung des Ausgangssignals (Differenzspannung U_X) erfolgt durch die Differenzbildung der Ausgangsspannungen (U_{H1} und U_{H2}) beider Hallsensoren mit:

$$U_X = U_{H1} - U_{H2} \tag{5.12}$$

Der Vorteil dieses Messaufbaus liegt darin, dass die Ausgangsspannung U_X unabhängig ist vom jeweiligen Absolutwert der magnetischen Flussdichte. Weiterhin bietet der Aufbau eine Resistenz gegen Luftspaltschwankungen. Im Vergleich zum Differential-Hallsensor kann mit einem Hallsensor mit nur einem Hallelement nicht unterschieden werden, ob der magnetische Fluss und somit die Hallspannung infolge eines sich weiterdrehenden Zahnrades oder durch eine Abstandsänderung (bspw. verursacht durch Vibrationen) geändert wird. Die Anwendungsgebiete zum Einsatz eines solchen Sensorsystems sind die gleichen wie bei der Drehzahlmessung durch das Induktionsprinzip. Hallsensoren werden im Automobilbereich beispielsweise zur Messung der Drehzahl der Nockenwelle des Verbrennungsmotors eingesetzt [88].

In Abb. 5.14 ist der Ausgangssignalverlauf eines Differential-Hallsensors bei gegebener Zahnkontur des Rotors gezeigt. Der in Abb. 5.14 dargestellte Luftspalt x bezieht sich auf die Position zwischen den beiden Hallsensoren. Durch die Variation des Luftspalts korreliert der sinusförmige Verlauf der Differenzspannung U_X beider Hallsensoren mit der Zahnkontur des Rotors. Eine weitere technische Anwendung des Hall-Effekts findet sich bei Stromwandlern zur Strommessung wieder.

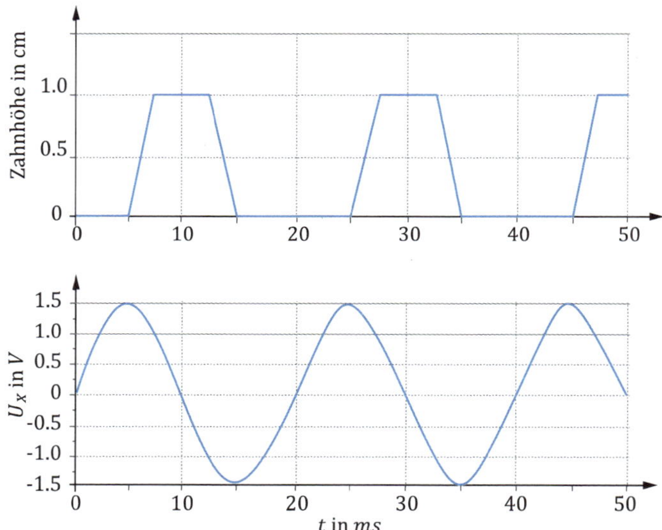

Abb. 5.14 – Signalverlauf eines Differential-Hallsensors zur Drehzahlmessung

5.2.3 Kapazitive Effekte

Beim kapazitiven Messprinzip stellen der Sensor und das zu messende Objekt einen Plattenkondensator mit der Kapazität C, der Ladung Q und der Spannung U mit dem folgenden Zusammenhang dar:

$$Q = CU \tag{5.13}$$

Die Kapazität eines Kondensators hängt von der Fläche A der Elektroden, deren Abstand x_d und den Dielektrizitätskonstanten des im Feld vorzufindenden Dielektrikums, der relativen Permittivität ε_r und der Permittivität des Vakuums ε_0 ab:

$$C = \varepsilon_r \varepsilon_0 \frac{A}{x_d} \tag{5.14}$$

Je nach Ausführung kann der Sensor unterschiedlich aufgebaut sein. Beispielsweise können die Elektroden des Plattenkondensators eine kreisförmige Fläche aufweisen und der Messkörper direkt mit einer der beweglichen Kondensatorelektroden verknüpft sein. Durch Änderung seiner Position ändert sich der Abstand bzw. die Anordnung der Kondensatorelektroden zueinander, wodurch sich die Kapazität und somit die zu messende Spannung ändert. Über die Spannung kann z. B. auf den Abstand, die Verschiebung oder die Verdrehung des zu messenden Körpers geschlossen werden. In Abb. 5.15 werden schematisch die Ausführung zur Messung des Abstands und der seitlichen Verschiebung des Messkörpers dargestellt. Anhand der Gleichungen (5.13) und (5.14) lässt sich der für den ersten Fall lineare Zusammenhang zwischen dem zu messenden Abstand x_d und der Spannung U erkennen.

Ein kapazitiver Sensor kann beispielsweise für Abstandsmessungen oder für Messungen des Füllstands eines Mediums in einem Behälter, wie im Kraftstofftank eines Pkw, zum Einsatz kommen. Die Spannung am Kondensator wächst mit steigendem Abstand (Füllstand) und nähert sich der Speisespannung der Spannungsquelle an, die mit Wechselspannung arbeitet. Das Funktionsprinzip eines solchen kapazitiven Abstandssensors entspricht dem kapazitiven Sensor zur Messung des Abstandes (siehe Abb. 5.15 (a)). Die Überdeckungsfläche der Kondensatorelektroden ändert sich hierbei nicht. Die Spannung ist proportional zum Plattenabstand. Kapazitive Sensoren zur Messung der seitlichen Verschiebung weisen eine von der Oberflächenkontur der Platten abhängige Kennlinie auf. Die gemessene Spannung ist antiproportional zur Schnittfläche A (siehe Abb. 5.15 (b)) [83]. Der kapazitive Sensor stellt einen passiven Sensor dar.

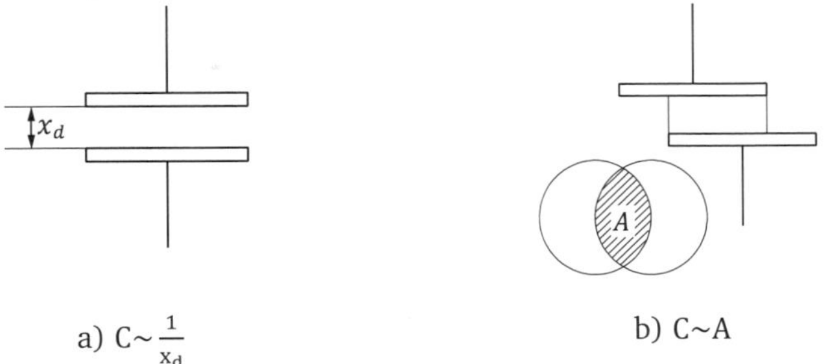

Abb. 5.15 – Verschiedene Anordnungen eines kapazitiven Sensors zur Messung des Abstands (a) und der seitlichen Verschiebung (b)

5.2.4 Piezo- und pyroelektrische Effekte

Der piezo- und der pyroelektrische Effekt repräsentieren zwei unterschiedliche Effekte, die zur Ladungstrennung innerhalb eines Werkstoffes bzw. Kristalles führen. Der piezoelektrische Effekt beschreibt die Änderung der elektrischen Polarisation bei mechanischer Druck- oder Zugbelastung eines piezoelektrischen Materials. Dies führt dazu, dass es an den Oberflächen des Materials zu einer elektrischen Ladungsverschiebung kommt und sich ein elektrisches Potenzial bildet. Der gleiche Effekt tritt bei pyroelektrischen Materialien resultierend aus einer Temperaturänderung des Werkstoffes auf. In beiden Fällen kann die durch die Ladungstrennung entstandene Spannung abgegriffen werden [83], [84]. Im Folgenden soll auf den piezoelektrischen Effekt näher eingegangen werden.

Die Ausprägung des piezoelektrischen Effekts ist bei natürlichen Materialien wie z. B. Quarz, Turmalin oder Seignette-Salz sehr gering. Daher wurden verbesserte polykristalline ferroelektrische Keramiken wie beispielsweise Barium-Titanat ($BaTiO_3$) oder Blei-Zirkonat-Titanat (PZT) entwickelt. Oberhalb der sogenannten Curie-Temperatur weisen die Kristalle ein zentrosymmetrisch kubisches Gitter (Isotropie) auf. Unterhalb dieser Temperatur liegt ein tetragonales Gitter (Anisotropie) vor. Diese beiden Sachverhalte sind in Abb. 5.16 zu erkennen. Abb. 5.16 (1) zeigt, dass sowohl positive als auch negative Ladungen gleich verteilt sind und es mikroskopisch betrachtet zu keiner Dipolausbildung kommt. Erst durch die tetragonale Gitterbildung kommt es auf mikroskopischer Ebene zu einer Dipolausbildung (siehe Abb. 5.16 (2)). Die Curie-Temperatur stellt für Piezomaterialien somit eine kritische Temperaturgrenze dar, oberhalb welcher die Kristalle ihre piezoelektrischen Eigenschaften verlieren. Beim Überschreiten dieser Temperatur kommt es zur sogenannten thermischen Depolarisation [89].

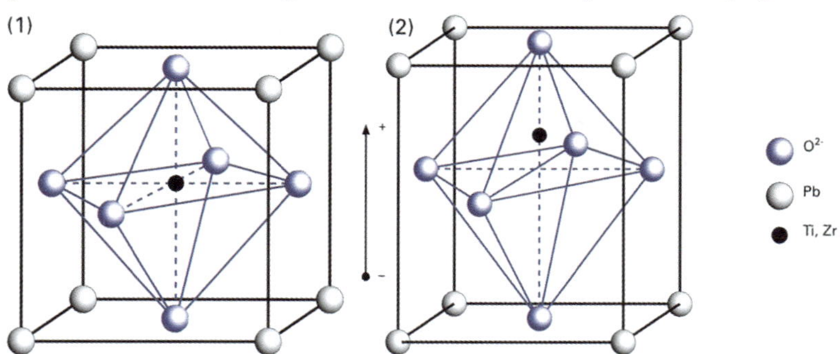

Abb. 5.16 – Zentrosymmetrisch kubisches Gitter (1) und tetragonales Gitter (2) [90]

Im Folgenden soll auf das Piezomodell in Abb. 5.17 eingegangen werden. Dieses Piezomodell kann zur Beschreibung des piezoelektrischen und des inversen piezoelektrischen Effekts herangezogen werden.

Bei äußerer mechanischer Belastung mit der Kraft F_{Piezo} und der daraus resultierenden Verformung des Piezokristalls bilden sich durch Verlagerung der positiven und negativen Ladungen mikroskopische elektrische Dipole im Inneren einer Elementarzelle. Die Dipole benachbarter Elementarzellen richten sich in gleicher Richtung aus. Die piezoelektrische Polarisation ist richtungsabhängig und tritt lediglich in unsymmetrischen Piezokristallgittern mit einer polaren Achse auf [86]. Durch Druck- bzw. Zugbelastung des Piezoelements tritt an den äußeren Elektroden der Piezokristalle aufgrund der inneren Ladungsverschiebung ein elektrisches Potential (Ladungsdifferenz) auf, an denen eine elektrische Spannung U abfällt (siehe Abb. 5.17 (links)). Das Vorzeichen der mechanischen Spannung hängt von der Belastungsart (Zug/Druck) ab:

$$\frac{F}{A} = -\frac{F_{Piezo}}{A} \tag{5.15}$$

In der praktischen Anwendung darf aufgrund der Sprödheit des keramischen Materials allerdings eine direkte Zugbeanspruchung nicht erfolgen. Diese kann durch eine überlagerte Druckvorspannung vermieden werden.

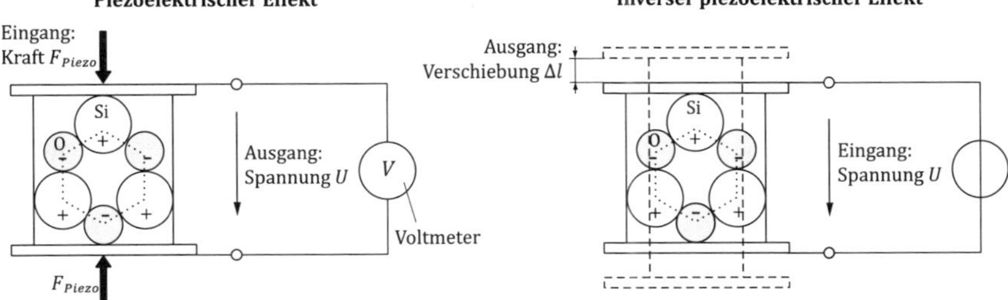

Abb. 5.17 – Piezoelektrischer Effekt (links) und inverser piezoelektrischer Effekt (rechts)

Das Piezoelement wirkt wie ein interner Ladungsgenerator. Die Elektroden des Piezoelements sammeln die innere Ladung wie ein Kondensator, an denen eine Spannung abgegriffen werden kann. Die Spannung U ist proportional zur aufgeprägten Kraft F_{Piezo} und wird in diesem Beispiel durch ein Voltmeter gemessen (siehe Abb. 5.17 (links)). Idealerweise besitzt dieses einen unendlich großen Ohmschen Widerstand, sodass kein Strom abfließt. Mit dieser Annahme wäre es möglich auch statische Messungen mit einem Piezosensor durchzuführen, da nach dem Anschließen des idealen Voltmeters kein Strom fließt, welcher den Kondensator entlädt. In Realität ist der Widerstand jedoch endlich groß. Daher fließt ein nicht vernachlässigbarer Strom. Mit der Zeit führt diese zur Entladung des Kondensators und somit zum Spannungseinbruch.

Der piezoelektrische Effekt wird in sensorischen Anwendungen genutzt, um Kräfte oder Beschleunigungen zu messen. Aufgrund der Ladungstrennung weisen Piezoelemente ähnliche Eigenschaften wie elektrische Kondensatoren auf [12].

Im umgekehrten Fall kann eine Kristallverformung mit der Verschiebung Δl erzeugt werden, wenn eine elektrische Spannung an den Elektroden angelegt wird (siehe Abb. 5.17 (rechts)). Hier spricht man vom inversen piezoelektrischen Effekt. Technisch kann dieser Effekt in naheliegender Weise für aktorische Anwendungen in Form einer elektrischen Krafterzeugung genutzt werden.

Nachfolgend werden in allgemeiner Form die elektromechanischen Verkopplungen, welche in piezoelektrischen Werkstoffen durch Zustandsgleichungen beschrieben werden können, für den eindimensionalen Fall dargestellt:

$$D = d \cdot T + \varepsilon_T \cdot E \tag{5.16}$$

$$S = s_E \cdot T + d \cdot E \tag{5.17}$$

In dieser Form entsprechen die Gleichungen den Konventionen der Festkörperphysik. Die Bedeutung der einzelnen Gleichungselemente können aus Tab. 5.2 entnommen werden.

$S = \frac{\Delta l}{l}$	Dehnung ε in der Mechanik	$[S] = \frac{m}{m}$
$D = \frac{Q}{A}$	Elektrische Verschiebungsdichte	$[D] = \frac{As}{m^2}$
$T = \frac{F}{A}$	Spannung σ in der Mechanik ($F = -F_{Piezo}$)	$[T] = \frac{N}{m^2}$
$E = \frac{U}{l}$	Elektrische Feldstärke	$[E] = \frac{V}{m}$
ε_T	Permittivität	$[\varepsilon] = \frac{As}{Vm}$
s_E	Elastizitätskonstante: reziproker E-Modul	$[s_E] = \frac{m^2}{N}$
d	Piezoelektrische Konstante	$[d] = \frac{As}{N}$

Tab. 5.2 – Elemente der Piezozustandsgleichungen in Anlehnung an [12]

Hinweis: Die bisher dargestellten Symbole stellen zur Vereinfachung skalare Größen in einer räumlichen Richtung dar. Faktisch ergeben sich aber Wirkungen in allen drei räumlichen Hauptrichtungen (siehe Abbildung 18).

Die Gleichung (5.16) gibt hierbei den Zusammenhang für den piezoelektrischen Effekt wieder. Sie beschreibt die elektrische Festkörpereigenschaft der Erzeugung einer elektrischen Polarisation in einem Nichtleiter durch mechanische Beeinflussung. Die Gleichung (5.17) beschreibt den inversen piezoelektrischen Effekt und somit die mechanische Festkörpereigenschaft der Erzeugung einer mechanischen Spannung bzw. Dehnung durch ein elektrisches Feld. Durch das Nullsetzen der Verschiebungsdichte D in der eingeführten Piezozustandsgleichung (5.16) kann gezeigt werden, dass das Vorzeichen der elektrischen Spannung abhängig ist von der Art der Belastung.

$$0 = dT + \varepsilon_T E \Rightarrow E = -d\frac{T}{\varepsilon_T} = \frac{U}{l} \tag{5.18}$$

Die mechanische Spannung ist bei einer Druckkraft definitionsgemäß negativ [12] ($F < 0$ bzw. $F_{Piezo} > 0$). Demnach resultiert nach Gleichung (5.18) bei einer Druckkraft eine positive elektrische Spannung U. Das Nullsetzen der Verschiebungsdichte D entspricht dem Fall, dass die Elektroden offen sind bzw. kein Strom nach außen abfließt. Die externe Ladungsverschiebung Q ist demnach Null und es findet nur eine innere Ladungsverschiebung statt. Wird das Piezoelement von außen kurzgeschlossen, führt dies zu einer raschen externen Ladungsverschiebung Q, sodass die Spannung U einbricht. Beim Kurzschließen der Elektroden verschwindet infolgedessen das elektrische Feld E, sodass sich die Gleichungen (5.16) und (5.17) vereinfachen zu:

$$D = d \cdot T \tag{5.19}$$

$$S = s_E \cdot T \tag{5.20}$$

Eine weitere Möglichkeit die Piezozustandsgleichungen darzustellen ist diese in Form einer sogenannten Verkopplungsmatrix unter Berücksichtigung eines dreidimensionalen mechanischen Spannungs- bzw. Dehnungszustands sowie der drei Hauptrichtungen anzugeben. Diese Art der Darstellungsform zeigt Abb. 5.18. In dieser Schreibweise lässt sich die Dimension der Matrizen und Vektoren aus den Zustandsgleichungen einfach bestimmen. Hierin ist d^T die transponierte Matrix der Piezokonstanten.

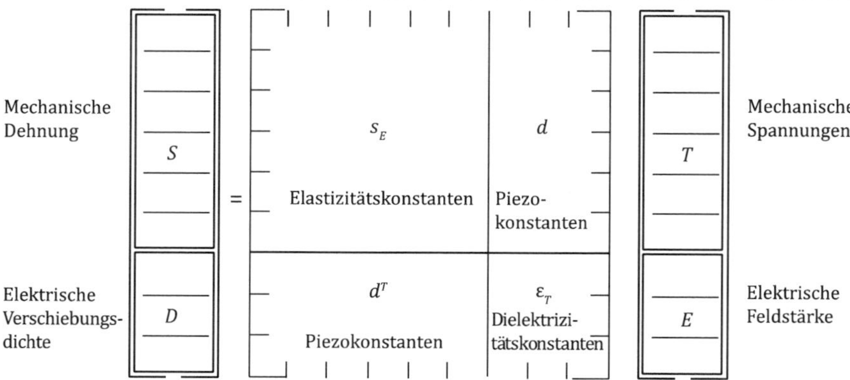

Abb. 5.18 – Verkoppelungsmatrix bei Piezoelementen

Piezoelemente werden häufig in Kraftmesssensoren zur Messung von wirkenden Kräften eingesetzt. Der Piezosensor stellt einen aktiven Sensor dar, da er ohne externe Energieversorgung auskommt. Abb. 5.19 zeigt exemplarisch das Verhalten eines Piezoelements. Auf das Piezoelement wirkt eine sinusförmige Kraft F_{Piezo}. Das Piezoelement gibt eine entsprechend sinusförmige Spannung U aus. In diesem Beispiel erzeugt das Piezoelement eine der Kraft proportionale Spannung mit einer sogenannten Empfindlichkeit (siehe Kapitel 5.3) von 200 $\frac{mV}{N}$. Kraftmesssensoren mit Piezoelementen werden oft zur Messung primär hochdynamischer, aber auch quasistatischer Kräfte verwendet [91]. Sie werden in industriellen Anlagen, beispielsweise bei der Überwachung von schnellen Einpress- und Montageprozessen, eingesetzt.

Weiterhin werden Piezoelemente häufig auch in Beschleunigungssensoren zur Messung von auftretenden Beschleunigungen verwendet. In Piezobeschleunigungssensoren übt eine Masse durch die zu messenden Beschleunigungen Massenkräfte auf das Piezoelement aus. Eine typische Anwendung eines Piezobeschleunigungssensors findet man bei Ottomotoren im Bereich der Klopfregelung. Hierbei findet eine Überwachung des Verbrennungsprozesses statt, indem die Beschleunigung der Zylinderbank gemessen wird [88]. In Kapitel 5.4.2 wird eine ausführliche Erläuterung eines Beschleunigungssensors auf Basis von Piezoelementen dargestellt.

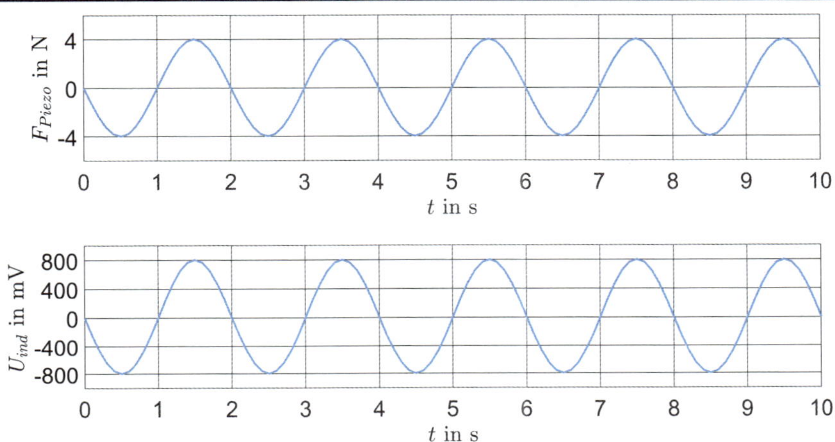

Abb. 5.19 – Beispielhaftes Eingangssignal (Kraft F_{Piezo}) und Ausgangssignal (Spannung U) eines Piezo-Kraftsensors

5.2.5 Optische Effekte

Der optische Effekt beruht auf der Wechselwirkung elektromagnetischer Strahlung (sichtbares Licht, Infrarot- und Ultraviolettstrahlung) mit einem Halbleitermaterial [83]. Die Energie der elektromagnetischen Strahlung wirkt auf das Halbleitermaterial und bewirkt durch den Energieübertrag eine Ladungsverschiebung innerhalb des Halbleiters.

Ein Photoelement oder eine Photodiode ist ein Sensorelement, welches sich den optischen Effekt zunutze macht. Es setzt Licht mithilfe des sogenannten inneren photoelektrischen Effekts in elektrischen Strom bzw. eine elektrische Spannung um. Der innere photoelektrische Effekt beschreibt die Wechselwirkung von Photonen mit einem Halbleitermaterial. Trifft ein Photon auf das Halbleitermaterial, wird dieses absorbiert und löst durch den Energieübertrag ein Elektron eines Atoms im Halbleitermaterial heraus. Das Elektron wird dabei vom sogenannten Valenzband mit dem Energiezustand W_V in das energetisch höher gelegene Leitungsband mit dem Energiezustand W_C gehoben (siehe Abb. 5.20 (links)). Als Bedingung für das Herauslösen des Elektrons gilt, dass die Energie des Photons gleich oder höher liegen muss als die Energie zur Überwindung der materialabhängigen Bandlücke zwischen den beiden Bändern. Im Valenzband bleibt ein sogenanntes Loch (vergleichbar mit einem positiv geladenen Ladungsträger) zurück [84].

Das Halbleitermaterial ist in zwei Gebiete geteilt, wobei das eine Gebiet negativ (n) und das andere positiv (p) dotiert ist. Unter dem Begriff Dotierung ist zu verstehen, dass das Grundmaterial wie beispielsweise Silizium mit seinen vier Valenzelektronen (Außenelektronen) mit Fremdatomen einer zum Grundmaterial ungleichen Valenzelektronenanzahl ausgetauscht wird. Der Austausch von Atomen mit einer höheren Valenzelektronenanzahl wird n-Dotierung genannt, da die überschüssigen Valenzelektronen keine Verbindung eingehen und eine freibewegliche negative Ladung darstellen. Das Gebiet mit der n-Dotierung wird als n-Gebiet bezeichnet. Im umgekehrten Fall, d. h. beim Austausch von Atomen mit niedrigerer Anzahl an Valenzelektronen, fehlen bei einer p-Dotierung Valenzelektronen, sodass das dort vorhandene p-Gebiet freibewegliche positive Löcher aufweist. Absolut betrachtet sind die Gebiete neutral geladen [92]. Werden die beiden Gebiete aneinander gelegt, entsteht ein p-n-Übergang, in dem die überschüssigen Elektronen aus dem n-Gebiet in das p-Gebiet und die Löcher aus dem p-Gebiet in das n-Gebiet diffundieren (siehe Abb. 5.20 (rechts)). Die Abwanderung der Elektronen bzw. der Löcher in das gegenüberliegende Gebiet findet überwiegend in der Nähe der Grenzzone bei $x = 0$ statt. Die Diffusion der Elektronen verursacht am linksseitigen Rand des n-Gebiets einen Bereich mit vergleichsweise geringer Konzentration der Elektronen. Die Dotieratome sind nicht mehr neutral, sodass der Halbleiter an dieser Stelle eine positive Ladung aufweist. Ein äquivalentes Verhalten stellt sich am rechtsseitigen Rand des p-Gebiets ein, an dem durch die Diffusion der Löcher ein negativ geladener Bereich entsteht [92]. Aufgrund der Ladungsdiffusion entsteht um die Grenzzone herum im n-Gebiet eine positiv bzw. im p-Gebiet eine negativ geladene Raumladungszone (siehe Abb. 5.20 (rechts)). Durch die unterschiedlich geladenen Raumladungszonen bildet sich ein elektrisches Feld, welches vom n-Gebiet zum p-Gebiet verläuft. In der Raumladungszone sind keine freien Ladungsträger mehr vorhanden. In Abb. 5.20 (rechts) sind wegen der besseren Übersicht lediglich die beweglichen Ladungsträger (freie Elektronen und Löcher) der Dotieratome und nicht die ortsfesten ionisierten Dotieratome selbst dargestellt.

Bei Lichteinfall auf das Halbleitermaterial werden die Elektronen durch die Photonenenergie von ihrem Valenzband in das Leitungsband befördert. Dabei wandern aus der Raumladungszone die Elektronen in das p-Gebiet und die Löcher zum n-Gebiet. Es findet eine Ladungstrennung statt. Zwischen den beiden Gebieten fällt eine vom Lichteinfall abhängige Spannung ab, die gemessen werden kann.

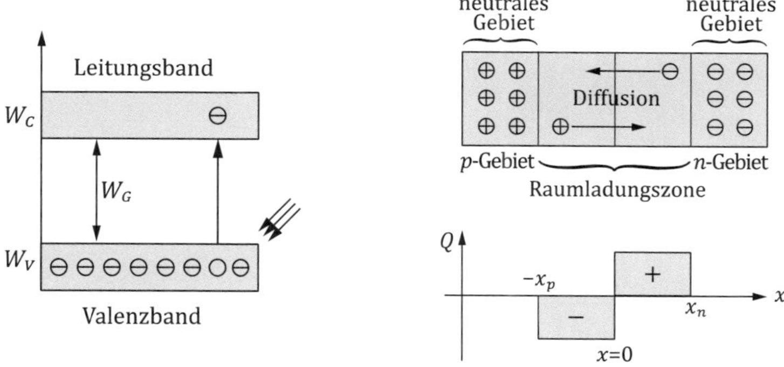

Abb. 5.20 – Bändermodell (links) und p-n-Gebiet mit der Ladungsverteilung eines Halbleiters (rechts)

Das Verhalten und die möglichen Betriebsbereiche einer Photodiode können der Abb. 5.21 entnommen werden. Das beispielhaft dargestellte Kennfeld zeigt drei verschiedene Kennlinien in Abhängigkeit der Beleuchtungsstärke E_V. Das Kennfeld besitzt zwei grundlegende Betriebsarten, die des Elementbetriebs und die des Diodenbetriebs [93]. Der Diodenbetrieb findet im dritten Quadranten und der Elementbetrieb findet im vierten Quadranten des Kennfelds statt. Im Elementbetrieb nennt man das Sensorelement Photoelement. Das Photoelement kann in dieser Betriebsart dazu verwendet werden, um einen Kurzschlussstrom I_K (Abb. 5.22a), eine Leerlaufspannung U_L (Abb. 5.22b) oder sowohl einen Strom I_R als auch eine Spannung U_R (Abb. 5.22c) zu messen. Man erkennt den linearen Verlauf des Diodenstromes I_D in Abhängigkeit der Beleuchtungsstärke E_v bei kleinen Diodenspannungen $U_D < 0.1\,V$ (siehe Abb. 5.21). Die Leerlaufspannung U_L läuft beim Nullsetzen der Ordinate einem Sättigungswert entgegen. Im Diodenbetrieb werden Photodioden mit einer konstanten Vorspannung betrieben. Liegt diese Vorspannung an der Diode an, so fließt ein von der Beleuchtungsstärke abhängiger linearer Strom I_R Abb. 5.22d [88]. In dieser Betriebsart kann eine Spannung U_R am Widerstand R abgegriffen werden. Ein Photoelement bzw. eine Photodiode ist ein aktives Sensorelement.

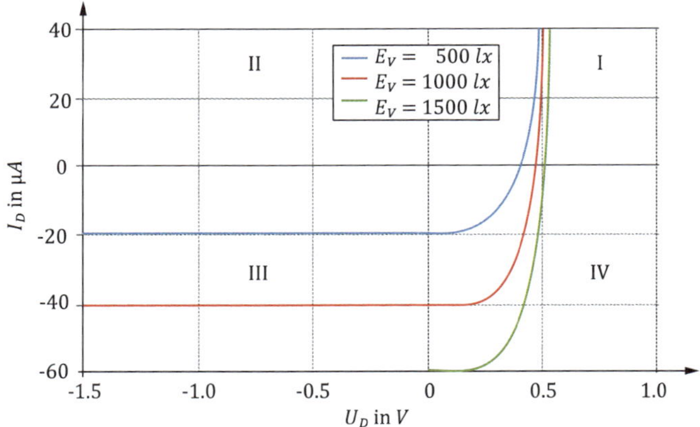

Abb. 5.21 – Charakteristische Kennlinien einer Photodiode

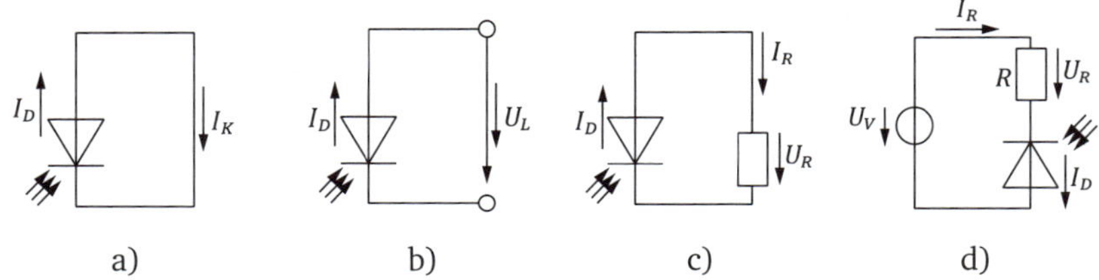

Abb. 5.22 – Betriebsarten von Photodioden:

a) Elementbetrieb, Messung des Kurzschlussstroms I_K

b) Elementbetrieb, Messung der Leerlaufspannung U_L

c) Elementbetrieb, Strom- oder Spannungsmessung in einem Kreis mit Lastwiderstand R

d) Diodenbetrieb, Messung des Stroms I_R oder der am Lastwiderstand R abfallenden Spannung U_R. Versorgungsspannung U_V

Der lichtabhängige Spannungsabfall an der Photodiode kann genutzt werden, um unterschiedliche physikalische Größen zu messen. Häufig wird die photoelektrische Abtastung in Weg- und Winkelmesssystemen verwendet, dabei wird gemäß Abb. 5.22 die Betriebsart c) von Photoelementen verwendet. Hierbei dient die Photodiode als Spannungsquelle. Durch den sich ausbildenden elektrischen Strom I_R wird am Lastwiderstand R innerhalb der Messelektronik die abfallende Spannung U_R gemessen, um auf die Beleuchtungsstärke zu schließen. Die wesentlichen Bestandteile eines solchen Systems sind eine Lichtquelle mit einem nachgeschalteten Kondensor, der die Lichtstrahlen in eine definierte Richtung lenkt, eine Abtastplatte mit dem Abtastgitter, ein Maßstab sowie mehrere aneinandergereihte Photodioden in Form eines strukturierten Photosensors. In Abb. 5.23 ist ein Inkrementalencoder mit den erwähnten Bestandteilen dargestellt.

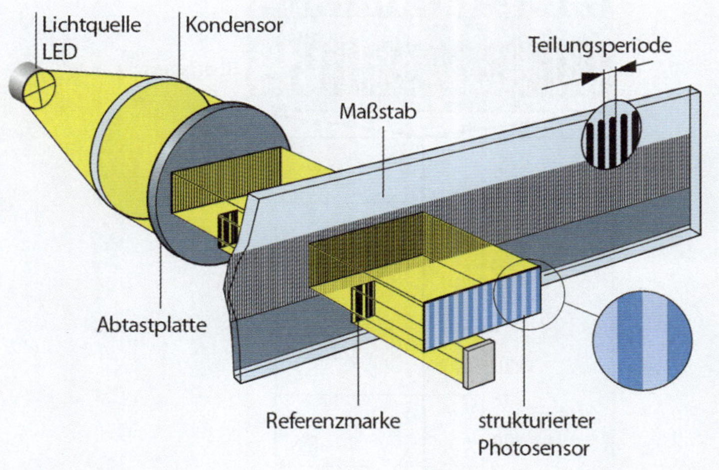

Abb. 5.23 – Aufbau eines Inkrementalencoders mit Photodioden nach dem Durchlichtverfahren [94]

Der Lichtstrahl trifft zunächst auf die Abtastplatte. Das integrierte Abtastgitter erzeugt abwechselnd helle und dunkle Felder, die auf den Maßstab treffen. Dieser bildet die Maßverkörperung ab und ist bei Wegmesssystemen als Schiene und bei Winkelmesssystemen als Kreisscheibe ausgeführt. Der Maßstab besteht aus Glas, auf dem Teilungen mit einer lichtdurchlässigen und reflektierenden Schicht, ähnlich wie auf der Abtastplatte, aufgebracht sind. Die Anzahl der Teilungsstriche von Abtastgitter und Maßstab unterscheidet sich innerhalb eines Abschnitts des strukturierten Sensors (siehe runder Ausschnitt in Abb. 5.23) um einen Strich, sodass sich durch Modulation ein sinusförmiger Verlauf der Lichtintensität ergibt (siehe Abb. 5.24).

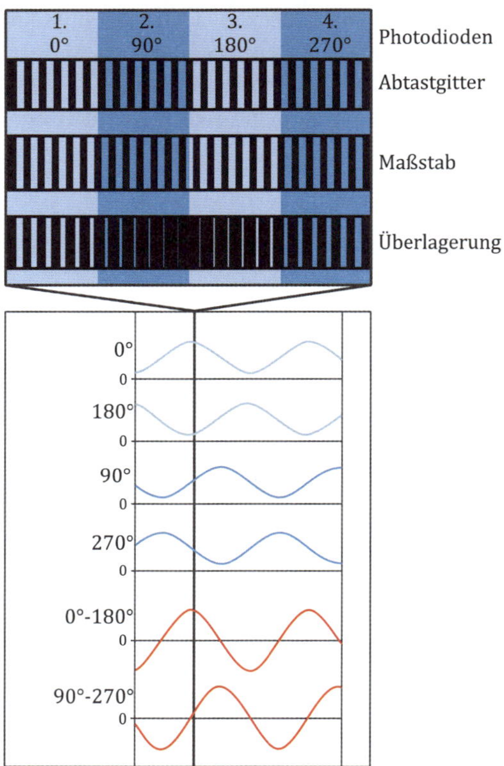

Abb. 5.24 – Überlagerung der Teilungsstriche von Abtastgitter und Maßstab innerhalb eines Abschnitts mit vier Photodioden (oben) und Verschaltung der sinusförmigen Signale (unten) (in Anlehnung an [94])

Anschließend trifft das Licht auf den strukturierten Photosensor. Innerhalb eines Abschnitts (in Abb. 5.24 als der gesamte dunkel- und hellblaue Bereich dargestellt) liegen vier Photodioden nebeneinander. Bei einer Bewegung des Maßstabs registriert jede einzelne Photodiode einen sinusförmigen Verlauf der Beleuchtungsstärke, wobei aufgrund der Überlagerung der Teilstriche eine Phasenverschiebung von jeweils 90° auftritt (siehe Abb. 5.24). Durch die Differenzbildung des ersten und des dritten sowie des zweiten und des vierten Signals der Photodiode wird aus je zwei schwellenden Signalen ein wechselndes Signal erzeugt (siehe Abb. 5.24). Daraus resultieren zwei um 90° verschobene Ausgangssignale, die eine Symmetrie um die Nulllinie aufweisen. Diese beiden Ausgangssignale werden ausgewertet und für die Erkennung der Richtung des Messkörpers verwendet.

Durchdringt das Licht den Maßstab an den lichtdurchlässigen Stellen und trifft auf die dahinter angeordneten Photozellen, so spricht man von einem Durchlichtverfahren. Lichtquelle und Photosensor befinden sich dabei auf gegenüberliegenden Seiten des Messkörpers (siehe Abb. 5.23). Beim Auflichtverfahren hingegen wird das Licht durch die lichtundurchlässigen Stellen auf dem Maßstab reflektiert und zu den Photodioden umgeleitet. Lichtquelle und Photosensor liegen hier auf derselben Seite. Mit der Kenntnis der Teilung des Maßstabes kann, mit dem sich abwechselnden Lichteinfall auf den Photodioden, auf einen Weg oder Winkel geschlossen werden. Ein solches System kann sowohl als inkrementelles als auch als absolutes Weg- oder Winkelmesssystem ausgeführt sein. Bei der inkrementellen Messung wird ausgehend von einer Referenzposition und der relativen Verschiebung, die durch Zählen der einfallenden Lichtmaxima bestimmt wird, die tatsächliche Position ermittelt. In Abb. 5.23 zeigt die Referenzmarke auf der zweiten Spur die Referenzposition an. Bei einer absoluten Messung kann zu jeder Zeit mithilfe der Messgrößen auf die tatsächliche Position geschlossen werden. Für absolute Messungen werden codierte Maßstäbe mit mehreren Spuren, die aneinandergereihte Striche im Abstand der Teilungsperiode darstellen, verwendet. Durch die Anzahl an Spuren auf dem Maßstab und die Art der Codierung kann die Weg- bzw. die Winkelauflösung beeinflusst werden und eine Richtungserkennung möglich gemacht werden. Ein solches System für die Wegmessung wird häufig in Werkzeugmaschinen verwendet, bei dem die aktuelle Position des Werkzeugs erfasst wird. Der Messaufbau findet sich an jeder Maschinenachse wieder.

Um die Ein- und Ausgangsgrößen der photoelektrischen Abtastung zu veranschaulichen, wird das Beispiel der inkrementellen Wegmessung angeführt. Bei der inkrementellen photoelektrischen Wegmessung wird ausgehend von einem Referenzpunkt der Relativweg gemessen. Der relative Weg x_{rel} wird durch das Zählen der Spannungsmaxima an den Photozellen mithilfe der Teilungsperiode, die den Abstand zweier Marken im Maßstab darstellt, nach der folgenden Formel ermittelt:

$$x_{rel} = n \cdot \text{Teilungsperiode} \tag{5.21}$$

Durch die Bekanntgabe der Lage des Referenzpunktes kann auf den absoluten Weg geschlossen werden.

Abb. 5.25 zeigt den Zählerstand in Abhängigkeit des verfahrenen Weges. Die Spannungsmaxima werden gemäß Gleichung (5.21) mit zunehmenden Weg aufsummiert. Anhand des Zählerstands n kann auf den relativen Verfahrweg x_{rel} zurückgeschlossen werden.

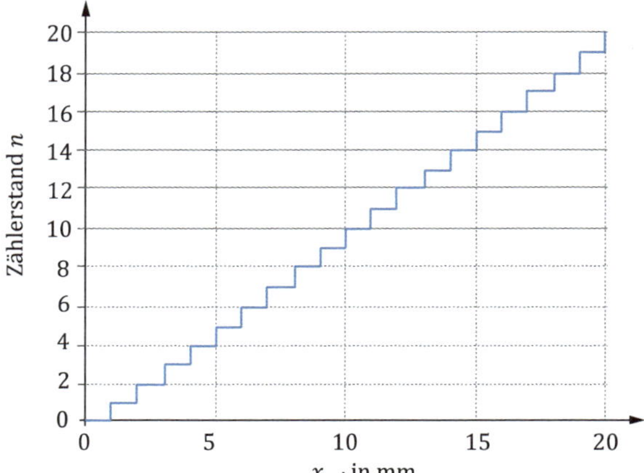

Abb. 5.25 – Ein- und Ausgangsgrößen der inkrementellen photoelektrischen Wegmessung

Eine weitere Ausführung eines Sensors nach dem photoelektrischen Abtastprinzip zur Messung von rotatorischen Größen stellt der Inkrementalencoder in Abb. 5.26 dar. Dieser besteht aus drei mit Markierungen versehenen Ringen und drei Photozellen.

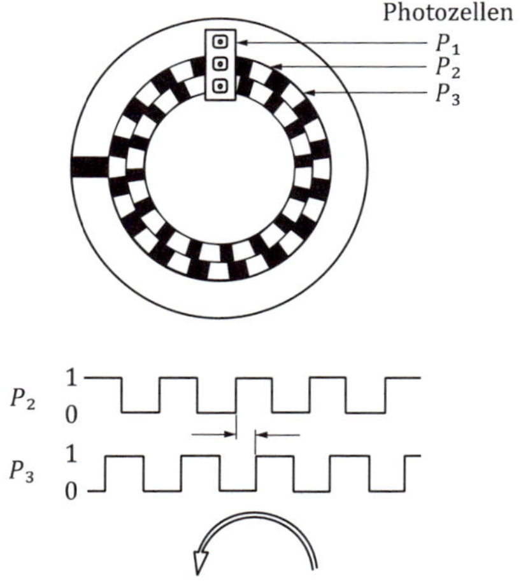

Abb. 5.26 – Aufbau eines Inkrementalencoders

Der äußere Rand weist eine einzelne Markierung auf, die als Referenzmarke für die Absolutposition dient. Das Referenzsignal wird von der Photozelle P_1 registriert. Die beiden inneren Ringe sind über den gesamten Umfang mit Teilungsstrichen versehen. Im idealen Sensor erzeugen die Photozellen P_2 und P_3 jeweils ein Rechtecksignal, dessen Frequenz von der Rotationsgeschwindigkeit abhängig ist. Durch Zählen der Rechteckimpulse kann auf den Winkel geschlossen werden. Eines dieser beiden Signale reicht aus, um Winkel und Drehzahl zu erfassen. Das zweite Signal wird zur Bestimmung der Drehrichtung benötigt. Die Teilungsstriche der beiden inneren Ringe sind zu diesem Zweck gegeneinander verdreht. Die beiden erzeugten Rechtecksignale weisen daher eine Phasenverschiebung auf, sodass insgesamt vier Zustände auftreten. Aus der Reihenfolge der Zustände kann auf die Drehrichtung geschlossen werden (siehe Tab. 5.3). Inkrementalencoder werden in vielen Bereichen der Industrie eingesetzt. Sie eignen sich sowohl für Winkel- als auch für Drehzahlmessungen.

Zustand	Signal P_2	Signal P_3	
A	0	0	**Drehrichtung im Uhrzeigersinn** **Reihenfolge: A – B – C – D – A**
B	0	1	
C	1	1	**Drehrichtung gegen den Uhrzeigersinn** **Reihenfolge: A – D – C – B – A**
D	1	0	

Tab. 5.3 – Bestimmung der Drehrichtung

5.3 Eigenschaften von Sensoren

Um einen Sensor für einen praktischen Messeinsatz auswählen zu können, müssen seine wesentlichen Kenngrößen bekannt sein. Im Folgenden werden die wesentlichen Kenngrößen

- Messbereich
- Empfindlichkeit
- Messgenauigkeit
- Auflösung
- Frequenzgang - Frequenzbereich

beschrieben. All diese Eigenschaften sind zu berücksichtigen, wenn der für eine definierte Messaufgabe optimale Sensor ausgewählt werden soll. Bevor auf die Eigenschaften eingegangen wird, erfolgt zunächst eine Betrachtung der vereinfachten Messkette eines digitalen bzw. intelligenten Sensors (siehe Abb. 5.27). Die unterschiedlichen Eigenschaften dieser Sensoren kommen an verschiedenen Stellen innerhalb der Messkette zum Tragen.

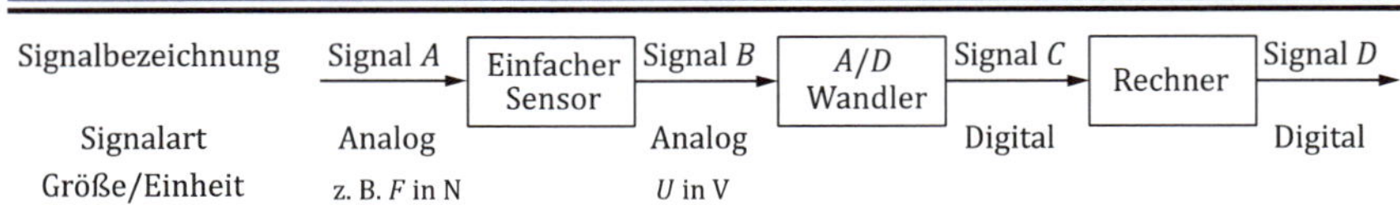

Abb. 5.27 – Vereinfachte Messkette eines digitalen bzw. intelligenten Sensors

Ein Sensor wandelt die zu erfassende analoge Messgröße (Signal A) in eine elektrische Größe (Signal B). Anschließend wird diese analoge Größe in ein äquivalentes digitales Signal (Signal C) überführt. Dieses Signal wird bei einem intelligenten Sensor von einem Rechner ausgewertet und liegt als Ausgangssignal (Signal D) zur Weiterverarbeitung oder Anzeige vor. Nachfolgend soll auf die Sensoreigenschaften eingegangen werden.

Hinweis: Die Variablen A, B, C, D beziehen sich lediglich innerhalb des Kapitels 5.3 auf die gemäß Abb. 5.27 definierten Signale.

Messbereich

Sensoren sind vornehmlich so auszulegen, dass sich das Ausgangssignal (Signal B) eines Sensors möglichst proportional zur Änderung der Messgröße des Eingangssignals (Signal A) ändert (siehe Abb. 5.28). Der Bereich, in dem das zulässige Ausgangssignal nutzbar ist, entspricht dem Messbereich a. In diesem Messbereich bleibt der Messfehler innerhalb der garantierten oder vorgeschriebenen Grenzen und es besteht idealerweise ein linearer Zusammenhang [95].

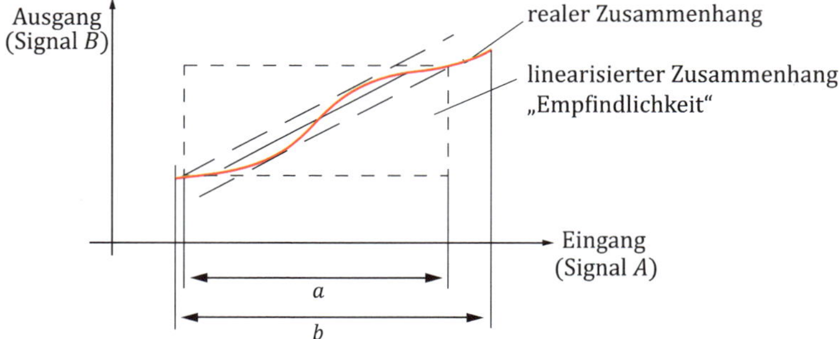

Abb. 5.28 – Messbereich eines Sensors

Der reale Zusammenhang weist eine häufig vernachlässigbar geringe Nichtlinearität auf. Der Messbereich b stellt den gesamten zu erfassenden Bereich des Sensors dar. Dieser muss nicht zwingend einen linearen Zusammenhang zwischen dem Eingang und dem Ausgang aufweisen.

Empfindlichkeit

Die in Abb. 5.29 beispielhaft dargestellte Kennlinie ist die graphische Darstellung des häufig linearisierten Zusammenhangs zwischen der Eingangsgröße (Signal A) und der Ausgangsgröße (Signal B) eines Sensors.

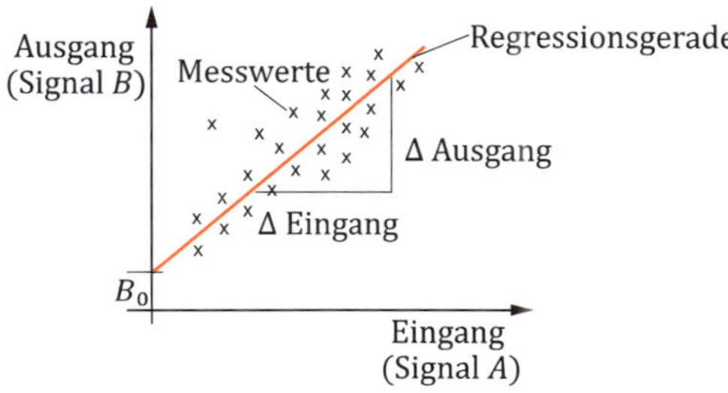

Abb. 5.29 – Kennlinie eines Sensors

Der mathematische Zusammenhang zwischen der Ausgangsgröße und der Eingangsgröße kann über eine Regressionsgerade beschrieben werden. B ist hierbei die abhängige Variable und A ist die unabhängige Variable der Regressionsgeraden, die wie folgt lautet [83]:

$$B = B_0 + K \cdot A, \tag{5.22}$$

wobei

A	Eingangsgröße,
B	Ausgangsgröße,
B_0	„Offset“ und
K	Proportionalitätsfaktor „Empfindlichkeit“

sind.

Die Empfindlichkeit K ist stets einheitsbehaftet und kann durch die „Signalverstärkung“, d. h. durch eine Änderung der Geradensteigung, erhöht werden.

Die Empfindlichkeit K wird dargestellt als:

$$\text{Empfindlichkeit K} = \frac{\Delta\text{Ausgang (B)}}{\Delta\text{Eingang (A)}} \tag{5.23}$$

Messgenauigkeit

Die erforderliche Messgenauigkeit ist abhängig von der Messaufgabe und der Aktorstellgenauigkeit. In Abb. 5.30 werden die vier wesentlichen Fehlerarten bei der Messgenauigkeit aufgeführt [86]. Zu berücksichtigen ist, dass der Eingang dem Signal A und der Ausgang dem Signal B entspricht.

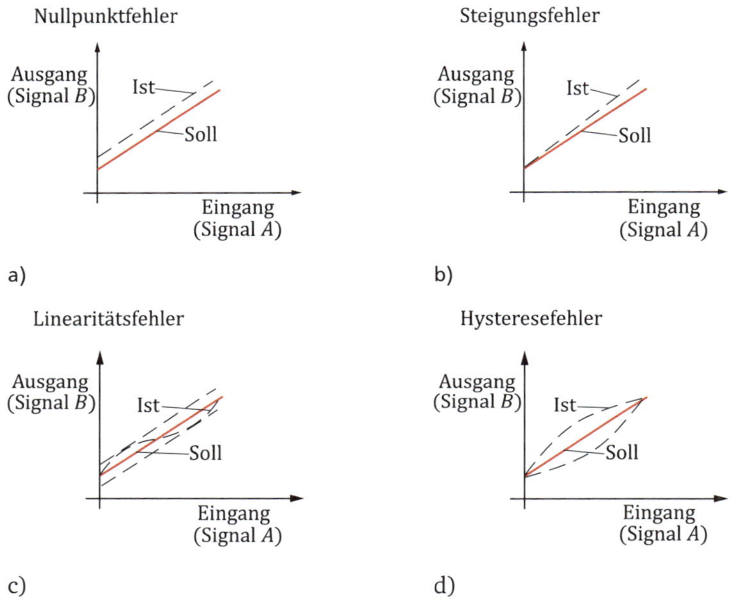

Abb. 5.30 – Wesentliche Fehler bei der Messgenauigkeit

In Abb. 5.30a hat eine Parallelverschiebung der Kennlinie, ausgelöst durch äußere oder innere Ursachen, stattgefunden. Gründe hierfür sind z. B. Temperatur- und/oder Langzeitdrift durch Alterung. Abb. 5.30b stellt eine Änderung der Kennliniensteigung dar. Die möglichen Ursachen sind Temperatur- oder Alterungsprobleme (spielt allerdings bei modernen Sensoren kaum eine Rolle). In Abb. 5.30c ist die Kennlinie nicht exakt linear. Sie bewegt sich innerhalb eines „Toleranzschlauchs". Dies kann beispielsweise bei Potentiometern durch Materialinhomogenitäten hervorgerufen werden. In Abb. 5.30d hängt das Ausgangssignal vom Wert der Eingangsgröße und der Änderungsrichtung ab. Dies kann bei Energieumwandlungen zwischen elektrischen und magnetischen Feldern der Fall sein.

Auflösung

Als (absolute) Auflösung wird die kleinste zu unterscheidende Änderung der Messgröße bezeichnet, welche noch im Ausgangssignal nachgewiesen werden kann. Zur Veranschaulichung der Auflösung wird in Abb. 5.31 der Ziffernschritt zwischen zwei benachbarten Stellen des Ausgangssignals (Signal C) eines Sensors mit digitaler Messwertanzeige dargestellt.

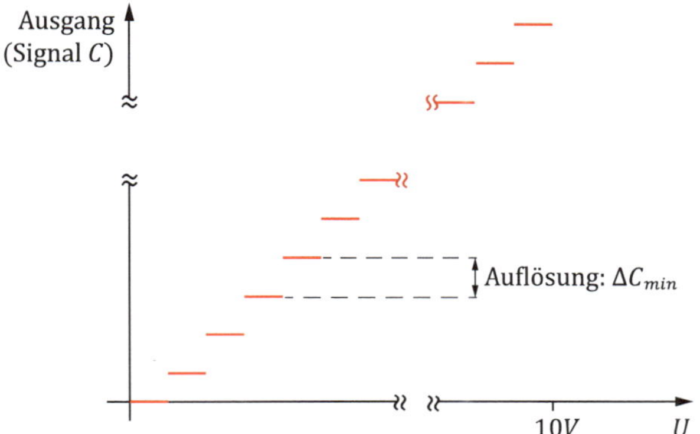

Abb. 5.31 – Auflösung des Messsignals eines Sensors mit digitaler Messwertanzeige

Neben der dimensionsbehafteten (absoluten) Auflösung kann auch eine dimensionslose relative Auflösung angegeben werden. Die relative Auflösung gibt die kleinste zu unterscheidende Änderung bezogen auf den Ausgangssignalbereich an. Sie lässt sich durch die folgende Gleichung als Beispiel für den A/D-Wandler berechnen [84]:

$$R_{A/D} = \frac{\Delta C_{min}}{C_{max}\text{-}C_{min}} \cdot \tag{5.24}$$

mit

$R_{A/D}$ Relative Auflösung des Messbereichs/der Messspanne,

C_{max} Größter Ausgangssignalwert,

C_{min} Kleinster Ausgangssignalwert und

ΔC_{min} Kleinster nachweisbarer Unterschied (absolute Auflösung).

Die in Gleichung (5.24) beispielhaft für den A/D-Wandler angegebene Formel lässt sich äquivalent auf den Sensor übertragen (siehe nachfolgendes Beispiel).

Am Beispiel eines Drucksensors mit einem Ausgangssignalbereich von 0 bis 10 V wird beispielhaft oszillographisch die kleinste zu unterscheidende Änderung des Signals B (der erfassten Messgröße) anhand des Rauschabstands von 20 mV (Spitze-Spitze) ermittelt (siehe Abb. 5.32).

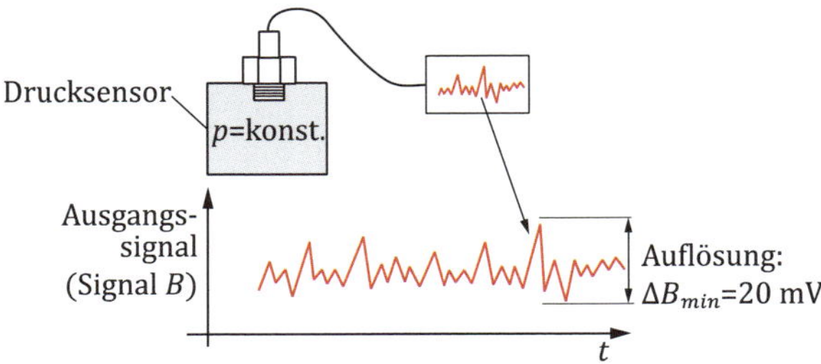

Abb. 5.32 – Rauschsignal eines Drucksensors

Für dieses Beispiel errechnet sich die relative Auflösung gemäß Tab. 5.4.

Gegebene Größen (Signal B)	Relative Auflösung
$\Delta B_{min} = 20$ mV	$R_{Sensor} = \frac{20 \cdot 10^{-3}\text{ V}}{10\text{ V-}0\text{ V}} = 0{,}2\ \%$
$B_{max} = 10$ V	
$B_{min} = 0$ V	

Tab. 5.4 – Beispiel zur Berechnung der relativen Auflösung für den Sensor

Hier ist jedem Messwert ein Rauschsignal von ± 10 mV überlagert.

Die relative Auflösung kann auch für den A/D Wandler (siehe im weiteren Verlauf dieses Kapitels) berechnet werden. Bei einem 10 Bit A/D-Wandler ergibt sich für den Messbereich von 10 V die (absolute) Auflösung von $\Delta C_{min} = \frac{10\text{ V-}0\text{ V}}{2^{10}} =$ 9,8 mV. Die Berechnung der relativen Auflösung ist in Tab. 5.5 dargestellt.

Gegebene Größen (Signal C)	Relative Auflösung
$\Delta C_{min} = 9{,}8$ mV	$R_{A/D} = \frac{9{,}8 \cdot 10^{-3}\text{ V}}{10\text{ V-}0\text{ V}} \approx 0{,}1\ \%$
$C_{max} = 10$ V	
$C_{min} = 0$ V	

Tab. 5.5 – Beispiel zur Berechnung der relativen Auflösung für den A/D Wandler

Um zu verhindern, dass Informationen bei der Signalwandlung von analog zu digital verloren gehen, darf die relative Auflösung der A/D-Wandlung maximal der relativen Auflösung des analogen Sensors entsprechen: $R_{A/D} \leq R_{Sensor}$.

Tritt allgemein Rauschen in einer Messkette auf, beispielsweise an der Stelle des Signals B, dann steht der Messwert nicht fest, sondern er schwankt um den arithmetischen Mittelwert $\overline{B}$. Für die Streuung r des Messergebnisses gilt [84]:

$$r = \frac{1}{N}\sum_{i=1}^{N}(B_i - \overline{B}) \tag{5.25}$$

wobei

$$\overline{B} = \frac{1}{N}\sum_{i=1}^{N} B_i \tag{5.26}$$

das arithmetische Mittel aller N Messungen und B_i der Messwert der Messung i ist. Beim Rauschen handelt es sich also um Störungen, die intern im Sensor oder durch Einkopplungen aus externen Quellen (z. B. benachbarten Aktoren) entstehen und bei Rückführung zu unerwünschter Stelltätigkeit oder sogar zur Instabilität führen können. Abhilfe kann diesbezüglich durch Filter geschaffen werden, welche die unerwünschten Signalanteile herausfiltern sollen. In Verbindung mit dem üblicherweise hochfrequenten Rauschen kommen meist sogenannte Tiefpassfilter zum Einsatz. Diese lassen die tiefen Frequenzanteile möglichst unverändert passieren und sperren den Durchlass der hohen Frequenzanteile. Diese Vorgehensweise stößt allerdings an Grenzen, wenn das Frequenzspektrum des Störsignals (Rauschen) nicht klar vom Frequenzspektrum des Nutzsignals (ungestörtes Signal) abgegrenzt werden kann. Zur Sperrung des Durchlasses tiefer Frequenzen dient in analoger weise der Hochpassfilter. Er kann z. B. in Verbindung mit Piezosensoren verwendet werden, um aufgrund der fehlenden Tauglichkeit für statische bzw. quasistatische Messungen fehlerhafte niederfrequente Signalanteile herauszufiltern.

Häufig wird zur Weiterverarbeitung ein Signal in digitaler Form benötigt. Hierzu muss das Signal B zunächst einen A/D-Wandler durchlaufen. Aus dem amplituden- und zeitkontinuierlichen Analogsignal wird ein amplituden- und zeitdiskretes Digitalsignal (Signal C) (siehe Abb. 5.33) generiert. Es ist zu erkennen, dass das digitale Signal eine äquidistante Folge von Dirac-Impulsen ist. Der Abstand zwischen zwei Abtastpunkten wird bestimmt durch die Abtastzeit T_A. Weiterhin gilt der Zusammenhang: $T_A = \frac{1}{f_A}$, wobei f_A die Abtastfrequenz ist [96].

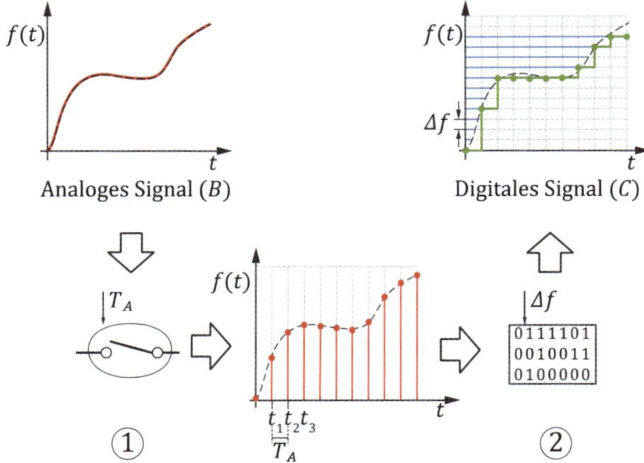

1: Zeitdiskretisierung (Abtastung)

2: Amplitudendiskretisierung

Abb. 5.33 – Umwandlung eines analogen Signals in ein digitales Signal

Die Bittiefe (A/D-Wandler-Auflösung) kennzeichnet die Anzahl von Stufen bzw. die möglichen Werte der Amplitude bei der Digitalisierung, welche im verfügbaren Ausgangsbereich unterschieden werden können. Die Werte werden hierbei in Bit angegeben. Eine 12 Bit Auflösung entspricht $2^{12} = 4096$ Bitstufen. Am Beispiel eines Drucksensors wird dies verdeutlicht. Bei einer 12 Bit Auflösung und einem möglichen Messbereich von 0 bis 12 V wird dieser in $2^{12} = 4096$ Bitstufen unterteilt. Die Ausgangsgröße (Signal C) hat somit eine Auflösung von $\frac{|12\text{ V}-0\text{ V}|}{4096} \approx$ 2,9 mV. Für das Messsignal (Signal A) des Drucksensors bedeutet dies, dass sein Messbereich von beispielsweise 0 bis 5 bar in $\frac{|5\text{ bar}-0\text{ bar}|}{4096} \approx$ 1,2 mbar Schritte unterteilt wird.

Bei der Zeitauflösung wird die Abtastfrequenz f_A und damit der zeitliche Abstand zweier aufeinanderfolgenden Werte Δt durch die zu messende größte Frequenz f_{max} bzw. kleinste Periodendauer T_{min} bestimmt. Dies wird anhand des Shannonschen Abtasttheorems beschrieben [83]:

$$f_{A,min} > 2 \cdot f_{max} \text{ bzw. } 2 \cdot \Delta t_{max} < T_{min};\ T_{min} = \frac{1}{f_{max}};\ \Delta t_{max} = \frac{1}{f_{A,min}} \quad (5.27)$$

mit

Δt_{max} max. Abtastperiodendauer und

$f_{A,min}$ min. Abtastfrequenz.

Das Shannonsche Abtasttheorem sagt aus, dass bei der Abtastung mit einer zu geringen Abtastfrequenz ein digitales Signal mit einer abweichenden Frequenzinformation entsteht. Nur Eingangssignale mit geringerer Frequenz als die doppelte Abtastfrequenz führen demnach zur korrekten Frequenzinformation. Dies wird in den folgenden Signalverläufen verdeutlicht. Abb. 5.34 stellt den Vergleich von kontinuierlichen (schwarz) und diskret abgetasteten (blau) Signalen bei hoher (a) und niedriger Frequenz (b) dar. Bei den analogen Signalen ist die unterschiedliche Frequenz bei niedrigen bzw. hohen Frequenzen erkennbar, bei den digitalen Signalen ist dagegen kein Frequenzunterschied auszumachen. Demnach wird in diesem Beispiel eine hohe Frequenz in eine niedrige Frequenz überführt. Dieses Phänomen wird Aliasing-Effekt genannt. Zur Vermeidung von Fehlmessungen kann ein Tiefpassfilter verwendet werden, der nur diejenigen Frequenzen durchlässt, die gemäß des Shannonschen Abtasttheorems auch korrekt erfasst werden können. Grundsätzlich ist also in Abhängigkeit des Spektrums des Nutzsignals eine ausreichend hohe Abtastfrequenz zu wählen.

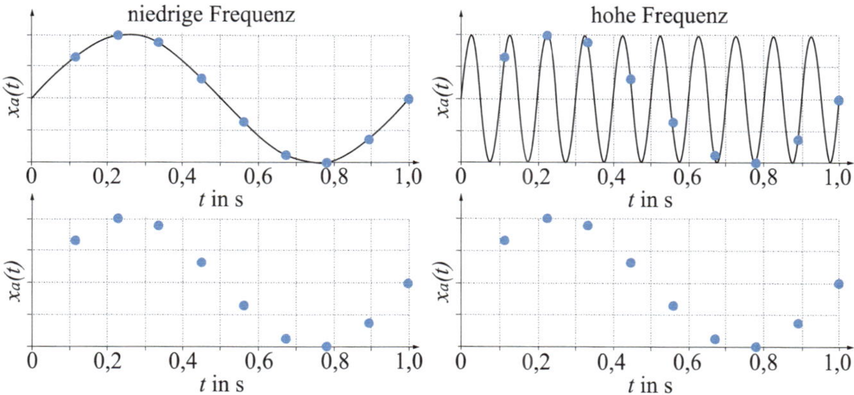

Abb. 5.34 – Vergleich von analogen und mit konstanter Abtastzeit diskretisierten Signalen bei unterschiedlichen Frequenzen

Frequenzbereich: Amplituden- und Phasengang von Sensoren

Jeder Sensor besitzt ein ihm eigenes frequenzabhängiges Übertragungsverhalten. In Abb. 5.35 ist beispielhaft der Amplituden- und Phasengang eines piezoelektrischen Beschleunigungssensors einschließlich der nachfolgend in Kapitel 5.4.2 analytisch abgeschätzten unteren und oberen Grenzfrequenz dargestellt. Die Amplitude beschreibt die Signalverstärkung des Sensors. Die Phase zeigt die sich einstellende Phasenverschiebung zwischen Ausgangs- (Spannung U) und Eingangssignal (Beschleunigung $\ddot{x}_0$) jeweils in Abhängigkeit der Frequenz ω des

Eingangssignals. Der Sensor weist sowohl eine untere als auch eine obere Grenzfrequenz für die Nutzung auf. Die untere Grenzfrequenz ergibt sich aus der weiter oben erläuterten fehlenden Eignung von Piezosensoren für statische bzw. quasistatische Messungen. Die obere Grenzfrequenz resultiert aus Resonanzerscheinungen des schwingungsfähigen mechanischen Systems. Zudem lässt sich am Phasengang ein Phasenverlust von 180° bei hohen Frequenzen im Bereich der Resonanz erkennen. Allgemein kann ein Phasenverlust des Sensors bei seiner Integration in das mechatronische System zur Instabilität führen. Daher muss im Rahmen der Gesamtsystemauslegung auch das Sensorverhalten berücksichtigt werden.

Eine genauere Betrachtung eines piezoelektrischen Beschleunigungssensors inklusive entsprechender Modellbildung erfolgt in Kapitel 5.4.2.

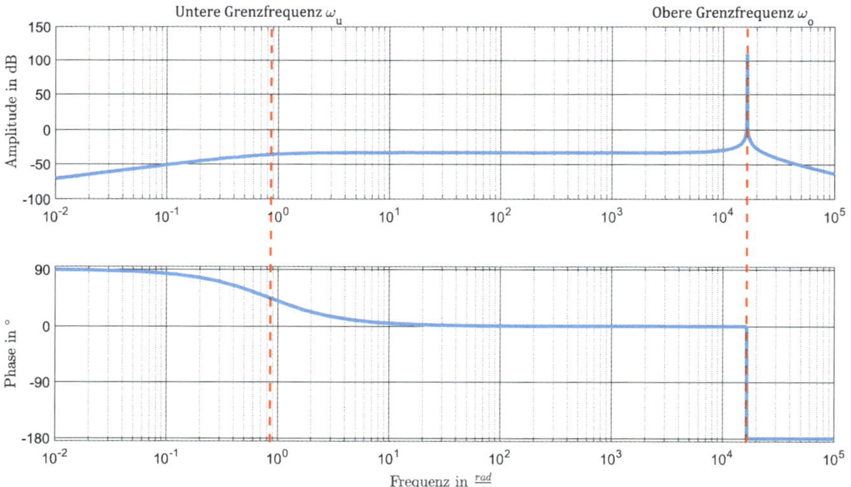

Abb. 5.35 – Typischer Amplituden- und Phasengang eines Piezobeschleunigungssensors

5.4 Funktionsdarstellung und Modellbildung

Im Folgenden soll beispielhaft das Funktionsprinzip von zwei ausgewählten und in mechatronischen Systemen häufig verwendeten Sensoren näher erläutert werden. Als Anwendungsbeispiele werden ein Wegsensor, der nach dem Induktionsprinzip arbeitet, sowie ein Beschleunigungssensor, der mit dem piezoelektrischen Effekt arbeitet, betrachtet. Hierbei wird insbesondere auf die spezifischen Eigenschaften dieser beiden Sensorausführungen sowie auf typische Sensorkennwerte eingegangen.

5.4.1 Induktiver Sensor

In seiner einfachsten Form besteht ein induktiver Wegsensor aus einer Spule, in die ein Eisenkern eintaucht. Der schematische Aufbau eines induktiven Wegsensors ist Abb. 5.36 zu entnehmen. Wird eine Spule mit einem Weicheisenkern von einem Strom I(t) durchflossen, so entsteht ein magnetisches Feld mit dem Fluss ϕ:

$$\Theta = IN = \Phi R_{m,ges} \tag{5.28}$$

Hierin ist Θ die magnetische Durchflutung, N die Windungszahl der Spule und $R_{m,ges}$ der gesamte magnetische Widerstand. Letzterer setzt sich aus drei Anteilen zusammen, da die Feldlinien insgesamt drei unterschiedliche Bereiche durchlaufen:

$$R_{m,ges} = \underbrace{\frac{l_{Fe}}{\mu_0 \mu_{r,Fe} A}}_{R_{m,Fe}} + \underbrace{\frac{x}{\mu_0 A}}_{R_{m,x}} + \underbrace{\frac{l_{Luft}}{\mu_0 A_{Luft}}}_{R_{m,Luft}} \tag{5.29}$$

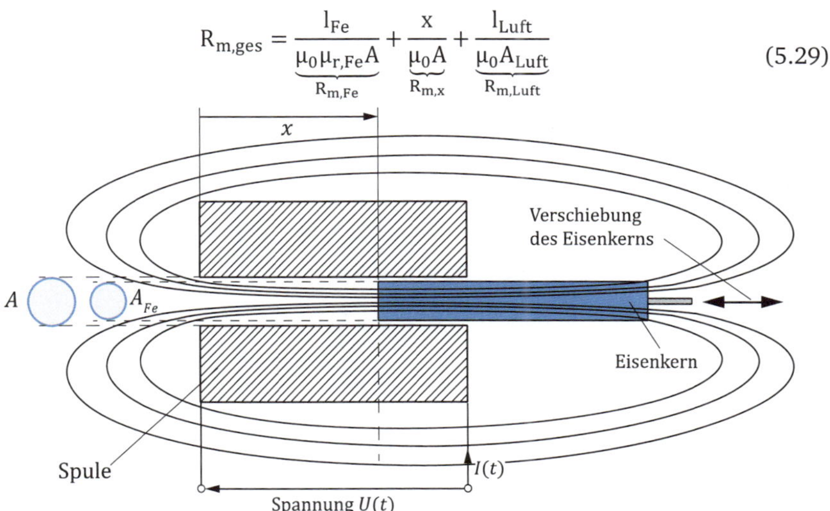

Abb. 5.36 – Induktiver Wegsensor mit einer Spule und einem Eisenkern

Der Term $R_{m,Fe}$ beschreibt den magnetischen Widerstand, der durch den Eisenanteil des Eisenkerns verursacht wird. Die Größen l_{Fe} und A_{Fe} beschreiben hierbei die Länge bzw. den Querschnitt des Eisenanteils, den die Feldlinien durchlaufen. Die Anteile $R_{m,x}$ und $R_{m,Luft}$ stellen magnetische Widerstände dar, die durch die Luftstrecke verursacht werden. $R_{m,x}$ beschreibt mit x und A den magnetischen Widerstand der Luft innerhalb der Spule und $R_{m,Luft}$ mit l_u und A_u den magnetischen Widerstand der Luft außerhalb der Spule. Dabei repräsentieren $\mu_{r,Fe}$ die relative Permeabilität des Eisens und μ_0 die Permeabilität des Vakuums. Die relative Permeabilität der Luft wird in guter Näherung zu Eins gesetzt und taucht daher in der Gleichung nicht auf.

Durch den zeitlich veränderlichen Strom I(t) tritt in der Spule bei fester Position des Eisenkerns folgende induzierte Spannung auf:

$$U_{ind} = N\frac{d\phi}{dt} = L\frac{dI}{dt} \tag{5.30}$$

Hierin ist L die Induktivität der Spule, die von der Windungszahl N und dem gesamten magnetischen Widerstand $R_{m,ges}$ abhängt.

$$L = \frac{N^2}{R_{m,ges}} \tag{5.31}$$

Im gesamten magnetischen Widerstand $R_{m,ges}$ gemäß Gleichung (5.29) ist der Term $R_{m,Fe}$ wegen der im Nenner stehenden relativen Permeabilität $\mu_{r,Fe}$ des Eisens mit einem Zahlenwert zwischen 10^3 und 10^4 sehr viel kleiner als $R_{m,x}$ und kann so vernachlässigt werden. Darüber hinaus kann der Term $R_{m,Luft}$ vernachlässigt werden, da die zur Verfügung stehende Querschnittsfläche A_u für die magnetischen Feldlinien über den Luftweg sehr viel größer ist als die Fläche A im Inneren der Spule. Damit ist für den gesamten magnetischen Widerstand $R_{m,ges}$ nur die eisenfreie Strecke x im Inneren der Spule bestimmend. Die Gleichung (5.29) vereinfacht sich wie folgt:

$$R_{m,ges} = R_{m,x} = \frac{x}{\mu_0 A} \tag{5.32}$$

Die Induktivität ist umso größer, je weiter der Eisenkern in die Spule eintaucht.

$$L = \frac{\mu_0 A N^2}{x} = \frac{k}{x} \tag{5.33}$$

mit

$$k = \mu_0 A N^2 \tag{5.34}$$

Sie hängt von der im Nenner stehenden eisenfreien Strecke x ab, wodurch sich ein hyperbelförmiger Verlauf der Kennlinie ergibt. Die Empfindlichkeit des Sensors K nimmt ebenfalls mit abnehmendem x zu.

$$K = \frac{dL}{dx} = -\frac{\mu_0 A N^2}{x^2} = -\frac{L}{x} \tag{5.35}$$

Die relative Induktivitätsänderung $\left(\frac{dL}{L}\right)$ und die relative Wegänderung $\left(\frac{dx}{x}\right)$ sind einander mit umgekehrten Vorzeichen gleich, wie aus einer Umstellung der Gleichung (5.35) zu erkennen ist:

$$\frac{dL}{L} = -\frac{dx}{x}. \tag{5.36}$$

Die Induktivität weist in Abhängigkeit von der eisenfreien Strecke x einen hyperbelförmigen Verlauf auf (siehe durchgehende Linie in Abb. 5.37). In einem ausgewählten Arbeitspunkt S_0 lässt sich deren Kennlinie als Näherung linearisieren. Hierdurch entsteht die linearisierte Induktivität L^* (siehe gestrichelte Linie in Abb. 5.37). Diese stimmt dabei an der Position x_0 mit der tatsächlichen Induktivität $L(x_0) = L_0$ überein. Die linearisierte Induktivität weicht für hohe Beträge des zurückgelegten Wegs Δx deutlich von der tatsächlichen Induktivität ab.

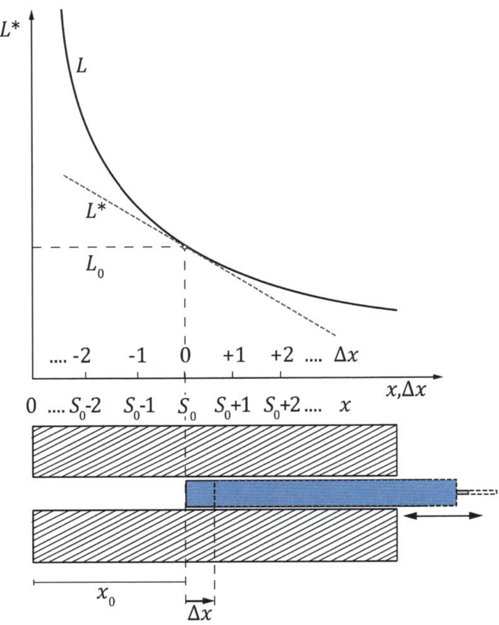

Abb. 5.37 – Induktivität L und linearisierte Induktivität L* eines Tauchankergebers in Abhängigkeit von der Auslenkung

Ein induktiver Wegsensor kann wie in Abb. 5.36 bereits dargestellt in der einfachen Ausführung mit lediglich einer Spule bzw. einer Induktivität umgesetzt werden. Die Messung der Induktivität kann beispielsweise mit einer Wechselspannungs-Ausschlagbrücke erfolgen. Hierbei wird die Induktivität mit verschiebbarem Eisenkern in Reihe mit einer konstanten Induktivität und zwei Ohmschen Wirkwiderständen R_0 in einer Wheatstoneschen Brückenschaltung verschaltet (siehe Abb. 5.38).

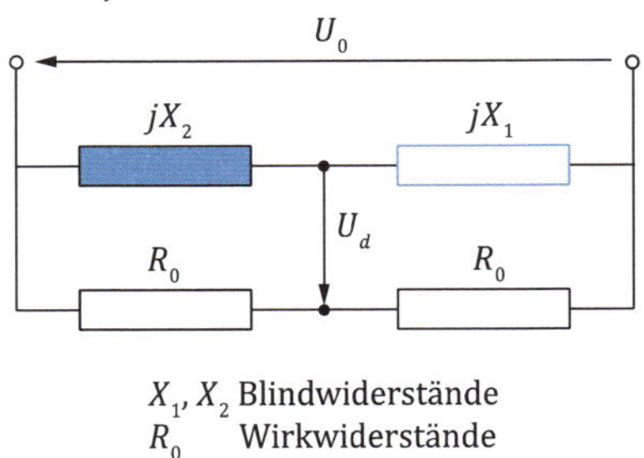

Abb. 5.38 – Wechselspannungs-Ausschlagbrücke

Hierbei nutzt man den Effekt des Blindwiderstands X von Spulen in Wechselstromkreisen. Jede Induktivität kann durch einen induktiven Widerstand repräsentiert werden. Eine ideale Spule besitzt einen solchen induktiven Widerstand, auch induktiver Blindwiderstand genannt, der als zeitlich konstanter Wert durch die Selbstinduktion der Spule begründet ist [97]. Der komplexe induktive Blindwiderstand beschreibt den zeitlichen Verzug zwischen Strom und Spannung, an einer mit Wechselstrom durchflossenen idealen Spule [87]. Dieser berechnet sich zu:

$$jX_L = j\omega L \tag{5.37}$$

mit

$$\omega = 2\pi f\,. \tag{5.38}$$

Der induktive Widerstand hängt von der Kreisfrequenz ω des Wechselstroms und von der Induktivität selbst ab. Die beiden induktiven Widerstände X_1 und X_2 der Wechselspannungs-Ausschlagbrücke werden wie folgt definiert:

$$X_1 = \omega L_1 \text{ mit } L_1 = \frac{k}{x_0} \tag{5.39}$$

$$X_2 = \omega L_2 \text{ mit } L_2 = \frac{k}{x_0 + \Delta x}. \tag{5.40}$$

Hierbei ist X_2 der Blindwiderstand der Induktivität mit verschiebbarem Eisenkern und X_1 der Blindwiderstand der konstanten unveränderten Induktivität. Die Konstante k ist in Gleichung (5.34) definiert und beschreibt mit der Stellung des Eisenkerns (x_0 bei L_1 und $x_0 + \Delta x$ bei L_2) die Iduktivitäten L_1 und L_2 der Spulen.

Mit den beiden Blindwiderständen X_1, X_2 und den beiden Ohmschen Wirkwiderständen R_0 ergibt sich mit der Brückenschaltung aus Abb. 5.38 die Diagonalspannung U_d. Diese wird entsprechend der Knoten- und Maschengleichungen (siehe Kapitel 2.3.2) sowie der Berechnung der Zwischengrößen der Gleichungen (5.41) bis (5.43) wie folgt bestimmt:

$$U_{X_1} = U_0 \frac{X_1}{X_1 + X_2} \tag{5.41}$$

$$U_{R_0} = \frac{U_0}{2} \tag{5.42}$$

$$U_d = U_{R_0} - U_{X_1} \tag{5.43}$$

$$U_d = \frac{U_0}{2} \cdot \frac{(X_2 - X_1)}{(X_2 + X_1)} \tag{5.44}$$

Nach weiteren Zwischenrechnungen unter Anwendung der Gleichungen (5.39) und (5.40) ergibt sich eine Näherung bei einem kleinen Weg Δx für die Diagonalspannung:

$$U_d = -\frac{U_0}{2} \cdot \frac{\Delta x}{2 \cdot x_0 + \Delta x} \approx -\frac{U_0}{2} \cdot \frac{\Delta x}{2 \cdot x_0}$$
$$U_d \approx -\frac{U_0}{4x_0} \Delta x \tag{5.45}$$

Durch die oben gezeigten Beziehungen lässt sich das Übertragungsglied des induktiven Sensors in einer Wechselspannungs-Ausschlagbrücke näherungsweise wie in Abb. 5.39 mit der Eingangsgröße Δx und der Ausgangsgröße U_d darstellen. Dabei ist das Übertragungsverhalten ungefähr proportional.

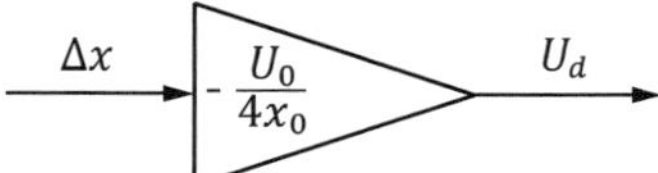

Eingangsgröße: Δx (Auslenkung: Abweichung gegen x_0)

Ausgangsgröße: U_d (Diagonalspannung)

Abb. 5.39 – Übertragungsglied des induktiven Sensors

Induktive Wegsensoren werden häufig mit zwei identischen, koaxial zueinander ausgerichteten Induktivitäten (zwei Spulen) realisiert, sodass beide Induktivitäten von einem gemeinsamen verschiebbaren Eisenkern beeinflusst werden. Diese Ausführung führt zu einer linearen Kennlinie des Sensors. Hierbei spricht man von einer Differentialdrossel (siehe Abb. 5.40).

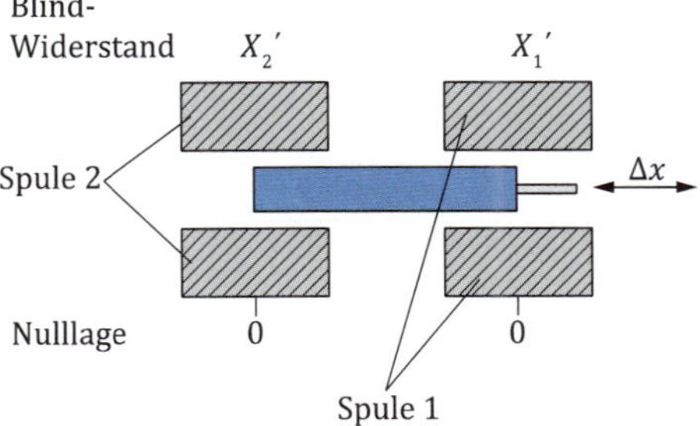

Abb. 5.40 – Differentialdrossel

Die beiden induktiven Blindwiderstände X_1' und X_2' der Differentialdrossel werden wie folgt definiert:

$$X_1' = \omega L_1' \text{ mit } L_1' = \frac{k}{x_0 - \Delta x} \tag{5.46}$$

$$X_2' = \omega L_2' \text{ mit } L_2' = \frac{k}{x_0 + \Delta x} \tag{5.47}$$

Befindet sich der Eisenkern mit der Auslenkung $\Delta x = 0$ in der Mittelposition, so sind die beiden induktiven Widerstände X_1' und X_2' gleich groß. Die Auswertung des induktiven Wegsensors in Form einer Differentialdrossel erfolgt auch hier anhand einer Wheatstoneschen Brückenschaltung. Hierbei wird die dem Weg Δx proportionale Diagonalspannung U_d mithilfe der Anordnung der beiden induktiven Blindwiderstände X_1' und X_2' sowie der beiden Ohmschen Wirkwiderstände R_0 bestimmt. Abb. 5.41 zeigt die elektrische Verschaltung einer Differentialdrossel aus Abb. 5.40 in einer solchen Wechselspannungs-Ausschlagbrücke.

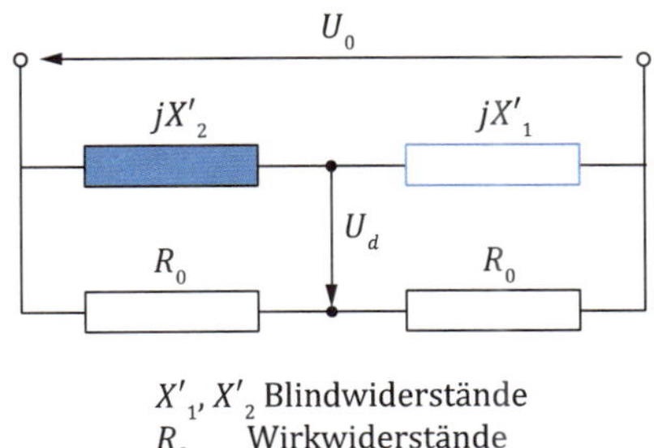

Abb. 5.41 – Wechselspannungs-Ausschlagbrücke mit einer Differentialdrossel

Nach Berücksichtigung der Verhältnisse am Spannungsteiler- und Anwendung der Maschenregel wird die Diagonalspannung wie folgt berechnet:

$$U_d = \frac{U_0}{2} \cdot \frac{X_2^{'}-X_1^{'}}{X_2^{'}+X_1^{'}} = \frac{U_0}{2} \cdot \frac{\frac{1}{x_0+\Delta x} - \frac{1}{x_0-\Delta x}}{\frac{1}{x_0+\Delta x} + \frac{1}{x_0-\Delta x}} = \frac{U_0}{2} \cdot \frac{-2 \cdot \Delta x}{2x_0}$$

$$U_d = -\frac{U_0}{2x_0}\Delta x \qquad (5.48)$$

In Abb. 5.42 wird das Übertragungsglied der Differentialdrossel dargestellt.

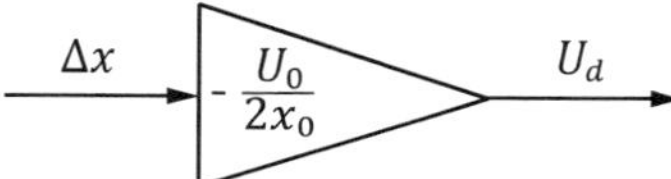

Eingangsgröße: Δx (Auslenkung: Abweichung gegen x_0)

Ausgangsgröße: U_d (Diagonalspannung)

Abb. 5.42 – Übertragungsglied der Differentialdrossel

Die Diagonalspannung der Differentialdrossel ist umgekehrt proportional zu der Auslenkung Δx. Die Kennlinie der Messeinrichtung ist eine Gerade mit der Empfindlichkeit K:

$$K = -\frac{U_0}{2x_0} \qquad (5.49)$$

In Abb. 4.74 ist der Zusammenhang der Differentialdrossel zwischen der Auslenkung und der Diagonalspannung zu erkennen. Die beiden zueinander inversen Verläufe der beiden einzelnen Spulen, deren Induktivitäten von der Auslenkung des Eisenkerns abhängt, überlagern sich zu einer gemeinsamen linearen Kennlinie. Deren Steigung ist proportional zu $\frac{(X_2^{'}-X_1^{'})}{(X_2^{'}+X_1^{'})}$. Die gestrichelten Spannungsverläufe zeigen die jeweiligen Anteile der beiden Spulen. Die Größe $X_0^{'} = \frac{\omega k}{x_0}$ in Abb. 4.74 stellt einen Bezugswert für $\Delta x = 0$ dar.

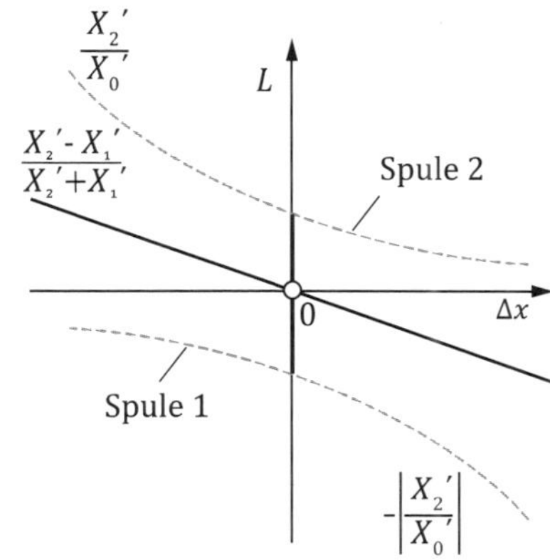

Abb. 5.43 – Kennlinie der Differentialdrossel

5.4.2 Piezoelektrischer Beschleunigungssensor

Die meisten Beschleunigungssensoren arbeiten mit dem piezoelektrischen Effekt, der bereits zuvor in Kapitel 5.2.4 erläutert wurde. Beim Piezosensor tritt bei mechanischer Druckbelastung ein elektrisches Potential auf, das durch die innere Ladungsverschiebung unter der mechanischen Einwirkung hervorgerufen wird. Die Eingangsgröße ist die mechanische Kraft F_{Piezo} und die Ausgangsgröße ist die elektrische Spannung U (siehe Abb. 5.44).

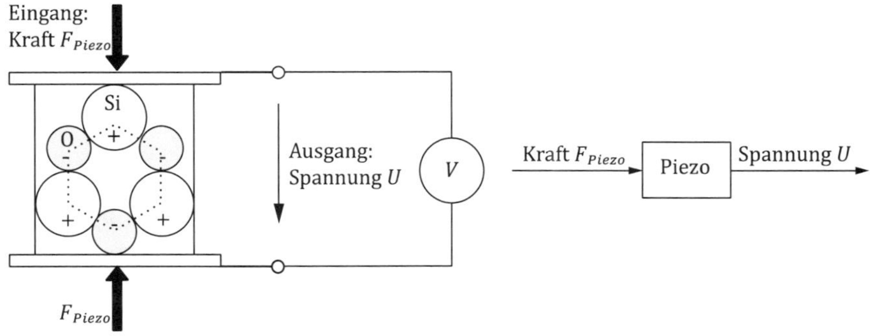

Abb. 5.44 – Piezoelektrischer Effekt: Mechanische Druckbelastung auf Kristallflächen verursacht eine Spannung

Nach diesem Prinzip lassen sich in der Sensortechnik beispielsweise Drücke, Kräfte oder auch indirekt Beschleunigungen durch die Nutzung der Wirkung von Massenträgheiten erfassen. Im Folgenden soll die Messung der Beschleunigung mithilfe der Nutzung der Massenträgheit erläutert werden. Hierfür wird der in

Abb. 5.45 dargestellte reale Beschleunigungssensor zunächst in ein Ersatzsystem überführt.

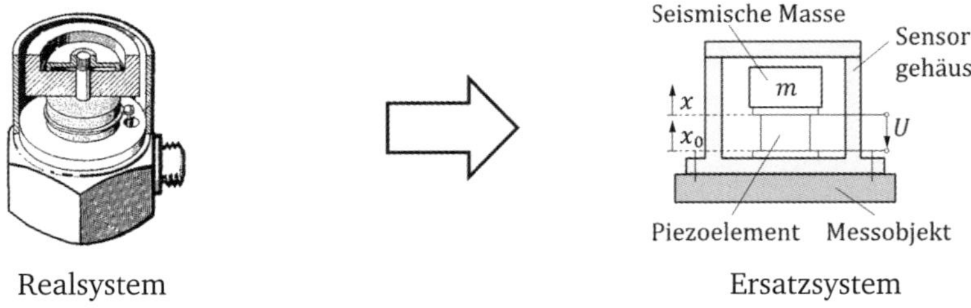

Abb. 5.45 – Realer Beschleunigungssensor und Ersatzsystem

Der Sensor besteht aus einer seismischen Masse und piezoelektrischen Druckelementen (Quarzscheiben), die in einem Gehäuse angeordnet sind. Der Beschleunigungssensor selbst ist mit dem zu messenden Objekt fest verbunden. Für die weitere Betrachtung lässt sich der Sensor in ein mechanisches und ein elektrisches Modell unterteilen (siehe Abb. 5.46), die eine Kopplung über die Kraft bzw. die elektrische Spannung aufweisen.

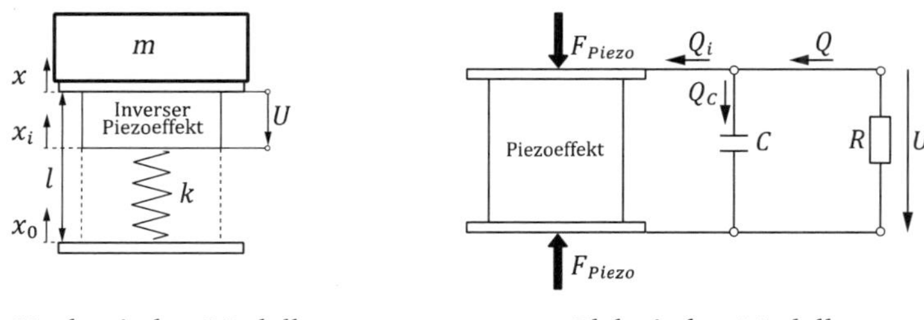

Abb. 5.46 – Mechanisches und elektrisches Modell für den Piezosensor

Das mechanische Modell entspricht einem Ein-Massen-Schwinger bestehend aus der starren seismischen Masse m sowie einer Feder mit der Steifigkeit k, die mit einem von der angelegten elektrischen Spannung abhängigen Piezo-Dehnungselement (vergleichbar mit den von der Temperatur abhängigen Wärmedehnungen) in Reihe geschaltet ist. Die Dämpfung wird vernachlässigt und die resultierende Gesamtwirkung aus der Reihenschaltung lässt sich mithilfe der Gleichung (5.17) bestimmen:

$$\Delta l = \frac{s_E l}{A} \cdot F + d \cdot U = -\frac{s_E l}{A} \cdot F_{Piezo} + d \cdot U \tag{5.50}$$

mit

$$\Delta l = \Delta l_F + \Delta l_i = (x_i\text{-}x_0) + (x\text{-}x_i) = x\text{-}x_0 \quad (5.51)$$

Dabei ist anzumerken, dass der von Gleichung (5.16) abhängige Betriebszustand des Sensors Einfluss auf das Gesamtverhalten hat. Mit kurzgeschlossenen Elektroden ($U = 0$) ist das Dehnungselement ohne Wirkung ($\Delta l_i = 0$), sodass sich das mechanische System gemäß Gleichung (5.20) wie ein Ein-Massen-Schwinger mit der rein mechanischen Steifigkeit

$$k = \frac{A}{s_E l} \quad (5.52)$$

verhält. Ohne Kurzschluss ergibt sich durch die elektromechanische Kopplung über das Dehnungselement eine zusätzliche Versteifung.

Das Freischneiden zwischen der Masse und dem Piezoelement führt zur Schnittkraft F_{Piezo}, deren Wirkrichtung auf das Piezoelement im elektrischen Modell eingezeichnet ist. Der Kräftesatz in x-Richtung führt zu folgender Bewegungsgleichung:

$$m\ddot{x} = F_{Piezo} \quad (5.53)$$

Das elektrische Modell besteht in Anlehnung an [98] aus einem Ladungsgenerator (Piezoelement), der in Abhängigkeit der mechanischen Belastung in Form einer zeitveränderlichen Kraft $F_{Piezo}(t)$ eine zeitveränderliche innere Ladungsverschiebung $Q_i(t)$ generiert, und einem Kondensator mit der Ladung $Q_c(t)$. Mit Hilfe von Gleichung (5.16) und unter Berücksichtigung der in Tab. 5.2 dargestellten Beziehungen lässt sich ein Zusammenhang zwischen Kraft und gemessener Spannung $U(t)$ herstellen. Bei offenen Elektroden, d. h. verschwindender äußerer Ladungsverschiebung $Q(t)$, ist die gemessene Spannung gemäß Gleichung (5.18) proportional zur Kraft. Die äußere Ladungsverschiebung setzt sich demnach aus der Kondensatorladung und der inneren Ladungsverschiebung zusammen. Dieser Zusammenhang kann anhand Gleichung (5.16) und den Beziehungen in Tab. 5.2 aufgestellt werden:

$$Q = d \cdot F + \varepsilon_T \frac{A}{l} U = d \cdot F + C \cdot U = -d \cdot F_{Piezo} + C \cdot U \quad (5.54)$$

$$Q = Q_i + Q_C \quad (5.55)$$

Die Elektroden sind über den Widerstand R geschlossen, so dass mit der in Gegenrichtung zur Spannung angesetzten Stromrichtung folgende Beziehung gilt:

$$\dot{Q} = I = -\frac{U}{R} \tag{5.56}$$

Analyse des mechanischen Verhaltens

Für das Messobjekt soll die Vertikalbeschleunigung erfasst werden. Während das als starr angenommene Gehäuse des Sensors aufgrund der Kopplung mit dem Messobjekt dieselbe Bewegung wie das Messobjekt erfährt, bewegt sich die seismische Masse mit x. Für die analytische Abschätzung wird zunächst vereinfachend angenommen, dass das piezoelektrische Dehnungselement ohne Wirkung ist. In Bezug auf das dynamische Verhalten erfolgt somit eine konservative Abschätzung der Resonanzfrequenz und damit der oberen Grenzfrequenz für die Nutzung. Zur vollständigen Beschreibung des Modells erfolgt die Einführung des Relativwegs:

$$z = \Delta l = x\text{-}x_0. \tag{5.57}$$

Zunächst wird die Kraft F_{Piezo} unter Vernachlässigung des inversen piezoelektrischen Effekts betrachtet, sodass sich die Gleichungen (5.50) und (5.52) zu folgende Beziehung vereinfachen:

$$m\ddot{x} = F_{Piezo} = -k(x\text{-}x_0) = -kz \tag{5.58}$$

Die Piezokraft F_{Piezo}, die auf das Piezoelement wirkt, entspricht somit dem Trägheitsterm $m\ddot{x}$ bzw. der negativen Federkraft $-kz$ (dynamisches Gleichgewicht).

Weiterhin soll die Beschleunigung $\ddot{x}_0$ im Frequenzbereich betrachtet werden. Hierzu erfolgt bei Gleichung (5.58) eine Ergänzung um den Term $-m\ddot{x}_0$ auf beiden Seiten. Für x_0 wird eine harmonische Fremderregung des Messkörpers mit $x_0 = \hat{x}_0 \sin(\Omega t)$ angenommen. Für $\ddot{x}_0$ gilt entsprechend

$$\ddot{x}_0 = -\hat{x}_0\Omega^2\sin(\Omega t) = -\hat{\ddot{x}}_0 \sin(\Omega t) \tag{5.59}$$

Es ergibt sich der Kräftesatz zu:

$$m\ddot{x}\text{-}m\ddot{x}_0 + kz = -m\ddot{x}_0 \tag{5.60}$$

$$m\ddot{z} + kz = -m\ddot{x}_0 = m\hat{x}_0\Omega^2 \sin(\Omega t) \tag{5.61}$$

Ein analytischer Lösungsansatz der Gleichung (5.60) ohne Berücksichtigung einer Phasenverschiebung lautet für den Relativweg z

$$z(t) = \hat{z}\sin(\Omega t)\,. \tag{5.62}$$

Das System führt bei einer harmonischen Fremderregung ebenfalls eine harmonische Bewegung aus. Die Gleichung (5.62) wird nach der Zeit abgeleitet und in (5.61) eingesetzt. Die sich daraus ergebende Gleichung kann anschließend mit $\omega^2 = \frac{k}{m}$ substituiert und nach der Amplitude $\hat{z}$ umgestellt werden. Es ergibt sich

$$\hat{z} = \frac{1}{\omega^2 - \Omega^2}\hat{x}_0\Omega^2 \tag{5.63}$$

Dabei ist $\hat{x}_0\Omega^2$ die Amplitude der zu messenden Beschleunigung $\ddot{x}_0$ und $\omega = \sqrt{\frac{k}{m}}$ die Eigenfrequenz des schwingungsfähigen Systems.

Es wird angenommen, dass nur in Frequenzbereichen Ω gemessen wird, die wesentlich niedriger als die Eigenfrequenz ω, die der oberen Grenzfrequenz entspricht, liegen. Dann gilt wegen $\Omega \ll \omega$:

$$\hat{z} \approx \frac{1}{\omega^2}\hat{x}_0\Omega^2 = \frac{\hat{\ddot{x}}_0}{\omega^2} \tag{5.64}$$

Wird diese Beziehung in (5.58) eingesetzt, so lässt sich der Zusammenhang zwischen der Kraft F_{Piezo} und der Beschleunigung $\ddot{x}_0$ erkennen:

$$F_{Piezo}(t) = -kz(t) = -k\hat{z}\sin(\Omega t) \approx -k\frac{\hat{\ddot{x}}_0}{\omega^2}\sin(\Omega t) = m\ddot{x}_0(t) \tag{5.65}$$

Die Amplitude der Piezokraft $\hat{F}_{Piezo}$ ist demnach

$$\hat{F}_{Piezo} \approx k\frac{\hat{\ddot{x}}_0}{\omega^2} = m\hat{\ddot{x}}_0 \tag{5.66}$$

Analyse des elektrischen Verhaltens

Für das elektrische Modell wird zunächst vereinfachend angenommen, dass kein externer Ladungsfluss erfolgt ($Q = 0$, offene Elektroden), also kein Voltmeter angeschlossen ist. Mit Gleichung (5.54) gilt somit

$$U = \frac{d \cdot F_{Piezo}}{C} \tag{5.67}$$

und eingesetzt in Gleichung (5.66):

$$\hat{U} \approx \frac{d \cdot m}{C} \hat{\ddot{x}}_0 \tag{5.68}$$

Der Term $(d \cdot m)/C$ stellt die Empfindlichkeit des Sensors dar. Weiterführend soll die untere Grenzfrequenz des Beschleunigungssensors analytisch für den Fall bestimmt werden, dass die Elektroden über einen Widerstand R (Abb. 5.46) geschlossen werden. Zunächst wird hierfür die Gleichung (5.54) nach der Zeit differenziert:

$$\dot{Q} = -d\dot{F}_{Piezo} + C\dot{U} = I \tag{5.69}$$

Der Strom, der wie bereits erwähnt im Modell in Gegenrichtung zur Spannung fließt,

$$I = -\frac{U}{R}, \tag{5.70}$$

wird in die Gleichung (5.69) eingesetzt, sodass folgender Zusammenhang resultiert:

$$C\dot{U} + \frac{U}{R} = d\dot{F}_{Piezo} \tag{5.71}$$

Nun wird mit Bezug auf Gleichung (5.65) ein harmonischer Krafteingang für das elektrische Modell angesetzt, wobei eine komplexe Schreibweise gewählt wird:

$$F_{Piezo} = \hat{F}_{Piezo} \cdot e^{j\Omega t} \tag{5.72}$$

Diese Funktion nach der Zeit differenziert ergibt

$$\dot{F}_{Piezo} = j\Omega\hat{F}_{Piezo} \cdot e^{j\Omega t} \tag{5.73}$$

Für die Spannung wird nachfolgender Lösungsansatz gewählt, bei dem eine unerwünschte Phasenverschiebung bewusst nicht berücksichtigt wird:

$$U = \hat{U} \cdot e^{j\Omega t} \tag{5.74}$$

Die Differenzierung nach der Zeit ergibt

$$\dot{U} = j\Omega\hat{U} \cdot e^{j\Omega t} \tag{5.75}$$

Nach Einsetzen der Gleichungen (5.73) und (5.75) in Gleichung (5.71) folgt

$$\left(jC\Omega + \frac{1}{R}\right)\hat{U} \cdot e^{j\Omega t} = jd\Omega\hat{F}_{Piezo} \cdot e^{j\Omega t} \tag{5.76}$$

Diese Gleichung und damit auch der Lösungsansatz ohne Phasenverschiebung sind nur dann gültig, wenn auf der linken wie auf der rechten Seite kein Realteil vorhanden ist. Näherungsweise ist dies der Fall, wenn auf der linken Seite der Realteil gegenüber dem Imaginärteil vernachlässigbar ist und somit folgender Zusammenhang gilt:

$$C\Omega \gg \frac{1}{R} \tag{5.77}$$

Die untere Grenzfrequenz des piezoelektrischen Beschleunigungssensors ist demnach $\omega_u = \frac{1}{RC}$.

Über die analytische Lösung der Gleichungen des mechanischen und des elektrischen Modells kann somit eine Analyse der unteren und der oberen Grenzfrequenz des Beschleunigungssensors erfolgen (siehe auch Abb. 5.35).

Numerische Simulation des elektromechanischen Gesamtverhaltens

Die Untersuchung des elektromechanischen Gesamtverhaltens inklusive der Berücksichtigung des inversen piezoelektrischen Effekts soll abschließend mittels numerischer Simulation erfolgen. Nachfolgend werden die vollständigen Gleichungen für das mechanische und das elektrische Modell zusammengefasst:

$$m\ddot{z} = F_{Piezo} - m\ddot{x}_0 \tag{5.78}$$

$$z = -\frac{1}{k} \cdot F_{Piezo} + d \cdot U \tag{5.79}$$

$$Q = -d \cdot F_{Piezo} + C \cdot U \tag{5.80}$$

$$\dot{Q} = I = -\frac{U}{R} \tag{5.81}$$

Auf Basis dieser vier Gleichungen wird das Blockschaltbild des Beschleunigungssensors aufgebaut, welches für die numerischen Untersuchungen verwendet werden kann. Dieses Blockschaltbild ist in Abb. 5.47 dargestellt.

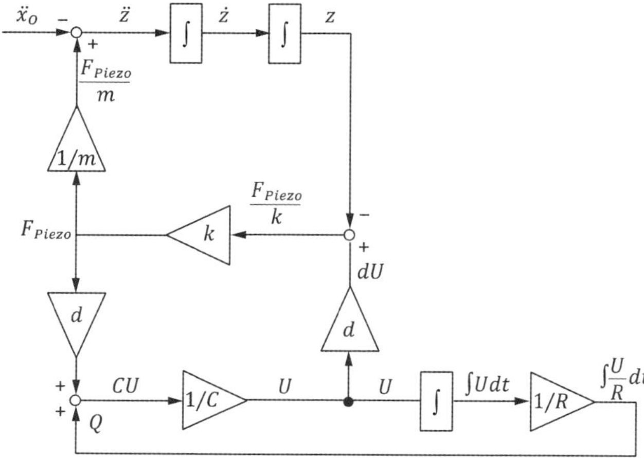

Abb. 5.47 – Blockschaltbild des Beschleunigungssensors

Die Parameter des piezoelektrischen Beschleunigungssensors werden für die Simulation vorgegeben und können für eine gezielte Optimierung auch geändert werden. In Tab. 5.6 werden die für das nachfolgende Beispiel verwendeten Modellparameter dargestellt.

Variable	Wert
C	$1{,}2 \cdot 10^{-12}$ in F
d	$270 \cdot 10^{-13}$ in $\frac{\text{Nm}}{\text{s}}$
k	$2{,}7 \cdot 10^{5}$ in $\frac{\text{N}}{\text{m}}$
m	$1 \cdot 10^{-3}$ in kg
R	$1 \cdot 10^{12}$ in Ω

Tab. 5.6 – Für die Simulation eingesetzte Modellparameter des Beschleunigungssensors (in Anlehnung an [12])

Je nach Bedarf können innerhalb der Simulation jetzt unterschiedliche Größen ausgegeben werden, die von Interesse sind (z. B. Relativweg z, Piezokraft F_{Piezo} oder Spannung U). In Abb. 5.48 sind die Simulationsergebnisse unterschiedlicher Anregungsfunktionen (Eingangsgröße $\ddot{x}_0$ und Ausgangsgröße U) in Abhängigkeit der Zeit t dargestellt.

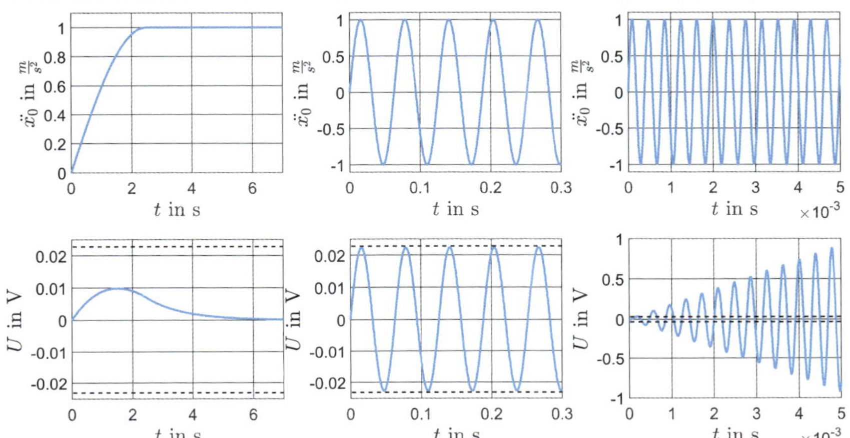

Abb. 5.48 – Simulationsergebnisse des piezoelektrischen Beschleunigungssensors. Anregungen: Anstieg mit 0,1 Hz mit anschließend konstantem Wert (links), 100 Hz-Sinus (Mitte), ω_0-Sinus (rechts)

Das Übertragungsglied des piezoelektrischen Beschleunigungssensors wird in Abb. 5.49 dargestellt.

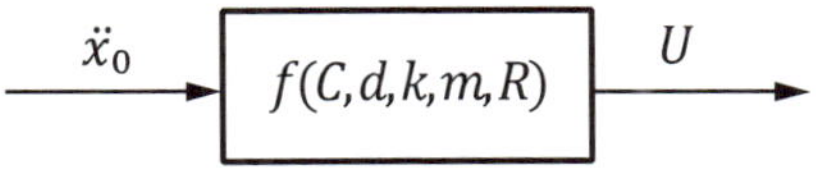

$$\ddot{x}_0 \longrightarrow \boxed{f(C,d,k,m,R)} \longrightarrow U$$

Eingangsgröße: $\ddot{x}_0$ (Beschleunigung Sensorgehäuse)

Ausgangsgröße: U (Spannung am Piezoelement)

Abb. 5.49 – Übertragungsglied des piezoelektrischen Beschleunigungssensors

5.5 Zusammenfassung

Im vorliegenden Kapitel wurde der Sensor, eine Grundkomponente eines mechatronischen Systems, mit seinen verschiedenen Ausführungen und Eigenschaften vorgestellt. Zunächst wurde skizziert, welche Position und Aufgabe der Sensor in einem mechatronischen System hat. Dabei wurde erläutert, dass der Sensor alle notwendigen Größen des Systems erfasst, die für die Regelung erforderlich sind.

Weiterhin wurde dargestellt, dass Sensoren verschiedene Integrationsstufen aufweisen und daher unterschiedlich komplex ausgeführt sein können. In Abhängigkeit ihrer Integrationsstufe sind Sensoren in der Lage, unterschiedliche Funktionen zur Aufbereitung des gemessenen Signals zu übernehmen. Je nach

Arbeitsweise des Sensors kann zwischen aktiven und passiven Sensoren differenziert werden.

Zur Erfassung der physikalischen Messgröße nutzen Sensoren unterschiedliche Messeffekte. Ein Sensor, der einen bestimmten Messeffekt nutzt, ist nur in der Lage, bestimmte physikalische Messgrößen zu erfassen. In klassischen mechatronischen System liegt das Interesse vor allem darin, Bewegungsgrößen und Kräfte mit Sensoren zu erfassen. Im Rahmen dieses Kapitels wurden eine Übersicht sowie eine Erläuterung über die gängigsten physikalischen Messeffekte gegeben und Beispiele zu möglichen Sensorausführungen, basierend auf verschiedenen Messeffekten, dargestellt.

Im weiteren Verlauf des Kapitels wurden die Eigenschaften von Sensoren erläutert. In diesem Zusammenhang wurden die Begriffe Messbereich, Empfindlichkeit, Messgenauigkeit, Auflösung und Frequenzgang/Frequenzbereich erläutert. Diese Begriffe zählen zu den Grundlagen und werden für eine Sensorauslegung bzw. Sensorauswahl vorausgesetzt.

Abschließend wurden anhand des piezoelektrischen Beschleunigungssensors und des induktiven Wegsensors zwei unterschiedliche Sensortypen vorgestellt. Hierbei wurde unter anderem auf den mechanischen und elektrischen Aufbau, das Messprinzip, den Zusammenhang zwischen dem mechanischen und elektrischen Verhalten und die jeweilige Ein- und Ausgangsgröße eingegangen.

6 Steuerung und Regelung

Steuerungen und Regelungen verfolgen das Ziel, das dynamische Verhalten eines technischen Systems nach bestimmten Vorgaben zu beeinflussen. Dabei sind die Vorgehensweisen bei einer Steuerung und einer Regelung grundsätzlich verschieden. Diese Unterschiede werden zu Beginn des Kapitels herausgestellt. Bei der Gliederung von Steuerungen und Reglern wird wie bei den Aktoren wieder nach Funktion und Wirkprinzip unterschieden. Dabei wird erläutert, wie Aktoren (mit ihren Komponenten Energiesteller, Energiewandler und Energieumformer) angesteuert werden müssen, um das gewünschte Sollverhalten des Prozesses realisieren zu können.

Des Weiteren wird das Regelstreckenverhalten zur Analyse der stationären und dynamischen Eigenschaften von Prozessen behandelt, da das Verständnis des Streckenverhaltens die Voraussetzung zur späteren Reglerauslegung bildet. Mittels der erhaltenen Systeminformationen wird der Regler entsprechend ausgelegt, sodass das Regelkreisverhalten insgesamt die gewünschte Dynamik und Stabilität besitzt. Die Analyse des Regelstreckenverhaltens wird anhand einfacher Beispiele erklärt.

Im Anschluss werden das Verhalten des geschlossenen Regelkreises und die Reglerauslegung behandelt. Im Fokus steht hierbei das stationäre und dynamische Verhalten des geregelten Gesamtsystems. Auch der Einfluss und die Wirkung unterschiedlicher Regler, der Einfluss der einzelnen Regleranteile und die entsprechende Reglerparametrierung zur geeigneten Auslegung sind wichtige Aspekte. Das Hauptaugenmerk bei der Auslegung von Regelkreisen liegt auf der Weise, wie ein Regler das dynamische Verhalten, die Stabilität und die stationäre Genauigkeit beeinflusst. Insbesondere bei diesen Punkten ist die Untersuchung des Gesamtsystems essentiell wichtig. Zur Vertiefung der behandelten Themen werden anschauliche Beispiele vorgestellt.

6.1 Einführung

Regler bzw. Steuergeräte in technischen Systemen befinden sich in Richtung des Signalflusses gesehen vor dem Aktor und liefern somit die Eingangsgröße für diesen. Das Ausgangssignal des Reglers bzw. des Steuergeräts wird auch Stellgröße genannt und ist meistens ein elektrisches Informationssignal mit relativ geringer Leistung. Anhand der Struktur des Systems wird zwischen Steuerungen und Regelungen unterschieden, wobei der Signalfluss eine eindeutige Richtung besitzt. Der Regler stellt im Falle einer Regelungsstruktur das Verbindungsglied zwischen dem Sensor (Prozessbeobachtung) und dem Aktor dar, sodass ein geschlossener Regelkreis entsteht. Dagegen ist die Steuerung bzw. das Steuergerät (evtl. mit vorgeschaltetem Sensor) meistens das Anfangsglied einer offenen Steuerkette. Abb. 6.1 und Abb. 6.2 verdeutlichen die Unterschiede zwischen Steuerung und Regelung.

6.1.1 Steuerung eines technischen Systems

Bei einer Steuerung (Abb. 6.) wird ein Eingangssignal (optional von einem Sensor kommend, der nicht die Ausgangsgröße des Prozesses erfasst) in das Steuergerät gegeben, aus welchem ein Stellsignal generiert wird. Das Stellsignal wird in den Aktor eingespeist und beeinflusst so das zu steuernde System (den Prozess).

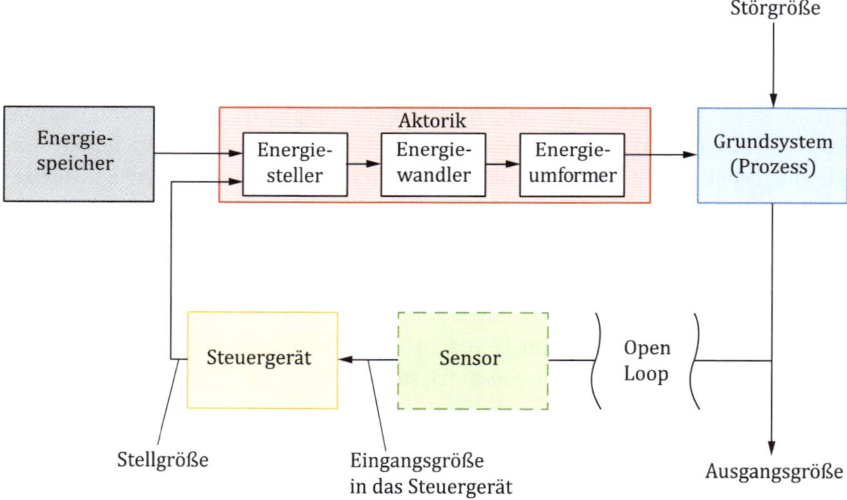

Abb. 6.1 – Steuerung eines Systems, Open Loop Control

Am Ausgang des Prozesses ergeben sich dadurch dynamische Veränderungen der Ausgangsgröße. Mit der Steuerung wird beabsichtigt, durch die Vorgabe am Eingang ein genau definiertes Ausgangssignal zu erhalten. Charakteristisch für Steuerungen ist ein offener Regelkreis, sodass keine Rückführung der Ausgangsgröße stattfindet. Dies wird auch Steuerkette oder im Englischen „open loop control" bzw. „feedforward control" genannt [13].

Für einen zufriedenstellenden Einsatz von Steuerungen ist eine genaue Kenntnis des dynamischen Übertragungsverhaltens des zu steuernden Systems zwischen Eingang und Ausgang erforderlich. Folglich muss das Systemmodell das reale Systemverhalten ausreichend genau beschreiben. Unbekannte Einflüsse (Störungen), die von außen auf das System wirken, gefährden die Sicherstellung des vordefinierten Ausgangssignals. Falls Störgrößen auf das System wirken bzw. das

Modell Parameterveränderungen erfährt, die nicht im Rahmen der Steuerung erfasst werden, wird das Verhalten am Ausgang der Steuerkette vom gewünschten Verhalten abweichen. Grund ist die fehlende Überprüfung des Ausgangssignals im Vergleich zum gewünschten Verhalten bei Steuerungen. Dadurch werden Steuerungen überwiegend dann eingesetzt, wenn das Systemverhalten gut beschreibbar ist und keine unbekannten Einflüsse auftreten bzw. mögliche Störungen vorhersehbar sind und über das Steuergerät berücksichtigt werden können.

6.1.2 Regelung eines technischen Systems

Im Gegensatz zur Steuerung liegt bei einer Regelung (Abb. 6.2) ein geschlossener Kreis in Bezug auf den Signalfluss vor. Man spricht deshalb auch von einem „Regelkreis" oder englisch „closed loop control" bzw. „feedback control" [13]. Statt des Steuergerätes wird im Blockschaltbild nun ein Regler vorgesehen, in den der vorgegebene Sollwert sowie der Istwert des Prozesses als Eingangsgrößen eingehen, aus deren Differenz die sogenannte Regelabweichung bzw. Regeldifferenz ermittelt wird. Der Istwert liegt meist in Form einer elektrischen Spannung am Sensorausgang vor und wird durch die Rückführung mit dem Sollwert verglichen. Der Istwert stellt den aktuellen Wert der Ausgangsgröße des Prozesses dar. Der Sollwert drückt den Wert der gewünschten Führungsgröße aus (vgl. auch Abb. 6.3). Anzumerken ist, dass die Ausgangsgröße hier auch als Regelgröße bezeichnet wird, indem vorausgesetzt wird, dass die gemessenen Signalgrößen auch diejenigen Größen sind, die geregelt und somit zum Soll-Istwert-Vergleich zurückgeführt werden. Wirken beim geregelten System unvorhergesehene Störungen auf die Strecke, so wird sich i. Allg. eine Abweichung zwischen dem Sollwert und dem Istwert einstellen. Ebenfalls kann eine Änderung des Sollwertes zu einer Abweichung zwischen Soll- und Istgröße führen. Diese Abweichung wird Regelabweichung oder Regeldifferenz genannt und bildet die Eingangsgröße für das Regelgesetz. Der Regler verarbeitet die Regelabweichung nach bestimmten Regelgesetzen und berechnet die Stellgröße so, dass die Regelgröße möglichst schnell in den gewünschten, durch den Sollwert definierten, Zustand überführt wird.

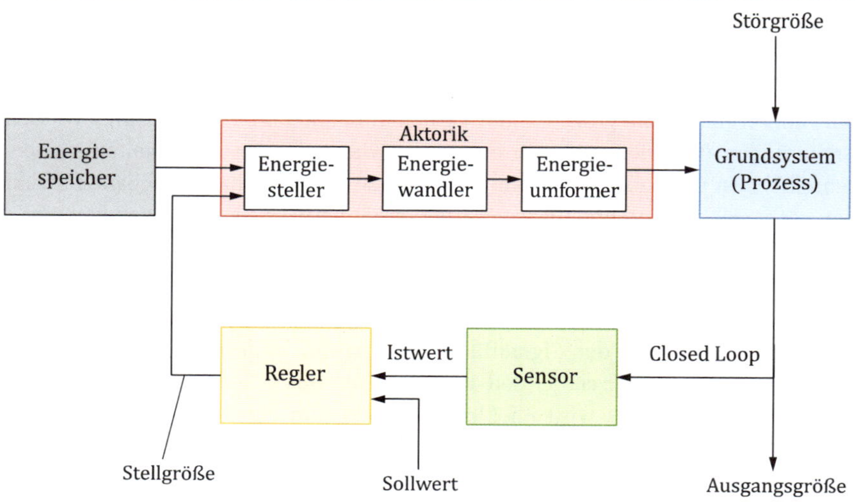

Abb. 6.2 – Regelung eines Systems, Closed Loop Control

Liegt ein geschlossener Regelkreis vor, wird auch von Rückkopplung gesprochen, da die gemessene Ausgangsgröße des Prozesses zurückgeführt wird.

Üblicherweise werden die Blöcke Aktor, Prozess und gegebenenfalls Sensor zur Regelstrecke zusammengefasst (Abb. 6.3). Eingangsgrößen der Regelstrecke sind die Stellgröße u sowie die Störgröße z. Dabei kann die Störgröße an unterschiedlichen Stellen der Strecke angreifen, sodass sich die Störung je nach Angriffspunkt unterschiedlich auswirkt. Am Ausgang liegt die durch den Sensor erfasste Ausgangsgröße des Prozesses vor. Wie bereits erwähnt, ist es häufig der Fall, dass dies auch die rückzuführende Größe zum Soll-Ist-Vergleich ist, die als Regelgröße x bezeichnet wird.

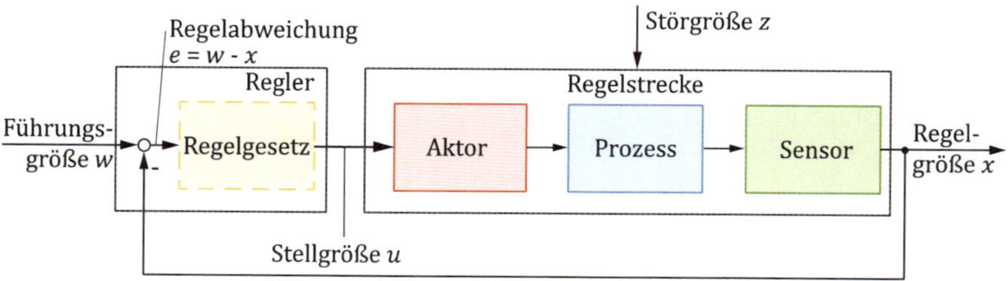

Abb. 6.3 – Blockschaltbild einer Regelstrecke

Mit dieser Reduktion vereinfacht sich die Gesamtdarstellung des geschlossenen Regelkreises. Damit bleibt neben dem Block der Strecke noch der Block des Reglers. Diese sind sinngemäß durch die Verbindungslinien (Signalflüsse) zu verknüpfen. Abb. 6.4 zeigt dies für das Beispiel des geschlossenen Regelkreises. Über den Vergleich zwischen Führungsgröße w und Regelgröße x, wird dem Regelgesetz die Regelabweichung als Eingang geliefert. Am Ausgang des Reglers wird die Stellgröße u, je nach eingestelltem Regelgesetz, erzeugt. Die Stellgröße ist wiederum der Eingang für die Regelstrecke, dessen Ausgang die Regelgröße liefert. Falls zusätzlich eine Störgröße z an der Regelstrecke angreift, kann dies am Aktor, Prozess oder Sensor geschehen. Durch die Rückführung wird kontinuierlich überprüft, ob die Regelgröße den Sollwert erreicht hat, sodass auch unbekannte Störungen ausgeregelt werden können.

Regelungen weisen gegenüber Steuerungen einige Vorteile auf, weshalb sie häufig in technischen Anwendungen eingesetzt werden. Zum einen kann über die Rückkopplung eine instabile Regelstrecke stabilisiert werden, sodass das Regelziel erreicht werden kann. Zum anderen werden durch den Soll-Ist-Vergleich auch unbekannte Störgrößen einbezogen, sodass diese ausgeregelt werden können. Eine andere positive Eigenschaft von Regelungen ist, dass das Regelverhalten bei Parameterschwankungen oder Modellunsicherheiten bei der Auslegung meist weiterhin gute Ergebnisse liefert. Dies wird unter dem Stichwort der Robustheit zusammengefasst [13].

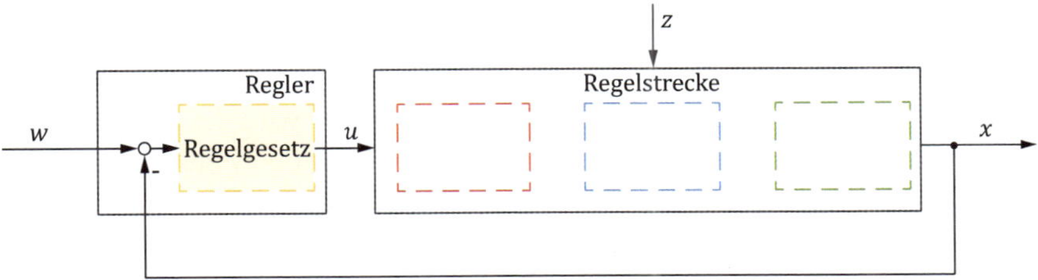

Abb. 6.4 – Blockschaltbild eines Regelkreises

Nach diesem allgemeinen Überblick wird an einem einleitenden Beispiel einer Temperatursteuerung bzw. -regelung die Funktion von Steuerungs- bzw. Regelungssystemen erläutert, wobei sowohl auf einzelne Komponenten als auch auf das Gesamtsystem eingegangen wird.

6.1.3 Beispiel einer Steuerung und Regelung

Am Beispiel der Raumtemperatureinstellung wird nochmals der Unterschied zwischen Steuerung und Regelung verdeutlicht (Abb. 6.5). Ziel ist es, die Raumtemperatur auf einen gewünschten Wert zu bringen und zu halten.

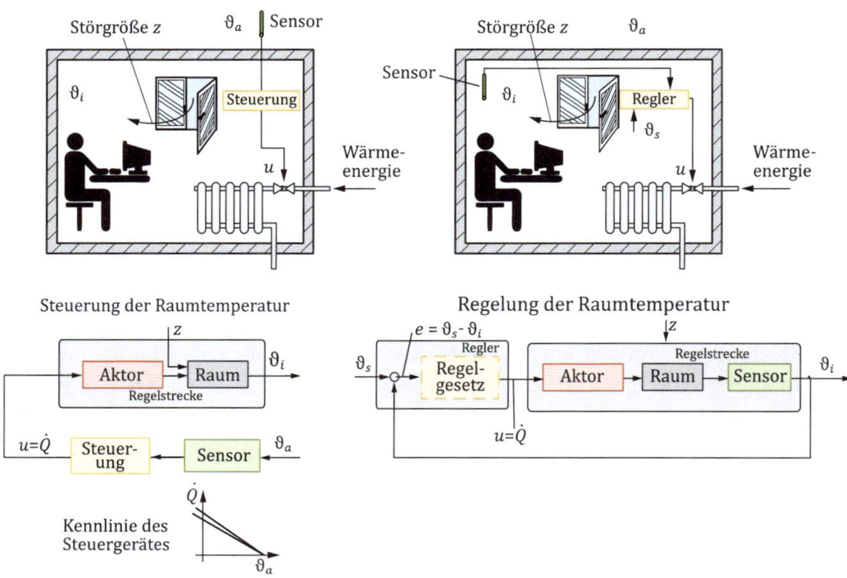

Abb. 6.5 – Steuerung bzw. Regelung der Temperatur eines Raumes

Der Prozess wird dabei durch den Raum mit seinen Eigenschaften der Wärmeaufnahme und -abgabe abgebildet. Über einen Sensor wird die aktuelle Temperatur gemessen. Den Aktor stellt ein Heizkörper samt Stellventil dar, der die benötigte Wärmeenergie für die Temperaturerhöhung des Raumes bereitstellt. Aktor, Prozess und Sensor bilden zusammen die Steuer- bzw. Regelstrecke. Das Steuergerät bzw. der Regler werden entsprechend davor im Blockschaltbild ergänzt.

Bei der Steuerung wird mit einem Temperatursensor, der außerhalb des Raumes befestigt ist, die Außentemperatur ϑ_a gemessen und dem Steuergerät zugeführt. Je nach Außentemperatur verstellt das Steuergerät über einen Motor das Ventil und beeinflusst damit den Wärmefluss $\dot{Q}$. Das Steuergerät arbeitet nach einer Steuerkennlinie. Diese gibt den Zusammenhang zwischen Wärmefluss $\dot{Q}$ und der Außentemperatur ϑ_a an, nach der die Ventilstellung gewählt werden muss, um eine bestimmte Raumtemperatur einzustellen. Der Wärmefluss wird somit über die Ventilstellung bzw. die Stellgröße u eingestellt. Dieser wiederum beeinflusst die Ausgangsgröße y, also die Raumtemperatur ϑ_i, und stellt sie auf den entsprechenden Sollwert ein. Treten nun Störungen auf, die nicht berücksichtigt worden sind, wie z. B. das Öffnen eines Fensters, so ändert sich die Raumtemperatur. Da die Temperatur ϑ_i selbst keinen Einfluss auf das Steuergesetz besitzt, wirkt sich der Temperaturabfall nicht auf die Steuerung aus. Somit ändert sich auch nicht die Ventilstellung, die den Wärmefluss zur Einstellung der Temperatur steuert und der Einfluss der Störung kann nicht kompensiert werden. Damit wird bei Einsatz einer Steuerung und einem Auftreten von Störungen, die sich einstellende Temperatur von der gewünschten Temperatur abweichen.

Bei der Regelung wird die Raumtemperatur ϑ_i, die Regelgröße des Prozesses, gemessen und mit einem eingestellten Sollwert ϑ_s (z. B. $\vartheta_s = 20\,°C$) verglichen. Wenn die Temperatur vom Sollwert abweicht, so wird im Regler die Regeldifferenz $e = \vartheta_s - \vartheta_i$ auftreten, dort verarbeitet und über die Ausgangsgröße des Reglers, der Stellgröße u, wird der Wärmefluss $\dot{Q}$ je nach Regelgesetz geändert. Störungen jeglicher Art (Fenster öffnen, Sonneneinstrahlung, Veränderung der Außentemperatur), die die Raumtemperatur verändern, werden vom Regler berücksichtigt und so verarbeitet, dass die Stellgröße sich ändert und die Solltemperatur ϑ_s wieder erreicht wird. Durch die Rückführung der Regelgröße wird somit ausgangsseitig überprüft, ob die Solltemperatur erreicht wurde, ansonsten wird über den Regler der Abweichung über die Stellgröße entgegengewirkt. Die Stellgröße kann dabei jedoch nur in gewissen Grenzen variiert werden, welche als Stellgrößenbeschränkungen zu berücksichtigen sind. In diesem Beispiel wäre eine solche Beschränkung ein maximaler Wärmefluss $\dot{Q}_{max}$ und ein minimaler Wärmefluss $\dot{Q}_{min} = 0$, der auftritt, wenn das Ventil vollständig geschlossen ist.

Im Rahmen dieser Einführung wurde die Funktionsweise von Steuerung und Regelung dargestellt und verglichen. In den weiteren Abschnitten wird die Regelung ausführlicher betrachtet.

6.2 Gliederung von Reglern

Regler können je nach Funktion, Wirkprinzip oder Regelungsziel unterschieden werden. Im Folgenden werden diese Unterscheidungen näher behandelt.

6.2.1 Unterscheidung nach der Funktion

Bei Betrachtung des Gesamtsystems soll der Regelgröße x der Regelstrecke (Abb. 6.4) durch die Stellgröße u ein Sollverhalten aufgeprägt werden und zwar gegen den Einfluss möglicher Störgrößen z. Dazu ist die Regelstrecke fortlaufend zu beobachten bzw. die Ausgangsgröße zu sensieren und die gewonnene Information so zu verwenden, dass die Regelgröße durch einen Stelleingriff (Stellgröße u) den gewünschten Verlauf annimmt. Auf den Regler bezogen ergeben sich damit folgende Teilfunktionen (Abb. 6.6):

- Aufnahme der Reglereingangsgröße. Dies ist der vom Sensor gemessene Istwert, also die Regelgröße x.

- Bereitstellung des konstanten Sollwertes w bzw. der veränderlichen Führungsgröße w durch den Sollwertgeber. Dabei ist für den Vergleich mit dem Istwert auf die Kompatibilität der Vergleichsgrößen (gleiche physikalische Größen) zu achten.
- Im Vergleicher wird die Regelgröße mit dem Sollwert bzw. mit der Führungsgröße verglichen und es wird die Regelabweichung bzw. die Regeldifferenz e = w-x gebildet.
- Das Regelgesetz verknüpft die Ausgangsgröße des Reglers, die Stellgröße u, mit der Regelabweichung e. Dieses Regelgesetz ergibt sich aus einer Betrachtung des Gesamtsystems. Abhängig von den dynamischen Eigenschaften der Regelstrecke (Aktor, Prozess, Sensor) ist der Regler, d. h. das Regelgesetz, so auszulegen, dass die geforderte Aufgabe erfüllt wird: die Regelgröße x soll dem Sollwert w mit möglichst geringer Abweichung folgen.
  Die ermittelte Stellgröße u wird zum Aktor weitergeleitet, in dem die weiteren Aufgaben Energiestellung, -wandlung und -umformung vorgenommen werden.

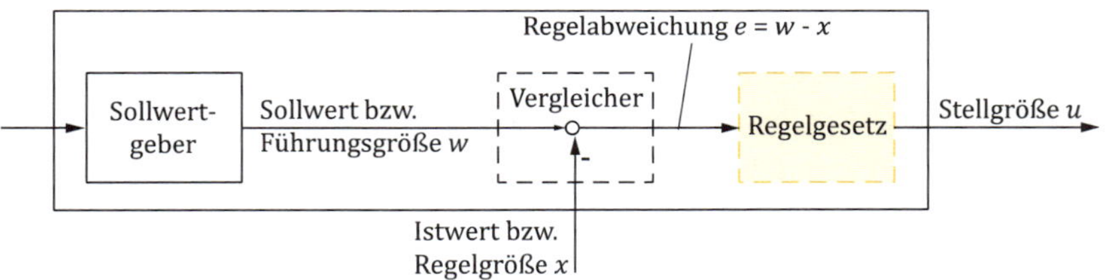

Abb. 6.6 – Gesamtfunktion und Teilfunktionen eines Reglers

Die Funktion eines Reglers wird insbesondere durch das Regelgesetz bestimmt. Wie bereits angedeutet, muss sich dieses Regelgesetz an den dynamischen Eigenschaften der Regelstrecke orientieren. Grundsätzlich können die Regelgesetze daher ganz unterschiedlich aussehen. Die Praxis der Regelungstechnik zeigt, dass die meisten regelungstechnischen Aufgaben mit bestimmten Typen von linearen Reglern gelöst werden können. Im Rahmen dieses Buches werden lediglich Reglertypen der linearen Form behandelt. Im Kapitel 2 wurden bereits Grundelemente zum Aufbau von Reglern vorgestellt und dabei die Anordnung eines PID-Reglers gezeigt. Dabei ergaben sich grundsätzlich drei mögliche Anteile der Stellgröße:

P-Anteil des Reglers (Proportionalglied)

$$u_P = k_P e(t) \tag{6.1}$$

Die Stellgröße u_P ist proportional zur Regelabweichung e(t); k_P ist der Verstärkungsfaktor. Folglich erzeugt der P-Anteil auf eine aktuell vorhandene Regelabweichung e(t) eine ihr proportionale Stellgröße und kann mit der Gegenwart in Verbindung gesetzt werden.

I-Anteil des Reglers (Integralglied)

$$u_I = k_I \int e(t)\,dt \tag{6.2}$$

Stellgröße u_I folgt durch Integration der Regelabweichung e(t); k_I ist der Integralbeiwert. Durch die zeitliche Integration erzeugt der I-Anteil stets eine auf die Vergangenheit der Regelabweichung bezogene Stellgröße.

D-Anteil des Reglers (Differentialglied)

$$u_D = k_D \frac{de(t)}{dt} \tag{6.3}$$

Die Stellgröße u_D folgt durch Differentiation der Regelabweichung e(t); k_D ist der Differentialbeiwert. Durch Differentiation erzeugt der D-Anteil eine auf die zukünftige Regelabweichung bezogene Stellgröße.

Die Grundelemente P, I, D können nun zu bestimmten linearen Reglertypen kombiniert werden (Superposition). Die wichtigsten Reglertypen sind P-Regler, PI-Regler, PD-Regler und PID-Regler. Das Regelgesetz des PID-Reglers folgt durch Addition der drei Anteile (Abb. 6.7):

$$u(t) = k_P e(t) + k_I \int e(t)\,dt + k_D \frac{de(t)}{dt} \tag{6.4}$$

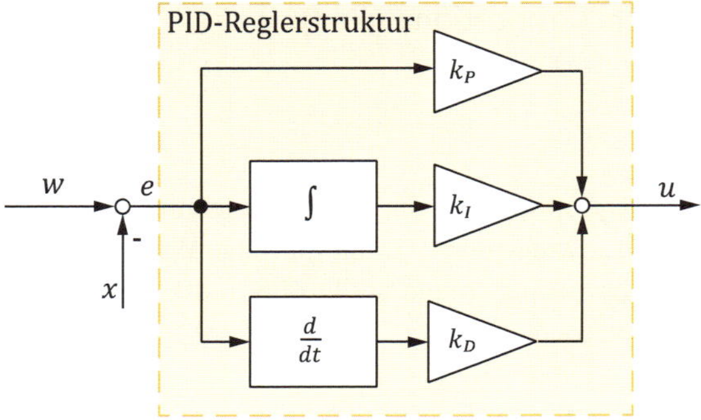

Abb. 6.7 – Aufbau eines PID-Reglers

Das PID-Regelgesetz lässt sich auch folgendermaßen schreiben,

$$u(t) = k_P \left(e(t) + \frac{1}{T_I} \int e(t)\, dt + T_D \frac{de(t)}{dt} \right) \tag{6.5}$$

wobei $T_I = \frac{k_P}{k_I}$ und $T_D = \frac{k_D}{k_P}$ die Zeitkonstanten des Integralbeiwertes bzw. des Differentialbeiwertes sind.

Durch Nullsetzen gewisser Regleranteile bilden sich die übrigen Reglertypen P-Regler, PI-Regler und PD-Regler. Dabei ergeben sich sinngemäß unterschiedliche Funktionen dieser Regler.

Um den Einfluss des Regleraufbaus auf die Stellgrößen u(t) (Reglerausgang) zu zeigen, wird für die Eingangsfunktion e(t) ein Sprung gewählt. Diese Funktion wird in der Regelungstechnik häufig verwendet, um das Verhalten von Regelsystemen zu testen. Die entsprechende Antwortfunktion wird Sprungantwort bzw. für den Spezialfall eines Einheitssprungs (Höhe 1) Übergangsfunktion genannt. Abb. 6.8 zeigt für die genannten Reglertypen jeweils die Sprungantwort der Stellgröße u(t).

Mit dem P-Regler erfolgt ein reiner Proportionaleingriff. Der I-Anteil integriert die Regelabweichung auf und beeinflusst die Stellfunktion, so lange eine Regelabweichung vorhanden ist. Der D-Anteil führt zu einer schnellen Reaktion des Reglers und verstellt die Stellgröße im gezeigten theoretischen Fall ruckartig. Im praktischen Fall reagieren Regler mit D-Anteil dagegen mit einer gewissen Verzögerung (gestrichelte Linie). Durch geeignete Wahl der Parameter k_P, k_I, k_D bzw. k_P, T_I, T_D kann ein Regler dem Verhalten der Regelstrecke so angepasst werden, dass sich ein möglichst günstiges Regelverhalten ergibt. Dazu ist eine gemeinsame Betrachtung des Gesamtsystems bestehend aus Regler und Regelstrecke erforderlich.

Neben der Sprungfunktion haben andere Testfunktionen, vgl. Abschnitt 6.3.1, in der Regelungstechnik eine große Bedeutung, so z. B. die harmonischen Funktionen (Sinus- und Kosinusfunktionen). Dabei interessiert insbesondere, mit welcher Amplitude und mit welcher Phasenverschiebung ein Regler oder ein Regelsystem auf ein vorgegebenes Sinussignal mit bestimmter Frequenz reagieren.

Die von der Frequenz Ω abhängigen Amplituden und Phasen werden in sogenannten Amplitudengängen und Phasengängen zusammengefasst. Sie zeigen, bei welchen Frequenzen ein Regler bzw. ein Regelsystem das harmonische Eingangssignal besonders stark oder weniger stark zum Ausgang überträgt.

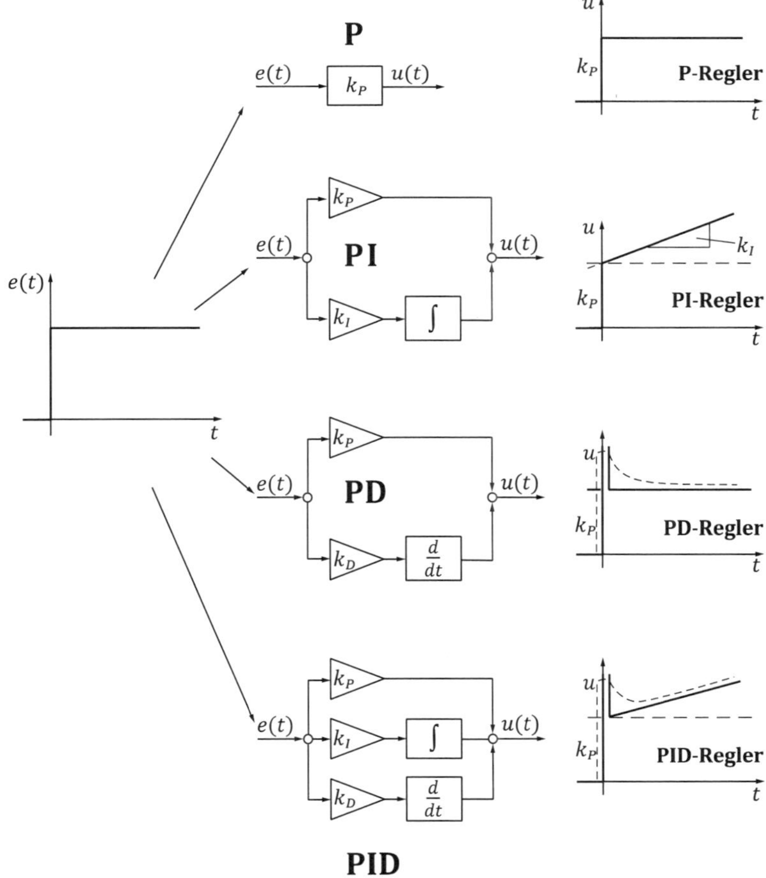

Abb. 6.8 – Stellgrößen u(t) als Sprungantwort für verschiedene Reglertypen

6.2.2 Unterscheidung nach dem Wirkprinzip

Wie bei den Aktoren bestimmt auch bei den Reglern die Art der Hilfsenergie das Wirkprinzip. Dabei dominieren die elektrischen Regler gegenüber den pneumatischen und mechanischen Reglern. Die größte Bedeutung haben mittlerweile digitale Regler, bei denen das Regelgesetz über ein gespeichertes Programm in einem Mikroprozessor ausgewertet wird. Nachfolgend werden jeweils einzelne Ausführungen für Regler, die den genannten Wirkprinzipien zugeordnet werden können, gezeigt.

Mechanische Regler

Ein klassisches Beispiel einer automatischen Regelung stammt von James Watt, der im Jahre 1769 eine rein mechanische Drehzahlregelung für eine Dampfmaschine entwickelt hat (Abb. 6.9). Dabei wird die Drehzahl der Welle über einen Riemen und zwei Zahnräder auf eine Messwelle übertragen, die ein Fliehkraftpendel trägt. Je nach Drehzahl der Messwelle, die hier die Regelgröße darstellt, wird eine Muffe auf und ab bewegt.

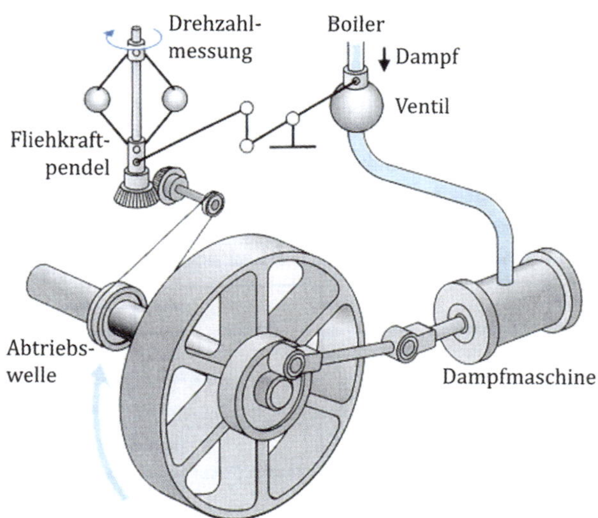

Abb. 6.9 – Drehzahlregelung einer Dampfmaschine

Sie ist über ein Hebelgestänge mit dem Dampfventil verbunden. Fliehkraftpendel und Hebelgestänge bilden dabei den Regler und liefern die Stellgröße zur Betätigung des Dampfventils (Energiesteller im Aktor). Die Drehzahl der Ausgangswelle bleibt konstant, wenn der Dampfmaschine ein konstanter Dampfstrom zugeführt wird. Falls aber Störungen auftreten (Dampfzustand, Laständerungen usw.), so wird die Drehzahl vom gewünschten eingestellten Sollwert abweichen. Ist die Drehzahl z. B. zu hoch, wird der Dampfstrom durch die Reglereinwirkung am Ventil stärker gedrosselt und durch den reduzierten Dampfstrom sinkt die Drehzahl wieder ab.

In Abb. 6.10 wurde das System in ein Blockschaltbild umgesetzt, wobei die Komponenten jeweils in den Blöcken dargestellt sind. In diesem Fall ist die Trennung zwischen Sensor und Regler nicht eindeutig.

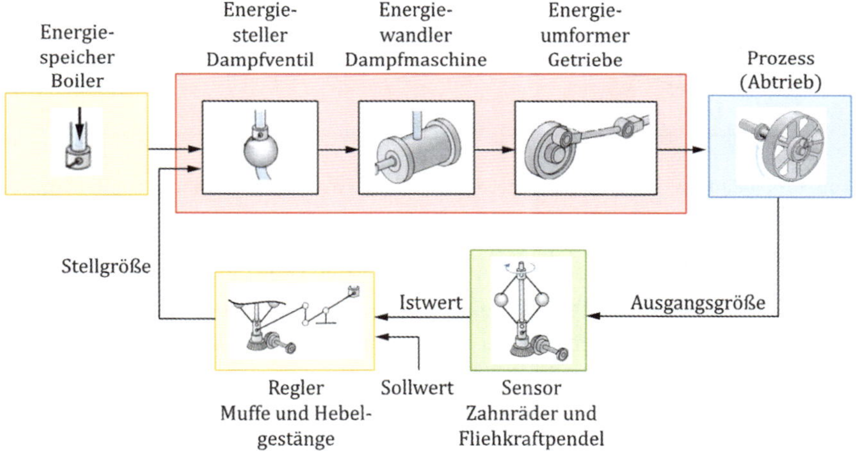

Abb. 6.10 – Blockschaltbild zur Drehzahlregelung einer Dampfmaschine

An diesem einfachen mechanischen Regler, der wie bei der Temperaturregelung einen festen Sollwert (in diesem Fall die Drehzahl) bei Auftreten einer Störgröße halten soll, können einige Eigenschaften des Regelsystems festgestellt werden. Die Reglerverstärkung ist in diesem Fall vom Hebelverhältnis abhängig. Wird das Hebellager z. B. sehr weit rechts angeordnet (Abb. 6.11), dann wirkt sich eine Verschiebung der Muffe des Fliehkraftreglers nur schwach auf die Ventilverstellung aus (geringe Verstärkung). Das Rückführen zur Solldrehzahl wird in diesem Fall nur langsam erfolgen. Wird dagegen das Hebellager sehr weit links angeordnet (große Verstärkung), so wirken sich bereits kleine Änderungen der Muffenverschiebung stark auf die Verstellung des Dampfventils aus.

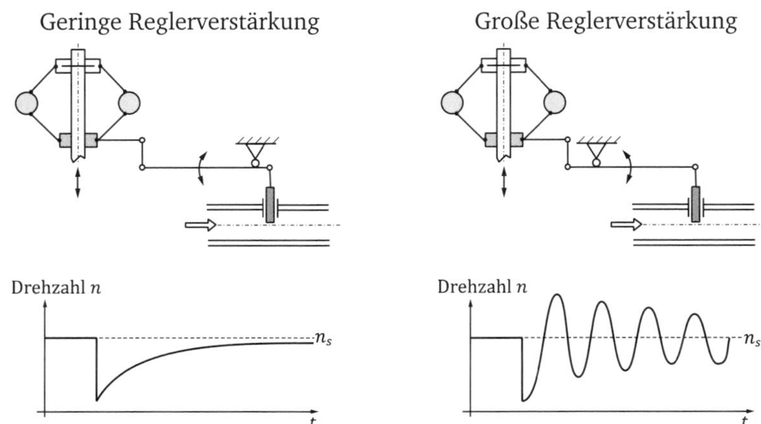

Abb. 6.11 – Einfluss der Lage des Hebellagers auf das dynamische Verfahren des Regelsystems

Dadurch wird zwar eine schnelle Annäherung des Drehzahl-Istwertes n an den Drehzahl-Sollwert n_s erfolgen (gute Dynamik), allerdings kann der Istwert bei zu starkem Eingriff auch über das Ziel hinausschießen. Dabei kann die Drehzahl in einen schwingenden Zustand um den Sollwert geraten. Je nach Lage des Hebellagers klingen die Schwingungen mit der Zeit wieder ab (stabiles Systemverhalten), bleiben erhalten (indifferentes Systemverhalten) oder klingen im ungünstigen Fall sogar auf (instabiles Systemverhalten).

Abb. 6.12 zeigt die drei möglichen Fälle am Beispiel der Drehzahlregelung mittels eines reinen P-Reglers. Die Fälle der Instabilität und Grenzstabilität müssen dabei unbedingt vermieden werden. Instabile Regler können zur Beschädigung bzw. Zerstörung der Regelstrecke führen.

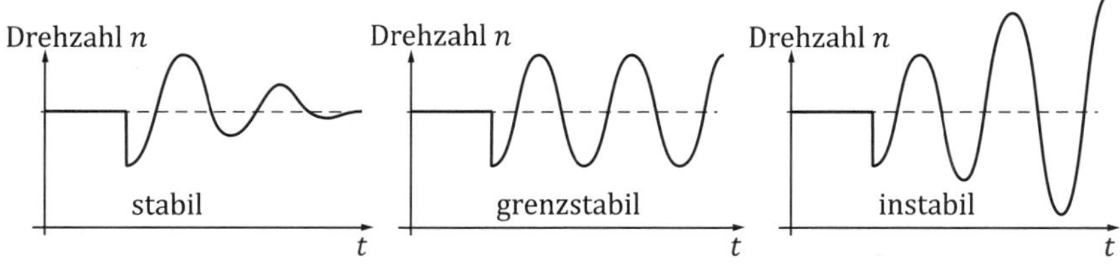

Abb. 6.12 – Drehzahlverhalten bei Regelung mit unterschiedlicher Reglerverstärkung

Dieses Beispiel zeigt die Relevanz, einen Regler für eine gegebene Aufgabenstellung richtig zu entwerfen und einzustellen. Dabei spielt die Stabilität des Regelkreises eine vorrangige Rolle. Daneben müssen aber noch zusätzliche Forderungen erfüllt werden, z. B. dass die Regelabweichung möglichst klein wird und die

Zeit für die Beseitigung der Störung einer Regelgröße minimal sein sollte. Hier spricht man von der Dynamik einer Regelung. Die optimale Reglerauslegung stellt somit eine der wichtigsten Problemstellungen der Regelungstechnik dar und ist für die einwandfreie Funktion technischer Systeme von großer Bedeutung.

Pneumatische Regler

In vielen verfahrenstechnischen Anlagen, insbesondere in der chemischen Industrie, wird bevorzugt für Regelgeräte Druckluft als Hilfsenergie verwendet. Pneumatische Regelgeräte sind leicht handhabbar und zeigen keine Explosionsgefahr, wie es bei elektrischen Reglern der Fall ist. Auch mit pneumatischen Elementen lassen sich z. B. P-Regler, PI-Regler, PD-Regler und PID-Regler realisieren.

Elektrische Regler

Elektrische Regler werden weitgehend durch Schaltungen mit Operationsverstärkern realisiert. Wie beim pneumatischen Regler lässt sich auch hier grundsätzlich das Rückkopplungsprinzip anwenden. In der Praxis wird meistens die in Abb. 6.13 gezeigte Schaltung gewählt, bei der sich das frequenzabhängige Übertragungsverhalten des Reglers, also das Verhältnis von Ausgangsspannung U_a zur Eingangsspannung U_e aus dem Verhältnis der komplexen Widerstände Z_1, Z_2 ergibt. U_e entspricht dabei der Regelabweichung e und U_a der Stellgröße u.

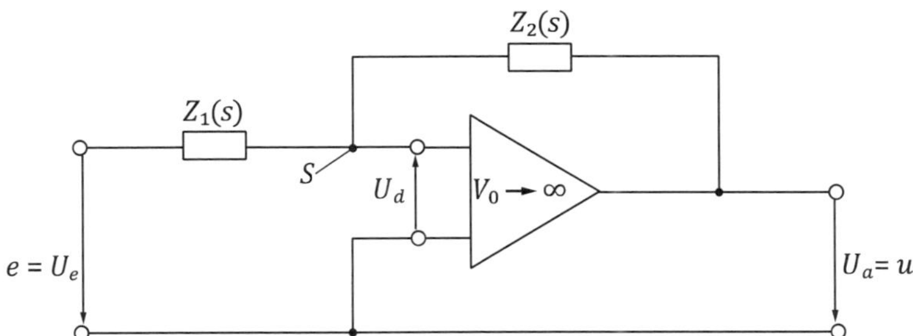

Abb. 6.13 – Operationsverstärker mit komplexen Widerständen [99]

Je nach Wahl der komplexen Widerstände Z_1 und Z_2 lassen sich die unterschiedlichen Regler mit P-, I- oder D-Anteil aufbauen.

Digitale Regler

Digitale Regler erfordern eine Bereitstellung des jeweils aktuellen Wertes der Regelgröße in digitaler Form. Auch der Sollwert wird als digitaler Wert vorgegeben. Aus diesen beiden Zahlenwerten errechnet ein Mikroprozessor im Regler nach einem einprogrammierten Regelalgorithmus die Stellgröße. Für die meisten Stellglieder muss diese wieder in ein Analogsignal umgewandelt werden.

Der Bediener kann durch entsprechende Programmwahl zwischen verschiedenen Reglerverhalten wählen, ohne wie beim Analogregler in die Hardware eingreifen zu müssen. Damit kann der Regler einfacher an neue Streckenverhältnisse angepasst werden als dies mit einem analogen Typ möglich ist.

Die meisten digitalen Regler besitzen die Möglichkeit, über eine Schnittstelle mit einem Rechner gekoppelt zu werden. Vom Rechner kann die Reglereinstellung für mehrere Regler zentral vorgenommen werden. Außerdem kann ein Prozess, der aus mehreren Regelfunktionen besteht, von dieser Leitstelle überwacht werden. Die einzelnen Regler können dabei eigenständig arbeiten oder miteinander kombiniert werden. Abb. 6.14 zeigt das Blockschaltbild des technischen Systems für den Fall einer digitalen Regelung.

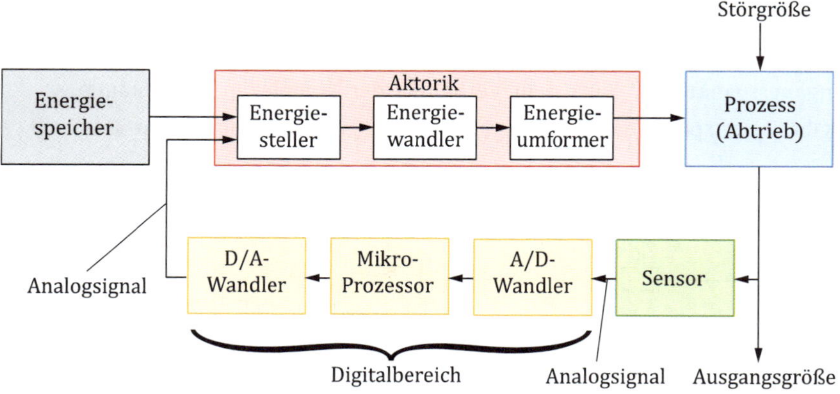

Abb. 6.14 – Technisches System mit digitaler Regelung

Nach dem analog arbeitenden Sensor erfolgt eine Analog-Digital-Wandlung. Das Regelgesetz wird im Mikroprozessor abgearbeitet. Die daraus resultierende Stellgröße in digitaler Form wird schließlich vor der Weiterleitung zum Aktor wieder analog gewandelt.

6.2.3 Unterscheidung zwischen Störgrößen- und Folgeregelung

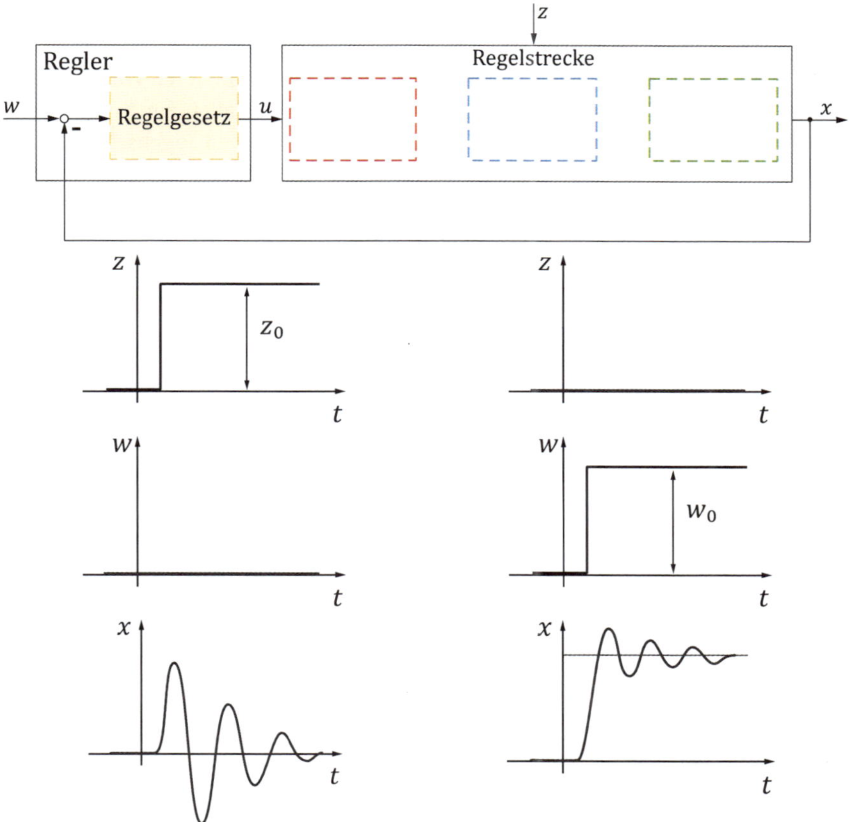

Abb. 6.15 – Störgrößenregelung (links) und Folgeregelung (rechts)

Die Aufgabe einer Störgrößenregelung bzw. Festwertregelung ist es, trotz wirkender Störungen z die Regelgröße x auf einem konstanten Wert zu halten. In der Regel ist für diese Regelungsaufgabe die Führungsgröße w konstant. Somit regelt ein geeigneter Regler die durch die Störung verursachte Regelabweichung komplett aus. Der Einfluss der Störgröße z soll kompensiert werden (siehe Abb. 6.15 links).

Bei Folgeregelungen soll die Regelgröße x der Führungsgröße w bzw. einem Führungsgrößenverlauf (Solltrajektorie) möglichst schnell und genau folgen, wobei die Störgröße z eine untergeordnete Rolle spielt (siehe Abb. 6.15 rechts).

6.2.4 Vorsteuerung

Die Vorsteuerung bezeichnet ein Element des Reglerentwurfs, welches die Stellgröße zusätzlich mit einem Wert beaufschlagt, der unabhängig von der Regelgröße und den damit zusammenhängenden Messungen ist. Eine Vorsteuerung kann sowohl zur Verbesserung des Führungsverhaltens als auch zur Kompensation von Störungen verwendet werden, ohne die dynamischen Eigenschaften des Systems negativ zu beeinflussen und dadurch die Stabilität zu gefährden. Störgrößen können kompensiert werden, indem diese gemessen und zur Bestimmung einer ausgleichenden Stellgröße genutzt werden, vgl. Abb. 6.16.

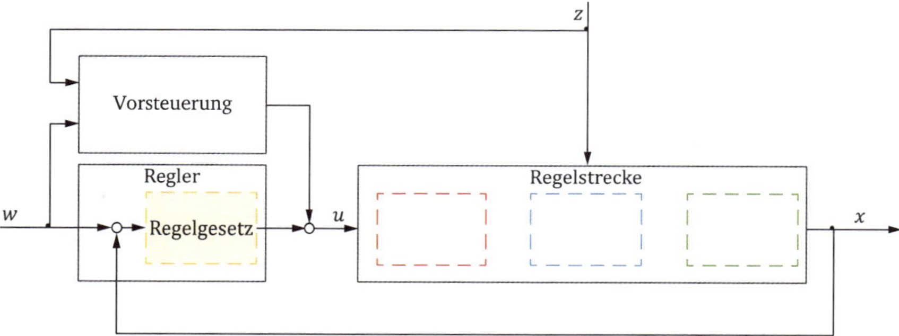

Abb. 6.16 – Blockschaltbild eines Regelkreises mit Vorsteuerung

Beispiele für Vorsteuerungen:

An einer horizontal angeordneten Welle mit einer Exzentrizität tritt infolge der Schwerkraft ein Moment auf. Aufgrund des von der Winkelposition abhängenden Hebelarms ist das Drehmoment winkelabhängig. Da die Größe dieses Moments für jede Winkelposition bekannt ist, muss der Regelkreis dieses für eine Winkelpositionsregelung nicht zwingend variierende und deterministisch auftretende Moment ausgleichen. Eine alternative Lösung stellt die Aufprägung eines Kompensationsmoments in Abhängigkeit des gemessenen Drehwinkels als Stellgröße über eine Vorsteuerung dar. Dies fördert wie bereits erwähnt das Führungsverhalten dieses Regelkreises ohne die Stabilität der Regelung zu beeinträchtigen.

Ein weiteres Anwendungsfeld ist die Kompensation auftretender Reibung. Bei bekannten Eigenschaften eines Getriebes ist es möglich, eine Funktion der drehrichtungs- und ggf. auch geschwindigkeits- und winkelstellungsabhängigen Reibung aufzustellen. Die entsprechenden Effekte lassen sich dann über eine Vorsteuerung ausgleichen, so dass diese Aufgabe nicht mehr vom Regler übernommen werden muss.

6.3 Streckenverhalten

Das Streckenverhalten (auch Übertragungsverhalten der Strecke genannt) beschreibt das dynamische und stationäre Verhalten der Regelstrecke. Das dynamische Streckenverhalten eines Systems beschreibt das Zeitverhalten, also den zeitlichen Verlauf des Systemausgangs y nach einer Systemanregung u(t) vom stationären Anfangszustand bis zum stationären Endzustand. Dieses zeitliche Übergangsverhalten wird durch die Zeitkonstante T und die Ordnung der homogenen Bewegungsdifferentialgleichung beschrieben. Das stationäre Streckenverhalten beschreibt den Systemzustand nach Abklingen der freien, homogenen Eigenbewegung des Systems und dem dynamischen Anteil. Der stationäre Endwert folgt für $t \to \infty$. [99]

Das Wissen um das vorliegende Streckenverhalten lässt erst eine effektive Reglerauslegung zu, da anhand dessen beurteilt werden kann, welches Regelgesetz der Regler besitzen muss, um das gewünschte Verhalten zu erzielen. Das im Folgenden gezeigte Vorgehen ist nur für einfache, nicht gekoppelte Differentialgleichungen ohne Rückführung gültig. Für komplexere Systeme mit gekoppelten Differentialgleichungen empfiehlt sich die im Rahmen dieses Lehrbuches nicht näher behandelte Systemanalyse im Frequenzbereich.

Das Eingangssignal der Strecke, die Stellgröße u, wird durch das Streckenverhalten derart beeinflusst, dass sich am Ausgang die entsprechende Antwort, die Ausgangsgröße y, einstellt. In Abb. 6.17 wird die Strecke schematisch als Block dargestellt, dessen Eingangssignal die Stellgröße u und das Ausgangssignal die Regelgröße x ist. Wird von linearen, zeitinvarianten Systemen ausgegangen, so wird das Streckenverhalten im Zeitbereich durch lineare, gewöhnliche Differentialgleichungen n-ter Ordnung mit konstanten Parametern beschrieben, vgl. Kapitel 2.

$$a_n y^{(n)} + a_{n-1} y^{(n-1)} + \ldots + a_1 \dot{y} + a_0 y = b_0 u + b_1 \dot{u} + \cdots + b_m u^{(m)} \qquad (6.6)$$

Je nach Wahl der Koeffizienten a_i und b_i, die die physikalischen Parameter beinhalten, kann somit unterschiedliches Streckenverhalten realisiert werden, wobei für reale technische Systeme $m \leq n$ gilt [13]. Das Streckenverhalten hängt somit allgemein nicht nur von der Ausgangsgröße y, sondern auch von deren zeitlichen Ableitungen sowie dem Eingangssignal u und evtl. dessen zeitlichen Ableitungen ab. Mithilfe der Angabe von n Anfangsbedingungen kann durch Lösen der Differentialgleichung das Ausgangssignal vollständig und eindeutig beschrieben werden.

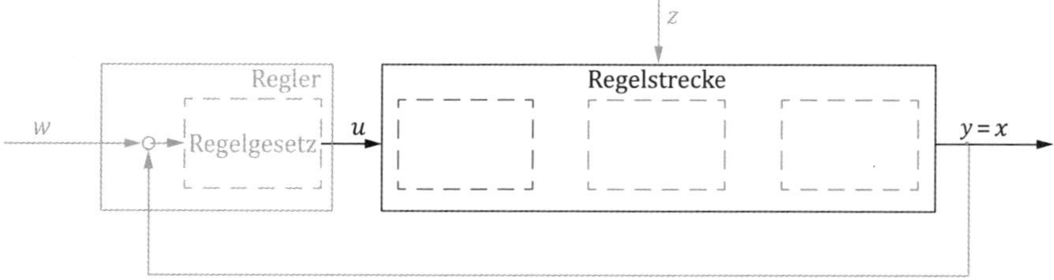

Abb. 6.17 – Streckenverhalten (schematisch)

Da das Lösen der Differentialgleichungen mitunter kompliziert und aufwendig ist, wird häufig das Streckenverhalten im Frequenzbereich beschrieben. Über die sogenannte Laplace-Transformation [100] kann das Streckenverhalten durch gewöhnliche, algebraische Gleichungen ausgedrückt werden. Das Lösen dieser Gleichungen ist im Allgemeinen einfacher. Hierbei wird das harmonische Verhalten des Ausgangssignals dargestellt, das die Antwort auf die Anregung eines sinusförmigen Eingangssignals mit gleicher Frequenz bildet. Die Beschreibung geschieht im sogenannten Frequenzgang, der in Abhängigkeit der Erregungsfrequenz Ω die Lösungen auf eine harmonische Anregung angibt.

In Kapitel 2 wurde bereits als Lösungsmethode von harmonischen Erregungen die komplexe Ergänzung eingeführt, aus der die partikuläre Lösung über die komplexe Vergrößerungsfunktion des Schwingers hergeleitet worden ist. Wird nun als Eingangssignal die Stellgröße $u(t) = \hat{u}\sin(\Omega t)$ vorgegeben, so wird sich als Ausgangsgrößenverlauf $y(t)$ einer Strecke mit linearem Verhalten wiederum eine harmonische Sinusschwingung ergeben. Diese Schwingung hat dann die Amplitude $\hat{y}$ und wird im Allgemeinen phasenverschoben zum Eingangssignal verlaufen:

$$y(t) = \hat{y} \cdot \sin(\Omega t - \varphi) \tag{6.7}$$

Aus der Differentialgleichung, die das Streckenverhalten beschreibt, wird die komplexe Vergrößerungsfunktion berechnet, die den Frequenzgang darstellt. Mittels des Bode-Diagramms, das aus Amplituden- und Phasengang besteht, kann das Streckenverhalten analysiert werden.

Der Amplituden- und Phasengang gibt für unterschiedliche Frequenzen das Amplitudenverhältnis $\hat{y}/\hat{u}$ und die zeitliche Verzögerung des Antwortsignals y gegenüber u, ausgedrückt durch den Phasenwinkel φ, wieder. Da sowohl Amplitudengang als auch Phasengang von der Frequenz Ω abhängen, werden sie auch als Amplitudenfrequenzgang bzw. Phasenfrequenzgang bezeichnet. Somit ergibt sich immer ein Wertepaar von Amplitude und Phasenverschiebung des Ausgangssignals zu einer bestimmten Erregerfrequenz.

Als Beispiel wird die Differentialgleichung

$$T\dot{y} + y = Ku \tag{6.8}$$

betrachtet. Mithilfe der komplexen Ergänzung kann somit die Vergrößerungsfunktion, der Amplituden- und Phasengang berechnet werden.

Vergrößerungsfunktion: $\underline{V}(\Omega) = \frac{\hat{y}}{\hat{u}} = \frac{K}{1+j\Omega T}$.

Amplitudengang: $V(\Omega) = |\underline{V}(\Omega, K, T)| = \frac{K}{\sqrt{1+(\Omega T)^2}}$.

Phasengang: $\varphi(\Omega) = \arg(\underline{V}) = \arctan(\underline{V}) = -\arctan(\Omega T)$.

In Abb. 6.18 sind der Amplituden- und Phasengang dargestellt. Dabei wird auf der Abszisse die Erregerfrequenz Ω, geeigneterweise logarithmisch, aufgetragen und auf der Ordinate die Amplitude A(Ω) bzw. die Phasenverschiebung φ. Häufig wird auch die Amplitude logarithmisch aufgetragen, sodass ihr Verlauf durch Asymptoten angenähert werden kann. [6]

Im Amplitudengang schneiden sich die beiden Asymptoten des Verlaufs bei der Eckfrequenz $\Omega_{gr} = 1/T$, die auch Grenzfrequenz genannt wird. Diese entspricht dem Wert, bei dem der Imaginärteil und Realteil des Nenners der Vergrößerungsfunktion identisch sind. Der tatsächliche Verlauf des Amplitudengangs ist allerdings bei der Grenzfrequenz schon um ca. $3dB \approx 20\log_{10}\frac{1}{\sqrt{2}}$ abgesunken. Am Phasengang ist ersichtlich, dass die Asymptote der Phase um -90° springt, wenn die Erregerfrequenz die Grenzfrequenz überschreitet. Allerdings besitzt der sich ergebende Verlauf bei der Grenzfrequenz eine Phasenverschiebung von -45° und erreicht erst für größere Frequenzen eine Phasenverschiebung von -90°.

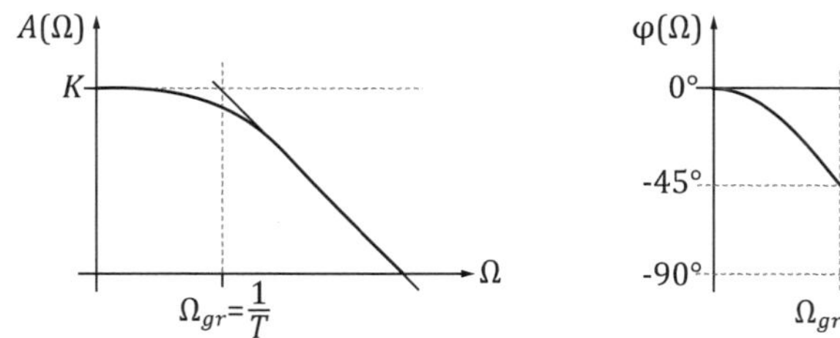

Abb. 6.18 – Bode-Diagramm: Amplitudengang (links); Phasengang (rechts)

Eine weitere Darstellungsmöglichkeit des Frequenzganges, neben Amplituden- und Phasenfrequenzgang, ist die kombinierte Darstellung in der sogenannten Ortskurve. Sie wird in der komplexen Zahlenebene abgebildet, wobei Ω der Parameter dieser Kurve ist. Die Ortskurve ist eine Zeigerdarstellung, bei der der aktuelle Zeiger jeweils vom Ursprung auf einen Punkt auf der Kurve weist. Die

Länge dieses Zeigers entspricht dem Amplitudenverhältnis und der eingeschlossene Winkel der Phasenverschiebung. Somit werden über Polarkoordinaten die Amplitude $A(\Omega)$ und die Phase $\varphi(\Omega)$ dargestellt. Über die Aufteilung der Vergrößerungsfunktion in Real- und Imaginärteil kann somit für alle Zeitpunkte der Zeiger ermittelt werden und, daraus zusammengesetzt, die Ortskurve gezeichnet werden. Der Vorteil dieser Beschreibungsweise liegt in der direkten Zuordnung zwischen Amplitude und Phase, allerdings ist die Abhängigkeit zur Erregerfrequenz Ω nicht mehr sichtbar. Nur die Grenzwerte für $\Omega \to 0$ und $\Omega \to \infty$ werden angegeben. Trotzdem wird diese Darstellung häufig dazu verwendet, die Stabilität von Systemen zu ermitteln. In Abb. 6.19 ist die Ortskurve zu der Differentialgleichung (6.8) dargestellt.

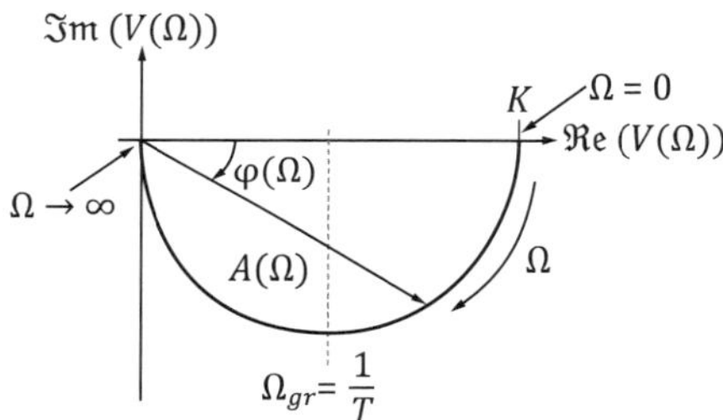

Abb. 6.19 – Ortskurve

Die Ordnung der Zeitverzögerung kann aus dem Verlauf der Ortskurve anhand der Anzahl der durchlaufenen Quadranten der komplexen Ebene erkannt werden. Durchläuft die Ortskurve n Quadranten ist die zugrundeliegende Differentialgleichung n-ter Ordnung. Die Phasenverschiebung φ wird dabei immer im mathematisch positiven Sinn gezählt.

Unter Kenntnis des Streckenverhaltens und der Eingangsgröße ist somit der Verlauf des Ausgangssignals ermittelbar. Durch gezieltes Aufbringen spezieller Testsignale kann das Streckenverhalten analysiert werden. Besonders häufig eingesetzte Testsignale werden zunächst kurz umrissen, bevor auf das Streckenverhalten näher eingegangen wird.

6.3.1 Testsignale

Werden bestimmte Testsignale als Eingangssignale der Strecke verwendet, kann aus dem Verlauf der Ausgangsgröße das prinzipielle Streckenverhalten ermittelt werden. Die Reaktion der Ausgangsgröße auf ein Eingangssignal wird dabei Systemantwort genannt, welches bestimmte Eigenschaften je nach Streckenverhalten und Eingangssignal besitzt. Abb. 6.20 verdeutlicht diesen Zusammenhang.

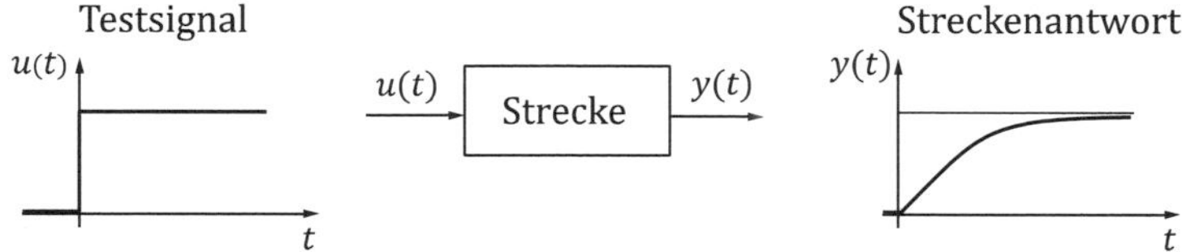

Abb. 6.20 – Analyse von Systemantworten

Für das gewählte Testsignal, hier einer Sprungfunktion, kann die Streckenantwort gemessen werden. Aus diesem Verlauf ist zu erkennen, dass die Strecke zeitverzögerndes Verhalten mit proportionalem Stationärverhalten besitzt (vertieft in Abschnitt 6.3.2). Von großer Relevanz sind folgende Testsignale:

Impulsfunktion (auch Dirac-Stoß) δ(t)

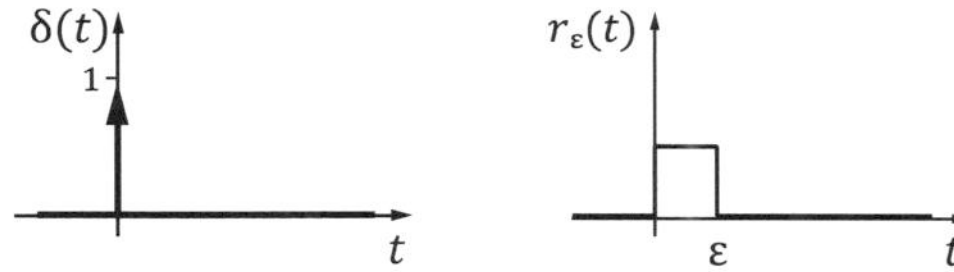

Abb. 6.21 – Impulsfunktion: Idealer (links) und realer Verlauf (rechts)

$$\delta(t) = 0 \ \text{für}\, t \neq 0 \tag{6.9}$$

$$\int_{-\infty}^{+\infty} \delta(t)dt = 1 \tag{6.10}$$

Vereinfachend wird der Dirac-Impuls (Abb. 6.21) meist als Rechteckfunktion sehr kleiner Breite angenommen. Für den Zeitpunkt t = 0 erreicht die Amplitude der Impulsfunktion einen theoretischen Wert von Unendlich.

$$r_\varepsilon(t) = \begin{cases} 1/\varepsilon & \text{für}\ 0 \leq t \leq \varepsilon \\ 0 & \text{sonst} \end{cases} \tag{6.11}$$

Die Impulsantwort wird auch als Gewichtsfunktion g(t) bezeichnet.

Sprungfunktion σ(t)

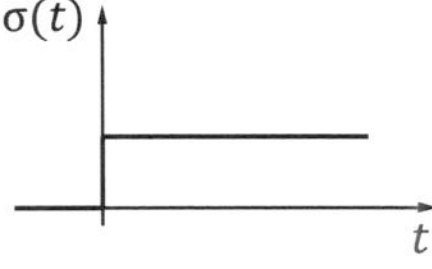

Abb. 6.22 – Sprungfunktion

$$\sigma(t) = \begin{cases} 0 & \text{für } t < 0 \\ 1 & \text{für } t \geq 0 \end{cases} \tag{6.12}$$

Das Verhalten des Ausgangs auf einen Sprung (Abb. 6.22) als Eingangssignal wird Sprungantwort oder auch wie im Spezialfall in Gleichung (6.12) Übergangsfunktion genannt. Die Sprungfunktion ist eines der häufigsten eingesetzten Testsignale bei der Identifizierung von Streckenparametern.

Rampenfunktion

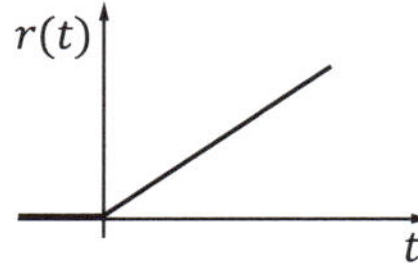

Abb. 6.23 – Rampenfunktion

$$r(t) = t \cdot \sigma(t) \tag{6.13}$$

Die Rampenfunktion (siehe Abb. 6.23) beschreibt ein Testsignal mit konstanter Steigung. Im Realfall ist die Funktion nach oben hin beschränkt, sodass sie ab einem gewissen Zeitpunkt einen konstanten Wert hält und nicht weiter steigt.

Harmonische Anregung

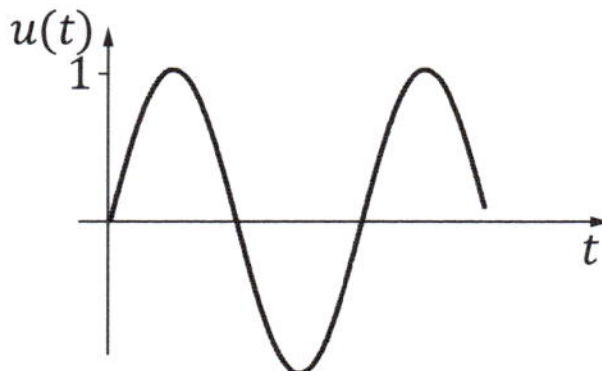

Abb. 6.24 – Harmonische Funktion

$$u(t) = \sigma(t) \cdot \sin(\omega t) \tag{6.14}$$

Neben der monofrequenten, harmonischen Anregung werden auch breitbandige Anregungen bspw. über einen Gleitsinus oder breitbandiges Rauschen eingesetzt.

6.3.2 Dynamisches Streckenverhalten

Da das Streckenverhalten von den zeitlichen Ableitungen des Ausgangssignals abhängt, ergeben sich Differentialgleichungen höherer Ordnung. Dabei entspricht die Ordnung n der maximalen Ableitung bezüglich der Ausgangsgröße y und somit der Ordnung der Differentialgleichung. Dies kann als Zeitverzögerung interpretiert werden, bevor der Ausgang sich proportional zum differenzierten, integrierten oder rein proportionalen Eingang verhält. Es wird von einem Verzögerungsglied der n-ten Ordnung der Strecke gesprochen. Zu beachten ist, dass zwar grundsätzlich die Ordnung der Verzögerung mit der Ordnung der Differentialgleichung übereinstimmt, falls in der Differentialgleichung des Streckenverhaltens allerdings nicht direkt die Ausgangsgröße y auftritt, dann ergibt sich die Ordnung n der Verzögerung aus der Differenz zwischen der maximal und der minimal auftretenden Ableitung von y. In der Realität ist jedes System zeitverzögerungsbehaftet, somit gibt es keine Strecken mit rein proportionalem, integrierendem oder differenzierendem Verhalten.

Eine Methode zur Bestimmung des dynamischen Streckenverhaltens wird anhand der folgenden Differentialgleichung exemplarisch verdeutlicht.

$$a_3\dddot{y} + a_2\ddot{y} + a_1\dot{y} = b_0 u + b_1\dot{u} + b_2\ddot{u} \tag{6.15}$$

Diese kann durch gezielte strukturelle Umformung so umgestellt werden, dass die Ausgangsgröße y als nullte Ableitung (optional kombiniert mit höheren Ableitungen) auftritt. Eine einfache Integration der Gleichung (6.15) führt zu

$$a_3\ddot{y} + a_2\dot{y} + a_1 y = b_0 \int u\,dt + b_1 u + b_2\dot{u}. \tag{6.16}$$

Dadurch liegt die Differentialgleichung in der gewünschten Form vor. Auf der linken Seite der Gleichung kann die höchste Ordnung der Zeitverzögerung, hier zweite Ordnung, abgelesen werden. Mithilfe der rechten Seite der Gleichung können die Proportionalitätsbeziehung zwischen der Ein- und Ausgangsgröße sowie die weiteren Parameter des Streckenverhaltens bestimmt werden. Der höchste Integrationsgrad bestimmt die Ordnung des I-Gliedes, das P-Glied ergibt sich aus dem Term nullten Grades und der höchste Differentiationsgrad gibt die Ordnung des D-Gliedes an. Für das gesamte Übertragungsverhalten ergibt sich dann ein $IPDT_2$-Glied.

In technisch-mechanischen Systemen kommt häufig Proportionalverhalten mit Verzögerung erster oder zweiter Ordnung vor. Für die Bezeichnung wird an das P-Glied noch ein „T" mit entsprechender Ordnungszahl hinzugefügt. Ein „PT_1" ist somit ein P-Glied mit Verzögerung 1. Ordnung und ein „PT_2" ein P-Glied mit einer Zeitverzögerung 2. Ordnung. Die Parameter der Gleichung des Übertragungsverhaltens aus Abb. 6.25 und Abb. 6.27 ergeben sich aus den Koeffizienten a_i und b_i der Differentialgleichungen. Für ein PT_1-Glied folgt $K = b_0/a_0$ und $T = a_1/a_0$. Diese Bezeichnung der Parameter wird häufig gewählt, da K und T direkt aus der Sprungantwort des PT_1 abgelesen werden können, vgl. Abb. 6.26. Die Darstellungen der Differentialgleichungen sind jedoch äquivalent.

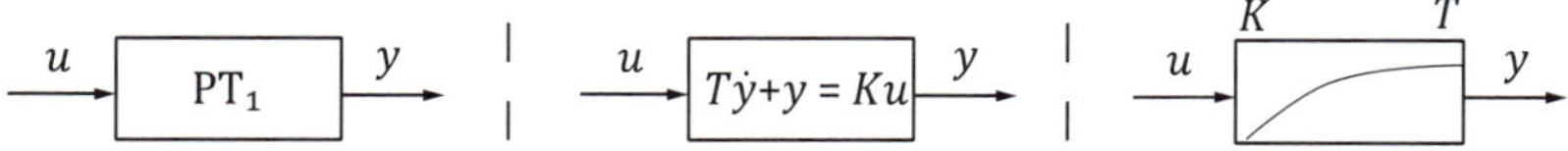

Abb. 6.25 – PT1-Glied

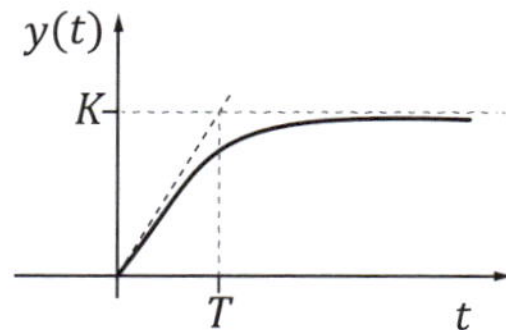

Abb. 6.26 – Sprungantwort des PT1-Glieds

$$y(t) = K(1\text{-}e^{-\frac{t}{T}}) \tag{6.17}$$

$$a_1\,\dot{y} + a_0 y = b_0 u \tag{6.18}$$

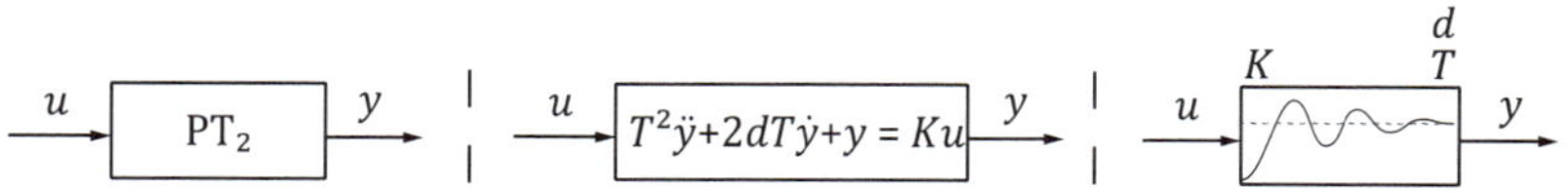

u PT₂ y | u $T^2\ddot{y}+2dT\dot{y}+y = Ku$ y | u K d T y

Abb. 6.27 – PT2-Glied

Um das zeitverzögernde Verhalten der Differentialgleichungen zu verdeutlichen, sind in Abb. 6.28 die Sprungantworten eines reinen P-Gliedes mit unterschiedlichen Ordnungen der Zeitverzögerung gegenübergestellt. Analog dazu sind in Abb. 6.29 die Sprungantworten eines reinen I-Gliedes und entsprechende zeitverzögernde Glieder unterschiedlicher Ordnung dargestellt. Wie beobachtet werden kann, sind die Verläufe recht ähnlich, abweichendes Verhalten untereinander ist vor allem am Anfang des Zeitverhaltens zu erkennen. Somit wird durch die Zeitverzögerung die Dynamik der Strecke bzw. das dynamische Streckenverhalten beeinflusst.

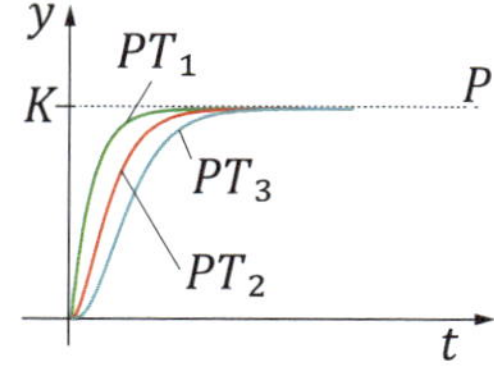

Abb. 6.28 – Vergleich von P-Gliedern

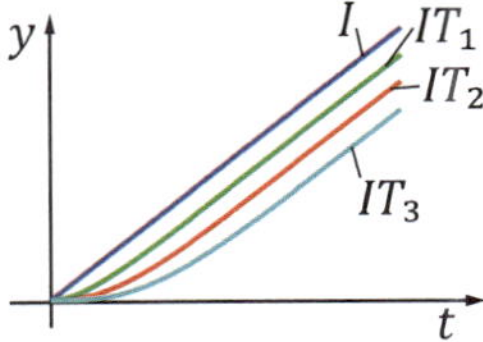

Abb. 6.29 – Vergleich von I-Gliedern

Ein weiteres Glied, das im Streckenverhalten vorkommen kann und einen Einfluss auf das dynamische Streckenverhalten besitzt, ist ein sogenanntes Totzeitglied. Damit ist die Zeit gemeint, die vergeht, bis das Eingangssignal tatsächlich an der Strecke angekommen ist. Ein Beispiel dafür ist ein Fließband, dessen Transportzeit zunächst abgewartet werden muss, bis tatsächlich ein Signal die Strecke erreicht. In Abb. 6.30 wird die Verschiebung der Sprungantwort aufgrund der Totzeit veranschaulicht. Strecken die eine Totzeit besitzen, sind meist kompliziert zu regeln, wobei Totzeit nicht mit Verzögerung verwechselt werden sollte. Während sich bei Strecken mit Zeitverzögerung das dynamische Ausgangsverhalten verändert, bleibt das Ausgangssignal bei einer Totzeit unverändert und wird lediglich zeitlich nach hinten verschoben.

Abb. 6.30 – Totzeitglied

Um den genauen Verlauf des Ausgangsverhaltens zu erhalten, muss die Differentialgleichung mit den in Kapitel 2 eingeführten Methoden gelöst werden. Das Einschwingverhalten wird dabei durch die homogene Lösung der Differentialgleichung beschrieben. Für geringe Ordnungen kann das Verhalten der Strecke jedoch schon aus dem Wissen der einzelnen vorhandenen Glieder abgeleitet werden.

6.3.3 Stationäres Streckenverhalten

Das Streckenverhalten wird in einem Zeitintervall von 0 bis ∞ betrachtet, sodass es sich aus einem dynamischen und einem stationären Anteil zusammensetzt. Das stationäre Verhalten beschreibt den stationären Zustand, in dem alle Anfangsstörungen abgeklungen sind bzw. der Einschwingvorgang endet ($t \to \infty$). Wie oben erläutert, beschreibt das dynamische Streckenverhalten die zeitliche Veränderung des Ausgangssignals im Übergangsbereich zwischen Anfangs- und Endzustand. Die zeitverzögernden Terme verändern das stationäre Verhalten nicht. Man spricht auch vom Übertragungsverhalten der Stellgröße u auf die Ausgangsgröße y für $t \to \infty$. Voraussetzung für die Bestimmung des stationären

Verhaltens ist ein stabiles Verhalten der Strecke, da ansonsten die homogene Lösung der Differentialgleichung nicht abklingt. Dies kann beispielsweise durch die Anregung der Strecke mit einem Impuls überprüft werden. Auch hier kann grundsätzlich zwischen stationärem P (Proportional)-, I (Integral)- oder D (Differential)-Verhalten unterschieden werden. Im Zeitbereich kann vor allem an der Sprungantwort eine Zuordnung zum stationären Verhalten der Strecke erfolgen. Dafür betrachtet man den Verlauf des Ausgangssignals der Strecke auf einen Sprung als Eingangssignal für $t \to \infty$.

Im Regelkreis wird das Streckenverhalten durch einen Block dargestellt. Die Darstellung dieses Blockes kann auf unterschiedliche Art und Weise erfolgen. Zum einen kann die Gleichung des Übertragungsverhaltens in den Block geschrieben werden, zum anderen kann aber auch allein die Bezeichnung des Streckenverhaltens oder dessen Sprungantwort in dem Block dargestellt werden. Prinzipiell kommen drei unterschiedliche Zusammenhänge zwischen dem Eingangssignal u und dem Ausgangssignal y vor. Zunächst werden drei zugehörige einfache Glieder eingeführt, bei denen sich das Verhalten im gesamten Zeitbereich nicht ändert.

Stationäres P-Verhalten

Verändert sich das Ausgangssignal proportional zur Eingangsgröße, wird von einem P-Glied der Strecke gesprochen. Die Sprungantwort ändert sich proportional mit dem Faktor $K_P = b_0/a_0$ zum Eingangssignal. Die möglichen Darstellungsweisen des Blocks eines P-Glieds sind in Abb. 6.31 aufgelistet. Es ist möglich, den Namen, die Gleichung des Übertragungsverhaltens oder die Sprungantwort als Block darzustellen.

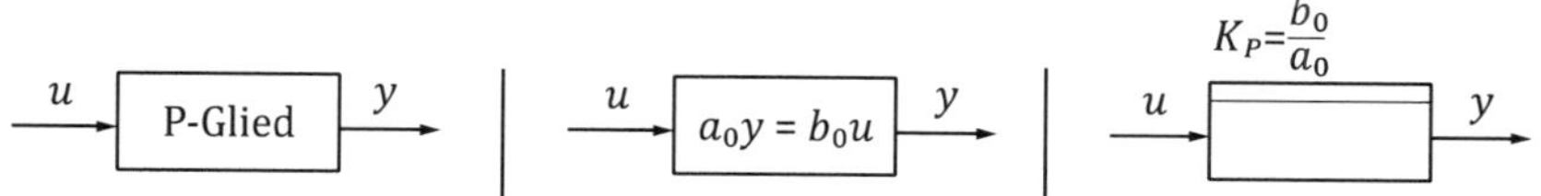

Abb. 6.31 – P-Glied

$$y \sim u \tag{6.19}$$

Verhält sich der Ausgang im eingeschwungenen Zustand proportional zum Eingang, so spricht man von stationäres P-Verhalten. Charakteristisch dafür ist das Erreichen eines stationären Endwertes der Sprungantwort. Dabei ist der Proportionalitätsfaktor K_P, der die Stauchung bzw. Streckung des Ausgangssignals gegenüber dem Eingangssignal angibt, der sich einstellende Endwert. Je höher der Proportionalitätsfaktor K_P ist, desto höher wird der Ausgang verstärkt. In

Abb. 6.32 wird dies nochmals graphisch dargestellt. Durch Anregung mittels eines Sprungs wird der Ausgang gemessen, dessen Verlauf sich einem Endwert annähert und somit stationäres P-Verhalten besitzt. Der gesamte Verlauf des Ausganges beschreibt das Streckenverhalten eines P-Gliedes mit Zeitverzögerung 1. Ordnung (PT_1).

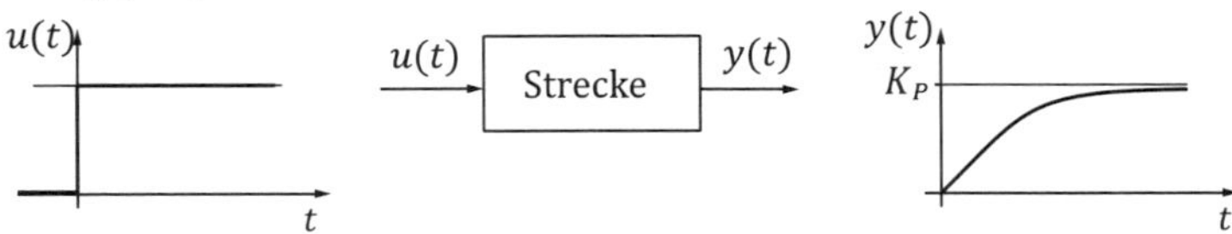

Abb. 6.32 – Stationäres P-Verhalten

$$y(t \to \infty) = K_P, K_P \neq 0 \tag{6.20}$$

Auch im Frequenzbereich besitzt das stationäre P-Verhalten charakteristische Eigenschaften. Der Amplitudengang beginnt für $\Omega = 0$ mit einem konstanten Ordinatenwert der Höhe K_P ohne Phasenverschiebung im Phasengang. In Abb. 6.33 wird dies noch einmal verdeutlicht, hier ist der Amplituden- und Phasengang für ein PT_1-System dargestellt. Da eine Zeitverzögerung der ersten Ordnung vorliegt, verändert sich die Phasenverschiebung von 0 auf -90°, wenn die Erregerfrequenz der Eigenfrequenz der Strecke entspricht.

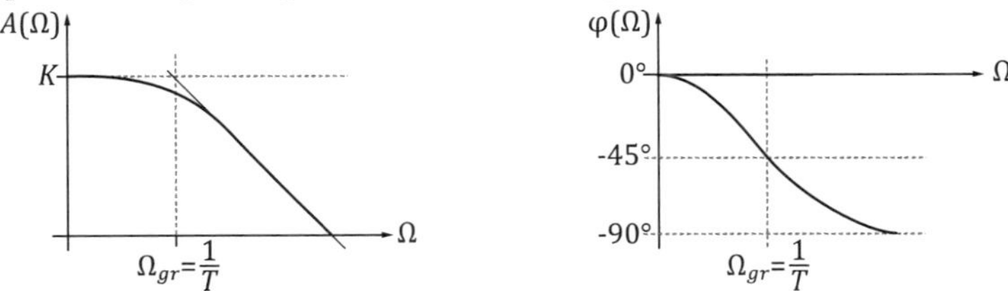

Abb. 6.33 – Stationäres P-Verhalten im Frequenzbereich

Stationäres I-Verhalten

Verhält sich der Ausgang dagegen proportional mit dem Faktor $K_I = b_0/a_1$ zum integrierten Eingangssignal, so besteht ein integraler Zusammenhang, vgl. Gleichung (6.21) und die Strecke repräsentiert ein I-Glied. Anders ausgedrückt, ist bei einem I-Glied nicht die Ausgangsgröße, sondern deren Ableitung proportional zur Eingangsgröße. Auf einen Sprung reagiert der Ausgang mit einer stetig ansteigenden Geraden, einer Rampe. Damit ergibt sich in Abb. 6.34 die dritte Darstellungsweise eines I-Gliedes im Regelkreis. Es sei darauf hingewiesen, dass allein aus dem Verlauf des Ausgangssignals nicht auf das Streckenverhalten geschlossen werden kann, erst über die Konvention, dass nur die Sprungantwort als Blockbild in den Regelkreis abgebildet ist, lässt sich auf I-Verhalten schließen.

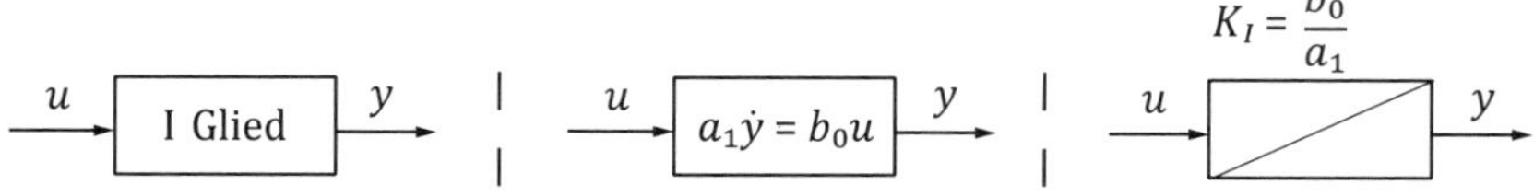

Abb. 6.34 – I-Glied

$$y \sim \int u\,dt \tag{6.21}$$

Stationäres I-Verhalten tritt auf, wenn sich im stationären Zustand die Ausgangsgröße y proportional zum integrierten Eingangssignal verhält. Dafür ist charakteristisch, dass das Ausgangssignal bei einem Sprung des Eingangssignals bis ins Unendliche ansteigt. Es besitzt somit keinen zeitlichen Endwert, sondern integriert das Eingangssignal immer weiter auf. Die Reaktion des Ausgangs auf einen Eingangssprung erfolgt in Form einer Rampe, vgl. Abb. 6.35. Die Steigung der Rampe ist dabei gegeben durch den Skalierungsfaktor $\frac{1}{T} = b_0$.

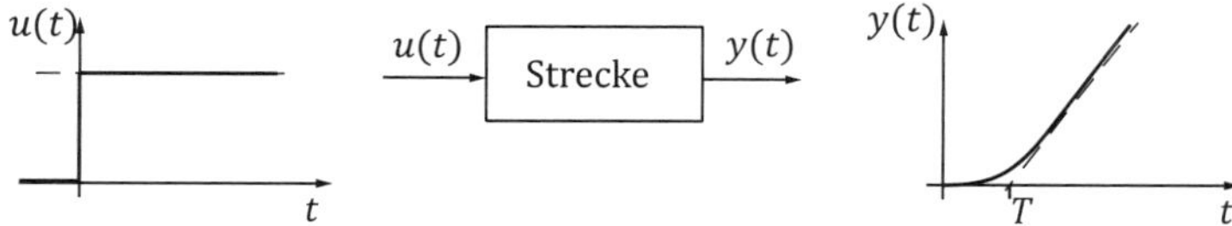

Abb. 6.35 – Stationäres I-Verhalten

$$y(t \to \infty) = \infty \tag{6.22}$$

Stationäres I-Verhalten ist im Amplitudengang durch eine aus dem Unendlichen kommende Amplitudenverstärkung und im Phasengang eine Phasenverschiebung von -90° für kleine Frequenzen charakterisiert. In Abb. 6.36 ist ein IT_1-System dargestellt. Für sehr kleine Ω Werte liegt eine sehr hohe Amplitudenverstärkung vor. Diese nimmt infolge der Dynamik kontinuierlich ab. Da die Zeitverzögerung der Ordnung 1 entspricht, vergrößert sich der Phasenverlust ab der Grenzfrequenz um 90°, sodass sich für höhere Frequenzen eine Gesamtphasenverschiebung von -180° ergibt.

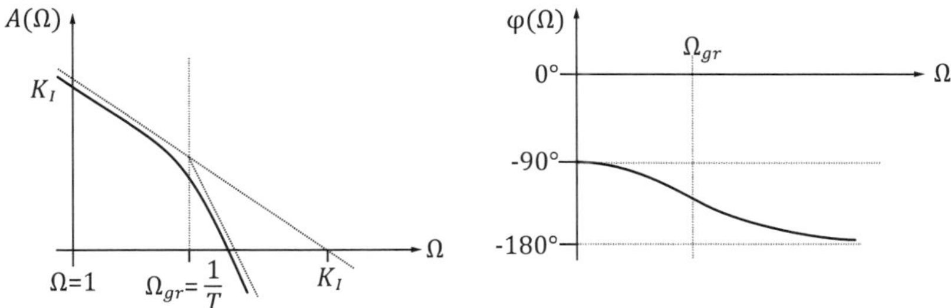

Abb. 6.36 – Stationäres I-Verhalten im Frequenzbereich

Stationäres D-Verhalten

Verhält sich der Ausgang im eingeschwungenen Zustand proportional zum Verhalten des differenzierten Eingangssignals, handelt es sich um stationäres D-Verhalten. Wird wiederum die Sprungantwort einer Strecke mit D-Verhalten im Zeitbereich betrachtet, läuft das Ausgangssignal im stationären Zustand gegen Null. In Abb. 37(a) ist zu erkennen, dass die Sprungantwort des Systems für das zeitliche Endwertverhalten gegen Null strebt. Die Strecke besteht dabei aus einem D-Glied ohne Zeitverzögerung.

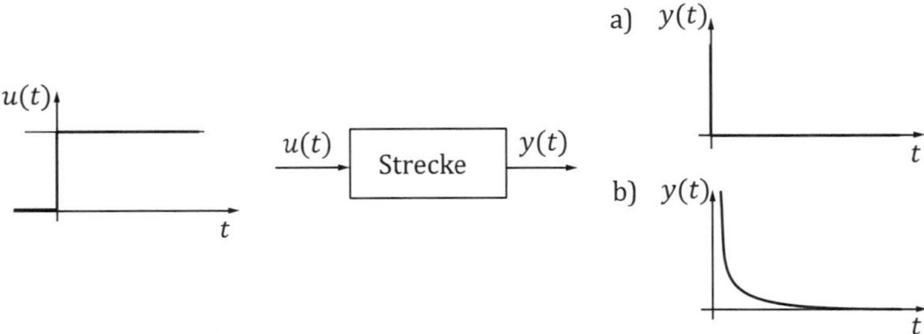

Abb. 37 – Stationäres D-Verhalten (Antwort a) idealisiert und b) real)

$$y(t \to \infty) = 0 \tag{6.23}$$

Da der Sprung bei t = 0 von Null auf Eins erfolgt, hat die Steigung keinen endlichen Wert. Theoretisch bedeutet dies, dass die Sprungantwort für t = 0 aus dem Unendlichen kommend, für alle Zeiten größer Null auch den Wert Null aufweist. Da in der Realität allerdings keine unendlich großen Steigungen möglich sind, reagiert das Ausgangssignal auf die Änderung mit einem sehr hohen, endlichen Wert und geht dann auf Null zurück. In Abb. 37(b) ist ein realer Verlauf einer Sprungantwort bei zeitverzögertem D-Verhalten dargestellt.

Beginnt der Amplitudengang bei einer Amplitudenverstärkung von 0 und steigt kontinuierlich im Anfangsbereich mit Ω, so liegt stationäres D-Verhalten vor, falls auch der Phasengang bei einer Phasenverschiebung von +90° anfängt. Der Amplitudenverlauf in Abb. 6.38 für ein DT_1-Glied startet bei 0 und steigt zunächst an, bis durch das dynamische Verhalten des gesamten Regelsystems der Verlauf wieder abknickt. Dieser Knick entsteht durch die Zeitverzögerung der Ordnung 1, bei der sich wiederum ein Phasenverlust von -90° ergibt.

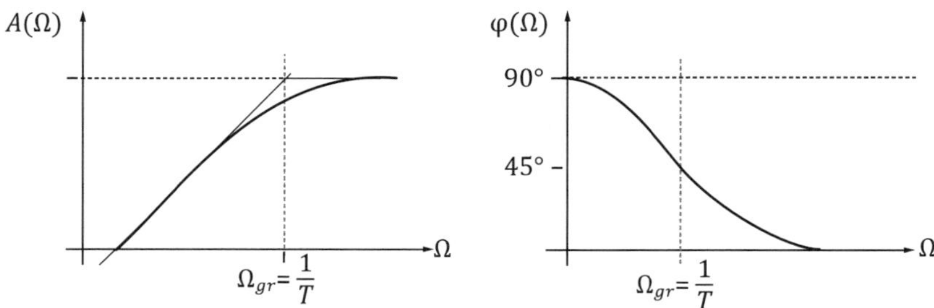

Abb. 6.38 – Stationäres D-Verhalten im Frequenzbereich

Die Ausgangsgröße y kann sich zudem proportional mit dem Faktor $K_D = b_1/a_0$ zum differenzierten Eingangssignal ändern, vgl. Gleichung (6.24). Die Strecke weist dann differentielles Verhalten auf und repräsentiert ein D-Glied. Somit reagiert die Strecke auf Änderungen des Eingangssignals und folglich bei Stellgrößenänderungen schneller als nur mit einem P- oder I-Glied. Auf einen Sprung stellt sich eine unendlich hohe Verstärkung ein, dies wird auch in Abb. 6.39 anhand der Sprungantwort, einem Impuls, dargestellt.

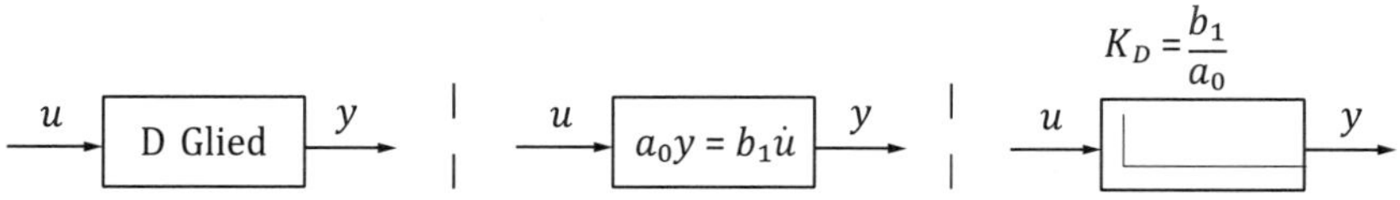

u → D Glied → y | u → $a_0 y = b_1 \dot{u}$ → y | $K_D = \frac{b_1}{a_0}$ u → y

Abb. 6.39 – D-Glied

$$y \sim \frac{du}{dt} \tag{6.24}$$

Diese zunächst eingeführten Glieder werden reine P-, I- oder D-Glieder genannt oder auch Systeme 0. Ordnung mit P-, I- oder D-Verhalten, da die zugrundeliegende Differentialgleichung 0. Ordnung ist. Systeme 0. Ordnungen besitzen nur ein stationäres und kein dynamisches Streckenverhalten, da das Ausgangssignal direkt keine zeitliche Änderung erfährt. Ist dies nicht der Fall, liegt stationäres

Streckenverhalten erst vor, wenn sich der Verlauf des Ausgangssignals nicht mehr verändert.

Analyse des stationären Verhaltens im Zeitbereich

Zur numerischen Analyse des stationären Streckenverhaltens kann die folgende systematische Vorgehensweise genutzt werden.

Um zunächst eine Stabilitätsprüfung der Strecke vorzunehmen, wird das System mittels Impulsanregung durch die Stellgröße u beaufschlagt und die Antwort der Regelstrecke, also die Ausgangsgröße y, simuliert. Nach Abklingen der Anfangsstörungen kann beobachtet werden, ob das Ausgangsgrößenverhalten stabil (abklingend), instabil (aufklingend) oder grenzstabil (weder auf- noch abklingend) ist.

Im nächsten Schritt wird eine Sprunganregung aufgeprägt, wiederum die Antwort des Streckenausgangs simuliert und der Verlauf für $t \to \infty$ untersucht:

- Ergibt sich ein konstanter Verlauf der Ausgangsgröße, so weist die Strecke ein stationäres P-Verhalten auf.
- Ist der Ausgangsverlauf linear ansteigend und der Gradient des Verlaufs konstant, so liegt I-Verhalten vor. Wächst der Verlauf quadratisch an und die zweite Ableitung des Verlaufs ist konstant, so liegt I2-Verhalten vor.
- Wenn der Ausgangsverlauf auf Null abfällt und die einfache Integration des Ausgangs konstant verläuft, liegt D-Verhalten vor. Bei einem konstanten Verlauf der zweifachen Integration des Ausgangsverlaufs liegt ein D2-Verhalten der Strecke vor.

Kombination mehrerer Glieder

Die Strecke kann allerdings auch Kombinationen von mehreren P-, I- und D-Gliedern enthalten. Für die rein serielle Kombination einzelner Übertragungsglieder ohne Rückkopplung, folgt das gesamte stationäre Streckenverhalten durch Multiplikation der einzelnen Teilstrecken. Bei I- und D-Verhalten entspricht dies einer Summation der Integrations- bzw. Differentiationsordnung. Abb. 6.40 stellt die serielle Kombination einzelner Glieder anhand dreier Beispiele dar.

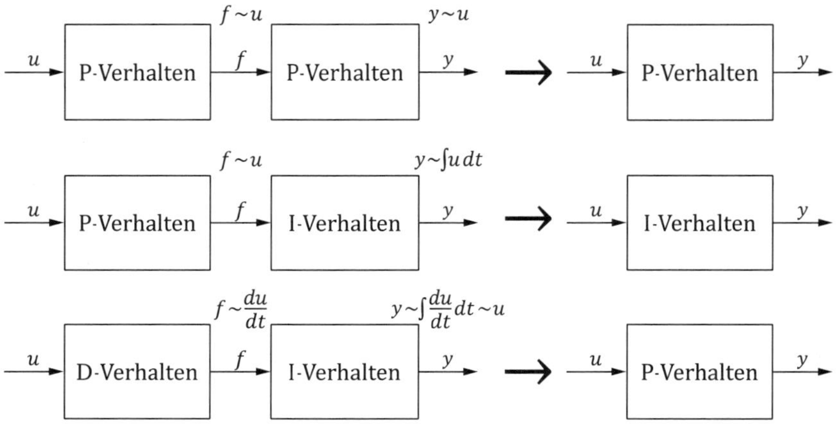

Abb. 6.40 – Serielle Kombination von Übertragungsgliedern

Werden Übertragungsglieder parallel verschaltet, vgl. Abb. 6.41, ist eine Dominanz der höchsten Integrationsstufe im stationären Streckenverhalten zu erkennen. Für die einzelnen Glieder der Strecke kann aufgrund des Superpositionsprinzips für lineare Systeme die Sprungantwort zunächst getrennt, ermittelt werden. Wird das Ausgangsverhalten aus den verschiedenen Anteilen zusammengesetzt, kann das stationäre Verhalten der gesamten Strecke betrachtet werden. Besitzt die Strecke I-Verhalten, so dominiert dieses Verhalten aufgrund des ins Unendliche strebenden Verlaufs der Sprungantwort gegenüber evtl. vorhandenen P- oder D-Gliedern. Somit herrscht stationäres I-Verhalten. Sind nur P- und D-Glieder im Streckenverhalten enthalten, so ergibt sich stationäres P-Verhalten, da die gemeinsame Sprungantwort gegen einen festen Endwert strebt. Somit folgt stationäres D-Verhalten ausschließlich, wenn nur D-Glieder vorhanden sind.

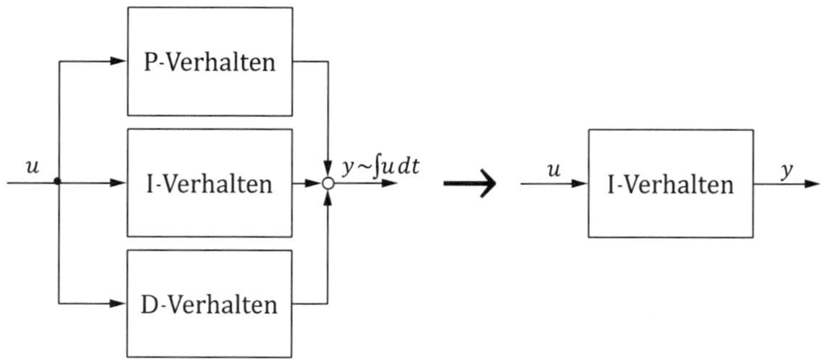

Abb. 6.41 – Parallele Kombination von Übertragungsgliedern

6.3.4 Einfache Beispiele

Anhand einfacher Beispiele soll nun das Streckenverhalten mit Schwerpunkt auf dem stationären Verhalten realer Systeme nochmals verdeutlicht werden. Dabei wird auf lineare Vereinfachungen zurückgegriffen, sodass die in der linearen Systemtheorie geltenden Eigenschaften angewendet werden können.

Mechanische Systeme

Ein einfaches, mechanisches Beispiel zur Identifikation des stationären Verhaltens ergibt sich aus der Betrachtung eines einfachen gefesselten Ein-Massen-Schwingers mit dem Freiheitsgrad x, der Masse m, der Federsteifigkeit k und dem Dämpfungskoeffizienten d (Abb. 6.42). Hierbei stellt die Kraft F stets den Systemeingang dar.

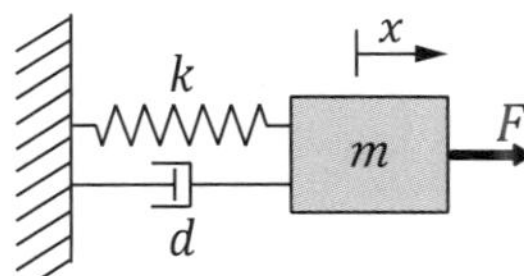

Abb. 6.42 – Ein-Massen-Schwinger mit Feder und Dämpfer

Ausgehend von der Bewegungsdifferentialgleichung des Ein-Massen-Schwingers

$$m\ddot{x} + d\dot{x} + kx = F \tag{6.25}$$

ergibt sich für die Beziehung zwischen dem Eingang F und dem Ausgang, hier Auslenkung x, eine Proportionalitätsbeziehung $x \sim F$, sodass sich ein proportionales Verhalten mit Zeitverzögerungsglied zweiter Ordnung (PT_2-Glied) und somit ein stationäres P-Verhalten ergibt. Dabei wird die Differentialgleichung mit der niedrigsten Ableitungsordnung bzw. höchsten Integrationsstufe bezüglich der Ausgangsgröße linksseitig und die Eingangsgröße rechtsseitig der Gleichung aufgestellt und das Systemverhalten abgelesen.

Für die Beziehung zwischen dem Eingang F und der Geschwindigkeit $\dot{x} = v$, wird die DGL entsprechend

$$m\dot{v} + dv + k\int v\,dt = F \tag{6.26}$$

umgeformt, sodass sich durch Differentiation die Proportionalitätsbeziehung $v \sim \dot{F}$ ergibt und ein DT_2-Glied und somit stationäres D-Verhalten vorliegt.

Entfällt nun das Federelement, stellt das System eine ungefesselte Masse mit Dämpfer dar (Abb. 6.43) und für den Übertragungspfad von Eingang F nach Ausgang x ergibt sich ein anderes Verhalten.

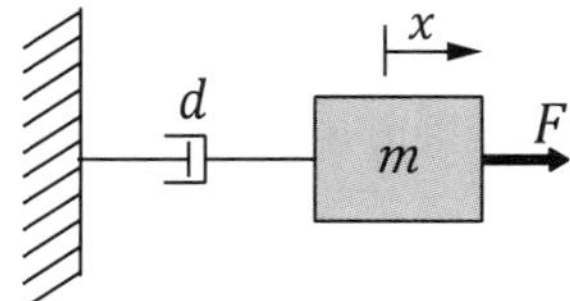

Abb. 6.43 – Ungefesselte Masse mit Dämpfer

Stellt man die Bewegungsdifferentialgleichung auf, folgt

$$m\ddot{x} + d\dot{x} = F\,. \tag{6.27}$$

Durch Integration der Gleichung (6.27) ergibt sich

$$m\dot{x} + dx = \int F\,dt\,, \tag{6.28}$$

und somit kann die Proportionalitätsbeziehung $x \sim \int F\,dt$ abgelesen werden. Das System stellt ein IT_1-Glied dar und besitzt stationäres I-Verhalten.

Für eine ungefesselte Masse ohne mechanische Kopplung (Abb. 6.44)

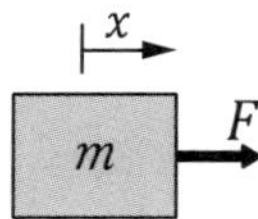

Abb. 6.44 – Ungefesselte Masse

folgt die Differentialgleichung

$$m\ddot{x} = F \tag{6.29}$$

und die entsprechende Proportionalitätsbeziehung lautet $x \sim \iint F\,dtdt$. Das System ist somit über ein I_2-Glied beschreibbar und weist stationäres I_2-Verhalten auf.

Wird das Beispiel eines Ein-Massen-Schwingers (Abb. 6.42) nochmals aufgegriffen, kann Gleichung (6.25) mit der Eingangsgröße F und der Ausgangsgröße x in die Form

$$\ddot{x} + 2D\omega_0\dot{x} + \omega_0{}^2x = \frac{F}{m} \tag{6.30}$$

überführt werden. Die Lösung der Differentialgleichung ergibt sich über den, in Kapitel 2 eingeführten, Exponentialansatz. Mit $\omega_0 = \sqrt{\frac{k}{m}}$ und $D = \frac{d}{2m\omega_0}$ können die Eigenwerte der Differentialgleichung wie folgt angegeben werden:

$$\begin{aligned} \lambda_{1,2} &= -D\omega_0 \pm \omega_0\sqrt{D^2-1} \\ &= -D\omega_0 \pm j\omega_0\sqrt{1-D^2} \end{aligned} \tag{6.31}$$

Wie bereits in Kapitel 2 erläutert, beeinflusst die Wahl des Lehrschen Dämpfungsmaßes D die Eigenwerte des Systems und damit auch dessen Sprungantworten. Die Eigenwerte geben an, ob ein System stabiles oder instabiles Verhalten aufweist. Um stationäres P-Verhalten anhand der Sprungantwort ablesen zu können, müssen alle Eigenschwingungen abgeklungen sein. Dies setzt ein stabiles Verhalten voraus. Nachfolgend sind die Sprungantworten der Strecke für unterschiedliche Lehrsche Dämpfungsmaße dargestellt.

$D \geq 1$: Für den überkritisch gedämpften Fall ergeben sich zwei negative Eigenwerte auf der reellen Achse. Dadurch ist die Strecke stabil und nicht schwingungsfähig. In Abb. 6.45 sind zwei Sprungantworten dieser Strecke dargestellt. Je größer der Betrag des Realteils des Eigenwertes, welcher am nächsten an der Imaginärachse liegt, desto schneller ist das dynamische Streckenverhalten. Folglich weist der aperiodische Grenzfall ($D = 1$), bei dem die beiden Eigenwerte gleich ($\lambda_{1,2} = -\omega_0$) sind, die höchste Dynamik auf. Das P-Verhalten lässt sich anhand des stationären Endwertes erkennen.

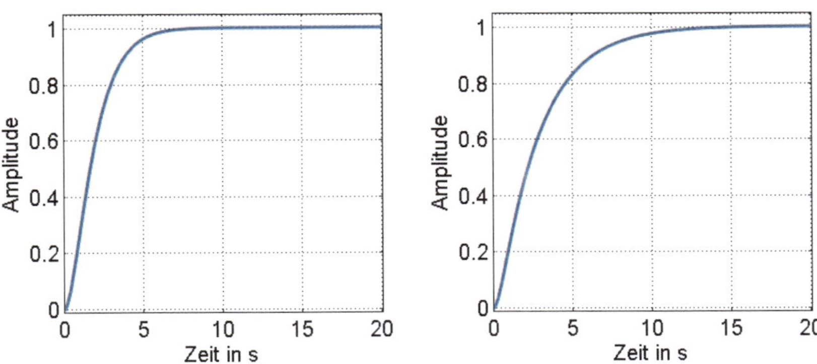

Abb. 6.45 – Sprungantwort des Ein-Massen-Schwingers mit $\omega_0 = 1$; $D = 1$ (links) bzw. $D = 1{,}5$ (rechts)

$0 < D < 1$: Bei unterkritischer Dämpfung ergeben sich konjugiert komplexe Eigenwerte mit negativem Realteil, die ein stabiles, schwingungsfähiges System zur

Folge haben. Die Sprungantwort (Abb. 6.46) zeigt eine abklingende Schwingung, die zu einem stationären Endwert führt. Auch hier kann P-Verhalten anhand des stationären Endwertes abgelesen werden.

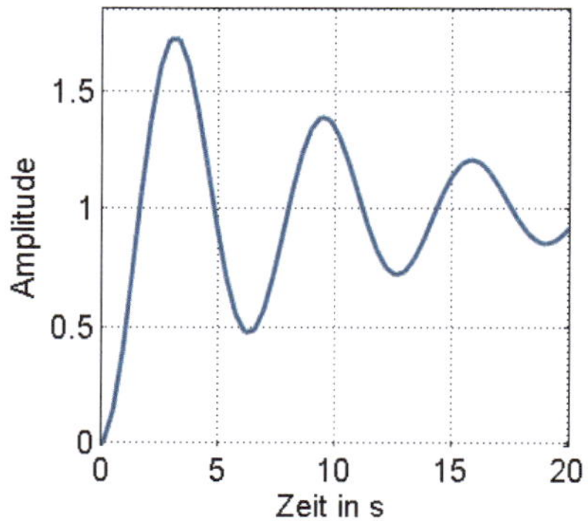

Abb. 6.46 – Sprungantwort des Ein-Massen-Schwingers mit $\omega_0 = 1; D = 0{,}1$

D = 0: Im ungedämpften Fall ergibt sich ein komplexes Eigenwertpaar mit reinem Imaginärteil ($\lambda_{1,2} = \pm j\omega_0$). Aufgrund der fehlenden Dämpfung stellt sich eine Sprungantwort als Dauerschwingung ein (Abb. 6-47). Dieses Verhalten wird grenzstabil genannt. Es lässt sich kein P-Verhalten anhand der Sprungantwort ablesen.

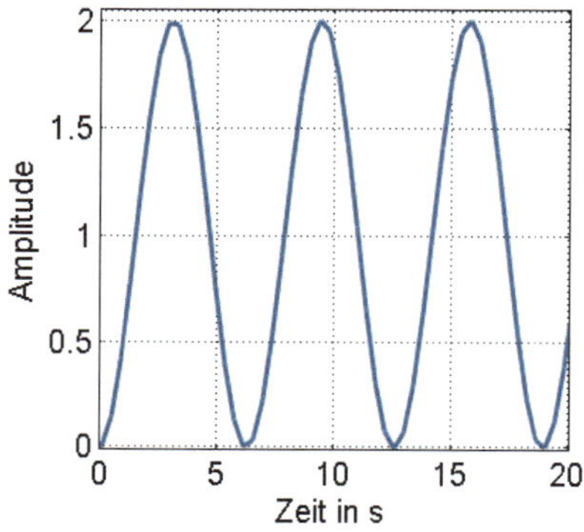

Abb. 6-47 – Sprungantwort des Ein-Massen-Schwingers mit $\omega_0 = 1; D = 0$

$-1 < D < 0$ und $D \leq -1$: Bei anfachender Dämpfung ergeben sich Eigenwerte mit positiven Realteil und somit ein instabiles Streckenverhalten. Die resultierenden Sprungantworten zeigen ein aufklingendes Verhalten (Abb. 6.48). Infolgedessen kann anhand der Sprungantwort nicht auf das stationäre Verhalten geschlossen werden. Üblicherweise kann dann das System durch Einsatz eines geeigneten Reglers stabilisiert werden.

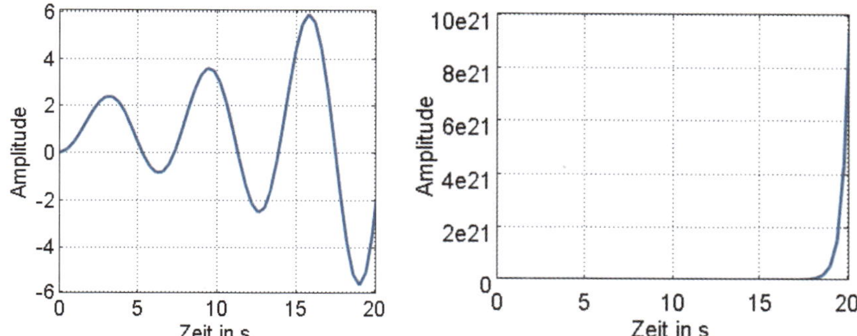

Abb. 6.48 – Sprungantwort des Ein-Massen-Schwingers mit $\omega_0 = 1$; D = -0,1 (links) bzw. D = -1,5 (rechts)

Elektrische Systeme

In Abb. 6.49 ist ein elektrischer Kreis mit ohmschem Widerstand R dargestellt.

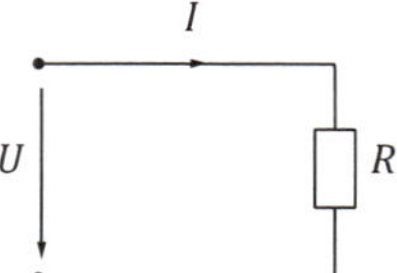

Abb. 6.49 – Elektrischer Kreis mit Widerstand

Für diese Betrachtung soll die Spannung U den Eingang und der Strom I den Ausgang des Systems darstellen. Über das Ohmsche Gesetz besteht ein linearer Zusammenhang zwischen dem Ausgang und dem Eingang. Proportional zur Spannung, die am Widerstand anliegt, fließt der Strom. Damit ergibt sich ein stationäres P-Verhalten ohne Zeitverzögerung.

$$R \cdot I = U \tag{6.32}$$

Für einen elektrischen Kreis, bei dem der Widerstand R und die Kapazität C des Kondensators in Reihe geschaltet sind (Abb. 6.50),

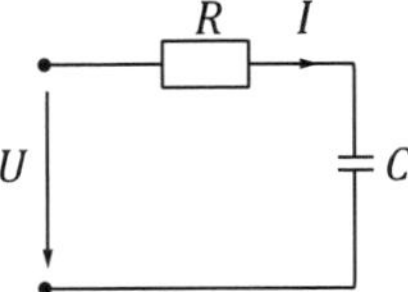

Abb. 6.50 – Elektrischer Kreis mit Widerstand und Kondensator

ergibt sich für den Fall, dass die Spannung U den Eingang und der Strom I den Ausgang darstellen, die folgende Differentialgleichung

$$R\dot{I} + \frac{1}{C}I = \dot{U}. \tag{6.33}$$

Es ergibt sich die Beziehung $I \sim \dot{U}$, sodass ein DT_1-Glied vorliegt und das System stationäres D-Verhalten aufweist.

Für den umgekehrten Fall, dass der Strom I als Eingang und die Spannung U als Ausgang vorliegen, wird die Differentialgleichung wie folgt umgestellt und integriert

$$U = \frac{1}{C}\int I\,dt + RI = \frac{1}{C}Q + RI. \tag{6.34}$$

In Gleichung (6.34) ergibt sich ein IP-Glied. Über die Proportionalitätsbeziehung $U \sim \int I\,dt$ folgt stationäres I-Verhalten.

Die über einen Kondensator abfallende Spannung ist proportional zur enthaltenen Ladung Q und damit zum über die Zeit integrierten Strom. Offensichtlich unterscheidet sich das Streckenverhalten je nach Wahl der Eingangs- und Ausgangsgrößen. Während bei einem Kondensator die Strecke von zufließendem Strom zu abfallender Spannung I-Verhalten aufweist, zeigt die Strecke von enthaltener Ladung zu abfallender Spannung P-Verhalten auf. Weiterhin ist die über den Widerstand abfallende Spannung proportional zum Strom. Insgesamt ergibt sich somit I-Verhalten, da der I-Anteil gegenüber dem P-Anteil dominiert.

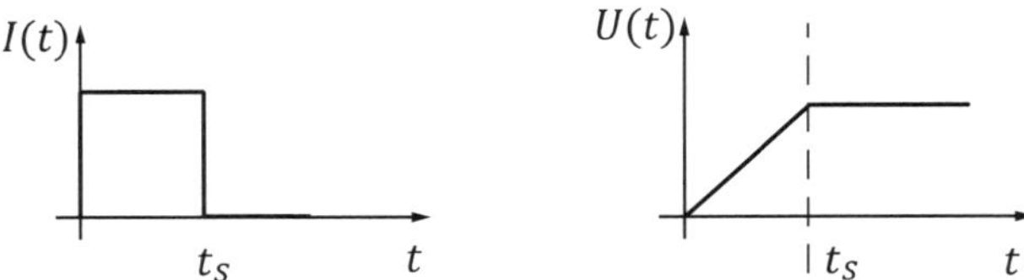

Abb. 6.51 – Spannungsverlauf eines Kondensator bei einem doppelten Stromsprung

Ein realer Kondensator kann nicht unbegrenzt geladen werden. Ist der Kondensator vollständig geladen, fließt kein weiterer Strom und die abfallende Spannung bleibt konstant. In Abb. 6.51 sind die entsprechenden Strom- und Spannungsverläufe dargestellt, aus welchen sich der integrale Zusammenhang beider Größen entnehmen lässt.

6.3.5 Hubsystem des Rohrverlegers

Das Streckenverhalten des in Kapitel 2 betrachteten Hubsystems des Rohrverlegers, setzt sich aus dem Verhalten des Seilzuges und dem Verhalten des Gleichstrommotors zusammen. Der verwendete ideale Sensor besitzt proportionales Verhalten mit Verstärkungsfaktor $K = 1$ und hat somit keinen Einfluss auf das Übertragungsverhalten des Gesamtsystems. Grundsätzlich sind zwei Übertragungspfade von besonderem Interesse. Zum einen die Pfade von der Stellspannung U zur vertikalen Verschiebung z bzw. Geschwindigkeit $\dot{z}$ des Rohrsegmentes, zum anderen die Pfade von der Störgröße, nämlich die auf den Haken wirkende Gewichtskraft $F_{Last} = m_R \cdot g$, zur vertikalen Verschiebung z bzw. Geschwindigkeit $\dot{z}$.

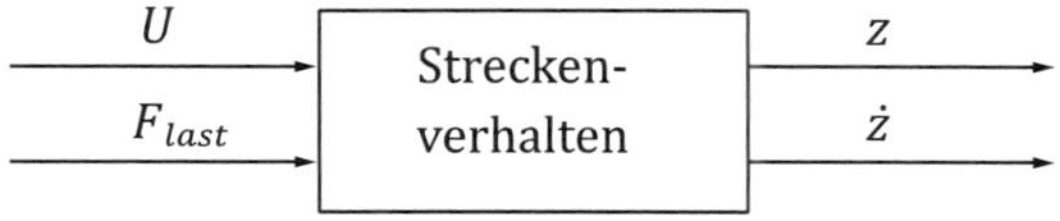

Abb. 6.52 – Strecke des Hubsystems des Rohrverlegers

Zur Übersichtlichkeit werden die Gleichungen aus Kapitel 2 in Matrizenschreibweise überführt.

$$\begin{bmatrix} m_R & 0 & 0 \\ 0 & \theta_{red} & 0 \\ 0 & 0 & 0 \end{bmatrix} \begin{bmatrix} \ddot{z} \\ \ddot{\varphi}_M \\ \ddot{I} \end{bmatrix} = \begin{bmatrix} -d & d\frac{r}{i} & 0 \\ d\frac{r}{i} & -d\frac{r^2}{i^2} & 0 \\ 0 & -k_E & -L \end{bmatrix} \begin{bmatrix} \dot{z} \\ \dot{\varphi}_M \\ \dot{I} \end{bmatrix} + \begin{bmatrix} -k & k\frac{r}{i} & 0 \\ k\frac{r}{i} & -k\frac{r^2}{i^2} & k_M \\ 0 & 0 & -R \end{bmatrix} \begin{bmatrix} z \\ \varphi_M \\ I \end{bmatrix} + \begin{bmatrix} -m_R g \\ 0 \\ U \end{bmatrix} \tag{6.35}$$

Allgemein kann das Übertragungsverhalten der Strecke durch Lösen der Differentialgleichungen ermittelt werden. Allerdings ist die analytische Lösung aufgrund der hohen Komplexität der Gleichung, welche im Speziellen durch die Rückführung einer Zustandsgröße des Prozesses auf den Aktor auftritt, aufwendig und übersteigt die im Rahmen dieses Buches vermittelten Lehrinhalte. Stattdessen wird im Folgenden das stationäre Verhalten der Strecke bzgl. der beiden genannten Übertragungspfade mit Hilfe einer numerischen Simulation ermittelt. Dazu werden beide Eingänge (Stellspannung U und Störgröße F_{last}) nacheinander über eine Sprungfunktion angeregt. Abb. 6.53 zeigt den simulierten Zeitverlauf der beiden Ausgangsgrößen (Hubhöhe z, Hubgeschwindigkeit $\dot{z}$) für einen Sprung der Motorstellspannung. Der Eingangsgrößensprung wird bei einer Simulationszeit von einer Sekunde eingeleitet. Die Simulationsverläufe weisen stationäres I-Verhalten für den Pfad von U nach z auf, da die Ausgangsgröße z für $t \to \infty$ linear gegen Unendlich strebt. Weiterhin liegt für den Pfad von U nach $\dot{z}$ stationäres P-Verhalten vor, da sich für $t \to \infty$ eine konstante Hubgeschwindigkeit einstellt. Aufgrund schwacher Dämpfung bzw. eines kleinen D-Anteils in diesem Übertragungspfad, kommt es zu starkem Überschwingen, bevor sich das System auf den stationären Endwert einpendelt.

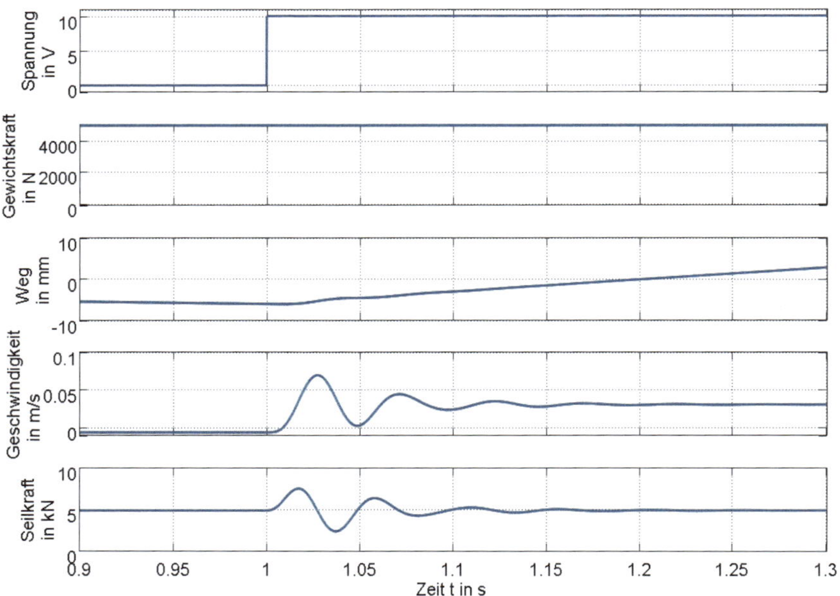

Abb. 6.53 – Sprungantwort der simulierten und berechneten Strecke auf Sprung der Stellspannung U

Anschaulich lässt sich dieses Verhalten folgendermaßen erklären: Bei Anlegen einer konstanten Motorspannung wird die Seiltrommel mit konstanter Geschwindigkeit angetrieben, sodass das Seil kontinuierlich auf- bzw. abgewickelt wird. Da das Seil auf Seite des angehängten Rohrsegmentes nicht elastisch befestigt ist, wird sich das Rohrsegment immer weiter vom Boden entfernen bzw. diesem annähern. Infolge der sich einstellenden konstanten Hubgeschwindigkeit $\dot{z}$ nimmt die Höhe z stetig zu bzw. ab. Das stationäre Verhalten ist insgesamt mit einem ungefesselten und gedämpften Ein-Massen-Schwinger vergleichbar, der vom Krafteingang auf den Weg ebenfalls I-Verhalten und vom Krafteingang auf die Geschwindigkeit ebenfalls P-Verhalten aufweist.

Abb. 6.54 zeigt den simulierten Zeitverlauf der beiden Ausgangsgrößen (Hubhöhe z, Hubgeschwindigkeit $\dot{z}$) für einen Sprung der Gewichtskraft. Der Sprung wird bei einer Simulationszeit von einer Sekunde eingeleitet. Erneut liegt für den Pfad zur Hubhöhe z stationäres I-Verhalten und für den Pfad zur Hubgeschwindigkeit $\dot{z}$ stationäres P-Verhalten vor.

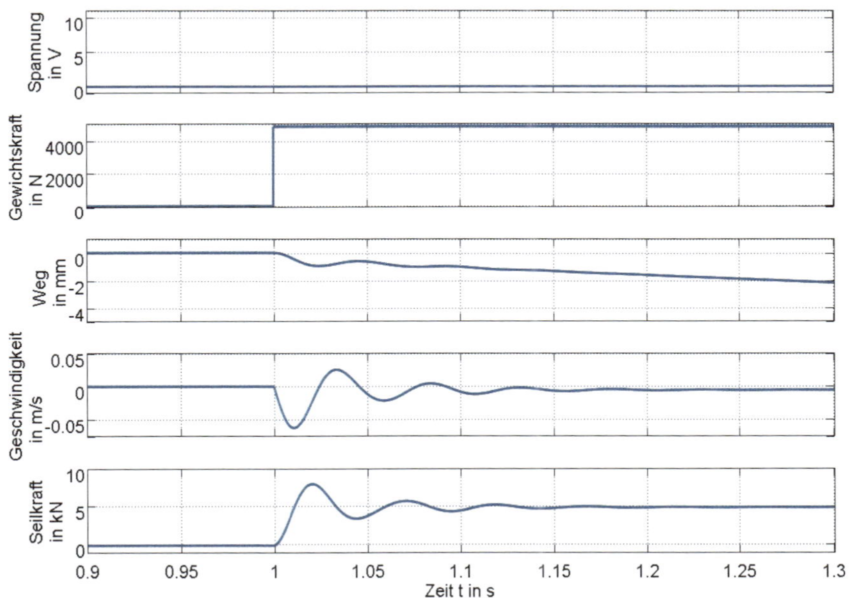

Abb. 6.54 – Sprungantwort der simulierten und berechneten Strecke auf Sprung der Störgröße F_{last}

Die Glieder des beschriebenen Übertragungsverhaltens der Strecke vom Stellgrößeneingang über die erste Teilstrecke bis zur Seilkraft F und der Summation mit der Störgröße F_{last} und vom Störgrößeneingang F_{last} über die zweite Teilstrecke bis zu dem Ausgang Hubweg z sind in Abb. 6.55 schematisch dargestellt.

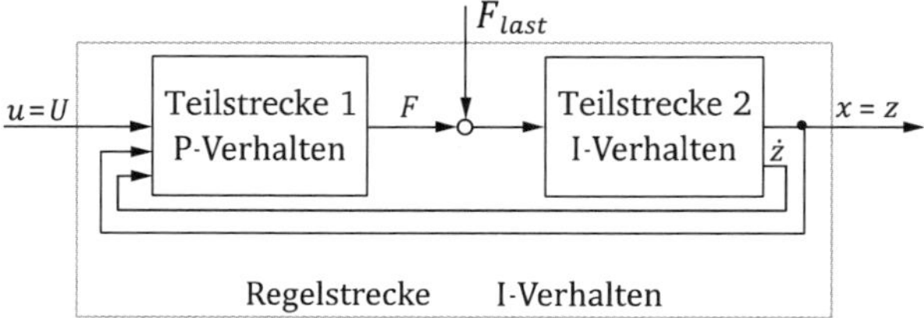

Abb. 6.55 – Blockschaltbild des Streckenverhaltens bzgl. der Ausgangsgröße Hubweg z

Das entsprechende Blockschaltbild für die Ausgangsgröße Hubgeschwindigkeit $\dot{z}$ ist in Abb. 6.56 gegeben.

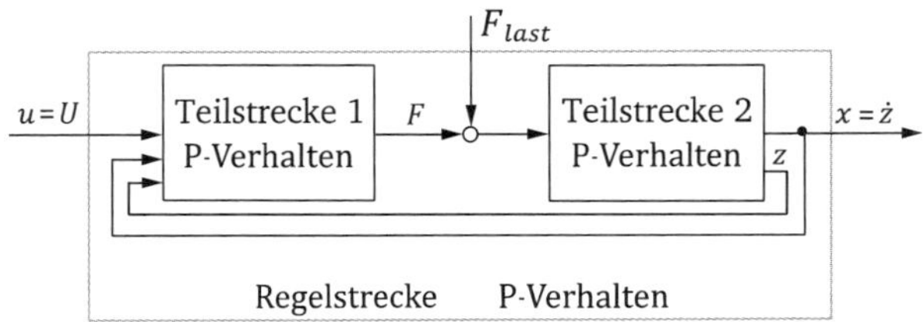

Abb. 6.56 – Blockschaltbild des Streckenverhaltens bzgl. der Ausgangsgröße Hubgeschwindigkeit $\dot{z}$

6.4 Regelkreisverhalten und Reglerauslegung

Eine Regelung schließt den Kreis eines mechatronischen Systems, sodass eine Interaktion zwischen Grundsystem, Aktorik, Sensorik und Regelung erfolgen kann. Über die Mensch-Maschine-Schnittstelle erfolgen Vorgaben in Form von Führungsgrößen, dabei wird das Ziel verfolgt, externe oder systeminterne Störungen kompensieren zu können und die Sollvorgaben zu erreichen. So ist es das Ziel einer Steuerung oder Regelung, das dynamische Verhalten eines technischen Systems nach bestimmten Kriterien in optimaler und präziser Weise zu beeinflussen.

Wie in Abb. 6.2 zu erkennen ist, befindet sich der Regler bzgl. des Signalflusses vor dem Aktor und nach dem Sensor. So wird die gemessene und gleichzeitig zu regelnde Istgröße (Regelgröße bzw. Messgröße) des Prozesses vom Sensor (Prozessbeobachtung) erfasst und an den Regler übergeben. Der Regler vergleicht die vom Anwender vorgegebene Sollgröße (Führungsgröße) mit der aktuell gemessenen Istgröße und gibt abhängig von der gewählten Reglerstruktur und dessen Parameter ein Stellsignal aus. Das Stellsignal ist der Eingang des Aktors, der daraus eine Stellgröße auf den Prozess erzeugt.

6.4.1 Systemverhalten von Regelkreisen und Reglerauswahl

Unter dem Systemverhalten von Regelkreisen wird das Gesamtverhalten des geschlossenen Regelkreises verstanden. Wichtige Forderungen an das Systemverhalten sind, dass die Regelgröße x durch Störungen möglichst nicht beeinflusst wird (Störgrößenregelung) und dass sie der Führungsgröße w gut folgt (Folgeregelung). Damit werden Regelungen zum einen zur Kompensation von Störungen, zum anderen zum Erreichen eines gewünschten zeitlichen Verlaufs der Ausgangsgröße entworfen. Weitere Anforderungen sind beispielsweise das Verbessern des gegebenen dynamischen Verhaltens oder eine Stabilisierung einer instabilen Strecke. Für die qualitative Einschätzung, inwiefern das jeweilige Ziel der Regelung erreicht wurde, werden nachfolgend Beurteilungskriterien eingeführt. Anhand dieser kann bewertet werden, ob und wie gut die entworfene Regelung funktioniert.

Stationäres und dynamisches Verhalten von Regelkreisen

Mithilfe des stationären und dynamischen Verhaltens des Regelkreises kann das System analysiert werden, sodass anhand des Verlaufs der Ausgangsgröße häufig eine Beurteilung erfolgen kann. Für die Analyse können Testfunktionen, vgl. Abschnitt 6.3.1, entweder als Führungsgröße oder als Störgröße auf das System aufgebracht werden. Der Antwortverlauf gibt das Systemverhalten wieder. Dabei werden abhängig von der vorliegenden Strecke, der vorliegenden Testfunktion und dem Anforderungsziel unterschiedliche Beurteilungsmethoden eingesetzt. Häufig wird das Systemverhalten im Zeitbereich und im Frequenzbereich betrachtet. Wird das dynamische Verhalten bei Verwendung eines PID-Reglers nicht als zufriedenstellend beurteilt, kann durch Verändern der Reglerparameter (k_P, k_I, k_D) das Gesamtverhalten in der Regel verbessert werden. Unter Umständen muss dabei auch die Stelltätigkeit u(t) berücksichtigt werden, die generell einer Beschränkung unterliegt, da keine beliebig hohe Stelldynamik und Stellkraft seitens der Aktorik realisierbar ist.

Sprungantwort im Zeitbereich

Eine mögliche Beurteilungsmethode im Zeitbereich kann mithilfe einer Sprungantwortfunktion durchgeführt werden. Wird eine Sprungfunktion als Eingangssignal auf das System gegeben, kann die Sprungantwort (engl.: step response) des Systems nach bestimmten Kriterien beurteilt werden. Die Sprungantwortfunktion wird dabei entweder mit Hilfe numerischer Simulationen (z. B. mit Matlab/Simulink) oder auf experimentellem Weg ermittelt. Für die Beurteilung werden die Begriffe der Stabilität, Dynamik und der bleibenden

Regelabweichung eingeführt. In Abb. 6.57 ist beispielhaft die Sprungantwortfunktion eines Systems auf einen Führungsgrößensprung abgebildet. Dabei ist die Sprungantwort der Verlauf der Ausgangsgröße bei geschlossenem Regelkreis und berücksichtigt damit auch den Einfluss des Reglers. Dies sollte somit nicht mit der Sprungantwort der Regelstrecke verwechselt werden. Besitzt ein geschlossenes System beispielsweise PT_2-Verhalten, muss dies nicht bedeuten, dass auch die Strecke PT_2-Verhalten besitzt. Aus dem Verlauf der Regelgröße aus Abb. 6.57 kann auf stationäres P-Verhalten mit Zeitverzögerung des geschlossenen Regelkreises geschlossen werden. Mit den folgenden Beurteilungskriterien werden gewünschte Eigenschaften des Regelkreises überprüft, wobei die folgenden Merkmale der Kriterien für die Sprungantwort formuliert sind und nicht direkt auf andere Testfunktionen übertragbar sind.

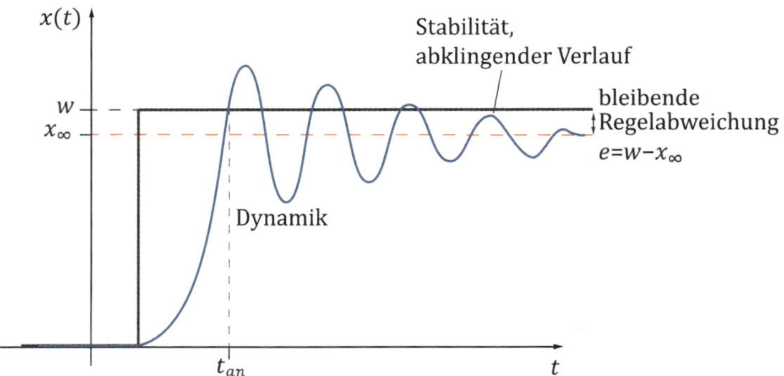

Abb. 6.57 – Sprungantwortfunktion: Stabilität, Dynamik und bleibende Regelabweichung eines Regelkreises

Stabilität

Voraussetzung für einen gelungenen Regelungsentwurf ist ein stabiles Systemverhalten. Einerseits darf ein bereits stabiles System durch die Regelung nicht destabilisiert werden, andererseits muss ein instabiles System durch die Regelung stabilisiert werden. D. h., wird ein endliches Eingangssignal (Führungs- oder Störgrößen) auf das System gegeben, bleibt ebenso das Ausgangssignal endlich [13]. Der Verlauf der Regelgröße x(t) sollte somit auf eine Sprunganregung mit der Zeit abklingen und sich einem konstanten Endwert annähern. Wird das System nicht durch eine Führungs- bzw. Störgröße, sondern durch eine Anfangsbedingung angeregt, sollte der Regelkreis ebenfalls nach kurzer Zeit wieder in seine Ruhelage geregelt werden [13]. Diese Bedingung muss erfüllt sein, da es sonst durch die Instabilität zu aufklingenden Schwingungen kommen kann. Eine instabile Strecke kann über einen geeigneten Regler stabilisiert werden, sodass über die Rückführung im Regelkreis der geschlossene Regelkreis stabil ist.

Bleibende Regelabweichung

Ein weiteres Kriterium für die Qualität der Regelung ist die Betrachtung der bleibenden Regelabweichung zwischen dem Sollwert und dem sich einstellenden stationären Endwert (stationäre Genauigkeit). Eine Regelabweichung kann entweder infolge einer Änderung des Sollwerts oder einer Störung auftreten. Im Optimalfall ist die bleibende Regelabweichung im stationären Fall $e(t \rightarrow \infty) = 0$. Dies wird auch mit dem Begriff der stationären Genauigkeit beschrieben, sodass der stationäre Endwert $x_\infty = x(t = \infty)$ der Führungsgröße w entspricht und folglich $w\text{-}x_\infty = 0$ gilt.

Zur Erfüllung dieser Bedingung ist zunächst ein geeignetes Regelgesetz zu wählen, bevor die Reglerparameter bestimmt werden können.

Dynamik

Über die Dynamik eines Systems wird häufig die Qualität des Reglers beurteilt, sie beschreibt die Art und Weise, wie sich die Regelgröße x(t) dem Führungssignal w(t) annähert [13]. Die Dynamik ist umso besser, je schneller sich die Sprungantwort auf einen stationären Endwert einpendelt. Bei einem Sollwertsprung werden unterschiedliche Zeitdauern als Kriterien für die Dynamik betrachtet. Zum einen wird die Anstiegszeit T_r ab Eintreten der Führungssignaländerung betrachtet, bei der die Regelgröße 90 % des stationären Endwertes erzielt hat. Ein weiteres Kriterium ist das erste Überschwingen, wobei zum einen der Zeitbereich, die Überschwingzeit $T_{\bar{u}}$, und zum anderen der Betrag, die Überschwingweite $\bar{u}$, betrachtet werden. Üblich für die Beurteilung der Dynamik ist auch die Beruhigungs- bzw. Einschwingzeit $T_{5\%}$. Dies ist der Zeitbereich, bei der die Sprungantwort letztmalig eine höhere Abweichung als 5 % des stationären Endwertes überschreitet. Dazu wird meistens ein 5%-Schlauch um den sich einstellenden Endwert gezeichnet und dann abgelesen, wann die Sprungantwort zuletzt in diesen Schlauch eintaucht (siehe Abb. 6.58) [13].

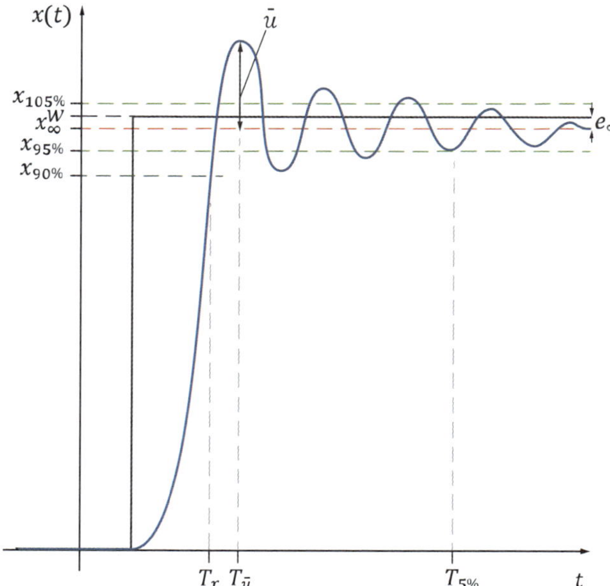

Abb. 6.58 – Kriterien zur Dynamik für eine Folgeregelung

Äquivalente Kriterien können für einen Störgrößensprung verwendet werden [13].

Robustheit

Ein weiteres Beurteilungskriterium ist die Robustheit gegenüber Unsicherheiten bei der Modellierung des Systems. Häufig wird dies über Parameterschwankungen (z. B. Veränderung der Masse) und Einbringen von unterschiedlichen Anfangsbedingungen überprüft. Modellunsicherheiten beziehen sich auf die Diskrepanz zwischen der realen Regelstrecke und dem mathematischen Modell hinsichtlich der Parameter oder Modellordnung.

Regler, die trotz vorhandener Modellunsicherheit die Kriterien bezüglich Stabilität, Dynamik und Regelabweichung zufriedenstellend erfüllen, weisen hohe Robustheit auf.

Übertragungsverhalten im Frequenzbereich

Eine weitere Beurteilungsmethode der Regelung kann im Frequenzbereich erfolgen. Dabei werden breitbandige Testsignale verwendet. Wird als Führungsfunktion $w(t) = \hat{w}\sin(\Omega t)$, mit $0 \leq \Omega \leq \infty$, vorgegeben, so ergibt sich als Regelgrößenverlauf wiederum eine harmonische Sinusschwingung, die die identische

Frequenz wie das Führungssignal aufweist, in Betrag und Phase aber abweichen kann:

$$x(t) = \hat{x} \cdot \sin(\Omega t\text{-}\varphi) \tag{6.36}$$

Aus der Differentialgleichung, die das System beschreibt, wird die komplexe Vergrößerungsfunktion berechnet. Aus dieser wird wiederum der Amplituden- und Phasengang berechnet, mit dem die Beurteilung erfolgt. Als Beispiel wird hier von einem geschlossenen Systemverhalten eines PT_2-Gliedes ausgegangen.

$$T^2\ddot{x} + 2dT\dot{x} + x = Kw \tag{6.37}$$

Mithilfe der komplexen Ergänzung ergeben sich somit:

Vergrößerungsfunktion: $\underline{V}(\Omega, K, d) = \frac{\hat{x}}{\hat{w}} = \frac{K}{1\text{-}T^2\Omega^2+j2dT\Omega}$

Amplitudengang: $V(\Omega, K, d) = |\underline{V}(\Omega, K, d)| = \frac{K}{\sqrt{(1\text{-}T^2\Omega^2)^2+(2dT\Omega)^2}}$

Phasengang: $\psi = \arg(\underline{V}) = \arctan(\underline{V}) = \text{-}\arctan\frac{2dT\Omega}{1\text{-}T^2\Omega^2}$.

Amplituden- und Phasengang sind in Abb. 6.59 dargestellt.

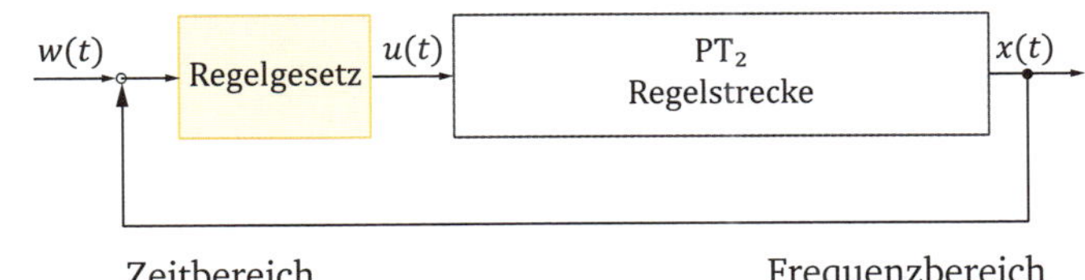

Zeitbereich

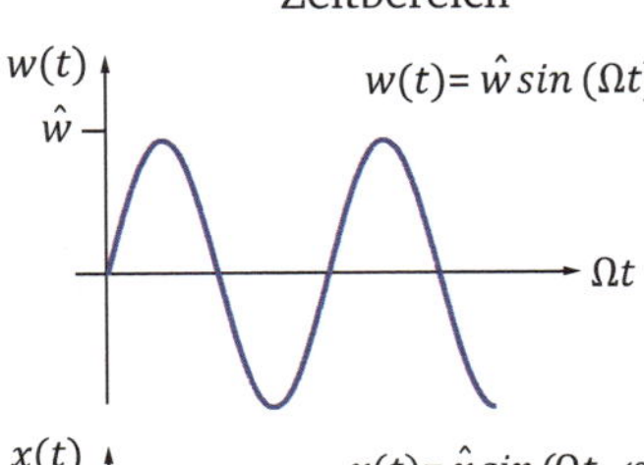

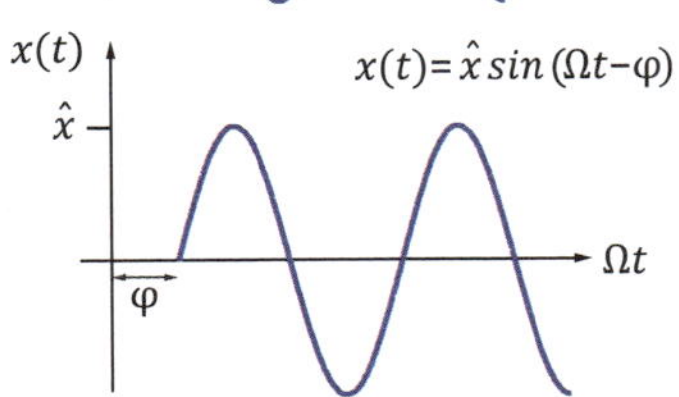

Frequenzbereich

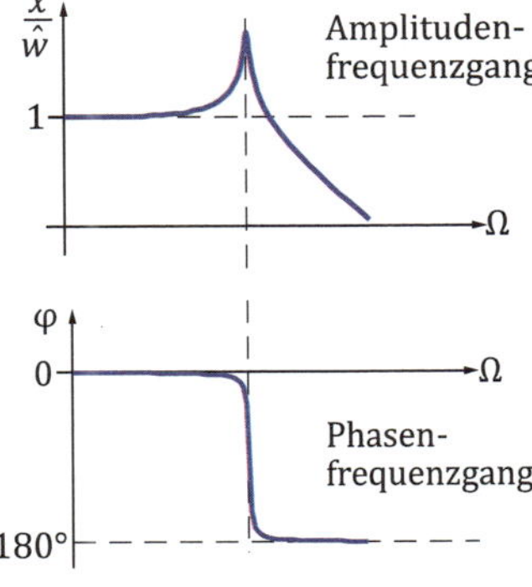

Abb. 6.59 – Systemverhalten Vergleich von Zeit- und Frequenzbereich

Aus dem Amplituden- und Phasengang können für unterschiedliche Frequenzverhältnisse das Amplitudenverhältnis $\hat{x}/\hat{w}$ und die zeitliche Verzögerung des Antwortsignals x gegenüber w, ausgedrückt durch den Phasenwinkel φ, abgelesen werden. Somit ergibt sich immer ein Wertepaar von Amplitude und Phasenverschiebung des Ausgangssignals zu einer bestimmten Erregerfrequenz. Für das Regelziel $w\text{-}x = 0$ bedeutet dies im Frequenzbereich, dass ein Amplitudenverhältnis $\hat{x}/\hat{w} = 1$ und eine Phasenverschiebung von $\varphi = 0$ vorliegen sollte. Wie in Abb. 6.59 zu sehen, ist dies nicht für alle Frequenzen der Fall. Bei Erfüllung dieser Anforderung, schwingen Erreger- und Antwortfunktion mit gleicher Amplitude in Phase. Änderungen im Amplituden- und Phasengang entstehen durch das dynamische Verhalten des geschlossenen Regelkreises z. B. aufgrund von Verzögerungen. Durch Einstellen der Regelparameter wird versucht ein Optimum zu erreichen, sodass für die relevanten Frequenzen das Regelziel möglichst gut erreicht wird. Aus Abb. 6.59 kann auch der Vergleich zwischen den Antworten im Zeit- und Frequenzbereich erkannt werden. Je nach gewählter Frequenz Ω ist eine Verzögerung der Antwort im Zeitbereich zwischen Ein- und Ausgangssignal zu erkennen. Weiterhin wird dadurch auch die Amplitudengröße des Ausgangssignals verändert, die um das Sollsignal w zu erreichen, im Amplitudenfrequenzgang ein Verhältnis von 1 anstreben sollte.

Einfluss und Wirkung unterschiedlicher Regler

Der Einfluss unterschiedlicher Regler auf das Systemverhalten ist von dem stationären Verhalten der Regelstrecke bzw. von Regelstreckenanteilen und der Regelgröße abhängig. Dabei ist zu unterscheiden, ob das Führungs- oder Störverhalten (mit potenziell unterschiedlicher Wirkstelle der Störung) betrachtet wird.

Zur einheitlichen Darstellung sei noch einmal der geschlossene Regelkreis in Abb. 6.3 erwähnt. Über den Soll-Ist-Wert-Vergleich von Führungsgröße und Regelgröße ergibt sich die Regelabweichung $e = w\text{-}x$. Diese wird auf den Regler geschaltet, der das Stellsignal $u = u(e)$ über das Regelgesetz erzeugt. Das Stellsignal ist das Eingangssignal der Strecke. Über den Aktor wird das Stellsignal auf die Strecke weitergeleitet. Greift eine Störung z vor dem Prozess an, wird diese gemeinsam mit dem Aktorsignal $f = f(u)$ auf den Prozess geschaltet, sodass sich das Ausgangssignal $x = x(f, z)$ ergibt. Wie in Abb. 6.3 und Abschnitt 6.3.3 ersichtlich, folgt das stationäre Verhalten der gesamten Strecke aus der Kombination von Aktor, Prozess und Sensor. Für den Sensor wird von einem idealen Verhalten, bei dem Ein- und Ausgangsgröße identisch sind, ausgegangen. Somit stellt er ein triviales P-Glied ohne Zeitverzögerung mit dem Verstärkungsfaktor eins dar, auf dessen Darstellung in den weiteren Blockschaltbildern verzichtet wird.

Die im Folgenden betrachteten Szenarien beschränken sich weiterhin auf die Darstellung von rein seriell aufeinander folgenden Übertragungsgliedern für Aktor und Prozess. Bei Systemen mit einer Rückführung zwischen Prozess und Aktor ist die Bestimmung der erforderlichen Regleranteile mittels einer Betrachtung im Frequenzbereich oder über Simulationen im Zeitbereich vorzuziehen.

Einfluss der Regleranteile auf Strecken mit durchgängig stationärem P-Verhalten

Liegt durchgängig stationäres P-Verhalten der Strecke vor (Aktor, Prozess und Sensor weisen jeweils stationäres P-Verhalten auf), können bei PID-Reglern folgende Eigenschaften den unterschiedlichen Regleranteilen sowohl für den Führungsgrößenverlauf als auch für den Störgrößenverlauf zugeschrieben werden:

Ein P-Anteil im Regler sorgt für eine hohe Dynamik:
Der stationäre Endwert der Regelgröße wird umso näher an dem Sollwert liegen und in kürzerer Zeit erreicht, je größer der Proportionalitätsfaktor k_P gewählt ist. Allerdings bleibt eine Regelabweichung stets zum Sollwert erhalten, sodass ein P-Regler alleine das Regelziel der stationären Genauigkeit nicht erreicht. Mit höherem Proportionalitätsfaktor kann die bleibende Regelabweichung verringert werden, verschwindet aber nie gänzlich. Ein zu groß gewählter P-Anteil kann allerdings zu instabilem Verhalten des Regelkreises führen.

Ein I-Anteil im Regler erzielt stationäre Genauigkeit:
Der I-Anteil regelt die Regelabweichung vollständig aus, da eine Abweichung zwischen Soll- und Istwert so lange integriert wird, bis sie verschwunden ist und sich $e = 0$ ergibt. Er verursacht aber ein stärkeres Überschwingen und neigt zur Instabilität bei sehr hoch gewähltem Integralfaktor. Je höher k_I gewählt wird, desto höher sind die Überschwingweite, die Schwingfrequenz und die Beruhigungszeit. In Abb. 6.60 wird eine Störgrößenregelung bei durchgängig stationärem P-Verhalten der Strecke abgebildet. Damit das Störverhalten keine bleibende Regelabweichung für $t \to \infty$ aufweist, ist eine bleibende Aktorwirkung bei verschwindender Regelabweichung erforderlich. Somit führt hier ein I-Regler durch die Integration der Regelabweichung zur stationären Genauigkeit.

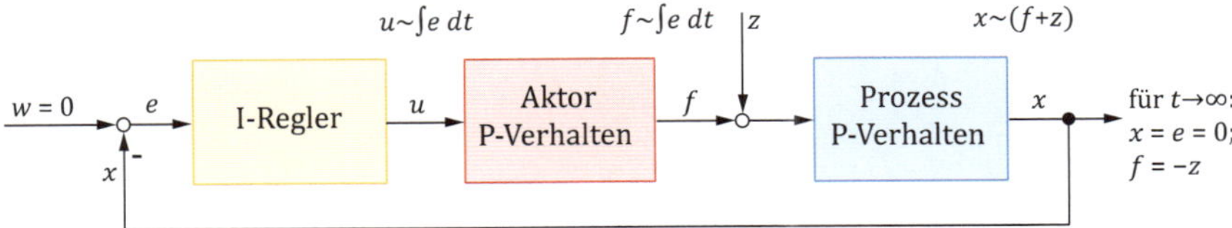

Abb. 6.60 – Störgrößenregelung: I-Regler bei Aktor und Prozess mit P-Verhalten

In Abb. 6.61 ist eine Folgeregelung für die Strecke mit durchgängig stationärem P-Verhalten dargestellt. Um stationäre Genauigkeit zu erreichen, ist eine bleibende Ausgangsgröße bei verschwindender Regelabweichung erforderlich, sodass wiederum ein I-Regler benötigt wird.

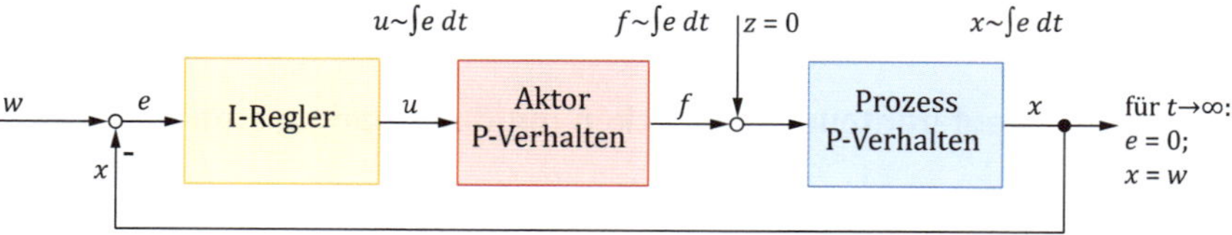

Abb. 6.61 – Folgeregelung: I-Regler bei Aktor und Prozess mit P-Verhalten

Ein D-Anteil im Regler erhöht die Stabilität:
Ein D-Anteil reagiert schnell auf Änderungen der Regelabweichung und liefert für einen Sprung augenblicklich ein großes Stellsignal. Er verbessert im Zusammenspiel mit anderen Regleranteilen die Eigenschaften der Stabilität, indem Überschwingen verringert wird und das System noch schneller das Regelziel erreicht. Ein D-Regler alleine ist hier jedoch nicht zielführend, da er nicht auf absolute Regelabweichungen, sondern nur auf deren Änderungen reagiert und damit im stationären Fall vollständig unwirksam ist.

In Abb. 6.62 ist der Einfluss der verschiedenen Regleranteile auf die Sprungantwort eines Systems mit durchgängig stationärem P-Verhalten, hier eines abstrakten PT_1-Gliedes, entsprechend der beiden Szenarien der Störgrößen- und Folgeregelung aus Abschnitt 6.2.3 beispielhaft dargestellt. Die zuvor erläuterten Aussagen können daran noch einmal aufgezeigt werden. Zudem sei angemerkt, dass bei der Folgeregelung der Entfall des Reglers zur trivialen Lösung eines verschwindenden Ausgangs führt und dieser Fall daher nicht dargestellt wird.

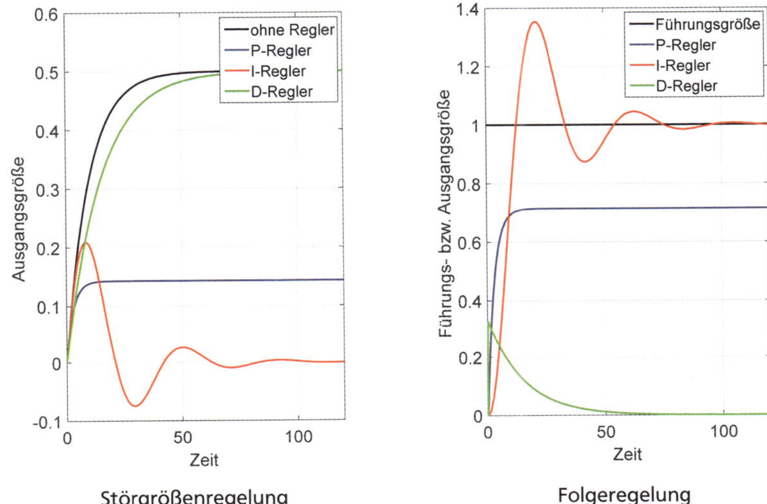

Störgrößenregelung

Folgeregelung

Abb. 6.62 – Einfluss der verschiedenen Regleranteile auf die Sprungantwort eines Systems mit durchgängig stationärem P-Verhalten (Sprung jeweils zur Zeit 0)

Üblicherweise werden Regler mit mehreren Anteilen verwendet, um die Vorteile der unterschiedlichen Anteile zu kombinieren. So wird ein PI-Regler bei stationärem P-Verhalten der Strecke verbesserte dynamische Eigenschaften im Vergleich zu einem reinen I-Regler besitzen. Zudem tritt keine bleibende Regelabweichung mehr auf. Mit einem PID-Regler werden zusätzlich die Stabilitätseigenschaften verbessert. Zum einen besitzt das System eine gute Dämpfung und geringeres Überschwingen, zum anderen verschwindet die Regelabweichung. Dies wird in Abb. 6.63 verdeutlicht, auch hier wurde ein PT_1-System als Strecke verwendet.

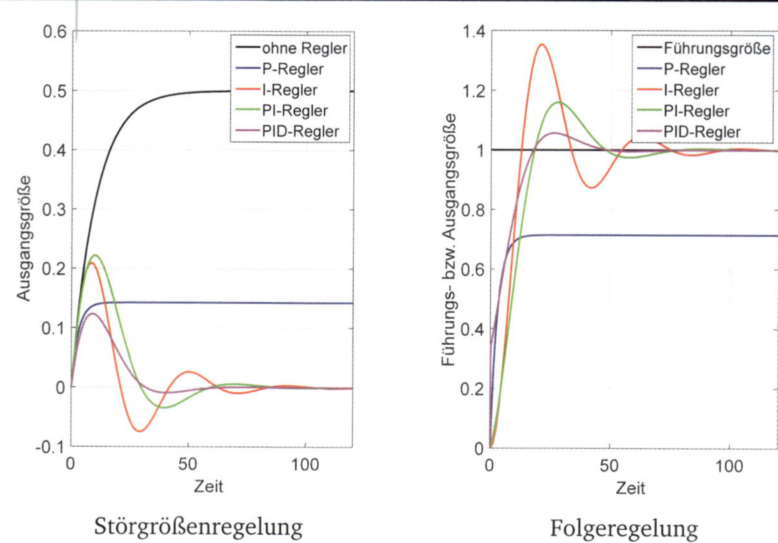

Abb. 6.63 – Einfluss der verschiedenen Regler auf die Sprungantwort eines Systems mit durchgängig stationärem P-Verhalten (Sprung jeweils zur Zeit 0)

Einfluss der Regleranteile auf Strecken mit stationärem I-Verhalten

Liegt stationäres I-Verhalten der Regelstrecke vor, weisen die Anteile der Regler potenziell eine unterschiedliche Wirkung im Vergleich zu der Wirkung bei durchgängig stationären P-Verhalten der Strecke auf. Auch spielt hierbei eine Rolle, ob das Folgeverhalten oder Störverhalten betrachtet wird.

Bei einer Folgeregelung und einem stationären I-Streckenverhalten, vgl. Abb. 6.64, führt ein P-Regler in jedem Falle schon zu einem Systemverhalten mit stationärer Genauigkeit. Das integrierende Verhalten der Strecke selbst integriert die Regelabweichung so lange auf, bis keine bleibende Regelabweichung mehr auftritt. Ein I-Anteil im Regler sollte dabei möglichst vermieden werden, da es aufgrund des stationären I-Verhaltens der Strecke zur Instabilität kommen kann. Ein D-Anteil im Regler wirkt, wie der P-Anteil beim durchgängig stationären P-Verhalten, verbessernd auf die Dynamik, sorgt aber nicht für eine stationäre Genauigkeit.

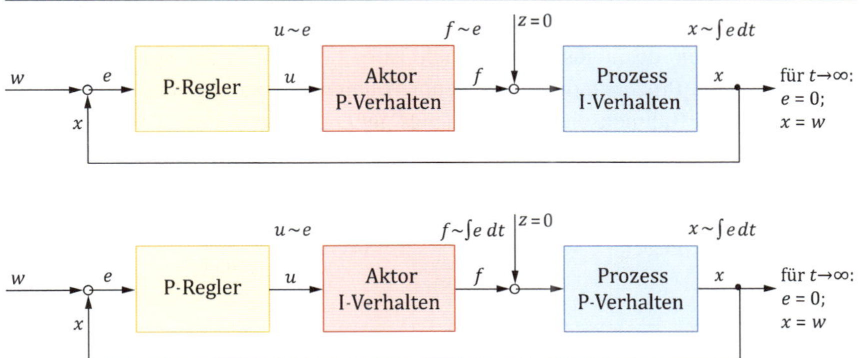

Abb. 6.64 – Folgeregelung: P-Regler bei Strecke mit I-Verhalten

Im Gegensatz dazu führt ein P-Regler bei einer Störgrößenregelung und einem stationären I-Streckenverhalten nicht zwingend zur stationären Genauigkeit. Die Wirkstelle der Störung ist dabei entscheidend. Greift die Störung vor dem I-Anteil in der Strecke an, kann eine bleibende Regelabweichung nicht vermieden werden, da eine Kompensation der Störung eine bleibende Aktorwirkung und damit einen I-Anteil vor dem Prozess erfordert. Hier wird somit im Regler ein I-Anteil benötigt, um stationäre Genauigkeit sicherzustellen. Allerdings würde ein reiner I-Regler zur Destabilisierung des Regelkreises führen und das Ausgangssignal stark schwingen ohne zu konvergieren. Um diese Schwingung zu dämpfen und Stabilität sicherzustellen muss in jedem Falle der reine I-Regler um einen proportionalen Anteil ergänzt werden. In Abb. 6.65 wird dieses Störverhalten betrachtet, bei dem der Prozess I-Verhalten und der Aktor P-Verhalten aufweisen.

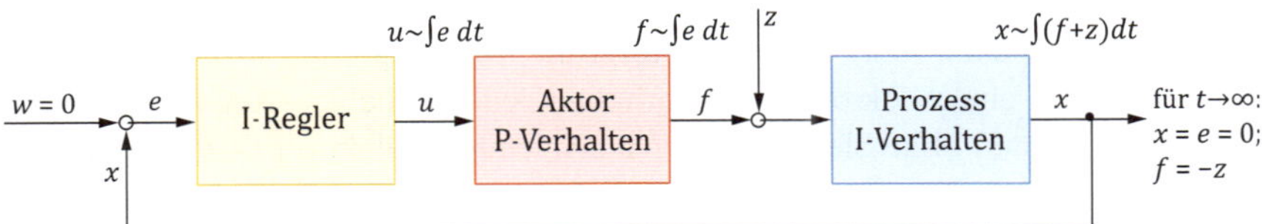

Abb. 6.65 – Störgrößenregelung: I-Regler bei Aktor mit P-Verhalten und Prozess mit I-Verhalten

Umgekehrt besitzt in Abb. 6.66 der Prozess P-Verhalten und der Aktor I-Verhalten. Somit liegt auch hier stationäres I-Verhalten der Regelstrecke vor. Am Angriffspunkt der Störung liegt bereits I-Verhalten vor, sodass ein P-Regler ausreicht, um ein Störverhalten ohne bleibende Regelabweichung zu garantieren. Gedanklich kann das Aktorverhalten, da es vor der Störung im Signalfluss liegt, dem Reglerverhalten zugeordnet werden. Damit würde in Abb. 6.66 der Regler durch das I-Verhalten des Aktors schon einen I-Anteil besitzen, sodass ein P-

Anteil im Regler für stationäre Genauigkeit ausreicht. Hingegen würde ein I-Regler das System destabilisieren. Deshalb ist es sinnvoll bei der Störgrößenregelung Aktor- und Prozessverhalten getrennt voneinander zu betrachten, wenn die Störung wie im Rahmen dieses Lehrbuches generell angenommen vor dem Prozess angreift.

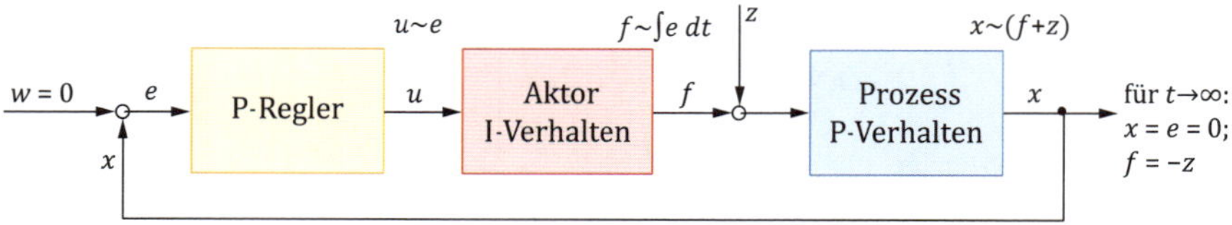

Abb. 6.66 – Störgrößenregelung: P-Regler bei Aktor mit I-Verhalten und Prozess mit P-Verhalten

Ein D-Anteil im Regler führt bei Stör- oder Folgeregelung zu einer Verbesserung der dynamischen Eigenschaften.

Einfluss der Regleranteile auf Strecken mit stationärem D-Verhalten

Bei einer Folgeregelung eines Prozesses mit D-Verhalten und einem Aktor mit P-Verhalten kann mit keinem der hier vorgestellten Regler stationäre Genauigkeit erreicht werden. Das stationäre D-Verhalten der Strecke verhindert, dass der Istwert im stationären Fall konstant gehalten wird. Durch einen sehr hohen I-Anteil im Regler lässt sich der Istwert dem Sollwert annähern. Stationäre Genauigkeit lässt sich lediglich erreichen, wenn sowohl Regler als auch Aktor I-Verhalten aufweisen. Jedoch handelt es sich bei der Strecke dann um stationäres P-Verhalten mit stationärem D-Verhalten des Prozesses.

Im Unterschied dazu führt bei einer Störgrößenregelung eines Prozesses mit D-Verhalten und einem Aktor mit P-Verhalten jeder beliebige Regler zu einem Ausgangsverhalten ohne bleibende Regelabweichung. Allein durch das Streckenverhalten wird die Störung zu Null ausgeregelt, sodass der Regler an sich nicht benötigt wird.

Liegt hingegen ein Aktor mit D-Verhalten und ein Prozess mit P-Verhalten vor, kann aufgrund des Aktorverhaltens keines der vorgestellten Regelungsglieder eine bleibende für die Folge- oder Störgrößenregelung erforderliche Reglerwirkung erzielen.

Winkelregelung des rotatorischen Trägheitsschwingers

Als Beispielsystem wird ein rotatorischer Schwinger mit einem Freiheitsgrad φ, einem Massenträgheitsmoment θ und zuschaltbarem Feder- und Dämpferelement betrachtet, siehe Abb 6.67.

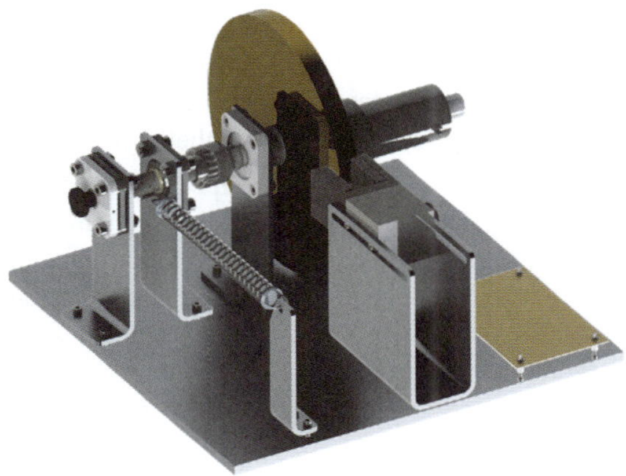

Abb 6.67 – Rotatorischer Schwinger mit zuschaltbarem Feder- und Dämpferelement

Das Federelement hat die Verdrehsteifigkeit k_{φ} und das Dämpferelement den Drehdämpfungskoeffizienten d_{φ}. In Analogie zur Gleichung (6.25), die die Bewegungsdifferentialgleichung des translatorischen Ein-Massen-Schwingers beschreibt, ergibt sich für den rotatorischer Schwinger mit aktivierter Feder- und Dämpferwirkung folgende Bewegungsdifferentialgleichung

$$\theta\ddot{\varphi} + d_{\varphi}\dot{\varphi} + k_{\varphi}\varphi = M. \tag{6.38}$$

Setzt man für den Aktor reines stationäres Proportionalverhalten voraus, so kann man über das reine Übertragungsverhalten des mechanischen Prozesses auf das gesamte stationäre Streckenverhalten schließen. Für die Betrachtung von der Stellgröße (Prozesseingang, hier das Stellmoment M) zum Prozessausgang (Regelgröße, hier Verdrehwinkel φ) können je nach Zuschaltung der mechanischen Elemente drei Fälle unterschieden werden:

- Keine Zuschaltung: das ungefesselte, ungedämpfte System weist ein stationäres I_2-Verhalten auf.
- Zuschaltung des Dämpferelements: das ungefesselte, gedämpfte System weist stationäres I-Verhalten auf.
- Zuschaltung des Federelements: das gefesselte, gedämpfte bzw. ungedämpfte System weist stationäres P-Verhalten auf.

Für den ersten und zweiten Fall (Strecken mit stationärem I-Verhalten) stellt der PD-Regler die beste Wahl dar, siehe Abschnitt 6.4.1 (Unterabschnitt: Einfluss der Regleranteile auf Strecken mit stationärem I-Verhalten).

Exemplarisch wird für das vollständige System (dritter Fall) nach Gleichung (6.38) eine Folgeregelung umgesetzt und die einzelnen Regleranteile und ihre Wirkung erläutert. Hierbei ist das Regelziel einen definierten Sollwinkel φ_{Soll} als Führungsgröße zu erreichen. Für eine optimale Folgeregelung wird ein PID-Regler benötigt. Zur Darstellung des Einflusses der einzelnen Regleranteile wird zunächst ein PD-Regler herangezogen und anschließend der I-Anteil hinzugefügt.

In Abb. 6.68 ist die Stellgröße inklusive der einzelnen Regleranteile (oben), die Führungsgröße bzw. Regelgröße (Mitte) und die Regelabweichung (unten) für die Folgeregelung mit einem PD-Regler dargestellt. Man erkennt, dass aufgrund des fehlenden I-Anteils eine bleibende Regelabweichung vorhanden ist. Hierbei sorgen der P-Anteil für die Dynamik und der D-Anteil für größere Stabilität im geschlossenen Regelkreis.

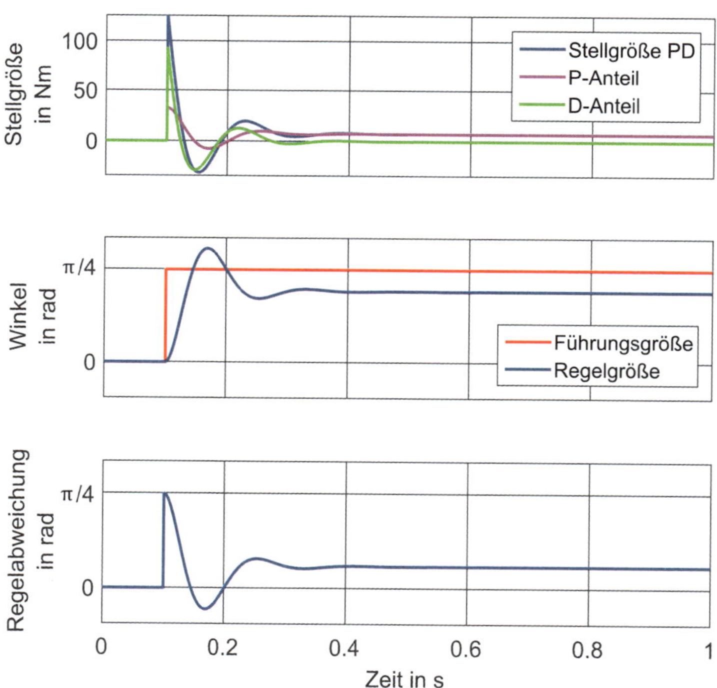

Abb. 6.68 – Simulationsergebnisse mit PD-Regler

In Abb. 6.69 wird ein PID-Regler eingesetzt. Die Simulation zeigt, dass die Regelabweichung gegen Null geht.

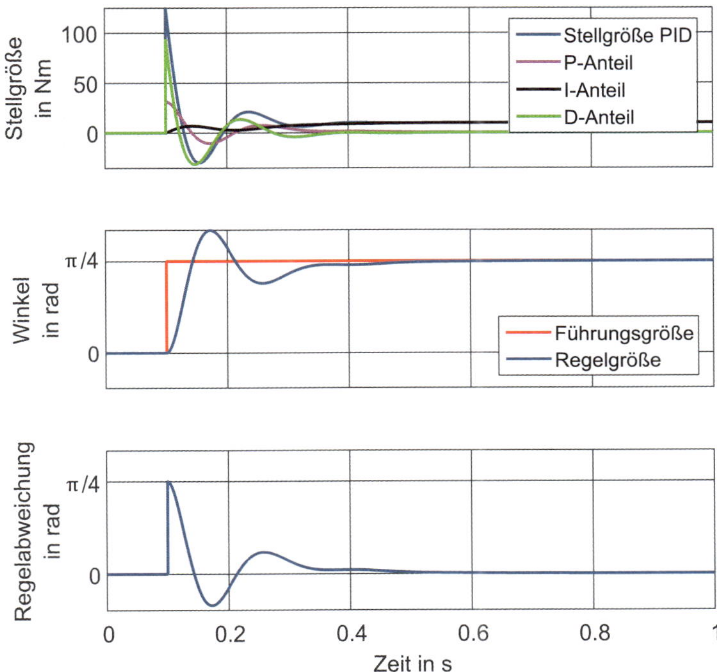

Abb. 6.69 – Simulationsergebnisse mit PID-Regler

6.4.2 Reglerparametrierung

Die Parametrierung einer PID-Regelung kann auf unterschiedliche Weise erfolgen. Neben der Einstellung nach Erfahrungswerten, kann die Auslegung auch grafisch oder analytisch durchgeführt werden. In der Regelungstechnik gibt es diverse Verfahren zum Einstellen bzw. Bestimmen der Reglerparameter. Sowohl für den Zeit- als auch den Frequenzbereich gibt es gängige Verfahren. Die folgende Ausführung stützt sich auf [99].

Für die Reglerauslegung im Zeitbereich bieten sich die beiden Verfahren nach Ziegler und Nichols an. Die Anwendung beider Verfahren ist auf die Auslegung von Reglern mit einer P-, PI- oder PID-Struktur für Systeme mit PT_n-Regelstreckenverhalten beschränkt. Bei beiden Verfahren handelt es sich um Einstellregeln basierend auf Erfahrungswerten, die eine einfache Bestimmung der Reglerparameter ermöglichen und verhältnismäßig gute Regelergebnisse liefern.

Erstes Verfahren nach Ziegler und Nichols

Dabei wird in folgenden Schritten verfahren:

- Der Regelkreis wird mittels eines reinen P-Reglers geschlossen und mit einem Sollwertsprung beaufschlagt.
- Die Reglerverstärkung k_P des P-Reglers wird soweit erhöht, bis die Regelgröße des Systems dauerschwingt (erreichen der Stabilitätsgrenze). Der entsprechende k_P-Wert stellt die kritische Reglerverstärkung $k_{p,krit}$ dar.
- Die Periodendauer der Dauerschwingung wird als kritische Periodendauer T_{krit} bezeichnet, wobei $T_{krit} = \frac{2\pi}{\omega_{krit}}$ gilt.
- Mithilfe der kritischen Reglerverstärkung und der kritischen Periodendauer werden für den jeweils zu verwendenden Regler die entsprechenden Reglerparameter nach der in Tab. 6. angeführten Beziehung bestimmt.

Reglertypen	Reglereinstellwerte		
	k_P	T_I	T_D
P	$0{,}5 \cdot k_{P,krit}$	-	-
PI	$0{,}45 \cdot k_{P,krit}$	$0{,}85 \cdot T_{krit}$	-
PID	$0{,}6 \cdot k_{P,krit}$	$0{,}5 \cdot T_{krit}$	$0{,}12 \cdot T_{krit}$

Tab. 6.7 – Reglerparameter für das erste Verfahren nach Ziegler und Nichols

Die Reglerparameter k_I und k_D des PID-Reglers werden über die Reglereinstellwerte T_I und T_D folgendermaßen berechnet:

$$k_I = \frac{k_P}{T_I} \tag{6.39}$$

und

$$k_D = k_P T_D \tag{6.40}$$

Da ein System in der Realität nicht im grenzstabilen Zustand betrieben werden sollte, ist das erste Verfahren nach Ziegler und Nichols nur bedingt umsetzbar. Alternativ kann das zweite Verfahren nach Ziegler und Nichols herangezogen werden.

Zweites Verfahren nach Ziegler und Nichols

Beim zweiten Verfahren nach Ziegler und Nichols wird die Sprungantwort eines Systems, die mithilfe von drei charakteristischen Kenngrößen beschrieben werden kann, betrachtet.

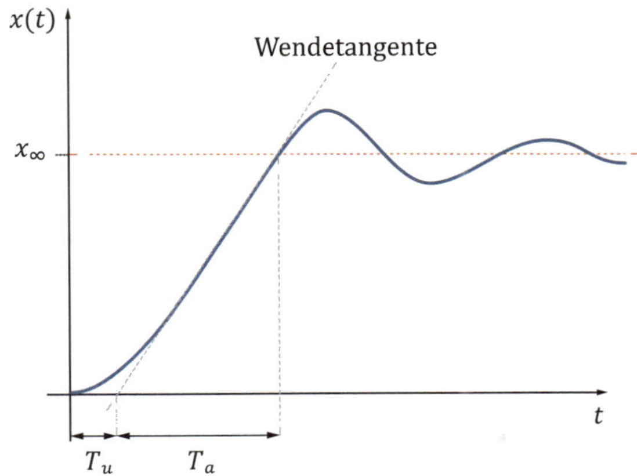

Abb. 6.70 – Sprungantwort eines Systems mit Kenngrößen

In Abb. 6.70 ist eine Sprungantwort mit Anstiegszeit T_a, der Verzugszeit der Wendetangente T_u und dem Endwert der Regelgröße x_∞ dargestellt. Die Verzugszeit T_u stellt den Zeitabstand von Beginn der Sprungantwort bis zum Schnittpunkt der Wendetangente mit der Zeitachse. Die Anstiegszeit T_a beschreibt den Zeitabstand vom Schnittpunkt der Wendetangente mit der Zeitachse bis zum Zeitpunkt des Schnittpunktes der Wendetangente mit dem Sollwert bzw. Endwert der Regelgröße x_∞. Die Steigung der Wendetangente berechnet sich durch

$$c_t = \frac{x_\infty}{T_a}. \tag{6.41}$$

Mithilfe der ermittelten Werte T_u und c_t können die Reglerparameter über die Reglereinstellwerte aus Tab. 6. berechnet werden.

Reglertypen	Reglereinstellwerte		
	k_P	T_I	T_D
P	$\frac{1}{c_t \cdot T_u}$	-	-
PI	$\frac{0{,}9}{c_t \cdot T_u}$	$3{,}33 \cdot T_u$	-
PID	$\frac{1{,}2}{c_t \cdot T_u}$	$2 \cdot T_u$	$0{,}5 \cdot T_u$

Tab. 6.8 – Reglerparameter für das zweite Verfahren von Ziegler und Nichols

6.4.3 Regelung des Rohrverlegers

Auf Basis der vorgestellten Herangehensweise werden zum Abschluss dieses Abschnittes beispielhaft einige Regelungen für den Rohrverleger aus Kapitel 2 ausgelegt. Realisiert werden zum einen eine Hubregelung und zum anderen eine Geschwindigkeitsregelung, welche eine genaue Positionierung bzw. einen Betrieb des Kranhakens mit definierter Geschwindigkeit ermöglichen. Dabei wird jeweils kurz auf die beiden Fälle der Folgeregelung und der Störgrößenregelung eingegangen. Bei der Folgeregelung wird von einem störungsfreien System ausgegangen, wobei insbesondere die Gravitationskräfte vernachlässigt werden. Als Führungsgröße wird ein Sollwertsprung vorgegeben. Bei der Störgrößenregelung bleibt die Führungsgröße unverändert und es wird zusätzlich eine Störgröße, hier die Gravitationskraft, aufgeprägt.

Hubregelung (Manuelle Parametereinstellung)

Zunächst soll ein Regler zur genauen Positionierung des Kranhakens ausgelegt werden. Hierzu wird mittels eines Wegsensors seine Position erfasst.

Das für die Folgeregelung relevante Strecken- bzw. Übertragungsverhalten von Stellspannung U zu Hubhöhe z besitzt, wie in Abschnitt 6.3.5 erläutert, stationäres I-Verhalten. Folglich ist die minimale Struktur für eine Folgeregelung ohne bleibende Regelabweichung bereits durch einen P-Regler gegeben (entsprechend den Ausführungen zu Strecken mit stationärem I-Verhalten in Abschnitt 6.4.1). Aufgrund der bereits erwähnten Beschränkung des Ziegler-Nichols-Verfahrens auf Systeme mit PT_n-Regelstreckenverhalten, ist hier ein iteratives Einstellen des Verstärkungsfaktors nötig.

Abb. 6.71 zeigt die Zeitbereichssimulation des geschlossenen Regelkreises für einen Sollwertsprung auf $z_{soll} = 0{,}1$ m (roter Verlauf). Der manuell parametrierte

P-Regler erzielt ein Folgeverhalten ohne bleibende Regelabweichung, ohne Überschwingen und mit hoher Dynamik.

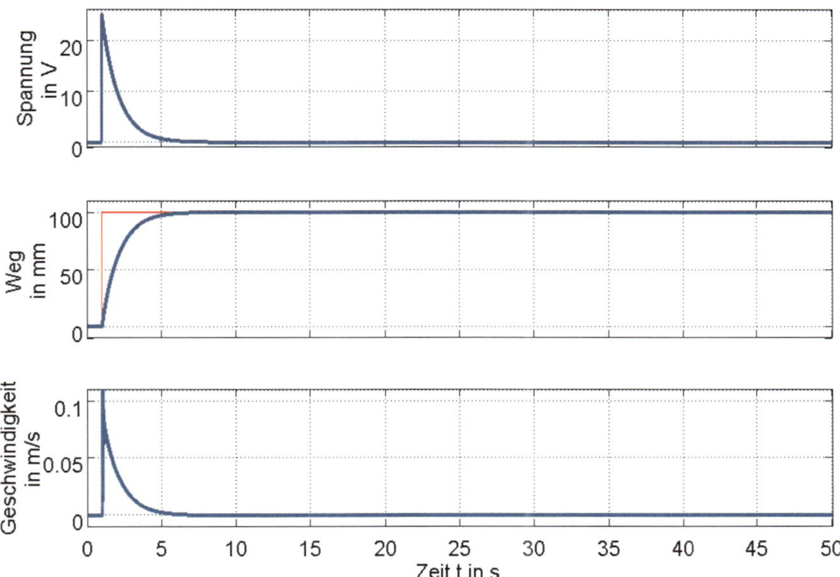

Abb. 6.71 – Hubregelung mittels P-Regler ohne Einfluss der Gravitationskraft als Störung

Nachdem die Folgeregelung erfolgreich implementiert wurde, soll nun eine Störgröße berücksichtigt werden. Dazu wird die Gravitation, welche auf das Rohrsegment wirkt, in der Simulation nach einer Sekunde zugeschaltet und die Sollhöhe zu $z_{soll} = 0\,\mathrm{m}$ festgelegt. Das System hat somit zwei Eingänge (Stellspannung U und Störgröße $F_{last} = m_R g$) und einen Ausgang (Hubhöhe z), sodass sich zwei Übertragungspfade (U nach z und F_{last} nach z) ergeben, die zur Auslegung einer Regelung an der offenen Regelstrecke zu berücksichtigen sind, vgl. Abschnitt 6.3.5.

Um eine Störgrößenregelung ohne bleibende Regelabweichung zu erhalten, ist ein stationäres D-Verhalten der Übertragungsfunktionen von Eingang zu Ausgang des geschlossenen Regelkreises anzustreben. Für die hier betrachtete Störgrößenregelung wird also ein Regler benötigt, der ein stationäres D-Verhalten für den Übertragungspfad von der Störgröße F_{last} (Eingang) zur Regelgröße z (Ausgang) im geschlossenen Regelkreis erzielt. Entsprechend den Ausführungen zu Strecken mit stationärem I-Verhalten in Abschnitt 6.4.1 wird für die vorliegende Störgrößenregelung ein PI-Regler benötigt, da die Teilstrecke vor der angreifenden Störgröße P-Verhalten und die Teilstrecke nach der Störung I-Verhalten aufweisen. Die Parametrierung des Reglers muss aufgrund des Regelstreckenverhaltens erneut manuell erfolgen. Die Zeitbereichssimulation des mittels PI-Reglers geschlossenen Regelkreises für die Störgrößenregelung ist in Abb. 6.72 dargestellt.

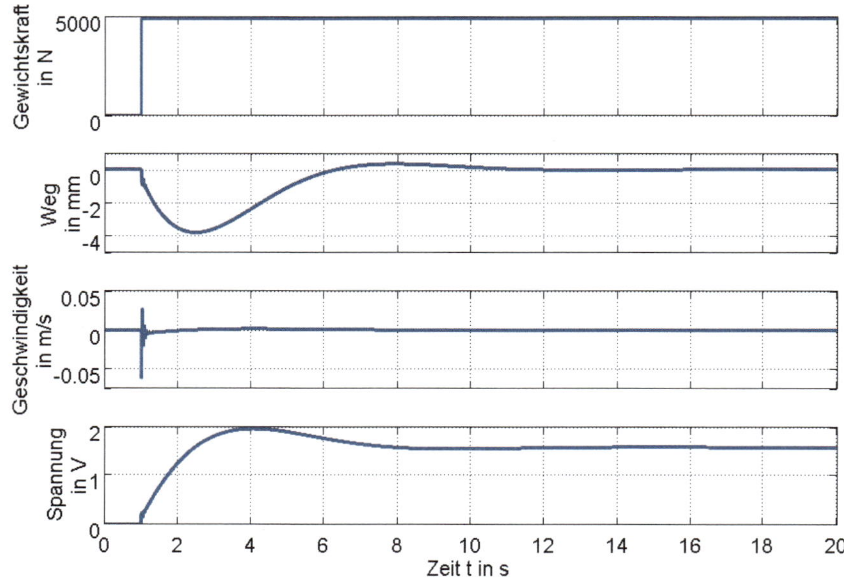

Abb. 6.72 – Hubregelung mittels PI-Regler unter Einfluss der Gravitationskraft als Störung

Geschwindigkeitsregelung (Ziegler-Nichols)

Für die Geschwindigkeitsregelung des Kranhakens wird mit Hilfe des angebrachten Sensors das Geschwindigkeitssignal ermittelt und zurückgeführt.

Erneut wird sowohl eine Folgeregelung, welche eine konstante Sollgeschwindigkeit von $\dot{z}_{soll} = 0{,}5\,\mathrm{m/s}$ einstellt, als auch eine Störgrößenregelung zur Kompensation der wirkenden Gewichtskraft ausgelegt. Die Übertragungspfade von Stellspannung und Störgröße zur Hubgeschwindigkeit sowie der Aktor weisen stationäres P-Verhalten auf, vgl. Abschnitt 6.3.5. Wie in Abschnitt 6.4.1 für Strecken mit durchgängig stationärem P-Verhalten gezeigt wurde, ist sowohl zur Folge- als auch zur Störgrößenregelung ohne bleibende Regelabweichung ein I-Regler als minimale Reglerstruktur notwendig. Das ausgeprägte Einschwingen der Hubgeschwindigkeit kurz nach dem Stellgrößensprung in Abb. 6.53 weist auf schwache Dämpfung hin. Somit kann die Reglerauslegung mittels des ersten Ziegler-Nichols-Verfahrens für PT_n-Systeme angewandt werden.

Innerhalb der Modellsimulation wird zur Reglerauslegung mittels Ziegler-Nichols zunächst der Regelkreis geschlossen und der P-Anteil des Reglers soweit erhöht, bis das Geschwindigkeitssignal grenzstabil schwingt. Die entsprechende Reglerverstärkung $k_{p,krit}$ und die sich ergebende Periodendauer T_{krit} werden dazu verwendet die geeigneten Reglerparameter entsprechend der Tabelle in Tab. 6. zu berechnen.

Wie bereits erwähnt ist ein reiner P-Regler nicht ausreichend und es wird entsprechend dem Vorgehen des Ziegler-Nichols-Verfahrens auf einen PI-Regler zurückgegriffen. Der I-Anteil des Reglers garantiert stationäre Genauigkeit. Der für die minimale Reglerstruktur nicht benötigte P-Anteil erhöht die Dynamik des geschlossenen Regelkreises.

In Abb. 6.73 zeigt sich, dass mit einem PI-Regler und den ausgelegten Reglerparametern sehr gute Ergebnisse zur Geschwindigkeitsregelung mit einem Störgrößensprung nach einer Sekunde und einem Führungsgrößensprung nach zwei Sekunden erzielt werden.

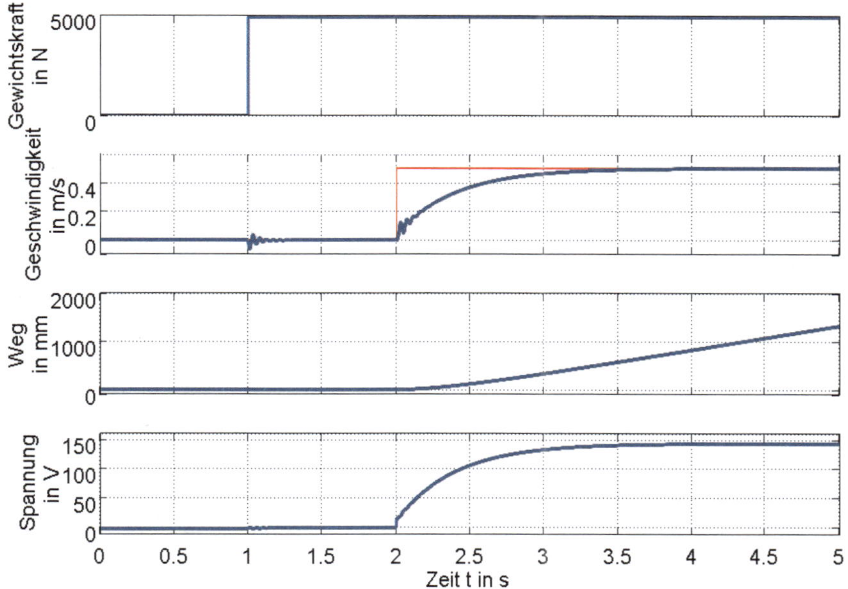

Abb. 6.73 – Geschwindigkeitsregelung mittels PI-Regler unter Einfluss der Gravitationskraft

6.5 Zusammenfassung

Mit der Vorstellung der Steuerung und Regelung von mechatronischen Systemen ist eine Betrachtung des ganzheitlichen Systemgebildes möglich. Im Falle einer Steuerung oder Regelung kann das Verhalten eines Systems gezielt beeinflusst werden. In diesem Kapitel werden Grundlagen zu regelungstechnischen Sachverhalten behandelt.

Einleitend wurden insbesondere die Unterschiede zwischen einer Steuerung und einer Regelung aufgezeigt und anhand von Beispielen verdeutlicht. Des Weiteren wurden Regler nach ihrer Funktion und ihrem Wirkprinzip sowie nach Störgrößen- und Folgeregelung unterschieden.

Zur Implementierung einer Regelung mit hoher Regelgüte ist eine gute Kenntnis des Streckenverhaltens erforderlich. Unter einer hohen Regelgüte, wird üblicherweise eine genaue Folge der Regelgrößen auf einen vorgegebenen Sollwertverlauf verstanden. Diese Kenntnis kann beispielsweise durch Modellierung des Übertragungsverhaltens erlangt werden. Dabei ist sowohl das dynamische als auch das stationäre Verhalten von Relevanz. Abhängig von den Eigenschaften der ungeregelten Strecken sowie der gewählten Reglerstruktur und Reglerparametrierung ergibt sich ein Gesamtübertragungsverhalten des geschlossenen Regelkreises.

Ziel der Reglerauslegung ist es, dieses Regelkreisverhalten hinsichtlich der in diesem Kapitel vorgestellten Kriterien zur Bewertung eines geregelten Systems zu optimieren. Zum tiefgehenden Verständnis der Wirkweise einer Regelung werden die Einflüsse unterschiedlicher Regleranteile, im Speziellen Proportional-, Integral- und Differentialanteil, auf Strecken mit unterschiedlichem stationärem Gesamt- und Teilverhalten vorgestellt. Die Parametrierung einer Regelung kann u. a. anhand von Erfahrungswerten erfolgen. Für spezielle Strecken stehen empirische Auslegungsverfahren, wie die Ziegler-Nichols-Verfahren, zur Verfügung, welche die iterative Parametrierung vereinfachen.

Zum Abschluss dieses Kapitels wurden die vorgestellten Methoden zur Bewertung des dynamischen und stationären Streckenverhaltens sowie zur Auswahl und Parametrierung einer Regelung anhand des Beispielsystems des Rohrverlegers angewendet.

7 Systemintegration

In diesem Kapitel wird die Systemintegration eines mechatronischen Systems behandelt. Im Wesentlichen ist darunter der Zusammenschluss aller in Abb. 7.1 dargestellten Komponenten zu einer Einheit zu verstehen. In den vorherigen Kapiteln wurden diese Hauptelemente des allgemeinen mechatronischen Systems, mit Ausnahme der Mensch-Maschine-Schnittstelle und des Prozessrechners, im Wesentlichen hinsichtlich ihrer funktionalen Eigenschaften beschrieben. Im Zuge der Systemintegration müssen nun noch weitere Eigenschaften, vor allem die geometrischen Eigenschaften berücksichtigt werden. Dies wird vor dem Hintergrund der Anforderungen an heutige mechatronische Systeme besonders deutlich, die meist geringes Gewicht aufweisen müssen und in begrenztem Bauraum unterzubringen sind. Die gesamte Systemintegration umfasst damit sowohl die geometrische als auch die funktionale Integration. Erst mit dieser vollständigen Betrachtung können sämtliche geforderten Eigenschaften bei der Gestaltung des Gesamtsystems Berücksichtigung finden. Im Folgenden wird dies weiter erläutert. Anhand von Topologien rotatorischer Schwungmassenspeicher, die aus [101] entnommenen sind, soll gezeigt werden, welche Vorteile durch eine geschickte geometrische Systemintegration erzielt werden können. Im darauffolgenden Abschnitt wird die funktionale Systemintegration am Beispiel eines aktiven Fahrersitzes veranschaulicht.

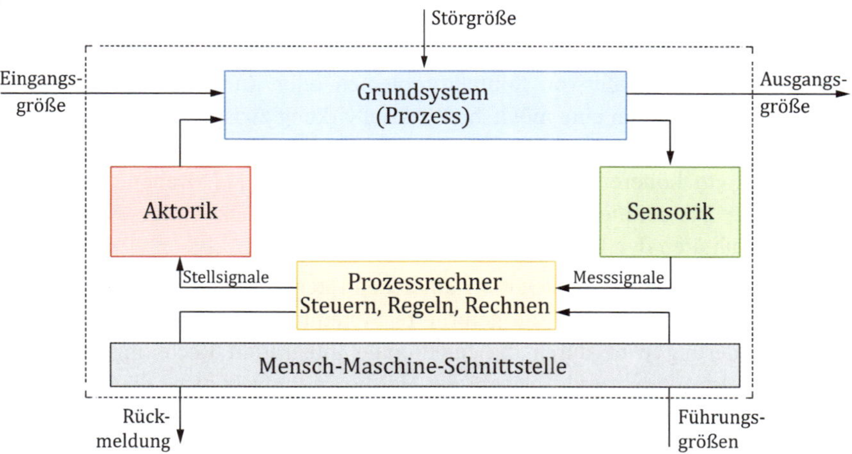

Abb. 7.1 – Komponenten des allgemeinen mechatronischen Systems

7.1 Geometrische und funktionale Systemintegration

Mechatronische Systeme bilden eine komplexe Funktionseinheit, die sich durch die Integration von Komponenten aus den Bereichen Maschinenbau, Elektrotechnik und Informationstechnik zusammensetzt. Neben dem räumlichen Zusammenführen der Hardwarekomponenten ist insbesondere auf ein ordnungsgemäßes Zusammenspiel von Hard- und Software zu achten, um die gewünschte Funktionalität zu erreichen. In diesem Zusammenhang spricht man entsprechend Abb. 7.2 von geometrischer und funktionaler Integration [1].

Systemintegration
=
geometrische Integration
(Hardware)
+
funktionale Integration
(Software & Hardware)

Abb. 7.2 – Bestandteile der Systemintegration

Bei der geometrischen Integration sind vor allem der Bauraum und die Systemzuverlässigkeit maßgebend. So reicht das Spektrum von Systemen bestehend aus verteilten Komponenten, die über Kabel und Stecker miteinander verbunden sind, bis hin zu räumlich hochintegrierten Produkten, deren Komponenten zu einer komplexen Funktionseinheit zusammengeführt sind. Letzterer Fall hat den Vorteil, dass die Gefahr von Kontaktproblemen oder Kurzschlüssen minimiert wird, jedoch steht dem eine mögliche Wechselwirkung zwischen den Komponenten gegenüber, wie z. B. starke Erwärmung, Schwingungen, magnetische Streufelder und ein höherer Aufwand bei der Konstruktion [1]. Daher sollten alle Aspekte der Systemintegration möglichst frühzeitig berücksichtigt werden, um Inkompatibilitäten der Teillösungen zu vermeiden.

Neben den genannten Aspekten der räumlichen Integration darf nicht außer Acht gelassen werden, dass auch die geforderte Systemfunktionalität zu erfüllen ist. Dieser Forderung wird durch die funktionale Integration Rechnung getragen. Neben der Anordnung und Auswahl der Hardware umfasst diese die Implementierung der Software bzw. einer Steuerung oder Regelung sowie weitere Funktionen, wie z. B. Algorithmen zur Fehlererkennung und -diagnose, zur Kompensationen von Nichtlinearitäten [23]. Ein wesentlicher Aspekt der funktionalen Integration ist zudem die Bildung synergetischer Effekte zwischen den Komponenten bzw. Teilsystemen. In diesem Zusammenhang bedeutet dies primär, dass durch das aktive System Eigenschaften oder Funktionen der passiven Strukturen ersetzt werden, wodurch leichter und kompakter gebaut und letztlich Material bzw. Kosten eingespart werden können. Im Bereich der Robotik ermöglicht dies bspw. die Entwicklung von Roboterarmen in Leichtbauweise. Bisherige robotische Systeme mit hohen Positionieranforderungen werden meist sehr steif ausgelegt und weisen somit eine hohe Masse und weitere damit verbundene Nachteile auf. Die Verwendung eines leichteren Systems mit elastischen Gelenken und Gliedern kann zu Schwingungen des Endeffektors führen, welche die Positioniergenauigkeit negativ beeinflussen. Durch Kenntnis über das Systemverhalten, welches als mathematisches Modell im leistungsstarken Prozessrechner implementiert werden kann, ist es jedoch möglich solche Probleme zu kompensieren und somit ein System mit geringeren Kosten und gleichbleibender Güte zu entwickeln. Weitere Einsparungen an der Hardware können vorgenommen werden, wenn die Möglichkeit besteht Zustände modellbasiert zu berechnen und deswegen auf Sensoren z. T. verzichtet werden kann [23].

7.2 Anwendungsbeispiel aktiver Fahrersitz

Zur Veranschaulichung wesentlicher Aspekte der funktionalen Systemintegration wird auf den bekannten aktiven Fahrersitz (vgl. Kapitel 2) zurückgegriffen. In Abb. 7.3 ist der schematische Aufbau dargestellt und soll an dieser Stelle nochmals kurz erläutert werden.

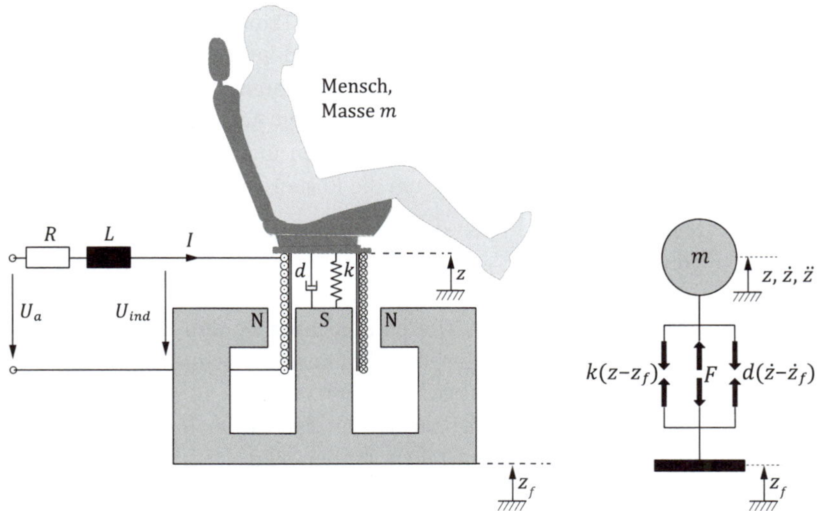

Abb. 7.3 – Mechanisch-elektrisches Modell einer Tauchspule

Das rein passive System, bestehend aus einem Fahrersitz (Trägheit) und Feder-Dämpfer-Elementen, wird um eine Spule und einen Permanentmagneten erweitert, mit dem Ziel das System aktiv beeinflussen zu können und somit komfortmindernde Vertikalbeschleunigungen und -geschwindigkeit zu reduzieren. Die Spule wird durch den Widerstand der Leitung R_i und die sich aus den Wicklungen ergebende Induktivität L modelliert.

Nach dem Induktionsgesetz wird durch Bewegung der Spule relativ zum Permanentmagneten entsprechend Gleichung (4.36) eine Spannung

$$U_{ind} = -Bl(\dot{z}-\dot{z}_f) \tag{7.1}$$

im elektrischen Kreis induziert. Umgekehrt kann an diese Klemmen von außen eine Spannungsquelle angelegt werden, um den Strom I aktiv zu beeinflussen und somit über das elektrodynamische Prinzip entsprechend Gleichung (4.34) eine Kraft

$$F = BlI \tag{7.2}$$

zu erzeugen. Durch stellen der Spannung U_a kann entsprechend der Differentialgleichung (2.153) der Strom I bzw. die Kraft F erzeugt und somit nach Gleichung (2.152) der Schwingungszustand des Sitzes aktiv beeinflusst werden.

Um in Interaktion miteinander treten zu können, müssen die in Abb. 7.1 gezeigten aktiven Komponenten (Aktorik, Sensorik und Prozessrechner), die passive Struktur (Prozess) sowie die Regelung ausgelegt und integriert werden. Dabei ist im Zuge der funktionalen Integration darauf zu achten, dass es zu keinen Inkompatibilitäten zwischen den Systemkomponenten kommt. Sie sollten ihren Anforderungen entsprechend dimensioniert werden und es sollte versucht werden synergetische Effekte auszunutzen, um die Kosten gering zu halten.

Um die Sitzgeschwindigkeit $\dot{z}$ oder die Sitzbeschleunigung $\ddot{z}$ zu regeln, sollte diese direkt von einem Sensor gemessen werden, wozu, wie in Kapitel 6 beschrieben, verschiedene Typen zur Auswahl stehen. Alternativ können die Größen auch aus anderen gemessenen Werten berechnet werden. Der Weg des Sitzes relativ zum Magneten kann z. B. über ein lineares Potentiometer oder einen Encoder erfasst werden. Im Prozessrechner kann dieser z. B. durch Differenzieren in die Geschwindigkeit umgerechnet und an den Regler übertragen werden. Probleme, die auf diesem Wege entstehen können sind das angesprochene Signalrauschen des Potentiometers bzw. das Diskretisierungsrauschen des Encoders. Das Diskretisierungsrauschen entsteht durch das zeitliche Ableiten der Encoderpulse, deren Flankensteigungen als unendlich zu betrachten sind. Das somit berechnete Signal wird durch den Regler verstärkt und als Stellsignal ausgegeben. Um den Einfluss des Rauschens zu minimieren, kann ein zusätzlicher Tiefpassfilter im System integriert werden. Neben dem Nachteil, dass eine weitere Komponente ins System eingefügt werden müsste, ergibt sich ein frequenzabhängiger Phasenverzug der die Regelgüte negativ beeinflusst. Eine Alternative wäre die Verwendung von Beschleunigungssensoren, die an der Spule und dem fahrzeugfesten Magneten angebracht werden. Diese Lösung bietet sich zur Regelung der Sitzbeschleunigung $\ddot{z}$ an, sie kann jedoch auch zur Regelung der Sitzgeschwindigkeit $\dot{z}$ genutzt werden: Durch Integration wird ein Geschwindigkeitssignal erzeugt, welches jedoch bei einem Fehler in der gemessenen Beschleunigung wegdriften kann. Eine weitere Möglichkeit für die Geschwindigkeitsregelung, und unter Umständen die beste im Verhältnis von Kosten zu Leistung, ist die Messung des Stromes im elektrischen Kreis der Spule. Wenn Kenntnisse über das Modell des Aktors und des Prozesses vorhanden sind, kann nach Gleichung (2.153) die induzierte Spannung geschätzt und somit nach Gleichung (7.1) auch die relative Geschwindigkeit ermittelt werden.

$$L\frac{dI}{dt} + RI + U_{ind} = U_a \tag{7.3}$$

Beim Prozessrechner ist darauf zu achten, dass dieser die Schnittstellen bietet, um die Sensorsignale auszulesen und die Aktorik bzw. eine Leistungselektronik für die Aktorik anzusteuern. Zudem muss diese eine ausreichende Leistungsfähigkeit besitzen, um das Auslesen der Sensorsignale sowie die Regelung mit einer ausreichend hohen Taktrate auszuführen. Die berechneten Ergebnisse müssen der Taktrate entsprechend und nach einer vorbestimmten Zeitspanne vorliegen, d. h., der Prozessrechner muss echtzeitfähig sein [102]. Letztlich muss auf der Hardware der Regelalgorithmus implementiert werden, um die gewünschte Funktionalität im Verbund der Systemkomponenten zu erreichen.

7.3 Anwendungsbeispiel Schwungmassenspeicher

Der Anteil an erneuerbaren Energien zur Versorgung des öffentlichen Stromnetzes ist in den letzten Jahren deutlich gestiegen und wird weiter zunehmen. Aufgrund der fluktuierenden Erzeugungsleistung gehen Einbußen in der Versorgungsqualität einher, die den Einsatz von Kurzzeit-Energiespeichern bedingen. Einen vielversprechenden Ansatz zur Aufrechterhaltung der Versorgungsqualität bieten rotatorische Schwungmassenspeicher bzw. kinetische Energiespeicher. Sie nehmen Energie bei Leistungsspitzen auf und geben diese bei Bedarf wieder ab. Diese Speicher können als „mechanische Akkumulatoren“ aufgefasst werden, welche die Energie in einer rotierenden Masse speichern. In Abb. 7.4 wird der Aufbau eines Schwungmassenspeichers mit seinen wesentlichen Komponenten gezeigt. Ein Frequenzumrichter verändert die Wechselspannung des Netzes, in Frequenz und Amplitude, für die nachfolgende Motor-Generator-Einheit, an welcher die Schwungmasse angebracht ist. Aufgrund der hohen Drehzahlen befinden sich die beiden zuletzt genannten Komponenten in einem abgeschlossenen Containment, in dem ein Vakuum erzeugt wird, um die Reibung zu minimieren.

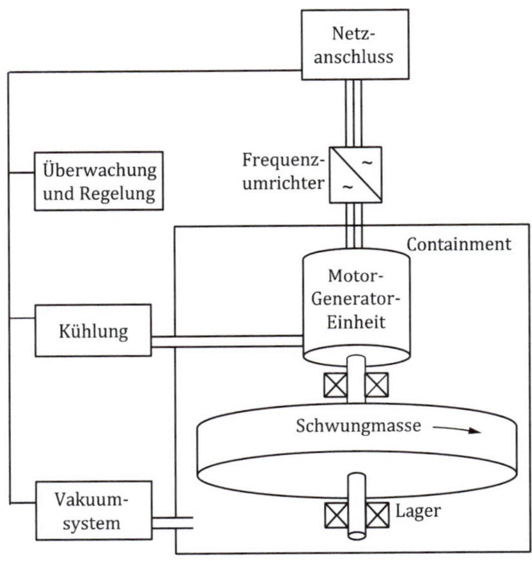

Abb. 7.4 – Komponenten eines Schwungmassenspeichers [101]

Die in der Masse gespeicherte kinetische Energie berechnet sich entsprechend Kapitel 2.3.1 zu

$$E_{kin}(t) = \int \theta\omega(t)dt = \frac{1}{2}\theta\omega(t)^2 , \tag{7.4}$$

wobei für die Massenträgheit

$$\theta \sim mr^2 \tag{7.5}$$

gilt. Um die gespeicherte Energie zu maximieren, sollte bei der Entwicklung dieser Speicher eine hohe Drehzahl und ein großer Radius angestrebt werden, da diese Faktoren quadratisch bzw. quartisch $(m{\sim}r^2)$ in Gleichung (7.4) eingehen. Die Abhängigkeit der Masse fließt lediglich linear in die Gleichung ein.

Die geometrische und funktionale Systemintegration der Komponenten führt zu den vier, in Abb. 7.5 dargestellten, grundlegenden Topologien, die sich hinsichtlich ihres Integrationsgrads deutlich unterscheiden [101]. Im Folgenden werden diese erläutert und bewertet.

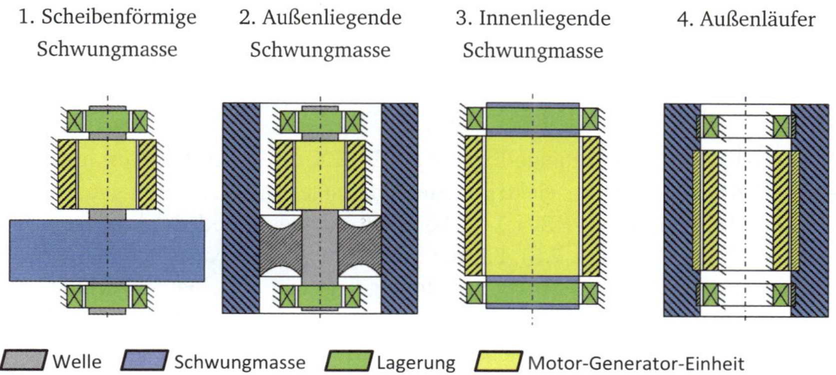

Abb. 7.5 – Die vier Topologien von Schwungmassenspeichern [101]

Das erste Konzept zeigt die Verwendung einer scheibenförmigen Schwungmasse, die durch eine Motor-Generator-Einheit mit Innenläufer angetrieben wird. Dies bietet den Vorteil, dass Standardkomponenten verwendet werden können, woraus eine große Anzahl von entwickelten Schwungmassenspeichern dieser Art resultiert. Ein wesentlicher Nachteil ist eine geringe Energiedichte (Energieinhalt pro Masse), da der Radius der rotierenden Masse gering ist.

Das zweite Konzept besteht aus einem Hohlzylinder als Schwungmasse, der über eine Welle-Nabe-Verbindung mit dem Rotor verbunden ist. Im Vergleich zum ersten Konzept bietet dies den Vorteil, dass aufgrund des größeren Radius eine höhere Energiedichte bzw. eine kompaktere Bauweise erreicht werden kann, da die Schwungmasse um die Statorkomponenten herum rotiert. Ein Nachteil dieses Konzepts ist, dass es an der äußeren Welle-Nabe-Verbindung, aufgrund der hohen Umfangsgeschwindigkeiten und der unterschiedlichen Materialien, zu Problemen kommen kann.

Das dritte Konzept weißt einen höheren Integrationsgrad auf, da keine ausgeprägte Schwungmasse existiert. Die Energie wird in den Rotorkomponenten der Motor-Generator-Einheit und der Lagerung gespeichert. Die Belastung an den Lagern ist aber aufgrund des großen Radius und den daraus resultierenden hohen Umfangsgeschwindigkeiten sehr groß.

Das vierte Konzept weißt von allen den höchsten Integrationsgrad und die höchste Energiedichte auf. Die Schwungmasse ist als Hohlzylinder umgesetzt und rotiert um den Stator. Die Rotorkomponenten der Motor-Generator-Einheit und der Lagerung sind in die Schwungmasse integriert, wodurch die Massenträgheit maximiert wird. Die zuvor genannten Nachteile treten bei diesem Konzept nicht auf, was wiederum verdeutlicht, welche Vorteile durch eine geschickte Systemintegration erreicht werden können. Ferner dient der Rotor direkt als Bandage der innenliegenden Komponenten der Motor-Generator-Einheit.

7.4 Anwendungsbeispiel Doppel-E-Antrieb mit Range-Extender

Der Doppel-E-Antrieb mit Range-Extender (DE-REX) ist ein innovatives, hocheffizientes Antriebskonzept für elektrifizierte Fahrzeuge, das die Vorteile von parallelen Plug-in-Hybriden (PHEV) und seriellen Range-Extender-Fahrzeugen (E-REV) kombiniert (vgl. Abb. 7.6). Für die Entwicklung eines parallelen PHEV wird ein konventioneller Antriebsstrang zugrunde gelegt und um eine E-Maschine und die zugehörige Leistungselektronik ergänzt. Bei der Entwicklung eines E-REV bildet ein rein elektrischer Antriebsstrang die Ausgangsbasis. Zur Erhöhung der Reichweite wird ein Verbrenner-Generator-Verbund hinzugefügt, der elektrische Energie zum Betreiben der Traktions-E-Maschine oder zum Laden des Akkumulators bereitstellen kann. Beide beschriebenen Konzeptrichtungen zeigen neben den spezifischen Vorteilen deutliche Defizite und nutzen nicht das volle Potential, das ein elektrifizierter Antriebsstrang bietet. In einem parallelen PHEV müssen aufwändige und teure Komponenten verbaut werden. In einem seriellen E-REV dagegen sind weniger aufwändige Komponenten verbaut, jedoch entstehen beim Einsatz des Verbrennungsmotors (VM) aufgrund der doppelten Energiewandlung im seriellen Betriebsmodus sehr hohe Verluste. Im Langstreckenbetrieb liegt der Kraftstoffverbrauch eines seriellen E-REV daher deutlich höher als bei einem parallelen PHEV. Außerdem sorgt das für den Fahrer nicht vorhersehbare Verhalten des VM im E-REV potenziell für Irritationen, da dessen Akustik und Vibrationen nicht direkt von Fahrgeschwindigkeit und Fahrpedalstellung abhängen.

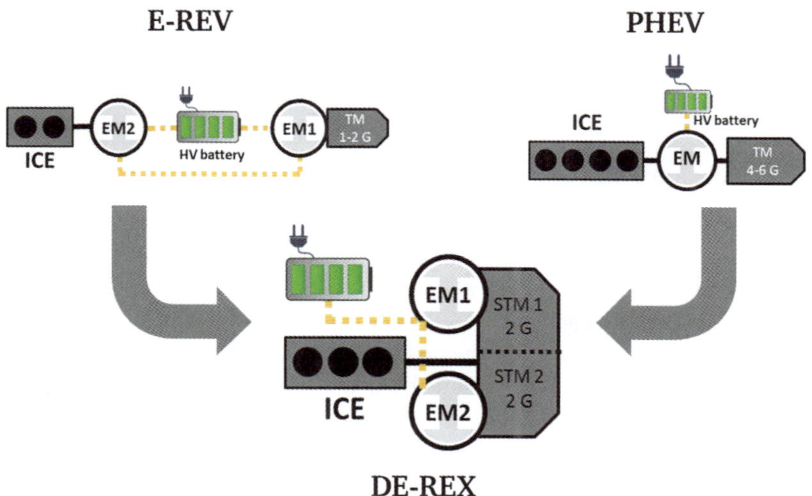

Abb. 7.6 – Veranschaulichung des Doppel-E-Antrieb mit Range-Extender Konzepts

Ziel des DE-REX-Konzepts ist es durch die geometrische und funktionale Systemintegration eines E-REV und PHEV die genannten Nachteile zu eliminieren und die spezifischen Vorteile zusammenzuführen:

Durch Nutzung eines Mehrganggetriebes in Verbindung mit zwei Traktions-E-Maschinen, die im Vergleich zu einem Ein-E-Maschinen-Konzept jeweils kleiner dimensioniert sind und in Summe die gleiche Gesamtleistung aufweisen (Downsizing), kann die elektrische Reichweite bei gleichbleibendem Energiegehalt der Traktionsbatterie deutlich erhöht werden.

Der VM kann sowohl im parallelen als auch im seriellen Hybrid-Modus verwendet werden. Dadurch kann das allgemein akzeptierte Fahrgefühl eines konventionellen Fahrzeugs bei Nutzung des VM besser angenähert werden.

Mithilfe einer intelligenten Betriebs- und Schaltstrategie kann auf die Reibkupplungen und die Synchronringe verzichtet werden, indem eine Drehzahlsynchronisierung über eine Drehzahlregelung der E-Maschine vorgenommen wird. Zudem kann auf den Starter-Generator und die bei Betrachtung eines Fahrzeuggesamtkonzepts ebenfalls relevante Antriebsmaschine für die Klimatisierung verzichtet werden.

Weiterhin können die E-Maschinen und das Getriebe in Kombination hochintegriert umgesetzt werden, wodurch sich Gewichts- und Volumenvorteile ergeben und sich letztlich auch eine attraktive Kostenbasis trotz Verwendung zweier Traktions-E-Maschinen realisieren lässt.

Durch die gezeigte räumliche Integration der Komponenten und die Ausnutzung synergetischer Effekte erreicht das DE-REX-Konzept im Vergleich mit aktuellen PHEV oder E-REV eine höhere Gesamteffizienz wodurch sich Vorteile in der Reichweite bzw. den Akkumulatorkosten ergeben.

7.5 Zusammenfassung

In diesem Kapitel wurde im Wesentlichen ein Verständnis für den Begriff der Systemintegration vermittelt, ohne diese im Detail zu beleuchten. Es wurde die Bedeutung der funktionalen und geometrischen Integration bei der Entwicklung mechatronischer Systeme deutlich gemacht. In diesem Zusammenhang wurde ersichtlich, dass sowohl die Hardware als auch die Software des Systems zur Integration berücksichtigt werden müssen und sich durch Ausnutzung synergetischer Effekte Vorteile erzielen lassen.

8 Entwicklung mechatronischer Systeme

Nachdem in den vorangegangenen Kapiteln die wichtigsten Elemente mechatronischer Systeme vorgestellt und deren geometrische und funktionale Integration zu einem Gesamtsystem behandelt wurde, wird in diesem Kapitel der übergeordnete Entwicklungsprozess betrachtet. Ziel dieses Abschnitts ist die Veranschaulichung der Entwicklung mechatronischer Systeme. Zu diesem Zweck wird ein Vorgehensmodell vorgestellt, auf welchem basierend die Entwicklungsschritte anhand einer Projektarbeit erläutert werden.

8.1 Entwicklungsmethodik

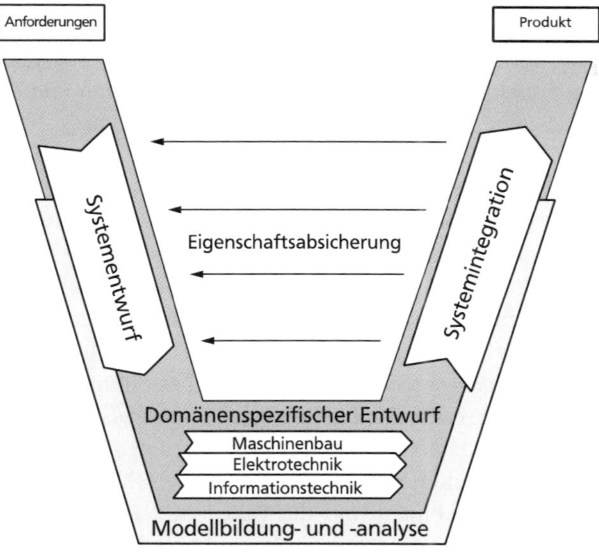

Abb. 8.1 – V-Modell [1]

Aufgrund der Vielfalt an Produkten, die sich aus dem interdisziplinären Zusammenwirken von Mechanik, Elektronik und Informatik ergibt, existiert kein optimaler Ablaufplan, nach dem ein Ingenieur die Entwicklung eines mechatronischen Systems gestalten kann. Die VDI-Richtlinie 2206 [1] bildet jedoch einen Leitfaden zur methodischen Entwicklung solcher Systeme, indem übergeordnete Aspekte des Gesamtsystems und domänenspezifische Entwurfsmethoden zusammengeführt werden. Das Vorgehen wird dabei anhand des in Abb. 8.1 gezeigten V-Modells beschrieben, welches die übergeordneten Anforderungen

(Lastenheft) als Prozesseingang verwendet und systematisch zum Produkt als Prozessausgang führt. Aufgebaut ist das aus der Informatik entstammende Modell aus immer wiederkehrenden Teilschritten, sogenannten Prozessbausteinen. Im ersten Schritt wird basierend auf den Anforderungen der Systementwurf erstellt, der ein grobes Konzept des zu entwickelnden Systems umfasst. Der Systementwurf, der von der sehr wichtigen Modellbildung und -analyse begleitet wird, der domänenspezifische Entwurf der Komponenten sowie die abschließende Systemintegration, die bereits im vorangegangen Kapitel behandelt wurde, umfassen das gesamte Vorgehensmodell der Entwicklung, das final in einem mechatronischen Produkt mündet.

An dieser Stelle soll kurz auf die Eigenschaftsabsicherung während und auch nach der Entwicklungsphase eingegangen werden. Diese ist erforderlich, um die Einhaltung der Anforderungen sicherzustellen. Die jeweils im linken Ast des V-Modells beim Systementwurf erarbeiteten detaillierten Anforderungen (Pflichtenheft) werden im rechten Ast bei der Systemintegration systematisch überprüft. Bei Nichteinhaltung kommt es zwingend zu Iterationen und Rücksprüngen im V-Modell. Allgemein können bei der Systementwicklung Iterationen und Rücksprünge sowohl den gesamten V-Zyklus als auch nur Teilbereiche, z. B. beschränkt auf einen Abschnitt innerhalb der beiden Äste, umfassen. Grundsätzlich erfolgt auch die Entwicklung der Komponenten auf Basis eines Entwurfs sowie einer Integration der Einzelteile inklusive Absicherung. Abb. 8.1 suggeriert zwar die strikte Trennung der domänenspezifischen Entwicklungen, doch da diese aufgrund der funktionalen und geometrischen Interaktion der Komponenten auch Wechselwirkungen aufweisen, ist auf eine begleitende permanente Abstimmung zu achten. Die Absicherung bzw. Überprüfung der Eigenschaften findet zudem nicht nur während der Entwicklungsphase statt, sondern umfasst auch nachfolgende Phasen der Herstellung und Nutzung. Abb. 8.2 zeigt Beispiele für Eigenschaften bzw. Kriterien, die während der verschiedenen Produktphasen Berücksichtigung finden können, um die Güte eines Produktes bewerten und somit absichern zu können. Dazu steht insbesondere während der Entwicklungsphase eine Vielzahl von numerischen Werkzeugen zur Verfügung, die eine computerbasierte simulative Erprobung der Teilsysteme oder des Gesamtsystems ermöglichen. In der frühen Entwicklungsphase wird für die Simulation mechatronischer Systeme z. B. häufig das Programm MATLAB/Simulink verwendet. In späteren Phasen können detaillierte Erkenntnisse durch experimentelle Untersuchungen gewonnen werden. Hier hat sich in den vergangenen Jahren auch das Verfahren der Hardware-in-the-Loop (HiL) als nützlich erwiesen, bei der Teile der realen Hardware mit ihrer numerisch simulierten Umgebung in Echtzeit überprüft werden.

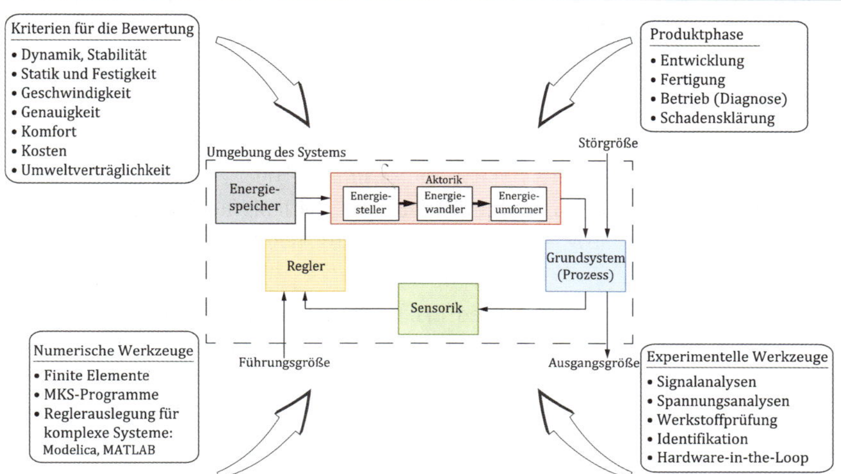

Abb. 8.2 – Bewertung technischer Systeme

8.2 Durchführung einer Projektarbeit

Nachfolgend wird die Durchführung einer Projektarbeit beschrieben, wobei der Schwerpunkt auf dem Systementwurf, der Modellbildung- und Analyse sowie dem domänenspezifischen Entwurf liegt. Es wird die Entwicklung eines mechatronischen Systems beschrieben, das den in Kapitel 1 gezeigten Bagger um eine Funktionseinheit erweitert, die das Aufstellen großer Bäume ermöglicht. Nach Beschreibung der Aufgabenstellung und Randbedingungen werden Anforderungen definiert. Darauf basierend werden Konzepte entwickelt und eine grobe Vorauslegung des Systems durchgeführt. Dem schließt sich eine Simulation des Systems zur exakten Auslegung der Antriebskomponenten an, die für die finale Konstruktion benötigt werden.

8.2.1 Aufgabenstellung

Beim Erstellen von Gartenanlagen werden häufig groß gewachsene Bäume gepflanzt. Diese werden in der Baumschule auf einen Lastwagen verladen und dann vor Ort wieder aufgestellt.

Ziel dieses Projekts ist die Entwicklung eines mechatronischen Systems, welches ein schnelles und präzises Aufstellen der Bäume vor Ort ermöglicht. Dazu soll der in Abb. 8.3 dargestellte Bagger der Firma Volvo entsprechend erweitert werden.

Abb. 8.3 – Bagger des Typs EW210D ohne Schaufel

Nachfolgend werden die wichtigsten Maße und die zu berücksichtigenden Randbedingungen angegeben, die zur Konstruktion notwendig sind. Die Aufgabenstellung inklusive der Randbedingungen entspricht dabei dem Lastenheft.

Da in diesem Kapitel lediglich eine kurze Einführung in das Bearbeiten einer Projektarbeit gegeben werden soll, wird die Entwicklung auf den Greif- und Rotations-Mechanismus (kurz Greifer) beschränkt:

Bei dem Greifer handelt es sich um ein Teilsystem, um den Baum am Stamm zu ergreifen und durch Rotation von einer liegenden in eine aufrechte Position zu bringen. Dieses ist zu konzipieren und die Aktorik zur Rotation des Baumes auszulegen. Der Greifer soll aus wartungstechnischen Gründen mittels Schrauben am Ausleger angebracht werden.

8.2.2 Randbedingungen

Für die Entwicklung des Systems soll von den in Abb. 8.4 gegebenen Parametern ausgegangen werden.

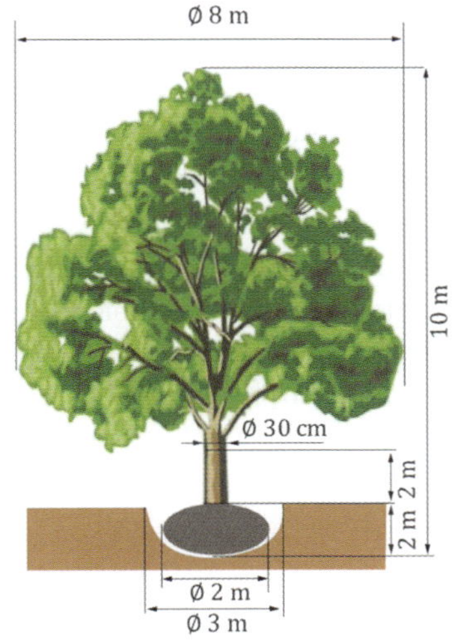

Maß	Wert
Gesamtlänge inkl. Wurzelballen	$l_B = 10$ m
Durchmesser des Laubwerks	$d_L = 8$ m
Länge des Laubwerks	$l_L = 8$ m
Durchmesser des Wurzelballens	$d_W = 2$ m
Länge des Wurzelballens	$l_W = 2$ m
Stammdurchmesser	$d_S = 0{,}3$ m
Länge des Stammes	$l_S = 2$ m
Gesamtmasse inkl. Wurzelballen	$m_B = 6$ t

Abb. 8.4 – Abmessungen und Daten des Baums

Da der Baum, wie in Abb. 8.5 dargestellt, mittels Sattelauflieger (Breite 2,5 m) geliefert wird, muss dieser um ca. 0,5 m angehoben werden, um ihn von der Ladefläche zu heben. Die Höhe der Ladefläche beträgt 1,5 m. Das anschließende Aus- und Aufrichten des Baumes, was auch in schrägen Hanglagen möglich sein muss, erfolgt durch Drehbewegungen und sollte höchstens 30 s dauern. Hierfür soll ein Elektromotor verwendet werden. Der Baum soll ausschließlich am Stamm berührt werden, sodass jegliche Beeinträchtigungen an Wurzelballen und Baumkrone, ausgeschlossen sind.

Abb. 8.5 – Maße des auf dem LKW liegenden Baums

Der Lastkraftwagen kann vor Ort in eine beliebige relative Position zum Pflanzloch gebracht werden. Der Bagger kann zudem von allen Seiten an den Sattelauflieger heranfahren.

8.2.3 Konzeptphase und Vorauslegung

Im folgenden Abschnitt werden basierend auf einer Anforderungsliste und mithilfe eines morphologischen Kastens verschiedene Konzepte entwickelt. Anschließend werden diese bewertet und ein geeignetes Konzept ausgewählt. In Bezug auf das V-Modell aus Abb. 8.1 startet hier die Phase des Systementwurfs.

Auf Grundlage des besten Konzepts wird eine Vorauslegung der Komponenten durchgeführt. Die verwendeten Werkzeuge (Anforderungsliste, morphologischer Kasten) werden nicht im Detail ausgeführt, sondern lediglich soweit, wie es für das Verständnis notwendig ist. Für weitere Informationen zu den in der Konstruktionslehre verwendeten Werkzeugen wird auf die Fachliteratur verwiesen [103].

Anforderungsliste

Um alle Anforderungen an das Produkt übersichtlich darzustellen, werden diese in einer Tabelle zusammengetragen. In dieser wird zwischen vier verschiedenen Arten von Forderungen unterschieden:

- **Festforderung (FF)**: Forderung, die erfüllt sein muss.
- **Bereichsforderung (BF)**: Forderung, die in einem fest definierten Bereich erfüllt sein muss.
- **Zielforderung (ZF)**: Forderung, die einen optimalen Wert kennzeichnet, Abweichungen sind aber möglich.
- **Wunsch (W)**: Forderung, die nicht unbedingt erfüllt werden muss, deren Erfüllung aber wünschenswert ist.

Die entsprechenden Forderungen lassen sich entweder direkt aus der Aufgabenstellung und den Randbedingungen oder durch eine Analyse der Produktumgebung extrahieren. Aus der Aufgabenstellung (in der Regel Kundenanforderungen und Wünsche in Form eines Lastenhefts) und Randbedingungen sowie erweiterten Interpretationen und Überlegungen ergeben sich für die Entwicklung des Systems die in Tab. 8.9 gezeigten Anforderungen (Pflichtenheft). Somit beinhaltet das Pflichtenheft die Beschreibung der Realisierung aller Kundenanforderungen, die im Lastenheft gefordert werden.

Nummer	Art	Phase	Bezeichnung	Werte
1	BF	K	Keine Beschädigung an Stamm oder Wurzeln	$\sigma_{Greif} < 0{,}8 \frac{kN}{cm^2}$
2	FF	K	Antrieb Rotation	Elektrisch
3	BF	K	Öffnungsweite Greifer	> 0,4 m
4	BF	K	Greifbereich am Stamm	< 1 m
5	FF	K	Befestigung von Greifer an Ausleger	Durch Schrauben
6	BF	K	Biegebelastung Ausleger	< 250.000 Nm
7	BF	K	Anhebehöhe von Ladefläche	> 0,5 m
8	BF	K	Hublast	> 11 t
9	FF	K	Rotationsweg des Greifers	90°
10	W	K	Energiespeicher für Aktoren	Vorhandene nutzen, elektrisch u. hydraulisch
11	BF	S	Aufrichtzeit Rotation	< 30 s
12	BF	S	Überschwingen bei Rotation	< 20 %
13	BF	S	Stationäre Genauigkeit	$e_{stat} \leq \pm 1°$
14	BF	S	Einregelbare Positionen	0° bis-90°
15	...	...	...	...

Tab. 8.9 – Anforderungsliste

In der Liste werden die Anforderungen nummeriert und nach Art und Phase kurz beschrieben dargestellt. Letzteres drückt aus, in welcher Phase des Projekts die jeweilige Anforderung zu beachten ist, wobei für diese Projektarbeit eine Beschränkung auf die Konzeptions- (K) und Simulationsphase (S) erfolgt. Wichtig ist es die verschiedenen Forderungen möglichst quantifiziert, d. h. mit konkreten Werten zu formulieren. Der Wert für die stationäre Genauigkeit von $e_{stat} \leq \pm 1°$ ergibt sich aus der Forderung, dass der Baum möglichst präzise, in vorliegenden Fall also möglichst gerade, aufgestellt werden soll. Dies soll auch im Hang möglich sein, d. h., wenn der Bagger nicht horizontal ausgerichtet ist und sich somit ein Winkel abweichend von 90° zwischen Bagger und Baum einstellt. Um beim Aufstellen mit einem stabilen System arbeiten zu können, wurde ein maximales Überschwingen von bis zu 20 % als zulässig gewählt. Es obliegt dem Entwickler diesen im Pflichtenheft hinterlegten Wert bei Bedarf weiter abzusenken.

Diese Tabelle soll nur einen groben Überblick über die wichtigsten Anforderungen geben. Für umfangreichere Projekte mit vielen Teilnehmern ist es zweckdienlich weitere Informationen einzutragen, wie z. B. Herkunft der Forderung, Verantwortliche, Datum und Herkunft der Eintragung oder Untergliederungen für Teilsysteme etc. Auch ist eine Unterteilung in weitere Phasen wie z. B. Nutzungsphase oder Entsorgung sinnvoll, auf die an dieser Stelle aber nicht näher eingegangen wird.

Morphologischer Kasten

Um die Gesamtheit aller möglichen Lösungsmöglichkeiten zu erfassen, eignet sich die Erstellung eines morphologischen Kastens. In diesem werden alle notwendigen Teilfunktionen dargestellt, die zur Erfüllung der Gesamtfunktion notwendig sind. Zur Ermittlung der Teilfunktionen kann es zweckdienlich sein eine detaillierte Funktionsstruktur zu erstellen, auf welche an dieser Stelle jedoch nicht weiter eingegangen wird.

Zur Erstellung des Morphologischen Kastens werden zuerst alle Teilfunktionen untereinandergeschrieben. Jede Teilfunktion steht somit in einer Zeile, in die verschiedene Teillösungen eingetragen werden. Dabei sind die jeweiligen Teillösungen unabhängig von denjenigen der anderen Teilfunktionen. Es entsteht eine Matrix, wie in Tab. 8.10 dargestellt.

Teilfunktionen	Teillösungen		
Energiequelle Aktor Rotation	Bordnetz	Separate Batterie	Hydraulikpumpe
Aktor Rotation Baum	Gleichstrommotor	Asynchronmotor	Synchron-motor
Umformer Rotation Baum	Planetengetriebe	Stirnradgetriebe	Kein Umformer
Energiequelle Aktor Greifen	Bordnetz	Hydraulikpumpe	Separate Batterie
Aktor Greifen Baum	Asynchronmotor	Hydraulik-zylinder	Seilzug
Umformer Greifen Baum	Stirnrad-getriebe	Hydraulisches Getriebe	Kein Umformer
Prinzip Greifer	Zange	Schlaufen	Sauger
Aktorbefestigung	Schrauben	Schweißen	Nieten
Sensor Greifer	...	...	...
...	...	...	...
Konzept 1	Konzept 2	Konzept 1/2	

Tab. 8.10 – Morphologischer Kasten

Die einzelnen Teillösungen werden idealerweise durch bekannte Ideenfindungsmethoden, wie die Galeriemethode [103], oder durch Recherche ermittelt und sollten das vollständige Spektrum an Möglichkeiten abdecken. Es muss bei dieser Ermittlung nicht darauf geachtet werden, dass die einzelnen Teillösungen der verschiedenen Teilfunktionen untereinander kompatibel sind. Ein Konzept setzt sich letztlich aus der Verknüpfung verschiedener Teillösungen zusammen, wie im Folgenden anhand von zwei exemplarischen Konzepten gezeigt wird. Die Teillösungen, aus denen sich das jeweilige Konzept zusammensetzt, sind in Abb. 8.6 farblich markiert.

Konzepte und Auswahl

An dieser Stelle werden die durch den Morphologischen Kasten ermittelten Konzepte vorgestellt und ein geeignetes Konzept ausgewählt. Der Ermittlung von Konzepten durch den Morphologischen Kasten schließt sich die Darstellung dieser Konzepte durch geeignete Skizzen an, welche die verwendeten Teillösungen darstellen.

In Konzept 1 (rot) wird die Motor-Getriebe-Einheit durch Schrauben am Ausleger befestigt. Die Rotationsbewegung wird mit einem Gleichstrommotor in Kombination mit einem Planetengetriebe realisiert. Für die Öffnung und Schließung des Greifers werden Hydraulikzylinder ausgewählt, die an das bestehende Hydrauliknetz angeschlossen werden können. Hierbei ist keine Kraftumformung nötig. Der Greifer selbst wird durch eine Zangenkonstruktion realisiert, wie sie in Abb. 8.6 dargestellt ist. Die Aktorbefestigung erfolgt, wie in den Randbedingungen angegeben, aus wartungstechnischen Gründen per Schrauben.

In Konzept 2 (blau) soll eine Befestigung am Ausleger durch Nieten erfolgen. Zur Rotation wird ein Asynchronmotor verwendet der mit einem Stirnradgetriebe kombiniert ist. Der Greifmechanismus wird ebenfalls mittels einer Kombination aus Asynchronmotors und Stirnradgetriebe realisiert. Das Prinzip des Greifers ist identisch wie bei Konzept 1 (Abb. 8.6). Die Aktoren werden hierbei mit Nieten befestigt.

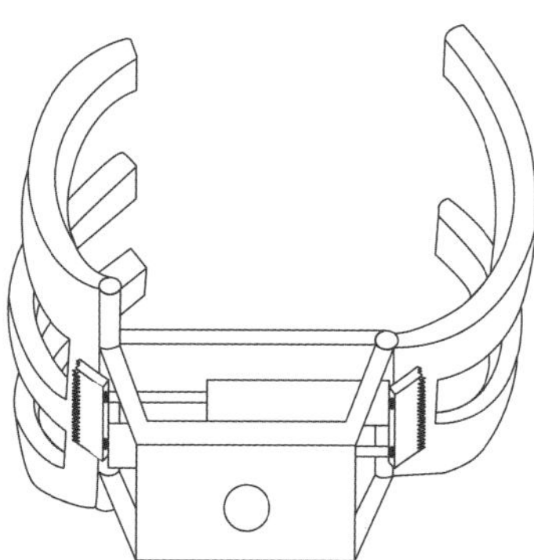

Abb. 8.6 – Greifervorrichtung

Von den beiden Konzepten muss nun das am besten geeignete ausgewählt werden. Es sei an dieser Stelle angemerkt, dass sich bei der Bearbeitung umfangreicher Projekte die Bearbeitung nicht nur auf zwei Konzepte beschränkt, sondern eine Vielzahl von verschiedenen Konzepten erarbeitet wird. Um das allgemeine Vorgehen des Auswahlprozesses zu demonstrieren erfolgt eine Beschränkung auf die beiden vorliegenden Konzepte.

Für die Auswahl eigenen sich verschiedene Methoden, wie beispielsweise ein Paarvergleich oder die Bewertung mittels Auswahlliste. In Abb. 8.7 ist der Aufbau einer Auswahlliste dargestellt.

Auswahlliste

Projekt:

Werte (+) ja (-) nein

Entscheidung (+) weiterverfolgen (-) scheidet aus

Variante		Auswahlkriterien: Grundsätzlich realisierbar	Kritische Forderungen der Anforderungsliste erfüllt	Weitere präzisierte Anforderungen möglich	Bemerkungen (Hinweise, Begründungen)	Entscheidung
Konzept	1	+	+		Erfüllt alle Anforderungen	+
Konzept	2	+	-		durch ASM aufwendigere Regelung, $e=\pm1°$ nicht möglich	-
...	3					
	...					

Abb. 8.7 – Auswahlliste modifiziert nach [103]

Zuerst werden die jeweiligen Konzepte nummeriert und in die linke Spalte eingetragen. Anschließend werden verschiedene Auswahlkriterien zusammengetragen. Dies geschieht am besten mit Hilfe der vorher ermittelten Anforderungsliste. Sobald die Kriterien vollständig vorliegen, müssen die verschiedenen Konzepte hinsichtlich ihrer Erfüllung dieser Kriterien bewertet werden. Dabei kennzeichnet ein „+“ die Erfüllung und ein „-“ die Nichterfüllung des jeweiligen Kriteriums. In die Spalte „Bemerkungen“ können nun die Gründe eingetragen werden, weshalb die jeweiligen Kriterien nicht erfüllt werden können. In der letzten Spalte werden die verschiedenen Konzepte final bewertet. Dabei kennzeichnet das „+“ die weitere Bearbeitung und das „-“ das sofortige Ausscheiden des jeweiligen Konzeptes. Mit einer Auswahlliste kann so die Variantenvielfalt reduziert und die Bearbeitung auf geeignete Lösungen fokussiert werden.

Im vorliegenden Beispiel wurde das Konzept 1 ausgewählt, welches in Abb. 4.74 schematisch dargestellt ist. Abgebildet ist ein Schnitt durch das Rechteck-Profil des Auslegers. In diesem ist die Motor-Getriebe-Einheit mit Schrauben befestigt, welche die geregelte Rotation des Greifers bzw. des Baums um den Winkel φ_{Gr}

ermöglicht. Als Verbindungselement zwischen Getriebe und Greifer dient eine gelagerte Welle. Das Öffnen und Schließen des Greifers wird über zwei Hydraulikzylinder realisiert, welche entsprechend der Darstellung in Abb. 8.6 zwischen Montageplattform und den Zangen angebracht sind. Der Schwerpunkt des Baumes ergibt sich im Wesentlichen durch die Schwerpunktlagen des Laubwerks s_L, des Stammes s_S und der Wurzeln s_W, deren Geometrie durch Zylinder angenähert ist. Zusätzlich sind die Trägheitsmomente der wesentlichen Komponenten eingezeichnet, die an späterer Stelle zur Auslegung der Aktorik verwendet werden.

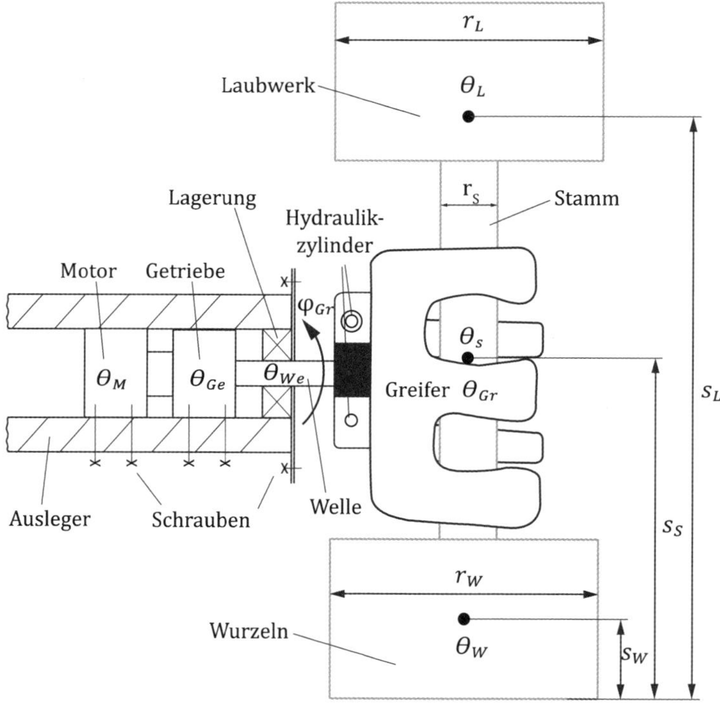

Abb. 8.8 – Detailansicht Konzept 1

Abschätzung relevanter Massen

Das ausgewählte Konzept soll an dieser Stelle genauer dimensioniert werden. Zuerst müssen dazu die auftretenden statischen Lasten überschlägig berechnet werden. Zur Berechnung der anzuhebenden Masse werden die Anteile für den Greifer inklusive Ausleger sowie die Aktorik grob abgeschätzt. Die entsprechenden Schätzwerte und die sich ergebende Gesamtmasse m_{Ges} sind in Abb. 8.9 aufgelistet.

Baum	6.000 kg
Greifer	1.300 kg
Lagerung	500 kg
Aktor (Drehbewegung)	700 kg
Aktor (Greifbewegung)	800 kg
Getriebe (Drehbewegung)	600 kg
Gesamtmasse m_{Ges}	9.900 **kg**

Abb. 8.9 – Massen

Zweckdienlich ist es die Massen etwas zu hoch abzuschätzen und somit die Aktoren geringfügig zu überdimensionieren, da an dieser Stelle keine dynamischen Lasten berücksichtigt werden und die Aktorik und die Mechanik tendenziell höher belastet werden.

Aus der Gesamtmasse m_{Ges} werden anhand der in Abb. 8.3 gegebenen Parameter die wirkende Lastkraft F_{last} und das auf den Ausleger wirkende Biegemoment $M_{Biegung}$ berechnet.

$$F_{last} = m_{Ges} \cdot g = 9.900\ \text{kg} \cdot 9{,}81\ \frac{\text{m}}{\text{s}^2} = 97.119\ \text{N} \tag{8.1}$$

$$M_{Biegung} = F_{last} \cdot l = 97.119\ \text{N} \cdot 2\ \text{m} = 194.238\ \text{Nm} \tag{8.2}$$

Ein Vergleich des berechneten Biegemomentes $M_{Biegung}$ mit der Anforderung 6 aus Tab. 8.9 zeigt, dass der Ausleger die zunächst grob abgeschätzten Lasten tragen kann.

Massenträgheitsberechnung

Für die Auslegung der Antriebseinheit werden im Folgenden die Trägheitsmomente berechnet, die dafür verwendeten Berechnungsvorschriften sind [104] zu entnehmen. Zuerst wird die gesamte Drehträgheit des Baums durch mehrere Einzelträgheiten angenähert. Die Masse des Baums $m_B = 6.000$ kg wird dazu in die drei Teilmassen der Wurzeln $m_W = 3.500$ kg, des Stamms $m_S = 1.500$ kg und des Laubwerks $m_L = 1.000$ kg aufgeteilt. Für alle drei Teilformen wird ein Zylinder angenommen.

Die entsprechenden Schwerpunktlagen ergeben sich aus der halben Längen der jeweiligen Zylinder, wobei beim Laubwerk aufgrund der Blattverteilung die Schwerpunktlage bei einem Drittel der Länge angenommen wird. Die Schwerpunktlage der Wurzeln liegt folglich bei $s_W = 1$ m, die des Stammes bei $s_S = 3$ m und die des Laubwerkes bei $s_L = 6$ m.

Damit ergibt sich die Lage des Gesamtschwerpunkts s_B zu

$$s_B = \frac{\sum m_i s_i}{m_{Ges}} = 2{,}34 \text{ m}. \qquad (8.3)$$

Die einzelnen Massenträgheiten des Baumes ergeben sich mit den in Abb. 8.4 bzw. Abb. 4.74 gegebenen Maßen zu

$$\theta_W = \frac{1}{12} \cdot m_W \left(3 r_W{}^2 + l_W{}^2\right) = 2042 \text{ kgm}^2, \qquad (8.4)$$

$$\theta_S = \frac{1}{12} \cdot m_S \left(3 r_S{}^2 + l_S{}^2\right) = 508 \text{ kgm}^2, \qquad (8.5)$$

$$\theta_L = \frac{1}{12} \cdot m_L \left(3 r_L{}^2 + l_L{}^2\right) = 7000 \text{ kgm}^2. \qquad (8.6)$$

Stellt die x-Achse die Symmetrieachse dar, so sind die oben berechneten Massenträgheitsmomente nicht die polaren Massenträgheitsmomente, sondern jene, die um y- bzw. z-Achse. Es wird angenommen, dass der Greifer den Baum bei dessen Rotation auf Höhe des Schwerpunkts des Stammes s_S greift. Die Gesamtmassenträgheit des Baumes θ_B berechnet sich unter Anwendung des Satzes von Steiner wie folgt:

$$\theta_B = \theta_S + \theta_W + m_W (s_S\text{-}s_W)^2 + \theta_L + m_L (s_S\text{-}s_L)^2 = 13.075 \text{ kgm}^2. \qquad (8.7)$$

Weiterhin wird die Trägheit des Greifers benötigt. Dieser wird vereinfacht als Hohlzylinder angenommen mit einem Außenradius von $r_a = 0{,}5$ m, einem Innenradius von $r_i = 0{,}3$ m und einer Höhe von $h_{Gr} = 1$ m. Aus dieser groben Abschätzung berechnet sich die Trägheit zu

$$\theta_{Gr} = \frac{1}{12} \cdot m_{Gr} \left(3 r_a{}^2 + 3 r_i{}^2 + h_{Gr}{}^2\right) = 219 \text{ kgm}^2. \qquad (8.8)$$

Das Gesamtträgheitsmoment θ_2, resultierend aus Baum und Greifer, ergibt sich zu

$$\theta_2 = \theta_{Gr} + \theta_B + m_B \cdot h^2 = 15.908\,\text{kgm}^2, \tag{8.9}$$

wobei h der Abstand zwischen Gesamtschwerpunkt s_B und Angriffspunkt s_S ist.

$$h = s_S\text{-}s_B = 3\text{m-}\,2{,}34\,\text{m} = 0{,}66\,\text{m}. \tag{8.10}$$

Der Schwerpunkt des Baumes liegt somit unterhalb des Angriffspunktes, d. h., das System verhält sich im ungeregelten Fall wie ein mathematisches Pendel. Da die Trägheit der Hydraulikzylinder verhältnismäßig klein ist, bleibt sie bei der weiteren Berechnung unberücksichtigt.

Dimensionierung Motor und Getriebe

Unter der Annahme, dass $\varphi_{Gr} = 0°$ der waagerechten Position des Baumes entspricht, berechnet sich das statische Lastmoment zu

$$M_{last} = m_B \cdot g \cdot h \cdot \cos(\varphi_{Gr}) \tag{8.11}$$

Das maximale Lastmoment ergibt sich demnach zu

$$M_{last,max} = 38.848\,\text{Nm} \tag{8.12}$$

Auf Grundlage dieser überschlägigen Berechnung kann nun eine erste Dimensionierung der Motor-Getriebe-Einheit vorgenommen werden. Dabei ist zu erwähnen, dass es sich um einen iterativer Prozess handelt und in der Regel mehrere Iterationsschleifen zu durchlaufen sind, um eine gute Auslegung der Komponenten zu gewährleisten.

Parameter	Werte
Motornennmoment	$M_M = 563$ Nm
Induktivität	$L = 12{,}82$ mH
Innenwiderstand	$R = 932$ mΩ
Maximale Motorspannung	$U_{Max} = 440$ V
Trägheit θ_{Motor}	$\theta_{Motor} = 0{,}5$ kgm^2
Nennstrom	$I_{Nenn} = 88$ A
Motorkonstante k_e	$k_e = 6{,}397 \frac{Vs}{rad}$
Motorkonstante k_m	$k_m = 6{,}397 \frac{Nm}{A}$
Getriebeübersetzung	$i_{Ge} = 80$
Trägheit $\theta_{Getriebe}$ (Getriebeabtriebsseite)	$\theta_{Ge} = 45.000$ kgm^2
Getriebewirkungsgrad bei 4000 min^{-1} Eingangsdrehzahl	$\eta_{Ge} = 0{,}94$
Motorwirkungsgrad bei 3400 min^{-1} und Motornennmoment	$\eta_M = 0{,}96$
Verhältnis max. Motormoment zu Nennmoment	$\frac{M_{Max}}{M_M} = 160$ %

Tab. 8.11 – Motor- und Getriebedaten

Zuerst wird ein geeigneter Gleichstrommotor ausgewählt, dessen Daten Tab. 8.11 zu entnehmen sind. Da der Motor ein Nenndrehmoment von $M_M = 563$ Nm aufbringen kann, wird ein Getriebe mit einer Übersetzung von $i_{Ge} = 80$ gewählt, um das notwendige Moment $M_{Last,max}$ dauerhaft aufbringen zu können. Mit dem gewählten Getriebe kann unter Berücksichtigung der Wirkungsgrade des Getriebes η_{Ge} und des Motors η_{Ge} ein Moment von bis zu $M_{Ge} = M_M \cdot i_{Ge} \cdot \eta_{Ge} \cdot \eta_M =$ 40.644 Nm aufgebracht werden. Wichtig ist an dieser Stelle anzumerken, dass es sich um eine rein statische Vorauslegung handelt. Dynamische Lasten, die maßgeblich durch die beschleunigten Massenträgheiten und Reibung entstehen, werden erst in der Simulation berücksichtigt und können dazu führen, dass eine leistungsfähigere Motor-Getriebe-Einheit notwendig wird. Gerade die Massenträgheit der Motor-Getriebe-Einheit kann durch die Übersetzung einen sehr großen Einfluss haben, wie in der nachfolgenden Entwicklung der Bewegungsdifferentialgleichungen gezeigt wird.

Dimensionierung der Welle

Die Welle, welche das Getriebe mit dem Greifer verbindet, kann als gedämpfte Drehfeder mit der Steifigkeit $\hat{k}_{We}$ und der Dämpfung $\hat{d}_{We}$ betrachtet werden. Um deren Konstanten berechnen zu können, muss die Welle grob dimensioniert werden.

Die Länge der Welle wird mit $l_{We} = 0{,}5\,m$ bewusst klein gehalten, um die Biegung gering zu halten. Für die weiteren Berechnungen wird nur von Torsion ausgegangen. Unter Berücksichtigung eines Sicherheitsfaktors von $S = 2$ ergibt sich der Durchmesser der Welle d_{We} nach [105] zu

$$d_{We} \geq \sqrt[3]{\frac{16 \cdot S \cdot M_{last,max}}{\pi \cdot \tau_{t,zul}}} = 124\,mm. \tag{8.13}$$

Als Wellenwerkstoff wird C45E mit einer maximal zulässigen Torsionsspannung von $\tau_{t,} = 210\,\frac{N}{mm^2}$ gewählt. Mit den Abmessungen der Welle und der Dichte von Stahl $\rho_{Stahl} = 7.900\,\frac{kg}{m^3}$ ergeben sich die Masse und Massenträgheit der Welle zu

$$m_{We} = \frac{\pi}{4} \cdot {d_{We}}^2 \cdot l_{We} \cdot \rho_{Stahl} = 47{,}7\,kg, \tag{8.14}$$

$$\theta_{We} = \frac{1}{8} \cdot m_{We} \cdot {d_{We}}^2 = 0{,}0917\,kgm^2. \tag{8.15}$$

Die Drehsteifigkeits- und Drehdämpfungskonstanten ergeben sich zu

$$\hat{k}_{We} = \frac{G_{Stahl} \cdot I_T}{l_{We}} = 1{,}45 \cdot 10^{10}\,\frac{Nm}{rad}, \tag{8.16}$$

$$\hat{d}_{We} = 2 \cdot D_{Stahl} \sqrt{\hat{k}_{We} \cdot \theta_{We}} = 72.93\,\frac{Nms}{rad}. \tag{8.17}$$

Hierbei ist $G_{Stahl} = 7{,}93 \cdot 10^{10}\,\frac{N}{m^2}$ der Schubmodul von Stahl [106], das Torsionsträgheitsmoment der Welle berechnet sich zu

$$I_t = \frac{1}{2} \cdot m_{We} \cdot {r_{We}}^2 \tag{8.18}$$

und das Lehrsche Dämpfungsmaß wird mit $D_{Stahl} = 0{,}001$ für ein typisches Stahlbauteil angenommen.

Aufstellen der Bewegungsdifferentialgleichungen

Um die Simulation des dynamischen Systems, bestehend aus den zuvor dimensionierten Komponenten (Motor-Getriebe-Einheit, Welle, Greifer und Baum) durchführen zu können, ist die Entwicklung der Bewegungsdifferentialgleichungen notwendig. Dazu wird zuerst ein mechanisches Ersatzmodell des Gesamtsystems erstellt und freigeschnitten (siehe Abb. 4.74).

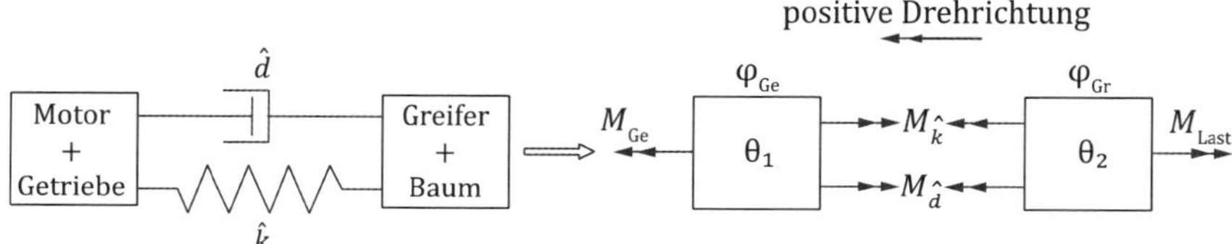

Abb. 8.10 – Mechanisches Ersatzmodell und Freischnitt des Systems

Die Darstellung als Zweimassenschwinger lässt sich folgendermaßen begründen: Da die Trägheit der Welle θ_{We} im Vergleich zu den anderen Trägheiten verhältnismäßig klein ist, muss diese nicht zwingend im Ersatzmodell berücksichtigt werden und kann als masselose Drehsteifigkeit und Drehdämpfung abstrahiert werden. Die Betrachtung von Motor und Getriebe als Gesamtträgheit θ_1 ist zulässig, unter der Annahme, dass die Steifigkeit zwischen den beiden Komponenten deutlich oberhalb der Wellensteifigkeit $\hat{k}_{We}$ liegt. Nach Abb. 8.10 entspricht die Trägheit θ_1 den auf die Getriebeabtriebsseite reduzierten Massenträgheitsmomenten des Getriebes θ_{Ge} und des Motors θ_M und berechnet sich zu

$$\theta_1 = \theta_M \cdot {i_G}^2 + \theta_{Ge} = 48.200\ \mathrm{kgm}^2. \tag{8.19}$$

Aus den Ergebnissen von θ_1, θ_2 und der Wellenträgheit geht hervor, dass $\theta_{We} \ll \theta_1$ und $\theta_{We} \ll \theta_2$ ist. Dies rechtfertigt die Annahme eines Zweimassenschwingers mit dem antriebsseitigen Freiheitsgrad φ_{Ge} auf der Getriebeausgangsseite und dem abtriebsseitigen Freiheitsgrad φ_{Gr} auf der Seite des Greifers.

Wichtig ist gemäß Gleichung (8.19), dass die Trägheit des Motors durch die Reduktion auf die Abtriebsseite des Getriebes mit dem Quadrat der Übersetzung multipliziert werden muss und somit gegenüber der Trägheit des Getriebes nicht komplett vernachlässigt werden kann.

Die Momente $M_{\hat{d}}$ und $M_{\hat{k}}$ aus Abb. 8.10 berechnen sich zu

$$M_{\hat{d}} = \hat{d}_{We}(\dot{\varphi}_{Ge}\text{-}\dot{\varphi}_{Gr}), \tag{8.20}$$

$$M_{\hat{k}} = \hat{k}_{We}(\varphi_{Ge}\text{-}\varphi_{Gr}). \tag{8.21}$$

Nun können die Bewegungsdifferentialgleichungen aufgestellt werden:

$$\theta_1\ddot{\varphi}_{Ge} = M_{Ge}\text{-}\hat{d}_{We}(\dot{\varphi}_{Ge}\text{-}\dot{\varphi}_{Gr})\text{-}\hat{k}_{We}(\varphi_{Ge}\text{-}\varphi_{Gr}) \tag{8.22}$$

$$\theta_2\ddot{\varphi}_{Gr} = \hat{d}_{We}(\dot{\varphi}_{Ge}\text{-}\dot{\varphi}_{Gr}) + \hat{k}_{We}(\varphi_{Ge}\text{-}\varphi_{Gr})\text{-}m_B \cdot g \cdot h \cdot \cos(\varphi_{Gr}) \tag{8.23}$$

Aus den Differentialgleichungen wird der Charakter des Zweimassenschwingers deutlich. Aus jeder Teilträgheit des Systems ergibt sich eine Differentialgleichung 2. Ordnung. Auf die antriebsseitige Trägheit θ_1 wirkt als Eingang das Getriebeausgangsmoment M_{Ge}, welches indirekt über die Kopplung durch die Parameter $\hat{k}_{We}$ und $\hat{d}_{We}$ ebenfalls auf die Trägheit θ_2 wirkt.

Um die Bandbreite, d. h. den nutzbaren Frequenzbereich, des Reglers zu begrenzen und unnötige Resonanz zu verhindern, ist es sinnvoll die Eigenfrequenzen des Systems grob abzuschätzen. Da die Dämpfung im vorliegenden Fall verhältnismäßig gering ist, reicht es die Eigenfrequenzen des ungedämpften Systems näherungsweise abzuschätzen.

Aus den Bewegungsdifferentialgleichungen (8.22) und (8.23) kann die Steifigkeitsmatrix K und die Massenmatrix M bestimmt werden. Sie ergeben sich zu

$$K = \begin{pmatrix} \hat{k}_{We} & \text{-}\hat{k}_{We} \\ \text{-}\hat{k}_{We} & \hat{k}_{We} \end{pmatrix}, \tag{8.24}$$

$$M = \begin{pmatrix} \theta_1 & 0 \\ 0 & \theta_2 \end{pmatrix}. \tag{8.25}$$

Da zwei Freiheitsgrade vorhanden sind, ergeben sich zwei Eigenfrequenzen. Sie berechnen sich durch Lösen der charakteristischen Gleichung

$$\det(\text{-}\omega^2 M + K) = 0, \tag{8.26}$$

nach [104] zu:

$$\omega_1^2 = \hat{k}_{We} \cdot \frac{(\theta_1 + \theta_2)}{2 \cdot \theta_1 \cdot \theta_2} - \sqrt{\left(\hat{k}_{We} \cdot \frac{(\theta_1 + \theta_2)}{2 \cdot \theta_1 \cdot \theta_2}\right)^2} = 0 \frac{\text{rad}}{\text{s}}, \tag{8.27}$$

$$\omega_2^2 = \hat{k}_{We} \cdot \frac{(\theta_1 + \theta_2)}{2 \cdot \theta_1 \cdot \theta_2} + \sqrt{\left(\hat{k}_{We} \cdot \frac{(\theta_1 + \theta_2)}{2 \cdot \theta_1 \cdot \theta_2}\right)^2} = 1101 \frac{\text{rad}}{\text{s}}. \tag{8.28}$$

$$f = \frac{\omega_2}{2\pi} = 175 \text{ Hz}. \tag{8.29}$$

Die kleinste Eigenfrequenz ist Null und repräsentiert daher eine Starrkörperbewegung, so dass sich beide Freiheitsgrade gleichförmig bewegen und keine Beanspruchung der Feder entsteht. Bei der zweiten Eigenfrequenz handelt es sich um eine Eigenfrequenz, bei der die beiden Trägheiten gegeneinander schwingen. Diese Information kann man aus den zugehörigen Eigenvektoren erhalten, auf die hier jedoch nicht weiter eingegangen werden soll.

Mit Hilfe der Bewegungsdifferentialgleichungen (8.22) und (8.23) kann nun der nächste Abschnitt, die Simulation des Gesamtsystems, bearbeitet werden.

8.2.4 Simulationsphase

Nach der Modellbildung folgt nun die Analyse des Systems durch Simulationen. Diese dient weniger der exakten Nachbildung des Systemverhaltens, sondern vielmehr der genaueren Auslegung der Antriebskomponenten unter Berücksichtigung wesentlicher dynamischer Effekte. Das Ziel ist es daher zu überprüfen, ob mit der ausgewählten Antriebseinheit die zu erfüllenden Anforderungen, wie das Aufrichten des Baumes in einem Zeitraum von 30 s, ein Überschwingen < 20 % sowie eine stationäre Genauigkeit von $e_{stat} \leq \pm 1°$ erreicht werden können. Sollten die Anforderungen mit dem bestehenden Entwurf nicht erfüllt werden können, muss im V-Modell ein Rücksprung erfolgen und eine Überarbeitung des System- bzw. Komponentenentwurfs durchgeführt werden. Idealerweise wird im Zuge der Simulation ein Regler ausgelegt, der auch für eine spätere Implementierung im realen System geeignet ist. Häufig ist dies jedoch nicht der Fall, weshalb für die Auslegung des Systems meist ein einfacher PID-Regler verwendet wird und für die spätere Anwendung eine komplexere Regler-Struktur mit verbessertem Regelverhalten zum Einsatz kommt.

Die Unterteilung des Systems erfolgt in die Subsysteme: Regler, Aktorik, Prozess und Sensorik, wie in Abb. 8.11 dargestellt. Das Subsystem „Regler“ beinhaltet die Reglerlogik, welche aus dem Sensorsignal die Stellgröße für die Aktorik, die in das Subsystem „Aktorik“ eingeht, berechnet. Das Subsystem „Aktorik“ beinhaltet sowohl das Modell des Gleichstrommotors, als auch die Getriebeübersetzung, sodass es sich bei dem ausgegebenen Signal um das Getriebemoment handelt, das auf den Prozess, hier im Subsystem „Prozess“ enthalten, wirkt. Die Regelgröße ist die Position des Greifers, welche über ein Gyroskop gemessen wird. Das reale Übertragungsverhalten wird in der Simulation jedoch nicht berücksichtigt und als ideal, d. h. mit einem Übertragungsverhalten von 1, angenommen.

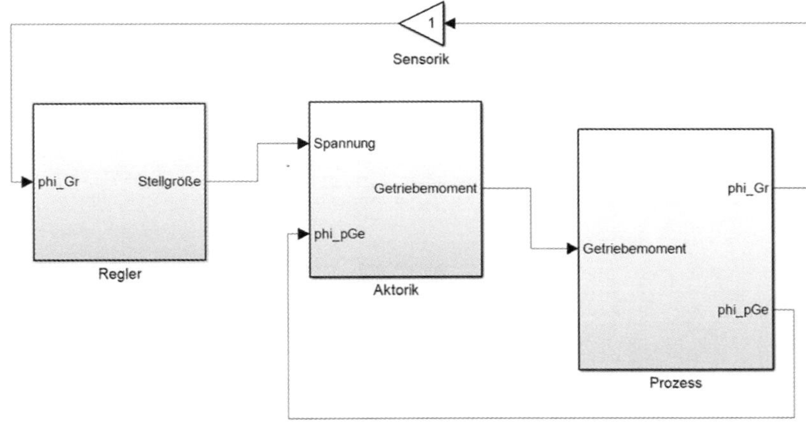

Abb. 8.11 – Gesamtsystem als Simulink Blockschaltbild

Beim Aufbau des Modells bietet es sich an, zuerst den Prozess zu modellieren und diesen durch ein Eingangssignal, wie z. B. einen Momenten-Sprung, auf Plausibilität zu überprüfen. Durch Messen der Geschwindigkeit und des aufgeprägten Moments kann an dieser Stelle schon eine Abschätzung der anliegenden mechanischen Leistungen erfolgen. Daraufhin kann das Modell sukzessive um die Aktorik und den Regler erweitert und getestet werden, sodass letztlich auch eine Abschätzung der benötigten elektrischen Leistung erfolgen kann.

Mechanik

In Abb. 8.12 sind die Differentialgleichungen (8.22) und (8.23) als Simulink Blockschaltbild implementiert.

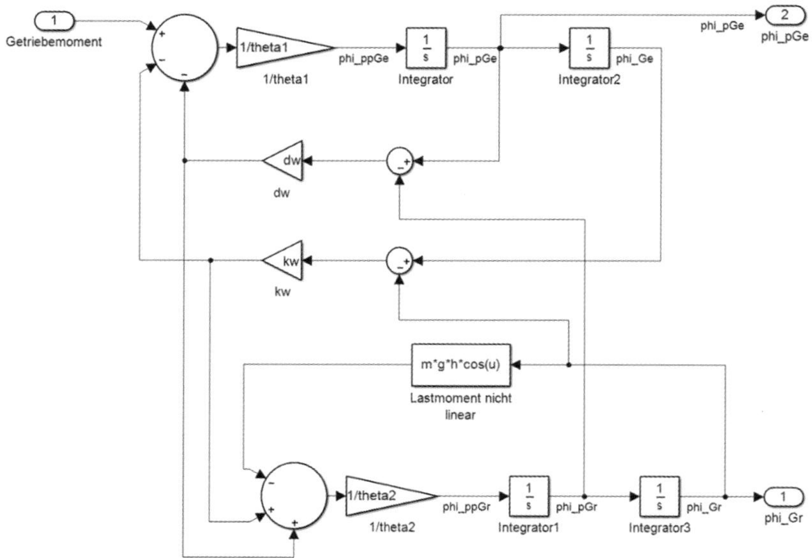

Abb. 8.12 – Mechanik als Simulink Blockschaltbild

Der Eingang des Systems wird durch das Getriebemoment beschrieben. Auf der Ausgangsseite werden die Greiferposition und -geschwindigkeit sowie die Motorposition und -geschwindigkeit ausgegeben. Weiterhin wirkt auf der Greiferseite das nichtlineare Lastmoment bedingt durch die Gewichtskraft. Die beiden Teilsysteme sind über die Drehdämpfung $\hat{d}_{We}$ und die Drehsteifigkeit $\hat{k}_{We}$ der Welle gekoppelt.

Gleichstrommotor

Die Differentialgleichung des Gleichstrommotors wurden bereits in Kapitel 4 hergeleitet und werden an dieser Stelle zur besseren Übersicht nochmals aufgeführt:

$$U = I(t) \cdot R + L \cdot \frac{dI(t)}{dt} + U_{ind}. \tag{8.30}$$

Weiterhin wird für die Modellierung der Zusammenhang zwischen dem Strom und dem Motormoment

$$M_M = k_M \cdot I(t) \tag{8.31}$$

sowie zwischen der induzierten Spannung und der Drehzahl

$$U_{ind} = k_E \cdot \dot{\varphi}_M, \tag{8.32}$$

benötigt. In Abb. 8.13 ist die Umsetzung als Blockschaltbild zu sehen. Die vom Regler vorgegebene Spannung wird durch ein entsprechendes Element auf die maximal zulässige Spannung des Gleichstrommotors begrenzt, welche sich aus dem Datenblatt bzw. Tab. 8.11 ergibt. Weiterhin wird der Strom auf den maximal zulässigen Anfahrstrom begrenzt, welche ebenfalls Tab. 8.11 zu entnehmen ist. In Abb. 8.13 wurde die maximale Spannung des Motors entsprechend den Angaben des Datenblatts auf 440 V und der Strom auf $I_{Max} = 140{,}8$ A begrenzt. Somit wird eine Überlastung des Motors verhindert.

Die Differentialgleichung des Gleichstrommotors liefert nach Integration den Strom, der multipliziert mit der Motorkonstante k_m das Motormoment ergibt. Anschließend erfolgt eine Multiplikation mit der Getriebeübersetzung i_{Ge} und dem Gesamtwirkungsgrad $\eta = \eta_{Ge} \cdot \eta_M$, der hier idealisiert als konstant angenommen wird, in der Realität aber vom jeweiligen Betriebspunkt abhängig ist. Das Resultat ist das Getriebeausgangsmoment, welches für die Rotation des Greifers zur Verfügung steht.

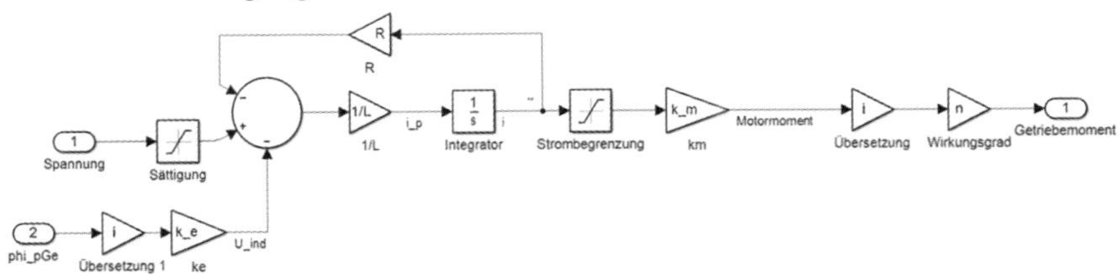

Abb. 8.13 – Gleichstrommotor und Getriebe als Simulink Blockschaltbild

Stationäres Streckenverhalten

An dieser Stelle wird das stationäre Systemverhalten betrachtet, um aus den gewonnenen Erkenntnissen die auszuwählenden Regleranteile zu ermitteln.

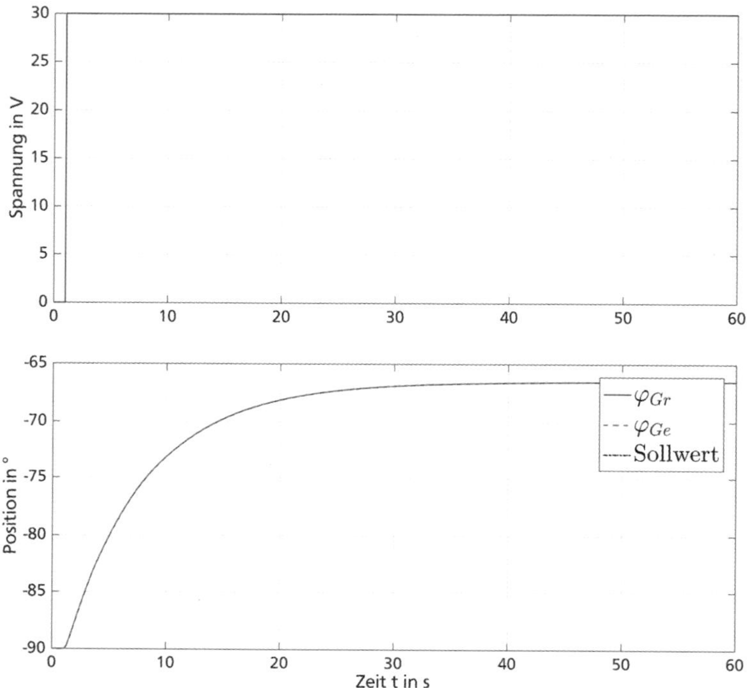

Abb. 8.14 – Sprungantwort der Regelstrecke bei Spannungssprung am Aktoreingang

Abb. 8.14 zeigt die Sprungantwort der Regelstrecke (Aktor, Getriebe, Prozess) bei einem Spannungssprung auf 30 V zum Zeitpunkt t = 1 s am Aktoreingang. Der Verlauf des Ausganges beschreibt das Streckenverhalten eines P-Gliedes. Für eine stationäre Genauigkeit ist somit ein I-Anteil im Regler erforderlich. Obwohl der Prozess, bis auf die Strukturdämpfung der Welle, ungedämpft ist, zeigt der Verlauf eine verzögerte Annäherung an den stationären Endwert. Die Ursache liegt in der induzierten Spannung im Motor, welcher durch die gewählte Übersetzung von i = 80 schnell rotiert und einen dämpfenden Einfluss auf das System hat. Aus dieser einfachen Betrachtung kann darauf geschlossen werden, dass das Streckenverhalten ausreichend stark gedämpft ist und ein PI-Regler zur Stabilisierung ausreicht bzw. auf einen D-Anteil im Regler verzichtet werden kann.

Regler

Als Regler wird also ein PI-Regler verwendet. Dieser kann mit Hilfe des Ziegler-Nichols-Verfahrens oder iterativ durch Ausprobieren ausgelegt werden. Für das vorliegende System haben sich die Reglerparameter $k_P = 300\,\frac{V}{rad}$ und $k_I = 80\,\frac{V}{rad \cdot s}$ als geeignet erwiesen und der differenzierende Anteil wird zu $k_D = 0\,\frac{Vs}{rad}$ gesetzt (Verzicht auf D-Anteil).

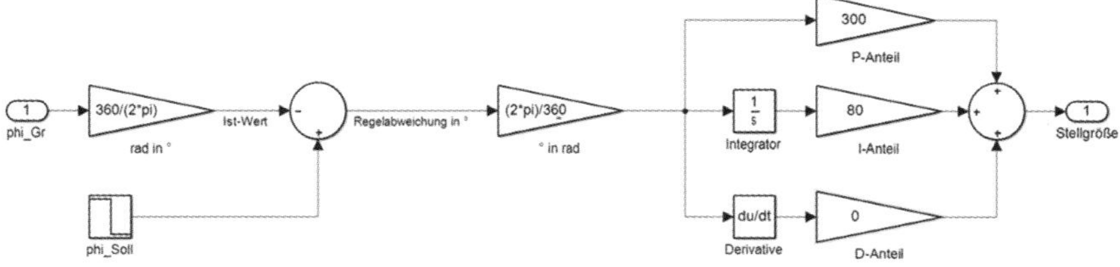

Abb. 8.15 – PID-Regler als Simulink Bockschaltbild

Eine Erhöhung des P-Anteils führt zu einer höheren Dynamik, jedoch würde so die benötigte Stellenergie ansteigen und die Begrenzung der Spannung häufig erreicht werden. Ein kurzzeitiges Erreichen der Begrenzung, welche als Nichtlinearität aufzufassen ist, beeinflusst die Regelgüte nur geringfügig. Länger andauerndes Erreichen der Begrenzung kann hingegen zur Instabilität führen. Wird der P-Anteil verringert, so reagiert das System weniger dynamisch auf Regelabweichungen bzw. Störungen. Dies kann dazu führen, dass die gewünschte Sollposition nicht in der geforderten Zeit erreicht wird oder nicht genügend Leistung aufgebracht wird, um bspw. den Baum aufzurichten. Der I-Anteil dient dazu die stationäre Genauigkeit zu erreichen bzw. die Forderung $e_{stat} \leq \pm 1°$ zu erfüllen. Zu große Werte steigern jedoch die Tendenz zur Instabilität des geschlossenen Regelkreises.

Simulationsergebnisse

Nachfolgend werden die durch Simulation gewonnenen Ergebnisse gezeigt und analysiert. Zuerst erfolgt der Nachweis, dass der geschlossene Regelkreis mit dem gewählten Regler die Anforderungen aus Tab. 8.9 erfüllt, und der Nutzen der Regleranteile wird nochmals verdeutlicht. Darauf basierend folgt die Überprüfung, ob die gewählte Aktorik eine ausreichende Leistung zur Verfügung stellt.

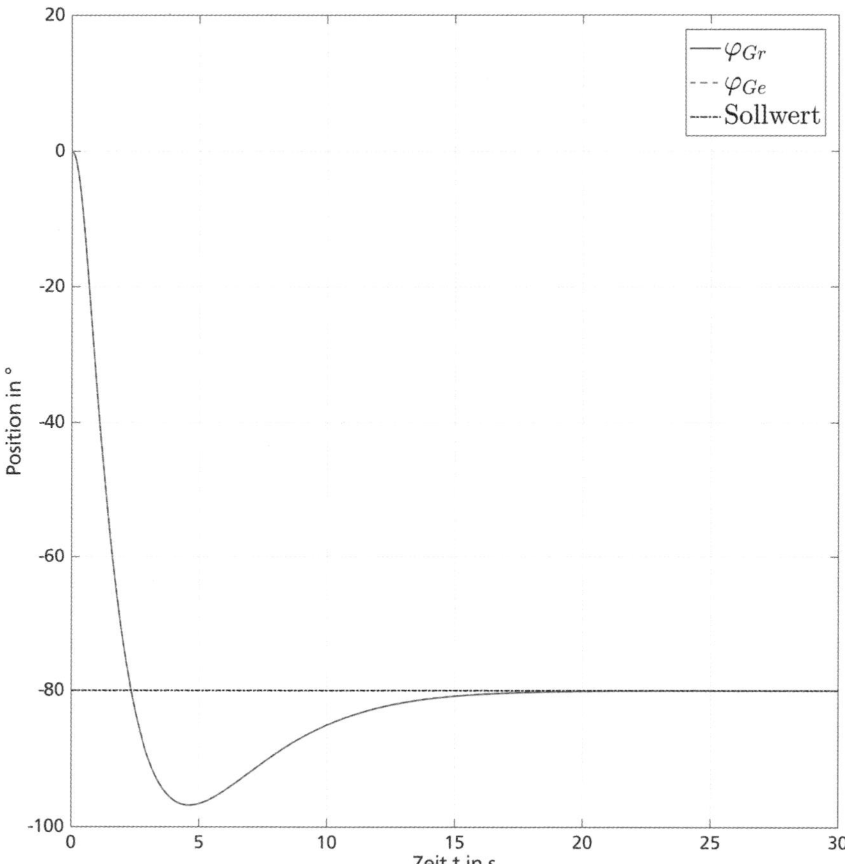

Abb. 8.16 – Verlauf der simulierten Greifer- und Motorposition

In Abb. 8.16 ist der Verlauf der Greifer- und der Motorposition gezeigt. Aufgrund der sehr steif ausgelegten Welle sind die Positionen der beiden Freiheitsgrade nahezu identisch. Der Baum bzw. der Greifer soll zum Zeitpunkt t = 0 s aus der horizontalen Position zunächst in eine fast aufrechte Position von -80° gedreht werden. Im ungeregelten Fall würde der Baum sich ähnlich wie ein Pendel durch die Gravitation in die Ruhelage von -90° drehen. Im gezeigten geregelten Fall wird deutlich, dass die Position des Greifers in der geforderten Zeit von 30 s die Endposition von 80° erreicht und eine stationäre Genauigkeit von $e_{stat} \leq \pm 1°$ eingehalten wird. Als unerwünscht ist das deutliche Überschwingen zu beurteilen. Die Forderung, dass das Überschwingen maximal 20 % betragen soll, wird zwar eingehalten, im realen Betrieb wäre es jedoch von Nachteil, wenn der Baum zunächst in die falsche Richtung ausgelenkt wird. Ursache ist, dass die Strecke aufgrund des Gravitationseinflusses in Gleichung (8.23) ein nichtlineares Verhalten besitzt. Ein linearer Regler, wie beim PI-Regler der Fall, kann für ein solches Streckenverhalten nicht optimal ausgelegt werden und im ungünstigsten Fall sogar zur Instabilität führen.

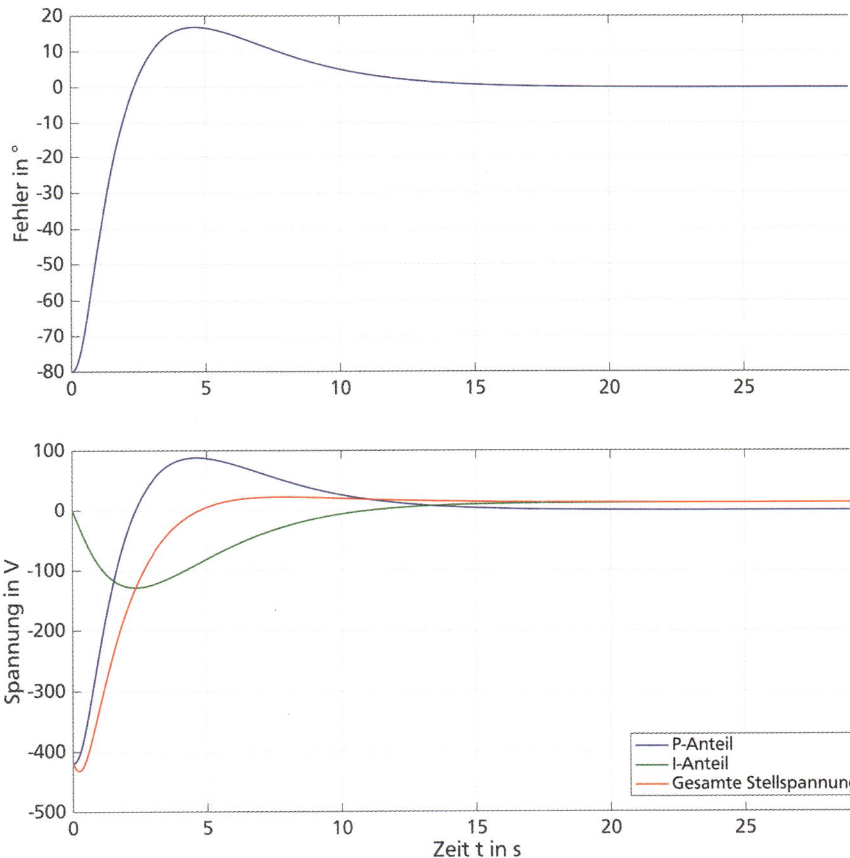

Abb. 8.17 – Reglerabweichung und Einfluss der Regleranteile

Abb. 8.17 soll nochmals den Einfluss der Regleranteile verdeutlichen. Im oberen Teil ist die Abweichung zum Sollwert dargestellt. Da die Regelabweichung zu Simulationsbeginn sehr groß ist, bewirkt der P-Anteil eine hohe Dynamik, die in einer raschen Annäherung an den Sollwert resultiert. Der I-Anteil hat zu diesem Zeitpunkt einen geringen Einfluss und wirkt in der Phase des Überschwingens sogar dem P-Anteil entgegen. Die stationäre Genauigkeit wird letztlich durch den I-Anteil gewährleistet, der ab ca. 20 s einen konstanten Wert einnimmt, welcher dem Gravitationseinfluss entgegenwirkt.

Um eine optimale Auslegung der Antriebseinheit, bestehend aus Motor und Getriebe, zu gewährleisten, wurde diese ebenfalls dynamisch simuliert. Der Verlauf des Motormomentes des Systems ist in Abb. 8.18 dargestellt.

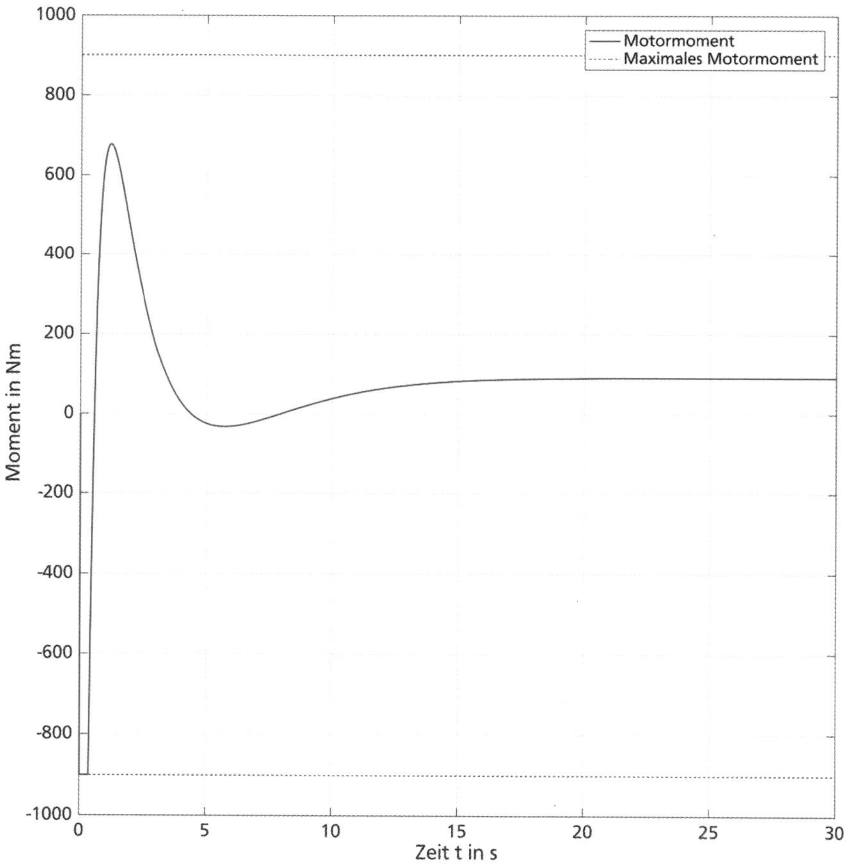

Abb. 8.18 – Verlauf des simulierten Motormoments

Es ist zu sehen, dass der Motor zu Beginn im Begrenzungsbereich arbeitet. Auf die Regelgüte hat dies nur einen geringen Einfluss, da die Dauer im Begrenzungsbereich sehr kurz ist. Inwieweit der ausgewählte Motor darüber hinaus im Überlastbetrieb genutzt werden kann, muss dem Datenblatt des Motors entnommen werden. Im gezeigten Fall ist ein Überlastbetrieb des ausgewählten Motors für 10 s möglich. Nach dem Anfahren nimmt das Motormoment deutlich ab und wandert in den positiven Bereich. Dies ist der Bereich, in dem die Position des Greifers etwas über die vertikale Position hinaus dreht. Die Motor-Getriebe-Einheit kann demnach ohne weitere Iteration für dieses System verwendet werden. Mit dem ausgegebenen Motormoment kann in der nachfolgenden Konstruktionsphase eine exakte Auslegung der Antriebswelle erfolgen. Zudem kann die Simulation durch die Ausgabe weiterer Signale für die Auslegung verschiedener Komponenten verwendet werden.

8.2.5 Konstruktionsphase

In der Konzeptphase und Vorauslegung wurde bereits ein konkretes Konzept des Gesamtsystems erarbeitet, das anschließend in der Simulationsphase dynamisch simuliert wurde.

In der Konstruktionsphase geht es um die detaillierte Konstruktion und Berechnung des gesamten mechanischen Systems. Dazu werden z. B. Wellenberechnungen nach DIN 743 [107], Schraubenberechnungen nach VDI 2230 [108] und Lagerlebensdauerberechnungen durchgeführt, auf die an dieser Stelle nicht weiter eingegangen werden soll.

8.3 Zusammenfassung

In diesem Kapitel wurde das V-Modell, eine Methode zur Entwicklung mechatronischer Systeme vorgestellt. In der anschließenden Projektarbeit erfolgte der Vorgehensweise dieses Modells folgend eine Konzipierung eines Produkts. Es wurde beschrieben, wie aus einer gegebenen Aufgabenstellung die wichtigsten Anforderungen abgeleitet und geeignete Konzepte für die vorliegende Problemstellung entwickelt werden. Ferner wurde ein Schema zur Entwicklung und zur Bewertung von Konzepten vorgestellt, auf Basis dessen eine Auswahl getroffen werden konnte. Nach einer groben Auslegung der wesentlichen Komponenten erfolgte die Entwicklung eines Simulationsmodells des entworfenen Systems, das zur Eigenschaftenabsicherung Verwendung fand. Weiterführend werden die Simulationsdaten zur detaillierteren Auslegung der Antriebskomponenten herangezogen und für die Konstruktionsphase verwendet.

Literaturverzeichnis

[1] VDI-Gesellschaft Entwicklung Konstruktion Vertrieb, „Richtlinie VDI 2206: Entwicklungsmethodik für mechatronische Systeme“, Düsseldorf, 2004.

[2] R. Seiffert, *Die Ära Gottlieb Daimlers*. Wiesbaden: Vieweg+Teubner Verlag / Springer Fachmedien Wiesbaden, Wiesbaden, 2009.

[3] R. Isermann, *Identifikation dynamischer Systeme. 1. Grundlegende Methoden*, 2., Neubearb. und erw. Aufl. Berlin Heidelberg New York London Paris Tokyo Hong Kong Barcelona Budapest: Springer, 1992.

[4] R. Markert, *Dynamik*. Aachen: Shaker, 2013.

[5] D. Gross, W. Hauger, J. Schröder, und W. A. Wall, *Technische Mechanik 3: Kinetik*, 12., Überarb. Aufl. Berlin Heidelberg: Springer Vieweg, 2012.

[6] R. Markert, *Strukturdynamik*. Aachen: Shaker, 2013.

[7] M. T. Harriehausen und D. Schwarzenau, *Moeller Grundlagen der Elektrotechnik*. Wiesbaden: Springer Vieweg, 2013.

[8] G. Hagmann, *Grundlagen der Elektrotechnik*. Wiebelsheim: AULA-Verl., 2011.

[9] G. Flegel, K. Birnstiel, und W. Nerreter, *Elektrotechnik für Maschinenbau und Mechatronik*, 1., Aktualisierte Auflage, Neue Ausg. München: Hanser, Carl, 2013.

[10] E. Becker, *Technische Strömungslehre*. Stuttgart: Teubner, 1993.

[11] J. Spurk und N. Aksel, *Strömungslehre*. Berlin [u.a.]: Springer, 2010.

[12] K. Janschek, *Systementwurf mechatronischer Systeme: Methoden - Modelle - Konzepte*. Berlin Heidelberg: Springer, 2010.

[13] J. Lunze, *Regelungstechnik. 1. Systemtheoretische Grundlagen, Analyse und Entwurf einschleifiger Regelungen*. Berlin [u.a.]: Springer, 2012.

[14] J. Lunze, *Regelungstechnik. 2. Mehrgrößensysteme, digitale Regelung*. Berlin [u.a.]: Springer, 2013.

[15] U. Kurz und H. Wittel, *Böttcher/Forberg Technisches Zeichnen: Grundlagen, Normung, Darstellende Geometrie und Übungen*. Vieweg Teubner Verlag, 2011.

[16] H. Birkhofer und R. Nordmann, *Maschinenelemente und Mechatronik. 1: [...]*, 3., Überarb. Aufl. Aachen: Shaker, 2003.

[17] Georg Fischer Automotive AG, Schaffhausen CH, „Formguss Kurbelwelle Eisen Sand lizensiert unter CC-BY-SA-3.0: https://creativecommons.org/licenses/by-sa/3.0/legalcode“. [Online]. Verfügbar unter:

https://commons.wikimedia.org/wiki/File:Formguss_Kurbelwelle_Eisen_Sand.png?uselang=de. [Zugegriffen: 05-Apr-2016].

[18] Schmid & Wezel GmbH, „BIAX Flexible Power". [Online]. Verfügbar unter: http://biax-flexwellen.de/. [Zugegriffen: 27-Feb-2017].

[19] „Wellenseele". [Online]. Verfügbar unter: http://www.haspa-gmbh.de/Files/540/EditorPictures/Wellenseele.jpg. [Zugegriffen: 03-Nov-2015].

[20] H. Haberhauer und F. Bodenstein, *Maschinenelemente: Gestaltung, Berechnung, Anwendung*, 17., Bearb. Aufl. 2014. Springer Berlin Heidelberg, 2014.

[21] H. Wittel, D. Muhs, D. Jannasch, und J. Voßiek, *Roloff/Matek Maschinenelemente*. Wiesbaden: Springer Fachmedien Wiesbaden, 2013.

[22] A. Albers, L. Deters, J. Feldhusen, E. Leidich, H. Linke, und B. Sauer, Hrsg., *Konstruktionselemente des Maschinenbaus 1*, 7. Aufl. Springer Vieweg, 2008.

[23] R. Isermann, *Mechatronische Systeme : Grundlagen*, 2., Vollst. neu bearb. Aufl. Berlin: Springer, 2008.

[24] SKF GmbH, „Einreihige Zylinderrollenlager mit Käfig". [Online]. Verfügbar unter: https://secure.skf.com/de/products/bearings-units-housings/roller-bearings/cylindrical-roller-bearings/single-row-cylindrical-roller-bearings/index.html. [Zugegriffen: 03-Nov-2015].

[25] SKF GmbH, „Einreihige Rillenkugellager". [Online]. Verfügbar unter: https://secure.skf.com/de/products/bearings-units-housings/ball-bearings/deep-groove-ball-bearings/single-row-deep-groove-ball-bearings/index.html. [Zugegriffen: 03-Nov-2015].

[26] SKF GmbH, „Axial-Rillenkugellager". [Online]. Verfügbar unter: https://secure.skf.com/de/products/bearings-units-housings/ball-bearings/thrust-ball-bearings/index.html. [Zugegriffen: 03-Nov-2015].

[27] Hako Lehrmittel, [Online]. Verfügbar unter: http://www.hako-didactic.com/de/.

[28] Bosch Rexroth AG, „Lineare Kugelbuchsenführung". [Online]. Verfügbar unter: https://www.boschrexroth.com/de/de/produkte/produktgruppen/lineartechnik/kugelbuechsenfuehrungen/eline-kugelbuechsenfuehrungen/elinekugelbchsenfhrungen. [Zugegriffen: 03-Nov-2015].

[29] MISUMI Europa GmbH, „Kugelkäfigführung". [Online]. Verfügbar unter: http://de.misumi-ec.com/vona2/detail/110300029250/?CategorySpec=00000144097%3A%3Aa. [Zugegriffen: 08-Juni-2016].

[30] SKF GmbH, „LBC D-series linear ball bearings and units - 14058_3 DE.pdf". [Online]. Verfügbar unter: http://www.skf.com/binary/41-252410/LBC%20D-series%20linear%20ball%20bearings%20and%20units%20-%2014058_3%20DE.pdf. [Zugegriffen: 18-Mai-2016].

[31] Schaeffler Technologies AG & Co. KG 2016, „Gleitbuchse mit EL-GOTEX®". [Online]. Verfügbar unter: http://www.ina.de/content.ina.de/de/branches/industry/solar_power_plants/products_solar/plain_bearings_2/plain_bearings.jsp.

[32] Schaeffler Technologies AG & Co. KG 2016, „Schaeffler". .

[33] A. Albers *u. a.*, Hrsg., *Konstruktionselemente des Maschinenbaus 2*, 7. Aufl. Berlin Heidelberg: Springer Vieweg, 2012.

[34] L. Hagedorn, W. Thonfeld, und A. Rankers, *Konstruktive Getriebelehre*, 6., Bearb. Aufl. Berlin Heidelberg: Springer, 2009.

[35] E. Kiel, *Antriebslösungen: Mechatronik für Produktion und Logistik ; mit 51 Tabellen*. Berlin: Springer, 2007.

[36] H. Czichos, M. Hennecke, und Akademischer Verein Hütte, Hrsg., *Das Ingenieurwissen*, 34., Aktualisierte Aufl. Berlin Heidelberg: Springer Vieweg, 2012.

[37] K.-H. Grote und J. Feldhusen, *Taschenbuch für den Maschinenbau: mit Tabellen*, 23. Auflage. Berlin: Springer, 2011.

[38] „Reibradgetriebe". [Online]. Verfügbar unter: http://articles.sae.org/6224/, http://b.vimeocdn.com/ts/290/514/290514845_640.jpg.

[39] Ukexpat, „EvansFrictionConeHagley01 lizensiert unter CC-BY-SA-3.0: https://creativecommons.org/licenses/by-sa/3.0/". [Online]. Verfügbar unter: https://commons.wikimedia.org/wiki/File:EvansFrictionConeHagley01.jpg. [Zugegriffen: 29-Sep-2016].

[40] „Kettenhandbuch_DE_01.pdf". [Online]. Verfügbar unter: http://iwis.de/uploads/tx_sbdownloader/Kettenhandbuch_DE_01.pdf. [Zugegriffen: 18-Mai-2016].

[41] Kolossos, „Nockenwellenantrieb lizensiert unter CC-BY-SA-3.0: https://creativecommons.org/licenses/by-sa/3.0/legalcode". [Online]. Verfügbar unter: https://commons.wikimedia.org/wiki/File:Nockenwellenantrieb.jpg. [Zugegriffen: 21-März-2016].

[42] „Nockenwelle", *Motorrad-Wiki*. [Online]. Verfügbar unter: http://motorrad.wikia.com/wiki/Nockenwelle. [Zugegriffen: 16-März-2016].

[43] „Drive_Tooth_Chain_EN_0405.pdf". [Online]. Verfügbar unter: http://www.renoldtoothchain.com/media/677689/Drive_Tooth_Chain_EN_0405.pdf. [Zugegriffen: 18-Mai-2016].

[44] WikiSysop, „Expertenwissen Getriebe Zahnriemen2 lizensiert unter CC-BY-3.0: http://creativecommons.org/licenses/by/3.0/legalcode". [Online]. Verfügbar unter: http://www.feinwerktechnik-web.de/index.php?title=Datei:Expertenwissen_Getriebe_Zahnriemen2.jpg. [Zugegriffen: 16-März-2016].

[45] Mi-Tech, „Zahnriemen Fahrrad". [Online]. Verfügbar unter: http://www.mi-tech.de/gates.htm. [Zugegriffen: 16-März-2016].

[46] Forbo Siegling GmbH, Hannover, „Hochleistungs Flachriemen". .

[47] KNUTH Werkzeugmaschinen GmbH, „KNUTH Schraubstock". [Online]. Verfügbar unter: http://www.knuth.de/. [Zugegriffen: 27-Feb-2017].

[48] „Trapezgewinde DIN 103 (Fein)". [Online]. Verfügbar unter: http://www.gewinde-normen.de/trapez-feingewinde.html. [Zugegriffen: 16-März-2016].

[49] „Austauschbau", *Wikipedia*. 30-Dez-2015.

[50] Stahlkocher, „DOHC-Zylinderkopf-Schnitt lizensiert unter CC-BY-SA-3.0: https://creativecommons.org/licenses/by-sa/3.0/legalcode". [Online]. Verfügbar unter: https://commons.wikimedia.org/wiki/File:DOHC-Zylinderkopf-Schnitt.jpg. [Zugegriffen: 21-März-2016].

[51] ANDREAS MAIER GMBH & CO KG, „AMF Verschlussspanner". [Online]. Verfügbar unter: https://www.hoffmann-group.com/DE/de/hom/Spanntechnik/Spannelemente/Verschlussspanner-schwer-4/p/376840-4#.UzW_U4XMKZE. [Zugegriffen: 21-März-2016].

[52] B. Schlecht, *Getriebe - Verzahnungen - Lagerungen*, Nachdr. München: Pearson Studium, 2011.

[53] H. Linke und J. Börner, *Stirnradverzahnung: Berechnung, Werkstoffe, Fertigung*. München: Hanser, 1996.

[54] KTR Kupplungstechnik GmbH, „KTR Kupplungstechnik". [Online]. Verfügbar unter: https://www.ktr.com/. [Zugegriffen: 18-Mai-2016].

[55] RAMIEN Technische Illustration & Graphik, „Federgabel". [Online]. Verfügbar unter: http://www.ramien.de/Galerie/Federgabel/body_federgabel.html. [Zugegriffen: 21-März-2016].

[56] Vattenfall GmbH, „Pressefotos - Vattenfall Pumpspeicherkraftwerk". [Online]. Verfügbar unter: https://mab.vattenfall.com/MAB_vattenfall/Files/simg.aspx?fl=/img/presentation/big8119CE77-B51B-49AD-B95E-

E9FF5DDF2311.jpg&gd=cd932f04-3397-479c-80e3-5b97c8a3aed4. [Zugegriffen: 29-Sep-2016].

[57] Dr. Ing. h.c. F. Porsche AG, „Porsche Schwungradspeicher“. [Online]. Verfügbar unter: http://www.porsche.com/usa/aboutporsche/pressreleases/pag/?pool=international-de&id=2011-01-10. [Zugegriffen: 21-März-2016].

[58] ©Blatchford 2016, „EchelonVT - Carbon, Prothesenfuß“. [Online]. Verfügbar unter: http://www.endolite.de/produkte/echelonvt. [Zugegriffen: 08-Juni-2016].

[59] „Aerrotec 600-90 TECH“. [Online]. Verfügbar unter: http://www.aerotec.info/index.php/produkte/kompressoren/kolbenkompressoren?id=96&pid=2013220. [Zugegriffen: 25-Mai-2016].

[60] Maxwell Technologies, Inc., „Maxwell Ultracapacitors lizensiert unter CC-BY-SA-3.0: https://creativecommons.org/licenses/by-sa/3.0/legalcode“. [Online]. Verfügbar unter: https://commons.wikimedia.org/wiki/File:Maxwell_Ultracapacitors.jpg?uselang=de. [Zugegriffen: 05-Apr-2016].

[61] R. Huggins, *Energy storage*. Springer, 2014.

[62] V. Wesselak, Hrsg., *Regenerative Energietechnik*, 2., Und vollst. neu bearb. Aufl. Berlin: Springer Vieweg, 2013.

[63] Peripitus, „Toroidal inductor lizensiert unter CC-BY-SA-3.0: https://creativecommons.org/licenses/by-sa/3.0/legalcode“. [Online]. Verfügbar unter: https://commons.wikimedia.org/wiki/File:Toroidal_inductor.jpg. [Zugegriffen: 21-März-2016].

[64] D. Will und N. Gebhardt, *Hydraulik: Grundlagen, Komponenten, Schaltungen*. Springer-Verlag, 2008.

[65] H. Watter, *Hydraulik und Pneumatik : Grundlagen und Übungen - Anwendungen und Simulation / Holger Watter*, 4., Überarb. und erw. Aufl. 2015. Wiesbaden: Springer Vieweg, 2015.

[66] „Dauermagnete im Vergleich“. [Online]. Verfügbar unter: http://www.magnete.de/uploads/media/. [Zugegriffen: 01-Okt-2015].

[67] Europa Lehrmittel, *Automatisierungstechnik in der Fertigung*, 3. Auflage. Bibliothek des Technikers BDT, 1998.

[68] F. Schörlin, *Mit Schrittmotoren steuern, regeln und antreiben*. Franzis Verlag GmbH, 1996.

[69] J. Bekiesch, *Sensorloser Betrieb einer geschalteten Reluktanzmaschine*. 2007.

[70] A. Binder, *Elektrische Maschinen und Antriebe: Grundlagen, Betriebsverhalten*. Springer-Verlag, 2012.

[71] J. Meins, *Elektromechanik*. Stuttgart: Teubner, 1997.

[72] U. Probst, *Servoantriebe in Der Automatisierungstechnik: Komponenten, Aufbau und Regelverfahren*. Springer-Verlag, 2011.

[73] E. Spring, *Elektrische Maschinen*. Springer, 2009.

[74] J. Teigelkötter, *Energieeffiziente elektrische Antriebe: Grundlagen, Leistungselektronik, Betriebsverhalten und Regelung von Drehstrommotoren ; mit 4 Tabellen*. Wiesbaden: Springer Vieweg, 2013.

[75] Fachverbände Fluidtechnik und Antriebstechnik im VDMA, „Umsatzentwicklung 1980 – 2013* Maschinenbau, Fluidtechnik, Antriebstechnik". [Online]. Verfügbar unter: http://fluid.vdma.org/documents/105806/1146758/130404_Anhang_PM_Grafikmaterial_Ant_Fluidtechnik.pdf/cc08a365-ecba-491a-924f-b21c955861d3.

[76] „DIN ISO 1219-1:1996-03". [Online]. Verfügbar unter: http://www.din.de/de/mitwirken/normenausschuesse/nam/normen/wdc-beuth:din21:2708937. [Zugegriffen: 29-Sep-2015].

[77] B. Heimann, W. Gerth, und K. Popp, *Mechatronik: Komponenten, Methoden, Beispiele ; mit 23 Tabellen und 61 ausführlich durchgerechneten Beispielen*, 3., Neu bearb. und erw. Aufl. München Wien: Fachbuchverl. Leipzig im Carl-Hanser-Verlag, 2007.

[78] „Einsatzbereiche der Druckluft". [Online]. Verfügbar unter: http://www.drucklufttechnik.de/www/temp/dlrepos.nsf/LookupHTML/KompendiumPDF_d/$File/Kapitel02.pdf.

[79] „Eigenschaften von Piezoaktoren". [Online]. Verfügbar unter: http://www.piceramic.de/index.php?id=609&_ga=1.112126980.1082183486.1439220078. [Zugegriffen: 29-Sep-2015].

[80] „Magnetostrictive actuators". [Online]. Verfügbar unter: http://www.cedrat-technologies.com/fileadmin/user_upload/cedrat_groupe/Technologies/Actuators/Magnetic%20actuators%20%26%20motors/fiche_AMA/Magnetostrictive_Actuators.pdf. [Zugegriffen: 29-Sep-2015].

[81] H. Janocha, *Unkonventionelle Aktoren: Eine Einführung*. Walter de Gruyter, 2013.

[82] „Daimler AG". 2014.

[83] W. Roddeck, *Einführung in die Mechatronik*, 4., Überarb. Aufl. Wiesbaden: Springer Vieweg, 2012.

[84] E. Hering, Hrsg., *Sensoren in Wissenschaft und Technik: Funktionsweise und Einsatzgebiete*, 1. Aufl. Wiesbaden: Vieweg + Teubner, 2012.

[85] S. Hesse und G. Schnell, *Sensoren für die Prozess- und Fabrikautomation: Funktion - Ausführung - Anwendung ; mit 35 Tabellen*, 5., Und verb. Aufl. Wiesbaden: Vieweg + Teubner, 2011.

[86] H. Czichos, *Mechatronik : Grundlagen und Anwendungen technischer Systeme*, 2., Aktualisierte und erw. Aufl. Wiesbaden: Vieweg Teubner, 2008.

[87] R. Fischer und H. Linse, *Elektrotechnik für Maschinenbauer: mit Elektronik, elektrischer Messtechnik, elektrischen Antrieben und Steuerungstechnik ; mit 412 Bildern und Tabellen, 113 Beispielen und 68 Aufgaben mit Lösungen*, 14., Überarb. und aktualisierte Aufl. Wiesbaden: Springer Vieweg, 2012.

[88] K. Reif, Hrsg., *Sensoren im Kraftfahrzeug*, 1. Aufl. Wiesbaden: Vieweg + Teubner, 2010.

[89] N. Jalili, *Piezoelectric-Based Vibration Control*. Boston, MA: Springer US, 2010.

[90] PI, „Physik Instrumente (PI) GmbH & Co. KG". 28-Juli-2014.

[91] Synotech Sensor und Meßtechnik GmbH, „Piezoelektrische Kraftaufnehmer". 2014.

[92] H. Göbel, *Einführung in die Halbleiter-Schaltungstechnik: [mit CD-ROM]*. Berlin Heidelberg New York: Springer, 2005.

[93] E. Schrüfer, *Elektrische Messtechnik: Messung elektrischer und nichtelektrischer Größen ; mit 41 Tabellen*, 9., Aktualisierte Aufl. München: Hanser, 2007.

[94] „DR. JOHANNES HEIDENHAIN GmbH". 2014.

[95] J. Fraden, *Handbook of Modern Sensors: Physics, Designs, and Applications*, 4., Th Edition. New York, NY: Springer New York, 2010.

[96] J.-R. Ohm und H. D. Lüke, *Signalübertragung: Grundlagen der digitalen und analogen Nachrichtenübertragungssysteme ; [Extras im Web]*, 10., Neu bearb. und erw. Aufl. Berlin Heidelberg New York: Springer, 2007.

[97] H. Steffen und H. Bausch, *Elektrotechnik: Grundlagen*, 6., Überarb. und aktualisierte Aufl. Wiesbaden: Teubner, 2007.

[98] C. H. Park, „On the Circuit Model of Piezoceramics", *Journal of Intelligent Material Systems and Structures*, Bd. 12, Nr. 7, S. 515–522, Jan. 2001.

[99] H. Unbehauen, *Regelungstechnik 1. 1.* Wiesbaden: Vieweg + Teubner, 2008.

[100] L. Papula, *Mathematik für Ingenieure und Naturwissenschaftler Band 2.* Springer Vieweg, 2015.

[101] H. Schaede, „Dezentrale elektrische Energiespeicherung mittels kinetischer Energiespeicher in Außenläufer-Bauform", Technisch Universität Darmstadt, Darmstadt, 2014.

[102] H. Wörn, *Echtzeitsysteme: Grundlagen, Funktionsweisen, Anwendungen*, 1. Aufl. Berlin: Springer, 2005.

[103] J. Feldhusen und K.-H. Grote, Hrsg., *Pahl/Beitz Konstruktionslehre*. Berlin, Heidelberg: Springer Berlin Heidelberg, 2013.

[104] R. Markert, *Dynamik : Teil B der technischen Mechanik*, 1. Darmstadt: Shaker, 2013.

[105] H. Wittel, D. Muhs, D. Jannasch, und J. Voßiek, *Roloff/Matek Maschinenelemente*. Wiesbaden: Springer Fachmedien Wiesbaden, 2013.

[106] R. Markert, *Vorlesungsskript: Teil A der technischen Mechanik*. Darmstadt, 2002.

[107] „DIN 743-1: Tragfähigkeitsberechnung von Wellen und Achsen“, Beuth Verlag GmbH, 2012.

[108] VDI-Gesellschaft Entwicklung Konstruktion Vertrieb, „Richtlinie VDI 2230: Systematische Berechnung hochbeanspruchter Schraubenverbindungen“, Düsseldorf, 2003.